科学与工程
计算技术丛书

MATLAB
数学建模与仿真

第2版·微课视频版

王 健 赵国生◎编著

清华大学出版社
北京

内 容 简 介

　　人类的进步离不开科学研究和实验,数学正是一门基础科学理论。有识之士指出:"数学建模与仿真正成为工程设计过程中的关键工具。科学家正日益依赖于计算方法,并在仿真结果精度和可靠性方面借鉴经验。"目前,MATLAB已发展成为国际公认的优秀数学应用软件之一,其在数值计算方面的作用更是首屈一指。本书正是基于此,从数学建模与仿真的角度来介绍 MATLAB 的应用。

　　本书对 MATLAB 进行了详细的介绍和讲解,条理明晰,深入浅出,并配有大量实用的例子。本书共分为2篇——基础篇和应用篇,涵盖绝大部分数学建模问题的 MATLAB 求解方法。前 10 章为基础篇,讲解有关MATLAB 的基础知识,包括 MATLAB 的入门、数值运算、符号运算和图形功能、M 文件、Simulink 仿真模型和科学计算等内容,在此基础上介绍了应用数学领域的问题求解,如基于 MATLAB 的微积分问题、线性代数、积分变换、常微分方程、概率论与数理统计问题的数值解法等。第 11~15 章为应用篇,介绍了如何利用MATLAB 求解实际的数学建模问题,给出了高校研究生指标分配、城市表层土壤污染分析、风电功率预测、统计回归模型求解和图论算法与仿真等详细的算法原理、问题描述、数学模型建立与求解、模型验证和仿真代码的全部建模过程。

　　本书适合作为普通高等学校理工科专业的教材,也可作为广大科研人员、学者、工程技术人员及MATLAB 专业人员的参考用书。

图书在版编目(CIP)数据

MATLAB 数学建模与仿真:微课视频版/王健,赵国生编著. —2 版. —北京:清华大学出版社,2024.4
(科学与工程计算技术丛书)
ISBN 978-7-302-65790-3

Ⅰ. ①M… Ⅱ. ①王… ②赵… Ⅲ. ①Matlab 软件-应用-数学模型 Ⅳ. ①O141.4

中国国家版本馆 CIP 数据核字(2024)第 051067 号

责任编辑:曾　册
封面设计:李召霞
责任校对:王勤勤
责任印制:曹婉颖

出版发行:清华大学出版社
　　　　网　　　址:https://www.tup.com.cn,https://www.wqxuetang.com
　　　　地　　　址:北京清华大学学研大厦 A 座　　　邮　　编:100084
　　　　社 总 机:010-83470000　　　　邮　　购:010-62786544
　　　　投稿与读者服务:010-62776969,c-service@tup.tsinghua.edu.cn
　　　　质量反馈:010-62772015,zhiliang@tup.tsinghua.edu.cn
　　　　课件下载:https://www.tup.com.cn,010-83470236
印 装 者:三河市龙大印装有限公司
经　　销:全国新华书店
开　　本:185mm×260mm　　印　　张:36　　　　　　字　　数:878 千字
版　　次:2016 年 4 月第 1 版　　2024 年 6 月第 2 版　　印　　次:2024 年 6 月第 1 次印刷
印　　数:1~1500
定　　价:128.00 元

产品编号:089872-01

　　《MATLAB 数学建模与仿真》是一部内容丰富且极具实用性的书籍,具体体现在三方面。第一,涵盖了数学建模与仿真领域常用的基础知识和典型案例,包括 MATLAB 的数值运算、符号运算、图形图像、仿真模型和科学计算等。针对 MATLAB 的特点,结合作者多年使用MATLAB 的教学和实践经验,由浅入深、图文并茂,在讲解的过程中配合大量实例操作,使读者循序渐进地熟悉软件、学习方法、掌握应用。第二,涉及的数学模型的领域广泛,将应用领域按高等数学、线性代数及数理统计等进行归类,细化讲解内容,详细介绍了应用数学领域的问题求解,如基于 MATLAB 的微积分问题、线性代数、积分变换、常微分方程、概率论与数理统计问题的数值解法等。第三,实践性强。利用 MATLAB 求解实际应用的建模与仿真典型案例,讲解了诸如高校研究生指标分配、城市表层土壤污染分析、风电功率预测、统计回归模型求解和图论算法与仿真等详细的算法原理、问题描述、数学模型建立与求解、模型验证和仿真代码的全部建模过程。

　　由于 MATLAB 在各工程领域应用广泛,因此在我国从事这一领域的工程技术人员为数众多。本书将为他们提供丰富的实践参考,对其工作和研究会有很大的帮助。虽然这是一部实用的"手册式"参考书,但由于作者注意了内容的系统性,对概念、方法和原理的阐述详细而具体,避免了这类书籍容易产生的内容庞杂、浅显的缺陷,因此对于想进入并了解 MATLAB建模与仿真的读者来说,不失为一部很好的入门参考书。

　　两位作者在攻读博士期间,我是他们的导师。他们具有坚实的理论基础、严谨的治学态度和丰富的工作经验,给我留下了深刻印象。因此,尽管我并不是这个领域的专家,但当我了解了全书内容,仔细阅读了样稿之后,认为这是一部内容丰富、实用性甚佳的好书,值得向广大读者推荐。

王慧强 教授/博导

哈尔滨工程大学 计算机学院

前言

基本内容

  MATLAB已成为国际公认的优秀数学应用软件之一,用于算法开发、数据可视化、数据分析及数值计算的高级计算语言和交互式环境。它将数值分析、矩阵计算、科学数据可视化及非线性动态系统的建模和仿真等诸多强大功能集成在一个易于使用的视窗环境中,为科学研究、工程设计以及必须进行有效数值计算的众多科学领域提供了一种全面的解决方案,代表了当今国际科学计算软件的先进水平,尤其在数学建模和仿真方面更是应用广泛。然而,要精通MATLAB所有功能几乎是不可能的,所以针对需要有选择地学习是一种事半功倍的方法。目前,关于MATLAB的书籍很多,数学建模的书也不少,但是真正将MATLAB与数学建模和仿真结合在一起的书籍却不多。本书正是基于此,从数学建模与仿真的角度来介绍MATLAB的应用,充分使用MATLAB的功能,使抽象、枯燥的应用数学变得直观、明了和有趣,是从简单算例通向科学研究和工程设计实际问题的一条捷径。

  本书针对MATLAB的学习特点,结合作者多年使用MATLAB的教学和实践经验,由浅入深、图文并茂,详细介绍了数值计算、符号运算、图形图像和Simulink仿真等方面的内容。在讲解的过程中配合以大量实例操作,使读者循序渐进地熟悉软件、学习软件、掌握软件。每章都是从最基础的知识开始介绍,然后进行实例分析,最后是习题练习,使理论与实践紧密结合;具体分为15章,各章主要内容如下。

  第1章介绍了MATLAB的安装,主要功能以及熟悉MATLAB的操作环境。

  第2章介绍了MATLAB的数据类型及其操作函数,讲解了数组、矩阵、多项式的创建方法以及关系和逻辑及其运算方法。

  第3章讲解了符号运算、符号表达式、运算精度、符号矩阵的计算和符号函数等内容。

  第4章讲解了图像处理与图像分析的相关内容,包括二维基本绘图、三维基本绘图和图形处理实用技术等基本知识、特征操作及编辑特征。

  第5章介绍了M文件涉及的脚本、函数和程序调试等基础知识。

  第6章介绍了Simulink的常用模块集、子系统及其封装、模型仿真和模型调试等内容。

  第7章讲解了MATLAB科学计算问题的求解方法,内容涉及线性方程、非线性方程以及常微分方程的求解、数据插值、数值积分以及优化等方面。

  第8章讲解了MATLAB在高等数学中多方面的应用,涉及极限、导数、极值、不定积分、定积分、二重积分、无穷级数、常微分方程等。

  第9章讲解了MATLAB在线性代数中的应用,涉及行列式、矩阵运算、数乘矩阵、矩阵的秩、逆矩阵、求方程组的解及利用MATLAB解决一些线性代数的实际问题。

  第10章介绍了如何使用MATLAB解决数理统计中的问题,如数据如何进行描述与分析,参数估计和假设检验如何在MATLAB中实现等。

  第11章介绍了高校研究生名额合理分配的问题,主要采用线性回归模型进行了应用和实践。通过MATLAB的实现给出了模型的预测结果。

  第12章对金属污染分布、原因、传播特征、污染源位置等进行了数据建模与分析。

  第13章利用MATLAB中的BP神经元网络等工具函数,对风电功率进行了预测研究,解决了数据随机波动性大和无规律的离散型时间序列等方面的建模和仿真问题。

第 14 章介绍了统计回归模型及其 MATLAB 实现,包括模型的求解、改进与评价。

第 15 章讨论了图论算法及其 MATLAB 实现。讲解了图、特殊图类、有向图、路、等概念,将图论的著名问题与 MATLAB 仿真实例有机地结合在一起。

主要特点

本书作者长期使用 MATLAB 进行教学和科研工作,有着丰富的教学、实践和编著经验。在内容编排上,按照读者学习的一般规律,结合大量实例讲解操作步骤,能够使读者快速、真正地掌握 MATLAB 软件的使用。

具体来说,本书具有以下鲜明的特点:

- 循序渐进,轻松学习;
- 图解案例,清晰直观;
- 图文并茂,操作简单;
- 实例引导,专业经典;
- 学以致用,注重实践。

读者对象

- 学习 MATLAB 建模技术的初级读者;
- 具有一定 MATLAB 基础知识、希望进一步深入掌握 MATLAB 技术的中级读者;
- 普通高等学校理工科相关专业的学生;
- 从事科学计算、数学建模及仿真图形处理的相关工程技术人员。

本书适合作为各类普通高等学校理工科专业的教材,也可作为广大科研人员、学者、工程技术人员及 MATLAB 专业人员的参考用书。

本书由哈尔滨理工大学王健老师和哈尔滨师范大学赵国生老师共同编写。王健老师主要负责第 1~5 章内容,赵国生老师负责第 6~15 章内容。这里要特别感谢刘冬梅、任才、汪洋、谢杉杉、李晓佳和马嘉辉等研究生参与了所有源代码的校对工作。正是在他们的辛苦帮助下,本书才能够展现给各位读者,在此一并表示感谢。

本书得到以下项目的支持:国家自然科学基金项目“可生存系统的自主认知模式研究”(编号 61202458)、国家自然科学基金项目“基于认知循环的任务关键系统可生存性自主增长模型与方法”(编号 61403109)、高等学校博士点专项基金项目“任务关键系统可信性增强的自律机理研究”(编号 20112303120007)、黑龙江省自然科学基金项目“面向感知质量保障的移动群智感知方法研究”(编号 LH2020F034)、黑龙江省高等教育教学改革研究项目“新工科背景下网络空间安全人才‘知行合一’培养模式的探索与实践”(编号 SJGY20220351)和黑龙江省教育科学规划 2023 年度重点课题(编号 GJB1423438)。

感谢您选择了本书,希望我们的努力对您的工作和学习有所帮助,如有错误和疏漏之处也希望您把建议告诉我们。

作 者
2024 年 3 月

微课视频清单

视 频 名 称	时长/min	位　　置
1.1 MATLAB 简介	5	1.1 节节首
1.2 MATLAB 的安装	4	1.2 节节首
1.3 MATLAB 的应用窗口	6	1.4 节节首
1.4 MATLAB 的通用命令和帮助系统	5	1.5 节节首
2 数值运算	5	第 2 章章首
3 符号运算	3	第 3 章章首
4.1 plot 函数	4	4.1.4 节节首
4.2 peaks 函数和其他函数	3	4.2.3 节节首
5.1 M 文件概述	6	5.1 节节首
5.2 数据共享	4	5.2 节节首
6 Simulink 仿真模型	7	第 6 章章首
7 科学计算	3	第 7 章章首
8 MATLAB 在高等数学中的应用	3	第 8 章章首
9 MATLAB 在线性代数中的应用	3	第 9 章章首
10 MATLAB 在数理统计中的应用	6	第 10 章章首
11 高校研究生指标分配问题	7	第 11 章章首
12 城市表层土壤重金属污染分析	4	第 12 章章首
13 风电功率预测问题	5	第 13 章章首
14 统计回归模型求解	5	第 14 章章首
15 图论算法及 MATLAB 仿真	4	第 15 章章首

目录

目录

目录

目录

目录

目录

应　用　篇

目录

基 础 篇

基　础　篇

　　MATLAB 是一种强大的数学计算和编程工具，广泛应用于工程、科学和数学领域，它不仅提供了丰富的数学计算功能，还能够进行数据可视化、算法开发，以及模拟等多方面的工作。无论是对于工程师、科学家，还是对于数据分析和可视化感兴趣的学习者，MATLAB 都是最得力的助手。深入了解 MATLAB 的基础知识将成为解决实际问题和进行深入研究的关键。

　　本书基础篇将带领读者逐步了解 MATLAB 的基本概念和操作，从简单的概念和基本操作开始，逐步引导读者深入 MATLAB 的世界。通过实例和练习，读者将学会如何使用 MATLAB 进行矩阵运算、绘图、脚本编写以及定义函数等关键技能。本篇主要包含前 10 章，从软件安装到环境搭建，从矩阵运算到图像处理，从程序调试到模型仿真，从科学计算求解到高等数学、线性代数及数理统计应用，本篇都将以简单易懂的方式介绍 MATLAB 的核心功能，涵盖 MATLAB 的关键知识点，帮助读者建立坚实的知识基础。这些基础知识构成了 MATLAB 编程的核心，为学习者提供了解决实际问题和进行更深层次应用的基础。通过逐步掌握这些概念和技能，读者能够更灵活、高效地利用 MATLAB 进行数学计算、数据分析和工程模拟等任务。

　　MATLAB 的强大之处在于它的灵活性和可扩展性，通过本篇的学习，读者将不仅仅获得解决问题的方法，更会掌握一种通用而高效的工具，为未来在科学与工程领域的探索之路打下坚实的基础。

第 1 章 概述

MATLAB 是 MATrix LABoratory（矩阵实验室）的缩写，是由美国 MathWorks 公司于 20 世纪 80 年代初推出的一套以矩阵计算为基础的、适合多学科、多种工作平台的功能强劲的大型软件。MATLAB 将科学计算、数据可视化、系统仿真和交互式程序设计功能集成在非常便于使用的环境中，具有编程效率高、用户使用方便、扩充能力强、移植性好等特点。经过 MathWorks 公司的不断完善，目前 MATLAB 已经发展成为国际上最优秀的高性能科学与工程计算软件之一。

通过对本章的学习，对于任何无基础的初学者都可以轻松地进入 MATLAB 的殿堂，初步掌握 MATLAB 的主要功能以及熟悉 MATLAB 的操作环境，为后面的进一步学习打下坚实的基础。

1.1 MATLAB 简介

MATLAB 和 Mathematica、Maple 并称为三大数学软件。它在数学类科技应用软件中，在数值计算方面首屈一指。MATLAB 将数值分析、矩阵计算、科学数据可视化以及非线性动态系统的建模和仿真等诸多强大功能集成在一个易于使用的环境中，为科学研究、工程设计以及必须进行有效数值计算的众多科学领域提供了一种全面的解决方案，并在很大程度上摆脱了传统非交互式程序设计语言（如 C、FORTRAN）的编辑模式，代表了当今国际科学计算软件的先进水平。

MATLAB 软件提供了大量的工具箱，可以用于工程计算、控制设计、信号处理与通信、图像处理、信号检测、金融建模设计与分析等领域，解决这些应用领域内特定类型的问题。MATLAB 的基本数据单位是矩阵，非常符合科技人员对数学表达式的书写格式。归纳起来，MATLAB 具有以下几个特点：易学、适用范围广、功能强、开放性强、网络资源丰富。

1. 界面友好，容易使用

MATLAB 软件中有很多的工具，这些基本都采用图形用户界面。MATLAB 的用户界面非常接近 Windows 的标准界面，操作简单，界面比较友好。最新的 MATLAB 版本提供了完整的联机查询、帮助系统，极大地方便了用户的使用。MATLAB 软件提供的 M 文件调试环境也非常简单，能够很好地报告出现的错误及出错的原因。MATLAB 软件是采用 C 语言开发的，它的流程控制语句和语法与 C 语言非常相近。如果初学者有 C 语言的基础，就会很容易地掌握 MATLAB 编程和开发。MATLAB 编程语言非常符合科技人员对数学表达式的书写格式,便于非计算机专业人员使用。MATLAB语言可移植性好,可拓展性强,已经广泛应用于科学研究及工程计算各个领域。

2．强大的科学计算和数据处理能力

MATLAB软件的内部函数库提供了非常丰富的函数,可以方便地实现用户所需的各种科学计算和数据处理功能。这些函数所采用的算法包含了科研和工程计算中的最新研究成果,并经过了各种优化和容错处理。这些内部函数经过了无数次的检验和验证,稳定性非常好,出错的可能性非常小。利用MATLAB软件进行科学计算和数据处理,是站在巨人的肩膀上,可以节省用户大量的编程时间。用户可以将自己主要的精力放到更具有创造性的工作上,把烦琐的底层工作交给MATLAB软件的内部函数去做。

3．强大的图形处理功能

MATLAB软件具有非常强大的数据可视化功能,可非常方便地绘制各种复杂的二维图形和三维图形。MATLAB具有强大的图形处理功能,自带很多绘图函数,还可以非常方便地给图形添加标注、标题、坐标轴等。MATLAB 2020a对于三维图形还可以设置视角、色彩控制及光照效果等。此外,MATLAB软件还可以创建三维动画效果及隐函数绘图等,可用于科学计算和工程绘图。

4．应用广泛的专业领域工具箱

MATLAB软件对许多专门的领域都开发了功能强大的工具箱,在MATLAB 2020a软件中共有40多个工具箱。这些工具箱都是由特定领域的专家开发的,用户可以直接使用工具箱学习、应用和评估不同的方法而不需要自己编写代码。MATLAB工具箱中的函数源代码都是可读和可修改的,用户可通过对源程序的修改或加入自己编写的程序来构造新的专用工具箱。

5．实用的程序接口

MATLAB软件是一个开放的平台。通过MATLAB软件的外部程序接口,用户可以非常方便地利用MATLAB同其他的开发语言或软件进行交互,发挥各自的优势,提高工作效率。利用MATLAB软件的编译器可以将M文件转换为可执行文件或动态链接库,可以独立于MATLAB软件运行。在MATLAB软件中,还可以调用C/C++语言、FORTRAN语言、Java语言等编写的程序。此外,MATLAB软件还可以和办公软件(例如Word和Excel软件等)进行很好的交互。

1.2　MATLAB 的安装

MATLAB的安装非常简单,将MATLAB安装光盘放入光驱,然后直接运行setup.exe进行安装。本书以MATLAB 2020a为例,介绍MATLAB 2020a的安装过程。

步骤1：安装前请断开网络。

步骤2：双击setup.exe进行安装。

步骤3：接着会出现如图1-1所示的安装许可协议对话框,选择"是",然后单击"下一步"按钮。

步骤4：如图1-2所示,在文本框内输入文件安装密钥后,单击"下一步"按钮。

步骤5：如图1-3所示,浏览"选择许可证文件",单击"下一步"按钮即可。

步骤6：选择安装文件夹,单击"下一步"按钮。

注意：尽量不要把软件安装在C盘,单击"浏览"按钮,选择其他安装目录,如图1-4所示。新建文件夹时,文件夹名称中不要出现汉字。

图 1-1　MathWorks 安装对话框

图 1-2　输入文件安全密钥对话框

图 1-3　"选择许可证文件"对话框

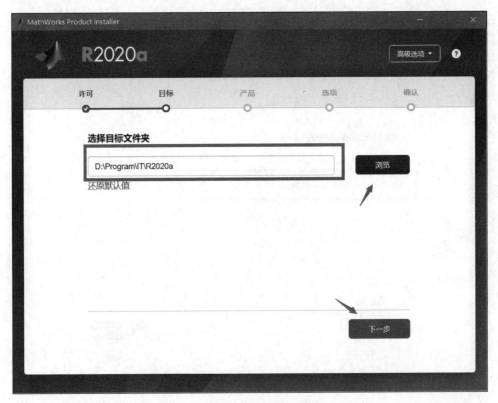

图 1-4　"选择目标文件夹"对话框

步骤 7：选中所有产品，如图 1-5 所示，单击"下一步"按钮。

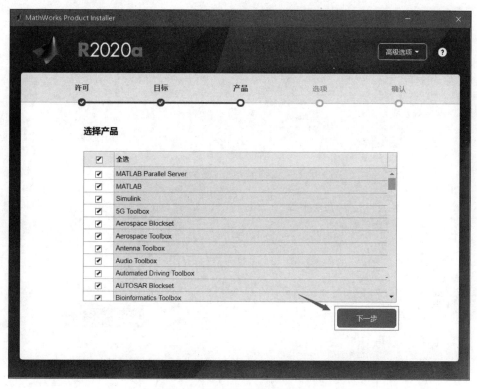

图 1-5 "选择安装类型"对话框

步骤 8：在选项中，选择"将快捷方式添加到桌面"，如图 1-6 所示，单击"下一步"按钮。

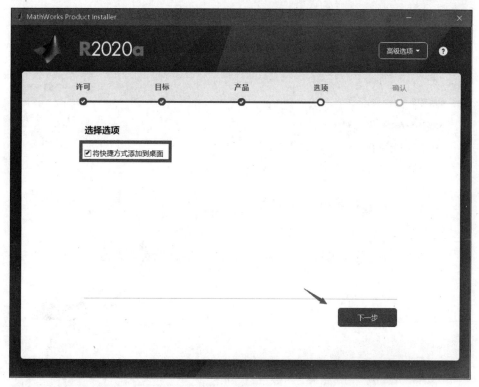

图 1-6 "将快捷方式添加到桌面"对话框

步骤9:单击"开始安装"按钮,如图1-7所示,安装过程需要一小时左右,请耐心等待。

图1-7 "安装"对话框

步骤10:安装完毕,单击"关闭"按钮,如图1-8所示。切忌直接打开软件。

图1-8 "安装完毕"对话框

步骤 11：返回软件初始安装包的文件夹，双击 Crack 文件夹打开它，将认证文件夹 bin 与 licenses 复制到软件安装目录，替换原文件夹，过程如图 1-9～图 1-11 所示。

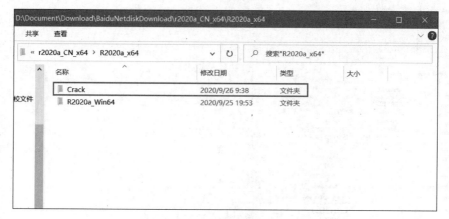

图 1-9　认证文件夹位置

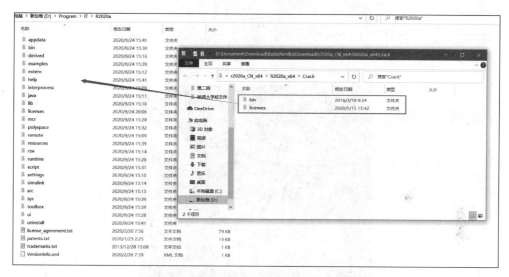

图 1-10　将认证文件夹复制到软件安装目录

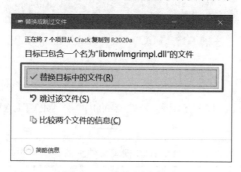

图 1-11　替换原文件夹

步骤 12：右击 matlab.exe 文件，可将快捷方式发送到桌面，如图 1-12 所示。

MATLAB 2020a 安装结束后，用户可以通过单击"开始"菜单中的 MATLAB 按钮来启动；也可以在 MATLAB 的安装目录下找到 matlab.exe 文件，然后单击运行。此外，用户可以在桌面建立 MATLAB 的快捷方式，通过双击快捷方式图标，也可以启动 MATLAB 系统。MATLAB 2020a 的启动界面如图 1-13 所示。

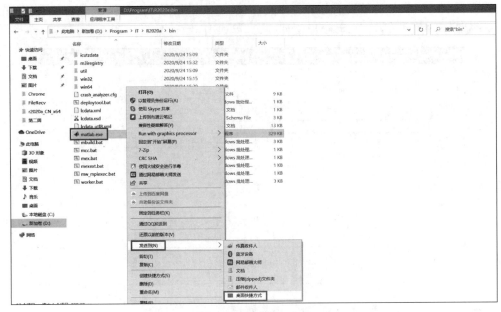

图 1-12 发送快捷方式到桌面

图 1-13 MATLAB 2020a 启动页面

1.3 MATLAB 的目录结构

成功安装 MATLAB 后,可以查阅各文件夹的内容。MATLAB 安装文件夹的目录结构如表 1-1 所示。

表 1-1 MATLAB 安装文件夹的目录结构

文 件 夹	说 明	文 件 夹	说 明
bin	MATLAB 的可执行文件	lib	几个库文件
extern	MATLAB 的外部程序接口	license	MATLAB 软件的许可协议
help	MATLAB 的帮助系统	notebook	MATLAB 和 Word 的接口文件
ja	MATLAB 的国际化文件	rtw	Real-Time Workshop 软件包
java	MATLAB 的 Java 支持程序	runtime	运行时库

文 件 夹	说 明	文 件 夹	说 明
simulink	Simulink 软件包,用于系统的建模和仿真	sys	MATLAB 所需的工具和系统库
		toolbox	MATLAB 的各种工具箱
stateflow	Stateflow 软件包,用于状态机的设计	uninstall	MATLAB 的卸载程序

1.4 MATLAB 的应用窗口

窗口是指某应用程序的使用界面。在图形界面操作系统中,窗口是其最重要的组成部分。下面就来认识 MATLAB R2020a 运行中的一系列具体的应用窗口。

MATLAB R2020a 的工作界面如图 1-14 所示,主要包括菜单、工具栏、当前工作目录、命令行窗口和工作空间窗口。与之前版本不同的是,新版 MATLAB 没有了历史命令窗口。

图 1-14　MATLAB R2020a 的工作界面

1.4.1 主界面介绍

MATLAB R2020a 的工具栏、级联菜单和工作区右键菜单分别如图 1-15、图 1-16 与图 1-17 所示。

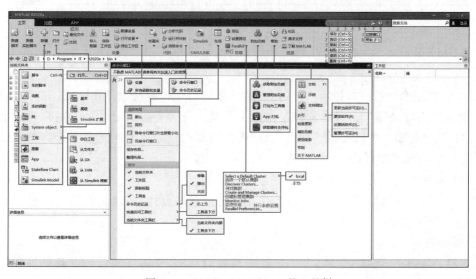

图 1-15　MATLAB R2020a 的工具栏

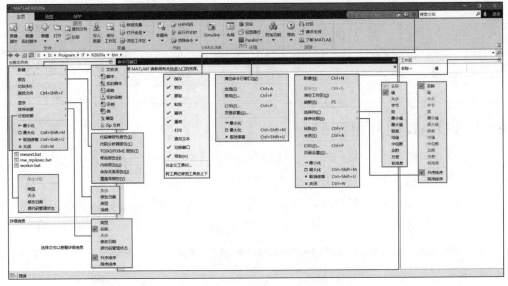

图 1-16　MATLAB R2020a 的级联菜单

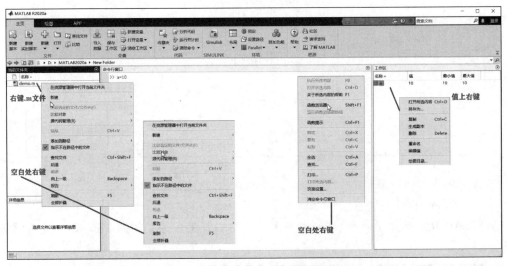

图 1-17　MATLAB R2020a 的工作区右键菜单

1.4.2　组件窗口

1. 命令行窗口

MATLAB 的命令行窗口是用户使用 MATLAB 进行工作的窗口,同时也是实现 MATLAB 各种功能的主窗口,MATLAB 的各种操作命令都是由命令行窗口开始的。用户可以直接在 MATLAB 命令行窗口中输入 MATLAB 命令,实现其相应的功能。此命令行窗口主要包括文本的编辑区域和菜单栏,如图 1-18 所示。

2. M 文件编辑/调试器窗口

M 文件编辑/调试器是用户在 MATLAB 中进行程序设计,实现函数功能的重要编辑器之一,其窗口界面如图 1-19 所示。

3. 图形窗口

MATLAB 的图形窗口是 MATLAB 绘图功能的基础,使用极其方便。其菜单和工具栏更是增添了交互处理的功能,如图 1-20 与图 1-21 所示。

图 1-18 MATLAB 命令行窗口

图 1-19 M 文件编辑/调试器窗口

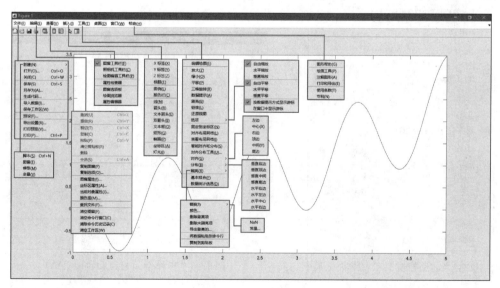

图 1-20 MATLAB 的绘图菜单界面介绍

4. 当前路径窗口

当前路径窗口显示了当前路径下的文件,如图 1-22 所示。在当前路径窗口中右击鼠标将打开一个快捷菜单。

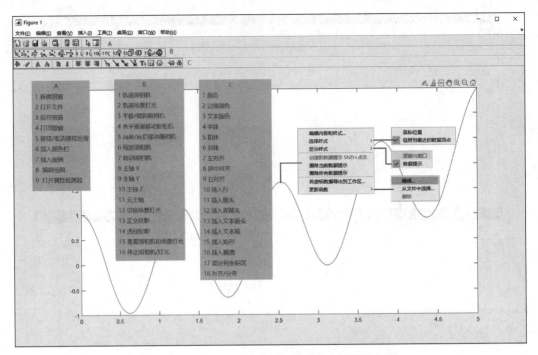

图 1-21　MATLAB 的绘图工具栏和右键菜单介绍

5. 工作空间窗口(Workspace)

工作空间窗口就是显示目前保存在内存中的 MATLAB 数学结构、字节数、变量名以及类型等的窗口,在工作空间窗口中右击鼠标将打开一个快捷菜单,如图 1-23 所示。

图 1-22　当前路径窗口和右键快捷菜单

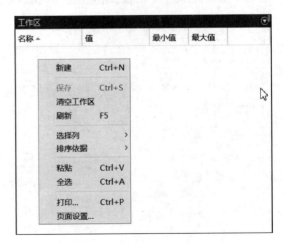

图 1-23　工作空间窗口和右键菜单

1.5　MATLAB 的通用命令

MATLAB 中的很多命令经常用到,需要熟练掌握。例如,在命令行窗口输入命令 clc,清除命令行窗口中所显示的内容。MATLAB 的常用命令如表 1-2 所示。

表 1-2　MATLAB 的常用命令

命　　令	说　　　明	命　　令	说　　　明
cd	改变当前目录	!	调用 DOS 命令
dir 或 ls	列出当前文件夹下的文件	edit	打开 M 文件编辑器
clc	清除命令行窗口的内容	mkdir	创建目录
type	显示文件内容	pwd	显示当前工作目录
clear	清除工作空间中的变量	what	显示当前目录下的 M 文件、MAT 和 MEX 文件
disp	显示文字内容	which	函数或文件的位置
exit 或 quit	关闭 MATLAB	help	获取函数的帮助信息
save	保存变量到磁盘	pack	收集内存碎片
load	从磁盘调入数据变量	path 或 genpath	显示搜索路径
who	列出工作空间中的变量名	clf	清除图形窗口的内容
whos	显示变量的详细信息	delete	删除文件

　　MATLAB 中的一些标点符号有特殊的含义,例如,利用百分号"%"进行程序的注释,利用"…"进行程序的续行。MATLAB 中常用的标点符号如表 1-3 所示。

表 1-3　MATLAB 语言的标点符号

标点符号	说　　　明	标点符号	说　　　明
:	冒号,具有多种应用	.	小数点或对象的域访问
;	分号,区分矩阵的行或取消运行结果的显示	..	父目录
,	逗号,区分矩阵的列	…	续行符号
( )	括号,指定运算的顺序	!	感叹号,执行 DOS 命令
[ ]	方括号,定义矩阵	=	等号,用来赋值
{ }	大括号,构造单元数组	'	单引号,定义字符串
@	创建函数句柄	%	百分号,程序的注释

　　在 MATLAB 中,使用键盘按键能够方便地进行程序的编辑,有时可以起到事半功倍的效果,常用的键盘按键及其作用如表 1-4 所示。

表 1-4　常用的键盘按键

键 盘 按 键	说　　　明	键 盘 按 键	说　　　明
↑	调出前一个命令	→	光标向右移动一个字符
↓	调出后一个命令	Ctrl ＋←	光标向左移动一个单词
←	光标向左移动一个字符	Ctrl＋→	光标向右移动一个单词
Home	光标移动到行首	Del	清除光标后的字符
End	光标移动到行尾	Backspace	清除光标前的字符
Esc	清除当前行	Ctrl ＋C	中断正在执行的程序

1.6　MATLAB 的帮助系统

　　MATLAB 提供了非常完善的帮助系统。用户可以通过查询帮助系统获取函数的调用情况和需要的信息。MATLAB 的使用者都必须学会使用 MATLAB 的帮助系统,因为没有人能够清楚地记住上万个不同函数的调用情况,所以 MATLAB 的帮助系统是学习 MATLAB 编程和开发最好的教科书,讲解非常清晰、易懂。下面对 MATLAB 的帮助系统进行介绍。

1.6.1　命令行窗口查询帮助

在 MATLAB 中,可以在命令行窗口中通过帮助命令来查询帮助信息,最常用的帮助命令是 help。常用的帮助命令如表 1-5 所示。

表 1-5　常用的帮助命令

命　　令	说　　明
help	在命令行窗口进行查询
which	获取函数或文件的路径
lookfor	查询指定关键字相关的 M 文件
helpwin	在浏览器中打开帮助窗口,可以带参数
helpdesk	在浏览器中打开帮助窗口,显示帮助的首页
doc	在帮助窗口中显示函数查询的结果
demo	在帮助窗口显示例子程序

在 MATLAB 的命令行窗口输入 help,输出结果见图 1-24。

```
>> help
```

图 1-24　Help 命令输出结果

在图 1-24 中的命令行窗口中,我们可以看到快速入门资源和打开帮助浏览器,单击后将弹出浏览器教程,具体如图 1-25 与图 1-26 所示。

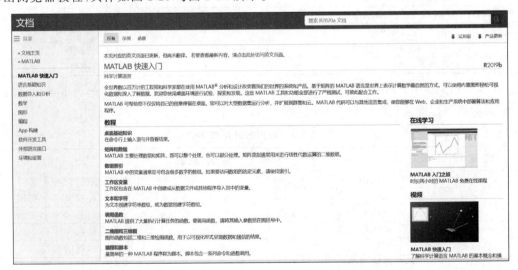

图 1-25　MATLAB 快速入门资源

1.6.2　MATLAB 联机帮助系统

用户可以选择 MATLAB 主界面的 Help Product Help 命令,或在命令行窗口输入 helpdesk 或 doc 命令后,将在浏览器中打开 MATLAB 的帮助系统,如图 1-27 所示。MATLAB 的帮助系统和以前版本的帮助系统有很大的差别,新版的 MATLAB 帮助系统浏览器窗口增加了许多功能,也有视频教程。

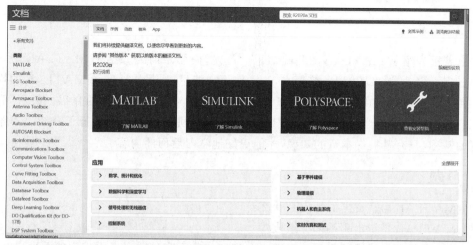

图 1-26　MATLAB 打开帮助浏览器

图 1-27　MATLAB 的查询界面

在 MATLAB 的命令行窗口输入 doc std，或在如图 1-27 所示的查询窗口中输入 std，可以查询函数 std() 的帮助信息，如图 1-28 所示。左侧的 Search Results 选项列出了所有函数 std() 的重载函数，用户可以用鼠标进行选择，并查看该函数的详细情况。

图 1-28　利用帮助系统进行函数查询

1.7　本章小结

本章着重介绍了 MATLAB 的基础知识。首先,向用户简要介绍了 MATLAB 语言本身的历史、安装、启动和卸载过程。接下来,为了使用户能尽早、尽快地熟悉 MATLAB 的操作环境,对 MATLAB 重要的窗口界面进行了详尽但不烦琐、生动而非死板的介绍。最后,为了有利于用户后面进一步的学习,又对 MATLAB 语言的联机帮助系统等进行了介绍。本章是全书学习的基础,只有掌握好本章的知识,才能更好地学习后面的内容。

1.8　习题

(1) MATLAB 语言突出的特点是什么?

(2) MATLAB 系统由哪些部分组成?

(3) MATLAB 操作桌面有哪几个窗口? 如何使某个窗口脱离桌面成为独立窗口?

(4) 如何启动 M 文件编辑/调试器?

(5) 如何设置当前目录和搜索路径?

本章学习 MATLAB 的几种重要数据类型以及操作方法。同时，还将学习 MATLAB 的几种重要的数值计算方法：矩阵、数组和多项式等。对于那些熟悉其他高级语言（如 FORTRAN、Pascal、C++）的读者来说，本章对 MATLAB 卓越的数组处理能力、浩瀚而灵活的函数指令、丰富而友好的图形显示指令的介绍将使他们体验到解题视野的豁然开朗，感受到摆脱烦琐编程后的眉眼舒展。

从总体上讲，本章各节之间没有依从关系，即读者没有必要从头到尾系统阅读本章内容。读者完全可以根据需要阅读有关节次。除特别说明外，每节中的例题指令是独立完整的，因此读者可以很容易地在自己的计算机上实践。

2.1 数据类型

MATLAB 中定义了 15 种数据类型，基本数据类型是双精度数据类型和字符类型，MATLAB 的不同数据类型的变量或对象占用的内存空间不同，不同数据类型的变量或对象也具有不同的操作函数。本节将讨论这些数据类型及其用法。MATLAB 支持的主要数据类型如图 2-1 所示。

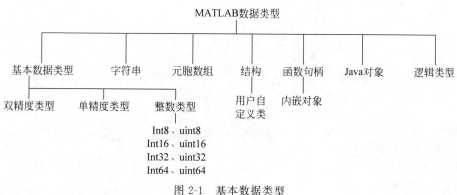

图 2-1　基本数据类型

2.1.1 字符串类型

在 MATLAB 中可能会遇到对字符和字符串的操作。字符串（string）能够显示在屏幕上，也可以用来构成一些命令，这些命令在其他的命令中用于求值或者被执行。字符串在数据的可视化、应用程序的交互方面起到非常重要的作用。

一个字符串是存储在一个行向量中的文本，这个行向量中的每一个元素代表一个字符,每一个字符占用两个字节的内存。实际上,元素中存放的是字符的内部代码,也就是 ASCII 码。当在屏幕上显示字符变量的值时,显示出来的是文本,而不是 ASCII 码值。由于字符串是以向量的形式来存储的,所以可以通过它的下标对字符串中的任何一个元素进行访问。字符矩阵也可以这样,但是它的每行字符数必须相同。

1. 字符串的创建方法

创建字符串时,只要将字符串的内容用单引号包括起来即可。

【例 2-1】 创建字符串。

```
>> a = 127
a =
127
>> class(a)
ans =
double
>> size(a)
ans =
     1     1
>> b = '127'
b =
127
>> class(b)
ans =
'char'
>> size(b)
ans =
     1     3
```

若需要在字符串内容中包含单引号,则在输入字符串内容时连续输入两个单引号即可。

使用 char 函数创建一些无法通过键盘输入的字符,该函数的作用是将输入的整数参数转变为相应的字符。

【例 2-2】 使用 char 函数创建一些无法通过键盘输入的字符。

```
>> S1 = char('Good','Job.')
S1 =
2×4 char 数组
    'Good'
    'Job.'
>> S2 = char('祝','老师','教师节','','快乐')
S2 =
    '祝'
    '老师'
    '教师节'
    '   '
    '快乐'
```

2. 字符串的基本操作

1) 字符串元素索引

字符串实际上也是一种 MATLAB 的向量或者数组,一般利用索引操作数组的方法都可以用来操作字符串。

2) 字符串拼接

字符串可以利用"[]"运算符进行拼接。

若使用","作为不同字符串之间的间隔,则相当于扩展字符串成为更长的字符串向量;若使用";"作为不同字符串之间的间隔,则相当于扩展字符串成为二维或者多维的数组,这时不同行上的字符串必须具有同样的长度。

3）字符串和数值的转换

使用 char 函数可以将数值转变为字符，使用 double 函数可以将字符转变成数值。

4）字符串操作函数

字符串操作函数如表 2-1 所示。

表 2-1　字符串操作函数

函 数	说 明
char	创建字符串，将数值转变成为字符串
double	将字符串转变成为 Unicode 数值
blanks	创建空白的字符串（由空格组成）
deblank	将字符串尾部的空格删除
ischar	判断变量是否是字符类型
strcat	水平组合字符串，构成更长的字符向量
strvcat	垂直组合字符串，构成字符串矩阵
strcmp	比较字符串，判断是否一致
strncmp	比较字符串前 n 个字符，判断是否一致
strcmpi	比较字符串，比较时忽略字符的大小写
strncmpi	比较字符串前 n 个字符，比较时忽略字符的大小写
findstr	在较长的字符串中查询较短的字符串出现的索引
strfind	在第一个字符串中查询第二个字符串出现的索引
strjust	对齐排列字符串
strrep	替换字符串中的子串
strmatch	查询匹配的字符串
upper	将字符串中的字母都转变成为大写字母
lower	将字符串中的字母都转变成为小写字母

（1）blanks：创建空白的字符串（由空格组成）。

【例 2-3】　使用 blanks 创建空字符串。

```
>> a = blanks(4)
a =
```

创建的空字符串如图 2-2 所示。

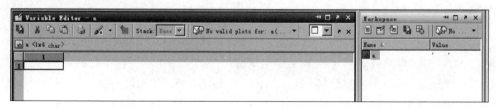

图 2-2　创建的空字符串

（2）deblank：将字符串尾部的空格删除。

【例 2-4】　使用 deblank 去掉字符串尾部空格。

```
>> a = 'Hello!   '
a =
'Hello!   '
>> deblank(a)
ans =
'Hello!'
```

```
>> whos
  Name       Size            Bytes  Class            Attributes
  a          1x6                12  char
  ans        1x6                12  char
Grand total is 15 elements using 30 bytes
```

（3）ischar：判断变量是否是字符型，变量为字符型，则结果为1；变量不为字符型，则结果为0。

【例2-5】 使用ischar判断变量是否为字符型。

```
>> a = 'Hello!'
a =
'Hello!'
>> ischar(a)
ans =
     logical
          1
>> b = 12;
>> ischar(b)
ans =
     logical
          0
```

（4）组合字符串（strcat和strvcat）。

strcat可以水平组合字符串，构成更长的字符向量。

strvcat函数允许将不同长度的字符串组合成为字符矩阵，并且将短字符串扩充为与长字符串相同的长度。

【例2-6】 分别使用strcat和strvcat对字符串a和b进行比较。

```
>> a = 'Hello';
>> b = 'MOTO!';
>> c = strcat(a,b)
c =
'HelloMOTO!'
>> d = strvcat(a,b ,c)
d =
'Hello'
'MOTO!'
'HelloMOTO!'
>> whos
Name      Size         Bytes  Class            Attributes
a         1x5             10  char
b         1x5             10  char
c         1x10            20  char
d         3x10            60  char
```

（5）比较字符串（strcmp和strncmp）。

strcmp：比较字符串，判断是否一致。

strncmp：比较字符串前n个字符，判断是否一致。

若比较结果为两者一致，则值为1，否则值为0。

【例2-7】 分别使用strcmp和strncmp对字符串a和b进行比较。

```
>> a = 'The first string';
>> b = 'The second string';
>> c = strcmp(a,b)
c =
```

```
        logical
            0
>> d = strncmp(a, b, 4)
d =
        logical
            1
```

（6）查找位置（findstr 和 strfind）。

findstr：在较长的字符串中查找较短的字符串出现的位置。

strfind：在第一个字符串中查找第二个字符串出现的位置。

【例 2-8】 分别使用 findstr 和 strfind 对字符串 S1 和 S2 进行查找操作。

```
>> S1 = 'A friend in need is a friend indeed';
>> S2 = 'friend';
>> a = findstr(S2, S1)
a =
     3    23
>> b = strfind(S2, S1)
b =
     []
>> c = strfind(S1, S2)
c =
     3    23
```

（7）strjust：对齐排列字符串。

strjust(S，'right')：右侧对齐字符串。

strjust(S，'left')：左侧对齐字符串。

strjust(S，'center')：中间对齐字符串。

【例 2-9】 对字符串 a、b、c 进行排列操作。

```
>> a = 'Hello';
>> b = 'MOTO!';
>> c = strcat(a, b)
c =
'HelloMOTO! '
>> d = strvcat(a, b, c)
d =
3×10 char 数组
'Hello'
'MOTO! '
'HelloMOTO! '
>> e = strjust(d, 'right')
e =
     3×10 char 数组
     'Hello'
     'MOTO! '
'HelloMOTO! '
```

（8）strrep：替换字符串中的子串。

【例 2-10】 使用 strrep 将字符串 S1 中的 firend 替换为 friend。

```
>> S1 = 'A firend in need is a firend indeed'
S1 =
A firend in need is a firend indeed
>> S2 = strrep(S1, 'firend', 'friend')
S2 =
A friend in need is a friend indeed
```

（9）strmatch：查询匹配的字符串。

有两种语法格式：

```
x = strmatch(str, strarray)
x = strmatch(str, strarray, 'exact')
```

第一种语法格式比较 str 和 strarray，看 strarray 中是否有 str 这个字符串，如果有，返回 str 在 strarray 中的位置，只要找到 str 即可，不需要严格相同；第二种语法格式与第一种语法格式的区别在于要严格相同。

【例 2-11】 使用 strmatch 查询字符串 a 和 b 中分别匹配 max 的字符串。

```
>> a = strmatch('max',strvcat('max','minimax','maximum'))
a =
     1
     3
>> b = strmatch('max',strvcat('max','minimax','maximum'),'exact')
b =
     1
```

5）字符串转换函数

在 MATLAB 中使用不同的函数可以允许不同类型的数据和字符串类型的数据之间进行转换；在 MATLAB 中直接提供了相应的函数对同样类型的数据进行数制的转换。数字和字符之间的转换函数如表 2-2 所示。

表 2-2 数字和字符之间的转换函数

函 数	说 明
num2str	将数字转换为字符串
int2str	将整数转换为字符串
mat2str	将矩阵转换为可被 eval 函数使用的字符串
str2double	将字符串转换为双精度类型的数据
str2num	将字符串转换为数字
sprinf	将输出的数字转换为字符串，再格式化输出数据到命令行窗口
sscanf	读取格式化字符串并将其转换为数字

不同数值之间的转换函数如表 2-3 所示。

表 2-3 不同数值之间的转换函数

函 数	说 明
hex2num	将十六进制整数字符串转变成为双精度数据
hex2dec	将十六进制整数字符串转变成为十进制整数
dec2hex	将十进制整数转变成为十六进制整数字符串
bin2dec	将二进制整数字符串转变成为十进制整数
dec2bin	将十进制整数转变成为二进制整数字符串
base2dec	将指定数制类型的数字字符串转变成为十进制整数
dec2base	将十进制整数转变成为指定数制类型的数字字符串

函数 str2num 在使用时需要注意：被转换的字符串仅能包含数字、小数点、字符 e 或者 d、数字的正号或者负号、复数的虚部字符 i 或者 j，使用时要注意空格。

【例 2-12】 使用 str2num 函数将字符串转换为数字。

```
>> A = str2num('1 + 2i')
A =
```

```
   1.0000 + 2.0000i
>> B = str2num('1 + 2i')
B =
   1.0000 + 0.0000i        0 + 2.0000i
>> C = str2num('1 + 2i')
C =
   1.0000 + 2.0000i
>> whos
Name   Size     Bytes  Class           Attributes
A      1x1         16  double complex
B      1x2         32  double complex
C      1x1         16  double complex
```

也可以使用 str2double 函数避免上述问题，但 str2double 函数只能转换标量，不能转换矩阵或者数组。使用函数 num2str 将数字转换成为字符串时，可以指定字符串所表示的有效数字位数。

【例 2-13】 使用 num2str 函数将数字转换成为字符串。

```
>> A = num2str(rand(2,2),4)
A =
0.8913      0.4565
0.7621      0.0185
>> B = num2str(rand(2,2),6)
B =
0.921813     0.176266
0.738207     0.405706
```

6) 格式化输入输出

MATLAB 可以进行格式化的输入输出，用于 C 语言的格式化控制符都可以用于 MATLAB 的格式化输入输出函数，如表 2-4 所示。

表 2-4 MATLAB 的格式化输入输出函数

控制符	说　明	控制符	说　明
％c	显示内容为单一的字符	％G	不定，在％E 或者％f 之间选择一种形式
％d	有符号的整数	％o	八进制表示
％e	科学记数法，使用小写的 e	％s	字符串
％E	科学记数法，使用大写的 E	％u	无符号整数
％f	浮点数据	％x	十六进制表示，使用小写的字符
％g	不定，在％e 或者％f 之间选择一种形式	％X	十六进制表示，使用大写的字符

在 MATLAB 中，有两个函数用来进行格式化的输入和输出：

（1）sscanf（读取格式化字符串），例如：

A = sscanf(s,format)   A = sscanf(s,format,size)

（2）sprintf（格式化输出数据到命令行窗口），例如：

S = sprintf(format,A, …)

【例 2-14】 分别使用 sscanf(s,format)、sscanf(s,format,size)、sprintf(format,A,…)对字符串 S1、S2、S3 进行格式化输出。

```
>> S1 = '2.7183 3.1416';
>> S2 = '2.7183e3 3.1416e3';
>> S3 = '0 2 4 8 16 32 64 128';
>> A = sscanf(S1,'%f')
A =
    2.7183
```

```
       3.1416
>> B = sscanf(S2,'% e')
B =
    1.0e + 003 *
    2.7183
    3.1416
>> C = sscanf(S3,'% d')
C =
       0
       2
       4
       8
      16
      32
      64
     128
>> S1 = '0 2 4 8 16 32 64 128';
>> A = sscanf(S3,'% d')
A =
       0
       2
       4
       8
      16
      32
      64
     128
>> B = sscanf(S3,'% d',1)
B =
       0
>> C = sscanf(S3,'% d',3)
C =
       0
       2
       4
>> A = 1/eps;B = - eps;
>> C = [65,66,67,pi];
>> D = [pi,65,66,67];
>> S1 = sprintf('% +15.5f',A)
S1 =
 + 4503599627370496.00000
>> S2 = sprintf('% +.5e',B)
S2 =
 - 2.22045e - 016
>> S3 = sprintf('% s % f',C)
S3 =
ABC3.141593
>> S4 = sprintf('% s % f % s',D)
S4 =
3.141593e + 00065.000000BC
```

注意: 格式化字符串中若包含了＋,则表示在输出的字符串中包含数据的符号。对于整数数值进行格式化输出时,可以直接将向量转变成为字符串。如果输出的数据与相应的格式化字符串不匹配,则输出为数值最常见的形式。MATLAB 提供了 input 函数来完成获取用户输入数据的功能,以满足能够和用户的输入进行交互的需要:

A＝input(prompt): 参数 prompt 为提示用的字符串。

A＝input(prompt,'s'): 若有 s,则输入的数据为字符串;没有 s,则输入的数据为双精度数据。

【例 2-15】 input 函数的使用方法。

```
>> A = input('随便输入数字: ')
随便输入数字: 264
A =
  264
>> B = input('随便输入数字: ','s')
随便输入数字: 264
B =
264
>> whos
  Name      Size                 Bytes  Class     Attributes
  A         1x1                      8  double
  B         1x3                      6  char
```

2.1.2 数值

MATLAB 的基本数值类型变量或者对象主要用来描述基本的数值对象。

MATLAB 还存在其他一些数值类型的数据：常量数据、空数组或空矩阵等。常量数据是指在使用 MATLAB 过程中由 MATLAB 提供的公共数据，常量数据可以通过数据类型转换的方法转换到不同的数据类型，还可以被赋予新的数值。在创建数组或者矩阵时，可以使用空数组或空矩阵辅助创建数组或者矩阵。

1. 基本数值类型

MATLAB 的基本数值类型如表 2-5 所示。

表 2-5　基本数值类型

数 据 类 型	说　　明	字　节　数
double	双精度数据类型	8
sparse	稀疏矩阵数据类型	N/A
single	单精度数据类型	4
uint8	无符号 8 位整数	1
uint16	无符号 16 位整数	2
uint32	无符号 32 位整数	4
uint64	无符号 64 位整数	8
int8	有符号 8 位整数	1
int16	有符号 16 位整数	2
int32	有符号 32 位整数	4
int64	有符号 64 位整数	8

class 函数可以用来获取变量或对象的类型，也可以用来创建用户自定义的数据类型。

【例 2-16】 class 函数的使用样例。

```
>> A = [1 2 3];
>> class(A)
ans =
'double'
>> whos
  Name      Size                 Bytes  Class     Attributes
  A         1x3                     24  double
  ans       1x6                     12  char
Grand total is 9 elements using 36 bytes
>> B = int16(A);
>> class(B)
ans =
int16
```

```
>> whos
  Name      Size                Bytes  Class     Attributes
  A         1x3                    24  double
  B         1x3                     6  int16
  ans       1x5                    10  char
```

📖 MATLAB和C语言在处理数据类型和变量时的区别:在C语言中,任何变量在使用之前必须声明,然后赋值,在声明变量时就指定了变量的数据类型;在MATLAB中,任何数据变量都不需要预先声明,MATLAB将自动地将数据类型设置为双精度类型。

注意:MATLAB系统默认的运算都是针对双精度类型的数据或变量。稀疏矩阵的元素仅能使用双精度类型的变量。Sparse类型的数据变量和整数类型数据、单精度数据类型变量之间的转换是非法的。在进行数据类型转换时,若输入参数的数据类型就是需要转换的数据类型,则MATLAB忽略转换,保持变量的原有特性。

2. 整数类型数据运算

整数类型数据的运算函数如表2-6所示。

表2-6 整数类型数据的运算函数

函　数	说　明	函　数	说　明
bitand	数据位"与"运算	bitxor	数据位"异或"运算
bitcmp	按照指定的数据位数求数据的补码	bitset	将指定的数据位设置为1
bitor	数据位"或"运算	bitget	获取指定的数据位数值
bitmax	最大的浮点整数数值	bitshift	数据位移操作

📖 参与整数运算的数据都必须大于0。

(1) bitand:数据位"与"操作函数。

【例2-17】 使用bitand函数对数据A和B进行与操作。

```
>> A = 86;B = 77;
>> C = bitand(A,B)
C =
    68
>> a = uint16(A);b = uint16(B);
>> c = bitand(a,b)
c =
    68

86 的补码:         01010110
77 的补码:         01001101
"与"运算的结果: 01000100
>> whos
  Name      Size                Bytes  Class     Attributes
  A         1x1                     8  double
  B         1x1                     8  double
  C         1x1                     8  double
  a         1x1                     2  uint16
  b         1x1                     2  uint16
  c         1x1                     2  uint16
Grand total is 6 elements using 30 bytes
```

(2) bitset:将指定的数据位设置为"1"函数。

【例2-18】 使用bitset函数对数据A进行操作。

```
>> A = 86;
>> dec2bin(A)
ans =
'1010110'
>> B = bitset(A,6)
B =
    118
>> dec2bin(B)
ans =
'1110110'
>> C = bitset(A,7,0)
C =
    22
>> dec2bin(C)
ans =
'10110'
```

   📖   bitset(A,B,C)函数根据输入的第二个参数设置相应的数据位的数值,若不指定第三
        个参数,则将相应的数据位设置为"1",否则根据输入的第三个参数设置相应的数
        据位。

（3）bitget：数据位操作函数,用于获取指定的数据位数值。

用法：bitget(A,B),根据输入的第二个参数获取指定的数据位的数值。

【例 2-19】 使用 bitget 函数获取数据 A 指定数据位的值。

```
>> A = 86;
>> dec2bin(A)
ans =
'1010110'
>> bitget(A,6)
ans =
     0
>> bitget(A,3)
ans =
     1
>> A = 86;
>> bitget(A,6)
ans =
     0
>> bitget(A,3)
ans =
     1
```

（4）bitshift：数据位移动操作函数。

用法：bitshift(A,B),函数第二个参数为正,则左移;第二个参数为负,则右移。

【例 2-20】 使用 bitshift 函数对数据进行移位操作。

```
>> A = 86;
>> dec2bin(A)
ans =
'1010110'
>> D = bitshift(A,4);
>> dec2bin(D)
ans =
'10101100000'
>> E = bitshift(A, - 4);
>> dec2bin(E)
```

```
ans =
'101'
>> A = 86;
>> D = bitshift(A,4)
D =
        1376
>> E = bitshift(A, - 4)
E =
     5
```

3. MATLAB 的常量

MATLAB 的常用常量如表 2-7 所示。

表 2-7　MATLAB 的常用常量

常　　量	说　　明
ans	最近运算的结果
eps	浮点数相对精度,定义为 1.0 到最近浮点数的距离
realmax	MATLAB 能表示的实数的最大绝对值
realmin	MATLAB 能表示的实数的最小绝对值
pi	圆周率的近似值 3.1415926
i,j	复数的虚部数据最小单位
inf 或 Inf	表示正无穷大,定义为 1/0
NaN 或 nan	NaN(Not a Number)表示"不明确的数值结果",它产生于 $0 \times inf$、$0/0$、inf/inf 等运算

  eps、realmax、realmin 三个常量具体的数值与运行 MATLAB 的计算机相关,不同的计算机系统可能具有不同的数值。

  MATLAB 的常量是可以赋予新的数值的,一旦被赋予了新的数值,则常量代表的就是新值,而不是原有的值,只有执行 clear 命令后,常量才会恢复原来的值。下例将进行演示。

【例 2-21】　使用 clear 命令将 pi 恢复原值。

```
>> pi = 100
pi =
  100
>> clear
>> pi
ans =
   3.1416
```

  将 inf 应用于函数,计算结果可能为 inf 或 NaN。进行数据转换时,Inf 将获取相应数据类型的最大值,而 NaN 返回相应整数数据类型的数值 0,浮点数类型则仍然为 NaN。

【例 2-22】　inf 或 NaN 的使用样例。

```
>> A = Inf;
>> class(A)
ans =
'double'
>> B = int16(A)
B =
   32767
>> C = sin(A)
C =
   NaN
>> sin(C)
```

```
ans =
    NaN
>> class(C)
ans =
double
>> int64(C)
ans =
     0
>> int32(C)
ans =
     0
```

4. 空数组

空数组不意味着什么都没有,空数组类型的变量在 MATLAB 的工作空间中是存在的。

【例 2-23】 创建空数组。

```
>> A = []
A =
     []
>> B = ones(2,3,0)
B =
    空的 2×3×0 double 数组
>> C = randn(2,3,4,0)
C =
    空的 2×3×4×0 double 数组
>> whos
  Name      Size           Bytes  Class      Attributes
  A         0x0                0  double
  B         2x3x0              0  double
  C         4 - D              0  double
Grand total is 0 elements using 0 bytes
```

使用空数组,可以将大数组删除部分行或列,还可以删除多维数组的某一页。

【例 2-24】 使用空数组对大数组进行列删除操作。

```
>> A = reshape(1:24,4,6)
A =
     1     5     9    13    17    21
     2     6    10    14    18    22
     3     7    11    15    19    23
     4     8    12    16    20    24
>> A(:,[2 3 4]) = []
  A =
     1    17    21
     2    18    22
     3    19    23
     4    20    24
```

📖 思考:如何删除第 2、3 行?

2.1.3 函数句柄

函数句柄(function handle)是 MATLAB 的一种数据类型。引入函数句柄是为了使 feval 及借助于它的泛函指令工作更可靠;特别在反复调用情况下更显效率;使函数调用像变量调用一样方便灵活;提高函数调用速度,提高软件重用性,扩大子函数和私用函数的可调用范围;迅速获得同名重载函数的位置、类型信息。MATLAB 中函数句柄的使用使得函数也可以成为输入变量,并且能很方便地调用,提高函数的可用性和独立性。

函数句柄可以理解成一个函数的代号,就像一个人的名字,这样在调用时可以调用函数句柄而不用调用该函数。

创建函数句柄需要用到操作符@,创建函数句柄的语法如下:

```
fhandle = @function_filename
```

调用函数时就可以调用该句柄,可以实现同样的功能。

例如:fhandle = @sin,就创建了 sin 的句柄,输入 fhandle(x)其实就是 sin(x)的功能。

2.1.4 逻辑类型和关系运算

逻辑(logical)运算又称布尔运算。布尔用数学方法研究逻辑问题,成功地建立了逻辑演算。他用等式表示判断,把推理看作等式的变换。这种变换的有效性不依赖于人们对符号的解释,只依赖于符号的组合规律。这一逻辑理论常称为布尔代数。20 世纪 30 年代,逻辑代数在电路系统上获得应用,随后,由于电子技术与计算机的发展,出现各种复杂的大系统,它们的变换规律也遵守布尔所揭示的规律。逻辑运算(logical operation)通常用来测试真假值。最常见到的逻辑运算就是循环的处理,用来判断是否该离开循环或继续执行循环内的指令。

关系的基本运算有两类:一类是传统的集合运算(并、差、交等),另一类是专门的关系运算(选择、投影、连接、除法、外连接等),有些查询需要几个基本运算的组合,要经过若干步骤才能完成。

1. 逻辑数据类型

在 MATLAB 中逻辑类型包含 true 和 false,分别由 1 和 0 表示。在 MATLAB 中用函数 logical()将任何非零的数值转换为 true,将数值 0 转换为 false。逻辑类型的数据只能通过数值类型转换,或者使用特殊的函数生成相应类型的数组或者矩阵。逻辑类型的数组每一个元素仅占用一个字节的内存空间。

创建逻辑类型数据的函数如表 2-8 所示。

表 2-8 创建逻辑类型数据的函数

函　　数	说　　明
logical	将任意类型的数组转变为逻辑类型数组,其中非零元素为真,零元素为假
true	产生逻辑真值数组
false	产生逻辑假值数组

【例 2-25】 逻辑数据类型 logical、true、false 的使用样例。

```
>> A = eye(3)
A =
     1     0     0
     0     1     0
     0     0     1
>> B = logical(A)
B =
     1     0     0
     0     1     0
     0     0     1
>> C = true(size(A))
C =
     1     1     1
     1     1     1
     1     1     1
>> C = true(3,3)
>> D = false([size(A),2])
```

```
D(:,:,1) =
     0    0    0
     0    0    0
     0    0    0
D(:,:,2) =
     0    0    0
     0    0    0
     0    0    0
>> whos
  Name      Size           Bytes  Class      Attributes
  A         3x3               72  double
  B         3x3                9  logical
  C         3x3                9  logical
  D         3x3x2             18  logical
```

在使用 true 或者 false 函数创建逻辑类型数组时,若不指明参数,则创建一个逻辑类型的标量。在 MATLAB 中有些函数以 is 开头,这类函数是用来完成某种判断功能的函数。

例如:

isnumeric(*):判断输入的参数是否为数值类型。

islogical(*):判断输入的参数是否为逻辑类型。

【例 2-26】 isnumeric 与 islogical 的使用方法。

```
>> a = true
a =
    logical
     1
>> b = false
b =
    logical
     0
>> c = 1
c =
    logical
     1
>> isnumeric(a)
ans =
    logical
     0
>> isnumeric(c)
ans =
    logical
     1
>> islogical(a)
ans =
    logical
     1
>> islogical(b)
ans =
    logical
     1
>> islogical(c)
ans =
    logical
     0
```

2. 逻辑运算

能够处理逻辑类型数据的运算叫作逻辑运算。参与逻辑运算的操作数不一定是逻辑类型的变量或常量,其他类型的数据也可以进行逻辑运算,但运算结果一定是逻辑类型的数据。

MATLAB 的逻辑运算符及其作用如表 2-9 所示。

表 2-9　MATLAB 的逻辑运算符及其作用

运　算　符	说　明
&&	具有短路作用的逻辑与操作,仅能处理标量
||	具有短路作用的逻辑或操作,仅能处理标量
&	元素与操作
|	元素或操作
~	逻辑非操作
xor	逻辑异或操作
any	当向量中的元素有非零元素时,返回真
all	当向量中的元素都是非零元素时,返回真

具有短路作用的逻辑"与"操作(&&)和"或"操作(‖),在进行 a && b && c && d 运算时,若 a 为假(0),则后面的 3 个变量都不再被处理,运算结束,并返回运算结果逻辑假(0);同样,进行 a‖b‖c‖d 运算时,若 a 为真(1),则后面的 3 个变量都不再被处理,运算结束,并返回运算结果逻辑真(1)。

【例 2-27】 对数据 a、b、c、d 进行"与"操作(&&)和"或"操作(‖)。

```
>> a = 0;b = 1;c = 2;d = 3;
>> a&&b&&c&&d
ans =
    logical
       0
>> a = 0;b = 2;c = 6;d = 8;
>> a&&b&&c&&d
ans =
    logical
       0
>> a = 10;b = 1;c = 2;d = 3;
>> a||b||c||d
ans =
    logical
       1
>> a = 10;b = 0;c = 7;d = 9;
>> a||b||c||d
ans =
    logical
       1
>> whos
  Name      Size            Bytes  Class      Attributes
  a         1x1                 8  double
  ans       1x1                 1  logical
  b         1x1                 8  double
  c         1x1                 8  double
  d         1x1                 8  double
```

函数 any 和 all 针对矩阵中每一列进行处理,any 在一列元素有非零值时返回逻辑真,all 在一列元素均为非零值时返回逻辑真。

【例 2-28】 使用 any 和 all 分别对数据 a、b、c 进行操作。

```
>> a = [1 2 3 0];
>> any(a)
ans =
    logical
       1
```

```
>> all(a)
ans =
    logical
       0
>> b = [ 0 0 0 0 ];
>> any(b)
ans =
    logical
       0
>> all(b)
ans =
    logical
       0
>> c = [1 2 3 4];
>> any(c)
ans =
    logical
       1
>> all(c)
ans =
    logical
       1
>> a = [1 0 2;3 0 0;1 3 0;1 1 1]
a =
       1       0       2
       3       0       0
       1       3       0
       1       1       1
>> any(a)
ans =
    1×3 logical 数组
       1       1       1
>> all(a)
ans =
    1×3 logical 数组
       1       0       0
```

3. 关系运算

MATLAB 的关系运算符如表 2-10 所示。

表 2-10 MATLAB 的关系运算符

运 算 符	说 明	运 算 符	说 明
==	等于	>	大于
~=	不等于	<=	小于或等于
<	小于	>=	大于或等于

参与关系运算的操作数可以是各种数据类型的变量或者常数,其运算结果是逻辑类型的数据。标量可以和数组(或矩阵)进行比较,比较时自动扩展标量,返回的结果是和数组同维的逻辑类型数组。若比较的是两个数组,则数组必须是同维的,且每一维的尺寸必须一致。利用()和各种运算符相结合,可以完成复杂的关系运算。

【例 2-29】 灵活运用()进行运算操作。

```
>> A = reshape( - 4:4,3,3)
A =
     - 4     - 1       2
     - 3       0       3
     - 2       1       4
```

```
>> A > = 0
ans =
     0     0     1
     0     1     1
     0     1     1
>> B = ~(A > = 0)
B =
     3 × 3 logical 数组
     1     1     0
     1     0     0
     1     0     0
>> whos
Name      Size         Bytes    Class      Attributes
A         3x3            72      double
B         3x3             9      logical
ans       3x3             9      logical
Grand total is 27 elements using 90 bytes
>> C = (A > 0)&(A < 3)
C =
     0     0     1
     0     0     0
     0     1     0
>> A > 0
ans =
     0     0     1
     0     0     1
     0     1     1
>> A < 3
ans =
     1     1     1
     1     1     0
     1     1     0
A =
    - 4    - 1      2
    - 3      0      3
    - 2      1      4
```

逻辑索引：将逻辑类型的数据应用于索引就构成了逻辑索引,利用逻辑索引可以方便地从矩阵或者数组中找到某些符合条件的元素。

MATLAB中运算符的优先级从高到低如下：

(1) 括号(())。

(2) 数组转置(.'),数组幂(.^),矩阵转置('),矩阵幂(^)。

(3) 一元加(+),一元减(−),逻辑非(~)。

(4) 数组乘法(.*),数组右除(./),数组左除(.\),矩阵乘法(*),矩阵右除(/),矩阵左除(\)。

(5) 加法(+),减法(−)。

(6) 冒号运算符(:)。

(7) 小于(<),小于或等于(<=),大于(>),大于或等于(>=),等于(==),不等于(~=)。

(8) 元素与(&)。

(9) 元素或(|)。

(10) 短路逻辑与(&&)。

(11) 短路逻辑或(||)。

2.1.5　结构类型

结构(structure)是包含一组记录的数据类型,记录存储在相应的字段中,结构的字段可以是任意一种 MATLAB 数据类型的变量或者对象,结构类型的变量可以是一维的、二维的或者多维的数组,在访问结构类型数据的元素时,需要使用下标配合字段的形式。

1. 结构的创建

结构的创建有两种方法——直接赋值和利用 struct 函数创建。

1) 直接赋值创建结构

直接用结构的名称,配合操作符"."和相应的字段的名称完成结构的创建。创建是直接给字段赋具体的数值。

【例 2-30】 Student 结构的创建。

```
>> Student.name = 'Way';
>> Student.age = 26;
>> Student.grade = uint16(1);
>> whos
  Name      Size    Bytes   Class     Attributes
  Student   1x1     520     struct
>> Student
Student =
包含以下字段的 struct:
    name: 'Way'
    age: 26
    grade: 1
```

MATLAB 会自动扩展结构数组的尺寸,对于没有赋值的字段,则直接创建空数组。

【例 2-31】 空结构数组的创建。

```
>> Student([])
ans =
    name
    age
    grade
```

2) 利用 struct 函数创建结构

struct 函数的基本语法如下:

struct-name＝struct(field1,val1,field2,val2,…)

struct-name＝struct(field1,{val1},field2,{val2},…)

【例 2-32】 使用 struct 函数创建 Student 结构。

```
>> Student = struct('name','Way','age',26,'grade',uint16(1))
Student =
包含以下字段的 struct:
    name: 'Way'
    age: 26
    grade: 1
>> whos
Name      Size    Bytes   Class     Attributes
Student   1x1     520     struct

>> Student = struct('name',{'Deni','Sherry'},'age',{22,24},'grade',{2,3})
Student =
包含以下字段的 1×2 struct 数组:
    name
    age
    grade
>> whos
  Name          Size              Bytes   Class     Attributes
  Student       1x2               868     struct
```

```
>> Student = struct('name',{},'age',{},'grade',{})
Student =
0x0 struct array with fields:
    name
    age
    grade
>> whos
  Name          Size              Bytes  Class
  Student       0x0                 192  struct array
Grand total is 0 elements using 192 bytes
```

可以使用 repmat 函数给结构制作复本。

【例 2-33】 使用 repmat 函数给 Student 结构制作复本。

```
>> Student = repmat(struct('name','Way','age',26,'grade',uint16(1)),1,2)
Student =
1x2 struct array with fields:
    name
    age
    grade
>> Student = repmat(struct('name','Way','age',26,'grade',uint16(1)),1,3)
Student =
包含以下字段的 1×3 struct 数组:
    name
    age
    grade

>> Student(1)
ans =
    name : 'Way'
     age : 26
   grade : 1
>> Student(2)
ans =
      包含以下字段的 struct:
    name : 'Way'
     age : 26
grade : 1
```

2. 结构的基本操作

对于结构的基本操作其实是对结构数组元素包含的记录的操作,其中包括结构记录数据的访问和字段的增加和删除。

1) 访问结构数组元素包含的记录的方法

可以直接使用结构数组的名称和字段的名称以及操作符“.”完成相应的操作,也可以使用动态字段的形式利用动态字段形式访问结构数组元素,便于利用函数完成对结构字段数据的重复操作。

基本语法结构如下:

```
struct – name(expression)
```

【例 2-34】 直接使用结构数组的名称(Student)和字段的名称访问其中的元素。

```
>> Student = struct('name',{'Deni','Sherry'},'age',{22,24},'grade',{2,3},
                    'score',{rand(3) * 10,randn(3) * 10});
>> Student
Student =
包含以下字段的 1×2 struct 数组:
```

```
    name
    age
    grade
    score
>> Student(2).score
ans =
   - 4.3256      2.8768    11.8916
  - 16.6558   - 11.4647   - 0.3763
     1.2533     11.9092     3.2729
```

利用动态字段的形式可以通过编写函数对记录的数据进行统一的运算操作。

【例 2-35】 使用动态字段对 Student 中的数据进行统一操作。

```
>> Student(2).score(1,:)
ans =
   - 4.3256      2.8768    11.8916
>> Student.name
ans =
'Deni'
ans =
'Sherry'
>> Student.('name')
ans =
'Deni'
ans =
'Sherry'
```

2）对结构数据进行计算

若对结构数组的某一个元素的字段代表的数据进行计算,则和使用 MATLAB 普通的变量一样操作;若对结构数组的某一个字段的所有的数据进行同一种操作,则需要使用[]符号将该字段包含起来。

【例 2-36】 对 Student 的数据求平均值。

```
>> mean(Student(1).score)        % mean 函数用来求解列向量的平均值
ans =
    6.1736      6.1210      7.5269
>> mean([Student.score])
ans =
    6.1736      6.1210      7.5269    - 6.5761      1.1071      4.9294
```

3）内嵌结构

当结构的字段代表了另一个结构时,则称其为内嵌结构,创建内嵌结构可以使用直接赋值的方法,也可以使用 struct 函数完成。

【例 2-37】 使用直接赋值的方法创建内嵌结构。

```
>> Student = struct('name',{'Deni','Sherry'},'age',{22,24},
                    'grade',{2,3},'score',{rand(3) * 10,randn(3) * 10});
>> Class.numble = 1;
>> Class.Student = Student;
>> whos
Name        Size              Bytes  Class
Class       1x1                1188  struct array
Student     1x2                 932  struct array
Grand total is 83 elements using 2120 bytes
>> Class
Class =
    包含以下字段的 struct:
    numble: 1
Student: [1x2 struct]
```

【例2-38】 使用struct函数创建内嵌结构。

```
>> Class = struct('numble',1,'Student',struct('name',{'Way','Deni'}))
Class =
    包含以下字段的 struct:
      numble: 1
Student: [1x2 struct]
```

4)结构操作函数

结构操作函数如表2-11所示。

表 2-11　结构操作函数

函　　数	说　　明
struct	创建结构或将其他数据类型转变成结构
fieldnames	获取结构的字段名称
getfield	获取结构字段的数据
setfield	设置结构字段的数据
rmfield	删除结构的指定字段
isfield	判断给定的字符串是否为结构的字段名称
isstruct	判断给定的数据对象是否为数据类型
orderfields	将结构字段排序

(1) setfield函数：设置结构字段的数据。

(2) fieldnames函数：获取结构的字段名称。

【例2-39】 使用fieldnames函数获取S结构的字段名称。

```
>> Class = struct('numble',1,'Student',struct('name',{'Way','Deni'}));
fieldnames(Class)
ans =
2×1 cell 数组
    {'numble' }
    {'Student'}
```

(3) getfield函数：获取结构字段的数据。

【例2-40】 用getfield函数获取S结构的字段数据。

```
>> A = getfield(S,{1,1},'name')
A =
1
>> B = getfield(S,{2,2},'ID')
B =
包含以下字段的 1×2 struct 数组:
    name
```

(4) orderfields函数：能够将结构的字段按照字符序号排列。

【例2-41】 用orderfields函数对S3结构字段排序。

```
>> S3 = orderfields(S)
S3 =
Student: [1×2 struct]
numble: 1
```

(5) rmfield函数：删除结构的指定字段。

【例2-42】 用rmfield函数删除S4的ID字段。

```
>> S4 = rmfield(S,'ID')
S4 =
```

```
包含以下字段的 struct:
Student: [1×2 struct]
```

（6）isfield 函数：判断给定的字符串是否为结构的字段名称。

【例 2-43】 使用 isfield 函数判断 name 和 id 字段是否分别属于结构 A 和 B。

```
>> A = isfield(S,'name')
A =
    logical
        0
>> B = isfield(S,'id')
B =
    logical
        0
```

（7）isstruct 函数：判断给定的数据对象是否为结构类型。

【例 2-44】 使用 isstruct 函数判断数据 S 是否为结构类型。

```
>> isstruct(S)
ans =
    logical
        1
```

（8）cell2struct 函数：将元胞数组转变成为结构。

（9）struct2cell 函数：将结构转变成为元胞数组。

（10）deal 函数：处理标量时，将标量的数值依次赋值给相应的输出。

【例 2-45】 使用 deal 函数依次给 Y1、Y2、Y3 赋值。

```
>> X = 3;
>> [Y1,Y2,Y3] = deal(X)
Y1 =
     3
Y2 =
     3
Y3 =
     3
```

deal 函数处理元胞数组时，将元胞数组中的元胞依次赋值给相应的输出。

【例 2-46】 使用 deal 函数依次给元胞数组赋值并输出。

```
>> X = {rand(3),'2',1};
>> [Y1,Y2,Y3] = deal(X{:})
Y1 =
    0.9501    0.4860    0.4565
    0.2311    0.8913    0.0185
    0.6068    0.7621    0.8214
Y2 =
    2
Y3 =
    1
```

2.1.6　元胞数组类型

元胞数组（cell）是 MATLAB 的一种特殊数据类型，可以将元胞数组看作为一种无所不包的通用矩阵（广义矩阵），组成元胞数组的元素可以是任何一种数据类型的常数或常量。数据类型可以是字符串、双精度数、稀疏矩阵、元胞数组、结构或其他 MATLAB 数据类型。每一个元胞数据可以是标量、向量、矩阵、N 维数组，每一个元素可以具有不同的尺寸和内存空间，每一个元素的内容可以完全不同,元胞数组的元素叫作元胞。元胞数组的内存空间是动态分配的,它的维数不受限制。访问元胞数组的元素可以使用单下标方式或全下标方式。

表 2-12 为元胞数组和结构数组的异同。

表 2-12　元胞数组和结构数组的异同

内　　容	元胞数组对象	结构数组对象
基本元素	元胞	结构
基本索引	全下标方式、单下标方式	全下标方式、单下标方式
可包含的数据类型	任何数据类型	任何数据类型
数据的存储	元胞	字段
访问元素的方法	花括号和索引	圆括号、索引和字段名

1. 元胞数组的创建

(1) 使用运算符"{}"将不同类型和尺寸的数据组合在一起构成一个元胞数组。

【例 2-47】　构造元胞数组 A。

```
>> A = {zeros(2,2,2),'Hello';17.35,1:100}
A =
    [2x2x2 double]    'Hello'
    [   17.3500]    [1x100 double]
>> whos
  Name  Size  Bytes  Class    Attributes
  A     2x2   1298   cell
```

对于内容较多的元胞,显示的内容将为元胞的数据类型和尺寸。

(2) 将数组的每一个元素用"{}"括起来,然后再用数组创建的符号"[]"将数组的元素括起来构成一个元胞数组。

【例 2-48】　创建由数组元素构成的元胞数组。

```
>> B = [{zeros(2,2,2)},{'Hello'};{17.35},{1:100}]
B =
    {[2x2x2 double]} {'Hello'        }
    {[   17.3500]} {[1x100 double]}
>> whos
  Name  Size  Bytes  Class    Attributes
  B     2x2   1298   cell
```

(3) 用"{}"创建一个元胞数组,MATLAB 能够自动扩展数组的尺寸,没有明确赋值的元素作为空元胞数组存在。

【例 2-49】　用"{}"创建一个元胞数组。

```
>> C = {1}
C =
    1×1 cell 数组
    {[1]}
>> whos
  Name  Size  Bytes  Class    Attributes
  C     1x1   112    cell
>> C(2,2) = {3}
C =
    2×2 cell 数组
    {0x0 double}    {0x0 double}
    {0x0 double}    {[        3]}
>> whos
  Name  Size  Bytes  Class    Attributes
  C     2x2   136    cell
```

（4）用函数 cell 创建元胞数组。该函数可以创建一维、二维或者多维元胞数组，但创建的数组都为空元胞。

【例 2-50】 用函数 cell 创建元胞数组。

```
>> A = cell(1)
A =
    1×1 cell 数组
    {0x0 double}
>> B = cell(2,3)
B =
    2×3 cell 数组
    {0x0 double}    {0x0 double}    {0x0 double}
    {0x0 double}    {0x0 double}    {0x0 double}
>> C = cell(2,2,2)
C(:,:,1) =
    {0x0 double}    {0x0 double}
    {0x0 double}    {0x0 double}
C(:,:,2) =
    {0x0 double}    {0x0 double}
    {0x0 double}    {0x0 double}
>> whos
  Name      Size            Bytes  Class     Attributes
  A         1x1                 8  cell
  B         2x3                48  cell
  C         2x2x2              64  cell
```

元胞数组的每个空元胞占用 4 字节的内存空间，元胞数组占用的内存空间和元胞数组的内容有关，不同的元胞数组占用的内存空间不同。

2．元胞数组的基本操作

元胞数组的基本操作包括：对元胞数组元胞和元胞数据的访问、修改，元胞数组的扩展、收缩或者重组。操作数值数组的函数也可以应用在元胞数组上。

1）元胞数组的访问

使用圆括号"（）"直接访问元胞数组的元胞，获取的数据也是一个元胞数组。

【例 2-51】 使用圆括号"（）"直接访问元胞数组的元胞。

```
>> A = [{zeros(2,2,2)},{'Hello'};{17.35},{1:100}]
A =
    2×2 cell 数组
    {[2x2x2 double]}    {'Hello'        }
    {[    17.3500]}    {[1x100 double]}
>> B = A(1,2)
B =
    1×1 cell 数组
    {'Hello'}
>> class(B)
ans =
'Cell'
>> whos
Name      Size          Bytes  Class     Attributes
A         2x2            1298  cell
B         1x1             114  cell
ans       1x4               8  char
```

使用大括号"｛｝"直接访问元胞数组的元胞，获取的数据是字符串。

【例 2-52】 使用大括号"｛｝"直接访问元胞数组的元胞。

```
>> A = [{zeros(2,2,2)},{'Hello'};{17.35},{1:100}]
A =
    2 × 2 cell 数组
    {[2x2x2 double]}    {'Hello'       }
    {[      17.3500]}   [1x100 double]}
>> C = A{1,2}
C =
'Hello'
>> class(C)
ans =
'Char'
>> whos
Name      Size          Bytes   Class     Attributes
A         2x2            1298    cell
C         1x5              10    char
ans       1x4               8    char
```

【例2-53】 将大括号"{}"和圆括号"()"结合起来使用访问元胞元素内部的成员。

```
>> A = [{zeros(2,2,2)},{'Hello'};{17.35},{1:10}]
A =
    2 × 2 cell 数组
    {[2x2x2 double]}    {'Hello'       }
    {[      17.3500]}   {[1x10 double]}
>> D = A{1,2}(2)
D =
'e'
>> E = A{2,2}(5:end)
E =
    5    6    7    8    9    10
>> class(E)
ans =
'double'
>> F = A{4}([1 3 5])
F =
    1    3    5
>> whos
  Name      Size         Bytes   Class     Attributes
  A         2x2           578    cell
  D         1x1             2    char
  E         1x6            48    double
  F         1x3            24    double
  ans       1x6            12    char
```

2) 元胞数组的扩充(其方法和数值数组大体相同)

【例2-54】 元胞数组的扩充样例。

```
>> A = [{zeros(2,2,2)},{'Hello'};{17.35},{1:10}]
A =
    2 × 2 cell 数组
    {[2x2x2 double]}    {'Hello'       }
    {[      17.3500]}   {[1x10 double]}
>> B = cell(2)
B =
    2 × 2 cell 数组
    {0x0 double}    {0x0 double}
    {0x0 double}    {0x0 double}
>> B(:,1) = {char('Hello','Welcome');10: -1:5}
B =
```

```
      2×2 cell 数组
      {[2x7 char    ]}        {0x0 double}
      {[1x6 double]}          {0x0 double}
>> C = [A,B]
C =
      2×4 cell 数组
      {[2x2x2 double]}    {'Hello'    }    {[2x7 char    ]}    {0x0 double}
      {[    17.3500]}     {[1x10 double]}  {[1x6 double]}      {0x0 double}
>> D = [A,B;C]
D =
      4×4 cell 数组
      {[2x2x2 double]}    {'Hello'    }    {[2x7 char    ]}    {0x0 double}
      {[    17.3500]}     {[1x10 double]}  {[1x6 double]}      {0x0 double}
      {[2x2x2 double]}    {'Hello'    }    {[2x7 char    ]}    {0x0 double}
      {[    17.3500]}     {[1x10 double]}  {[1x6 double]}      {0x0 double}
>> whos
  Name      Size           Bytes  Class     Attributes
  A         2x2              578  cell
  B         2x2              300  cell
  C         2x4              878  cell
  D         4x4             1756  cell
```

3）元胞数组的收缩和重组和数值数组大体相同

【例 2-55】 元胞数组的收缩。

```
D =
    [2x2x2 double]    'Hello'         [2x7 char    ]    []
    [    17.3500]     [1x10 double]   [1x6 double]      []
    [2x2x2 double]    'Hello'         [2x7 char    ]    []
    [    17.3500]     [1x10 double]   [1x6 double]      []
>> D(2,:) = []
D =
    [2x2x2 double]    'Hello'         [2x7 char    ]    []
    [2x2x2 double]    'Hello'         [2x7 char    ]    []
    [    17.3500]     [1x10 double]   [1x6 double]      []
```

【例 2-56】 元胞数组的重组。

```
>> E = reshape(D,2,2,3)
E(:,:,1) =
    [2x2x2 double]    [17.3500]
    [2x2x2 double]    'Hello'
E(:,:,2) =
    'Hello'           [2x7 char]
    [1x10 double]     [2x7 char]
E(:,:,3) =
    [1x6 double]      []
    []                []
```

4）元胞数组的操作函数

元胞数组的操作函数如表 2-13 所示。

表 2-13 元胞数组的操作函数

函　　数	说　　明
cell	创建空的元胞数组
cellfun	为元胞数组的每个元胞执行指定的函数
celldisp	显示所有元胞的内容
cellplot	利用图形方式显示元胞数组
cell2mat	将元胞数组转变成为普通的矩阵
mat2cell	将普通的矩阵转变成为元胞数组

函　数	说　明
num2cell	将数值数组转变成为元胞数组
deal	将输入参数赋值给输出
cell2struct	将元胞数组转变成为结构
struct2cell	将结构转变成为元胞数组
iscell	判断输入是否为元胞数组

（1）cellfun 函数：主要功能是对元胞数组的元素（元胞）分别指定不同的函数，如表 2-14 所示。

表 2-14　在 cellfun 函数中可用的函数

函　数	说　明
isempty	若元胞元素为空,则返回逻辑真
islogical	若元胞元素为逻辑类型,则返回逻辑真
isreal	若元胞元素为实数,则返回逻辑真
length	元胞元素的长度
ndims	元胞元素的维数
prodofsize	元胞元素包含的元素个数

【例 2-57】　对元胞数组的元素（元胞）分别指定不同的函数。

```
>> A = {rand(2,2,2),'Hello',pi;17,1 + i,magic(5)}
A =
    2 × 3 cell 数组
    {[2x2x2 double]}    {'Hello'          }    {[3.1416]    }
    {[          17]}    {[1.0000 + 1.0000i]}    {[5x5 double]}
>> B = cellfun('isreal',A)
B =
    2 × 3 logical 数组
    1    1    1
    1    0    1
>> C = cellfun('length',A)
C =
    2    5    1
    1    1    5
```

cellfun 函数还有以下两种用法：

cellfun('size',C,K)——获取元胞数组元素第 K 维的尺寸。

cellfun('isclass',C,classname)——判断元胞数组的数据类型。

【例 2-58】　获取元胞数组 A 元素第 1 维的尺寸并判断元胞数组 A 的数据类型。

```
A =
    {[2x2x2 double]}    {'Hello'          }              {[3.1416]    }
    {[          17]}    {[1.0000 + 1.0000i]}              {[5x5 double]}
>> D = cellfun('size',A,1)
D =
    2    1    1
    1    1    5
>> E = cellfun('size',A,2)
E =
    2    5    1
    1    1    5
>> F = cellfun('isclass',A,'double')
F =
    2 × 3 logical 数组
    1    0    1
    1    1    1
```

（2）celldisp 函数：显示所有元胞数组的内容。

【**例 2-59**】 使用 celldisp 函数显示元胞数组 A 的内容。

```
>> A = {rand(2,2,2),'Hello',pi;17,1 + i,magic(5)}
A =
    2×3 cell 数组
    {[2x2x2 double]}    {'Hello'              }    {[        3.1416]}
    {[            17]}    {[1.0000 + 1.0000i]}    {[5x5 double]      }
>> celldisp(A)
A{1,1} =

(:,:,1) =
    0.1389    0.1987
    0.2028    0.6038
(:,:,2) =

    0.2722    0.0153
    0.1988    0.7468
A{2,1} =
    17

A{1,2} =
    Hello

A{2,2} =
    1.0000 + 1.0000i
A{1,3} =
    3.1416
A{2,3} =
    17    24     1     8    15
    23     5     7    14    16
     4     6    13    20    22
    10    12    19    21     3
    11    18    25     2     9
```

（3）cellplot 函数：利用图形方式显示元胞数组。

【**例 2-60**】 使用 cellplot 函数显示元胞数组 A。

```
>> A = {rand(2,2,2),'Hello',pi;17,1 + i,magic(5)}
A =
    2×3 cell 数组
    {[2x2x2 double]}    {'Hello'              }    {[        3.1416]}
    {[            17]}    {[1.0000 + 1.0000i]}    {[5x5 double]      }
>> cellplot(A)
```

元胞数组 A 的图形显示如图 2-3 所示。

（4）cell2mat 函数：将元胞数组转变成为普通的矩阵。

【**例 2-61**】 cell2mat 函数样例。

```
>> A = {[1] [2 3 4]; [5; 9] [6 7 8; 10 11 12]}
A =
    2×2 cell 数组
    {[1]              }    {[1x3 double]}
    {[2x1 double]}    {[2x3 double]}
>>  B = cell2mat(A)
B =
    1     2     3     4
    5     6     7     8
    9    10    11    12
>> a = {[1 2 3;5 6 7],[4;8];[9 10 ],[11 12]}
```

```
a =
    2 × 2 cell 数组
    {[2x3 double]}    {[2x1 double]}
    {[1x2 double]}    {[1x2 double]}
>> b = cell2mat(a)
b =
     1     2     3     4
     5     6     7     8
     9    10    11    12
>> C = {[1 2;5 6],[3 4];[9 10],[7 8;11 12]}
C =
    2 × 2 cell 数组
    {[2x2 double]}    {[1x2 double]}
    {[1x2 double]}    {[2x2 double]}
>> D = cell2mat(C)
D =
     1     2     3     4
     5     6     7     8
     9    10    11    12
```

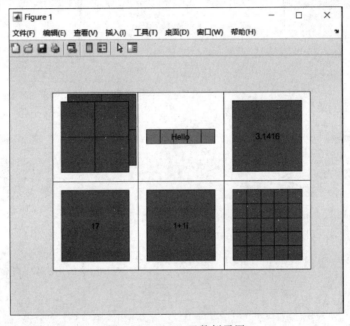

图 2-3   cellplot 函数例子图

（5）mat2cell 函数：将普通的矩阵转变为元胞数组。

【例 2-62】 使用 mat2cell 函数将矩阵 X 转变为元胞数组。

```
>> X = [1 2 3 4; 5 6 7 8; 9 10 11 12]
X =
     1     2     3     4
     5     6     7     8
     9    10    11    12
>> Y = mat2cell(X,[1 2],[1 3])
Y =
    [   1]          [1x3 double]
    [2x1 double]    [2x3 double]
```

（6）num2cell 函数：将数值数组转变为元胞数组。

【例 2-63】 使用 num2cell 函数将数值数组 X 转变为元胞数组。

```
>> X = [1 2 3 4; 5 6 7 8; 9 10 11 12]
X =
     1     2     3     4
     5     6     7     8
     9    10    11    12
>> Y = num2cell(X)
Y =
    3 × 4 cell 数组
    {[1]}    {[ 2]}    {[ 3]}    {[ 4]}
    {[5]}    {[ 6]}    {[ 7]}    {[ 8]}
    {[9]}    {[10]}    {[11]}    {[12]}

>> Y = num2cell(X,2)
Y =
    3 × 1 cell 数组
    [1x4 double]
    [1x4 double]
    [1x4 double]
>> Z = num2cell(X,1)
Z =
    [3x1 double]    [3x1 double]    [3x1 double]    [3x1 double]
>> M = num2cell(X,[1,2])
M =
    1 × 1 cell 数组
    [3x4 double]
```

2.2 数组及其操作

所谓数组,就是相同数据类型的元素按一定顺序排列的集合,也就是把有限个类型相同的变量用一个名字命名,然后用编号区分这些变量的集合,这个名字称为数组名,编号称为下标。组成数组的各个变量称为数组的分量,也称为数组的元素,有时也称为下标变量。数组是在程序设计中,为了处理方便,把具有相同类型的若干变量按有序的形式组织起来的一种形式。这些按序排列的同类数据元素的集合称为数组。

MATLAB 的一个重要功能就是能够进行向量和矩阵运算,因此向量和矩阵在 MATLAB 中具有非常重要的位置。MATLAB 中向量和矩阵主要用数组来表示,数组是 MATLAB 的核心数据结构。

2.2.1 创建数组

数组的创建包括一维数组和二维数组的创建。一维数组的创建包括一维行向量和一维列向量的创建。创建一维行向量和一维列向量的主要区别在于创建数组时数组元素是行排列还是列排列。

创建一维行向量即以左方括号开始,以空格或逗号为间隔输入元素值,最后以右方括号结束。由于数组元素值以空格隔开,复数作为数组元素时中间不能输入空格。

MATLAB 中可以利用冒号生成等差数组。语法为

数组名 = 起始值:增量:结束值

增量为正,代表递增;增量为负,代表递减。默认增量为 1。

创建一维列向量,则需要把所有数组元素用分号分隔开,并用方括号把数组元素括起来。也可通过转置运算符将已经创建好的行向量转置为列向量。

创建二维数组与创建一维数组的方式类似。在创建二维数组时,用逗号或者空格区分同一行的不同元素,用分号或者回车区分不同行。

【例 2-64】 创建二维数组。

```
>> A = [1,2,3,4,5,6,7,8,9]
A =
     1    2    3    4    5    6    7    8    9
>> A = 1:9
A =
     1    2    3    4    5    6    7    8    9
>> A = 1:2:9
A =
     1    3    5    7    9
>> A = [1;2;3;4;5;6]
A =
     1
     2
     3
     4
     5
     6
>> A = [1 1 + i 2 − i 3 5];
>> B = A'
B =
   1.0000
   1.0000 − 1.0000i
   2.0000 + 1.0000i
   3.0000
   5.0000
>> A = [1,2,3;4,5,6]
A =
     1    2    3
     4    5    6
```

MATLAB 还提供了大量的库函数用于生成特殊的数组,详见表 2-15。

表 2-15　生成特殊数组的函数

函　　数	功　　能	语　　法	备　　注
eye	生成单位矩阵	Y＝eye(n) Y＝eye(m,n) Y＝ eye(size(A))	
linspace	生成线性分布的向量	Y＝linspace(a,b) Y＝ linspace(a,b,n)	生成从 a 到 b 之间的 n 个 (默认值 100)均匀数
ones	用于生成全部元素为 1 的数组	Y＝ ones(n) Y＝ones(m,n) Y＝ones([m n]) Y＝ones(size(A))	
rand	生成随机数组,数组元 素值均匀分布	Y＝rand Y＝rand(n) Y＝rand(m,n) Y＝rand(size(A))	
randn	生成随机数组,数组元 素值正态分布	Y＝randn Y＝randn(n) Y＝randn(m,n) Y＝randn(size(A))	
zeros	用于生成全部元素为 0 的数组	Y＝zeros(n) Y＝zeros(m,n) Y＝zeros(size(A))	

2.2.2 数组操作

1. 数组寻址

数组中包含多个元素,因此对数组的单个元素或多个元素进行访问操作时,需要对数组进行寻址操作。在 MATLAB 中,数组寻址通过对数组下标的访问实现,MATLAB 中提供 end 参数表示数组的末尾。

MATLAB 在内存中以列的方向保存二维数组,对于一个 m 行 n 列的数组,i、j 分别表示行、列的索引,二维数组的寻址可表示为 A(i,j);如果采用单下标寻址,则数组中元素的下标 k 表示为(j−1)∗m+i。

【例 2-65】 数组寻址样例。

```
>> A = randn(1,6)
A =
    0.8156    0.7119    1.2902    0.6686    1.1908   −1.2025
>> A(5)
ans =
    1.1908
>> A([1 3 4 6])
ans =
    0.8156    1.2902    0.6686   −1.2025
>> A(3:5)
ans =
    1.2902    0.6686    1.1908
>> A(3:end)
ans =
    1.2902    0.6686    1.1908   −1.2025

>> A = randn(3,4)
A =
   −0.0198    0.2573   −0.8051   −0.9219
   −0.1567   −1.0565    0.5287   −2.1707
   −1.6041    1.4151    0.2193   −0.0592
>> A(6)
ans =
    1.4151
>> A(3,2)
ans =
1.4151
```

2. 数组的扩展与裁剪

数组的扩展指改变数组现有的大小,增加新的数组元素,使得数组的行数或者列数增加;而数组的裁剪指从现有的数组中抽出部分数组元素,组成一个维数更小的新数组。

1) 数组的扩展

赋值扩展是数组扩展中较为常用的方法。如果有一个 m 行 n 列的数组 A,要通过赋值来扩展该数组,可以使用超出目前数组大小的索引数字,并对该位置的数组元素进行赋值来完成对数组的扩展,同时未指定的新位置默认赋值为 0。

【例 2-66】 数组的扩展样例。

```
>> X = [1 2 3;4 5 6;7 8 9];        % 数组的赋值扩展
>> X(4,4) = 10
X =
    1    2    3    0
    4    5    6    0
    7    8    9    0
```

```
         0      0      0     10
>> X(:,5) = 20
X =
         1      2      3      0     20
         4      5      6      0     20
         7      8      9      0     20
         0      0      0     10     20
>>   xx = X(:,[1:5,1:5])
xx =
     1    2    3    0   20    1    2    3    0   20
     4    5    6    0   20    4    5    6    0   20
     7    8    9    0   20    7    8    9    0   20
     0    0    0   10   20    0    0    0   10   20
>> Y = ones(2,5)
Y =
     1      1      1      1      1
     1      1      1      1      1
>> xy_r = [X;Y]
xy_r =
         1      2      3      0     20
         4      5      6      0     20
         7      8      9      0     20
         0      0      0     10     20
         1      1      1      1      1
         1      1      1      1      1
>> xy_c = [X,Y(:,1:4)']
xy_c =
         1      2      3      0     20      1      1
         4      5      6      0     20      1      1
         7      8      9      0     20      1      1
         0      0      0     10     20      1      1
```

2) 数组的裁剪

MATLAB 中通常采用冒号操作符裁剪数组,冒号操作符的使用方法为

```
B = A([x1,x2,…],[y1,y2,…])
```

其中,[x1,x2,…]表示行索引向量,[y1,y2,…]表示列索引向量。该式表示提取数组 A 的 x1,x2 等行,y1,y2 等列,组成一个新的数组。当某一索引值的位置上不是数字,而是冒号,则表示提取此索引位置的所有数组元素。

3. 数组元素的删除

删除数组元素,可以通过将该位置的数组元素赋值为空方括号"[]",一般配合冒号使用,将数组中的某些行、列元素删除。需要注意的是,在进行数组元素的删除时,索引值必须是完整的行或列,而不能是数组内部的元素块或者单个元素。

【例 2-67】 数组元素的删除样例。

```
>> X = rand(6,6)
X =
    0.9501    0.4565    0.9218    0.4103    0.1389    0.0153
    0.2311    0.0185    0.7382    0.8936    0.2028    0.7468
    0.6068    0.8214    0.1763    0.0579    0.1987    0.4451
    0.4860    0.4447    0.4057    0.3529    0.6038    0.9318
    0.8913    0.6154    0.9355    0.8132    0.2722    0.4660
    0.7621    0.7919    0.9169    0.0099    0.1988    0.4186
>> X(3,:)
ans =
    0.6068    0.8214    0.1763    0.0579    0.1987    0.4451
```

```
>> X(1:2:6,2:2:6)
ans =
     0.4565     0.4103     0.0153
     0.8214     0.0579     0.4451
     0.6154     0.8132     0.4660
>> X([1,2,5],[2,3,6])
ans =
     0.4565     0.9218     0.0153
     0.0185     0.7382     0.7468
     0.6154     0.9355     0.4660
>> X([1,2],:) = []
X =
     0.6068     0.8214     0.1763     0.0579     0.1987     0.4451
     0.4860     0.4447     0.4057     0.3529     0.6038     0.9318
     0.8913     0.6154     0.9355     0.8132     0.2722     0.4660
     0.7621     0.7919     0.9169     0.0099     0.1988     0.4186
>> X(1:2:4,:) = []
X =
     0.4860     0.4447     0.4057     0.3529     0.6038     0.9318
     0.7621     0.7919     0.9169     0.0099     0.1988     0.4186
>> X(:,[1,2,3,4]) = []
X =
     0.6038     0.9318
     0.1988     0.4186
```

4. 数组的查找和排序

1) 数组的查找

MATLAB 提供数组查找函数 find,它能够查找数组中的非零数组元素,并返回其数组索引值。find 函数的语法如下。

indices = find(X):找出矩阵 X 中的所有非零元素,并将这些元素的线性索引值返回到向量 indices 中。

indices = find(X,k):返回第一个非零元素 k 的索引值。

indices = find(X,k,'first'):返回第一个非零元素 k 的索引值。

indices = find(X,k,'last'):返回最后一个非零元素 k 的索引值。

[i,j] = find(X,…):返回矩阵 X 中非零元素的行和列的索引值。

[i,j,v] = find(X,…):返回 X 中非零元素的值向量 v,同时返回行和列的索引值。

其中,indices 表示非零元素的下标值,i、j 分别表示行下标向量和列下标向量,v 表示非零元素向量。

在实际应用中,经常通过多重逻辑关系组合产生逻辑数组,判断数组元素是否满足某种比较关系,然后通过 find 函数返回符合比较关系的元素索引,从而实现数组元素的查找。

2) 数组的排序

sort 函数可对任意给定的数组进行排序。语法为

```
B = sort(A)
B = sort(A,dim)
B = sort(…,mode)
[B,IX] = sort(…)
```

其中,B 为返回的排序后的数组,A 为输入待排序数组,当 A 为多维数组时,用 dim 指定需要排序的维数(默认为 1);mode 为排序的方式,可以取值为 ascend 和 descend,分别表示升序和降序,默认为升序;IX 用于存储排序后的下标数组。

【例 2-68】 数组的查找和排序样例。

```
>> X = [3 2 0; -5 0 7; 0 0 1]
>> [i,j] = find((X>2)&(X<9))
i =
    1
    2
j =
    1
    3
>> sort(X,1)                  % 以列维方向排序
ans =
   -5    0    0
    0    0    1
    3    2    7
>> sort(X,1,'descend')       % '1'表示列维降序排序
ans =
    3    2    7
    0    0    1
   -5    0    0
>>  [B,IX] = sort(X,2)       % '2'表示列维降序排序
B =
    0    2    3
   -5    0    7
    0    0    1
IX =
    3    2    1
    1    2    3
    1    2    3
```

5. 数组的运算

MATLAB 中数组的加减乘除运算是按元素对元素方式进行的。数组的加减法为数组对应元素的加减法,利用运算符"＋"和"－"实现该运算。相加或相减的两个数组必须有相同的维数,或者是数组同标量相加减。

数组的乘除法为对应数组元素的乘除,通过运算符". ＊"和". /"实现。相乘或相除的两个数组必须具有相同的维数,或者是数组同标量相乘除。

数组幂运算用符号". ^"实现,表示对元素的幂。数组幂运算以 3 种方式进行:底为数组、底为标量、底和指数均为数组。当底和指数均为数组时,要求两个数组具有相同的维数。

【例 2-69】 数组的加减乘除等运算样例。

```
>> A = ones(3,3)
A =
    1    1    1
    1    1    1
    1    1    1
>> B = rand(3)
B =
    0.8462    0.6721    0.6813
    0.5252    0.8381    0.3795
    0.2026    0.0196    0.8318
>> C1 = A + B
C1 =
    1.8462    1.6721    1.6813
    1.5252    1.8381    1.3795
    1.2026    1.0196    1.8318
>> C2 = A - B
C2 =
    0.1538    0.3279    0.3187
    0.4748    0.1619    0.6205
```

```
    0.7974        0.9804        0.1682
>> C3 = A. * B
C3 =
    0.8462        0.6721        0.6813
    0.5252        0.8381        0.3795
    0.2026        0.0196        0.8318
>> C4 = A. /B
C4 =
    1.1817        1.4878        1.4678
    1.9042        1.1931        2.6352
    4.9347       50.9178        1.2022
>> A = [1 2 3 4;5 6 7 8;9 10 11 12];
>> B = [1 1 1 1;2 2 2 2;3 3 3 3];
>> A.^2
ans =
     1      4      9     16
    25     36     49     64
    81    100    121    144
>> 2.^A
ans =
        2           4           8          16
       32          64         128         256
      512        1024        2048        4096
>> A.^B
ans =
        1           2           3           4
       25          36          49          64
      729        1000        1331        1728
```

6. 数组操作函数

MATLAB 中提供了大量库函数对数组进行特定的操作,如表 2-16 所示。

表 2-16 对数组进行特定操作的库函数

函　　数	语　　法	说　　明
cat	C＝cat(dim，A，B)	按指定维方向扩展数组
diag	X＝diag(v,k) X＝diag(v) v＝diag(X,k) v＝diag(X)	提取对角元素或生成对角矩阵。k＝0 表示主对角线,k>0 表示对角线上方,k<0 表示对角线下方
flipud	B＝flipud(A)	以数组水平中线为对称轴,交换上下对称位置上的数组元素
fliplr	B＝fliplr(A)	以数组垂直中线为对称轴,交换左右对称位置上的数组元素
repmat	B＝repmat(A,m,n)	以指定的行数和列数复制数组 A
reshape	B＝reshape(A,m,n)	以指定的行数和列数重新排列数组 A
size	[m,n]＝size(X) m＝size(X,dim)	返回数组的行数和列数
length	n＝length(X)	返回 max(size(x))

【例 2-70】 操作数组函数样例。

```
>> A = [1,2;3,4];
>> B = [5,6;7,8];
>> cat(1,A,B)
ans =
     1      2
```

```
        3        4
        5        6
        7        8
>> cat(2, A, B)
ans =
        1        2        5        6
        3        4        7        8
>> A = rand(5)
A =
    0.0592    0.8744    0.7889    0.3200    0.2679
    0.6029    0.0150    0.4387    0.9601    0.4399
    0.0503    0.7680    0.4983    0.7266    0.9334
    0.4154    0.9708    0.2140    0.4120    0.6833
    0.3050    0.9901    0.6435    0.7446    0.2126
>> x = diag(A, 1)
x =
    0.8744
    0.4387
    0.7266
    0.6833
>> B = diag(x, 1)
B =
         0    0.8744         0         0         0
         0         0    0.4387         0         0
         0         0         0    0.7266         0
         0         0         0         0    0.6833
         0         0         0         0         0
A =
    0.0592    0.8744    0.7889    0.3200    0.2679
    0.6029    0.0150    0.4387    0.9601    0.4399
    0.0503    0.7680    0.4983    0.7266    0.9334
    0.4154    0.9708    0.2140    0.4120    0.6833
    0.3050    0.9901    0.6435    0.7446    0.2126
>> C = flipud(B)
C =
         0         0         0         0         0
         0         0         0         0    0.6833
         0         0         0    0.7266         0
         0         0    0.4387         0         0
         0    0.8744         0         0         0
>> D = fliplr(B)
D =
         0         0         0    0.8744         0
         0         0    0.4387         0         0
         0    0.7266         0         0         0
    0.6833         0         0         0         0
         0         0         0         0         0
>> A = randn(2)
A =
   -0.4326    0.1253
   -1.6656    0.2877
>> B = repmat(A, 1, 2)
B =
   -0.4326    0.1253   -0.4326    0.1253
   -1.6656    0.2877   -1.6656    0.2877
>> C = reshape(B, 4, 2)
C =
   -0.4326   -0.4326
   -1.6656   -1.6656
    0.1253    0.1253
```

```
      0.2877    0.2877
>> size(C)
ans =
      4     2
>> size(C,1)
ans =
      4
```

2.3 矩阵及其操作

矩阵(matrix)是指纵横排列的二维数据表格,最早来自方程组的系数及常数所构成的方阵。矩阵的研究历史悠久,拉丁方阵和幻方在史前年代已有人研究。在数学名词中,矩阵用来表示统计数据等方面的各种有关联的数据。这个定义很好地解释了"Matrix 代码制造世界"的数学逻辑基础。

矩阵的运算是数值分析领域的重要问题。将矩阵分解为简单矩阵的组合可以在理论和实际应用上简化矩阵的运算。对一些应用广泛而形式特殊的矩阵,例如稀疏矩阵和准对角矩阵,有特定的快速运算算法。在天体物理、量子力学等领域,也会出现无穷维的矩阵,是矩阵的一种推广。

MATLAB 意为矩阵工厂(矩阵实验室),MATLAB 的基本数据单位就是矩阵,它的指令表达式与数学、工程中常用的形式十分相似,可见学好 MATLAB 的矩阵运算是极其重要且非常具有实用价值的。

有些读者常常将二维数组和矩阵相互混淆,很多书中对于此的说明也有所疏忽,故笔者在这里简单说明二维数组和矩阵的关系:二维数组具有线性变换含义时称为矩阵,否则称为数组。从数据结构的形式上,两者没有区别。

2.3.1 创建矩阵

在 MATLAB 中,有多种矩阵的创建方法,下面将一一介绍,用户在使用时应根据实际情况,选择最优方法。

1. 直接输入法

将矩阵的元素用方括号括起来,按矩阵行的顺序输入各元素,同一行的各元素之间用空格或逗号分隔,不同行的元素之间用分号分隔。

【例 2-71】 直接输入法建立矩阵 A。

```
>> A = [16  3  2  13;5  10  11  8;9  6  7  12;4  15  14  1]
A =
    16     3     2    13
     5    10    11     8
     9     6     7    12
     4    15    14     1
```

2. M 文件建立矩阵

对于比较大且比较复杂的矩阵,可以为它专门建立一个 M 文件。

具体方法是:启动有关编辑程序或 MATLAB 文本编辑器,并输入待建矩阵。把输入的内容存盘(设文件名为 mymatrix.m)。运行该 M 文件,就会自动建立一个名为 A 的矩阵,可供以后使用。

3. 利用矩阵编辑器 Array Editor 创建矩阵

先在命令窗口输入

```
>> A = 1
```

再在 Workspace 窗口双击该变量,打开矩阵编辑器,进行输入和修改。

4. 特殊矩阵的建立

特殊矩阵的建立函数如表 2-17 所示。

表 2-17　特殊矩阵的建立函数

函　　数	说　　明
zeros	产生元素全为 0 的矩阵
ones	产生元素全为 1 的矩阵
eye	产生单位矩阵
rand	产生均匀分布的随机数矩阵,数值范围为(0,1)
randn	产生均值为 0,方差为 1 的正态分布随机数矩阵
diag	获取矩阵的对角线元素,也可生成对角矩阵
tril	产生下三角矩阵
triu	产生上三角矩阵
pascal	产生帕斯卡矩阵
magic	产生魔方阵
vander	产生以向量 V 为基础向量的范德蒙矩阵
hilb	产生希尔伯特矩阵
toeplitz	产生托普利兹矩阵
compan	产生伴随矩阵

(1) zeros:产生全 0 矩阵(零矩阵)。

【例 2-72】　建立一个 3×3 零矩阵。

```
>> zeros(3)
ans =
     0     0     0
     0     0     0
     0     0     0
```

【例 2-73】　建立一个 3×2 零矩阵。

```
>> zeros(3,2)
ans =
     0     0
     0     0
     0     0
```

【例 2-74】　设 A 为 2×3 矩阵,则可以用 zeros(size(A))建立一个与矩阵 A 同样大小的零矩阵。

```
>> A = [1 2 3;4 5 6];        %产生一个 2×3 阶矩阵 A
>> zeros(size(A))            %产生一个与矩阵 A 同样大小的零矩阵
ans =
     0     0     0
     0     0     0
```

(2) ones:产生全 1 矩阵(幺矩阵)。

(3) eye:产生单位矩阵。

(4) rand:产生 0～1 均匀分布的随机矩阵。

【例 2-75】　创建在区间[20,50]内均匀分布的 5 阶随机矩阵。

```
>> x = 20 + (50 − 20) * rand(5)
x =
    44.4417    22.9262    24.7284    24.2566    39.6722
    47.1738    28.3549    49.1178    32.6528    21.0714
    23.8096    36.4064    48.7150    47.4721    45.4739
    47.4013    48.7252    34.5613    43.7662    48.0198
    38.9708    48.9467    44.0084    48.7848    40.3621
```

【例 2-76】 创建均值为 0.6、方差为 0.1 的 5 阶正态分布随机矩阵。

```
>> y = 0.6 + sqrt(0.1) * randn(5)
y =
    0.9272     0.8809     1.0549     0.5677     0.5905
    0.8299     0.2373     0.7028     0.5236     0.5479
    0.5040     0.2620     0.3613     0.7009     0.7985
    0.6929     0.3440     1.0333     0.6989     0.9457
    0.3510    − 0.3311    0.0588     0.3265     0.9508
```

此外，常用的函数还有 reshape(A, m, n)，它在矩阵总元素保持不变的前提下，将矩阵 A 重新排成 m×n 的二维矩阵。

（5）diag：获取矩阵的对角线元素，也可生成对角矩阵。

【例 2-77】 使用 diag 函数获取矩阵 A 的对角线元素。

```
>> A = [16  3  2  13;5  10  11  8;9  6  7  12;4  15  14  1]
A =
    16     3     2    13
     5    10    11     8
     9     6     7    12
     4    15    14     1
>> diag(A)
ans =
    16
    10
     7
     1
```

（6）tril：生成下三角矩阵。

【例 2-78】 使用 tril 函数生成矩阵 A 的下三角矩阵。

```
>> A = [16  3  2  13;5  10  11  8;9  6  7  12;4  15  14  1]
A =
    16     3     2    13
     5    10    11     8
     9     6     7    12
     4    15    14     1
>> tril(A)
ans =
    16     0     0     0
     5    10     0     0
     9     6     7     0
     4    15    14     1
```

（7）triu：产生上三角矩阵。

【例 2-79】 使用 triu 函数生成矩阵 A 的上三角矩阵。

```
>> A = [16  3  2  13;5  10  11  8;9  6  7  12;4  15  14  1]
A =
    16     3     2    13
     5    10    11     8
```

```
       9       6       7      12
       4      15      14       1
>> triu(A)
ans =
      16       3       2      13
       0      10      11       8
       0       0       7      12
       0       0       0       1
```

(8) pascal：生成帕斯卡矩阵。

帕斯卡矩阵是由杨辉三角形表组成的矩阵,杨辉三角形表是二次项$(x+y)^n$展开后的系数随自然数 n 的增大组成的一个三角形表。

【例 2-80】 生成一个 5 阶帕斯卡矩阵。

```
>> P = pascal(5)
P =
       1       1       1       1       1
       1       2       3       4       5
       1       3       6      10      15
       1       4      10      20      35
       1       5      15      35      70
```

【例 2-81】 求$(x+y)^5$的展开式。

```
>> pascal(6)
ans =
   Columns 1 through 5
       1       1       1       1       1       1
       1       2       3       4       5       6
       1       3       6      10      15      21
       1       4      10      20      35      56
       1       5      15      35      70     126
       1       6      21      56     126     252
```

(9) magic：产生魔方阵。

魔方矩阵有一个有趣的性质,其每行、每列及两条对角线上的元素和都相等。对于 n 阶魔方阵,其元素由 $1,2,3,\cdots,n^2$ 共 n^2 个整数组成。MATLAB 提供了求魔方矩阵的函数 magic(n),其功能是生成一个 n 阶魔方阵。

【例 2-82】 使用 magic 函数生成魔方阵。

```
>> A = magic(6)
A =
      35       1       6      26      19      24
       3      32       7      21      23      25
      31       9       2      22      27      20
       8      28      33      17      10      15
      30       5      34      12      14      16
       4      36      29      13      18      11
```

【例 2-83】 将 101～125 等 25 个数填入一个 5 行 5 列的表格中,使其每行每列及对角线的和均为 565。

```
>> M = 100 + magic(5)
M =
     117     124     101     108     115
     123     105     107     114     116
     104     106     113     120     122
     110     112     119     121     103
     111     118     125     102     109
```

(10) vander(V)：生成以向量 V 为基础向量的范德蒙矩阵。

范德蒙(Vandermonde)矩阵最后一列全为 1,倒数第二列为一个指定的向量,其他各列是其后列与倒数第二列的点乘积。可以用一个指定向量生成一个范德蒙矩阵。

【例 2-84】 生成范德蒙矩阵。

```
>> A = vander([3;4;3;5])
A =
      27       9       3       1
      64      16       4       1
      27       9       3       1
     125      25       5       1
```

(11) hilb(n)：生成希尔伯特矩阵。

希尔伯特矩阵(Hilbert matrix)是一种数学变换矩阵,正定且高度病态(即任何一个元素发生一点变动,整个矩阵的值和逆矩阵都会发生巨大变化),病态程度和阶数相关,故使用一般方法求逆会因为原始数据的微小扰动而产生不可靠的计算结果。MATLAB 中有一个专门求希尔伯特矩阵的逆的函数 invhilb(n),其功能是求 n 阶的希尔伯特矩阵的逆矩阵。

【例 2-85】 求 5 阶希尔伯特矩阵及其逆矩阵。

```
>> format rat        % 以有理形式输出
>> H = hilb(5)
H =
       1          1/2        1/3        1/4        1/5
       1/2        1/3        1/4        1/5        1/6
       1/3        1/4        1/5        1/6        1/7
       1/4        1/5        1/6        1/7        1/8
       1/5        1/6        1/7        1/8        1/9
>> H = invhilb(5)
H =
        25       - 300        1050       - 1400         630
      - 300        4800      - 18900       26880      - 12600
       1050      - 18900       79380      - 117600       56700
      - 1400       26880      - 117600      179200      - 88200
        630      - 12600       56700      - 88200        44100
```

(12) toeplitz：生成托普利兹矩阵。

托普利兹(Toeplitz)矩阵除第一行第一列外,其他每个元素都与其左上角的元素相同。即主对角线上的元素相等,平行于主对角线的线上的元素也相等。生成托普利兹矩阵的函数是 toeplitz(x,y),它生成一个以 x 为第一列,y 为第一行的托普利兹矩阵。这里 x,y 均为向量,两者不必等长。toeplitz(x)用向量 x 生成一个对称的托普利兹矩阵。

【例 2-86】 生成一个托普利兹矩阵。

```
>> T = toeplitz(1:6)
T =
  Columns 1 through 5
       1          2          3          4          5
       2          1          2          3          4
       3          2          1          2          3
       4          3          2          1          2
       5          4          3          2          1
       6          5          4          3          2
  Column 6
       6
       5
```

```
            4
            3
            2
            1
```

(13) compan：生成伴随矩阵。

MATLAB生成伴随矩阵的函数是compan(p)，其中p是一个多项式的系数向量，高次幂系数排在前，低次幂排在后。

【例2-87】 求多项式的 $x^3 - 7x + 6$ 的伴随矩阵。

```
>> p = [1,0, - 7,6];
>> compan(p)
ans =
            0            7            - 6
            1            0            0
            0            1            0
```

2.3.2 矩阵的运算

1. 算术运算

MATLAB的基本算术运算有＋(加)、－(减)、＊(乘)、/(右除)、\(左除)、^(乘方)、'(转置)。运算是在矩阵意义下进行的，单个数据的算术运算只是一种特例。

1) 矩阵加减运算

假定有两个矩阵A和B，则可以由A＋B和A－B实现矩阵的加减运算。运算规则是：若A和B矩阵的维数相同，则可以执行矩阵的加减运算，A和B矩阵的相应元素相加减。如果A与B的维数不相同，则MATLAB将给出错误信息，提示用户两个矩阵的维数不匹配。

2) 矩阵乘法运算

假定有两个矩阵A和B，若A为m×n矩阵，B为n×p矩阵，则C＝A＊B为m×p矩阵。

3) 矩阵除法运算

在MATLAB中，有两种矩阵除法运算：\和/，分别表示左除和右除。如果A矩阵是非奇异方阵，则A\B和B/A运算可以实现。A\B等效于A的逆左乘B矩阵，也就是inv(A)＊B，而B/A等效于A矩阵的逆右乘B矩阵，也就是B＊inv(A)。对于含有标量的运算，两种除法运算的结果相同。对于矩阵来说，左除和右除表示两种不同的除数矩阵和被除数矩阵的关系，一般 A\B≠B/A。

4) 矩阵的乘方运算

一个矩阵的乘方运算可以表示成A^x，要求A为方阵，x为标量。

5) 矩阵的转置运算

对实数矩阵进行行列互换。对复数矩阵进行共轭转置。特殊的操作符".'"共轭不转置。

6) 点运算

在MATLAB中，有一种特殊的运算，因为其运算符是在有关算术运算符前面加点，所以叫点运算。点运算符有.＊、./、.\和.^。两矩阵进行点运算是指它们的对应元素进行相关运算，要求两矩阵的维参数相同。

2. 关系运算

MATLAB提供了6种关系运算符：＜(小于)、＜＝(小于或等于)、＞(大于)、＞＝(大于或等于)、＝＝(等于)、～＝(不等于)。关系运算符的运算法则如下：

(1) 当两个比较量是标量时，直接比较两数的大小。若关系成立，关系表达式结果为1，否则为 0。

（2）当参与比较的量是两个维数相同的矩阵时,比较是对两矩阵相同位置的元素按标量关系运算规则逐个进行,并给出元素比较结果。最终的关系运算的结果是一个维数与原矩阵相同的矩阵,它的元素由 0 或 1 组成。

（3）当参与比较的一个是标量,而另一个是矩阵时,则把标量与矩阵的每一个元素按标量关系运算规则逐个比较,并给出元素比较结果。最终的关系运算的结果是一个维数与原矩阵相同的矩阵,它的元素由 0 或 1 组成。

3. 逻辑运算

MATLAB 提供了 3 种逻辑运算符:&(与)、|(或)和~(非)。逻辑运算的运算法则如下:

（1）在逻辑运算中,确认非零元素为真,用 1 表示,零元素为假,用 0 表示。

（2）设参与逻辑运算的是两个标量 a 和 b,那么,对于 a&b,若 a、b 全为非零时,运算结果为 1,否则为 0。对于 a|b,a、b 中只要有一个非零,运算结果为 1。对于~a,当 a 是零时,运算结果为 1;当 a 非零时,运算结果为 0。

（3）若参与逻辑运算的是两个同维矩阵,那么运算将对矩阵相同位置上的元素按标量规则逐个进行。最终运算结果是一个与原矩阵同维的矩阵,其元素由 1 或 0 组成。

（4）若参与逻辑运算的一个是标量,另一个是矩阵,那么运算将在标量与矩阵中的每个元素之间按标量规则逐个进行。最终运算结果是一个与矩阵同维的矩阵,其元素由 1 或 0 组成。

（5）逻辑非是单目运算符,也服从矩阵运算规则。

（6）在算术运算、关系运算和逻辑运算中,算术运算优先级最高,逻辑运算优先级最低。

2.3.3　矩阵的分析

1. 对角阵与三角阵

1）对角阵

只有对角线上有非 0 元素的矩阵称为对角矩阵,对角线上的元素相等的对角矩阵称为数量矩阵,对角线上的元素都为 1 的对角矩阵称为单位矩阵。

（1）提取矩阵的对角线元素。

设 A 为 m×n 矩阵,diag(A)函数用于提取矩阵 A 主对角线元素,产生一个具有 min(m,n)个元素的列向量。diag(A)函数还有一种形式 diag(A,k),其功能是提取第 k 条对角线的元素。

（2）构造对角矩阵。

设 V 为具有 m 个元素的向量,diag(V)将产生一个 m×m 对角矩阵,其主对角线元素即为向量 V 的元素。diag(V)函数也有另一种形式 diag(V,k),其功能是产生一个 n×n(n=m+k)对角阵,其第 m 条对角线的元素即为向量 V 的元素。

【例 2-88】　先建立 5×5 矩阵 A,然后将 A 的第一行元素乘以 1,第二行元素乘以 2,…,第五行元素乘以 5。

```
>> A = [17,0,1,0,15;23,5,7,14,16;4,0,13,0,22;10,12,19,21,3;11,18,25,2,19];
>> D = diag(1:5);
>> D * A                    % 用 D 左乘 A,对 A 的每行乘以一个指定常数
ans =
       17          0          1          0         15
       46         10         14         28         32
       12          0         39          0         66
       40         48         76         84         12
       55         90        125         10         95
```

2）三角矩阵

三角矩阵又进一步分为上三角矩阵和下三角矩阵，所谓上三角矩阵，即矩阵的对角线以下的元素全为 0 的一种矩阵，而下三角矩阵则是对角线以上的元素全为 0 的一种矩阵。

（1）上三角矩阵。

求矩阵 A 的上三角矩阵的 MATLAB 函数是 triu(A)。triu(A)函数也有另一种形式 triu(A,k)，其功能是求矩阵 A 的第 k 条对角线以上的元素。例如，提取矩阵 A 的第 2 条对角线以上的元素，形成新的矩阵 B。

（2）下三角矩阵。

在 MATLAB 中，提取矩阵 A 的下三角矩阵的函数是 tril(A)和 tril(A,k)，其用法与提取上三角矩阵的函数 triu(A)和 triu(A,k)完全相同。

2. 矩阵的转置与旋转

（1）矩阵的转置操作使用转置运算符单撇号（'）。

（2）矩阵的旋转操作使用函数 rot90(A,k)，其中 k 表示将矩阵 A 旋转 90°的 k 倍，当 k 为 1 时可省略。

（3）矩阵实施左右翻转是将原矩阵的第一列和最后一列调换，第二列和倒数第二列调换……以此类推。MATLAB 对矩阵 A 实施左右翻转的函数是 fliplr(A)，而对矩阵的上下翻转操作使用函数 flipud(A)。

【例 2-89】 A'是矩阵 A 的转置，B 是将矩阵 A 旋转 180°得到的，C 是 A 左右翻转得到的，D 是 A 上下翻转得到的，求 A'、B、C、D。

```
>> A = [17,0,1,0,15;23,5,7,14,16;4,0,13,0,22;10,12,19,21,3;11,18,25,2,19];
>> A
A =
      17            0            1            0           15
      23            5            7           14           16
       4            0           13            0           22
      10           12           19           21            3
      11           18           25            2           19
>> A'
ans =
      17           23            4           10           11
       0            5            0           12           18
       1            7           13           19           25
       0           14            0           21            2
      15           16           22            3           19
>> B = rot90(A,2)
B =
      19            2           25           18           11
       3           21           19           12           10
      22            0           13            0            4
      16           14            7            5           23
      15            0            1            0           17
>> C = fliplr(A)
C =
      15            0            1            0           17
      16           14            7            5           23
      22            0           13            0            4
       3           21           19           12           10
      19            2           25           18           11
>> D = flipud(A)
D =
      11           18           25            2           19
```

10	12	19	21	3
4	0	13	0	22
23	5	7	14	16
17	0	1	0	15

3. 矩阵的逆与伪逆

1) 矩阵的逆

对于一个方阵 A,如果存在一个与其同阶的方阵 B,使得:AB＝BA＝I(I 为单位矩阵),则称 B 为 A 的逆矩阵,当然,A 也是 B 的逆矩阵。求方阵 A 的逆矩阵可调用函数 inv(A)。

2) 矩阵的伪逆

如果矩阵 A 不是一个方阵,或者 A 是一个非满秩的方阵时,矩阵 A 没有逆矩阵,但可以找到一个与 A 的转置矩阵 A'同型的矩阵 B,使得:ABA＝A,BAB＝B,此时称矩阵 B 为矩阵 A 的伪逆,也称为广义逆矩阵。在 MATLAB 中,求一个矩阵伪逆的函数是 pinv(A)。

3) 用矩阵求逆方法求解线性方程组

在线性方程组 Ax＝b 两边各左乘 A^{-1},有

$$A^{-1}Ax＝A^{-1}b$$

由于 $A^{-1}A＝I$,故得

$$x＝A^{-1}b$$

【例 2-90】 用求逆矩阵的方法解线性方程组。

```
>> A = [1,2,3;1,4,9;1,8,27]
A =
     1          2          3
     1          4          9
     1          8         27
>> b = [5, -2,6]'
b =
     5
    -2
     6
>> x = inv(A) * b
x =
    23
   -29/2
    11/3
```

📖 也可以运用左除运算符\求解线性代数方程组。

4. 方阵的行列式

行列式在数学中是由解线性方程组产生的一种算式。行列式的特性可以被概括为一个多次交替线性形式,这个本质使得行列式在欧几里得空间中可以成为描述“体积”的函数。

把一个方阵看作一个行列式,并对其按行列式的规则求值,这个值就称为矩阵所对应的行列式的值。在 MATLAB 中,求方阵 A 所对应的行列式的值的函数是 det(A)。

5. 矩阵的秩与迹

(1) 矩阵线性无关的行数与列数称为矩阵的秩。在 MATLAB 中,求矩阵秩的函数是 rank(A)。

(2) 矩阵的迹等于矩阵的对角线元素之和,也等于矩阵的特征值之和。在 MATLAB 中,求矩阵的迹的函数是 trace(A)。

6. 向量和矩阵的范数

范数是具有"长度"概念的函数。向量和矩阵的范数是对当前矩阵或者向量在空间的一种度量,这个度量可理解为"长度"、"面积"或者"体积"。选择一种范数定义,就意味着确定了一套评估标准。例如鞋子的尺码,欧洲有欧洲的标准,北美有北美的标准,表面看起来数字完全不一样,但是本质上描述了同一个东西的"长度"。

举一个简单的例子,在二维的欧氏几何空间 R 就可定义欧氏范数。在这个向量空间中的元素常常在笛卡儿坐标系中被画成一个从原点出发的带有箭头的有向线段。每一个向量的欧氏范数就是有向线段的长度。

其中定义范数的向量空间就是赋范向量空间。同样,其中定义半范数的向量空间就是赋半范向量空间。

矩阵或向量的范数用来度量矩阵或向量在某种意义下的长度。范数有多种方法定义,其定义不同,范数值也就不同。

1) 向量的 3 种常用范数及其计算函数

在 MATLAB 中,求向量范数的函数为

(1) cond(A,1):计算 A 的 1 阶范数下的条件数。

(2) cond(A)或 cond(A,2):计算 A 的 2 阶范数下的条件数。

(3) cond(A,inf):计算 A 的无穷阶范数下的条件数。

2) 矩阵的范数及其计算函数

MATLAB 提供了求 3 种矩阵范数的函数,其函数调用格式与求向量的范数的函数完全相同。

7. 矩阵的特征值与特征向量

数学上,线性变换的特征向量(本征向量)是一个非退化的向量,其方向在该变换下不变。该向量在此变换下缩放的比例称为其特征值(本征值)。一个变换通常可以由其特征值和特征向量完全描述。特征空间是相同特征值的特征向量的集合。

在 MATLAB 中,计算矩阵 A 的特征值和特征向量的函数是 eig(A),常用的调用格式有 3 种:

(1) E=eig(A):求矩阵 A 的全部特征值,构成向量 E。

(2) [V,D]=eig(A):求矩阵 A 的全部特征值,构成对角阵 D,并求 A 的特征向量,构成 V 的列向量。

(3) [V,D]=eig(A,'nobalance'):与第 2 种格式类似,但第 2 种格式中先对 A 作相似变换后求矩阵 A 的特征值和特征向量,而格式 3 直接求矩阵 A 的特征值和特征向量。

【例 2-91】 用求特征值的方法解方程:$3x^5-7x^4+5x^2+2x-18=0$。

```
>> p = [3, -7,0,5,2, -18]
p =
  列 1 至 5
       3          -7           0           5           2
  列 6
     -18
>> A = compan(p)              %A 的伴随矩阵
A =
     7/3          0          -5/3         -2/3          6
       1          0           0            0           0
       0          1           0            0           0
       0          0           1            0           0
       0          0           0            1           0
```

```
>> x1 = eig(A)                    % 求 A 的特征值
x1 =
    5160/2363    +    0i
         1       +    1i
         1       -    1i
    -1397/1510   +    670/931i
    -1397/1510   -    670/931i
>> x2 = roots(p)                  % 直接求多项式 p 的零点
x2 =
    5160/2363
         1       +    1i
         1       -    1i
    -1397/1510   +    670/931i
    -1397/1510   -    670/931i
```

8. 矩阵的超越函数

在数学领域中,超越函数与代数函数相反,是指那些不满足任何以多项式方程的函数,即函数不满足以变量自身的多项式为系数的多项式方程。换句话说,超越函数就是"超出"代数函数范围的函数,也就是说函数不能表示为有限次的加、减、乘、除和开方的运算。

1) 矩阵平方根

sqrtm(A)用来计算矩阵 A 的平方根。

2) 矩阵对数

logm(A)计算矩阵 A 的自然对数。此函数输入参数的条件与输出结果间的关系和函数 sqrtm(A)完全一样。

3) 矩阵指数

expm(A)、expm1(A)、expm2(A)、expm3(A)的功能都是求矩阵指数 e^A。

4) 普通矩阵函数

funm(A,'fun')用来计算直接作用于矩阵 A 的由 'fun' 指定的超越函数值。当 fun 取 sqrt 时,funm(A,'sqrt')可以计算矩阵 A 的平方根,与 sqrtm(A)的计算结果一样。

2.3.4 稀疏矩阵

对于一个 n 阶矩阵,通常需要 n^2 的存储空间,当 n 很大时,进行矩阵运算时会占用大量的内存空间和运算时间。在许多实际问题中遇到的大规模矩阵中通常含有大量 0 元素,这样的矩阵称为稀疏矩阵。MATLAB 支持稀疏矩阵,只存储矩阵的非零元素。由于不存储那些 0 元素,也不对它们进行操作,从而节省内存空间和计算时间,其计算的复杂性和代价仅仅取决于稀疏矩阵的非零元素的个数,这在矩阵的存储空间和计算时间上都有很大的优点。矩阵的密度定义为矩阵中非零元素的个数除以矩阵中总的元素个数。对于低密度的矩阵,采用稀疏方式存储是一种很好的选择。

1. 稀疏矩阵的创建

稀疏矩阵的创建具有多种方法,下面将一一介绍,大家应在学习后灵活应用。

1) 将完全存储方式转化为稀疏存储方式

函数 A=sparse(S)能将矩阵 S 转换为稀疏存储方式的矩阵 A。当矩阵 S 是稀疏存储方式时,则函数调用相当于 A=S。sparse 函数还有其他一些调用格式,sparse(m,n):生成一个 m×n 的所有元素都是 0 的稀疏矩阵。sparse(u,v,S):u、v、S 是 3 个等长的向量。S 是要建立的稀疏矩阵的非 0 元素,u(i)、v(i)分别是 S(i)的行和列下标,该函数建立一个 max(u)行、max(v)列并以 S 为稀疏元素的稀疏矩阵。此外,还有一些和稀疏矩阵操作有关的函数。例如,full(A)函数返回和稀疏存储矩阵 A 对应的完全存储方式矩阵。

2)直接创建稀疏矩阵

```
S = sparse(i,j,s,m,n)
```

其中,i和j分别是矩阵非零元素的行和列指标向量,s是非零元素值向量,m和n分别是矩阵的行数和列数。

3)从文件中创建稀疏矩阵

利用 load 和 spconvert 函数可以从包含一系列下标和非零元素的文本文件中输入稀疏矩阵。例如,设文本文件 T.txt 中有 3 列内容:

$$\begin{bmatrix} 1 & 3 & 5 \\ 2 & 4 & 6 \\ 2 & 5 & 8 \\ 3 & 6 & 9 \end{bmatrix}$$

第一列是一些行下标,第二列是列下标,第三列是非零元素值,则利用 T.txt 创建稀疏矩阵:

```
load T.txt S = spconvert(T)
```

4)稀疏带状矩阵的创建

```
S = spdiags(B,d,m,n)
```

其中,m和n分别是矩阵的行数和列数;d是长度为 p 的整数向量,它指定矩阵 S 的对角线位置;B是全元素矩阵,用来给定 S 对角线位置上的元素,行数为 min(m,n),列数为 p。

5)其他稀疏矩阵创建函数

```
S = speye(m,n)
S = speye(size(A))      %和 A 拥有同样尺寸的稀疏矩阵
S = buchy              %一个内置的稀疏矩阵(邻接矩阵)
```

2. 稀疏矩阵的运算

稀疏矩阵只是矩阵的存储方式不同,它的运算规则与普通矩阵是一样的,可以直接参与运算。所以,MATLAB 中对满矩阵的运算和函数同样可用在稀疏矩阵中。结果是稀疏矩阵还是满矩阵,取决于运算符或者函数。当参与运算的对象不全是稀疏矩阵时,所得结果一般是完全存储形式。

3. 其他操作

1)非零元素信息

```
nnz(S)         %返回非零元素的个数
nonzeros(S)    %返回列向量,包含所有的非零元素
nzmax(S)       %返回分配给稀疏矩阵中非零项的总的存储空间
```

2)查看稀疏矩阵的形状

```
spy(S)
```

3)find 函数与稀疏矩阵

```
[i,j,s] = find(S)
[i,j] = find(S)
```

返回 S 中所有非零元素的下标和数值,S 可以是稀疏矩阵或满矩阵。

2.4 多项式运算及其函数

若干单项式的和组成的式子叫作多项式(减一个数等于加上它的相反数)。多项式中每个单项式叫作多项式的项,这些单项式中的最高次数就是这个多项式的次数。MATLAB 对于

多项式的运算功能非常强大,本节对此加以介绍。

2.4.1 多项式的建立和操作

利用处理多项式的函数可以很方便地求解多项式的根,并能很容易地对多项式进行四则运算、积分和微分运算。

对于多项式 $P = a_0 x^n + a_1 x^{n-1} + a_2 x^{n-2} + \cdots + a_{n-1} x + a_n$,约定可以用向量 $P = [a_0, a_1, a_2 \cdots, a_{n-1}, a_n]$ 表示,这样多项式问题就转换为向量问题来解决。

1. 直接法创建多项式

【例 2-92】 直接法创建多项式。

```
>> P = [3 5 0 1 0 1 2]
P =
     3     5     0     1     0     1     2
>> y = poly2sym(P)
y =
3 * x^6 + 5 * x^5 + x^3 + x + 2
```

2. 指令 P = poly(AR)创建多项式

若已知多项式的全部根,则可以用 poly 函数建立起该多项式;也可以用 poly 函数求矩阵的特征多项式。poly 函数是一个 MATLAB 程序,调用它的命令格式是

```
A = poly(x)
```

若 x 为具有 N 个元素的向量,则 poly(x)建立以 x 为其根的多项式,且将该多项式的系数赋值给向量 A。在此种情况下,poly 与 roots 互为逆函数;若 x 为 N×N 的矩阵,则 poly(x)返回一个向量赋值给 A,该向量的元素为矩阵 x 的特征多项式的系数:A(1),A(2),…,A(N),A(N+1)。

【例 2-93】 使用指令 P = poly(AR)创建多项式。

```
>> A = [3 1 4 1; 5 9 2 6; 5 3 5 8; 9 7 9 3]
A =
     3     1     4     1
     5     9     2     6
     5     3     5     8
     9     7     9     3
>> p = poly(A)
p =
1     - 20     - 16     480     98
```

3. 多项式的操作

roots(p):长度为 n 的向量,表示 n 阶多项式的根,即方程 p(x)=0 的根,可以为复数。

conv(p,q):表示多项式 p、q 的乘积,一般也指 p、q 的卷积。

poly(A):计算矩阵 A 的特征多项式向量。

poly(p):以长度为 n 的向量中的元素为根建立的多项式,结果是长度为 n+1 的向量。

polyval(p,x):若 x 为数值,则计算多项式在 x 处的值;若 x 为向量,则计算多项式在 x 中每一元素处的值。

【例 2-94】 求特征方程的特征根。

```
>> p = [3   0   2   3];
>> r = roots(p)          % rootp 为多项式的根
r =
  1036/2649   +   749/706i
```

```
    1036/2649   -   749/706i
   -2151/2750   +   0i
>> p = poly(r);
>> p
p =
    1        *        2/3      1
```

2.4.2　多项式的计算

1. 多项式四则运算

1) 多项式加减运算

MATLAB没有提供专门进行多项式加减运算的函数,事实上,多项式的加减就是其所对应的系数向量的加减运算。

对于次数相同的多项式,可以直接对其系数向量进行加减运算;如果两个多项式次数不同,则应该把低次多项式中系数不足的高次项用0补足,然后进行加减运算。

【例2-95】　把多项式a(x)与多项式b(x)相加。

```
>> a = [1,2,3,4]
a =
    1    2    3    4
>> b = [4,5,6,7]
b =
    4    5    6    7
>> c = a + b
c =
    5    7    9    11
```

2) 多项式乘法运算

多项式乘法运算利用以下函数:

k = conv(p,q)

事实上,多项式的相乘就是两个代表多项式的行向量的卷积。

【例2-96】　计算多项式$2x^3 - x^2 + 3$和$2x + 1$的乘积。

```
>> p = [2,-1,0,3];
>> q = [2,1];
>> k = conv(p,q);
>> k
k =
    4    0    -1    6    3
```

3) 多项式除法运算

多项式除法运算利用以下函数:

[k,r] = deconv(p,q)

其中,k返回的是多项式p除以q的商,r是余式。

另外,还存在以下关系:[k,r]=deconv(p,q)的逆运算为p=conv(q,k)+r。

2. 多项式的导数

对多项式求导应使用polyder函数:

```
k = polyder(p)            % 返回多项式p的一阶导数
k = polyder(p,q)          % 返回多项式p与q乘积的一阶导数
[k,d] = polyder(p,q)      % 返回p/q的导数,k是分子,d是分母
```

【**例 2-97**】　已知 $p(x)=2x^3-x^2+3,q(x)=2x+1$,求 p'、$(p\cdot q)'$ 和 $(p/q)'$。

```
>> k1 = polyder([2,-1,0,3])
k1 =
     6   -2    0
>> k2 = polyder([2,-1,0,3],[2,1])

k2 =
    16    0   -2    6
>> [k2,d] = polyder([2,-1,0,3],[2,1])

k2 =
     8    4   -2   -6
d =
     4    4    1
```

3. 多项式求值

利用多项式求值函数 polyval 可以求得多项式在某一点的值。函数如下:

```
y = polyval(p,x)
```

该函数返回多项式 p 在 x 点的值,其中,x 可以是复数,也可以是矩阵。

【**例 2-98**】　已知 $p(x)=2x^3-x^2+3$,分别取 $x=2$ 和一个 2×2 矩阵,求 $p(x)$ 在 x 处的值。

```
>> p = [2,-1,0,3];
>> x = 2;polyval(p,x)
ans =
    15
>> x = [-1,2;-2,1];polyval(p,x)
ans =
     0   15
   -17    4
```

4. 多项式求根

求解多项式的根,即 $p(x)=0$ 的解。在 MATLAB 中,求解多项式的根由 roots 函数命令来完成。函数如下:

```
x = roots(p)
```

该函数返回多项式的根。注意,多项式是行向量,根是列向量。

【**例 2-99**】　已知 $p(x)=2x^3-x^2+3$,求 $p(x)$ 的根。

```
>> p = [2,-1,0,3];
>> x = roots(p)

x =
  3/4      + 1860/1921i
  3/4      - 1860/1921i
 -1        +     0i
```

若已知多项式的全部根,则可用 poly 函数给出该多项式:

$$p=ploy(x)\rightarrow p(x)=(x-x_1)(x-x_2)\cdots(x-x_n)$$

5. 有理多项式的部分分式展开

residue 函数可以完成有理多项式的部分分式展开,它是一个对系统传递函数特别有用的函数,其调用格式为

```
[r,p,k] = residue(b,a)
```

其功能是把 $b(s)/a(s)$ 展开成

$$\frac{b(s)}{a(s)} = \frac{r_1}{s-p_1} + \frac{r_2}{s-p_2} + \cdots + \frac{r_n}{s-p_n} + k$$

其中,r 代表余数数组,p 代表极点数组,k 代表常数项。

【例 2-100】 将有理多项式 $\dfrac{10s+20}{s^3+8s^2+19s+12}$ 展开成部分分式。

```
>> roum = [10,20]
roum =
        10    20
>> den = [1,8,19,12]
den =
        1    8    19    12
>> [r,p,k] = residue(roum,den)
r = -20/3
        5
        5/3
p =
        -4
        -3
        -1
k =
        []
```

2.5   综合实例 1：多项式曲线拟合

在使用 MATLAB 进行数据处理的过程中,我们常常用到 MATLAB 曲线拟合,但由于工具箱需要人工交互,得到的拟合结果需要人工提取,再输入……所以,工具箱拟合结果十分不适合调用并应用到后续操作,所以我们需要用到 MATLAB 曲线拟合函数,并以最常用的多项式拟合函数作为 MATLAB 曲线拟合实例,进行详细介绍。

1. 多项式的拟合

多项式可以利用 polyfit 函数进行拟合操作。

(1) p=polyfit(x,y,n)函数。

p=polyfit(x,y,n)返回次数为 n 的多项式 p(x)的系数,该阶数是 y 中数据的最佳拟合(在最小二乘方式中)。p 的系数按降幂排列,p 的长度为 n+1。

y=polyval(p,x)为返回对应自变量 x 在给定系数 P 的多项式的值。

linspace(x1,x2,N)功能:用于产生 x1、x2 之间的 N 点行向量。其中 x1、x2、N 分别为起始值、终止值、元素个数。

【例 2-101】 将多项式与三角函数结合。

```
>> x = linspace(0,4 * pi,10);
>> y = sin(x);                    % 在区间 [0 * pi] 中沿正弦曲线生成 10 个等间距的点
>> p = polyfit(x,y,7);            % 使用 polyfit 将一个 7 次多项式与这些点拟合
>> x1 = linspace(0,4 * pi);
>> y1 = polyval(p,x1);
>> figure
```

运行以上程序代码后,得到如图 2-4 所示的图形。

(2) [p,S]=polyfit(x,y,n)函数。

[p,S]=polyfit(x,y,n) 还返回一个结构体 S,用作 polyval 的输入,来获取误差估计值。

2. plot 函数的基本调用格式

(1) plot(y):当 y 为向量时,以 y 的分量为纵坐标,以元素序号为横坐标,用直线依次连

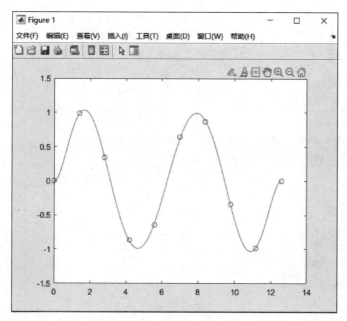

图 2-4　将多项式与三角函数结合的图形

接数据点,绘制曲线。若 y 为实矩阵,则按列绘制每列对应的曲线。

(2) plot(x,y):若 y 和 x 为同维向量,则以 x 为横坐标,以 y 为纵坐标绘制连线图。若 x 是向量,y 是行数或列数与 x 长度相等的矩阵,则绘制多条不同色彩的连线图,x 作为这些曲线的共同横坐标。若 x、y 为同型矩阵,以 x、y 对应元素分别绘制曲线,曲线条数等于矩阵列数。

(3) plot(x1,y1,x2,y2,…):在此格式中,每对 x、y 必须符合 plot(x,y)中的要求,不同对之间没有影响,命令将对每一对 x、y 绘制曲线。

【例 2-102】　简单线性回归。

```
>> x = 1:50;
y = - 0.3 * x + 2 * randn(1,50);
p = polyfit(x,y,1);          % 将一个简单线性回归模型与一组离散二维数据点拟合。创建几个由
                             % 样本数据点 (x,y) 组成的向量。对数据进行一次多项式拟合
f = polyval(p,x);
plot(x,y,'o',x,f,'-')
legend('data','linear fit')  % 计算在 x 中的点处拟合的多项式 p。用这些数据绘制得到的线性
                             % 回归模型
```

运行以上代码后,得到如图 2-5 所示的图形。

3. [p,S,mu]=polyfit(x,y,n)函数

[p,S,mu]=polyfit(x,y,n)还返回 mu,后者是一个二元素向量,包含中心化值和缩放值。Mu(1)是 mean(x),mu(2)是 std(x)。使用这些值时,polyfit 将 x 的中心置于零值处,并缩放为具有单位标准差 $\hat{x} = \dfrac{x - \bar{x}}{\sigma_x}$,这种中心化和缩放变换可同时改善多项式和拟合算法的数值属性。

【例 2-103】　使用中心化和缩放改善数值属性。

```
>> year = (1750:25:2000)';
pop = 1e6 * [791 856 978 1050 1262 1544 1650 2532 6122 8170 11560]';
T = table(year, pop);        % 创建一个由 1750 - 2000 年的人口数据组成的表,并绘制数据点
plot(year,pop,'o')           % 生成图 2-6
```

```
>>[p,~,mu] = polyfit(T.year, T.pop,5);   % 使用带三个输入的 polyfit 拟合一个使用中心化和缩放
                                          % 的 5 次多项式,这将改善问题的数值属性

>> f = polyval(p,year,[],mu);
>> hold on
>> plot(year,f)
>> hold off
```

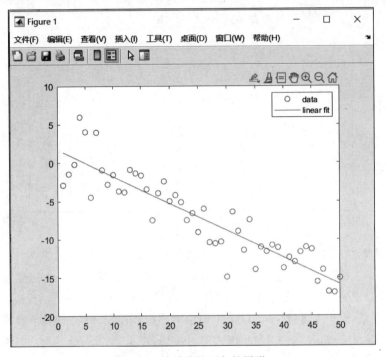

图 2-5　简单线性回归的图形

运行以上代码,得到如图 2-6、图 2-7 所示的图形。

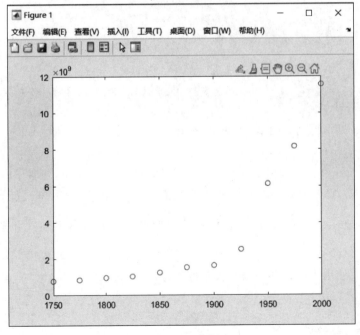

图 2-6　人口数据点

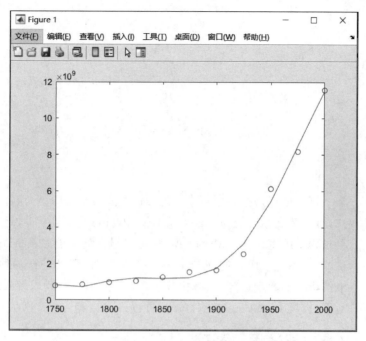

图 2-7　中心化和缩放改善数值属性

2.6　本章小结

　　本章着重学习了 MATLAB 的几种重要数据类型及其操作函数。首先,简要介绍了数组、矩阵、多项式的创建方法以及操作函数。接下来,学习了数组、矩阵、多项式的运算方法。读者若掌握了本章 MATLAB 的数组处理能力、M 函数指令、丰富的图形显示指令,将摆脱其他编程语言带来的编程烦恼。本章各节之间没有依从关系,但却是全书学习的关键。只有掌握好本章的知识,才能更好地学习后面的内容。

2.7　习题

　　(1) 求解方程 $x^2-x-1=0$ 的根。

　　(2) 输入矩阵 $A=\begin{bmatrix} 1 & 2 & 3 \\ 4 & 5 & 6 \\ 7 & 8 & 9 \end{bmatrix}$,使用全下标方式取出元素"3",使用单下标方式取出元素"8",取出后 2 行子矩阵块,使用逻辑矩阵方式取出 $\begin{bmatrix} 1 & 3 \\ 7 & 9 \end{bmatrix}$。

　　(3) 输入 A 为 3×3 的魔方阵,B 为 3×3 的单位阵,由小矩阵组成 3×6 的大矩阵 C 和 6×3 的大矩阵 D,将 D 矩阵的最后 1 行构成小矩阵 E。

　　(4) 输入字符串变量 a 为"hello",将 a 的每个字符向后移 4 个,例如"h"变为"l",然后再逆序排放赋给变量 b。

　　(5) 求矩阵 $\begin{bmatrix} 1 & 2 \\ 3 & 4 \end{bmatrix}$ 的转置矩阵、逆矩阵、矩阵的秩、矩阵的行列式值、矩阵的三次幂、矩阵的特征值和特征向量。

第 3 章 符号运算

符号运算是指利用数学定理和恒等式,通过推理和演绎,分析化简表达式,将复杂表达式变为形式简单的恒等表达式。利用符号运算,可以避免计算过程中产生误差。MATLAB 中的符号计算功能是由 Maple 独立引擎提供的,利用这个内置的 Maple 符号计算引擎,可以进行各种针对符号对象或解析式的数学运算,如微积分运算,代数、微分方程求解,线性代数和矩阵运算,以及 Laplace 变换、Fourier 变换和 Z 变换。

3.1 符号运算基础

符号运算与数值计算一样,都是科学研究中的重要内容。运用符号运算,可以轻松解决许多公式和关系式的推导问题。

3.1.1 创建符号对象

MATLAB 提供了两个建立符号对象的函数:sym 和 syms,两个函数的用法不同。

1. sym 函数

sym 函数用来创建单个符号量,调用格式为

符号量名 = sym('符号字符串')

该函数可以建立一个符号量,符号字符串可以是常量、变量、函数或表达式。

【例 3-1】 利用 sym 函数创建符号变量,完成对方程组求解。

```
>> a = sym('a');
>> b = sym('b');
>> x = sym('x');
>> y = sym('y');
>> A = a * x - b * y == 1;
>> B = a * x + b * y == 3;
>> [x,y] = solve(A,B,x,y)
  x =
  2/a
  y =
  1/b
```

【例 3-2】 创建符号变量,求复数表达式 z＝x＋i＊y 的共轭复数。

```
>> x = sym('x','real');
>> y = x + i * y;
>> x = sym('x','real');
```

```
>> y = sym('y','real');
>> z = x + i * y;
>> conj(z)
    ans =
    x - y * i
```

2. syms 函数

syms 函数可以在一条语句中定义多个符号变量,调用格式为

syms 符号变量名 1 符号变量名 2 … 符号变量名 n

用这种格式定义符号变量时不要在变量名上加字符串分界符('),变量间用空格而不要用逗号分隔。在数学表达式中,一般习惯于使用排在字母表中前面的字母作为变量的系数,而用排在后面的字母表示变量。

例如,$f = ax^2 + bx + c$,表达式中的 a、b、c 通常被认为是常数,用作变量的系数;而将 x 看作自变量。若在 MATLAB 中表示上述表达式,首先用 syms 函数定义 a、b、c、x 为符号对象。在进行导数运算时,由于没有指定符号变量,则系统采用数学习惯来确定表达式中的自变量,默认 a、b、c 为符号常数,x 为符号变量,即对函数 f 求导为 $\mathrm{d}f/\mathrm{d}x$。

3.1.2 创建表达式

含有符号对象的表达式被称为符号表达式,一个符号表达式应该由符号变量、函数、算术运算符组成,符号表达式的书写格式与数值表达式相同。表 3-1 为符号表达式和 MATLAB 表达式的对照。

表 3-1 符号表达式和 MATLAB 表达式的对照

符号表达式	MATLAB 表达式
$y = \dfrac{1}{\sqrt{2x}}$	y = '1/sqrt(2 * x)'
$\cos(x^2) - \sin(2x)$	'cos(x^2) − sin(2 * x)'
$\dfrac{\mathrm{e}^{x^3}}{\sqrt{1-x}}$	'exp(x^3)/sqrt(1−x)'
$\dfrac{1}{2x^n}$	'1/(2 * x^n)'

有 3 种建立符号表达式的办法:

(1) 利用单引号来生成符号表达式。

(2) 用 sym 函数建立符号表达式。

(3) 使用已经定义的符号变量组成符号表达式。

将表达式中的自变量定义为符号变量后,赋值给符号函数名,即可生成符号函数。例如有以下数学表达式:

$$(ax^2 + by^2)/c^2$$

其用符号表达式生成符号函数 fxy 的过程为

```
>> syms a b c x y                    %定义符号运算量
fxy = (a * x^2 + b * y^2)/c^2        %生成符号函数
```

生成符号函数 fxy 后,即可用于微积分等符号计算。

【例 3-3】 符号函数 $fxy = (ax^2 + by^2)/c^2$,分别求该函数对 x、y 的导数和对 x 的积分。

```
>> syms a b c x y                    %定义符号变量
>> fxy = (a * x^2 + b * y^2)/c^2;    %生成符号函数
```

```
>> diff(fxy,x)                    %符号函数 fxy 对 x 求导数
ans = 2 * a * x/c^2
>> diff(fxy, y)                   %符号函数 fxy 对 y 求导数
ans = 2 * b * y/c^2
>> int(fxy, x)                    %符号函数 fxy 对 x 求积分
ans = 1/c^2 * (1/3 * a * x^3 + b * y^2 * x)
```

3.1.3　基本操作

1. 使用 sym 函数创建

sym 函数可以创建符号矩阵,用法如下:

A = sym([])

【例 3-4】　利用 sym 函数直接创建符号矩阵。

```
A = sym('[a , 2 * b ; 3 * a , 0]')
A =
    [ a, 2 * b]
    [3 * a, 0]
```

注意:符号矩阵的每一行的两端都有方括号,这是与 MATLAB 数值矩阵的一个重要区别。

2. 基于字符串创建

(1) 用字符串直接创建矩阵。

(2) 模仿 MATLAB 数值矩阵的创建方法。

需保证同一列中各元素字符串有相同的长度。

【例 3-5】　模仿数值矩阵的方式创建符号矩阵。

```
A = ['[ a,2 * b]'; '[3 * a, 0]']
A =
    2 × 8 char 数组
    [ a, 2 * b]
    [3 * a, 0]
```

3. 符号矩阵的修改

修改符号矩阵有两种方式,利用光标键移到指定位置直接修改或是利用指令修改,下面主要介绍利用指令修改。

指令修改运用了 subs 函数,例如:

A1 = subs(A, 'new', 'old')

【例 3-6】　利用 subs 函数修改符号矩阵。

```
>> A = sym('A', [2,2])
B = sym('B', [2,2])
A =
    [ A1_1, A1_2]
    [ A2_1, A2_2]
B =
    [ B1_1, B1_2]
    [ B2_1, B2_2]
>> A44 = subs(A, A(1,1), B)
A44 =
    [ B1_1, B1_2, A1_2, A1_2]
    [ B2_1, B2_2, A1_2, A1_2]
    [ A2_1, A2_1, A2_2, A2_2]
    [ A2_1, A2_1, A2_2, A2_2]
```

3.1.4　相关运算符

MATLAB 中为符号运算提供了多种多样的运算符,如表 3-2 所示。

表 3-2　符号运算中的运算符

符号	符号用途说明
＋	加
－	减
．＊	点乘
＊	矩阵相乘
＾	矩阵求幂
．＾	点幂
＼	左除
／	右除
．＼	点左除
．／	点右除
kron	张量积
，	分隔符
；	(a) 写在表达式后面时,运算后不显示计算结果 (b) 在创建矩阵的语句中指示一行元素的结束,例如 m＝［x y z；i j k］
：	创建向量的表达式分隔符,如 x＝a：b：c a(：,j)表示 j 列的所有行元素；a(i,：)表示 i 行的所有列元素
［ ］	创建数组、向量、矩阵或字符串(字母型)
｛ ｝	创建单元矩阵或结构
％	注释符,特别当编写自定义函数文件时,紧跟 function 后的注释语句,在使用 help 函数名时会显示出来
'	(a) 用于定义字符串 (b) 向量或矩阵的共轭转置符
．'	一般转置符
…	表达式换行标记,表示表达式继续到下一行
＝	赋值符号
＝＝	等于关系运算符
＜，＞	小于,大于关系运算符
&	逻辑与
｜	逻辑或
～	逻辑非
xor	逻辑异或

3.1.5　确定自变量

MATLAB 中的符号可以表示符号变量和符号常量,symvar 可以帮助用户查找一个符号表达式中的符号变量。其调用方法如下:

symvar(expr):确定表达式 expr 中的所有符号为自变量。

symvar(expr,n):确定表达式 expr 中离字母 x 最近的 n 个自变量。

【例 3-7】　利用 symvar 确定表达式中的自变量。

```
>> syms a x y z t
>> symvar(sin(pi*t))
ans =
```

```
    t
>> symvar(x + i * y - j * z,1)
ans =
    x
>> symvar (x + i * y - j * z,2)
ans =
    [ x, y]
>> symvar (x + i * y - j * z,3)
ans =
    [ x, y, z]
```

注意,MATLAB 按离字母 x 最近原则确定默认变量。

3.2 符号表达式运算

符号表达式可以进行多种运算(如基本的四则运算),也可进行表达式求值、数值转换及变量替换等。

3.2.1 提取分子和分母

如果表达式是一个有理分式(两个多项式之比),或是可以展开为有理分式(包括那些分母为 1 的分式),可以利用 numden 将分子或分母提取出来。

【例 3-8】 利用 numden 提取分子分母。

```
>> [n,d] = numden(sym(4/5))
n =
    4
d =
    5
```

这个表达式是符号数组,numden 返回两个新数组 n 和 d,其中 n 是分子数组,d 是分母数组。如果采用 s=numden(f)形式,numden 仅把分子返回到变量 s 中。

numden 也可以化简分数表达式:

```
>> syms x y;
>> f = x/y + y/x;
>> [n,d] = numden(f)
n =
    x^2 + y^2
d =
    x * y
```

3.2.2 复合函数运算

在 MATLAB 中,符号表达式的复合函数运算主要是通过 compose 函数来实现的,该函数的调用格式如下:

compose(f,g): 返回复合函数 f(g(x)),此处(f(x),g)=g(y)。

compose(f,g,x,z): 返回自变量为 z 的复合函数 f(g(z)),并且使 x 成为 f 函数的独立变量。

【例 3-9】 compose 复合运算函数示例。

```
>> A = pi
A =
    3.1416
>> formatSpec = "%.8f"
formatSpec =
    "%.8f"
>> str = compose(formatSpec,A)
```

```
str =
    "3.14159265"
>> A = [pi exp(1)]
A =
    3.1416 2.7183
>> formatSpec = "The value of pi %.2e;the value of e is %.5f.";
>> str = compose(formatSpec,A)
str =
    "The value of pi 3.14e + 00;the value of e is 2.71828."
```

3.2.3 数值转换

1. 数据类型转换函数

利用数据类型转换函数可以将数值转换为另一种数据类型的数值形式,常用的数据类型转换函数如表 3-3 所示。

表 3-3　数据类型转换函数

函　数　名	作　　用	函　数　名	作　　用
logical	数值转换为逻辑值	uint32	转换为 32 字节数
char	转换为字符串数组	int64	转换为 64 字节整型数
int8	转换为 8 字节整型数	uint64	转换为 64 字节数
uint8	转换为 8 字节数	single	转换为单精度浮点数
int16	转换为 16 字节整型数	double	转换为双精度浮点数
uint16	转换为 16 字节数	cell	转换为细胞数组
int32	转换为 32 字节整型数	struct	转换为结构体类型

【**例 3-10**】　利用转换函数转换符号常量。

```
>> a = 3.8495;
>> A = 6 * a + 2^(2 * a);
>> f = sym('A');
>> m = eval(f)
m =
   230.8895
>> int8(m)
ans =
   int8
   127
>> logical(m)
ans =
   logical
     1
```

2. sym2poly

sym2ploy 可以将符号表达式转换为数值多项式的系数向量,且系数从高到低依次排列。

【**例 3-11**】　使用 sym2poly 函数显示数值多项式的系数向量。

```
>> syms x;
>> c = sym2poly(x^3 - 2 * x - 5)
c =
   1    0    - 2    - 5
```

3. poly2sym

poly2sym 与 sym2poly 相反,可以将数值多项式的系数向量转换为符号表达式。

```
a = [5 3 7];
poly2sym(a)
```

```
ans =
5 * x^2 + 3 * x + 7
```

4. eval

MATLAB 中的 eval 函数可以计算符号表达式的具体值。

【例 3-12】 计算符号表达式 k * 2+2^m 的值。

```
>> k = sym('5');
>> m = sym('7');
>> f = sym(k * 2 + 2^m);
>> r = eval(f)
r =
    138
```

3.2.4 变量替换

MATLAB 中的 subs 函数用于实现变量的替换,在处理复杂函数方程式的时候会使计算更简便。

subs(S,old,new): 用 new 替换 S 中的 old 变量,old 必须是 S 中的符号变量。

subs(S,new): 用 new 替换 S 中的自变量。

【例 3-13】 subs 函数用于实现变量的替换。

```
>> syms a m n w;
>> f = 2 + 3^a;
>> subs(f,a,m^2 + 5 * n + w)
    ans =
        3^(m^2 + 5 * n + w) + 2
```

3.2.5 表达式的相互转换

利用函数 sym 可以将数值表达式转换为它的符号表达式。

```
>> sym(1.5)
    ans =
        3/2
>> sym(4.45)
    ans =
        89/20
```

函数 numeric 或 eval 可以将符号表达式转换成数值表达式。

```
>> phi = '(1 + sqrt(5))/2'
    phi =
        (1 + sqrt(5))/2
>> numeric(phi)
    ans =
        1.6180
>> p = '(1 + 2^3)/2'
    p =
        (1 + 2^3)/2
>> eval(p)
    ans =
        4.5000
```

3.2.6 化简与格式化

MATLAB 提供了多种函数来实现对符号运算表达式进行化简,如 factor(因式分解)、collect(合并同类项)、horner(将多项式分解为嵌套形式)、expand(展开表达式为多项式、指数函数、对数函数、三角函数)、simplify(化简一个表达式)、simple(将表达式化简到最简形式)。

1. 因式分解函数 factor

factor(x),若 x 可分解时,返回分解后的表达式,否则返回原 x。

【例 3-14】 利用 factor 分解表达式 x^2+4*x+5。

```
>> f = sym('x^2 + 4 * x + 5');
>> factor(f)
   ans =
        x^2 + 4 * x + 5
        >> syms a b x y;
        >> A = a^3 - b^3;
        >> factor(A)
   ans =
        (a - b) * (a^2 + a * b + b^2)
>> syms x; f = x^6 + 1;
>> factor(f)
   % factor 也可用于正整数的分解
>> s = factor(100)
   2    2    5    5
>> factor(sym('12345678901234567890'))
   [ 2, 3, 3, 5, 101, 3541, 3607, 3803, 27961]
```

2. 合并同类项函数 collect

collect(S):将 S 中相同次幂的项合并,S 可以是表达式也可以是符号矩阵。

collect(S,v):将 S 中 v 的相同幂次的项进行合并。

【例 3-15】 使用 collect 函数实现合并同类项。

使用 collect 函数的第一种形式合并同类项:

```
>> f = sym('(x^2 + 2 * x) * (x + 2)');
>> collect(f)
  ans =
        x^3 + 4 * x^2 + 4 * x
```

使用 collect 函数的第二种形式合并同类项:

```
>> syms x y;
>> f = (y^3 + 2 * x) * (x + 5);
>> collect (f,x)
   ans =
        2 * x^2 + (y^3 + 10) * x + 5 * y^3
>> syms x y;
>> f = x^2 * y + y * x - x^2 + 2 * x;
>> collect(f)
>> collect(f,y)
   ans =
        (y - 1) * x^2 + (y + 2) * x
   ans =
        (x^2 + x) * y + 2 * x - x^2
```

3. 多项式分解函数 horner

horner(S),S 是符号多项式矩阵,horner 函数可以将每个多项式转换成嵌套形式。

【例 3-16】 分解多项式 f=5*x^4+3*x^2-x。

```
>> syms x
>> f = 5 * x^4 + 3 * x^2 - x;
>> horner(f)
  ans =
```

```
           x * (x * (5 * x^2 + 3) - 1)
>> syms x;
>> f = x^4 + 2 * x^3 + 4 * x^2 + x + 1;
>> g = horner(f)
   g =
       x * (x * (x * (x + 2) + 4) + 1) + 1
```

4. 展开表达式函数 expand

expand(S),若 S 是多项式,则展开为相应的形式;若 S 是三角函数、指数函数或对数函数,则根据要求展开成相应形式。

【例 3-17】 用 expand 函数展开多项式。

```
>> syms x, y;
>> f = (5 * x + 4 * y + 3)^2;
>> expand(f)
   ans =
        25 * x^2 + 40 * x * y + 30 * x + 16 * y^2 + 24 * y + 9
   s = (-7 * x^2 - 8 * y^2) * (-x^2 + 3 * y^2)
   expand(s)                          %对 s 展开
   ans =
        7 * x^4 - 13 * x^2 * y^2 - 24 * y^4
%多项式展开
>> syms x;
>> f = (x + 1)^6;
>> expand(f)
  ans =
       x^6 + 6 * x^5 + 15 * x^4 + 20 * x^3 + 15 * x^2 + 6 * x + 1
%三角函数展开
>> syms x y; f = sin(x + y);
   expand(f)
   ans =
        cos(x) * sin(y) + cos(y) * sin(x)
```

5. 化简表达式函数 simplify

simplify(S),表达式 S 可以是多项式,也可以是符号表达式矩阵。

【例 3-18】 用 simplify 函数化简多项式。

(1) 化简 $sin(x)^2 + cos(x)^2 + 2 * sin(x) * cos(x)$。

```
>> f = sym('sin(x)^2 + cos(x)^2 + 2 * sin(x) * cos(x)');
>> simplify(f)
   ans =
        sin(2 * x) + 1
```

(2) 化简 $log(2 * x/y)$ 和 $(-a^2 + 1)/(1 - a)$。

```
>> syms x y a
>> s = log(2 * x/y);
>> simplify(s)
   ans =
        log((2 * x)/y)
>> s = (-a^2 + 1)/(1 - a)
>> simplify(s)
   ans =
        a + 1
>> syms x;
>> f = sin(x)^2 + cos(x)^2 ;
>> simplify(f)
   ans =
        1
```

3.2.7 反函数

在 MATLAB 中,可以使用 finverse 计算反函数。

g=finverse(f)返回符号函数 f 的反函数 g。其中,f 是一个符号函数表达式,其变量为 x。求得的反函数 g 是一个满足 g(f(x))=x 的符号函数。

```
>> syms x;
>> f = sym(2/sin(x));
>> finverse(f)
   ans =
         asin(2/x)
```

g=finverse(f,v)返回自变量 v 的符号函数 f 的反函数。求得的反函数 g 是一个满足 g(f(v))=v 的符号函数。当 f 包含不止一个符号变量时,往往调用这个格式。

当 finverse 求得的解不唯一时,MATLAB 会给出警告。

```
>> syms x;
>> f = sym(x^2 + 1);
>> finverse(f)
   ans =
         (-1 + x)^(1/2)
```

3.2.8 替换函数

subs(s)用赋值语句中给定值替换表达式中所有同名变量。

subs(s, old, new)用符号或数值变量 new 替换符号表达式 s 中的符号变量 old。

常用格式有以下 3 种:

subs(f)   %求符号表达式 f 的值

subs(f,a)   %用 a 替换 f 中的默认变量 x 并求值

subs(f,x,a)   %用 a 替换 f 中的指定变量 x 并求值

【例 3-19】 表达式替换函数演示。

(1) 将表达式 x^2+y^2 中的 x 取值为 2:

```
>> syms x y;
   f = x^2 + y^2;
>> subs(f,x,2)
   ans =
         y^2 + 4
```

(2) 同时对两个或多个变量取值求解:

```
>> syms x y ;
   f = x^2 + y^2;
>> subs(f,[x,y],[1,2])
   ans =
         5
```

3.3 运算精度

MATLAB 提供了 3 种计算精度:浮点运算的数值算法、精确运算的符号算法和可控精度的算法。

1. 浮点运算的数值算法

浮点运算的数值算法是运算速度最快的运算方法,由于在计算机中以二进制进行存储,计

算时取近似值,不可避免地会产生误差。

【例3-20】 浮点运算的数值算法样例。

```
>> sym a;
>> a = 2/3 + 4/7
   a =
       1.2381
```

2. 精确运算的符号算法

精确运算速度较慢,但精度高。

【例3-21】 精确运算的符号算法样例。

```
>> a = sym(2/3 + 4/7)
   a =
       26/21
```

3. 可控精度的算法

可控精度的算法通过规定有效数字位数控制精度,位数不同,精度也不同。

digits(n)规定参加运算有效数字的位数,MATLAB默认值为32。

vpa(s)在digits(n)控制下计算指定精度的s,如果n未指定则默认为32。

【例3-22】 可控精度的算法样例。

```
>> syms a b c
>> a = 1/3 + 5/7;
>> b = pi;
>> c = 3.7878882;
>> d = sym(4/9);
>> f1 = vpa(a + b)
   f1 =
       4.189211701208840565868740668520 3
>> f2 = vpa(a + c)
   f2 =
       4.835507247619047711042964057414 79
>> f3 = vpa(a + d)
   f3 =
       1.492063492063492063492063492063 5
>> digits(20)
>> f4 = vpa(a + b)
   f4 =
       4.1892117012088405659
>> f5 = vpa(a + c)
   f5 =
       4.8355072476190477104
>> f6 = vpa(a + d)
   f6 =
       1.4920634920634920635
```

3.4　符号矩阵运算

在进行符号矩阵的计算时,很多方面在形式上与数值计算是相同的,不必再去重新学习一套关于符号运算的新规则。这里介绍的符号矩阵运算在形式上与数值计算中的运算十分相似,容易掌握。

3.4.1　基本代数运算

在MATLAB中,符号对象的代数运算和双精度运算从形式上看是一样的,由于MATLAB

中采用了符号的重载,用于双精度运算的运算符同样可以用于符号对象。

【例 3-23】 符号矩阵的加减乘除运算。

```
>> syms a b c d;                      %定义基本的符号变量
>> A = sym('[a b;c d]');              %定义符号矩阵
>> B = sym('[a 2*b;c+b d-2]');        %定义符号矩阵
>> A + B;                             %计算符号矩阵的加法
>> A - B;                             %计算符号矩阵的减法
>> A * B;                             %计算符号矩阵的乘法
>> A/B;                               %计算符号矩阵的除法
>> syms a b c d;                      %定义基本的符号变量
```

输出结果如下:

```
ans =
    [    2*a,    3*b]
    [2*c+b, 2*d-2]
ans =
    [   0,  -b]
    [  -b,   2]
ans =
    [a^2+b*(c+b), 2*a*b+b*(d-2)]
    [c*a+d*(c+b), 2*c*b+d*(d-2)]
```

【例 3-24】 计算符号矩阵的 2 次方和 3 次方。

```
>> A = sym('[7 4 2;1 5 6;3 0 8]');    %定义符号矩阵
>> A^2                                %计算符号矩阵的 2 次方
>> A^3                                %计算符号矩阵的 3 次方
```

输出结果如下:

```
A =
    [ 7, 4, 2]
    [ 1, 5, 6]
    [ 3, 0, 8]
ans =
    [ 59, 48, 54]
    [ 30, 29, 80]
    [ 45, 12, 70]
ans =
    [ 623, 476, 838]
    [ 479, 265, 874]
    [ 537, 240, 722]
```

【例 3-25】 计算符号矩阵的 4 次方。

```
>> A = sym('[1 2 3;4 5 6;7 8 9]');    %定义符号矩阵
>> A^4
```

输出结果如下:

```
A =
    [ 1, 2, 3]
    [ 4, 5, 6]
    [ 7, 8, 9]
ans =
    [  7560,  9288, 11016]
    [ 17118, 21033, 24948]
    [ 26676, 32778, 38880]
```

【例 3-26】 计算符号矩阵的指数。

```
>> A = sym('[1 2 3;4 5 6;7 8 9]');
>> B = exp(A)
```

输出结果如下：

```
A =
    [ 1, 2, 3]
    [ 4, 5, 6]
    [ 7, 8, 9]
B =
    [ exp(1), exp(2), exp(3)]
    [ exp(4), exp(5), exp(6)]
    [ exp(7), exp(8), exp(9)]
```

3.4.2 线性代数运算

符号对象的线性代数运算和双精度的线性代数运算一样,有关函数如表 3-4 所示。

表 3-4　符号矩阵线性运算函数

函 数 名 称	功 能 介 绍	函 数 名 称	功 能 介 绍
inv	矩阵求逆	null	零空间的正交基
det	计算行列式的值	colspace	返回矩阵列空间的基
diag	对角矩阵	transpose	返回矩阵的转置
triu	抽取矩阵的上三角部分	eig	特征值分解
tril	抽取矩阵的下三角部分	jordan	约当标准型变换
rank	计算矩阵的秩	svd	奇异值分解
rref	返回矩阵的所见行阶梯矩阵		

下面介绍各函数的具体用法。

1. inv 函数

inv 函数指令用于计算符号矩阵的逆,其具体用法如下：

inv(A),计算符号矩阵 A 的逆。

【例 3-27】 生成数值希尔伯特矩阵,计算其逆矩阵。

```
>> A = hilb(4);              %定义符号矩阵
>> A = sym(A);
>> inv(A)
```

输出结果如下：

```
A =
    1.0000    0.5000    0.3333    0.2500
    0.5000    0.3333    0.2500    0.2000
    0.3333    0.2500    0.2000    0.1667
    0.2500    0.2000    0.1667    0.1429
ans =
    [   16,  - 120,    240,  - 140]
    [ - 120,   1200, - 2700,   1680]
    [   240, - 2700,   6480, - 4200]
    [ - 140,   1680, - 4200,   2800]
```

2. det 函数

det 函数指令用于计算符号矩阵的行列式,其具体用法如下：

det(A),计算符号矩阵 A 的行列式。

【例 3-28】 计算例 3-5 中符号矩阵的行列式。

```
>> A = hilb(4);          %定义符号矩阵
>> A = sym(A);
>> det(A)
```

输出结果如下:

```
A =
    1.0000    0.5000    0.3333    0.2500
    0.5000    0.3333    0.2500    0.2000
    0.3333    0.2500    0.2000    0.1667
    0.2500    0.2000    0.1667    0.1429
ans =
    1.6534e - 07
```

3. diag 函数

diag 函数指令用于实现对符号矩阵对角线元素的操作,其具体用法如下:

diag(v,k),以向量 v 的元素作为矩阵 X 的第 k 条对角线元素。当 k=0 时,v 为 X 的主对角线;当 k>0 时,v 为 X 上方第 k 条对角线;当 k<0 时,v 为 X 下方第 k 条对角线。

diag(v),与 k=0 相同,将向量 v 置于主对角线。

diag(A,k),A 是矩阵,结果是由矩阵 A 的第 k 条对角线上的元素组成的列向量。

diag(A),A 是矩阵,是 diag(A,k)用法中 k=0 的情况,结果是由矩阵 A 的主对角线元素组成的列向量。

【例 3-29】 a 是由 4 个元素构成的向量,利用 diag 函数求解符号矩阵的对角线。

```
>> syms a b c;          %定义符号矩阵
>> A = [a b + 1 c * 3 4];
>> diag(A,1)
```

输出结果如下:

```
ans =
    [ 0, a,     0,    0, 0]
    [ 0, 0, b + 1,     0, 0]
    [ 0, 0,     0, 3 * c, 0]
    [ 0, 0,     0,    0, 4]
    [ 0, 0,     0,    0, 0]
```

【例 3-30】 利用 diag 函数将向量 a 置于主对角线上。

```
>> syms a b c;          %定义符号矩阵
>> A = [a b + 1 c * 3 4]
>> diag(A)
```

输出结果如下:

```
A =
    [ a, b + 1, 3 * c, 4]
ans =
    [ a,     0,    0, 0]
    [ 0, b + 1,     0, 0]
    [ 0,     0, 3 * c, 0]
    [ 0,     0,    0, 4]
```

【例 3-31】 A 为 4 阶希尔伯特矩阵,利用 diag 函数求矩阵的对角线。

```
>> A = hilb(4)
>> diag(A)
```

输出结果如下:

```
A =
    1.0000    0.5000    0.3333    0.2500
    0.5000    0.3333    0.2500    0.2000
    0.3333    0.2500    0.2000    0.1667
    0.2500    0.2000    0.1667    0.1429
ans =
    1.0000
    0.3333
    0.2000
    0.1429
```

【例 3-32】 A 是随机矩阵,分别找出由矩阵 A 的第 1、2、3、4 条对角线上的元素组成的列向量。

```
>> s = sym(4);              % 定义符号矩阵
>> class(s);
>> A = rand(s);
>> diag(A,3);
>> diag(A,2);
>> diag(A,1);
>> diag(A,0)
```

输出结果如下:

```
A =
    0.8147    0.6324    0.9575    0.9572
    0.9058    0.0975    0.9649    0.4854
    0.1270    0.2785    0.1576    0.8003
    0.9134    0.5469    0.9706    0.1419
ans =
    0.9572
ans =
    0.9575
    0.4854
ans =
    0.6324
    0.9649
    0.8003
ans =
    0.8147
    0.0975
    0.1576
    0.1419
```

【例 3-33】 A 是一个 3 阶魔方矩阵,利用 diag 函数找出矩阵 A 主对角线上元素的列向量。

```
>> s = sym(4);              % 定义符号矩阵
>> class(s);
>> A = magic(s);
>> diag(A)
```

输出结果如下:

```
A =
    16     2     3    13
     5    11    10     8
     9     7     6    12
     4    14    15     1
ans =
    16
    11
     6
     1
```

4. triu 函数

triu 函数用来对符号矩阵的上三角部分进行操作,其具体用法如下:

triu(A),抽取矩阵 A 主对角线之上的三角部分重新组成一个新矩阵,其他部分用 0 来填充。

triu(A,k),抽取矩阵 A 的第 k 条对角线之上的部分重新组成一个新矩阵,其他部分用 0 来填充。当 k>0 时,抽取的元素是在主对角线之上且在第 k 条对角线上的元素,其他部分用 0 来填充;当 k<0 时,抽取的元素是在主对角线下且在第 k 条对角线上的元素,其他部分用 0 来填充;当 k=0,即 triu(A,0)时,与 triu(A)相同,抽取主对角线之上的部分。

【例 3-34】 A 是一个 5 阶魔方矩阵,利用 triu 函数生成一个由 A 主对角线上的元素组成的矩阵。

```
>> s = sym(5);            % 定义符号矩阵
>> class(s);
>> A = magic(s);
>> triu(A)
```

输出结果如下:

```
A =
    17    24     1     8    15
    23     5     7    14    16
     4     6    13    20    22
    10    12    19    21     3
    11    18    25     2     9
ans =
    17    24     1     8    15
     0     5     7    14    16
     0     0    13    20    22
     0     0     0    21     3
     0     0     0     0     9
```

【例 3-35】 A 是一个 5 阶魔方矩阵,利用 triu 函数生成由 A 主对角线之上的元素组成的矩阵,由 A 主对角线之下的元素组成的矩阵以及由 A 主对角线的元素组成的矩阵。

```
>> s = sym(5);            % 定义符号矩阵
>> class(s);
>> A = magic(s);
>> triu(A,2);
>> triu(A, - 2);
>> triu(A,0);
```

输出结果如下:

```
A =
    17    24     1     8    15
    23     5     7    14    16
     4     6    13    20    22
    10    12    19    21     3
    11    18    25     2     9
ans =
     0     0     1     8    15
     0     0     0    14    16
     0     0     0     0    22
     0     0     0     0     0
     0     0     0     0     0
ans =
    17    24     1     8    15
```

```
    23      5      7     14     16
     4      6     13     20     22
     0     12     19     21      3
     0      0     25      2      9
ans =
    17     24      1      8     15
     0      5      7     14     16
     0      0     13     20     22
     0      0      0     21      3
     0      0      0      0      9
```

【例 3-36】 A 是一个 3 阶随机矩阵,利用 triu 函数指令生成由 A 主对角线之上的元素组成的矩阵,由 A 主对角线之下的元素组成的矩阵以及由 A 主对角线的元素组成的矩阵。

```
>> s = sym(3);              % 定义符号矩阵
>> class(s);
>> A = rand(s);
>> triu(A,1);
>> triu(A, - 1);
>> triu(A,0);
```

输出结果如下:

```
A =
    0.4218     0.9595     0.8491
    0.9157     0.6557     0.9340
    0.7922     0.0357     0.6787
ans =
         0     0.9595     0.8491
         0          0     0.9340
         0          0          0
ans =
    0.4218     0.9595     0.8491
    0.9157     0.6557     0.9340
         0     0.0357     0.6787
ans =
    0.4218     0.9595     0.8491
         0     0.6557     0.9340
         0          0     0.6787
```

【例 3-37】 利用 triu 函数生成由符号矩阵 A 主对角线之上的元素组成的矩阵,由 A 主对角线之下的元素组成的矩阵以及由 A 主对角线的元素组成的矩阵,对比它们的不同。

```
>> syms a b c;              % 定义符号矩阵
>> A = [a^2 b+c 6 exp(c);a+b b a 5;4 b c 1;a^b c a 8]
>> triu(A);
>> triu(A,1);
>> triu(A, - 1)
```

输出结果如下:

```
A =
[    a^2, b + c, 6, exp(c)]
[    a + b,      b, a,      5]
[      4,      b, c,      1]
[    a^b,      c, a,      8]
ans =
[ a^2, b + c, 6, exp(c)]
[   0,      b, a,      5]
[   0,      0, c,      1]
[   0,      0, 0,      8]
```

```
ans =
    [ 0, b + c, 6, exp(c)]
    [ 0,     0, a,      5]
    [ 0,     0, 0,      1]
    [ 0,     0, 0,      0]
ans =
    [   a^2, b + c, 6, exp(c)]
    [ a + b,     b, a,      5]
    [     0,     b, c,      1]
    [     0,     0, a,      8]
```

5. tril 函数

tril 函数生成一个新矩阵,该新矩阵式抽取自原矩阵的下三角部分,其他部分用 0 来填充,具体用法如下:

tril(A),抽取矩阵 A 的主对角线之下的三角部分重新组成一个新矩阵,其他部分用 0 来填充。

tril(A,k),抽取矩阵 A 的第 k 条对角线之下的部分重新组成一个新矩阵,其他部分用 0 来填充。当 k>0 时,抽取的元素是在主对角线之上且第 k 条对角线之下的元素,其他部分用 0 来填充;当 k<0 时,抽取的元素是在主对角线之下且第 k 条对角线之下的元素,其他部分用 0 来填充;当 k=0,即 tril(A,0) 时,与 tril(A) 相同,抽取主对角线之下的部分。

【例 3-38】 利用 tril 函数生成由矩阵 A 主对角线之下的元素所组成的矩阵。

```
>> A = magic(4)
>> B = sym(A)
>> tril(B)
```

输出结果如下:

```
A =
    16     2     3    13
     5    11    10     8
     9     7     6    12
     4    14    15     1
B =
    [ 16,  2,  3, 13]
    [  5, 11, 10,  8]
    [  9,  7,  6, 12]
    [  4, 14, 15,  1]
ans =
    [ 16,  0,  0, 0]
    [  5, 11,  0, 0]
    [  9,  7,  6, 0]
    [  4, 14, 15, 1]
```

【例 3-39】 利用 tril 函数生成由符号矩阵 A 主对角线之上的元素组成的矩阵,由 A 主对角线之下的元素组成的矩阵以及由 A 主对角线的元素组成的矩阵。

```
>> syms a b c;
>> A = [a^b c a 7;a + b b c 3;a^3 b + a 6 exp(c);2 a c 5]
>> B = sym(A)
>> tril(B,1)
>> tril(B,2)
>> tril(B, - 1)
>> tril(B, - 2)
>> tril(B,0)
```

输出结果如下:

```
A =
    [  a^b,     c, a,      7]
    [ a + b,     b, c,      3]
    [  a^3, a + b, 6, exp(c)]
    [    2,     a, c,      5]
B =
    [  a^b,     c, a,      7]
    [ a + b,     b, c,      3]
    [  a^3, a + b, 6, exp(c)]
    [    2,     a, c,      5]
ans =
    [  a^b,     c, 0,      0]
    [ a + b,     b, c,      0]
    [  a^3, a + b, 6, exp(c)]
    [    2,     a, c,      5]
ans =
    [  a^b,     c, a,      0]
    [ a + b,     b, c,      3]
    [  a^3, a + b, 6, exp(c)]
    [    2,     a, c,      5]
ans =
    [    0,     0, 0, 0]
    [ a + b,     0, 0, 0]
    [  a^3, a + b, 0, 0]
    [    2,     a, c, 0]
ans =
    [ 0, 0, 0, 0]
    [ 0, 0, 0, 0]
    [ a^3, 0, 0, 0]
    [ 2, a, 0, 0]
ans =
    [  a^b,     0, 0, 0]
    [ a + b,     b, 0, 0]
    [  a^3, a + b, 6, 0]
    [    2,     a, c, 5]
```

6. rank 函数

在线性代数中,一个矩阵 A 的列秩是 A 的线性无关的纵列的极大数目。类似地,行秩是 A 的线性无关的横行的极大数目。矩阵的列秩和行秩总是相等的,因此它们可以简单地称作矩阵 A 的秩。通常表示为 r(A)、rk(A)或 rank A。

在 MATLAB 中提供了 rank 函数指令用来计算符号矩阵的秩,其具体用法如下:

rank(A),返回矩阵 A 的秩。

【例3-40】 利用 rank 指令计算四阶希尔伯特矩阵的秩。

```
>> A = hilb(4)
>> A = sym(A)
>> rank(A)
```

输出结果如下:

```
A =
    1.0000    0.5000    0.3333    0.2500
    0.5000    0.3333    0.2500    0.2000
    0.3333    0.2500    0.2000    0.1667
    0.2500    0.2000    0.1667    0.1429
```

```
A =
    [   1, 1/2, 1/3, 1/4]
    [ 1/2, 1/3, 1/4, 1/5]
    [ 1/3, 1/4, 1/5, 1/6]
    [ 1/4, 1/5, 1/6, 1/7]
ans =
     4
```

【**例 3-41**】 利用 rank 指令计算符号矩阵的秩。

```
>> syms a b c;
>> A = [b * 2 c a 2;c b a 3;c^2 7 b 1;b * 3 a c 8]
>> rank(A)
```

输出结果如下：

```
A =
    [ 2 * b, c, a, 2]
    [    c, b, a, 3]
    [  c^2, 7, b, 1]
    [ 3 * b, a, c, 8]
ans =
     4
```

7. rref 函数

矩阵的简化行阶梯式是高斯-约当消元法解线性方程组的结果,其形式为

$$\begin{bmatrix} 1 & \cdots & 0 & * \\ \vdots & \ddots & \vdots & * \\ 0 & \cdots & 1 & * \end{bmatrix}$$

MATLAB 提供了 rref 函数返回符号矩阵的简化行阶梯矩阵,其具体用法如下：
- R＝rref(A),在计算的过程中利用高斯-约当消元法和行主元素法,返回矩阵的简化行阶梯矩阵 R。
- [R,jb]＝rref(A),返回矩阵的简化行阶梯矩阵 R 和向量 jb。R(1:r,jb)为 r×r 阶不确定性矩阵,矩阵 A 的秩为 r＝length(jb):x(jb)为线性系统 Ax＝b 的边界向量。
- [R,jb]＝rref(A,tol),返回矩阵的简化行阶梯 R 和向量 jb 的要求与以上提到的相同,tol 指明了返回矩阵元素的误差。

【**例 3-42**】 使用 rref 函数返回符号矩阵 A 的简化行阶梯矩阵。

```
>> syms a b c;
>> A = [b * 2 c a 2;c b a 3;c^2 7 b 1;b * 3 a c 8]
>> R = rref(A)
```

输出结果如下：

```
A =
    [ 2 * b, c, a, 2]
    [    c, b, a, 3]
    [  c^2, 7, b, 1]
    [ 3 * b, a, c, 8]
R =
    [ 1, 0, 0, 0]
    [ 0, 1, 0, 0]
    [ 0, 0, 1, 0]
    [ 0, 0, 0, 1]
```

【**例 3-43**】 使用 rref 函数返回魔方矩阵的简化行阶梯矩阵。

```
>> A = magic(4)
>> A = sym(A)
>> R = rref(A)
```

输出结果如下:

```
A =
    16     2     3    13
     5    11    10     8
     9     7     6    12
     4    14    15     1
A =
    [ 16,  2,  3, 13]
    [  5, 11, 10,  8]
    [  9,  7,  6, 12]
    [  4, 14, 15,  1]
R =
    [ 1, 0, 0,   1]
    [ 0, 1, 0,   3]
    [ 0, 0, 1,  -3]
    [ 0, 0, 0,   0]
```

【例 3-44】 使用 rref 函数返回三阶希尔伯特矩阵 A 的简化行阶梯矩阵。

```
>> A = hilb(3)
>> A = sym(A)
>> R = rref(A)
```

输出结果如下:

```
A =
    1.0000    0.5000    0.3333
    0.5000    0.3333    0.2500
    0.3333    0.2500    0.2000
A =
    [   1, 1/2, 1/3]
    [ 1/2, 1/3, 1/4]
    [ 1/3, 1/4, 1/5]
R =
    [ 1, 0, 0]
    [ 0, 1, 0]
    [ 0, 0, 1]
```

【例 3-45】 使用 rref 函数返回三阶随机矩阵 A 的简化行阶梯矩阵。

```
>> A = rand(3)
>> A = sym(A)
>> R = rref(A)
```

输出结果如下:

```
A =
    0.8147    0.9134    0.2785
    0.9058    0.6324    0.5469
    0.1270    0.0975    0.9575
A =
    [ 7338378580900475/9007199254740992, 8226958330713791/9007199254740992,
    627122237356493/2251799813685248]
    [ 8158648460577917/9007199254740992, 1423946432832521/2251799813685248,
    153933462881711/281474976710656]
    [ 1143795557080799/9007199254740992,  109820732902227/1125899906842624,
    8624454854533211/9007199254740992]
```

```
R =
    [ 1, 0, 0]
    [ 0, 1, 0]
    [ 0, 0, 1]
```

8. null 函数

与线性系统相联系的两个子空间是值域和零空间。如果 A 为 m×n 的矩阵,它的秩为 r,那么 A 的向量空间就是由 A 的列划分的线性空间,这个空间的维数是 r,也就是 A 的秩。如果 r=n,则 A 的列线性无关。A 的零空间是由满足 Ax=0 的所有向量 x 组成的线性子空间。在 MATLAB 中可以用 null 函数来求得零空间的正交基,其具体用法如下:

N=null(A):计算矩阵 A 的零空间的正交基,运算依赖矩阵 A 的奇异值分解。

N=null(A,'r'):计算矩阵 A 的零空间的正交基,运算依赖矩阵 A 的简化行阶梯矩阵。

【例 3-46】 使用 null 函数返回符号矩阵 A 的零空间正交基。

```
>> syms a b c;
>> A = [b*2 c a 2;c b a 3;c^2 7 b 1;b*3 a c 8]
>> N = null(A)
```

输出结果如下:

```
A =
    [ 2*b,  c,  a,  2]
    [   c,  b,  a,  3]
    [  c^2, 7,  b,  1]
    [ 3*b,  a,  c,  8]
N =
    Empty sym: 4 - by - 0
```

【例 3-47】 使用 null 函数返回魔方矩阵 A 的零空间正交基。

```
>> A = magic(4)
>> A = sym(A)
>> N = null(A)
```

输出结果如下:

```
A =
    16     2     3    13
     5    11    10     8
     9     7     6    12
     4    14    15     1
A =
    [ 16,  2,  3, 13]
    [  5, 11, 10,  8]
    [  9,  7,  6, 12]
    [  4, 14, 15,  1]
N =
    -1
    -3
     3
     1
```

9. colspace 函数

MATLAB 提供了 colspace 函数计算矩阵空间的基,其具体用法如下:

C=colspace(A):返回符号矩阵 A 的列空间的基。

【例 3-48】 使用 colspace 函数指令计算符号矩阵 A 的列空间的基。

```
>> A = rand(4)
>> A = sym(A)
>> C = colspace(A)
```

输出结果如下：

```
A =
    0.8147    0.6324    0.9575    0.9572
    0.9058    0.0975    0.9649    0.4854
    0.1270    0.2785    0.1576    0.8003
    0.9134    0.5469    0.9706    0.1419
A =
[ 7338378580900475/9007199254740992, 1423946432832521/2251799813685248,
862454854533211/9007199254740992, 8621393422876569/9007199254740992]
[ 8158648460577917/9007199254740992,  109820732902227/1125899906842624,
8690943295155051/9007199254740992, 4371875181445801/9007199254740992]
[ 1143795557080799/9007199254740992,  627122237356493/2251799813685248,
354913107955861/2251799813685248, 1802071410739743/2251799813685248]
[ 8226958330713791/9007199254740992,  153933462881711/281474976710656,
2185580645132801/2251799813685248,  638999261770491/4503599627370496]
C =
[ 1, 0, 0, 0]
[ 0, 1, 0, 0]
[ 0, 0, 1, 0]
[ 0, 0, 0, 1]
```

【例 3-49】 使用 colspace 函数计算魔方矩阵 A 的列空间的基。

```
>> A = magic(4)
>> A = sym(A)
>> C = colspace(A)
```

输出结果如下：

```
A =
    16     2     3    13
     5    11    10     8
     9     7     6    12
     4    14    15     1
A =
[ 16,  2,  3, 13]
[  5, 11, 10,  8]
[  9,  7,  6, 12]
[  4, 14, 15,  1]
C =
[ 1, 0,  0]
[ 0, 1,  0]
[ 0, 0,  1]
[ 1, 3, -3]
```

10. transpose 函数

MATLAB 提供了 transpose 函数计算矩阵的转置，其具体用法如下：

T＝transpose(A)：返回符号矩阵 A 的转置。

【例 3-50】 利用 transpose 函数计算符号矩阵 A 的转置矩阵。

```
>> syms a b c;
>> A = [ a^b c a 7;a + b b c 3;a^3 b + a 6 exp(c);2 a c 5]
>> T = transpose(A)
```

输出结果如下：

```
A =
   [   a^b,      c, a,       7]
   [ a + b,      b, c,       3]
   [   a^3, a + b, 6, exp(c)]
   [     2,      a, c,       5]
T =
   [ a^b, a + b,    a^3, 2]
   [   c,     b, a + b, a]
   [   a,     c,      6, c]
   [   7,     3, exp(c), 5]
```

【例 3-51】 利用 transpose 函数计算符号矩阵 A 的共轭的转置矩阵。

这里需要说明的是 A 与 A' 是不同的,A' 代表矩阵 A 的共轭矩阵,因此在求解转置矩阵的过程中所求的也是不同的矩阵,需要注意。

输入指令如下:

```
>>  syms a b c;
>>  A = [ a^b c a 7;a + b b c 3;a^3 b + a 6 exp(c);2 a c 5]
>>  T = transpose(A')
```

输出结果如下:

```
A =
   [   a^b,      c, a,       7]
   [ a + b,      b, c,       3]
   [   a^3, a + b, 6, exp(c)]
   [     2,      a, c,       5]
T =
   [          conj(a^b),           conj(c), conj(a),              7]
   [ conj(a) + conj(b),           conj(b), conj(c),              3]
   [          conj(a)^3, conj(a) + conj(b),       6, exp(conj(c))]
   [                  2,           conj(a), conj(c),              5]
```

其中,conj 用于计算共轭。

11. eig 函数

eig 函数用于对符号矩阵进行特征值分解,即计算矩阵的特征值和特征向量,其具体用法如下:

E = eig(A),返回由方阵 A 的特征值组成的矩阵。

[V, D] = eig(A),返回方阵 A 的特征值矩阵 D 和特征向量矩阵 V,其中特征值矩阵 D 是以 A 的特征值为对角线的对角矩阵,V、D 和 A 之间满足 AV = VD。

【例 3-52】 利用 eig 函数计算三阶随机矩阵的特征值和特征向量。

```
>>  syms a b d;
>>  A = [a 1;b d]
>>  E = eig(A)
>>  [V,D] = eig(A)
```

输出结果如下:

```
A =
   [ a, 1]
   [ b, d]
E =
   a/2 + d/2 - (a^2 - 2 * a * d + d^2 + 4 * b)^(1/2)/2
   a/2 + d/2 + (a^2 - 2 * a * d + d^2 + 4 * b)^(1/2)/2
```

```
V =
     [ (a/2 + d/2 - (a^2 - 2*a*d + d^2 + 4*b)^(1/2)/2)/b - d/b,
      (a/2 + d/2 + (a^2 - 2*a*d + d^2 + 4*b)^(1/2)/2)/b - d/b]
     [                       1,                        1]
D =
     [ a/2 + d/2 - (a^2 - 2*a*d + d^2 + 4*b)^(1/2)/2,                              0]
     [ 0,                        a/2 + d/2 + (a^2 - 2*a*d + d^2 + 4*b)^(1/2)/2]
```

12. jordan 函数

jordan 函数用于将矩阵变换为约当标准型,计算约当标准型也就是找一个非奇异矩阵 V,使 J=V/A * V 最接近对角矩阵,其中 V 称为转换矩阵。利用矩阵分块可以简化很多有关矩阵的证明和计算,任何仿真都可以通过相似变换,变为约当标准型。jordan 函数的具体用法如下:

J=jordan(A),返回矩阵 A 的约当标准型。

[V,J]=jordan(A),返回矩阵 A 的约当标准型并且给出变换矩阵 V,满足 J=V/A * V。

【例 3-53】 利用 jordan 函数指令计算三阶魔方矩阵的特征值和特征向量。

```
>>  A = magic(3)
>>  A = sym(A)
>>  [V,J] = jordan(A)
```

输出结果如下:

```
A =
      8      1      6
      3      5      7
      4      9      2
A =
     [8, 1, 6]
     [3, 5, 7]
     [4, 9, 2]
V =
     [ (2*6^(1/2))/5 - 7/5,  - (2*6^(1/2))/5 - 7/5, 1]
     [ 2/5 - (2*6^(1/2))/5,    (2*6^(1/2))/5 + 2/5, 1]
     [                   1,                      1, 1]
J =
     [ -2*6^(1/2),           0,  0]
     [          0, 2*6^(1/2),  0]
     [          0,           0, 15]
```

13. svd 函数

svd 函数用来进行矩阵的奇异值分解,奇异值分解在矩阵分解中占有极其重要的地位。svd 函数的具体用法如下:

[U,S,V] = svd (X),返回一个与 X 同大小的对角矩阵 S,两个矩阵 U 和 V,且满足 = U * S * V'。若 A 为 m×n 阵,则 U 为 m×m 阵,V 为 n×n 阵。奇异值在 S 的对角线上,非负且按降序排列。

[U,S,V] = svd (X,0),得到一个"有效大小"的分解,只计算出矩阵 U 的前 n 列,矩阵 S 的大小为 n×n。

【例 3-54】 利用[U,S,V]=svd(A)函数对符号矩阵 A 进行奇异值的分析。

```
>> A = [9 8 7;6 5 4;3 2 1]
>> digits(30)
>> [U,S,V] = svd(A)
```

输出结果如下：

```
A =
     9      8      7
     6      5      4
     3      2      1
U =
   - 0.8263     0.3879     0.4082
   - 0.5206   - 0.2496   - 0.8165
   - 0.2148   - 0.8872     0.4082
S =
   16.8481          0          0
        0     1.0684          0
        0          0     0.0000
V =
   - 0.6651   - 0.6253   - 0.4082
   - 0.5724     0.0757     0.8165
   - 0.4797     0.7767   - 0.4082
```

3.4.3 科学计算

极限、微分和积分是微积分学中的核心和基础，MATLAB 提供了强大的函数指令来对其进行计算，下面做简单的介绍。

1. 符号极限的计算

极限是高等数学的出发点和基础，高等数学的许多内容是建立在极限理论基础上的。在 MATLAB 中提供了 limit 函数来对极限进行运算，其用法如下：

limit(fx,a)，当变量 x 趋近于常数 a 时，计算符号函数 f(x) 的极限值。

limit(f,a)，相当于变量 x 趋近于 a 时计算符号函数 f(x) 的极限值。在没有指定符号函数 f(x) 的自变量时，使用此函数来计算符号函数的极限，系统按 findsym 函数指示的默认变量来确定符号函数 f(x) 的变量。

limit(f)，在没有指定变量的目标值时，系统默认变量趋近于 0，相当于变量 x 趋近于 0 时计算符号函数 f(x) 的极限值，系统按 findsym 函数指示的默认变量来确定符号函数 f(x) 的变量。

limit(f,x,a,'right') 和 limit(f,x,a,'left')，由于求极限可以从两边趋近，对于某些从左面趋近和从右面趋近得到的结果是不同的，针对这种情况，函数 limit 专门提供了本语句来计算函数的左极限和右极限。'right' 表示符号函数 f(x) 的右极限，即变量 x 从右边趋近于 a；'left' 表示符号函数 f(x) 的左极限，即变量 x 从左边趋近于 a。

【例 3-55】 计算 $\lim\limits_{x \to \infty} \dfrac{3x^2 - 2x - 1}{7x^3 - 5x^2 + 3}$。

```
>> syms x;
>> f = (3 * x * x - 2 * x - 1)/(7 * x * x * x - 5 * x * x + 3);
>> limit(f,x,inf)
```

输出结果如下：

```
ans =
    0
```

【例 3-56】 计算 $\lim\limits_{x \to 1}(2x - 1)$。

```
>> syms x;
>> f = 2 * x - 1;
>> limit(f,x,1)
```

输出结果如下：

```
ans =
    1
```

【例3-57】 计算 $\lim\limits_{x \to 0}\left(\dfrac{a^x + b^x + c^x}{3}\right)^{\frac{1}{x}}$。

```
>> syms a b c x;
>> f = ((a^x + b^x + c^x)/3)^(1/x);
>> limit(f,a)
```

输出结果如下：

```
ans =
    (a^a + b^a + c^a)^(1/a)/3^(1/a)
```

【例3-58】 计算 $\lim\limits_{x \to 2}\dfrac{x^2 + 5}{x - 3}$。

```
>> syms x;
>> f = (x^2 + 5)/(x - 3);
>> limit(f,x,2)
```

输出结果如下：

```
ans =
    - 9
```

【例3-59】 计算 $f = \lim\limits_{x \to 0}\dfrac{\tan x - \sin x}{x^3}$ 的极限。

```
>> syms x;
>> f = (tan(x) - sin(x))/x^3;
>> limit(f,x,0,'left')
```

输出结果如下：

```
ans =
    1/2
```

【例3-60】 计算例3-59中函数的右极限。

```
>> syms x;
>> f = (tan(x) - sin(x))/x^3;
>> limit(f,x,0,'right')
```

输出结果如下：

```
ans =
    1/2
```

【例3-61】 计算 $f = \dfrac{1}{x^3}$ 当 x 趋近于0时的极限值,并分别求出函数的左极限和右极限。

```
>> syms x;
>> f = 1/x^3;
>> limit(f,x,0)
>> limit(f,x,0,'left')
>> limit(f,x,0,'right')
```

输出结果如下：

```
ans =
     NaN
ans =
     - Inf
ans =
     Inf
```

2. 符号微分的计算

MATLAB 提供了 diff 函数指令计算符号表达式的微分，具体用法如下：

diff(s)，没有指定变量和导数阶数，则系统按 findsym 函数指定的默认变量对符号表达式 s 求一阶微分。

diff(s,'v')，以 v 为自变量，对符号表达式 s 求一阶微分。

diff(s,n)，按 findsym 函数指定的默认变量对符号表达式 s 求 n 阶微分，且 n 为正整数。

diff(s,'v',n)，以 v 为自变量，对符号表达式 s 求 n 阶微分，n 为正整数。

【例 3-62】 计算 $2x^3 + 4x^2 + \cos(x) + \sin^2(x)$ 函数关于 x 的微分。

```
>> f = sym('2 * x^3 + 4 * x^2 + cos(x) + sin(x)^2');
>> df = diff(f)
```

输出结果如下：

```
df =
     8 * x - sin(x) + 2 * cos(x) * sin(x) + 6 * x^2
```

【例 3-63】 计算 $f = x - \ln(1+x)$ 的二阶微分。

```
>> f = sym(x == log(1 + x));
>> df = diff(f,2)
```

输出结果如下：

```
df =
     0 = - 1/(x + 1)^2
```

【例 3-64】 计算 $f = 3ax^2 + 5bx + 6$ 关于 b 的微分。

```
>> f = sym('3 * a * x^2 + 5 * b * x + 6');
>> df = diff(f,'b')
```

输出结果如下：

```
df =
     5 * x
```

【例 3-65】 计算 $f = 10x$ 的微分。

```
>> syms x
>> f = 10 * x * exp( - x/2);
>> df = diff(f)
```

输出结果如下：

```
df =
     10 * exp( - x/2) - 5 * x * exp( - x/2)
```

3. 符号积分的计算

积分运算是微分运算的逆运算，MATLAB 提供了 int 函数指令计算符号表达式的积分。该函数既可以计算定积分，也可以计算不定积分和广义积分，其具体用法如下：

int(s)，没有指定积分变量和积分阶数，系统按 findsym 函数指示的默认变量对被积函数或符号表达式 s 求不定积分。

int(s,v),以 v 为自变量,计算被积函数或符号表达式 s 的不定积分。

int(s,v,a,b),计算表达式 s 的定积分。该函数是求在[a,b]区间上的定积分,a 和 b 分别是定积分的下限和上限。a 和 b 可以是两个具体的数,也可以是一个符号表达式或是无穷(inf),当 a 和 b 有一个或两个是 inf 时,函数返回一个广义积分;当 a 和 b 中有一个符号表达式时,函数返回一个符号函数。系统按 findsym 函数指示的默认变量来确定表达式的变量,当表达式 s 是符号矩阵时,则对矩阵的各个元素分别进行积分。

int(s,v,a,b),符号表达式采用符号标量 v 作为标量,求 v 从 a 变到 b 时,符号表达式 s 的定积分值,a 和 b 的规定同上。

【例 3-66】 计算 $f=\tan^3 x$ 关于 x 的不定积分。

```
>> f = sym('tan(x)^3');
>> int(f)
```

输出结果如下:

```
ans =
    log(cos(x)) - (cos(x)^2 - 1)/(2 * cos(x)^2)
```

【例 3-67】 计算 $f=x^3+a\cos x+b\sin^2 x$ 关于 b 的不定积分。

```
>> f = sym('x^3 + a * cos(x) + b * sin(x)^2');
>> int(f,'b')
```

输出结果如下:

```
ans =
    b * (a * cos(x) + x^3) - b^2 * (cos(x)^2/2 - 1/2)
```

【例 3-68】 计算定积分 $\int_{\frac{\pi}{4}}^{\frac{\pi}{3}} \frac{x}{\sin^2 x} \mathrm{d}x$。

```
>> syms x;
>> f = x/sin(x)^2;
>> int(f,x,pi/4,pi/3)
```

输出结果如下:

```
ans =
    pi/4 + log(6^(1/2)/2) - (pi * 3^(1/2))/9
```

【例 3-69】 计算定积分 x^2+16y^2。

```
>> syms x y;
>> f = x^2 + 16 * y^2;
>> int(f,x)
>> int(f,y)
>> a = 5;b = 10
>> int(f,x,a,b)
```

输出结果如下:

```
ans =
    x^3/3 + 16 * x * y^2
ans =
    x^2 * y + (16 * y^3)/3
ans =
    80 * y^2 + 875/3
```

4. 级数求和的计算

symsum 函数指令用于计算符号表达式的和,其具体用法如下:

r＝symsum(s),自变量是由 findsym 函数所确定的符号变量,默认自变量为 k,计算表达式 s 从 0 到 k−1 的和。

r＝symsum(s,v),计算表达式 s 从 0 到 v−1 的和。

r＝symsum(s,a,b),计算表达式 s 默认变量从 a 到 b 的和。

r＝symsum(s,v,a,b),计算表达式 s 变量 v 从 a 到 b 的和。

【例 3-70】 利用 symsum 函数计算符号表达式的和。

```
>> syms x k;
>> symsum(x + 3 * x^4)
>> symsum(1/x^k,k,0,inf)
>> symsum(1/x^k,k,1,inf)
```

输出结果如下:

```
ans =
    (3 * x^5)/5 - (3 * x^4)/2 + x^3 + x^2/2 - (3 * x)/5
ans =
    x/( -1 + x)
ans =
    x/( -1 + x)
```

【例 3-71】 对 a * n^2＋b * n 求级数和,其中 n 从 1 变到 20。

```
>> syms a b n;
>> f = a * n^2 + b * n;
>> symsum(f,n,1,20)
```

输出结果如下:

```
ans =
    2870 * a + 210 * b
```

5. 泰勒级数的计算

MATLAB 提供了 taylor 函数用来计算符号表达式的泰勒级数展开式,其具体用法如下:

r＝taylor(f),f 是符号表达式,自变量是由 findsym 函数所确定的符号变量,该函数将返回 f 在变量等于 0 处进行 5 阶泰勒展开时的展开式。

r＝taylor(f,n,v),符号表达式 f 以符号标量 v 作为自变量,返回 f 的 n−1 阶麦克劳林级数(即在 v＝0 处进行泰勒展开)展开式。

r＝taylor(f,n,v,a),返同符号表达式 f 在 v＝a 处进行 n−1 阶泰勒展开的展开式。

【例 3-72】 使用 taylor 函数指令计算符号表达式的泰勒级数展开式。

```
>> syms x;
>> f = f * x^3;
>> T = taylor(f)
```

输出结果如下:

```
T =
    x^3 * (a * n^2 + b * n)
```

【例 3-73】 使用 taylor 函数指令计算符号表达式的泰勒级数展开式。

```
>> syms x a;
>> f = x^a;
>> T = taylor(f,4,a)
```

输出结果如下:

```
T =
    (a^3 * log(x)^3)/6 + (a^2 * log(x)^2)/2 + a * log(x) + 1
```

3.5　符号表达式积分及其变换

积分变换是工程设计和计算常用的工具,常见的积分变换有傅里叶(Fourier)变换、拉普拉斯(Laplace)变化和 Z 变换。

3.5.1　傅里叶变换及其反变换

傅里叶变换是一种分析信号的方法,它可以分析信号的成分,也可以用这些成分合成信号。许多波形可作为信号的成分,比如正弦波、方波、锯齿波等,傅里叶变换用正弦波作为信号的成分。

$f(x)$是关于 x 的函数,如果 x 满足狄里赫莱条件:具有有限个间断点,具有有限个极值点,绝对可积,则有如下公式成立:

$$F(\omega) = \int_{-\infty}^{+\infty} f(x) e^{-j\omega x} \, dx$$

时域中的 $f(x)$ 和频域中的 $F(\omega)$ 的傅里叶反变换存在如下关系:

$$f(x) = \frac{1}{\pi} \int_{-\infty}^{\infty} F(\omega) e^{-j\omega x} \, d\omega$$

1. 傅里叶变换

在 MATLAB 中进行傅里叶变换的函数指令如下:

(1) F＝fourier(f),函数 f 的默认自变量是 x,对默认变量计算傅里叶变换时,并且默认输出结果 F 是变量 ω 的函数,记为 $F(\omega) = \int_{-\infty}^{+\infty} f(x) e^{-j\omega x} \, dx$。

(2) F＝fourier(f,v),返回结果为 v 的函数,记为 $F(v) = \int_{-\infty}^{+\infty} f(x) e^{-jvx} \, dx$。

(3) F＝fourier(f,u,v),函数 f 的指定自变量是 u,指定参数变为 v,对函数 f 进行傅里叶变换,记为 $F(v) = \int_{-\infty}^{+\infty} f(u) e^{-jvu} \, du$。

【例 3-74】　分别在默认自变量和指定参数 v 的情况下计算 f(x)的傅里叶变换。

```
>> syms x w u v;
>> f = sin(x) − cos(x) + 1;
>> fourier(f)
>> fourier(f,v)
```

输出结果如下:

```
ans =
    2 * pi * dirac(w) − pi * (dirac(w − 1) + dirac(w + 1)) − pi * (dirac(w − 1) − dirac(w + 1)) * i
ans =
    2 * pi * dirac(v) − pi * (dirac(v − 1) + dirac(v + 1)) − pi * (dirac(v − 1) − dirac(v + 1)) * i
```

【例 3-75】　使用 fourier(f,u,v)函数在指定自变量和变换参数的情况下计算 f(x)的傅里叶变换。

```
>> syms t u v;
>> f = exp( − 1/3 * (t + u)^2);
>> fourier(f,t,v)
```

输出结果如下：

```
ans =
     3^(1/2) * pi^(1/2) * exp(− (3 * ((u * 2i)/3 − v)^2)/4 − u^2/3)
```

2. 傅里叶反变换

ifourier(F)：在系统默认自变量和变换参数的情况下，计算函数的傅里叶反变换，记为 $f(x) = \dfrac{1}{2\pi} \displaystyle\int_{-\infty}^{+\infty} F(\omega) \mathrm{e}^{-\mathrm{j}\omega x} \, \mathrm{d}\omega$。

ifourier(F,v)：在系统默认自变量，并指定变换参数是 v 的情况下，计算函数的傅里叶反变换，记为 $f(v) = \dfrac{1}{2\pi} \displaystyle\int_{-\infty}^{+\infty} F(\omega) \mathrm{e}^{-\mathrm{j}\omega v} \, \mathrm{d}\omega$。

ifourier(F,w,v)：在系统的自变量为 w，并指定变换参数是 v 的情况下，计算函数的傅里叶反变换，记为 $f(v) = \dfrac{1}{2\pi} \displaystyle\int_{-\infty}^{+\infty} F(w) \mathrm{e}^{-\mathrm{j}wv} \, \mathrm{d}w$

【例 3-76】 使用函数 f＝ifourier(F)在系统默认自变量和变换参数的情况下计算函数的傅里叶反变换。

```
>> syms x w u v;
>> f = sin(x) − cos(x) + 1;
>> ifourier(f)
```

输出结果如下：

```
ans =
     (2 * pi * dirac(t) − pi * (dirac(t − 1) + dirac(t + 1)) + pi * (dirac(t − 1) − dirac(t + 1))
     * i)/(2 * pi)
```

【例 3-77】 使用 ifourier(F,v)函数在指定自变量和返回结果参数的情况下计算 f(x)的傅里叶反变换。

```
>> syms x y;
>> f = exp(− (x + y)^2/3);
>> ifourier(f,v)
```

输出结果如下：

```
ans =
     (3^(1/2) * exp(− (3 * (v + (y * 2i)/3)^2)/4 − y^2/3))/(2 * pi^(1/2))
```

3.5.2 拉普拉斯变换及其反变换

拉普拉斯变换是工程数学中常用的一种积分变换，又名拉氏变换。拉氏变换是一个线性变换，可将一个有引数实数 $t(t \geqslant 0)$ 的函数转换为一个引数为复数 s 的函数。

如果函数 $f(t)$ 在区间 $[0, +\infty)$ 上有定义，并且积分 $\displaystyle\int_{0}^{+\infty} f(t) \mathrm{e}^{-st} \, \mathrm{d}t$ 在 s 的某一区域内收敛，则由这个积分确定函数 $F(s)$，即 $F(s) = \displaystyle\int_{0}^{+\infty} f(t) \mathrm{e}^{-st} \, \mathrm{d}t$。此式称为函数 $f(t)$ 的拉普拉斯变换式，记为 $L[f(t)] = F(s)$。

拉普拉斯反变换定义为 $F(t) = \dfrac{1}{2\pi i} \displaystyle\int_{c-i\infty}^{c+i\infty} L(s) \mathrm{e}^{st} \, \mathrm{d}t$，其中 c 为使函数 $L(s)$ 的所有奇点位于直线 $s = c$ 左边的实数，拉普拉斯反变换记为 $F(t) = L^{-1}[L(s)]$。

1. 拉普拉斯变换

在 MATLAB 中提供了如下函数来进行拉普拉斯变换：

laplace(F),在默认自变量(为 x)和默认参变量(为 s)的情况下,计算符号函数的拉普拉斯变换,记为 $L(s) = \int_0^{+\infty} F(x)\mathrm{e}^{-sx}\mathrm{d}x$。

laplace(F,z),在默认自变量(为 x),并指定参变量为 z 的情况下,计算函数的拉普拉斯变换,记为 $L(z) = \int_0^{+\infty} F(x)\mathrm{e}^{-zx}\mathrm{d}x$。

laplace(F,w,z),在指定自变量为 w,并指定参变量为 z 的情况下,计算函数的拉普拉斯变换,记为 $L(z) = \int_0^{+\infty} F(w)\mathrm{e}^{-zw}\mathrm{d}w$。

【例 3-78】 使用函数 laplace(F)在默认自变量和参变量的情况下计算符号函数的拉普拉斯变换。

```
>> syms x;
>> f = 2 * sin(3 * x);
>> laplace(f)
```

输出结果如下:

```
ans =
    6/(s^2 + 9)
```

【例 3-79】 使用函数 laplace(F,w,z)和 f(F,z)分别在指定自变量为 w 并指定参变量为 z 以及在默认自变量并指定参变量为 z 的情况下计算符号函数的拉普拉斯变换。

```
>> syms w z x;
>> f = 1 + log(x + 2);
>> l = laplace(f,w,z)
>> l = laplace(f,z)
```

输出结果如下:

```
l =
    (log(x + 2) + 1)/z
l =
    log(2)/z + 1/z + (exp(2 * z) * (log(2 * z) - log(2) - log(z) + expint(2 * z)))
```

2. 拉普拉斯函数反变换

ilaplace(L),在默认自变量(为 s)和默认参变量(为 t)的情况下,计算函数 $L(s)$ 的拉普拉斯反变换。

ilaplace(L,v),在默认自变量(为 s)并指定参变量 v 的情况下,计算函数 $L(s)$ 的拉普拉斯反变换。

ilaplace(L,v,x),在指定自变量(为 x)并指定参变量 v 的情况下,计算函数 $L(s)$ 的拉普拉斯反变换。

【例 3-80】 使用函数 ilaplace(L)在默认自变量和默认参变量的情况下计算函数 $L(s)$ 的拉普拉斯反变换。

```
>> syms x;
>> f = cos(x - 2);
>> L = ilaplace(f)
```

输出结果如下:

```
L =
    ilaplace(cos(x - 2), x, t)
```

【例 3-81】 使用函数 ilaplace(L,v)和 ilaplace(L,v,x)计算函数的拉普拉斯反变换。

```
>> syms v x w;
>> L = (v^3 + w^2 + 3);
>> ilaplace(L,v)
```

输出结果如下：

```
ans =
    3 * dirac(v) + v^3 * dirac(v) + dirac(v, 2)

>> fn = laplace(L,v)
>> ilaplace(fn,v,x)        % 指定自变量 x 参变量 v,求函数的逆变换
```

输出结果如下：

```
ans =
x^2 + dirac(x,2) + 3
```

3.5.3 Z 变换及其反变换

1. Z 变换

Z 变换(Z-transformation)是对离散序列进行的一种数学变换,常用于求线性时不变差分方程的解。它在离散系统中的地位如同拉普拉斯变换在连续系统中的地位。

在 MATLAB 中进行 Z 变换的函数是：

(1) ztrans(f)：在默认自变量(n)和参变量(z)的情况下,计算符号函数的 Z 变换。

(2) ztrans(f,v)：在默认自变量(n),参变量(v)的情况下,计算符号函数的 Z 变换。

(3) ztrans(f,k,v)：在自变量(k),参变量(v)的情况下,计算符号函数的 Z 变换。

【例 3-82】 使用 ztrans(f)函数在默认自变量和参变量的情况下对函数进行 Z 变换。

```
>> syms x;
>> f = cos(4 * x);
>> ztrans(f)
```

输出结果如下：

```
ans =
    (z * (z - cos(4)))/(z^2 - 2 * cos(4) * z + 1)
```

【例 3-83】 使用 ztrans(f,v)函数与 ztrans(f,k,v)分别对函数进行 Z 变换。

```
>> syms k m v;
>> f = tan(3 * k * m);
>> ztrans(f,v)
```

输出结果如下：

```
ans =
    ztrans(tan(3 * k * m), m, v)
>> f = sin(k)
>> ztrans(f,k,v)
ans =
    (v * sin(1))/(v^2 - 2 * cos(1) * v + 1)
```

2. Z 反变换

Z 反变换记为 $f(n) = Z^{-1}(F(z))$。

MATLAB 提供了 iztrans 函数实现 Z 反变换,其调用方法如下：

iztrans(F),在默认自变量(为 n)和默认参变量(为 z)的情况下,对函数进行 Z 反变换。

itrans(F,v),在默认自变量(为 n)并指定参变量(为 v)的情况下,对函数进行 Z 反变换。

itrans(F,w,v),在指定自变量(为 w)并指定参变量(为 v)的情况下,对函数进行 Z 反变换。

【例 3-84】 使用 iztrans(F)函数指令在默认自变量和指定参变量 v 的情况下对函数进行 Z 反变换。

```
>> syms w,v;
>> f = w * (w − 3) * (w/2 + f * w − 2);
>> iztrans(f,v)
```

输出结果如下:

```
ans =
    (sin(k) + 1/2) * iztrans(w^3, w, v) − (3 * sin(k) + 7/2) * iztrans(w^2, w, v) + 6 * iztrans(w, w, v)
```

【例 3-85】 使用函数指令 iztrans(F,v)和 iztrans(F,w,v)分别计算函数的 Z 反变换,输入指令如下:

```
>> syms z a v
>> F = exp(a/z);
>> iztrans(F,v)
```

输出结果如下:

```
ans =
    a^v/factorial(v)
>> syms v x
>> F = 2 * x/(x − 2)^2;
>> iztrans(f,x,v)
```

输出结果如下:

```
ans =
    w * (w − 3) * kroneckerDelta(v, 0) * (w/2 + w * sin(k) − 2)
```

3.6 绘制符号函数图形

图形是解决数学问题的必要途径,MATLAB除了为解决代数方程提供支持外,还对函数图像的绘制提供了强大的支持。本节对符号函数绘制加以简单介绍,详细的图形绘制在第 4 章系统地学习。

3.6.1 绘制曲线

MATLAB 提供了 ezplot 函数和 ezplot3 函数用于绘制符号函数的二维曲线和三维曲线。

1. 二维曲线的绘制

MATLAB 提供了 ezplot 函数来绘制符号函数的二维曲线,此函数可以绘制显函数图形、隐函数图形和参数方程的图形,具体用法如下:

ezplot(f),绘制显函数 f 在区间[−2,2]的二维曲线;绘制参数方程 x=x(t),y=y(t)在区间 0<t<2 的曲线。

- ezplot(f,[min,max])、ezplot(f,[xmin,xmax,ymin,ymax])和 ezplot(x,y,[tmin,tmax]),第一种用法是绘制显函数 f 在指定区间[min,max]的二维曲线;第二种用法是绘制隐函数 f 在指定区间 xmin<x<xmax、ymin<y<ymax 的曲线;第三种用法是绘制参数方程 x=x(t),y=y(t)在区间 tmin<t<tmax 的曲线。

【例 3-86】 使用 ezplot(f)函数绘制显函数的二维曲线。

```
>> syms x;
>> f = sin(x);
>> ezplot(f);
>> grid;
>> title('sin(x)');
```

输出结果如图 3-1 所示。

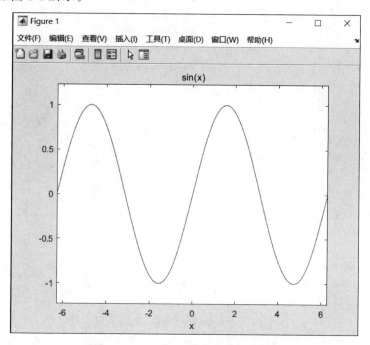

图 3-1   ezplot(f)函数绘制的二维曲线

【例 3-87】   绘制函数 $y = x^3 - x^2 - x + 1$ 的二维曲线。

```
>> syms x;
>> f = x^3 - X^2 - x + 1;
>> ezplot(f);
>> grid;
>> title('exp');
```

输出图形如图 3-2 所示。

2. 三维曲线的绘制

ezplot3 函数用于绘制符号函数的三维曲线,具体用法如下:

ezplot3(x,y,z),绘制参数方程 x＝x(t),y＝y(t),z＝z(t)在默认区间 0＜t＜2 的三维曲线。

ezplot3(x,y,z,[tmin,tmax]),绘制参数方程 x＝x(t), y＝y(t), z＝z(t)在区间 tmin＜t＜tmax 的三维曲线。ezplot3(…'animate'),生成空间曲线的动态轨迹。

【例 3-88】   绘制函数的三维曲线。

```
>> syms t;
>> x = cos(t);
>> y = tan(t);
>> z = t;
>> ezplot3(x,y,z)
```

输出图形如图 3-3 所示。

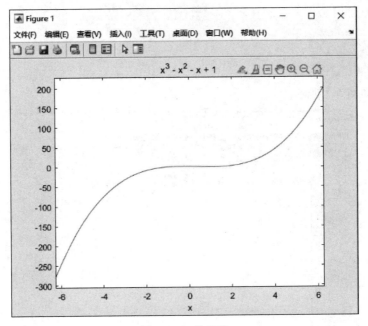

图 3-2 二维曲线

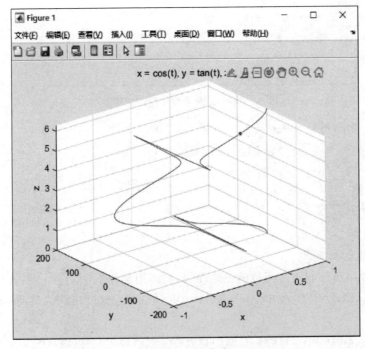

图 3-3 三维曲线

3.6.2 符号函数等值线的绘制

ezcontour 函数和 ezcontourf 函数用于绘制符号函数的等值线,两个函数的使用方法类似,区别在于 ezcontourf 函数绘制带有填充区域的等值线。ezcontour 函数的具体用法如下:

ezcontour(f),绘制二元函数 f(x,y)在默认区域的等值线。

ezcontour(f,domain),绘制二元函数 f(x,y)在指定区域的等值线。

ezcontour(…,n),绘制等值线图,并指定等值线的条数。

【例 3-89】　使用 ezcontour 函数绘制符号函数的等值线。

```
>> syms x;
>> f = x^3 - x^2 - x + 1;
>> ezcontour(f);
```

输出图像如图 3-4 所示。

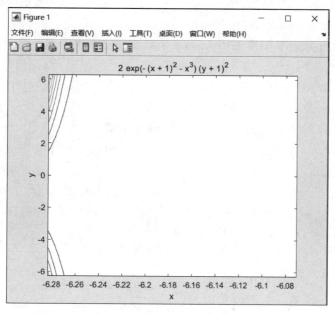

图 3-4　ezcontour 函数绘制的等值线

【例 3-90】　使用 ezcontourf 函数绘制符号函数的等值线。

```
>> syms x y;
>> f = 2 * (1 + y)^2 * exp( - (x^3) - (x + 1)^2);
>> ezcontourf(f);
```

输出图像如图 3-5 所示。

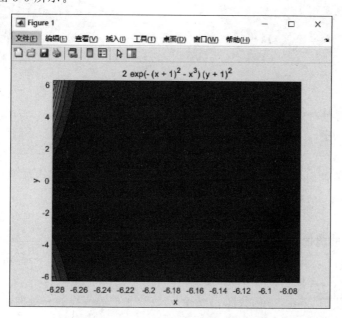

图 3-5　ezcontourf 函数绘制的等值线

3.6.3 符号函数曲面图及表面图的绘制

MATLAB 提供了 ezmesh 函数和 ezmeshc 函数用于绘制符号函数的三维曲面图,以及 ezsurf 函数和 ezsurfc 函数用于绘制符号函数的三维表面图。

ezmesh 函数和 ezmeshc 函数的区别在于:ezmeshc 函数在绘制三维曲面图的同时绘制等值线。ezsurf 函数和 ezsurfc 函数的区别在于:ezsurfc 函数在绘制三维表面图的同时绘制等值线。

1. ezmesh 函数和 ezsurf 函数

ezmesh 函数用于绘制三维曲面图,ezsurf 函数绘制三维表面图。两个函数的用法相似。ezmesh 的具体用法如下:

ezmesh(f),绘制 f(x,y)的图像。

ezmesh(f,domain),在指定区域绘制 f(x,y)的图像。

ezmesh(x,y,z),在默认区域绘制三维参数方程的图像。

ezmesh(x,y,z,[smin,smax,tmin,tmax])或 ezmesh(x,y,z,[min,max]),在指定区域绘制维参数方程的图像。

【例 3-91】 利用 ezmesh 函数和 ezsurf 函数绘制三维曲面图和三维表面图。

```
>> syms x y;
>> ezmesh(x * exp(x^3 + y^2),[ - 2.5,2.5]);
>> ezsurf(x * exp(x^3 + y^2),[ - 2.5,2.5]);
```

输出图像如图 3-6 所示。

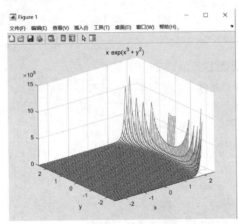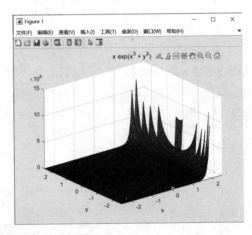

图 3-6　三维曲面图和三维表面图

2. ezmeshc 函数和 ezsurfc 函数

ezmeshc 函数用于绘制带等值线的三维曲面图,ezsurfc 函数用于绘制带等值线的三维表面图,两个函数的用法类似。ezmeshc 函数的具体用法如下:

ezmeshc(f):在默认区域[$-2\pi < x < 2\pi, -2\pi < y < 2\pi$]绘制二元函数 f(x,y)的图像。

ezmeshc(f,domain):在指定区域绘制二元函数 f(x,y)的图像。

ezmeshc(x,y,z):在默认区域[$-2\pi < s < 2\pi, -2\pi < t < 2\pi$]绘制三维参数方程 x=x(s,t),y(s,t),z=z(s,t)的图像。

ezmeshc(x,y,z,[smin,smax,tmin,tmax])或 ezmeshc(x,y,z,[min,max]),在指定区域绘制三维参数方程的图像。

【例 3-92】 使用 ezmeshc 函数和 ezsurfc 函数绘制带等值线的三维曲面图和三维表面图。

```
>> syms x y;
>> ezmeshc(x * exp(x^3 + y^2),[-2.5,2.5]);
>> syms x y;
>> ezsurfc(x * exp(x^3 + y^2),[-2.5,2.5]);
```

输出图形如图 3-7 所示。

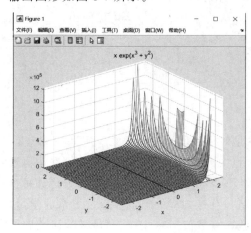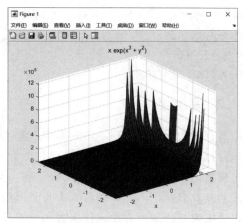

图 3-7　带等值线的三维曲面图和三维表面图

3.7　综合实例 2：求长方体体积

【例 3-93】　已知长方体的表面积为 $12a^2$（a>0），求体积最大的长方体的长、宽、高，并计算出其体积。

根据题中要求可知，设长方体的长为 x，宽为 y，高为 z；所求的目标函数为 $f(x,y,z)=xyz$；限制条件为 $g(x,y,z)=2(xy+xz+yz)=12a^2$，即 $\mu(x,y,z)=2(xy+xz+yz)-12a^2=0$；引入拉格朗日乘子 λ，构造拉格朗日函数 $L(x,y,z)=f(x,y,z)+\lambda[2(xy+xz+yz)-12a^2]$。

根据以上分析，输入代码。其中 λ 使用 s 表示。

```
>>  syms x y z s a;
>> L = x * y * z + s * (2 * y * z + 2 * z * x + 2 * x * y - 12 * a^2);   %建立拉格朗日方程
>> Lx = diff(L, 'x')                                                      %对 x 求导
Lx =
    y * z + s * (2 * y + 2 * z)
>> Ly = diff(L, 'y')                                                      %对 y 求导
Ly =
    x * z + s * (2 * x + 2 * z)
>> Lz = diff(L, 'z')                                                      %对 z 求导
Lz =
    x * y + s * (2 * x + 2 * y)
Ls = diff(L, 's')
Ls =
    -12 * a^2 + 2 * x * y + 2 * x * z + 2 * y * z
>> [s x y z] = solve(Lx,Ly,Lz,Ls)
s =
    -(2^(1/2) * a)/4
    (2^(1/2) * a)/4
x =
    2^(1/2) * a
    -2^(1/2) * a
y =
    2^(1/2) * a
```

```
      - 2^(1/2) * a
z =
      2^(1/2) * a
      - 2^(1/2) * a
```

根据以上结果,且 x、y、z 应都大于零,因此在表面积固定的情况下,长方体是存在最大体积的,即 x=y=z=$\sqrt{2}$ a 时,长方体的体积最大。输入以下代码求出长方体体积。

```
>> V = x. * y. * z
V =
      2 * 2^(1/2) * a^3
```

3.8 本章小结

本章首先介绍了 MATLAB 的符号运算,它是对未赋值的符号对象(可以是常数、变量、表达式)进行运算和处理。数值型运算会在运算过程中产生舍入误差,而符号运算在运算过程中不会出现数值型运算,不存在舍入误差问题。然后介绍了符号表达式、运算符号运算精度和符号矩阵的计算;最后介绍了符号函数的图形绘制和符号方程的求解。通过本章的学习,读者应初步掌握符号运算的方式和使用方法。符号运算与数值运算一样,都是科学研究中的重要内容。运用符号运算可以轻松解决许多公式和关系式的推导问题。

3.9 习题

(1) 符号运算与数值运算的区别是什么?

(2) 求矩阵 $A = \begin{bmatrix} a_{11} & a_{12} \\ a_{21} & a_{22} \end{bmatrix}$ 的行列式值、非共轭转置和特征值。

(3) 符号表达式 $f = 2x^2 + 3x + 4$ 与 $g = 5x + 6$ 的代数运算。

(4) 对表达式 $2\sqrt{5} + \pi$ 进行任意精度控制的比较。

(5) 求微分方程 $x \dfrac{d^2 y}{dx^2} - 3 \dfrac{dy}{dx} = x^2$,$y(1) = 0$,$y(0) = 0$ 的解。

MATLAB 提出了句柄图形学(handle graphics)的概念,同时为面向对象的图形处理提供了十分丰富的工具软件支持。MATLAB 在图形绘制时,其中每个图形元素(如其坐标轴或图形上的曲线、文字等)都是一个独立的对象。用户可以对其中任何一个图形元素进行单独修改,而不影响图形的其他部分,具有这样特点的图形称为矢量化(向量化)的绘图。这种矢量化的绘图要求给每个图形元素分配一个句柄(handle),以后再对该图形元素做进一步操作时,则只需对该句柄进行操作即可。

MATLAB 进一步定义了三维绘图函数,特别是三维图形显示与照相机参数设置等内容。数据可视化是 MATLAB 的一项重要功能,它所提供的丰富绘图功能使用户能够从烦琐的绘图细节中脱离出来,专注于最关心的本质。通过数据可视化的方法,工程和科研人员可以对自己的样本数据的分布、趋势特性有一个直观的了解。

4.1 二维绘图

二维图形的绘制是 MATLAB 图形处理的基础。MATLAB 提供了丰富的绘图函数,既可以绘制基本的二维图形,又可以绘制特殊的二维图形。

绘制二维图形的基本步骤如下:

(1) 数据准备。准备好绘图需要的横坐标变量和纵坐标变量。

(2) 设置当前绘图区。在指定的位置创建新的当前绘图区。

(3) 绘图。创建坐标轴,指定叠加绘图模式,绘制函数曲线。

(4) 设置图形中曲线和标记点。设置线宽、线型、颜色等。

(5) 设置坐标轴和网格线属性。将坐标轴的范围设置在指定曲线。

(6) 标注图形。在图形中添加标题、坐标轴标注和文字标注等。

(7) 保存和导出图形。按指定文件格式、属性保存或导出图形。

4.1.1 line 函数

MATLAB 允许用户在图形窗口的任意位置用绘图命令 line 画直线或折线。

line 函数的常用语法格式如下:

```
line(X,Y)
line(X,Y,Z)
line( … ,Name,line)
line('XData',x,'YData',y,'ZData',z, … )
h = line( … )
line(ax, … )
```

其中,X、Y都是一维数组,line(X,Y)能够把(X(i),Y(i))代表的各点用线段顺次连接起来,从而绘制出一条折线。

line是在现有轴上创建一个直线对象,可以定义颜色、宽度、直线类型、标记类型以及其他的一些特征。

命令line有两种形式:

(1)自动循环使用颜色和类型。当用户用以下非正式语法来指定矩阵坐标数据:

```
line(X,Y,Z)
```

MATLAB将循环使用由坐标轴ColorOrder和LineStyle指定的颜色顺序和类型顺序。

(2)纯粹低级操作。当用户用属性名和属性值调用命令line:

```
line('XData',x,'YData',y,'ZData',z)
```

MATLAB将在当前用默认的颜色画出线对象。需要注意一点的是,用户不能在命令line的低级形式中使用矩阵数据。

【例4-1】 画线函数line使用实例。利用函数line绘制 $y = \sin x$ 的图形。

```
>> x = 0:0.4 * pi:2 * pi;
>> y = sin(x);
>> line(x,y)
```

运行以上程序代码后,得到如图4-1所示的图形。

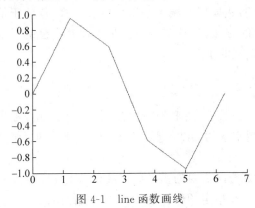

图 4-1　line 函数画线

4.1.2　semilogx 和 semilogy 函数

在很多工程问题中,通过对数据进行对数转换可以更清晰地看出数据的某些特征,在对数坐标系中描绘数据点的曲线,可以直观地表现对数转换。对数转换有双对数坐标转换和单轴对数坐标转换两种。用 loglog 函数可以实现双对数坐标转换,用 semilogx 和 semilogy 函数可以实现单轴对数坐标转换。

loglog: x 轴和 y 轴均为对数刻度(logarithmic scale)。

semilogx: x 轴为对数刻度, y 轴为线性刻度。

semilogy: x 轴为线性刻度, y 轴为对数刻度。

常用的是 semilogy 函数。

【例4-2】 semilogx 函数举例。

```
>> x = 0.1:10;
>> y = 2 * x + 3;
>> semilogy(x,y);
```

运行以上程序代码后,得到如图 4-2 所示的图形。

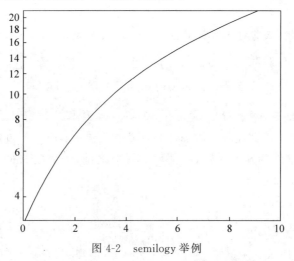

图 4-2 semilogy 举例

4.1.3 logspace 函数

logspace 函数可按对数等间距地分布来产生一个向量,其调用格式为

```
x = logspace(x1,x2,n)
```

这里,x1 表示向量的起点,x2 表示向量的终点,n 表示需要产生向量点的个数(一般可以不给出,采用默认值 50)。在控制系统分析中一般采用这种方法来构成频率向量 w。关于它的应用后面还要讲到。

4.1.4 plot 函数

plot 函数是 MATLAB 中最核心的二维绘图函数,它有多种语法格式可以实现多种功能。

plot 函数绘制的图形,x 轴和 y 轴均为线性刻度(linear scale)。

plot 函数的基本调用格式有以下 3 种:

```
plot(y)
```

当 y 为向量时,是以 y 的分量为纵坐标,以元素序号为横坐标,用直线依次连接数据点,绘制曲线。若 y 为实矩阵,则按列绘制每列对应的曲线。

```
plot(x,y)
```

若 y 和 x 为同维向量,则以 x 为横坐标、y 为纵坐标绘制连线图。若 x 是向量,y 是行数或列数与 x 长度相等的矩阵,则绘制多条不同色彩的连线图,x 被作为这些曲线的共同横坐标。若 x 和 y 为同型矩阵,则以 x、y 对应元素分别绘制曲线,曲线条数等于矩阵列数。

```
plot(x1,y1,x2,y2,…)
```

在此格式中,每对 x、y 必须符合 plot(x,y)中的要求,不同对之间没有影响,命令将对每一对 x、y 绘制曲线。

以上 3 种格式中的 x、y 都可以是表达式。plot 是绘制一维曲线的基本函数,但在使用此函数之前,须先定义曲线上每一点的 x 以及 y 坐标。

【例 4-3】 plot 函数举例。

```
>> x = linspace(0, 2 * pi, 100);     % 100 个点的 x 坐标
>> y = sin(x);                        % 对应的 y 坐标
>> plot(x,y);
```

运行以上程序代码后,得到如图 4-3 所示的图形。

注意:

若要画出多条曲线,只需将各坐标对依次放入 plot 函数即可。例如:

```
plot(x, sin(x), x, cos(x));
```

若要改变颜色,在坐标对后面加上相关的属性符号即可。例如:

```
plot(x, sin(x), 'c', x, cos(x), 'g');
```

若要同时改变颜色及图线型态(line style),也是在坐标对后面加上相关的属性符号即可。

plot 是绘制一维曲线的基本函数,在使用此函数之前,需先定义曲线上每一点的 x 及 y 坐标。下例可画出两条曲线。

【例 4-4】 绘制两条曲线。

```
>> x = linspace(0, 2 * pi, 100);      % 100 个点的 x 坐标
>> y = sin(x);                        % 对应的 y 坐标
>> plot(x, sin(x), x, cos(x));
```

运行以上程序代码后,得到如图 4-4 所示的图形。

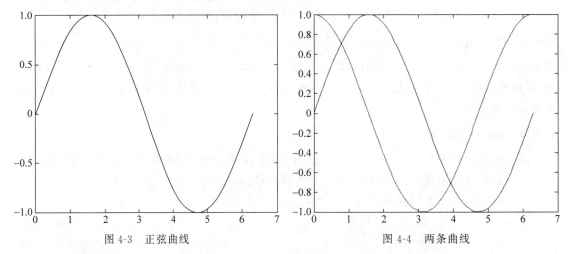

图 4-3　正弦曲线　　　　　　　图 4-4　两条曲线

线的属性符号含义见表 4-1。

表 4-1　线的属性符号

颜 色 符 号	含　义	数 据 点 型	含　义	线　型	含　义
b	蓝色	.	点	-	实线
g	绿色	x	X符号	:	点线
r	红色	+	+号	-.	点画线
c	蓝绿色	h	六角星形	--	虚线
m	紫红色	*	星号	(空白)	不画线
y	黄色	s	方形		
k	黑色	d	菱形		

注意:

表示属性的符号必须放在同一个字符串中。可同时指定 2~3 个属性。线的效果与属性符号的先后顺序无关。指定的属性中,同一种属性只能有一个。

【例 4-5】 绘制改变颜色的曲线。

```
>> x = linspace(0, 2 * pi, 100);        % 100 个点的 x 坐标
>> y = sin(x);                          % 对应的 y 坐标
>> plot(x, sin(x), 'c', x, cos(x), 'g');
```

运行以上程序代码后,得到如图 4-5 所示的图形。

【例 4-6】 改变颜色和线条形态。

```
>> x = linspace(0, 2 * pi, 100);        % 100 个点的 x 坐标
>> y = sin(x);                          % 对应的 y 坐标
>> plot(x, sin(x), 'co', x, cos(x), 'g * ');
```

运行以上程序代码后,得到如图 4-6 所示的图形。

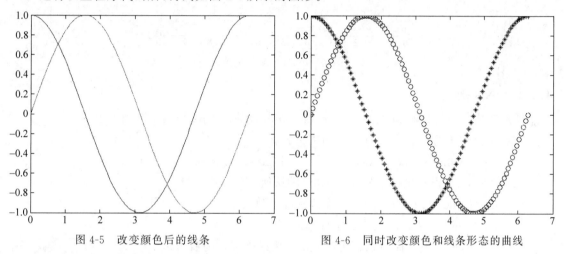

图 4-5　改变颜色后的线条　　　　　图 4-6　同时改变颜色和线条形态的曲线

4.1.5　plotyy 函数

plotyy 用来绘制双纵坐标图,调用格式如下:

plotyy(X1,Y1,X2,Y2),以左、右不同纵轴绘制 X1-Y1、X2-Y2 两条曲线。

plotyy(X1,Y1,X2,Y2,FUN),以左、右不同纵轴把 X1-Y1、X2-Y2 两条曲线绘制成 FUN1 指定的形式的曲线。

plotyy(X1,Y1,X2,Y2,FUN1,FUN2),以左、右不同纵轴把 X1-Y1、X2-Y2 两条曲线绘制成 FUN1、FUN2 指定的不同形式的两条曲线。

[AX,H1,H2]=plotyy(…),返回 AX 中创建的两个坐标轴的句柄以及 H1 和 H2 中每个图形绘图对象的句柄。AX(1)为左侧轴,AX(2)为右侧轴。

说明:

(1) 左纵轴用于 X1-Y1 数据对,右纵轴用于 X2-Y2 数据对。

(2) 轴的范围、刻度都自动产生。如果要人工设置,必须使用 axis 函数。

(3) FUN、FUN1、FUN2 可以是 MATLAB 中所有接受 X-Y 数据对的二维绘图指令,如 plot、semilogx、loglog 等函数。

【例 4-7】 plotyy 函数绘制曲线。

```
>> x1 = 0:pi/100:2 * pi;
>> x2 = 0:pi/100:3 * pi;
>> y1 = 2 * exp( - 0.5 * x1). * sin(2 * pi * x1);
>> y2 = 1.5 * exp( - 0.1 * x2). * sin(x2);
>> plotyy(x1,y1,x2,y2);
```

运行以上程序代码后,得到如图 4-7 所示的图形。

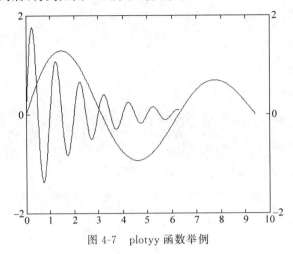

图 4-7　plotyy 函数举例

4.1.6　axis 函数

图形完成后,可以用 axis([xmin,xmax,ymin,ymax])函数来调整图轴的范围。

控制坐标性质的 axis 函数有多种调用格式:

(1) axis([xmin,xmax,ymin,ymax]),指定二维图形 x 和 y 轴的刻度范围。

(2) axis auto,设置坐标轴的自动刻度(默认值)。

(3) axis manual(或 axis(asix)),保持刻度不随数据的大小而变化。

(4) axis tight,以数据的大小为坐标轴的范围。

(5) axis ij,设置坐标轴的原点在左上角,i 为纵坐标,j 为横坐标。

(6) axis xy,设置坐标轴回到直角坐标系。

(7) axis equal,设置坐标轴刻度增量相同。

(8) axis square,设置坐标轴长度相同,但刻度增量未必相同。

(9) axis normal,自动调节轴与数据的外表比例,并将单位刻度的所有限制取消。

(10) axis off,使坐标轴隐藏。

(11) axis on,显示坐标轴。

(12) axis(limits),指定当前坐标区的范围。

(13) axis style,使用预定义样式设置轴范围和尺度。

(14) axis mode,设置 MATLAB 是否自动选择范围。

(15) axis ydirection,其中 ydirection 为 ij,即将原点放在坐标区的左上角。y 值按从上到下的顺序逐渐增加。ydirection 的默认值为 xy,即将原点放在左下角。y 值按从下到上的顺序逐渐增加。

(16) lim=axis,返回当前坐标区的 x 和 y 坐标轴范围。对于三维坐标区,还会返回 z 坐标轴范围。对于极坐标区,它返回 theta 和 r 坐标轴范围。

(17) [m,v,d]=axis('state')返回坐标轴范围选择、坐标区可见性和 y 轴方向的当前设置。

(18) ___=axis(ax,___),使用 ax 指定的坐标区或极坐标区,而不是使用当前坐标区。指定 ax 作为上述任何语法的第一个输入参数。

【例 4-8】　绘制 axis 函数曲线。

```
>> x = linspace(0, 2 * pi, 100);          % 100 个点的 x 坐标
>> y = sin(x);                            % 对应的 y 坐标
>> plot(x, sin(x), 'co', x, cos(x), 'g * ');
>> axis([0, 6, - 1.2, 1.2]);
```

运行以上程序代码后,得到如图 4-8 所示的图形:

当在一个坐标系上画多幅图形时,为区分各个图形,MATLAB 提供了图例的注释说明函数。其格式为

```
legend(字符串 1,字符串 2,字符串 3, …,参数)
```

【例 4-9】 绘制带注释的图形。

```
>> x = linspace(0, 2 * pi, 100);          % 100 个点的 x 坐标
>> y = sin(x);                            % 对应的 y 坐标
>> plot(x, sin(x), 'co', x, cos(x), 'g * ');
>> xlabel('Input Value');                 % x 轴注解
>> ylabel('Function Value');              % y 轴注解
>> title('Two Trigonometric Functions');  % 图形标题
>> legend('y = sin(x)','y = cos(x)');     % 图形注解
>> grid on;                               % 显示格线
```

运行以上程序代码后,得到如图 4-9 所示的图形。

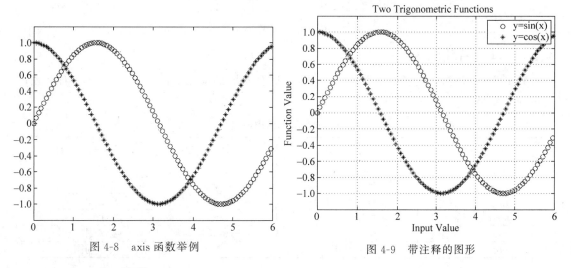

图 4-8 axis 函数举例   图 4-9 带注释的图形

4.1.7 subplot 函数

在一个图形窗口中绘制多幅图的另一种方法是利用子图绘制函数 subplot 将当前窗口分割成几个区域,然后再在各个区域中分别绘图。subplot 函数的使用方法如下所述。

subplot 最常用的语法格式为

```
subplot(m,n,i)
```

这表示在当前绘图区中建立 m 行 n 列绘图子区,并在编号为 i 的位置上建立坐标系,并设置该位置为当前绘图区。绘图区的编号优先从顶行开始,然后是第二行、第三行……

【例 4-10】 绘制 subplot 函数曲线。

```
>> subplot(2,2,1); plot(x, sin(x));
>> subplot(2,2,2); plot(x, cos(x));
>> subplot(2,2,3); plot(x, sinh(x));
>> subplot(2,2,4); plot(x, cosh(x));
```

运行以上程序代码后,得到如图 4-10 所示的图形。

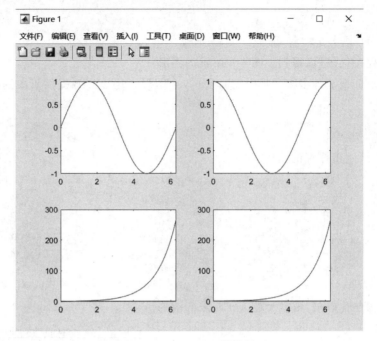

图 4-10　subplot 函数举例

4.1.8　其他特殊函数

MATLAB 还有其他各种二维绘图函数,以适合不同的应用,详见表 4-2。下面对常用的函数加以介绍。

表 4-2　二维绘图函数

函　　数	功　　能	函　　数	功　　能
bar	直方图	stairs	阶梯图
errorbar	图形加上误差范围	stem	针状图
fplot	较精确的函数图形	fill	实心图
polar	极坐标图	feather	羽毛图
hist	累计图	compass	罗盘图
rose	极坐标累计图	quiver	向量场图

1. bar 函数

MATLAB 中函数 bar(x)可以绘制直方图,这对统计或者数据采集非常直观实用;bar(x,y),其中 x 必须单调递增或递减,y 为 n×m 矩阵,可视化结果为 m 组,每组 n 个直方条,也就是把 y 的行画在一起,同一列的数据用相同的颜色表示;bar(x,y,width)(或 bar(y, width)),指定每个直方条的宽度,如 width>1,则直方条会重叠,默认值为 width=0.8;bar(…,'grouped'),使同一组直方条紧紧靠在一起;bar(…,'stack')把同一组数据描述在一个直方条上。

【例 4-11】　绘制分组直方图。

```
>> y = [5 3 2 9;4 7 2 7;1 5 7 3];
>> plot(2,2),bar(y)
```

其图形显示如图 4-11 所示。

【例 4-12】　绘制直方图。

```
>> x = 1:10;
>> y = rand(size(x));
>> bar(x,y);
```

绘制结果如图 4-12 所示。

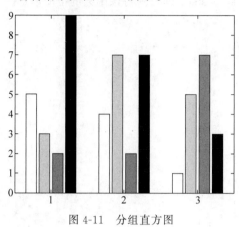

图 4-11　分组直方图

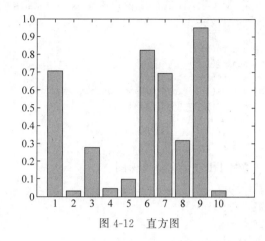

图 4-12　直方图

2. fplot 函数

对于变化剧烈的函数,可用 fplot 函数来进行较精确的绘图,对剧烈变化处进行较密集的取样。fplot(fun,limits)在指定的范围 limits 内画出函数名为 fun 的图像。其中 limits 是一个指定 x 轴范围的向量[xmin xmax]或者是 x 和 y 轴范围的向量[xmin xmax ymin ymax]。

【例 4-13】　利用 fplot 函数精确绘图。

```
>> fplot(@(x)sin(1/x),[0.02 0.2]);          % [0.02 0.2]是绘图范围
```

绘图结果如图 4-13 所示。

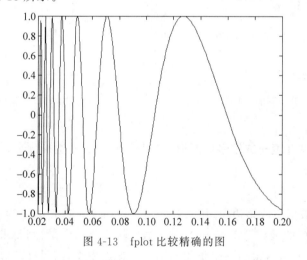

图 4-13　fplot 比较精确的图

3. polar 函数

若要产生极坐标图形,可用 polar 函数描绘。最简单而常用的命令格式是 polar(THETA,RHO)。其中,THETA 是用弧度制表示的角度,RHO 是对应的半径。

【例 4-14】　利用 polar 函数绘制图形。

```
>> theta = linspace(0, 2 * pi);
>> r = cos(4 * theta);
>> polar(theta, r);
```

绘图结果如图 4-14 所示。

4. stairs 函数

在 MATLAB 中 stairs 函数用于绘制阶梯图,在图像处理的直方图均衡化技术中有很大的意义。在 MATLAB 的命令窗口中输入 doc stairs 或者 help stairs 即可获得该函数的帮助信息。

调用格式:

```
stairs(Y)
stairs(X,Y)
stairs(…,LineSpec)
stairs(…,'PropertyName',propertyvalue)
stairs(axes_handle,…)
h = stairs(…)
[xb,yb] = stairs(Y,…)
stairs(ax,…)
```

【例 4-15】 绘制阶梯图。

```
>> x = linspace(0,10,50);
>> y = sin(x). * exp( - x/3);
>> stairs(x,y);
```

绘图结果如图 4-15 所示。

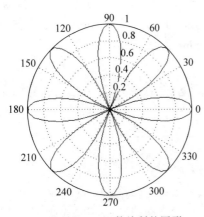

图 4-14　polar 函数绘制的图形

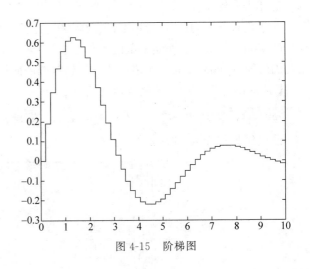

图 4-15　阶梯图

5. fill 函数

fill 函数用于绘制并填充二维多边图形。将数据点视为多边形顶点,并将此多边形涂上颜色。具体调用方法如下:

```
fill(X,Y,C)
```

用 X 和 Y 中的数据生成多边形,用 C 指定的颜色填充它。其中 C 为色图向量或矩阵。若 C 是行向量,则要求 C 的维数等于 X 和 Y 的列数;若 C 为列向量,则要求 C 的维数等于 X 和 Y 的行数。必要时,fill 可将最后一个顶点与第一个顶点相连,以闭合多边形。

```
fill(X,Y,ColorSpec)
```

用 ColorSpec 指定的颜色填充由 X 和 Y 定义的多边形。

```
fill(X1,Y1,C1,X2,Y2,C2,…)
```

指定多个要填充的二维区域。按向量元素的下标渐增次序依次用直线段连接 X、Y 对应元素定义的数据点。假如这样连线所得的折线不封闭,MATLAB 会自动将折线首尾连接起来形成封闭多边形,然后在多边形内部涂满指定颜色。

```
fill(…,'PropertyName',PropertyValue)
```

允许用户对一个 patch 图形对象的某个属性设定属性值。

```
h = fill(…)
```

返回 patch 图形对象句柄的向量,每一个 patch 对象对应一个句柄。

【例 4-16】 绘制涂色图。

```
>> x = linspace(0,10,50);
>> y = sin(x). * exp( - x/3);
>> fill(x,y,'b'); %  'b'为蓝色
```

绘图结果如图 4-16 所示。

6. feather 函数

feather 函数用于绘制复平面图形,把复数矩阵中的元素的相角和幅值显示成沿横轴等间隔辐射的箭头,格式 feather(z)和 feather(x,y)等价于 feather(x+y * i),feather(z,str),str 是确定的线型绘制箭头。feather 将每一个数据点视复数,并以箭头画出。

feather 函数:

feather(…,LineSpec)使用 LineSpec 指定的线型、标记符号和颜色来绘制羽毛图。

feather(axes_handle,…)将图形绘制到带有句柄 axes_handle 的坐标区中,而不是当前坐标区(gca)中。

h=feather(…)在 h 中返回线对象的句柄。

【例 4-17】 feather 函数绘图示例一。

```
>> x = 1:0.01:20;
>> feather(x)
```

绘图结果如图 4-17 所示。

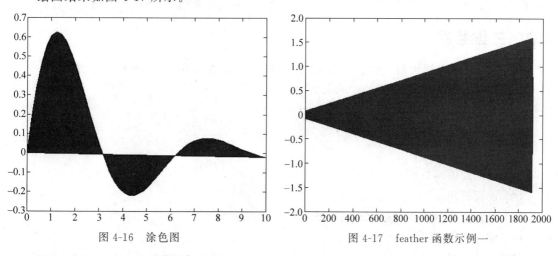

图 4-16　涂色图　　　　　图 4-17　feather 函数示例一

【例 4-18】 feather 函数绘图示例二。

```
>> theta = linspace(0, 2 * pi, 20);
>> z =  cos(theta) + i * sin(theta);
>> feather(z);
```

绘图结果如图 4-18 所示。

7. compass 函数

compass 函数具体格式如下:

（1）compass(x,y)，绘制一个从原点出发，由(x,y)组成的向量箭头图形。

（2）compass(z)，等价于 compass(real(z),imag(z))。

（3）compass(…,LineSpec)，用参量 LineSpec 指定箭头的线型、标记符号、颜色等属性。

（4）compass(axes_handle,…)将图形绘制到带有句柄 axes_handle 的坐标区中，而不是当前坐标区(gca)中。

（5）h＝compass(…)，返回 line 对象的句柄赋予 h。

【**例 4-19**】 绘制 compass 函数图形。

```
>> theta = linspace(0, 2 * pi, 20);
>> z = cos(theta) + i * sin(theta);
>> compass(z);
```

绘图结果如图 4-19 所示。

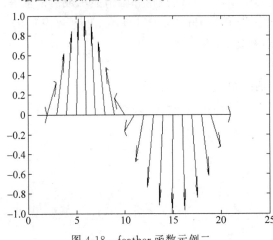

图 4-18　feather 函数示例二

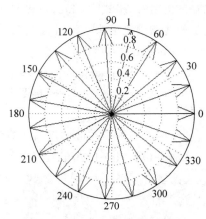

图 4-19　compass 函数绘制的图形

4.2　三维绘图

MATLAB 具有强大的三维绘图能力，如绘制三维曲线、三维网格图和三维曲面图，并提供了大量的三维绘图函数。

绘制三维图形的基本步骤如下：

（1）准备数据。

（2）设置当前绘图区。

（3）调用绘图函数。

（4）设置视角。

（5）设置图形的曲线和标记点的形式。

（6）保存并导出图形。

三维绘图函数见表 4-3。

表 4-3　三维绘图函数

类　　　别	函　　　数	说　　　明
网状图	mesh, ezmesh	绘制立体网状图
	meshc, ezmeshc	绘制带有等高线的网状图
	meshz	绘制带有"围裙"的网状图

类　别	函　数	说　明
曲面图	surf，ezsurf	绘制曲面图
	surfc，ezsurfc	绘制带有等高线的曲面图
	surfl	绘制带有光源的曲面图
曲线图	plot3，ezplot3	绘制三维曲线
底层函数	surface	surf 函数用到的底层函数
	line3	plot3 函数用到的底层函数
等高线	contour3	绘制等高线
水流效果	waterfall	在 x 方向或 y 方向产生水流效果
影像表示	pcolor	在二维平面中以颜色表示曲面的高度

三维绘图的主要功能如下：

- 绘制三维线图。
- 绘制等高线图。
- 绘制伪彩色图。
- 绘制三维网状图。
- 绘制三维曲面图、柱面图和球面图。
- 绘制三维多面体并填充颜色。

MATLAB 三维绘图主要有 3 个命令：plot3 命令、mesh 命令和 surf 命令。

plot3 是三维绘图的基本函数，调用格式如下：

plot3(X1,Y1,Z1,…)，绘制简单三维曲线。

plot3(X1,Y1,Z1,LineSpec,…)，用 LineSpec 指定的点型、线型、色彩绘制多条曲线。

plot3(…,'PropertyName',PropertyValue,…)，使用一个或多个名称-值对组参数指定 line 属性。在所有其他输入参数后指定属性。

说明：

（1）X、Y、Z 是长度相同的向量时，plot3 命令将绘制以向量 X、Y、Z 为(x,y,z)坐标值的三维曲线。

（2）X、Y、Z 是 m×n 矩阵时，plot3 命令将绘制 m 条曲线，每条曲线以 X、Y、Z 列向量元素(x,y,z)坐标值绘制多条曲线。

（3）LineSpec 表示线型或颜色，见表 4-1。

【例 4-20】　绘制三维曲线示例 1。

```
>> x = 0: pi/50: 10 * pi;
>> y = sin(x);
>> z = cos(x);
>> plot3(x, y, z);
```

其图形如图 4-20 所示。

【例 4-21】　绘制三维曲线示例 2。

```
>> x = linspace(0,pi + pi/6,30)        % 将[0,pi + pi/6]等分 30 个数据点,即行 x 的 30 个数据点
>> y = [1 2 3 4 5 6 7]                  % 列出 y 的值,表示绘制 7 条曲线
>> temp = zeros(1,length(x))
>> z = sin(x/2)
>> for i = 1:length(y)
>> y1 = y(i) + temp
>> plot3(x,y1,z)
>> grid on
>> hold on
```

绘图结果如图 4-21 所示。

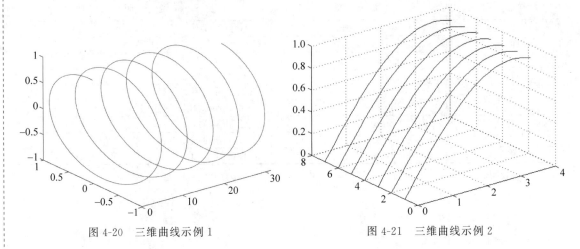

图 4-20 三维曲线示例 1

图 4-21 三维曲线示例 2

4.2.1 mesh 函数

mesh 函数生成由 X、Y 和 Z 指定的网线面,由 C 指定颜色的三维网格图。

用法：mesh(X,Y,Z)

(1) 若 X 与 Y 均为向量,length(X)=n,length(Y)=m,而[m,n]=size(Z),空间中的点 (X(j),Y(i),Z(i,j))为所画曲面中的网线的交点,X 对应于 Z 的列,Y 对应于 Z 的行。

(2) 若 X 与 Y 均为矩阵,则空间中的点(X(i,j),Y(i,j),Z(i,j))为所画曲面的网线的交点。

mesh(Z)：由[n,m]=size(Z)得,X=1∶n 与 Y=1∶m,其中 Z 为定义在矩形划分区域上的单值函数。

mesh(…,C)：用由矩阵 C 指定的颜色画网线。MATLAB 对矩阵 C 中的数据进行线性处理,以便从当前色图中获得有用的颜色。

mesh(…,'PropertyName',PropertyValue,…)：对指定的属性 PropertyName 设置属性值为 PropertyValue,可以在同一语句中对多个属性进行设置。

h = mesh(…)：返回 surface 图形对象句柄。

运算规则：

(1) 数据 X、Y 和 Z 的范围或者对当前轴的 XLimMode、YLimMode 和 ZLimMode 属性的设置决定坐标轴的范围。命令 axis 可对这些属性进行设置。

(2) 参量 C 的范围或者对当前轴的 Clim 和 ClimMode 属性的设置(可用命令 caxis 进行设置)决定颜色的刻度化程度。刻度化颜色值作为引用当前色图的下标。

(3) 网格图显示命令生成用于把 z 的数据值以当前色图表现出来的颜色值。MATLAB 会自动用最大值与最小值计算颜色的范围(可用命令 caxis auto 进行设置),最小值用色图中的第一个颜色表现,最大值用色图中的最后一个颜色表现。MATLAB 会对数据的中间值执行一个线性变换,使数据能在当前的范围内显示出来。

【例 4-22】 画出单位矩阵的网格图。

```
>> a = eye(20);
>> mesh(a)
```

其图形如图 4-22 所示。

【例 4-23】 画出由函数 $z = x\mathrm{e}^{-(x^2+y^2)}$ 形成的立体网状图。

```
>> x = linspace( - 2, 2, 25);            % 在 x 轴上取 25 点
>> y = linspace( - 2, 2, 25);            % 在 y 轴上取 25 点
>>[xx, yy] = meshgrid(x, y);             % xx 和 yy 都是 25×25 的矩阵
>> zz = xx. * exp( - xx.^2 - yy.^2);     % 计算函数值,zz 也是 21×21 的矩阵
>> mesh(xx, yy, zz);                     % 画出立体网状图
```

绘图结果如图 4-23 所示。

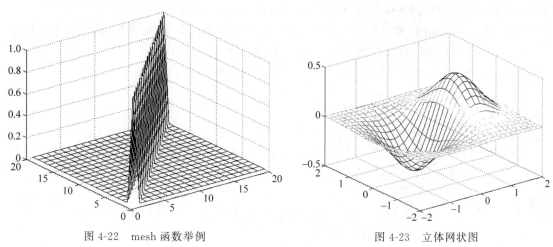

图 4-22 mesh 函数举例   图 4-23 立体网状图

4.2.2 surf 函数

surf 和 mesh 的用法类似,surf 和 surfc 是通过矩形区域来观测数学函数的函数。surf 和 surfc 能够产生由 X、Y、Z 指定的有色参数化曲面,即三维有色图。

用法:

surf(Z):生成一个由矩阵 Z 确定的三维带阴影的曲面图,其中[m,n]= size(Z),而 X=n,Y=1: m。高度 Z 为定义在一个几何矩形区域内的单值函数,Z 同时指定曲面高度数据的颜色,所以颜色能表现曲面高度。

surf(X,Y,Z):数据 Z 既是曲面高度,也是颜色数据。X 和 Y 为定义 X 坐标轴和 Y 坐标轴的曲面数据。若 X 与 Y 均为向量,length(X)=n,length(Y)=m,而[m,n]=size(Z),在这种情况下,空间曲面上的节点为(X(i),Y(j),Z(i,j))。

surf(X,Y,Z,C):用指定的颜色 C 画出三维网格图。MATLAB 会自动对矩阵 C 中的数据进行线性变换,以获得当前色图中可用的颜色。

surf(…,'PropertyName',PropertyValue):对指定的属性 PropertyName 设置属性值为 PropertyValue。

h = surf(…):返回图形对象句柄给变量 h。

运算规则:

(1) 严格地讲,一个参数曲面是由两个独立的变量 i、j 来定义的,它们在一个矩形区域上连续变化。例如,a≤i≤b,c≤j≤d,3 个变量 X、Y、Z 确定了曲面。曲面颜色由参数 C 确定。

(2) 矩形定义域上的点有如下关系:

$$
\begin{array}{c}
A(i-1,j) \\
| \\
B(i,j-1)\text{——}C(i,j)\text{——}D(i,j+1) \\
| \\
E(i+1,j)
\end{array}
$$

这个矩形坐标方格对应于曲面上的有 4 条边的块,在空间的点的坐标为[X(i,j),Y(i,y),Z],每个矩形内部的点根据矩形的下标和相邻的 4 个点连接;曲面上的点只有 3 个相邻的点,曲面上 4 个角上的点只有两个相邻点,上面这些定义了一个四边形的网格图。

(3) 曲面颜色可以用两种方法来指定:指定每个节点的颜色或者每一块的中心点颜色。在这种一般的设置中,曲面不一定为变量 X 和 Y 的单值函数,进一步而言,有 4 个边的曲面块不一定为平面的,而可以用极坐标、柱面坐标和球面坐标定义曲面。

(4) 命令 shading 设置阴影模式。若模式为 interp,C 必须与 X、Y、Z 同型,它指定了每个节点的颜色,曲面块内的颜色由附近几个点的颜色用双线性函数计算。若模式为 facted(默认模式)或 flat,c(i,j)指定曲面块中的颜色:

$$A(i,j)——B(i,j+1)$$
$$|\quad C(i,j)\quad |$$
$$C(i+1,j)——D(i+1,j)$$

在这种情形下,C 可以与 X、Y 和 Z 同型,且它的最后一行和最后一列将被忽略,换句话说,就是 C 的行数和列数可以比 X、Y、Z 少 1。

(5) 命令 surf 指定图形视角为 view(3),参见 4.3.1 节。

(6) 数据 X、Y、Z 的范围或者坐标轴的属性 XlimMode、YlimMode 和 ZlimMode 的当前设置(可以通过命令 axis 来设置)决定坐标轴的标签。

(7) 参数 C 的范围或者坐标轴的属性 Clim 和 ClimMode 的设置(可以通过命令 caxis 来设置)决定颜色刻度化。刻度化的颜色值将作为引用当前色图的下标。

【例 4-24】 画出立体曲面图示例一。

```
>> [ X, Y ] = meshgrid ( [ -4: 0.5: 4 ] ) ;
>> Z = sqrt ( X.^2 + Y.^2 );
>> surf ( Z )
```

其图形如图 4-24 所示。

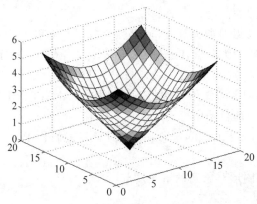

图 4-24 立体曲面图示例一

meshgrid 的作用是形成网格,可以把 X 轴和 Y 轴分开,如:

```
meshgrid([ -1:0.1:1],[ -2:0.1:2]);
```

【例 4-25】 画出立体曲面图示例二。

```
>> x = linspace( -2, 2, 25);        % 在 x 轴上取 25 点
>> y = linspace( -2, 2, 25);        % 在 y 轴上取 25 点
>>[xx, yy] = meshgrid(x, y);        % xx 和 yy 都是 25×25 的矩阵
>> zz = xx.* exp( -xx.^2 - yy.^2);  % 计算函数值,zz 也是 25×25 的矩阵
>> surf(xx, yy, zz);                % 画出立体曲面图
```

其图形如图 4-25 所示。

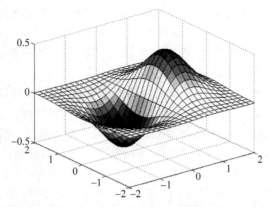

图 4-25　立体曲面图示例二

4.2.3　peaks 函数

为了方便测试立体绘图，MATLAB 提供了 peaks 函数，可产生一个凹凸有致的曲面，包含了 3 个局部极大点及 3 个局部极小点，其方程为

$$y = 3(1-x)^2 e^{-x^2(y+1)^2} - 10\left(\frac{x}{5} - x^3 - y^5\right) e^{-x^2-y^2} - \frac{1}{3} e^{-(x+1)^2-y^2}$$

【**例 4-26**】　绘制 peaks 函数的图形。

```
>> peaks
>> z = 3 * (1 - x).^2. * exp( - (x.^2) - (y + 1).^2) - 10 * (x/5 - x.^3
       - y.^5). * exp( - x.^2 - y.^2) - 1/3 * exp( - (x + 1).^2 - y.^2)
```

绘制的图形如图 4-26 所示。

也可对 peaks 函数取点，再以各种不同方法进行绘图。meshz 可将曲面加上"围裙"。

【**例 4-27**】　画加"围裙"的图形。

```
>>[x, y, z] = peaks;
>> meshz(x, y, z);
```

绘制的图形如图 4-27 所示。

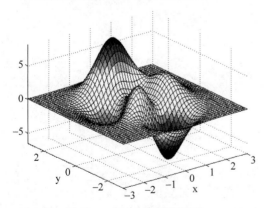

图 4-26　peaks 函数的图形

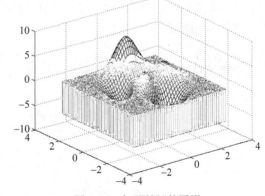

图 4-27　加"围裙"的图形

waterfall 函数可在 x 方向或 y 方向产生水流（瀑布）效果。

用法：

waterfall(X，Y，Z)：用所给参数 X、Y 与 Z 的数据画水流效果图。若 X 与 Y 都是向量，则

X 与 Z 的列相对应,Y 与 Z 的行相对应,即 length(X)=Z 的列数,length(Y)=Z 的行数。参数 X 与 Y 定义了 x 轴与 y 轴,Z 定义了 z 轴的高度,Z 同时确定了颜色,所以颜色能恰当地反映曲面的高度。若想研究数据的列,可以输入:waterfall(Z')或 waterfall(X',Y',Z')。

waterfall(Z):画出一瀑布图,其中 X、Y 默认为:X=1:Z 的行数,Y=1:Z 的行数,Z 同时确定颜色,所以颜色能恰当地反映曲面高度。

waterfall(…,C):用比例化的颜色值从当前色图中获得颜色,参量 C 决定颜色的比例,为此,必须与 Z 同型。系统使用一个线性变换从当前色图中获得颜色。

h=waterfall(…):返回 patch 图形对象的句柄 h,可用于画出图形。

waterfall(ax,…):将图形绘制到坐标区 ax 中,而不是当前坐标区(gca)中。

【例 4-28】 画 x 方向水流效果图。

```
>>[x,y,z] = peaks;
>> waterfall(x,y,z);
```

绘制的图形如图 4-28 所示。

【例 4-29】 画 y 方向水流效果图。

```
>>[x,y,z] = peaks;
>> waterfall(x',y',z');
```

绘制的图形如图 4-29 所示。

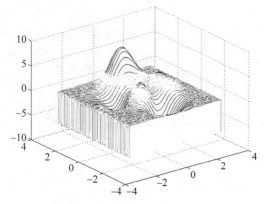 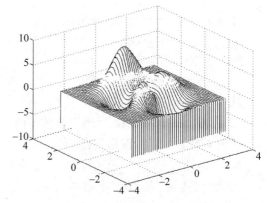

图 4-28　x 方向产生水流效果　　　　　图 4-29　y 方向产生水流效果

meshc 函数可以同时画出网状图与等高线。

【例 4-30】 同时绘制网状图和等高线。

```
>>[x,y,z] = peaks;
>> meshc(x,y,z);
```

绘制的图形如图 4-30 所示。

surfc 函数可同时画出曲面图与等高线。

【例 4-31】 同时绘制曲面图和等高线。

```
>>[x,y,z] = peaks;
>> surfc(x,y,z);
```

绘制的图形如图 4-31 所示。

contour3 函数可画出曲面在三维空间中的等高线。

【例 4-32】 画出三维空间中的等高线。

```
>> contour3(peaks, 20);
```

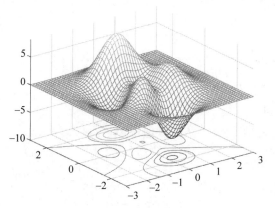

图 4-30 网状图与等高线

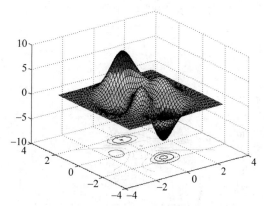

图 4-31 曲面图与等高线

绘制的图形如图 4-32 所示。

contour 可画出曲面等高线在 XY 平面的投影。contour 命令的常用调用格式如下：

（1）contour(z)：变量 z 就是需要绘制的等高线函数表达式。

（2）contour(z,n)：参数 n 是所绘图形等高线的条数。

（3）contour(z,v)：参数 v 是一个输入向量，等高线的条数等于该向量的长度，而且等高线的数值等于对应向量的数值元素[c,h]=contour(…)，其中 c 是等高线矩阵，h 是等高线句柄。

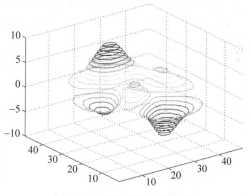

图 4-32 三维空间的等高线

（4）contour(…,levels)：将要显示的等高线指定为上述任一命令中的最后一个参数。将 levels 指定为标量值 n，以在 n 个自动选择的层级（高度）上显示等高线。要在某些特定高度绘制等高线，请将 levels 指定为单调递增值的向量。要在一个高度（k）绘制等高线，请将 levels 指定为二元素行向量[k k]。

（5）contour(…,LineSpec)：指定等高线的线型和颜色。

（6）contour(…,Name,Value)：使用一个或多个名称-值对组参数指定等高线图的其他选项。请在所有其他输入参数之后指定这些选项。

（7）contour(ax,…)：在目标坐标区中显示等高线图。将坐标区指定为上述任一命令中的第一个参数。

（8）M=contour(…)：返回等高线矩阵 M，其中包含每个层级的顶点的(x,y)坐标。

【例 4-33】 绘制等高线在 XY 平面的投影。

```
>> contour(peaks, 20);
```

绘制的图形如图 4-33 所示。

plot3 函数可画出三维空间中的曲线。

【例 4-34】 绘制三维空间的曲线。

```
>> t = linspace(0,20 * pi, 501);
>> plot3(t. * sin(t), t. * cos(t), t);
```

绘制的图形如图 4-34 所示。

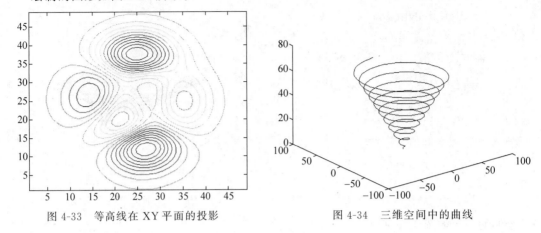

图 4-33　等高线在 XY 平面的投影　　　　　图 4-34　三维空间中的曲线

plot3 函数也可同时画出两条三维空间中的曲线。

【例 4-35】　绘制两条三维空间中的曲线。

```
>> t = linspace(0, 10 * pi, 501);
>> plot3(t. * sin(t), t. * cos(t), t, t. * sin(t), t. * cos(t), -t);
```

绘制的图形如图 4-35 所示。

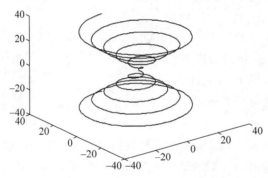

图 4-35　两条三维空间中的曲线

4.2.4　特殊函数

1. 饼图函数 pie3

饼图用于表示矢量或矩阵中各元素所占有的比例。函数 pie 和 pie3 提供平面饼图和三维饼图的绘图功能。

pie(x)：使用 x 中的数据绘制饼图，x 中的每一个元素用饼图中的一个扇区表示。

pie(x,explode)：绘制向量 x 的饼图，如果向量 x 的元素和小于 1，则绘制不完全的饼图。explode 为一个与 x 尺寸相同的矩阵，其非零元素所对应的 x 矩阵中元素从饼图中分离出来。

pie3(…,labels)：指定扇区的文本标签。标签数必须等于 x 中的元素数。

pie3(axes_handle,…)：将图形绘制到带有句柄 axes_handle 的坐标区中，而不是当前坐标区（gca）中。

h＝pie3(…)：将句柄向量返回至补片、曲面和文本图形对象。

函数 pie3 实现三维饼图，即有一定厚度的饼图，调用方法与二维饼图相同。

【例 4-36】　绘制三维饼图。

```
>> pie3([2,3,4])    % 2/(2 + 3 + 4) = 0.22,3/(2 + 3 + 4) = 0.33,4/(2 + 3 + 4) = 0.44
```

绘制的图形如图 4-36 所示。

2. 柱面图函数 cylinder

cylinder 函数生成圆柱图形。该命令生成一个单位圆柱体的 x、y、z 轴的坐标值。用户可以用命令 surf 或命令 mesh 画出圆柱形对象,或者用没有输出参量的形式立即画出图形。

用法:

[X,Y,Z]=cylinder:返回一个半径为 1、高度为 1 的圆柱体的 x、y、z 轴的坐标值,圆柱体的圆周有 20 个距离相同的点。

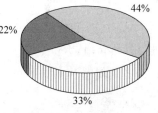

图 4-36　三维饼图

[X,Y,Z]=cylinder(r):返回一个半径为 r、高度为 1 的圆柱体的 x、y、z 轴的坐标值,圆柱体的圆周有 20 个距离相同的点。

[X,Y,Z]=cylinder(r,n):返回一个半径为 r、高度为 1 的圆柱体的 x、y、z 轴的坐标值,圆柱体的圆周有指定的 n 个距离相同的点。

cylinder(axes_handle,…):将图形绘制到带有句柄 axes_handle 的坐标区中,而不是当前坐标区(gca)中。

cylinder(…):没有任何输出参量,直接画出圆柱体。

【例 4-37】　绘制柱面图。

```
>> cylinder([2,3,4,5])
```

绘制的图形如图 4-37 所示。

3. 球面图函数 sphere

sphere 函数用于生成球体。

用法:

sphere:生成三维直角坐标系中的单位球体。该单位球体由 20×20 个面组成。

sphere(n):在当前坐标系中画出有 $n \times n$ 个面的球体。

[X,Y,Z]=sphere(n):返回 3 个阶数为 $(n+1) \times (n+1)$ 的直角坐标系中的坐标矩阵。该命令没有画图,只是返回矩阵。用户可以用命令 surf(X,Y,Z) 或 mesh(X,Y,Z) 画出球体。

sphere(ax,…)将在由 ax 指定的坐标区中,而不是在当前坐标区中创建球形,指定 ax 作为第一个输入参数。

【例 4-38】　绘制球面图。

```
>> sphere(20)
```

绘制的图形如图 4-38 所示。

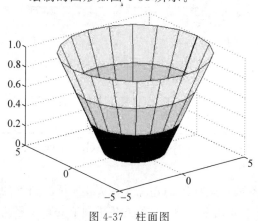

图 4-37　柱面图　　　　图 4-38　球面图

4.3 图形处理

MATLAB除了强大的绘图功能外,还提供了强大的图形处理的功能,下面对相关的技术进行具体介绍。

4.3.1 调整坐标轴

1. axis

axis(limits)指定当前坐标区的范围,以包含4个、6个或8个元素的向量形式指定范围。

对于笛卡儿坐标区,以下列形式之一指定范围:

[xmin xmax ymin ymax]:将x坐标轴范围设置为从xmin到xmax。将y坐标轴范围设置为从ymin到ymax。

[xmin xmax ymin ymax zmin zmax]:将z坐标轴范围设置为从zmin到zmax。

[xmin xmax ymin ymax zmin zmax cmin cmax]:设置颜色范围。cmin是对应于颜色图中的第一种颜色的数据值。cmax是对应于颜色图中的最后一种颜色的数据值。

axis对象的XLim、YLim、ZLim和CLim属性存储范围值。

对于极坐标区,以下列形式指定范围:

[thetamin thetamax rmin rmax]:将theta坐标轴范围设置为从thetamin到thetamax。将r坐标轴范围设置为从rmin到rmax。

polarAxis对象的ThetaLim和RLim属性存储范围值。

如果只想自动确定部分坐标区范围,请对您希望坐标区自动选择的范围使用inf或−inf。

axis mode:设置MATLAB是否自动选择范围。将模式指定为manual、auto或半自动选项之一。用来确定坐标轴范围的手动、自动或半自动选择,指定为表4-4中的值之一。

表4-4 坐标轴选择范围

值	说　明	更改的坐标区属性
manual	将所有坐标轴范围冻结在它们的当前值	将XLimMode、YLimMode和ZLimMode设置为'manual'。如果使用的是极坐标区,则此选项会将ThetaLimMode和RLimMode设置为'manual'
auto	自动选择所有坐标轴范围	将XLimMode、YLimMode和ZLimMode设置为'auto'。如果使用的是极坐标区,则此选项会将ThetaLimMode和RLimMode设置为'auto'
'auto x'	自动选择x坐标轴范围	将XLimMode设置为'auto'
'auto y'	自动选择y坐标轴范围	将YLimMode设置为'auto'
'auto z'	自动选择z坐标轴范围	将ZLimMode设置为'auto'
'auto xy'	自动选择x坐标轴和y坐标轴范围	将XLimMode和YLimMode设置为'auto'
'auto xz'	自动选择x坐标轴和z坐标轴范围	将XLimMode和ZLimMode设置为'auto'
'auto yz'	自动选择y坐标轴和z坐标轴范围	将YLimMode和ZLimMode设置为'auto'

axis off即关闭坐标区的背景的显示,而坐标区中的绘图仍然会显示。axis on即显示坐标区的背景。

axis ydirection,其中ydirection为ij,即将原点放在坐标区的左上角。y值按从上到下的顺序逐渐增加。ydirection的默认值为xy,即将原点放在左下角。y值按从下到上的顺序逐渐增加。具体使用方法见表 4-5。

表 4-5　坐标轴的属性设置

输出参量	返回字符串	说　明
Visibility	'on'或'off'	坐标区线条和背景的可见性,指定为 on 或 off。指定可见性可将 Axes 对象或 PolarAxes 对象的 Visible 属性设置为指定的值
Direction	'xy'或'ij'	xy-默认方向。对于二维视图的坐标区,y 轴是垂直的,值从下到上逐渐增加 ij-反转方向。对于二维视图的坐标区,y 轴是垂直的,值从上到下逐渐增加

【例 4-39】　axis 函数举例。

```
>> x = 0:.025:pi/2;
>> plot(x,exp(x). * sin(2 * x),'- m <')
>> axis([0  pi/2  0  5])
```

图形结果为图 4-39。

2. hidden

hidden 函数在一个网格图中显示隐含线条。显示隐含线条实际上是显示那些从观察角度看被其他物体遮住的线条。

用法:

hidden on:对当前网格图启用隐线消除模式,这样网格后面的线条会被网格前面的线条遮住。这是默认行为。设置曲面图形对象的属性 FaceColor 为坐标轴背景颜色。这是系统的默认操作。

hidden off:对当前图形禁用隐线消除模式。

hidden:在 on 与 off 两种状态之间切换。

hidden(ax,…):修改由 ax 指定的坐标区而不是当前坐标区上的曲面图像。

【例 4-40】　hidden 函数举例。

```
>> mesh(peaks)
>> hidden off
```

图形结果为图 4-40。

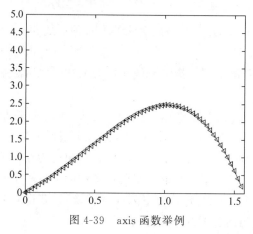

图 4-39　axis 函数举例

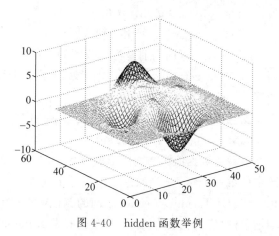

图 4-40　hidden 函数举例

3. shading

shading 函数设置颜色的色调属性。该命令控制曲面与补片等的图形对象的颜色色调,同时设置当前坐标轴中的所有曲面与补片图形对象的 EdgeColor 与 FaceColor 属性。shading 设置的属性值取决于曲面或补片对象是表现网格图还是实曲面。

用法：

shading flat：每个网格线段和面具有恒定颜色,该颜色由该线段的端点或该面的角边处具有最小索引的颜色值确定。

shading faceted：具有叠加的黑色网格线的单一着色,这是默认的着色模式。

shading interp：通过在每个线条或面中对颜色图索引或真彩色值进行插值来改变该线条或面中的颜色。

【例 4-41】 shading 函数举例。

```
>> sphere(16)
>> axis square
>> shading flat
>> title('Flat Shading')
```

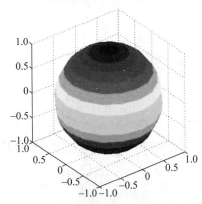

图 4-41   shading 函数举例

图形结果为图 4-41。

4. caxis

caxis 函数使颜色坐标轴刻度化。命令 caxis 控制着对应色图的数据值的映射图。它影响用带索引的颜色数据(CData)与颜色数据映射(CDataMapping)控制刻度的图形对象 surface、patches 与 images；它不影响带用颜色数据(CData)或颜色数据映射(CDataMapping)直接设置颜色的图形对象 surface、images 或 patches。该命令还改变坐标轴图形对象的属性 Clim 与 ClimMode。

用法：

caxis(limits)：设置当前坐标区的颜色图范围。limits 是[cmin cmax]形式的二元素向量。颜色图索引数组中小于或等于 cmin 的所有值映射到颜色图的第一行。大于或等于 cmax 的所有值映射到颜色图的最后一行。介于 cmin 和 cmax 之间的所有值以线性方式映射到颜色图的中间各行。

caxis('auto')：在颜色图索引数组中的值更改时启用自动范围更新。这是系统的默认行为。caxis auto 命令是此语法的另一种形式。

caxis('manual')：禁用自动范围更新。caxis manual 命令是此语法的另一种形式。

cl=caxis：返回当前坐标区或图的当前颜色图范围。

caxis(target,…)：为特定坐标区或图设置颜色图范围。指定 target 作为上述任何语法中的第一个输入参数。

颜色坐标轴刻度化的原理是：使用带索引的颜色数据(Cdata)与颜色数据映射(CdataMapping)的图形对象 surface、patch 与 image 将设置成刻度化的,在每次图形渲染时,将映射颜色数据值为当前图形的颜色。当颜色数据值等于或小于 cmin 时,将它映射为当前色图中的第一个颜色；当颜色数据值等于或大于 cmax 时,将它映射为当前色图中的最后一个颜色；对于处于 cmin 与 cmax 之间的颜色数据(例如 c),系统将执行下列线性转换,以获得对应当前色图(它的长度为 m)中的颜色的索引 index(当前色图的行指标)：

$$index = fix((C-min)/(cmax-cmin)*m)+1$$

【例 4-42】 caxis 函数举例。

```
>> [X,Y,Z] = sphere;
>> C = Z;surf(X,Y,Z,C)
>> caxis([ - 1 3])
```

图形结果如图 4-42。

5. view

view 函数指定立体图形的观察点。观察者(观察点)的位置决定了坐标轴的方向。用户可以用方位角(azimuth)和仰角(elevation),或者用空间中的一点来确定观察点的位置。

用法:

view(az,el):为当前坐标区设置照相机视线的方位角和仰角。

view(v):根据 v(二元素或三元素数组)设置视线。

① 二元素数组——其值分别是方位角和仰角。方位角,指定为与负 y 轴之间形成的角度,以度为单位。增加此角度对应于从上方查看 x-y 平面时绕 z 轴逆时针旋转。默认值取决于图是在二维视图中还是在三维视图中。对于二维图,默认值为 0。对于三维图,默认值为-37.5。

② 三元素数组——其值是从图框中心点到照相机位置所形成向量的 x、y 和 z 坐标。MATLAB 使用指向同一方向的单位向量计算方位角和仰角。仰角是指定的视线与 x-y 平面之间的最小角度(以度为单位)。从-90°增加到 90°对应于从负 z 轴旋转到正 z 轴。默认值取决于图是在二维视图中还是在三维视图中。对于二维图,默认值为 90。对于三维图,默认值为 30。

view(dim):对二维或三维绘图使用默认视线。对于默认二维视图,将 dim 指定为 2;对于默认三维视图,指定为 3。

view(ax,___):指定目标坐标区的视线。

[caz,cel]=view(___):分别将方位角和仰角返回为 caz 和 cel。指定上述任一语法中的输入参数,以获得新视线的角度;或者,不指定输入参数,以获得当前视线的角度。

注意:输入参量只能是方括号的向量形式。

【例 4-43】 view 函数举例。

```
>> peaks;
>> az = 0;el = 90;
>> view(az, el)
```

图形结果为图 4-43。

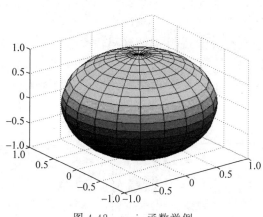

图 4-42 caxis 函数举例

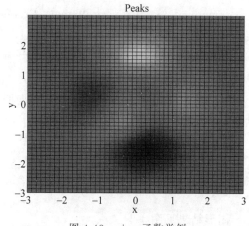

图 4-43 view 函数举例

6. viewmtx

功能: 视点转换矩阵。计算一个 4×4 的正交的或透视的转换矩阵,该矩阵将一个四维的、齐次的向量转换到一个二维的视平面上(如计算机平面上)。

用法:

T=viewmtx(az,el): 返回对应于方位角 az 和仰角 el 的正交变换矩阵。az 是视点的方位角(即水平旋转,以度为单位)。el 是视点的仰角(以度为单位)。

T=viewmtx(az,el,phi): 返回透视变换矩阵。phi 是透视视角(以度为单位)。phi 是归一化绘图立方体(以度为单位)的对向视角,控制透视扭曲量。表 4-6 对 phi 值进行了说明。

表 4-6 phi 值说明

Phi	说　　明	Phi	说　　明
0°	正交投影	25°	类似于普通镜头
10°	类似于远摄镜头	60°	类似于广角镜头

用户可以通过使用返回的矩阵,用命令 view(T)改变视点的位置。该 4×4 的矩阵将四维的、同次的向量变换成形式为(x,y,z,w)的非标准化的向量,其中 w 不等于 1。正交化的 x 元素与 y 元素组成的向量(x/w,y/w,z/w,1)为所需的二维向量(**注意**: 一个思维同次向量为在对应的三维向量后面增加一个 1。例如,[x,y,z,1]为对应于三维空间中的点[x,y,z]的思维向量)。

T=viewmtx(az,el,phi,xc): 返回透视变换矩阵,并使用 xc 作为归一化绘图立方体中的目标点(即相机正在观察点 xc)。xc 是视图中心的目标点。将该点指定为三元素向量 xc=[xc,yc,zc],并位于区间[0,1]中。默认值为 xc=[0,0,0]。

7. surfnorm

surform 函数计算与显示三维曲面的法线。该命令计算用户命令 surf 中的曲面法线。

用法:

surfnorm(X,Y,Z): 创建一个三维曲面图并显示其曲面图法线。曲面图法线是在非平面曲面上的某个点位置垂直于平面曲面或正切面的任何虚线。该函数将矩阵 Z 中的值绘制为由 X 和 Y 定义的 x-y 平面中的网格上方的高度。曲面的颜色根据 Z 指定的高度而变化。矩阵 X、Y 和 Z 的大小必须相同。

surfnorm(Z): 创建带法线的曲面,并将 Z 中元素的列索引和行索引分别用作 x 坐标和 y 坐标。

surfnorm(___,'PropertyName','PropertyValue'): 使用一个或多个名称-值对组参数指定曲面属性。

surfnorm(ax,___): 将图形绘制到 ax 指定的坐标区中,而不是当前坐标区中。指定坐标区作为第一个输入参数。

[Nx,Ny,Nz]=surfnorm(___): 返回曲面的三维曲面图法线的 x、y 和 z 分量,而不绘制任何图。

【例 4-44】 surfnorm 函数举例。

```
>>[x,y,z] = cylinder(1:10);
>> surfnorm(y,x,z)
>> axis([ -12 12 -12 12 -0.1 1])
```

图形结果见图 4-44。

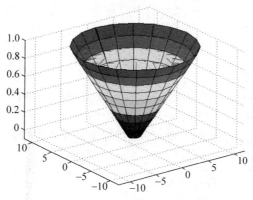

图 4-44　surfnorm 函数举例

4.3.2　标示文字

MATLAB 提供了标题、坐标轴标示和文本标示等标示方式,利用这些函数可以为图形加标题,为图形的坐标轴加标注,为图形加图例,也可以把说明、注释文本放到图形的任何位置。相关的函数如下。

title:为图形添加标题。

xlable:为 X 轴添加标注。

ylable:为 Y 轴添加标注。

zlable:为 Z 轴添加标注。

legend:为图形添加图例。

text:在指定位置添加文本。

otext:用鼠标在图形上放置文本。

1. 标题和坐标轴标示

Title 属性:本坐标轴标题的句柄。而其具体内容由 title()函数设定,由此句柄就可以访问到原来的标题了。

XLabel 属性:x 轴标注的句柄,其内容由 xlabel()函数设定。类似地还有 YLabel 和 ZLabel 属性等。

XDir 属性:x 轴方向,可以选择'normal'(正向)和'rev'(逆向)。

XGrid 属性:表示 x 轴是否加网格线,可选值为'off'和'on'。

XLim 属性:XLim(limits)设置当前坐标区或图的 x 坐标轴范围。将 limits 指定为[xmin xmax]形式的二元素向量。

XScale 属性:x 轴刻度类型设置,可以为'linear'(线性的)和'log'(对数的)。此外还有 YScale 和 ZScale 属性。

XTick 和 XTickLabel 属性:XTick(ticks)设置 x 轴刻度值,这些值是 x 轴上显示刻度线的位置。指定 ticks 为递增值向量;例如[0 2 4 6]。此命令作用于当前坐标区。XTicklabel(labels)设置当前坐标区的 x 轴刻度标签。可将 labels 指定为字符串数组或字符向量元胞数组。如果指定标签,则 x 轴刻度值和刻度标签不会再基于坐标区的更改而自动更新。对 y 和 z 轴也有相应的标尺属性(如 ZTick 等)。

2. 文本标示

用法:

text(x,y,'string'):在图形中指定的位置(x,y)显示字符串 string。

text(x,y,z,'string')：在三维图形空间中的指定位置(x,y,z)显示字符串 string。

text(x,y,z,'string'. 'PropertyName',PropertyValue…)：引号中的文字 string 定位于用坐标轴指定的位置,且对指定的属性进行设置。

3. 特殊字符标注

利用 LaTeX 字符集和 MATLAB 文本注释的定义,可以在 MATLAB 的图形文本标注中使用希腊字母、数学符号或者上标和下标字体等。

进行上标文本的注释需要使用"^"字符,进行下标文本的注释需要使用"_"字符。

^{superstring}：进行上标文本的注释。

_{substring}：进行下标文本的注释。

使用特殊字符标注时,要用"\"符号。

\bf：加粗字体。

\it：斜体。

\sl：斜体,比较少用。

\rm：正常字体。

\fontname{fontname}：定义使用特殊的字体。

\fontsize{fontsize}：定义使用特殊的字号。

4.3.3 修饰文字

文字标注是图形修饰中的重要因素,它可以是用户在窗口上随意添加的字符说明,还可以是坐标轴对象中所用到的刻度标志等。字符对象的常用属性如下。

Color 属性：字符的颜色。该属性的值是一个 $1×3$ 的颜色向量。

FontAngle 属性：字体倾斜形式,如正常 'normal' 和斜体 'italic' 等。

FontName 属性：字体的名称,如'Times New Roman'与'Courier'等。

FontSize 属性：字号。指定为大于 0 的标量值(以磅为单位),属性值应该为实数。

FontWeight 属性：字体是否加黑。可以选择 'light'、'normal'(默认值)、'demi'和'bold' 4 个选项,其颜色逐渐变黑。

HorizontalAlignment 属性：表示文字的水平对齐方式。可以有 'left'(按左边对齐默认值)、'center'(居中对齐)和'right'(按右边对齐)3 种选择。

FontUnits 属性：字号的单位。' points '(磅数)为默认的值,还可以使用如下单位：'inches'(英寸)、'centimeters'(厘米)、'normalized'(归一值)与'pixels'(像素)等。

Rotation 属性：文本方向,指定以度为单位的标量值。默认的 0°旋转可使文本处于水平。对于垂直文本,请将此属性设置为 90 或 −90。设置为正值可逆时针旋转文本。设置为负值可顺时针旋转文本。

Editing 属性：是否允许交互式修改。选项可以为'on'和'off'。

Interpreter 属性：是否允许 TeX 格式。选项为'tex'(允许 TeX 格式)和'none'(不允许)两种,前者显示的效果好,而后者速度快。

Extent 属性：包围文本的矩形的大小和位置(不包括边距),是只读型的,$1×4$ 向量,前两个分量表示字符串所在位置的左下角坐标,而后两个分量分别为字符对象的长和高。

4.3.4 图例注解

图例通过对每一条曲线标注不同颜色和应用不同的线条来区分一张图中绘制的多条曲线。颜色条主要用于显示图形中颜色和数值的对应关系,常用于三维和二维等高线图形中。

1．图例注解

用户可以通过插入菜单的图例项(legend)为曲线添加图例，也可以使用 legend 函数为曲线添加图例。

当在一个坐标系上画多幅图形时，为区分各个图形，MATLAB 提供了图例的注释说明函数。

其格式如下：

```
legend(label1,…,labelN)
```

参数字符串的含义如表 4-7 所示。

表 4-7　参数字符串的含义

参数字符串	含 义
0	尽量不与数据冲突，自动放置在最佳位置
1	放置在图形的右上角
2	放置在图形的左上角
3	放置在图形的左下角
4	放置在图形的右下角
−1	放置在图形视窗的外右边

此函数在图中开启了一个注释视窗，依据绘图的先后顺序，依据输出字符串对各个图形进行注释说明，如字符串 1 表示第一个出现的线条，字符串 2 表示第二个出现的线条。参数字符串确定注释视窗在图形中的位置。同时，注释视窗也可以用鼠标拖动，以便将其放置在一个合适的位置。

【例 4-45】　在同一坐标内，绘出两条函数曲线并有图例注释。

```
>> x = 0:0.2:12;
>> plot(x,sin(x),'-',x,1.5 * cos(x),':');
>> legend('First','Second');
```

程序运行的结果如图 4-45 所示。

2．增加颜色条

用户可以通过插入菜单的颜色条项(colorbar)为图形添加颜色条，也可以使用 colorbar 函数为图形添加颜色条。

colorbar：在当前坐标区或图的右侧显示一个垂直颜色栏。颜色栏显示当前颜色图并指示数据值到颜色图的映射。

colorbar('off')、colorbar('delete') 和 colorbar('hide')：删除与当前坐标区或图关联的所有颜色栏。

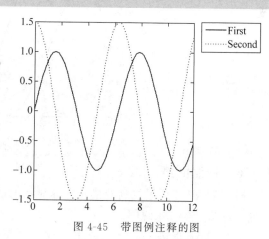

图 4-45　带图例注释的图

colorbar(location)：在特定位置显示颜色栏，location 可以是如下的值。North 表示坐标区的顶部；South 表示坐标区的底部；East 表示坐标区的右部；West 表示坐标区的左部；NorthOutside 表示坐标区的顶部外侧；SouthOutside 表示坐标区的底部外侧；EastOutside 表示坐标区的右部外侧(默认值)；WestOutside 表示坐标区的底部左侧。如果指定的位置中已存在颜色栏，则更新的颜色栏会替换现有的颜色栏。为确保颜色栏不与图表重叠，请指定带后缀 outside 的位置。

colorbar(___,'PropertyName','PropertyName')：使用一个或多个名称-值对组参数修改颜色栏外观。指定 Name、Value 作为上述任一语法中的最后一个参数对组。并非所有类型的图都支持修改颜色栏外观。

c＝colorbar(___)：返回 ColorBar 对象。用户可以在创建颜色栏后使用此对象设置属性。可将返回参数 c 指定到上述任一语法中。

4.3.5　图形保持

MATLAB 提供了 hold 命令用来保持当前图形。系统默认的是在当前图形窗口中绘图，如果一个图形绘制完成后，需要继续绘图，系统将原图形覆盖，并在原窗口中绘制图形。要想保持原有图形，并在图形中添加新的内容，就会用到 MATLAB 的保持当前图形的功能。

hold on：添加新绘图时保留当前绘图。

hold off：解除 hold on 命令。此选项为默认行为。

【例 4-46】 图形执行 hold 命令。

```
>> x = linspace(0,2 * pi,30);
>> y = sin(x);
>> plot(x,y)
```

先画好一个图形，然后用下述命令增加 cos(x)的图形。

```
>> hold on
>> z = cos(x);   plot(x,z)
>> hold off
```

执行结果如图 4-46 所示。

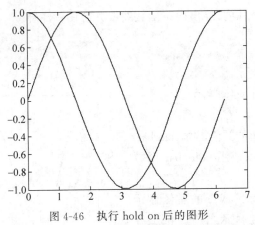

图 4-46　执行 hold on 后的图形

4.3.6　控制网络

MATLAB 提供了控制网格和坐标显示的函数，分别是 grid 函数和 box 函数，默认形式是不划分网格且坐标轴封闭。

MATLAB 提供了 grid 函数用于设置网格线。grid on/off 命令控制是画还是不画网格线，不带参数的 grid 命令在两种状态之间进行切换。

具体用法如下：

grid：显示或隐藏坐标区网格线。

grid on：显示 gca 命令返回的当前坐标区或图的主网格线。主网格线从每个刻度线延伸。

grid off：取消网格线。

MATLAB 的绘图确实很强大，只是其网格控制不够灵活。比如用 semilogy 绘图，显示网格时,一般默认的显示除了1、0.1、0.01等的网格线外,还会显示0.2、0.3这样的网格线,尽管在坐标轴上并没有标注。有时这么多网格线显得杂乱,若要把0.2、0.3的网格线去掉,有以下几种方法:

(1)先求对数,再用plot绘图,这样的网格设置较简单,或者在图像属性里设置,或者用set函数修改属性,例如:

```
set(gca,'ytick',[-4 -3 -2 -1])
```

只是这样需要修改坐标轴的刻度标注。

(2)MathWorks公司网站的File Exchange上有一个程序grid2,它扩展了grid命令的一些功能,可以对单个坐标轴进行设置。grid2 minor显示所有minor grid,再用grid minor可以清除所有minor grid。如果只用grid minor可能显示X轴的minor grid而清除Y轴的minor grid,或者相反。

(3)在图像窗口中选择Property Editor→Property Inspector菜单命令,在对话框中可以设置所有的对象属性,相关的有XMinorTick、XMinorGrid、YMinorTick、YMinorGrid等,直接修改即可。这与调用set函数的效果是相同的。

【例4-47】 为图形添加网格线。

```
>> x = linspace(0,2 * pi,30);
>> y = sin(x);
>> plot(x,y)
>> grid on
```

执行结果如图4-47所示。

box函数用于使坐标形式在封闭和开启间切换。其用法如下:

box on:在坐标区周围显示框轮廓。

box off:去除坐标区周围的框轮廓。

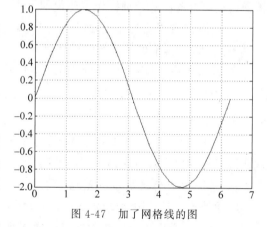

图4-47 加了网格线的图

4.3.7 分割图形窗口

MATLAB提供了subplot函数用于对图形窗口进行分割。subplot函数的功能是将绘图窗口分割成多个矩形子区域,在指定的子区域绘图,它的具体用法如下:

subplot(m,n,p):将当前绘图窗口分割成m×n个子区域,并指定第p个编号区域是当前的绘图区域,区域编号的原则是"从上到下,从左到右",如果指定位置已存在坐标区,则此命令会将该坐标区设为当前坐标区。

subplot(m,n,p,'replace'):删除位置p处的现有坐标区并创建新坐标区。

subplot(m,n,p,'align'):创建新坐标区,以便对齐图框。此选项为默认行为。

subplot(ax):将ax指定的坐标区设为父图窗的当前坐标区。如果父图窗尚不是当前图窗,此选项不会使父图成为当前窗口。

subplot('Position',[left bottom width height]):在由4个元素指定的位置上创建一个坐标系。使用此选项可定位未与网格位置对齐的子图。

【例4-48】 分割图形窗口。

```
>> y2 = sin(15 * t)
>> subplot(211)
```

```
>> ploy(t,y1)
>> plot(t,y1)
>> subplot(212)
>> plot(t,y2)
```

执行结果如图 4-48 所示。

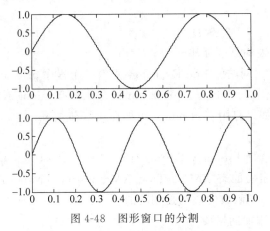

图 4-48   图形窗口的分割

4.4   图像分析的常用函数

MATLAB 的影像处理工具箱支持多种标准的图像处理操作,以方便用户对图像进行分析和调整。这些图像处理操作主要包括:

- 获取像素值及其统计数据。
- 分析图像,抽取其主要结构信息。
- 调整图像,突出其某些特征或抑制噪声。
- 图像质量的分析与处理。

4.4.1   像素及其处理

MATLAB 的影像处理工具箱提供了多个函数以返回与构成图像的数据值相关的信息。这些函数能够以多种方式显示返回的图像数据的信息。

1. 选定像素的数据值(impixel 函数)

影像处理工具箱中提供的 impixel 函数可以返回用户指定的图像像素的颜色数据值。

impixel 函数可以返回选中像素或像素集的数据值。用户可以直接将像素坐标作为该函数输入参数,或者用鼠标选中像素。例如,在下面的例子中,我们首先调用 impixel 函数,然后在显示的 come.tif 图像中用鼠标选中(左键选择像素,右键结束),代码如下:

```
imshow canoe.tif
vals = impixel
```

运行代码后得到如图 4-49 所示的界面。

在界面中用鼠标选取 n(这里选了四个点)个点,按下 Enter 键,则在输出窗口中得到:

```
vals =

   0.0941   0.0941   0.0941
   0.2588   0.2235   0.1922
   0.1608   0.1922   0.1608
   0.2235   0.2235   0.1922
```

对于索引图像,impixel 函数都显示为存储的颜色映射表中,但需要注意它是 RGB 值而不是索引值。

2. 强度描述图

MATLAB 影像处理工具箱中提供的 improfile 函数用于沿着图像中一条直线段或直线路径计算并绘制其强度(灰度)值。如下面的代码:

```
I = fitsread('solarspectra.fts');
imshow(I,[]);
improfile
```

执行后,得到运行界面,单击左键确定直线段或直线路径后,按下右键,则得到轨迹强度(灰度)图。需要注意的是,强度图中的峰值对应于灰度图中的黑色或白色。运行代码后得到如图 4-50 所示的界面。

图 4-49 impixel 函数示例

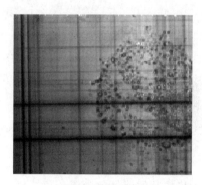

图 4-50 灰度图

用鼠标确定一条直线,按 Enter 键或者是右键,将得到一条灰度路径图,强度分布图如图 4-51 所示。

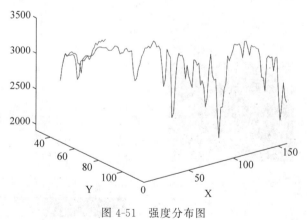

图 4-51 强度分布图

3. 图像轮廓图

我们可以利用 MATLAB 影像处理工具箱中的 imcontour 函数来显示灰度图的轮廓图。该函数类似于 contour 函数,功能更全。它能够自动设置坐标轴对象,从而使得其方向和纵横比能够与要显示的图形相匹配。下面的例子显示一个摄影师的灰度图及其轮廓图。代码如下:

```
I = imread('cameraman.tif');
subplot(1,2,1)
imshow(I)
subplot(1,2,2)
imcontour(I,3)
```

代码执行后,分别用于显示摄影师灰度图及其轮廓图,如图 4-52 所示。

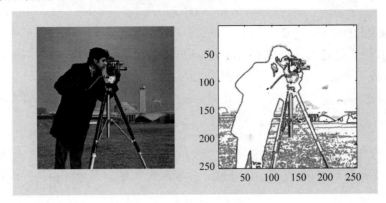

图 4-52　灰度图及其轮廓图

4. 图像柱状图

图像柱状图可以用来显示索引图像或灰度图像中的灰度分布。MATLAB 影像处理工具箱中提供的图像柱状图函数 imhist 可以创建这样的柱状图。以前面的摄影师灰度图为例,来创建该图的柱状图。代码如下:

```
I = imread('cameraman.tif');
imhist(I,64)
```

代码执行的结果如图 4-53 所示。从图中可以看出,柱状图的峰值出现在 150 附近,这是因为摄像师的背景色为深灰色。

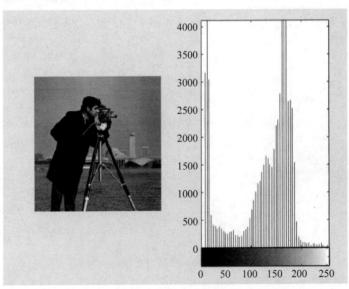

图 4-53　图像柱状图

5. 边界探测器

MATLAB 中的图像分析技术可以提取图像的结构信息。例如,可以利用影像处理工具箱中提供的 edge 函数来探测边界。这里所谓的边界,其实就是图像对象中的边界所对应的位置。该函数只能应用于灰度图像,其基本原理就是识别图像中灰度值变化较大的像素点。

4.4.2　常用函数

MATLAB 的图像处理工具箱中有大量的图像处理函数,限于篇幅,不可能逐一介绍,有兴趣的读者可以根据提供的函数信息和需要自己学习和掌握。在本节给出部分常用函数,供学习和参考。

1. applylut

功能:在二进制图像中利用 lookup 表进行边沿操作。

语法:A=applylut(BW,lut)

相关命令:makelut

2. bestblk

功能:确定进行块操作的块大小。

语法:siz=bestblk([m n],k)

      [mb,nb]=bestblk([m n],k)

相关命令:blkproc

3. blkproc

功能:实现图像的显示块操作。

语法:B=blkproc(A,[m n],fun)

      B=blkproc(A,[n n],fun,p1,p2,···)

      B=blkproc(A,[m n],fun)

      B=blkproc(A,[m n],[mborder nborder],fun,···)

      B=blkproc(A,'indexed',···)

【例 4-49】 实现图像的显示块操作。

```
I = imread('cameraman.tif');
I2 = blkproc(I,[8 8],'std2(x) * ones(size(x))');
imshow(I)
figure, imshow(I2,[]);
```

执行结果如图 4-54 所示。

图 4-54　图像的显示块操作

相关命令:colfilt,nlfilter,inline

4. brighten

功能:增加或降低颜色映像表的亮度。

语法:brighten(beta)

      newmap = brighten(beta)

      newmap = brighten(map,beta)

      brighten(fig,beta)

相关命令:imadjust,rgbplot

5. bwarea

功能：计算二进制图像对象的面积。

语法：total = bwarea(BW)

【例4-50】 计算二进制图像的面积。

```
BW = imread('circles.png');           %见图4-55
imshow(BW);
    bwarea(BW)

    ans =
        1.4187e + 04
```

相关命令：bweuler，bwperim

6. bweuler

功能：计算二进制图像的欧拉数。

语法：eul＝bweuler(BW,conn)

相关命令：bwmorph，bwperim

7. bwfill

功能：填充二进制图像的背景色。

语法：BW2＝bwfill(BW1,c,r,n)

　　　BW2＝bwfill(BW1,n)

　　　[BW2,idx]＝bwfill(…)

　　　BW2＝bwfill(x,y,BW1,xi,yi,n)

　　　[x,y,BW2,idx,xi,yi]＝bwfill(…)

　　　BW2＝bwfill(BW1,'holes',n)

　　　[BW2,idx]＝bwfill(BW1,'holes',n)

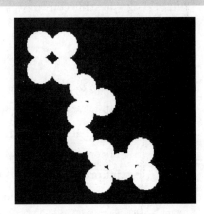

图4-55　二进制图像

【例4-51】 填充二进制图像的背景色。

```
BW4 = im2bw(imread('coins.png'));
BW5 = bwfill(BW4,'holes');
subplot(121), imshow(BW4), title('源图像二值化')
subplot(122), imshow(BW5), title('填充后的图像')
```

执行结果如图4-56所示。

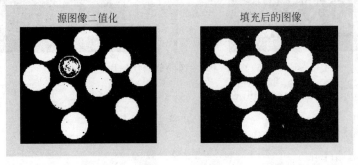

图4-56　填充二进制图像的背景色

相关命令：bwselect，roifill

8. bwmorph

功能：提取二进制图像的轮廓或者是对二值图像进行数学形态学(Mathematical Morphology)

运算。

语法：BW2＝bwmorph(BW,operation)：对二值图像进行指定的形态学处理。

BW2＝bwmorph(BW,operation,n)：对二值图像进行 n 次指定的形态学处理,n 可以是 Inf,这种情况下,该操作被重复执行,直到图像不再发生变化为止。

相关命令：bweuler,bwperim,dilate,erode

执行结果如图 4-57 所示。

图 4-57　二进制图像轮廓的提取

【例 4-52】　提取二进制图像的轮廓。

```
bw = imread('cameraman.tif');
se = strel('line',11,90);
bw2 = imdilate(bw,se);
imshow(bw), title('Original')
figure, imshow(bw2), title('Dilated')
```

9. bwperim

功能：计算二进制图像中对象的周长。

语法：BW2＝bwperim(BW1,n)

BW2＝bwperim(BW2,conn)

【例 4-53】　计算二进制图像中对象的周长。

```
BW1 = imread('circbw.tif');
BW2 = bwperim(BW1,8);
imshow(BW1)
figure, imshow(BW2)
```

执行结果如图 4-58 所示。

图 4-58　二进制图像中对象的周长

相关命令：bwarea，bweuler，bwfill

10. bwselect

功能：在二进制图像中选择对象。

语法：BW2＝bwselect(BW1,c,r,n)

　　　BW2＝bwselect(BW1,n)

　　　[BW2,idx]＝bwselect(⋯)

相关命令：bwfill，bwlabel，impixel，roipoly，roifill

11. cmpermute

功能：调整颜色映像表中的颜色。

语法：[Y,newmap]＝cmpermute(X,map)

　　　[Y,newmap]＝cmpermute(X,map,index)

相关命令：randperm

12. cmunique

功能：消除颜色图中的重复颜色；将灰度或真彩色图像转换为索引图像。

语法：[Y,newmap]＝cmunique(X,map)

　　　[Y,newmap]＝cmunique(RGB)

　　　[Y,newmap]＝cmunique(I)

相关命令：gray2ind，rgb2ind

13. col2im

功能：将矩阵的列重新组织到块中。

语法：A＝col2im(B,[m n],[M N])

　　　A＝col2im(B,[m n],[M N],'sliding')

　　　A＝col2im(B,[m n],[M N],'distinct')

相关命令：blkproc，colfilt，im2col，nlfilter

14. colfilt

功能：利用列相关函数进行边沿操作。

语法：B＝colfilt(A,[m n],block_type,fun)

　　　B＝colfilt(A,[m n],[mblock nblock],block_type,fun,⋯)

　　　B＝colfilt(A,'indexed',⋯)

相关命令：blkproc，col2im，im2col，nlfilter

15. conv2

功能：进行二维卷积操作。

语法：C＝conv2(A,B)

　　　C＝conv2(u,OA)

　　　C＝conv2(⋯,shape)

相关命令：filter2

16. convmtx2

功能：计算二维卷积矩阵。

语法：T＝convmtx2(H,m,n)

　　　T＝convmtx2(H,[m n])

相关命令：conv2

17．convn

功能：计算 n 维卷积。

语法：C＝convn(A,B)

C＝convn(A,B,shape)

相关命令：conv2

18．corr2

功能：计算两个矩阵的二维相关系数。

语法：r＝corr2(A,B)

相关命令：std2

19．dct2

功能：进行二维离散余弦变换。

语法：B＝dct2(A)

B＝dct2(A,m,n)

B＝dct2(A,[m n])

相关命令：fft2，idct2，ifft2

20．dctmtx

功能：计算离散余弦变换矩阵。

语法：D＝dctmtx(n)

相关命令：dct2

21．dither

功能：通过抖动增加外观颜色分辨率,转换图像。

语法：X＝dither(RGB,map)

BW＝dither(I)

相关命令：rgb2ind

22．double

功能：转换数据为双精度型。

语法：B＝double(A)

例如：

```
A = imread('saturn.tif');
B = sqrt(double(A));
```

相关命令：im2double，im2uint，uint8

23．edge

功能：识别强度图像中的边界。

语法：BW＝edge(I)

BW＝edge(I,method)

BW＝edge(I,method,threshold)

BW＝edge(I,method,threshold,direction)

BW＝edge(…,'nothinning')

BW＝edge(I,method,threshold,sigma)

BW＝edge(I,method,threshold,h)

[BW,threshOut]＝edge(…)

[BW,threshOut,Gv,Gh]＝edge(…)

【**例 4-54**】 识别强度图像中的边界。

```
I = imread('cameraman.tif ');
BW1 = edge(I,'prewitt');
BW2 = edge(I,'canny');
imshow(BW1);
figure, imshow(BW2)
```

执行结果如图 4-59 所示。

图 4-59　图像边界的识别

24. imerode

功能：弱化二进制图像的边界。

语法：J＝imerode(I,SE)

　　　J＝imerode(I,nhood)

　　　J＝imerode(___,packopt,m)

　　　J＝imerode(___,shape)

相关命令：bwmorph

【**例 4-55**】 弱化二进制图像的边界。

```
originalBW = imread('text.png');
>> se = strel('line',11,90);
>> erodedBW = imerode(originalBW,se);
>> figure
imshow(originalBW)
>> figure
imshow(erodedBW)
```

执行结果如图 4-60 所示。

图 4-60　二进制图像边界的弱化

25. fft2

功能：进行二维快速傅里叶变换。

语法：B＝fft2(A)

　　　　B＝fft2(A,m,n)

【例 4-56】 二维快速傅里叶变换。

```
load imdemos saturn2
imshow(saturn2)
```

执行结果如图 4-61 所示。

```
B = fftshift(fft2(saturn2));
imshow(log(abs(B)),[]), colormap(jet(64)), colorbar
```

执行结果如图 4-62 所示。

图 4-61　快速傅里叶变换

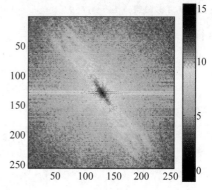

图 4-62　二维快速傅里叶变换

相关命令：dct2，fftshift，idct2，ifft2

26. fftn

功能：进行 n 维快速傅里叶变换。

语法：B＝fftn(A)

　　　　B＝fftn(A,siz)

相关命令：fft2，ifftn

27. fftshift

功能：把快速傅里叶变换的 DC 组件移到光谱中心。

语法：Y＝fftshift(X)

　　　　Y＝fftshift(X,dim)

相关命令：conv2，roifilt2

28. freqspace

功能：确定二维频率响应的频率空间。

语法：[f1,f2]＝freqspace(n)

　　　　[f1,f2]＝freqspace([m n])

　　　　[x1,y1]＝freqspace(…,'meshgrid')

　　　　f＝freqspace(N)

　　　　f＝freqspace(N,'whole')

相关命令：fsamp2，fwind1，fwind2

29. freqz2

功能：计算二维频率响应。

语法：[H,f1,f2]＝freqz2(h,n1,n2)

[H,f1,f2]＝freqz2(h,[n2 n1])

[H,f1,f2]＝freqz2(h,f1,f2)

[…]＝freqz2(h,…,[dx dy])

freqz2(…)

【例 4-57】 计算二维频率响应。

```
Hd = zeros(16,16);
Hd(5:12,5:12) = 1;
Hd(7:10,7:10) = 0;
h = fwind1(Hd,bartlett(16));
colormap(jet(64))
freqz2(h,[32 32]); axis([-1 1 -1 1 0 1])
```

执行结果如图 4-63 所示。

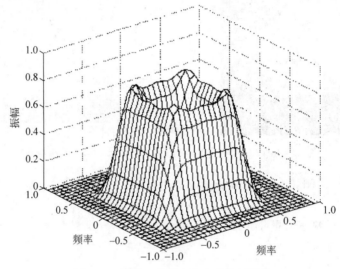

图 4-63　计算二维频率响应的执行结果

30. fsamp2

功能：用频率采样法设计二维 FIR 过滤器。

语法：h＝fsamp2(Hd)

h＝fsamp2(f1,f2,Hd,[m n])

相关命令：conv2，filter2，freqspace，ftrans2，fwind1，fwind2

31. fspecial

功能：创建预定义二维过滤器。

语法：h＝fspecial(type)

h＝fspecial(type,parameters)

【例 4-58】 创建预定义过滤器。

```
I = imread('cameraman.tif');
h = fspecial('unsharp',0.5);
I2 = filter2(h,I)/255;
imshow(I)
figure, imshow(I2)
```

执行结果如图 4-64 所示。

图 4-64   预定义过滤器

相关命令：conv2，edge，filter2，fsamp2，fwind1，fwind2

32．ftrans2

功能：通过频率转换设计二维 FIR 过滤器。

语法：h＝ftrans2(b,t)

　　　h＝ftrans2(b)

相关命令：conv2，filter2，fsamp2，fwind1，fwind2

33．fwind1

功能：用一维窗口方法设计二维 FIR 过滤器。

语法：h＝fwind1(Hd,win)

　　　h＝fwind1(Hd,win1,win2)

　　　h＝fwind1(f1,f2,Hd,…)

相关命令：conv2，filter2，fsamp2，freqspace，ftrans2，fwind2

34．fwind2

功能：用二维窗口方法设计二维 FIR 过滤器。

语法：h＝fwind2(Hd,win)

　　　h＝fwind2(f1,f2,Hd,win)

相关命令：conv2，filter2，fsamp2，freqspace，ftrans2，fwind1

35．getimage

功能：从坐标轴取得图像数据。

语法：A＝getimage(h)

　　　[x,y,A]＝getimage(h)

　　　[…,flag]＝getimage(h)

　　　[…]＝getimage

36．gray2ind

功能：转换灰度图像或二进制图像为索引图像。

语法：[X,cmap]＝gray2ind(I,c)

　　　[X,cmap]＝gray2ind(BW,c)

相关命令：ind2gray

37．grayslice

功能：使用多级阈值法将灰度图像转换为索引图像。

语法：X＝grayslice(I,n)

　　　X＝grayslice(I,v)

相关命令：gray2ind

38. histeq

功能：用直方图均等化增强对比。

语法：J＝histeq(I,hgram)

J＝histeq(I,n)

[J,T]＝histeq(I,…)

【例4-59】 用直方图均等化增强对比。

```
I = imread('tire.tif');
J = histeq(I);
imshow(I)
figure, imshow(J)
```

执行结果如图4-65所示。

图4-65 用柱状图均等化增强对比的效果

```
imhist(I,64)
figure; imhist(J,64)
```

执行结果如图4-66所示。

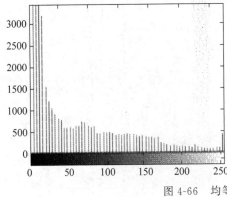 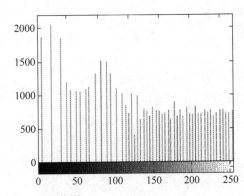

图4-66 均等化前后的柱状图

相关命令：brighten，imadjust，imhist

39. hsv2rgb

功能：转换HSV值为RGB颜色空间。

语法：RGB＝hsv2rgb(HSV)

rgbmap＝hsv2rgb(hsvmap)

相关命令：rgb2hsv，rgbplot

40．idct2

功能：计算二维离散反余弦变换。

语法：B＝idct2(A)

　　　B＝idct2(A,m,n)

　　　B＝idct2(A,[m n])

相关命令：dct2，dctmtx，fft2，ifft2

41．ifft2

功能：计算二维快速傅里叶反变换。

语法：B＝ifft2(A)

　　　B＝ifft2(A,m,n)

相关命令：fft2，fftshift，idct2

42．ifftn

功能：计算 n 维快速傅里叶反变换。

语法：B＝ifftn(A)

　　　B＝ifftn(A,siz)

相关命令：fft2，fftn，ifft2

43．im2bw

功能：基于阈值将图像转换为二值图像。

语法：BW＝im2bw(I,level)

　　　BW＝im2bw(X,cmap,level)

　　　BW＝im2bw(RGB,level)

【例 4-60】 转换图像为二进制图像。

```
load trees
BW = im2bw(X,map,0.4);
imshow(X,map)
figure, imshow(BW)
```

执行结果如图 4-67 所示。

图 4-67 转换图像为二进制图像

相关命令：ind2gray，rgb2gray

44．im2col

功能：将图像块重新排列为矩阵的列。

语法：B＝im2col(A,[m n],block_type)

　　　B＝im2col(A,[m n])

　　　B＝im2col(A,'indexed',…)

相关命令：blkproc，col2im，colfilt，nlfilter

45．im2double

功能：转换图像矩阵为双精度型。

语法：I2＝im2double(I)

　　　　I2＝im2double(I,'indexed')

相关命令：double，im2uint8，uint8

46．im2uint8

功能：转换图像阵列为8位无符号整型。

语法：J＝im2uint8(I)

　　　　J＝im2uint8(I,'indexed')

相关命令：im2uint16，double，im2double，uint8，imapprox，uint16

47．im2uint16

功能：转换图像阵列为16位无符号整型。

语法：J＝im2uint16(I)

　　　　J＝im2uint16(I,'indexed')

相关命令：im2uint8，double，im2double，uint8，uint16，imapprox

48．imadjust

功能：调整图像强度值或颜色图。

语法：J＝imadjust(I)

　　　　J＝imadjust(I,[low_in high_in])

　　　　J＝imadjust(I,[low_in high_in],[low_out high_out])

　　　　J＝imadjust(I,[low_in high_in],[low_out high_out],gamma)

　　　　J＝imadjust(RGB,[low_in high_in],___)

　　　　newmap＝imadjust(cmap,[low_in high_in],___)

【例 4-61】 调整图像灰度值或颜色映像表。

```
I = imread('pout.tif');
J = imadjust(I,[0.3 0.7],[]);
imshow(I)
figure, imshow(J)
```

执行结果如图 4-68 所示。

图 4-68　调整图像灰度值

相关命令：brighten，histeq

49．imapprox

功能：通过减少颜色数量来近似处理索引图像。

语法：[Y,newmap]＝imapprox(X,map,Q)

[Y,newmap]＝imapprox(X,map,tol)

Y＝imapprox(X,map,inmap)

___＝imapprox(…,dithering)

相关命令：cmunique，dither，rgb2ind

50．imcontour

功能：创建图像数据的轮廓图。

语法：imcontour(I)

imcontour(I,v)

imcontour(I,levels)

imcontour(x,y,…)

imcontour(…,LineSpec)

[C,h]＝imcontour(…)

【例 4-62】 创建图像数据的轮廓图。

```
I = imread('cameraman.tif');
imcontour(I,3)
```

执行结果如图 4-69 所示。

相关命令：clabel，contour，LineSpec

51．imcrop

功能：剪切图像。

语法：J＝imcrop

J＝imcrop(I)

Xout＝imcrop(X,cmap)

J＝imcrop(h)

J＝imcrop(I,rect)

C2＝imcrop(C,rect)

Xout＝imcrop(X,cmap,rect)

J＝imcrop(x,y,…)

[J,rect2]＝imcrop(…)

[x2,y2,…]＝imcrop(…)

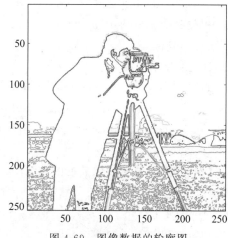

图 4-69　图像数据的轮廓图

【例 4-63】 剪切图像。

```
I = imread('cameraman.tif');
I2 = imcrop(I,[60 40 100 90]);
imshow(I)
figure, imshow(I2)
```

执行结果如图 4-70 所示。

相关命令：zoom

52．regionprops

功能：计算图像区域的特征尺寸。

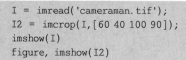

图 4-70　图像的剪切

语法：stats＝regionprops(BW,properties)

　　　　stats＝regionprops(CC,properties)

　　　　stats＝regionprops(L,properties)

　　　　stats＝regionprops(…,I,properties)

　　　　stats＝regionprops(output,…)

相关命令：bwlabel

53．imfinfo

功能：返回图形文件信息。

语法：info＝imfinfo(filename)

　　　　info＝imfinfo(filename,fmt)

相关命令：imread，imwrite

54．imhist

功能：显示图像数据的柱状图。

语法：[counts,binLocations]＝imhist(I)

　　　　[counts,binLocations]＝imhist(I,n)

　　　　[counts,binLocations]＝imhist(X,map)

　　　　imhist(…)

【例 4-64】　显示图像数据的柱状图。

```
I = imread('pout.tif');
imhist(I)
```

执行结果如图 4-71 所示。

相关命令：histeq

55．immovie

功能：创建多帧索引图的电影动画。

语法：mov＝immovie(X,cmap)

　　　　mov＝immovie(RGB)

相关命令：montage

56．imnoise

功能：给图像添加噪声。

语法：J＝imnoise(I,type)

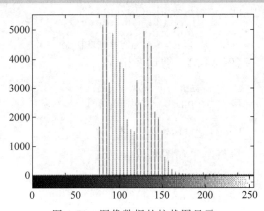

图 4-71　图像数据的柱状图显示

J＝imnoise(I,type,parameters)

相关命令：rand

【**例 4-65**】 增加图像的渲染效果。

```
I = imread('eight.tif');
J = imnoise(I,'salt & pepper',0.02);
imshow(I)
figure, imshow(J)
```

执行结果如图 4-72 所示。

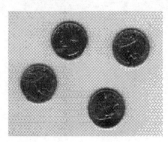 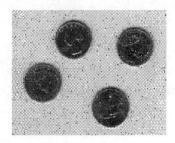

图 4-72 图像的渲染效果

57．impixel

功能：确定像素颜色值。

语法：P＝impixel

　　　P＝impixel(I)

　　　P＝impixel(X,map)

　　　P＝impixel(I,c,r)

　　　P＝impixel(X,map,c,r)

　　　P＝impixel(x,y,I,xi,yi)

　　　P＝impixel(x,y,X,map,xi,yi)

　　　［xi2,yi2,P］＝impixel(…)

相关命令：improfile

58．improfile

功能：沿线段计算剖面图的像素值。

语法：improfile

　　　improfile(n)

　　　improfile(I,xi,yi)

　　　improfile(I,xi,yi,n)

　　　c＝improfile(…)

　　　［cx,cy,c］＝improfile(I,xi,yi,n)

　　　［cx,cy,c,xi,yi］＝improfile(I,xi,yi,n)

　　　［…］＝improfile(x,y,I,xi,yi)

　　　［…］＝improfile(x,y,I,xi,yi,n)

　　　［…］＝improfile(…,method)

相关命令：impixel,pixval

59．imread

功能：从图形文件中读取图像。

语法：A＝imread(filename)

A＝imread(filename,fmt)

A＝imread(…,idx)

A＝imread(…,Name,Value)

[A,map]＝imread(…)

[A,map,transparency]＝imread(…)

相关命令：imfinfo,imwrite,fread,double,uint8,uint16

60．imresize

功能：改变图像大小。

语法：B＝imresize(A,scale)

B＝imresize(A,[numrows numcols])

[Y,newmap]＝imresize(X,map,…)

___＝imresize(…,method)

___＝imresize(…,Name,Value)

61．imrotate

功能：旋转图像。

语法：J＝imrotate(I,angle)

J＝imrotate(I,angle,method)

J＝imrotate(I,angle,method,bbox)

【例 4-66】 旋转图像。

```
I = imread('cameraman.tif');
J = imrotate(I, - 4,'bilinear','crop');
imshow(I)
figure, imshow(J)
```

执行结果如图 4-73 所示。

图 4-73　图像旋转

相关命令：imcrop,imresize

62．imshow

功能：显示图像。

语法：imshow(I)

imshow(I,[low high])

imshow(I,[])

imshow(RGB)

imshow(BW)

imshow(X,map)

imshow(filename)

imshow(…,Name,Value)

himage＝imshow(…)

相关命令：getimage,imread,iptgetpref,iptsetpref,subimage,truesize,warp

63. imwrite

功能：把图像写入图形文件。

语法：imwrite(A,filename)

imwrite(A,map,filename)

imwrite(＿＿＿,fmt)

imwrite(＿＿＿,Name,Value)

相关命令：imfinfo，imread

64. ind2gray

功能：把检索图像转换为灰度图像。

语法：I＝ind2gray(X,cmap)

【例 4-67】 把检索图像转换为灰度图像。

```
load trees
I = ind2gray(X,map);
imshow(X,map)
figure,imshow(I)
```

执行结果如图 4-74 所示。

图 4-74 检索图像转换为灰度图像

相关命令：gray2ind，imshow，rgb2ntsc

65. ind2rgb

功能：转换索引图像为 RGB 真彩图像。

语法：RGB＝ind2rgb(X,map)

相关命令：ind2gray，rgb2ind

66. iptgetpref

功能：获取图像处理工具箱首选项的值。

语法：prefs＝iptgetpref

value＝iptgetpref(prefname)

相关命令：imshow，iptsetpref

67．iptsetpref

功能：设置图像处理工具箱首选项或显示有效值。

语法：iptsetpref(prefname)

iptsetpref(prefname,value)

相关命令：imshow，iptgetpref，truesize

68．iradon

功能：进行反 Radon 变换。

语法：I＝iradon(R,theta)

I＝iradon(R,theta,interp,filter,frequency_scaling,output_size)

[I,H]＝iradon(___)

相关命令：radon，phantom

69．makelut

功能：创建一个用于 applylut 函数的 lookup 表。

语法：lut＝makelut(fun,n)

相关命令：applylut

70．mat2gray

功能：转换矩阵为灰度图像。

语法：I＝mat2gray(A,[amin amax])

I＝mat2gray(A)

【例 4-68】 转换矩阵为灰度图像。

```matlab
I = imread('cameraman.tif');
J = filter2(fspecial('sobel'),I);
K = mat2gray(J);
imshow(I)
figure, imshow(K)
```

执行结果如图 4-75 所示。

图 4-75　转换矩阵为灰度图像

相关命令：gray2ind

71．mean2

功能：计算矩阵元素的平均值。

语法：b＝mean2(A)

相关命令：std2，mean，std

72．medfilt2

功能：进行二维中值过滤。

语法：B＝medfilt2(A,[m n])

　　　　B＝medfilt2(A)

　　　　B＝medfilt2(A,'indexed',…)

【例 4-69】 进行二维中值过滤。

```
I = imread('eight.tif');
J = imnoise(I,'salt & pepper',0.02);
K = medfilt2(J);
imshow(J)
figure, imshow(K)
```

执行结果如图 4-76 所示。

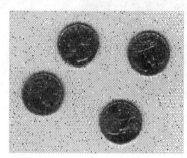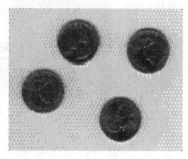

图 4-76　二维中值过滤

相关命令：filter2，ordfilt2，wiener2

73．montage

功能：在矩形框中同时显示多幅图像。

语法：montage(I)

　　　　montage(imagelist)

　　　　montage(filenames)

　　　　montage(imds)

　　　　montage(…,map)

　　　　montage(…,Name,Value)

　　　　img＝montage(…)

【例 4-70】 在矩形框中同时显示多幅图像。

```
load mri
montage(D,map)
```

执行结果如图 4-77 所示。

相关命令：immovie

74．nlfilter

功能：进行边沿操作。

语法：B＝nlfilter(A,[m n],fun)

　　　　B＝nlfilter(A,'indexed',…)

相关命令：blkproc，colfilt

75．ntsc2rgb

功能：转换 NTSC 的值为 RGB 颜色空间。

语法：rgbmap＝ntsc2rgb(yiqmap)

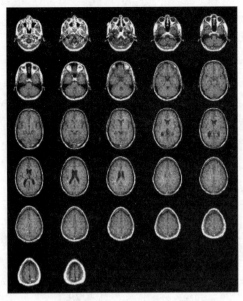

图 4-77 多幅图像显示

RGB＝ntsc2rgb(YIQ)

相关命令：rgb2ntsc，rgb2ind，ind2rgb，ind2gray

76. ordfilt2

功能：进行二维统计顺序过滤。

语法：B＝ordfilt2(A,order,domain)

B＝ordfilt2(A,order,domain,S)

B＝ordfilt2(…,padopt)

相关命令：medfilt2

77. phantom

功能：产生一个头部幻影图像。

语法：P＝phantom(def,n)

P＝phantom(E,n)

[P,E]＝phantom(…)

【例 4-71】 产生一个头部幻影图像。

```
P = phantom('Modified Shepp - Logan',200);
imshow(P)
```

执行结果如图 4-78 所示。

相关命令：radon，iradon

78. qtdecomp

功能：进行四叉树分解。

语法：S＝qtdecomp(I)

S＝qtdecomp(I,threshold)

S＝qtdecomp(I,threshold,mindim)

S＝qtdecomp(I,threshold,[mindim maxdim])

S＝qtdecomp(I,fun)

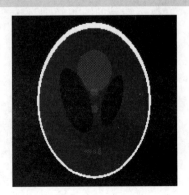

图 4-78 头部幻影图像显示

相关命令：qtgetblk,qtsetblk

79. qtgetblk

功能：获取四叉树分解中的块值。

语法：$[vals,r,c]=qtgetblk(I,S,dim)$

$\quad\quad[vals,idx]=qtgetblk(I,S,dim)$

相关命令：qtdecomp,qtsetblk

80. qtsetblk

功能：设置四叉树分解中的块值。

语法：$J=qtsetblk(I,S,dim,vals)$

相关命令：qtdecomp,qtgetblk

81. radon

功能：计算 radon 变换。

语法：$R=radon(I,theta)$

$\quad\quad R=radon(I,theta,n)$

$\quad\quad[R,xp]=radon(\cdots)$

相关命令：iradon, phantom

82. rgb2gray

功能：转换 RGB 图像或颜色映像表为灰度图像。

语法：$I=rgb2gray(RGB)$

$\quad\quad newmap=rgb2gray(map)$

相关命令：ind2gray,ntsc2rgb,rgb2ind,rgb2ntsc

83. rgb2hsv

功能：转换 RGB 值为 HSV 颜色空间。

语法：$hsvmap=rgb2hsv(rgbmap)$

$\quad\quad HSV=rgb2hsv(RGB)$

相关命令：hsv2rgb,rgbplot

84. rgb2ind

功能：转换 RGB 图像为索引图像。

语法：$[X,cmap]=rgb2ind(RGB,Q)$

$\quad\quad[X,cmap]=rgb2ind(RGB,tol)$

$\quad\quad X=rgb2ind(RGB,inmap)$

$\quad\quad\_\_\_=rgb2ind(\cdots,dithering)$

【例 4-72】 转换 RGB 图像为索引图像。

读取和显示星云的真彩色 uint8 JPEG 图像。

```
RGB = imread('flowers.tif');
RGB = imread('ngc6543a.jpg');
figure
imagesc(RGB)
axis image
zoom(4)
```

执行结果如图 4-79 所示。

将 RGB 转换为包含 32 种颜色的索引图像。

```
[IND,map] = rgb2ind(RGB,32);
figure
imagesc(IND)
colormap(map)
axis image
zoom(4)
```

执行结果如图 4-80 所示。

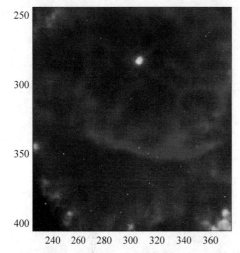

图 4-79　读取和显示星云的真彩色 uint8 JPEG 图像　　图 4-80　RGB 图像转换为索引图像

相关命令：cmunique，dither，imapprox，ind2rgb，rgb2gray

85．rgb2ntsc

功能：转换 RGB 的值为 NTSC 颜色空间。

语法：yiqmap＝rgb2ntsc(rgbmap)

　　　　YIQ＝rgb2ntsc(RGB)

相关命令：ntsc2rgb，rgb2ind，ind2rgb，ind2gray

86．rgb2ycbcr

功能：转换 RGB 的值为 YcbCr 颜色空间。

语法：ycbcrmap＝rgb2ycbcr(rgbmap)

　　　　YCBCR＝rgb2ycbcr(RGB)

相关命令：ntsc2rgb，rgb2ntsc，ycbcr2rgb

87．rgbplot

功能：划分颜色映像表。

语法：rgbplot(map)

相关命令：colormap

88．roicolor

功能：选择感兴趣的颜色区。

语法：BW＝roicolor(A,low,high)

　　　　BW＝roicolor(A,v)

【例 4-73】　选择感兴趣的颜色区。

```
I = imread('cameraman.tif');
BW = roicolor(I,128,255);
```

```
imshow(I);
figure, imshow(BW)
```

执行结果如图 4-81 所示。

图 4-81　颜色区的选择

相关命令：roifilt2，roipoly

89．roifill

功能：在图像的任意区域中进行平滑插补。

语法：J＝roifill

J＝roifill(I)

J＝roifill(I,mask)

J＝roifill(I,xi,yi)

J＝roifill(x,y,I,xi,yi)

[J,BW]＝roifill(___)

[x2,y2,J,BW,xi2,yi2]＝roifill(___)

roifill()

【例 4-74】　在图像的任意区域中进行平滑插补。

```
I = imread('eight.tif');
c = [222 272 300 270 221 194];
r = [21 21 75 121 121 75];
J = roifill(I,c,r);
imshow(I)
figure, imshow(J)
```

执行结果如图 4-82 所示。

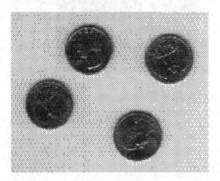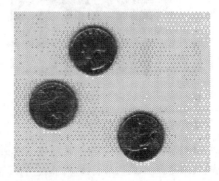

图 4-82　图像区域中的平滑插补

相关命令：roifilt2，roipoly

90. roifilt2

功能：过滤敏感区域。

语法：J＝roifilt2(h,I,BW)

J＝roifilt2(I,BW,fun)

J＝roifilt2(I,BW,fun,P1,P2,…)

相关命令：filter2，roipoly

91. roipoly

功能：选择一个敏感的多边形区域。

语法：J＝roifilt2(h,I,B,W)

J＝roifilt2(I,BW,fun)

相关命令：roifilt2，roicolor，roifill

92. std2

功能：计算矩阵元素的标准偏移。

语法：b＝std2(A)

相关命令：corr2，mean2

93. subimage

功能：在一幅图中显示多个图像。

语法：subimage(X,map)

subimage(I)

subimage(BW)

subimage(RGB)

subimage(x,y,…)

h = subimage(…)

【例 4-75】 在一幅图中显示多个图像。

```
load trees
[X2,map2] = imread('forest.tif');
subplot(1,2,1), subimage(X,map)
subplot(1,2,2), subimage(X2,map2)
```

执行结果如图 4-83 所示。

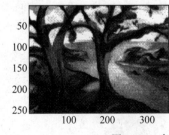

图 4-83 多个图像的累加显示

94. truesize

功能：调整图像显示尺寸。

语法：truesize(fig,[mrows mcols])

truesize(fig)

相关命令：imshow，iptsetpref，iptgetpref

95．uint8

功能：转换数据为 8 位无符号整型。

语法：B＝uint8(A)

相关命令：double，im2double，im2uint8

96．uint16

功能：转换数据为 16 位无符号整型。

语法：I＝uint16(X)

相关命令：double，datatypes，uint8，uint32，int8，int16，int32

97．warp

功能：将图像显示到纹理映射表面。

语法：warp(X,map)

warp(I,n)

warp(BW)

warp(RGB)

warp(z,…)

warp(x,y,z,…)

h＝warp(…)

相关命令：imshow

98．wiener2

功能：进行二维适应性去噪过滤处理。

语法：J＝wiener2(I,[m n],noise)

[J,noise]＝wiener2(I,[m n])

【例 4-76】 进行二维适应性去噪过滤处理。

```
I = imread('cameraman.tif');
J = imnoise(I,'gaussian',0,0.005);
K = wiener2(J,[5 5]);
imshow(J)
figure, imshow(K)
```

执行结果如图 4-84 所示。

图 4-84 适应性去噪过滤

相关命令：filter2，medfilt2

99．ycbcr2rgb

功能：转化 YcbCr 值为 RGB 颜色空间。

语法：rgbmap＝ycbcr2rgb(ycbcrmap)

　　　RGB＝ycbcr2rgb(YCBCR)

相关命令：ntsc2rgb，rgb2ntsc，rgb2ycbcr

100．zoom

功能：缩放图像。

语法：zoom on

　　　zoom off

　　　zoom out

　　　zoom reset

　　　zoom

　　　zoom xon

　　　zoom yon

　　　zoom(factor)

　　　zoom(fig,option)

　　　h＝zoom(figure_handle)

相关命令：Imcrop

4.5　综合实例3：二维统计分析图和三维立体图

【例 4-77】　绘制饼图和复数向量的二维统计分析图。

代码：

```
subplot(1,2,1);
pie([2347,1827,2043,3025]);
title('bingtu');
legend('q1','q2','q3','q4');
subplot(1,2,2);
compass([7 + 2.9i,2 - 3i, - 1.5 - 6i]);
title('xiangliangtu');
```

执行结果如图 4-85 所示。

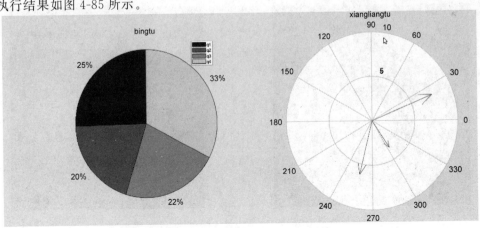

图 4-85　饼图和复数向量的二维统计分析图

【例 4-78】 使用 scatter3 函数绘制三维立体图。

代码：

```
x = rand(1,20);
y = rand(1,20);
z = x + y;
figure;
subplot(121);
scatter3(x,y,z)                          % 绘制三维散点图
title('空心点');
subplot(122);
scatter3(x,y,z,'r','filled');            % 绘制三维散点图
title('实心点');
```

执行结果如图 4-86 所示。

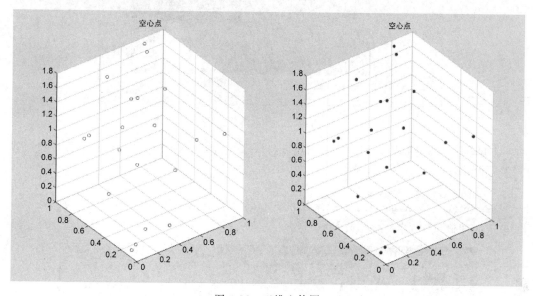

图 4-86 三维立体图

4.6 本章小结

　　通过本章学习 MATLAB，读者初步掌握了有关图像处理与图像分析的基本概念、基础理论和实用技术，了解和掌握图像处理的方法及手段，深刻体会到 MATLAB 是一款基于矩阵数学运算的仿真综合处理软件，图像处理模块可以应用于航空、国防、影像通信等各个图像处理应用方面。MATLAB 提供的图像处理函数包括排列、变换和锐化等操作，同样利用这些函数能够完成裁剪图像和尺寸变换等操作。利用 MATLAB 的设计理念，从矩阵的运算出发，对图像进行处理，其中涵盖内容全面，能使我们对图像处理技术有更加深刻的认识。

4.7 习题

　　(1) 采集一张格式为 *.jpg 的图像，用 MATLAB 的 imread 函数读入图像文件，并用 image 函数显示图像。

　　解题提示：

```
>> i = imread('eee.jpg');
>> image(i)
```

　　显示的图像见图 4-87：

图 4-87　显示图像 1

(2) 试编写一个 M 文件,对采集的图像进行最近邻插值,并且显示出来与原图像进行对比。

解题提示:

```
>> j = imresize(i,2,'nearest');
>> subplot(1,2,1),image(i),title('原图'), subplot(1,2,2),image(j),title('最近邻')
```

显示的图像见图 4-88:

图 4-88　显示图像 2

(3) 编写程序,对采集的图像进行最近邻插值。

解题提示:

```
>> [r,c] = size('eee.jpg')
>>   for i = 1:r
```

```
        for j = 1:c
          B(i,2 * j) = eee(i,j);
          B(i,2 * j − 1) = eee(i,j);
        end
      end
    for i = 1:r
      for j = 1:2 * c
        C(2 * i,j) = B(i,j);
        C(2 * i − 1,j) = B(i,j);
      end
    end
    subplot(1,2,1);
>> imshow(eee);
>> subplot(1,2,2);
>> imshow(C)
```

显示的图像见图 4-89：

图 4-89　显示图像 3

（4）MATLAB 可以将图像数据进行压缩处理，分析下面的代码，说明压缩的原理。

```
I = imread('cameraman.tif');
I = im2double(I);
T = dctmtx(8);
B = blkproc(I,[8 8],'P1 * x * P2',T,T);
mask =  [
1 1 1 1 0 0 0 0
1 1 1 0 0 0 0 0
1 1 0 0 0 0 0 0
1 0 0 0 0 0 0 0
0 0 0 0 0 0 0 0
0 0 0 0 0 0 0 0
0 0 0 0 0 0 0 0
0 0 0 0 0 0 0 0
];
B2 = blkproc(B,[8 8],'P1. * x',mask);
I2 = blkproc(B2,[8 8],'P1 * x * P2',T,T);
imshow(I),
figure, imshow(I2)
```

（5）如何自动获得由鼠标在图像上任意指定的两像素点之间的距离？

第 5 章 M 文件

简单地说，M 文件就是用户把要实现的命令写在一个以.m 为文件扩展名的文件中，然后由 MATLAB 系统进行解释和运行，得出结果，实际上 M 文件是一个命令集，因此，MATLAB 具有强大的可开发性与可扩展性。MATLAB 中的许多函数都是由 M 文件扩展而成的，而用户也可以利用 M 文件来生成和扩充自己的函数库。

5.1 概述

MATLAB 作为一种应用广泛的科学计算软件，不仅可以通过直接交互的指令和操作方式进行强大的数值计算、绘图等，还可以像 C、C++等高级程序语言一样，根据自己的语法规则来进行程序设计。编写的程序文件以.m 作为扩展名，称为 M 文件。通过编写 M 文件，用户可以像编写批处理命令一样，将多个 MATLAB 命令集中在一个文件中，既能方便地进行调用，又便于修改；还可以根据用户自身的情况编写用于解决特定问题的 M 文件，这样就实现了结构化程序设计，并提高代码重用率。MATLAB 提供的编辑器可以使用户方便地进行 M 文件的编写。

5.1.1 创建 M 文件

当遇到输入命令较多以及要重复输入命令的情况时，利用命令文件就显得很方便了。将所有要执行的命令按顺序放到一个扩展名为.m 的文本文件中，每次运行时只需在 MATLAB 的命令窗口输入 M 文件的文件名就可以了。需要注意的是，M 文件最好直接放在 MATLAB 的默认搜索路径下(一般是 MATLAB 安装目录的子目录 work 中)，这样就不用设置 M 文件的路径了，否则应当用路径操作指令 path 重新设置路径。另外，M 文件名不应该与 MATLAB 的内置函数名以及工具箱中的函数重名，以免发生执行错误命令的现象。

MATLAB 对命令文件的执行等价于从命令窗口中顺序执行文件中的所有指令。命令文件可以访问 MATLAB 工作空间里的任何变量及数据。命令文件运行过程中产生的所有变量都等价于从 MATLAB 工作空间中创建这些变量。因此，任何其他命令文件和函数都可以自由地访问这些变量。这些变量一旦产生就一直保存在内存中，只有对它们重新赋值，它们的原有值才会变化。关机后，这里变量也就全部消失了。另外，在命令窗口中运行 clear 命令，也可以把这些变量从工作空间中删除。当然，在 MATLAB 的工作空间窗口中也可以用鼠标选择想要删除的变量，从而将这些变量从工作空间中删除。

　　M 文件编辑器一般不会随着 MATLAB 启动,当用户通过命令将其打开时,该编辑器才启动。需要指出的是,M 文件编辑器不仅可以用来编辑 M 文件,还可以对 M 文件进行交互式调试。而且,M 文件编辑器还可以用来阅读和编辑其他的 ASCII 码文件。通常情况下,可以使用下面几种方法打开 M 文件编辑器(图 5-1)。

图 5-1　打开 M 文件编辑器的方法

　　① 单击常用工具栏上的"新建脚本"图标。

　　② 单击常用工具栏上的"新建"图标或在"新建"图标的菜单中单击"脚本"图标。

　　③ 可以在"命令"窗口中直接输入 edit 命令,或使用 edit mfiles 命令编辑某个已经存在的 M 文件,其中 mfiles 为用户需要编辑的文件名(可以不带扩展名)。如果是新创建的 M 文件,系统会将名字设置为 Untitled(未命名)。

　　通过以上方法就可以打开 M 文件,如图 5-2 所示。

　　图 5-2 中对 M 文件编辑器的主要内容进行了标注,可以看出 M 文件编辑器的功能是非常多的。需要指出的是:有很多功能是最新版本的 MATLAB 才有的,这也是建议读者尤其是新手使用新版 MATLAB 的原因之一。

　　下面编写一个 M 文件示例 test. m,用来计算 1～100 的和,并把它放到变量 s 中。

　　(1) 创建新的 M 文件。单击常用工具栏上的"新建"图标 。

　　(2) 编写代码。在接下来出现的编辑框中输入相应的代码,见图 5-3。

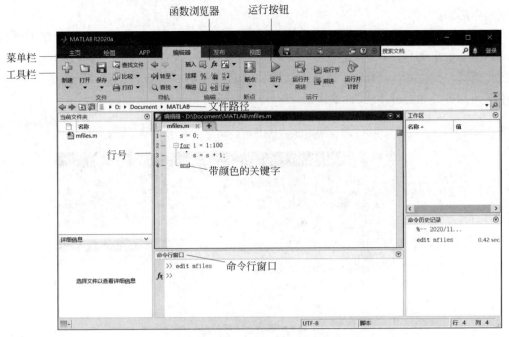

图 5-2　M 文件编辑器

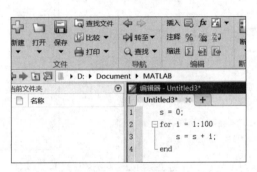

图 5-3　代码编辑框

（3）保存。单击工具栏上的"保存"图标或使用快捷键"Ctrl+S"，弹出保存文件的对话框（最好保存在熟悉的地方，以便查找），设文件名为 test，如图 5-4 所示。

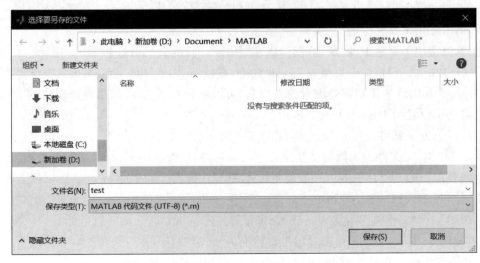

图 5-4　保存文件

（4）M文件的使用。在页面下方的命令窗口输入如下两条命令：

```
>> test
>> s
```

观察结果，如图5-5所示。

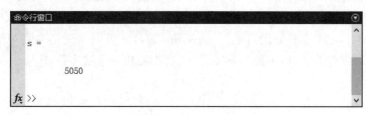

图5-5　显示结果

5.1.2　M文件的打开

上面已经创建了一个M文件，名为test.m。打开M文件有以下几种方法：

（1）单击常用工具栏上的"打开"图标，然后找到对应的M文件。

（2）使用快捷键"Ctrl＋O"可打开"打开"对话框，然后找到对应的M文件。

（3）通过edit mfiles命令编辑某个已经存在的M文件，其中mfiles为用户需要编辑的文件名（可不带扩展名），如edit test.m。

5.1.3　基本内容

下面介绍一个简单的M文件的实例。

【例5-1】　简单函数M文件示例。

本例是求n的阶乘的函数M文件fact.m，介绍M文件的基本单元。代码如下：

```
fact.m
function f = fact(n)                    % 函数定义行,脚本式M文件无此行
% Compute a factorial value.            % H1 行
% FACT(N) returns the factional of N,   % Help 文本
% usually denoted by N!
% Put simple,Fact(N) is PROD(1:N).      % 注释
f = prod(1:n);                          % 函数体或脚本主体
```

在fact.m文件中包含了一个M文件的基本内容，如表5-1所示。

表5-1　M文件的基本内容

M文件内容	说　　明
函数定义行（只存在于函数文件）	定义函数名称,定义输入输出变量的数量和顺序
H1 行	对程序进行的一行总结说明
Help 文本	对程序的详细说明,在调用help命令查询此M文件时和H1行一起显示在命令窗口
注释	具体语句的功能注释、说明
函数体	进行实际计算的代码

1. 函数定义行

函数定义行被用来定义函数名称，定义输入输出变量的数量和顺序。注意脚本式M文件没有此行。完整的函数定义语句为

```
function [out1,out2,out3 … ] = funName( in1,in2, in3 … )
```

其中，输入变量用圆括号，变量间用英文逗号"，"分隔，输出变量用方括号，无输出可用空括号，

或无括号和等号。无输出的函数定义行可以为

```
function funName(inl,in2,in3…)
```

在函数定义行中,函数的名字所能够允许的最大长度为 63 个字符,个别操作系统有所不同,用户可自行使用 namelengthmax 函数查询系统允许的最长文件名。另外函数文件保存时,MATLAB 会默认以函数的名字来保存,请不要更改此名称,否则调用所定义的函数时会发生错误,不过脚本文件并不受此约束。funName 的命名规则与变量命名规则相同,不能是 MATLAB 系统自带的关键词,不能用数字开头,也不能包含非法字符。

2. H1 行

H1 行紧跟着函数定义行。因为它是 Help 文本的第一行,所以称为 H1 行。H1 行用百分号"%"开始。MATLAB 可以通过命令把 M 文件上的帮助信息显示在命令窗口。因此,建议写 M 文件时建立帮助文本,把函数的功能、调用函数的参数等描述出来,以供自己和别人查看,方便函数的使用。

H1 行是函数功能的概括性描述,在命令窗口提示输入 help filename 或 lookfor filename 命令可以显示 H1 行文本。

3. Help 文本

这是帮助文本,可以是连续多行的注释文本,只能在命令窗口观看,不可以在 MATLAB Help 浏览器中显示。帮助文本在其后的第 1 个非注释行结束,函数中的其他注释行不被显示。

例如,例 5-1 中的 function f=fact(n)函数可以保存在当前目录下,并且文件名为 fact. m,在命令行中调用 help 函数就可以看到相应的帮助文本。

【例 5-2】 Help 文本查看示例。

本例演示通过 help 命令查看 M 文件中的帮助文本的过程。

```
>> help fact
Compute a factiorrial value.              %H1 行
fact(N) returns the factional of N,       % Help 文本
usually denoted by N!
Put simple,Fact(N) is PROD(1:N).          %注释
```

以上命令显示了 fact 函数文件的注释行,直到第 1 个非注释行(即空行)结束。

键入 lookfor 命令可见:

```
>> lookfor fact
fact         - Compute a factiorrial value.
ipjfact      - Hankel matrix with factorial elements.
chol         - Cholesky factorization.
cholupdate   - Rank 1 update to Cholesky factorization.
ldl          - Block LDL' factorization for Hermitian indefinite matrices.
lu           - LU factorization
…
```

lookfor 命令搜索所有命令中包含 fact 字符串的函数,将这些函数列出来,并且将它们的 H1 行显示出来。从 lookfor 命令的结果中可以看到 4 个其他的包含 fact 字符串的函数以及要找的 fact 函数,并且分别显示了它们的 H1 行。

4. 注释

以"%"开始的注释行可以出现在函数的任何地方,也可以出现在语句的右边。

若注释行很多,可以使用注释块操作符——"%{"和"%}"。下面给出一个简单的实例来

演示注释块操作符。

【例 5-3】 注释块操作符示例。将例 5-1 的 fact 函数中的多行注释改写为注释块。

```
function f = fact(n)              % 函数定义行,脚本式 M 文件无此行
% {
Compute a factorial value.       % H1 行
FACT(N) returns the factional of N,   % Help 文本
usually denoted by N!
Put simple,Fact(N) is PROD(1:N).      % 注释
% }
f = prod(1:n);                   % 函数体或脚本主体
```

将多行注释改为注释块并不影响运行结果。注释行和注释块的作用就是对程序进行注释,方便以后进行阅读和维护,程序运行时是不会运行注释的。

5. 函数体

函数体是函数和脚本中计算和处理数据的主体,可以包含进行计算和赋值的语句、函数调用、循环和流控制语句、注释语句以及空行等。

5.1.4 M 文件分类

M 文件有两大类:M 脚本文件(M-file script)和 M 函数文件(M-file function)。

M 文件命名时注意以下几点:

(1) M 文件名的命名要符合变量名命名规则。MATLAB 的 isvarname 指令可检查用户所起文件名是否符合此规则。

(2) 除非特殊需要,用户应保证自己所创建的 M 文件名具有唯一性。要避免与 MATLAB 所提供的函数同名。MATLAB 的 which 指令能帮助用户检查 M 文件名的唯一性。比如,用户想采用 filter 作为自己的文件名,那么可在 MATLAB 指令窗口中运行以下指令,若在 MATLAB 搜索路径上已存在以 filter 命名的 M 文件,那么用户不应再采取此名。

```
>> which - all filter
built - in (D:\Program\IT\R2020a\toolbox\matlab\datafun\filter)
built - in (D:\Program\IT\R2020a\toolbox\matlab\datafun\@double\filter)   % double method
built - in (D:\Program\IT\R2020a\toolbox\matlab\datafun\@int16\filter)    % int16 method
built - in (D:\Program\IT\R2020a\toolbox\matlab\datafun\@int32\filter)    % int32 method
built - in (D:\Program\IT\R2020a\toolbox\matlab\datafun\@int64\filter)    % int64 method
```

1. M 脚本文件

当指令窗口中运行的指令越来越多,控制流复杂度增加,或需要重复运行相关指令时,再从指令窗口直接输入指令进行计算就显得烦琐,此时使用 M 脚本文件最适宜。

M 脚本文件的构成比较简单。其特点如下:

(1) 它是一串按用户意图排列而成的 MATLAB 指令(包括控制流向指令在内的)集合。

(2) 脚本文件运行后,产生的所有变量都驻留在 MATLAB 基本工作空间(base workspace)中。只要用户不使用 clear 指令加以清除,且 MATLAB 指令窗口不关闭,这些变量将一直保存在基本工作空间中。基本工作空间随 MATLAB 的启动而产生,只有当关闭 MATLAB 时,该基本工作空间才被删除。

M 脚本文件的基本结构如下:

(1) 以"%"号开头的 H1 行(the first held text line),包括文件名和功能简述。

(2) 以"%"开头的在线帮助文本(Help text)区,H1 行及其之后的所有连续注释行构成整个在线帮助文本。它涉及文件中关键变量的简短说明。

（3）编写和修改记录，该区域文本内容也都以"％"开头，标志编写及修改该 M 文件的作者、日期和版本记录。它可用于软件档案管理。

（4）程序体（附带关键指令功能注解）。

注意：在 M 文件中，由"％"号引领的行或字符串都是注释，在 MATLAB 中不被执行。

2. M 函数文件

与脚本文件不同，函数文件犹如一个"黑箱"。从外界只能看到传给它的输入量和送出来的计算结果，而内部运作可以藏而不见。它的特点如下：

（1）从形式上看，与脚本文件不同，函数文件的第一行总是以 function 引导的函数声明行（Function declaration line）。该行还列出函数与外界交换数据的全部"标称"输入输出量。输入输出量的数目并没有限制，既可以完全没有输入输出量，也可以有任意数目的输入输出量。

（2）MATLAB 允许使用比标称数目少的输入输出量，实现对函数的调用。

（3）从运行上看，与脚本文件运行不同，每当函数文件运行时，MATLAB 就会专门为它开辟一个临时工作空间，称为函数工作空间（function workspace）。所有中间变量都存放在函数工作空间中。当执行完文件最后一条指令后，或遇到回车，就结束该函数文件的运行，同时该函数工作空间及其中所有的中间变量立即被清除。

（4）函数工作空间随具体 M 函数文件的调用而产生，随调用结束而删除。函数空间相对于基本空间是独立的、临时的。在 MATLAB 整个运行期间，可以产生任意多个函数工作空间。

（5）假如在函数文件中发生对某脚本文件的调用，那么该脚本文件运行产生的所有变量都存放于该函数工作空间中，而不是存放在基本空间。

M 函数文件的基本结构如下：

（1）函数声明行。

它位于函数文件的首行，以 MATLAB 关键字 function 开头，函数名以及函数的输入输出量名都在这一行被定义。

（2）H1 行。

紧随函数声明行之后，以"％"开头的第一个注释行。按 MATLAB 自身文件的规则，H1 行包含函数文件名，用关键词简要描述该函数的功能。

H1 行提供 lookfor 关键词查询和 help 在线使用帮助。顺便指出，MATLAB 自带的函数文件在此行中都把函数文件名用大写英文字母表达。但实际上，此文件的文件保存名及运行时的文件调用名都必须是相应的小写英文字母。H1 行尽量使用英文表达，以便借助 lookfor 进行关键词搜索。但从 MATLAB 7.x 版起，lookfor 已经支持中文搜索，所以 H1 行现在也可采用中文描述。

（3）在线帮助文本区。

H1 行及其后的以"％"开头的所有连续的注释行构成整个在线帮助文本。它通常包括函数输入输出量的含义和调用格式说明。

（4）编写和修改记录。

其位置与在线帮助文本之间相隔一个空行（不用"％"开头）。

该区域文本内容也都以"％"开头，标志编写及修改该 M 文件的作者和日期以及版本记录。它用于软件档案管理。

（5）函数体。

为清晰起见，它与前面的注释可以用空行相隔。这部分内容由实现该 M 函数文件功能的

MATLAB指令组成。它接受输入量,进行程序流控制,创建输出量。为阅读、理解方便,其中也配置适当的空行和注释。

若仅从运算角度看,唯有函数声明行和函数体是构成 M 函数文件所必不可少的。

【例 5-4】 编写求平均值与标准差的脚本文件 stat1.m 和函数文件 stat 2.m。

(1) 单击 MATLAB 命令窗口工具栏中的"新建"按钮,打开 M 文件编辑器。在两个文件各自的 M 文件编辑器中分别输入以下程序代码:

```
% stat1.m 脚本文件
% 求阵列 x 的平均值和标准差
[m,n] = size(x);
if m == 1
        m = n;
end
s1 = sum(x);
s2 = sum(x.^2);
mean1 = s1/m;
stdev = sqrt(s2/m - mean1^2);


stat2.m                              % 函数文件
function [mean1,stdev] = stat2(x)
% STAT2 函数文件
% 求阵列 x 的平均值和标准差
[m,n] = size(x);
if m == 1
        m = n;
end
s1 = sum(x);
s2 = sum(x.^2);
mean1 = s1/m;
stdev = sqrt(s2/m - mean1^2);
```

(2) 在命令窗口依次输入如下命令:

```
>> clear
>> x = rand(4,4) + 2;
>> stat1                    % 执行 stat1.m 后,观察基本空间中的变量情况
whos                        % 可见脚本文件所产生的所有变量都返回工作空间
Name        Size            Bytes Class            Attributes
m           1x1                8 double
mean1       1x4               32 double
n           1x1                8 double
s1          1x4               32 double
s2          1x4               32 double
stdev       1x4               32 double
x           4x4              128 double
>> disp([mean1;stdev])      % 观察计算结果
2.4351    2.5323    2.5728    2.5914
0.3316    0.2577    0.1085    0.1857
```

(3) 在命令窗口依次输入如下命令:

```
>> clear m n s1 s2 mean1 stdev
>>[m1,std1] = stat2(x);     % 执行 stat2.m 后,观察基本空间中的变量情况
>> whos                     % 只增加了由函数返回的结果
 Name        Size                   Bytes Class
 m1          1x4                       32 double
 std1        1x4                       32 double
 x           4x4                      128 double
```

```
>> disp([m1;std1])          % 观察计算结果,和 stat1.m 一致
2.4351      2.5323      2.5728      2.5914
0.3316      0.2577      0.1085      0.1857
```

5.2　数据共享

MATLAB 应用中常需要实现 MATLAB 与其他应用程序的数据共享,即需将数据文件读入 MATLAB 进行有效的数据处理,然后将 MATLAB 处理好的数据保存为数据文件,以便其他应用程序使用。MATLAB 支持多种文件格式的输入和输出,如. dat、. txt、. mat、. bmp 等。

1. 数据文件保存

MATLAB 支持工作区的保存。用户可以将工作区或工作区中的变量以文件的形式保存,以备在需要时再次导入。保存工作区可以通过菜单进行,也可以通过命令窗口进行。

1) 保存整个工作区

在"主页"选项卡中单击"保存工作区"图标,或者在工作区浏览器中单击"下拉菜单"图标,在菜单中选择"保存",可以将工作区中的变量保存为 MAT 文件。

2) 保存工作区中的变量

在工作区浏览器中,右击需要保存的变量名,在快捷菜单中选择另存为…,将该变量保存为 MAT 文件。

3) 利用 save 命令保存

该命令可以保存工作区或工作区中任何指定文件。该命令的调用格式如下:

① save(filename):将当前工作区中的所有变量保存在 MAT 文件 filename 中。如果 filename 已存在,则覆盖该文件。

② save(filename,variables):仅保存 variables 指定的结构体数组的变量或字段。

③ save(filename,variables,fmt):以 fmt 指定的文件格式保存。variables 参数为可选参数。如果您不指定 variables,save 函数将保存工作区中的所有变量。

④ save(filename,variables,'-append'):将新变量添加到一个现有文件中。如果 MAT 文件中已经存在变量,则 save 会使用工作区中的值覆盖它。对于 ASCII 文件,'-append' 会将数据添加到文件末尾。

⑤ save filename:命令形式的语法。命令形式需要的特殊字符较少。您无须键入括号或者将输入括在单引号或双引号内。使用空格(而不是逗号)分隔各个输入项。

例如,要保存名为 test. mat 的文件,这些语句是等效的:

```
save test.mat          % command form
save('test.mat')       % function form
```

您可以包括先前语法中介绍的任何输入。例如,要保存名为 X 的变量:

```
save test.mat X        % command form
save('test.mat','X')   % function form
```

当有任何输入(例如 filename)为变量或字符串时,请不要使用命令格式。

2. 数据文件的导入

MATLAB 中导入数据通常由函数 load 实现,该函数的用法如下:

① S=load(___)使用前面语法组中的任意输入参数将数据加载到 S 中。如果 filename 是 MAT 文件,则 S 是结构数组;如果 filename 是 ASCII 文件,则 S 是包含该文件数据的双

精度数组。

② load filename 是该语法的命令形式。命令形式需要的特殊字符较少。您无须键入括号或者将输入括在单引号或双引号内。使用空格(而不是逗号)分隔各个输入项。

例如,要加载名为 durer.mat 的文件,以下语句是等效的:

```
load durer.mat          % command form
load('durer.mat')       % function form
```

您可以包括先前语法中介绍的任何输入。例如,要加载名为 X 的变量:

```
load durer.mat X        % command form
load('durer.mat','X')   % function form
```

当有任何输入(例如 filename)为变量或字符串时,请不要使用命令格式。

【例 5-5】 将文件 MATLAB.mat 中的变量导入工作区中。

(1) 新建一个 MATLAB.mat 文件。打开 MATALB,在"主页"选项卡中单击"新建脚本"图标,即可打开一个 M 文件编辑器,输入以下程序代码。保存为文件 Matlab.m,并单击"运行"按钮。

程序如下:

```
% 生成基础测量数据
x = -3 * pi:3 * pi;
y = x;
[X,Y] = meshgrid(x,y);
R = sqrt(X.^2 + Y.^2) + eps;
Z = sin(R)./R;
[dzdx,dzdy] = gradient(Z);
dzdr = sqrt(dzdx.^2 + dzdy.^2);
% 绘制基础数据图形
surf(X,Y,Z,abs(dzdr))
colormap(spring)
alphamap('rampup')
colorbar
% 进行二维插值运算
xi = linspace(-3 * pi,3 * pi,100);
yi = linspace(-3 * pi,3 * pi,100);
[XI,YI] = meshgrid(xi,yi);
ZI = interp2(X,Y,Z,XI,YI,'cubic');
% 绘制插值后的数据图形
figure
surf(XI,YI,ZI)
colormap(spring)
alphamap('rampup')
colorbar
sava MATLAB
```

(2) 用命令 whos -file 查看该文件中的内容:

```
>> whos - file MATLAB.mat
  Name        Size        Bytes        Class        Attributes
  R           19x19       2888         double
  X           19x19       2888         double
  XI          100x100     80000        double
  Y           19x19       2888         double
  YI          100x100     80000        double
  Z           19x19       2888         double
```

ZI	100x100	80000	double
dzdr	19x19	2888	double
dzdx	19x19	2888	double
dzdy	19x19	2888	double
s	—	112	sym
t	—	112	sym
tao	—	112	sym
unnamed	1x1	8	double
x	1x19	152	double
xi	1x100	800	double
y	1x19	152	double
yi	1x100	800	double

（3）将该文件中的变量导入工作区中：

```
>> clear
>> load MATLAB.mat
```

（4）该命令执行后，可以在工作区浏览器中看见这些变量，如图 5-6 所示。

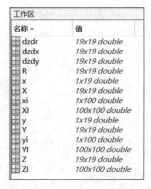

图 5-6　导入变量后的工作区视图

（5）接下来用户可以访问这些变量：

```
>> dzdy
dzdy =

  列 1 至 11

  − 0.0459   − 0.0568   − 0.0418   − 0.0065    0.0353    0.0706    0.0922    0.1008
   0.1014    0.1001    0.1002
...
```

在 MATLAB 中，另一个导入数据的常用函数为 importdata，该函数的用法如下：

① A＝importdata(filename)：将数据加载到数组 A 中。

② A＝importdata('-pastespecial')：从系统剪贴板而不是文件加载数据。

【例 5-6】　从文件中导入数据。

```
>> imported_data = importdata('MATLAB.mat')
import_data =

  包含以下字段的 struct:

      R: [19 × 19 double]
```

```
     X: [19 × 19 double]
     ...
     y: [1 × 19 double]
     yi: [1 × 100 double]
```

注意：importdata 函数将文件中的数据以结构体的方式导入工作区中。

3. 数据文件的打开

MATLAB 中可以使用 fopen 命令打开磁盘中各种格式的文件，MATLAB 自动根据文件的扩展名选择相应的编辑器。

【例 5-7】　在 MATLAB 中使用 fopen 命令打开磁盘文件。

以读写的方式打开磁盘文件 fgetl. m。在 MATLAB 的命令窗口中输入以下代码：

```
>> [fid,message] = fopen('fgetl.m','r + ')
```

查看程序结果。在输入以上代码后，得到的结果如下：

```
fid =
     - 1
message =
     No such file or directory
```

注意当前 M 文件保存的位置，否则会出现错误信息。

查看 M 文件的程序代码。为了和后面步骤中打开的文件内容相比较，下面列出该文件的代码：

```
function tline = fgetl(fid)
try
[tline,lt] = fgets(fid);
tline = tline(1:end - length(lt));
if isempty(tline)
        tline = '';
end
catch
if nargin == 1
        error(nargchk(1,1,nargin,'struct'))
end
if isempty(fopen(fid))
        error('MATLAB:fgetl:invalidFID','Invalid file identifier.')
end
rethrow(lasterror)
end
```

尽管在系统中存在该函数文件，但是如果该文件不在搜索路径上，fopen 以读写方式打开该文件的时候，将会返回错误信息。

以只写的方式打开磁盘文件 fgetl. m。在 MATLAB 的命令窗口中输入以下代码：

```
>> [fid,message] = fopen('fget1.m','w')
```

查看程序结果。以上程序代码得到的结果如下：

```
fid =
 4
message =
     ''
空的 0 × 0 char 数组
```

前面已经提到，fgetl. m 并不在命令搜索路径上，但是该命令并没有返回错误信息，而是返回了正整数的信息，表示已经打开该文件。这是因为当以只写方式打开文件时，如果命令没有搜索到对应的文件,则会自动创建该文件。因此,当用户使用该命令后,系统会在当前路径上创建一个空白的 M 文件,该文件名称为 fgetl. m。

这些例子演示了 MATLAB 中 fopen 命令的基本使用方法,其对应的完整调用格式如下:

① fileID=fopen(filename):打开文件 filename 以便以二进制形式进行访问,并返回大于或等于 3 的整数文件标识符。MATLAB 保留文件标识符 0、1 和 2 分别用于标准输入、标准输出(屏幕)和标准错误。若 fopen 无法打开文件,则 fileID 为−1。

② fileID=fopen(filename,permission):打开由 permission 指定访问类型的文件。

③ fIDs=fopen('all'):返回包含所有打开文件的文件标识符的行向量。保留的标识符不包括在内。向量中元素的数量等于打开文件的数量。

④ filename=fopen(fileID):返回上一次调用 fopen 在打开 fileID 指定的文件时所使用的文件名。输出文件名将解析到完整路径。fopen 函数不会从文件读取信息来确定输出值。

⑤ [filename,permission,machinefmt,encodingOut]=fopen(fileID):还会返回上一次调用 fopen 在打开指定文件时所使用的权限、计算机格式以及编码。如果是以二进制模式打开的文件,则 permission 会包含字母'b'。encodingOut 输出是一个标准编码方案名称。fopen 不会根据文件读取信息来确定这些输出值。无效的 fileID 会为所有输出参数返回空字符向量。

在以上命令中,filename 表示的是打开文件的名称,permission 表示打开文件的方式,其具体的类型包括:

'r':以只读方式打开文件。

'w':以只写方式打开文件,并覆盖原来的内容。

'a':增补文件,在文件尾部增加数据。

'r+':读写文件。

'w+':创建一个新文件或者删除已有的文件内容,并进行读写操作。

'a+':读取和增补文件。

在默认情况下,MATLAB 会选择使用二进制的方式打开文件,而在该方式下,字符串不会被特殊处理。如果需要用文本形式打开文件,则应在以上 mode 字符串后面添加't',例如'rt'、'rt+'等。

在 fopen 命令格式中,fileID(一般简写为 fid)是非负整数,一般被称为文件标识,在 MATLAB 中,用户对文件的任何操作都需要通过 fid 参数来传递,MATLAB 会根据 fid 的数值来标识所有已经打开的文件,然后实现对文件的读、写和关闭等各种操作。如果程序代码得到 fid 的数值是−1,则表示 fopen 不能打开对应的文件,可能是因为该文件本身不存在,用户却以读写的方式来打开,或者文件存在但是不在搜索路径上。

还需要注意的是 open('filename. mat')和 load('filename. mat')的不同,前者将 filename. mat 以结构体的方式打开在工作区中,后者将文件中的变量导入到工作区中,如果需要访问其中的内容,需要以不同的格式进行。

【例 5-8】 open 与 load 的比较。

```
>> clear
>> A = magic(3);
>> B = rand(3);
>> save
正在保存到: D:\Document\MATLAB\MATLAB.mat
>> clear
>> load('Matlab.mat')
```

```
>> A
A =
     8    1    6
     3    5    7
     4    9    2
>> B
B =
     0.2575    0.8143    0.3500
     0.8407    0.2435    0.1966
     0.2543    0.9293    0.2511
>> clear
>> open('matlab.mat')
ans = 包含以下字段的 struct:
     A: [3x3 double]
     B: [3x3 double]>> struc1 = ans
>> struc1 = ans;
>> struc1.A
ans =
     8    1    6
     3    5    7
     4    9    2
>> struc1.B
ans =
     0.2575    0.8143    0.3500
     0.8407    0.2435    0.1966
     0.2543    0.9293    0.2511
```

4. 数据文件的关闭

在打开文件后,如果完成了对应的读写工作,应该关闭文件,否则打开的文件就会过多,造成系统资源的浪费。下面以一个简单的实例来说明如何在 MATLAB 中关闭对应的文件。

【例 5-9】 在 MATLAB 中关闭对应的磁盘文件。

创建文件 fgetl. m,然后删除该文件。在 MATLAB 的命令窗口中输入以下代码:

```
>> [fid,message] = fopen('fget1.m','w')
>> delete fgetl.m
```

查看程序代码的结果。以上程序代码可以得到如下结果:

```
Warning: File not found or permission denied
```

以上结果表明,当用户使用 fopen 命令创建了对应的空白文件 fgetl. m,并打开对应的文件后,如果在关闭该文件前试图删除文件,系统会提示用户删除命令被拒绝。

首先关闭文件。然后删除该文件。在 MATLAB 的命令窗口中输入以下代码:

```
>> status = fclose(fid);
>> delete fgetl.m;
>> [fid,message] = fopen('fget1.m','r + ');
```

查看程序代码的结果。当用户输入以上程序代码后,得到的结果如下:

```
fid =
     - 1
message =
        No such file or directory
```

从以上结果可以看出,当用户首先关闭对应的文件后,删除创建的文件,然后再次打开对应的文件,返回的信息是无法找到文件,表明已经删除了该文件。

以上例子已经演示了如何在 MATLAB 中关闭文件,在 MATLAB 中,可以使用 fclose 命令关闭已经打开的文件,其具体的调用命令如下:

① fclose(fid):关闭打开的文件。

② fclose('all'):关闭所有打开的文件。

③ 当关闭操作成功时,status=fclose(___) 将返回 status 0。否则将返回-1。您可以将此语法与前面语法中的任何输入参数结合使用。

在以上命令中,fid 表示使用 fopen 命令得到的文件标识参数。

5.2.1 节介绍的函数和命令主要用于读写 mat 文件。而在应用中,需要读写更多格式的文件,如文本文件、word 文件、xml 文件、xls 文件、图像文件和音视频文件等。本节介绍文本文件(txt)的读写。对于其他文件的读写,用户可以参考 MATLAB 帮助文档。

MATLAB 中实现文本文件读写的函数如表 5-2 所示。

表 5-2　实现文本文件读写的函数

函　　数	功　　能
readmatrix	从文件中读取矩阵
writematrix	将矩阵写入文件
textscan	从文本文件或字符串读取格式化数据

下面详细介绍这些函数。

1) readmatrix、writematrix

(1) readmatrix 函数的调用格式如下:

A=readmatrix(filename):通过从文件中读取列向数据来创建数组。

readmatrix 函数可自动检测文件的导入参数。

(2) writematrix 函数的调用格式如下:

writematrix(A):将同构数组 A 写入以逗号分隔的文本文件。

文件名为数组的工作区变量名称,附加扩展名.txt。如果 writematrix 无法根据数组名称构造文件名,那么它会写入 matrix.txt 文件。A 中每个变量的每一列都将成为输出文件中的列。writematrix 函数会覆盖任何现有文件。

writematrix(A,filename)写入具有 filename 指定的名称和扩展名的文件。writematrix 根据指定扩展名确定文件格式。扩展名必须是下列格式之一:.txt、.dat 或.csv(适用于带分隔符的文本文件);.xls、.xlsm 或.xlsx(适用于 Excel 电子表格文件)。

2) textscan

textscan 函数的调用方式如下:

① C=textscan(fileID,formatSpec):将已打开的文本文件中的数据读取到元胞数组 C。该文本文件由文件标识符 fileID 指示。使用 fopen 可打开文件并获取 fileID 值。formatSpec 是一个字符串变量,表示读取数据及数据转换的规则。textscan 尝试将文件中的数据与 formatSpec 中的转换设定符匹配。textscan 函数在整个文件中按 formatSpec 重复扫描数据,直至 formatSpec 找不到匹配的数据时才停止。

② C=textscan(fileID,formatSpec,N):按 formatSpec 读取文件数据 N 次,其中 N 是一个正整数。如果通过调用具有相同文件标识符(fileID)的 textscan 恢复文件的文本扫描,则 textscan 将在上次终止读取的点处自动恢复读取。

③ C=textscan(chr,formatSpec):将字符向量 chr 中的文本读取到元胞数组 C 中。从字

符向量读取文本时，对 textscan 的每一次重复调用都会从开头位置重新扫描。要从上次位置重新开始扫描，需要指定 position 输出参数。textscan 尝试将字符向量 chr 中的数据与 formatSpec 中指定的格式匹配。

④ C＝textscan(chr,formatSpec,N)：按下 formatSpec N 次，其中 N 是一个正整数。

⑤ [C,position]＝textscan(___)：在扫描结束时返回文件或字符向量中的位置作为第二个输出参数。对于文件，该值等同于调用 textscan 后再运行 ftell(fileID) 所返回的值。对于字符向量，position 指示 textscan 读取了多少个字符。

【例 5-10】 显示 basic_matrix. txt 的内容，然后使用 readmatrix 将数据导入矩阵。

在命令窗口中输入：

```
>> type basic_matrix.txt

6,8,3,1
5,4,7,3
1,6,7,10
4,2,8,2
2,7,5,9

>> M = readmatrix('basic_matrix.txt')

M = 5×4

    6    8    3    1
    5    4    7    3
    1    6    7   10
    4    2    8    2
    2    7    5    9
```

从以上结果可以看出，使用 readmatrix 命令可以读取文件中的数据，并且将读取的数据导入矩阵。

【例 5-11】 创建一个矩阵，将其写入以逗号分隔的文本文件，然后用不同分隔符将该矩阵写入另一个文本文件。

在工作区中创建一个矩阵。

```
>> M = magic(5)

M =

    17    24     1     8    15
    23     5     7    14    16
     4     6    13    20    22
    10    12    19    21     3
    11    18    25     2     9
```

将矩阵写入逗号分隔的文本文件，并显示文件内容。writematrix 函数将输出名为 M. txt 的文本文件。

```
>> writematrix(M)
>> type 'M.txt'

17,24,1,8,15
23,5,7,14,16
4,6,13,20,22
10,12,19,21,3
11,18,25,2,9
```

要用不同分隔符将同一矩阵写入文本文件,请使用 'Delimiter' 名称-值对组。

```
>> writematrix(M, 'M_tab.txt', 'Delimiter', 'tab')
>> type 'M_tab.txt'
17      24       1       8      15
23       5       7      14      16
 4       6      13      20      22
10      12      19      21       3
11      18      25       2       9
```

【例 5-12】　在 MATLAB 中使用 textscan 命令读取文本文件。

查看原始的数据文件。在本实例中,用户需要读取的文件是 textscan.dat,其文件中包含的数据如下:

```
Sally   Level1   12.34   45   1.23e10    inf      NaN    Yes
Joe     Level2   23.54   60   9e19       - inf    0.001  No
Bill    Level3   34.90   12   2e5        10       100    No
```

使用命令读该数据文件。在 MATLAB 的命令窗口中输入以下程序代码:

```
>> fid = fopen('textscan.dat');
>> Cl = textscan(fid,'%s %s %f32 %d8 %u %f %f %s');
>> fclose(fid);
```

查看程序代码的结果。在命令窗口中输入变量名称,得到的结果如下:

```
>> whos Cl
Name    Size       Bytes    Class    Attributes
Cl      1x8        1917     cell
```

可以看出,使用 textscan 命令得到的结果将会存储在元胞数组中,该元胞数组包含的列数就是原始数据文件中使用分隔符隔开的数据列。

查看 C1 数组的结果。在命令窗口中输入以下程序代码:

```
>> for i = 1:8
disp(Cl{i}');
end
```

查看程序代码的结果。输入代码后,按下 Enter 键,得到的结果如下:

```
{'Sally'}
{'Joe'  }
{'Bill' }

{'Level1'}
{'Level2'}
{'Level3'}

12.3400
23.5400
34.9000

45
60
12

4294967295
4294967295
   200000

  Inf
```

```
 - Inf
  10

     NaN
  0.0010
100.0000

{'Yes'}
{'No' }
{'No' }
```

读取原始文件,并忽略第 3 列数据。在命令窗口中输入以下程序代码:

```
>> fid = fopen('textscan.dat');
>> C2 = textscan(fid, '%7c %6s % * f %d8 %u %f %f %s');
>> fclose(fid);
```

查看 C2 的属性。在命令窗口中输入以下程序代码:

```
>> whos C2
Name       Size            Bytes  Class     Attributes
C2         1x7              1801  cell
```

查看 C2 数组的结果。在命令窗口中输入以下程序代码:

```
>> for i = 1:7
disp(C2{i});
end
```

查看程序代码的结果。输入代码后,按下 Enter 键,得到的结果如下:

```
{'Sally'}
{'Joe' }
{'Bill' }

{'Level1'}
{'Level2'}
{'Level3'}

45
60
12

4294967295
4294967295
  200000

  Inf
 - Inf
  10

     NaN
  0.0010
100.0000

{'Yes'}
{'No' }
{'No' }'
```

从以上结果可以看出,当在 textscan 命令中使用 textscan (fid, '%7c %6s % * f %d8 %u %f %f %s')后,其中"% * f"所替代的对应数据列会被跳过,不被读入。

仅读取原始文件的第一列数据。在命令窗口中输入以下程序代码：

```
>> fid = fopen('textscan.dat');
>> names = textscan(fid, '%s % * [^\n]');
>> fclose(fid);
```

查看 names 的属性。在命令窗口中输入以下程序代码：

```
>> whos names
  Name        Size           Bytes  Class    Attributes
  names       1x1              440  cell
```

查看程序代码的结果。在命令窗口中输入以下程序代码：

```
>> B = names{1}

B =

3×1 cell 数组

{'Sally'}
{'Joe' }
{'Bill' }
```

消除原始第 3 列数据前面的标签。在命令窗口中输入以下程序代码：

```
>> fid = fopen('textscan.dat');
>> C3 = textscan(fid, '%s Level %u8 %f32 %d8 %u %f %f %s');
>> fclose(fid);
```

查看程序代码的结果。输入代码后，按下 Enter 键，得到的结果如下：

```
>> whos C3
  Name        Size           Bytes  Class    Attributes
  C3          1x8             1572  cell
```

查看 C3 的属性。在命令窗口中输入以下程序代码：

```
>> for i = 1:8
disp(C3{i});
end
```

查看程序代码的结果。输入代码后，按下 Enter 键，得到的结果如下：

```
{'Sally'}
{'Joe'  }
{'Bill' }

1
2
3

12.3400
23.5400
34.9000

45
60
12

4294967295
4294967295
  200000

  Inf
```

```
   - Inf
  10

    NaN
  0.0010
100.0000

{'Yes'}
{'No' }
{'No' }'
```

从以上结果可以看出,相对于原始的第二列数据,通过该命令得到的第二列数据清除了字符串 Level,只留下了数值代码。

5.3　流程控制

MATLAB 的基本结构为顺序结构,即从上到下执行代码,但是顺序结构远远不能满足程序设计的需要。为了编写更加实用、功能更加强大、代码更加精简的程序,则需要使用流程控制语句。流程控制语句主要包括判断语句、循环语句、分支语句等。

5.3.1　顺序结构

顺序结构是最简单的程序结构,用户编写好程序之后,系统将按照程序的物理位置顺序执行。因此,这种程序比较容易编制。但是由于它不包含其他的控制语句,程序结构比较单一,因此实现的功能比较有限。尽管如此,对于比较简单的程序来说,使用顺序结构能够很好地解决问题。

【例 5-13】　顺序结构示例。实现计算 a 与 b 的和与积,相乘后减去 c 的功能。编写 M 文件 Ex_5_16.m,代码如下所示:

```
a = 1;
b = 2;
c = 3;
ans1 = a + b
ans2 = a * b
ans3 = ans2 * ans1 - c
```

按 F5 快捷键或单击"运行"按钮运行该文件;或者将其在当前目录下保存为 Ex_5_16.m,然后在命窗口中输入 Ex_5_16.m 并运行,得到如下结果:

```
>> Ex_5_16
ans1 =
     3
ans2 =
     2
ans3 =
     3
```

【例 5-14】　顺序结构示例。在 MATLAB 中,使用顺序结构编写绘制函数的图形。将文件保存为 Ex_5_17.m。

```
%定义符号变量 t 和 tao
syms t tao
%定义积分表达式
y = exp( - t/3) * cos(1/2 * t);
%对表达式进行积分
s = subs(int(y,0,tao),tao,t);
%绘制积分图形
ezplot(s,[0,4 * pi]);
grid
```

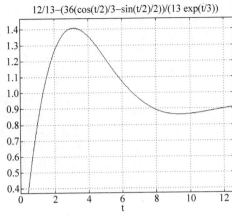

图 5-7 得到的程序结果

返回 MATLAB 的命令窗口,输入 Ex_5_17,然后按下 Enter 键,得到的结果如图 5-7 所示。

在上面的程序代码中,首先定义符号变量,然后定义积分表达式,进行积分运算,最后调用 ezplot 命令绘制积分函数的图形。这样的程序代码流程符合逻辑顺序,而且容易阅读,容易理解,这是顺序结构的重要优点。

5.3.2 选择结构

为了实现分支结构的程序,提供了 if 语句、switch 语句和 try…catch 语句。

1. if 语句

在编写程序时往往要根据一定的条件进行一定的判断,然后选择执行不同的语句,此时需要使用判断语句来进行流控制。

条件判断语句为 if…else…end,其使用形式有以下 3 种。

1) if…end

此时的程序结构如下:

```
if 表达式
    执行语句
end
```

这是最简单的判断语句,即当表达式为 true 时,则执行 if 与 end 之间的执行语句;当表达式为 false 时,则跳过执行语句,然后执行 end 后面的程序。

【例 5-15】 if…end 语句的实例。

文件保存为 EX_5_18.m。

```
a = 6;
if rem(a,2) == 0                    %判断 a 是否是偶数
disp('a is even')
b = a/2
end
```

本例中的程序首先判断 a 是否是偶数,因为 a 的值为 6,所以命令 rem(a,2)==0 返回逻辑值 true。然后程序运行 if 语句之内的程序段,得出如下结果:

```
>> Ex_5_18
a is even
b =
    3
```

2) if…else…end

此时的程序结构如下:

```
if 表达式
执行语句 1
else
执行语句 2
end
```

如果表达式为 true,则执行 if 与 else 之间的执行语句 1,否则执行 else 与 end 之间的执行语句 2。

【例 5-16】 if…else…end 语句使用示例。

文件保存为 Ex_5_19.m。

```
if a > b
disp('a is bigger than b')          % a > b 则执行此句
y = a;
else
disp('a is not bigger than b')      % a < = b 则执行此句
y = b;
end
```

3) if…elseif…else…end

在有更多判断条件的情况下,可以使用 if…elseif…else…end 结构。

```
if 表达式 1
执行语句 1
elseif 表达式 2
执行语句 2
elseif 表达式 3
执行语句 3
elseif …
 ⋮
else
执行语句
end
```

在这种情况下,如果程序运行到的某一条表达式为 true,则执行相应的语句,此时系统不再对其他表达式进行判断,即系统将直接跳到 end,另外的 else 可有可无。

需要指出的是:如果 elseif 被空格或者回车符分开,成为 else if,那么系统会认为这是一个嵌套的 if 语句,所以最后需要有多个 end 关键词相匹配,并不像 if…elseif…else…end 语句中那样只有一个 end 关键词。

【例 5-17】 if…elseif…else…end 语句使用示例。

```
if n < 0                             % 如果 n 是负数,则显示错误信息
disp('Input must be positive');
elseif rem(n,2) == 0                 % 如果 n 是偶数,则除以 2
A = n/2;
else
A = (n + 1)/2;                       % 如果 n 是奇数,则加 1,然后除以 2
end
```

在大多数情况下,条件表达式由关系表达式或者逻辑表达式组成,这些表达式返回的都是逻辑值 0 或者 1,将作为条件判断的依据。为了提高程序代码执行的效率,MATLAB 会尽可能少地检测这些表达式的数值。

【例 5-18】 在 MATLAB 中,使用 if 分支结构编写求解一元二次方程 $ax^2 + bx + c = 0$ 的程序代码,并且运行检测该代码结果。

首先分析分支结构的判断条件。根据基础数学知识可知,一元二次方程 $ax^2 + bx + c = 0$ 的根的性质直接取决于判别式 $\Delta = b^2 - 4ac$ 的数值。当 $\Delta = 0$ 时,该方程有两个相等的实根;当 $\Delta > 0$ 时,该方程有两个互不相等的实根;当 $\Delta < 0$ 时,该方程有两个虚根。

(1) 单击 MATLAB 命令窗口工具栏中的"新建脚本"按钮,打开 M 文件编辑器。在 M 文件编辑器中输入以下程序代码:

```
% script file cale_root.m
% purpose:
% This program solves for the roots of a quadratic equation
```

```
% of the form a * x^2 + b * x + c = 0. It calculates the answers of
% roots the equation posseses.

% Define variables:
% a =        coefficient of x^2
% b          coefficient of x
% c          constant term
% x1         first root of the equation
% x2         second root of the equation

disp('This program solves for the roots of a quadratic equation');
disp('of the form a * x^2 + b * x + c = 0');
a = input('Enter the coefficient A:');
b = input('Enter the coefficient B:');
c = input('Enter the coefficient C:');
discriminant = b^2 - 4 * a * c;
% 如果判别式大于 0
% 则根据二元方程的公式得出两个不同的实数解
if discriminant > 0
    x1 = ( - b + sqrt(discriminant))/(2 * a);
    x2 = ( - b - sqrt(discriminant))/(2 * a);
    % 在命令窗口显示求解结果
    disp('This equation has two real roots');
    fprintf('x1 = % f\n',x1);
    fprintf('x2 = % f\n',x2);
    % 当判别式等于 0,则返回两个相同的实数根
elseif discriminant == 0
    x1 = - b/(2 * a);
    disp('This equation has two identical roots');
    fprintf('x1 = x2 = % f\n',x1);
    % 当判别式小于 0,则返回两个虚根
else
    real_part = - b/(2 * a);
    image_part = sqrt(abs(discriminant))/(2 * a);
    disp('This equation has two complex roots');
    fprintf('x1 = % f + i % f\n',real_part,image_part);
    fprintf('x2 = % f - i % f\n',real_part,image_part);
end
```

（2）单击 M 文件编辑器中的“保存”按钮,将以上程序代码保存为 calc_root. m。

（3）返回到 MATLAB 的命令窗口,输入 calc_root,然后按 Enter 键,根据程序代码的提示,依次输入方程的系数,得到的结果如下:

```
>> calc_root
This program solves for the roots of a quadratic equation
of the form a * x^2 + b * x + c = 0
Enter the coefficient A:1
Enter the coefficient B:5
Enter the coefficient C:6
This equation has two real roots
x1 = - 2.000000
x2 = - 3.000000
>> calc_root
This program solves for the roots of a quadratic equation
of the form a * x^2 + b * x + c = 0
Enter the coefficient A:2
Enter the coefficient B:3
Enter the coefficient C:4
This equation has two complex roots
```

```
x1 = − 0.750000 + i1.198958
x2 = − 0.750000 − i1.198958
>> calc_root
This program solves for the roots of a quadratic equation
of the form a * x^2 + b * x + c = 0
Enter the coefficient A:1
Enter the coefficient B:4
Enter the coefficient C:4
This equation has two identical roots
x1 = x2 = − 2.000000
```

在使用 if 分支结构时,需要注意以下几个问题:

(1) if 分支结构是所有程序结构中最灵活的结构之一,可以使用任意多个 elseif 语句,但是只能有一个 if 语句和一个 end 语句。

(2) if 语句可以相互嵌套,可以根据实际需要将各个 if 语句进行嵌套来解决比较复杂的实际问题。

2. switch 语句

在 MATLAB 语言中,除了上面介绍的 if…else…end 分支语句外,还提供了另一种分支语句形式,那就是 switch…case…end 分支语句。这可以使熟悉 C 语言或者其他高级语言的用户更方便地使用 MATLAB 的分支功能。其使用语句如下:

```
switch 开关语句
    case 条件语句 1
        执行语句 1
    case 条件语句 2
        执行语句 2
     ⋮
    otherwise
        执行语句
end
```

在 switch 分支结构中,当某个条件语句的内容与开关语句的内容相匹配时,系统将执行其后的语句;如果所有的条件语句与开关条件都不相符合时,系统将执行 otherwise 后面的语句。和 C 语言不同的是,switch 语句中如果某一个 case 中的条件语句为 true,则其他的 case 将不会再继续执行,程序将直接跳至 switch 语句结尾。

【例 5-19】 switch…case…end 示例 1。

```
switch var
    case 1                          % 判断 var 是不是 1
        disp('1')
    case {2,3,4}                     % 判断 var 是不是 2,3,4
        disp('2 or 3 or 4')
    case 5                           % 判断 var 是不是 5
        disp('5')
    otherwise                        % 其他情况
        disp('something else')
end
```

【例 5-20】 switch…case…end 示例 2。

文件保存为 Ex_5_23. m。

```
clear;
% 划分区域:满分(100),优秀(90~99),良好(80~89),及格(60~79),不及格(<60)
for i = 1:10;a{i} = 89 + i;b{i} = 79 + i;c{i} = 69 + i;d{i} = 59 + i;end;c = [d,c];
Name = {'Jack', 'Marry', 'Peter', 'Rose', 'Tom'};
Mark = {72,83,56,94,100};Rank = cell(1,5);           % 3 个数组,且都是 1x5 维的
```

```
%创建一个含5个元素的构架数组S,它有3个域
S = struct('Name',Name,'Mark',Mark,'Rank',Rank);
%根据学生的分数,求出相应的等级
for i = 1:5
    switch S(i).Mark
        case 100
            S(i).Rank = '满分';
        case a
            S(i).Rank = '优秀';
        case b
            S(i).Rank = '良好';
        case c
            S(i).Rank = '及格';
        otherwise
            S(i).Rank = '不及格';
    end
end
%将学生姓名、得分、等级等信息打印出来
disp(['学生姓名   ','得分   ','等级']);disp(' ')
for i = 1:5;
    disp([S(i).Name,blanks(6),num2str(S(i).Marks),blanks(6),S(i).Rank]);
end;
```

运行结果为:

```
>> Ex_5_23
学生姓名   得分   等级
Jack       72     及格
Marry      83     良好
Peter      56     不及格
Rose       94     优秀
Tom        100    满分
```

3. try…catch 语句

在 MATLAB 中,try…catch 结构主要用来对异常情况进行处理。其相应的语法结构如下:

```
try
    组命令1              %组命令1总被执行。若正确,则跳出此结构
catch
    组命令2              %仅当组命令1出现错误时,组命令2才被执行
end
```

在以上语法结构中,try 后面的命令语句会被执行,当这些语句执行过程中出现错误时,catch 控制语句就会捕获它,执行相应的语句。如果执行 catch 语句后的命令又出现错误,MATLAB 就会终止该程序结构。

说明:

- 可以用 lasterr 函数查询出错原因。如果函数 lasterr 的运行结果为一个空串,则表明组命令1被成功执行了。
- 当执行组命令2时又出错,MATLAB 将终止该结构。

【例 5-21】 try…catch 结构应用实例。对 3×3 魔方阵的行进行引用,当"行下标"超出魔方阵的最大行数时,将改为对最后一行的援引,并显示"出错"警告。

单击 MATLAB 命令窗口工具栏中的"新建"按钮,打开 M 文件编辑器。在 M 文件编辑器中输入以下程序代码:

```
clear
N = 4;A = magic(3);                    %设置3行3列矩阵A
try
```

```
    A_N = A(N,:)                      % 取 A 的第 N 行元素
catch
    A_end = A(end,:)                  % 如果取 A(N,:)出错,则改取 A 的最后一行
end
lasterr                              % 显示出错原因
```

单击 M 文件编辑器中的"保存"按钮,将以上程序代码保存为 Ex_5_24.m。

返回到 MATLAB 的命令窗口,输入 Ex_5_24,然后按 Enter 键,根据程序代码的提示,依次输入方程的系数,得到的结果如下:

```
>> Ex_5_24
A_end =
      4     9     2
ans =
'位置 1 处的索引超出数组边界(不能超出 3)。'
```

5.3.3 循环结构

MATLAB 控制程序流的关键字与其他编程语言十分相似。因此,本节对于各组关键字的用法描述比较简单,且大多通过算例进行。

1. for 循环和 while 循环控制

尽管 MATLAB 很适宜向量化编程,本书也一再强调采用向量化编程而尽量少用循环,但循环仍是数据流的基本控制手段,在许多应用场合仍不可完全避免。

MATLAB 中的 for 循环和 while 循环的结构及其使用方式见表 5-3。

表 5-3　循环结构的基本使用方式

循环类型	for 循环	while 循环
格式	for variable＝initval：stepval：endval 　　　　　statements end	while expression 　　　　　statements end
说明	variable 表示变址。initval：stepval：endval 表示一个以 initval 开始,以 endval 结束,步长为 stepval 的向量。其中 initval、stepval 和 endval 可以是整数、小数或负数。但是当 initval＜endval 时,stepval 则必须为大于 0 的数;而当 initval＞endval 时,stepval 则必须为小于 0 的数。表达式也可以为 initval：endval 这样的形式,此时,stepval 的默认值为 1,initval 必须小于 endval。另外,还可以直接将一个向量赋值给 variable,此时程序进行多次循环直至穷尽该向量的每一个值。variable 还可以是字符串、字符串矩阵或由字符串组成的单元阵	执行每次循环时,只是控制表达式 expression 为真,即非 0,则执行该循环体的 statement;反之,结束循环。while 循环的次数是不确定的

【例 5-22】　for 循环使用示例 1。

文件保存为 EX_5_22.m。

```
x = ones(1,6)
for n = 2:6                          % 循环控制
    x(n) = 2 * x(n-1)                % 循环体
end
```

运行后可得到如下结果:

```
Ex_5_25
x =
    1     1     1     1     1     1
```

```
x =
     1     2     1     1     1     1
x =
     1     2     4     1     1     1
x =
     1     2     4     8     1     1
x =
     1     2     4     8    16     1
x =
     1     2     4     8    16    32
```

【例 5-23】 for 循环使用示例 2。

文件保存为 EX_5_23.m。

```
for m = 1:5
    for n = 1:10
        A(m,n) = 1/(m + n - 1);        % 使用循环体给变量 A 赋值
    end
end
```

运行后可得到如下结果：

```
>> Ex_5_23
>> A
A =
  1.0000   0.5000   0.3333   0.2500   0.2000   0.1667   0.1429   0.1250   0.1111   0.1000
  0.5000   0.3333   0.2500   0.2000   0.1667   0.1429   0.1250   0.1111   0.1000   0.0909
  0.3333   0.2500   0.2000   0.1667   0.1429   0.1250   0.1111   0.1000   0.0909   0.0833
  0.2500   0.2000   0.1667   0.1429   0.1250   0.1111   0.1000   0.0909   0.0833   0.0769
  0.2000   0.1667   0.1429   0.1250   0.1111   0.1000   0.0909   0.0833   0.0769   0.0714
```

需要指出的是，MATLAB 由于是解释性语言，它对于 for 和 while 循环的执行效率并不高。所以用户应尽量使用 MATLAB 更为高效的向量化语言来代替循环。

【例 5-24】 while 循环使用示例。

文件保存为 Ex_5_24.m。

```
Ex_5_24.m
i = 1;
while i < 10                          % i 小于 10 进行循环
    x(i) = i^3;                       % 循环体内的计算
    i = i + 1;                        % 表达式值的改变
end
```

运行后可以得到如下结果：

```
>> Ex_5_24
>> x
x =
     1     8    27    64   125   216   343   512   729
>> i
i =

10
```

【例 5-25】 多种循环体的嵌套使用示例。

文件保存为 Ex_5_25.m。

```
clear
clc
for i = 1:1:6                         % 行号循环,从 1 到 6
```

```
        j = 6;
        while j > 0                    % 列号循环,从 6 到 1
            x(i,j) = i - j;            % 矩阵 x 的第 i 行第 j 列元素值为其行号的差
            if x(i,j) < 0
                x(i,j) = - x(i,j);     % 当 x(i,j)为负数时,取其相反数
            end
            j = j - 1;
        end
    end
end
```

运行 Ex_5_25.m 文件,可以得到如下结果:

```
>> Ex_5_25
>> x
x =

    0    1    2    3    4    5
    1    0    1    2    3    4
    2    1    0    1    2    3
    3    2    1    0    1    2
    4    3    2    1    0    1
    5    4    3    2    1    0
```

2. 辅助控制指令

在使用 MATLAB 设计程序时,经常会遇到提前终止循环、跳出子程序、显示错误信息等情况,因此还需要其他的控制语句来实现上面这些功能。在 MATLAB 中,对应的控制语句有 continue、break、return、echo 等,本节将详细介绍这些控制语句。

continue 和 break 为用户编写循环控制提供了更大的自由度。它们的具体含义如下:

continue:在 for 或 while 循环中遇到该指令,执行下一次循环,不管其后指令如何。

break:在 for 或 while 循环中遇到该指令,跳出该循环,不管其后指令如何。

return:使用 return 命令,能够使得当前正在调用的函数正常退出。首先对特定条件进行判断,然后根据需求,调用 return 语句终止当前运行的函数。

1) 结束循环——continue 命令

在 MATLAB 中,该命令的功能是结束程序的循环语句,也就是跳过循环体中还没有执行的语句,其调用格式比较简单,直接在程序中写出 continue 语句就可以了。下面使用一个简单的实例来说明 continue 命令的使用方法。

【例 5-26】　continue 命令的使用方法。

(1) 单击 MATLAB 命令窗口工具栏中的"新建"按钮,打开 M 文件编辑器。在 M 文件编辑器中输入以下程序代码:

```
break_continue.m
for ii = 1:9
    %   if ii == 3                之所以在这段程序代码中的第二段代码前面添
    %      continue               加了 %,是为了首先将其当作注释,不运行这段代码,
    %   end                       在后面的程序中将注释符号删除后就可以重新运行
    fprintf('ii = % d\n',ii);
    if ii == 5
        break
    end
end
disp('The end of loop');
```

(2) 将以上代码保存为 break_continue.m 文件,然后在 MATLAB 的命令窗口中输入

break_continue,按 Enter 键,就可以得到对应的结果:

```
>> break_continue
ii = 1
ii = 2
ii = 3
ii = 4
ii = 5
The end of loop
```

（3）打开 break_continue.m 文件,然后在编辑器中修改其代码,得到的结果如下:

```
for ii = 1:9
    if ii == 3
        continue
    end
    fprintf('ii = % d\n',ii);
    if ii == 5
        break
    end
end
disp('The end of loop');
```

（4）在 MATLAB 的命令窗口中输入 break_continue,按 Enter 键,就可以得到对应的结果:

```
>> break_continue
ii = 1
ii = 2
ii = 4
ii = 5
The end of loop
```

注意：在上面的程序代码中使用了 break 语句,其功能就是跳出相应的程序代码。

2）终止循环——break 命令

在 MATLAB 中,break 命令的功能是终止本次循环,跳出最内层的循环,而不必等到循环的结束。它常常和 if 语句结合起来运用以终止循环。

【例 5-27】　在 MATLAB 中寻找 Fibonacci 数组中第一个大于 700 的元素以及其数组标号。

（1）单击 MATLAB 命令窗口工具栏中的"新建"按钮,打开 M 文件编辑器。在 M 文件编辑器中输入以下程序代码:

```
n = 50;
a = ones(1,n);
for i = 3:n
        a(i) = a(i - 1) + a(i - 2);
        if a(i)>= 700
                a(i)
                break;
        end
end
i
```

（2）将以上代码保存为 Fib.m 文件,然后在 MATLAB 的命令窗口中输入 Fib,按 Enter 键,就可以得到对应的结果:

```
>> Fib
ans =
    987
i =
    16
```

从以上结果可以看出,在 Fibonacci 数组中第一个大于 700 的数值是 987,其对应的数组标号是 16。

3）转换控制——return 命令

在通常情况下,当被调函数执行完后,MATLAB 会自动把控制转至主调函数或者指定窗口。如果在被调函数中插入 return 命令,可以强制 MATLAB 结束执行该函数并把控制转出。

return 命令可以使正在运行的函数正常退出,并返回调用它的函数继续运行,经常用于函数的末尾,用来正常结束函数的运行。在 MATLAB 的内置函数中,很多函数的程序代码中引入了 return 命令,下面是 det 函数的代码:

```
function d = det(A)
% DET det(A) is the determinant of A.
if isempty(A)
    d = 1;
    return
else
    ⋮
end
```

在以上程序代码中,首先通过函数语句来判断参数 A 的类型,当 A 是空数组时,直接返回 d=1,然后结束程序代码。

4）输入控制权——input 命令

在 MATLAB 中,input 命令的功能是将 MATLAB 的控制权暂时交给用户,然后,用户通过键盘输入数值、字符串或者表达式,按 Enter 键将输入的内容送到工作空间中,同时将控制权交还给 MATLAB。其常用的调用格式如下:

① x=input(prompt)：显示 prompt 中的文本,并等待用户输入值后按 Return 键。用户可以输入 pi/4 或 rand(3)之类的表达式,并可以使用工作区中的变量。

② str=input(prompt,'s')：返回输入的文本,而不会将输入作为表达式来计算。

对于以上第一个调用格式,可以输入数值、字符串、数组等各种形式的数据。对于第二个调用格式,无论用户输入怎样的变量,都会以字符串的形式赋给变量 user_entry。

【例 5-28】 在 MATLAB 中演示如何使用 input 函数。

（1）单击 MATLAB 命令窗口工具栏中的"新建"按钮,打开 M 文件编辑器。在 M 文件编辑器中输入以下程序代码:

```
function test_input()
% 在以上程序代码中,使用 isempty 来接收用户输入的 Enter 键
% 当什么字符都不输入的时候,默认用户输入的是 Y
reply = input('Do you want more?Y/N[Y]:','s');
if isempty(reply)
        reply = 'Y';
end
if reply == 'Y'
        disp('you have selected more information');
else
        disp('you have selected the end');
end
```

（2）将以上代码保存为 test_input. m 文件。在 MATLAB 的命令窗口中输入 test_input,按 Enter 键,就可以得到对应的结果:

```
>> test_input
Do you want more?Y/N[Y]:
```

```
you have selected more information
>> test_input
Do you want more?Y/N[Y]:Y
you have selected more information
>> test_input
Do you want more?Y/N[Y]:N
you have selected the end
```

5) 使用键盘——keyboard 命令

在 MATLAB 中,将 keyboard 命令放置到 M 文件中,将停止文件的执行并将控制权交给键盘。通过提示符 K 来显示一种特殊状态,只有当使用 dbcont 命令结束输入后,控制权才交还给程序。在 M 文件中使用该命令,对程序的调试和在程序运行中修改变量都会十分便利。

【例 5-29】 在 MATLAB 中使用 keyboard 命令。

在 MATLAB 的命令窗口中输入以下内容:

```
>> keyboard
K>> for ii = 1:9
    if ii == 3
      continue
    end
    fprintf('ii = % d\n', ii);
      if ii == 5
            break
        end
    end
ii = 1
ii = 2
ii = 4
ii = 5
K>> dbcont
>>
```

从以上程序代码可以看出,当输入 keyboard 命令后,在提示符的前面会显示 K 提示符;而当输入 dbcont 后,提示符恢复正常。

注意:在 MATLAB 中,keyboard 命令和 input 命令的不同在于,keyboard 命令允许用户输入任意多个 MATLAB 命令,而 input 命令只能输入赋值给变量的数值。

6) 提示警告信息——error 和 warning 命令

在 MATLAB 中,当编写 M 文件的时候经常需要提示一些警告信息。为此,MATLAB 提供了如表 5-4 所示的命令。

表 5-4　警告信息的命令列表

命　　令	说　　明
error('message')	显示出错信息 message,终止程序
errordlg('errorstring','dlgname')	显示出错信息的对话框,对话框的标题为 dlgname
warning('message')	显示警告信息 message,程序继续进行

【例 5-30】 使用不同的警告样式,查看 MATLAB 的不同错误提示模式。

(1) 单击 MATLAB 命令窗口工具栏中的"新建"按钮,打开 M 文件编辑器。在 M 文件编辑器中输入以下程序代码:

```
error_message.m
        % Script file error_message.m
        %
```

```
% Purpose:
% To calculate mean and the standard deviation of
% an input data set containing an arbitrary number
% of input values.
%
% Define variables:
% n          The number of input samples
% std_dev    The standard devation of the input samples
% sum1       The sum of the input values
% sum2       The sum of the squares of the input values
% x          input data value
% xvar       The average of the input samples
% Initalize variables
sum1 = 0; sum2 = 0;
% Get the number of points to input
n = input('Enter the number of points: ');
% Check to see if we have enough input data.
if n < 2
        errordlg('Not enough input data');
else
% construct for loop
for ii = 1:n
        x = input('Enter value: ');
        sum1 = sum1 + x;
        sum2 = sum2 + x^2;
end
% Calculate the mean and standard deviation
xvar = sum1/n;
std_dev = sqrt((n * sum2 - sum1^2)/(n * (n - 1)));

% Print the result
fprintf('The mean of this data set is: % f\n',xvar);
fprintf('The standard deviation is: % f\n',std_dev);
fprintf('The number of data is: % d\n',n);
end
```

（2）返回 MATLAB 的命令窗口，输入 error_message，然后输入数值 1，得到的结果如图 5-8 所示。

当输入的数值总数小于 2 时，MATLAB 调用错误信息对话框。单击对话框中的 OK 按钮后，将会自动退出程序代码。

（3）打开 error_message. m 文件，在编辑器中修改其程序代码，然后保存相应的程序代码，修改的程序代码如下：

图 5-8　显示错误信息

```
sum1 = 0; sum2 = 0;
% Get the number of points to input
n = input('Enter the number of points: ');
% Check to see if we have enough input data.
if n < 2
        error('Not enough input data');
else
        ⋮
end
```

（4）返回 MATLAB 的命令窗口，输入 error_message，然后输入数值 1，得到如下的结果：

```
>> error_message
Enter the number of points: 1
??? Error using == > error_message at 24
Not enough input data
```

(5) 打开 error_message.m 文件,在编辑器中修改其程序代码,然后保存相应的程序代码。修改后的程序代码如下:

```
sum1 = 0; sum2 = 0;
 % Get the number of points to input
n = input('Enter the number of points: ');
 % Check to see if we have enough input data.
if n < 2
        warning('Not enough input data');
else
        ⋮
end
```

(6) 返回 MATLAB 的命令窗口,输入 error_message,然后输入数值 1,得到如下的结果:

```
>> error_message
Enter the number of points: 1
Warning: Not enough input data
> In error_message at 24
```

【例 5-31】 编写一个 M 函数文件,它具有以下功能:①根据指定的半径,画出蓝色圆周线;②可以通过输入字符串,改变圆周线的颜色、线型;③假若需要输出圆面积,则绘出圆。本例演示:M 函数文件的典型结构;指令 nargin、nargout 的使用和函数输入输出参数个数的变化;switch…case 控制结构的应用示例;if…elseif…else 的应用示例;error 的使用。

(1) 单击 MATLAB 命令窗口工具栏中的“新建”按钮,打开 M 文件编辑器。在 M 文件编辑器中输入以下程序代码:

```
sexangle.m
        function [S, L] = sexangle(N, R, str)
        % sexangle.m                         The area and perimeter of a regular polygon
        %(正多边形面积和周长)
        % N                                  The number of sides
        % R                                  The circumradius
        % str                                A line specification to determine line type/color
        % S                                  The area of the regular polygon
        % L                                  The perimeter of the regular polygon
        % sexangle                           用蓝实线画半径为 1 的圆
        % sexangle(N)                        用蓝实线画外接半径为 1 的正 N 边形
        % sexangle(N, R)                     用蓝实线画外接半径为 R 的正 N 边形
        % sexangle(N, R, str)                用 str 指定的线画外接半径为 R 的正 N 边形
        % S = sexangle( … )                  给出多边形面积 S,并画相应正多边形填色图
        % [S, L] = sexangle( … )             给出多边形面积 S 和周长 L,并画相应正多边形填色图
        switch nargin
                case 0
                    N = 100; R = 1; str = ' - b';
                case 1
                    R = 1; str = ' - b';
                case 2
                    str = ' - b';
                case 3
        ;                                   %不进行任何变量操作,直接跳出 switch…case 控制结构
                otherwise
                    error('输入量太多.');
        end;
```

```
t = 0:2 * pi/N:2 * pi;
x = R * sin(t);
y = R * cos(t);
if nargout == 0
        plot(x, y, str);
elseif nargout > 2
        error('输出量太多.');
else
    S = N * R * R * sin(2 * pi/N)/2;          % 多边形面积
    L = 2 * N * R * sin(pi/N);                % 多边形周长
    fill(x, y, str)
end
axis equal square
box on
shg
```

(2) 单击 M 文件编辑器中的"保存"按钮,将以上程序代码保存为 sexangle.m。

(3) 返回 MATLAB 的命令窗口,根据不同的解题条件输入不同的值,然后按 Enter 键,得到不同的图。例如:

```
sexangle(6,2,'-g')
sexangle()
sexangle(6)
sexangle(6,2)
```

以上命令的执行结果见图 5-9～图 5-12。扫码可见彩图。

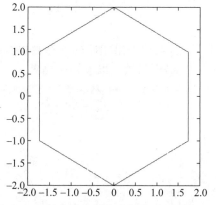

图 5-9　用绿色线画外接半径为 2 的正 6 边形

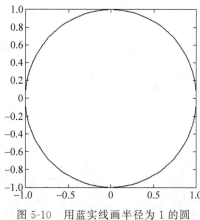

图 5-10　用蓝实线画半径为 1 的圆

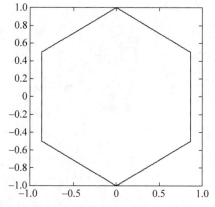

图 5-11　用蓝实线画外接半径为 1 的正 6 边形

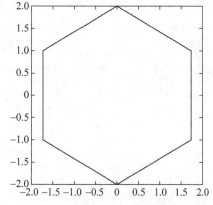

图 5-12　用蓝实线画外接半径为 2 的正 6 边形

图5-9彩图

图5-10彩图

图5-11彩图

图5-12彩图

注意：函数定义名和保存文件名一致。两者不一致时。MATLAB将忽视文件首行的函数定义名,而以保存文件名为准。

3. 综合实例：绘制抛物线轨迹

对于比较复杂的MATLAB程序,经常需要将各种程序结构综合起来使用,才能解决复杂的问题。下面介绍一个比较简单的实例,来分析如何综合应用这些程序结构。

【例5-32】 在MATLAB中,通过程序来演示小球的抛物线轨迹。

（1）分析小球的抛物线轨迹模型。假定用户抛小球的速度,也就是小球的初始速度是v_0,小球的抛射初始角度是θ。根据基础的物理知识可知,小球在水平和垂直方向上的速度分量分别为

$$\begin{cases} v_{x_0} = v_0\cos\theta \\ v_{y_0} = v_0\sin\theta \end{cases}$$

在本实例中,程序代码需要求解的是抛物线轨迹上水平距离的最长距离,根据相关知识,其距离的求解公式如下：

$$\begin{cases} t = -\dfrac{2v_{y_0}}{g} \\ x_{max} = v_{x_0}t \end{cases}$$

在以上公式中,g代表的是重力加速度。在本实例中该参数选择的数值为-9.82。而对应的小球在垂直方向上的最高距离为

$$y_{max} = \frac{v_{y_0}^2}{2g}$$

（2）根据本实例的要求,可以输入抛射小球的初始速度,然后得出相应的计算数据。单击MATLAB命令窗口工具栏中的"新建"按钮,打开M文件编辑器,输入以下程序代码：

```
% Script file ball.m
%
% Purpose:
% This program calculates the distance traveled by a ball
% throw at a specified angle "theta" and a specified velocity
% "vo" from a point, ignoring air friction. It calculates the angle
% yielding maximum range, and also plots selected trajectories.
%
% Define variable:
% conv        Degrees to radians conv factor
% grav        The gravity acceleration
% ii,jj       Loop index
% index       The maximum range in array
% maxangle    The angle that gives the maximum range
% maxrange    Maximum range
% range       Range for a specified angle
% time        Time
% theta       Initial angle
% fly_time    The totle trajectory time
% vo          The initial velocity
% vxo         x - component of the initial velocity
% vyo         y - component of the initial velocity
% x           x - position of ball
% y           y - position of ball
% 定义常数数值
conv = pi/180;
grav = - 9.82;
```

```
vo = input('Enter the initial velocity:');

range = zeros(1,91);
% 计算最大的水平距离
for ii = 1:91
    theta = ii - 1;
    vxo = vo * cos(theta * conv);
    vyo = vo * sin(theta * conv);
    max_time = - 2 * vyo/grav;
    range(ii) = vxo * max_time;
end
% 显示计算水平距离的列表
fprintf('Range versus angle theta\n');
for ii = 1:5:91
    theta = ii - 1;
    fprintf('%2d %8.4f\n',theta,range(ii));
end
% 计算最大的角度和水平距离
[maxrange index] = max(range);
maxangle = index - 1;
fprintf('\n Max range is %8.4f at %2d degrees.\n',maxrange,maxangle);
% 绘制轨迹图形
for ii = 5:10:80
    theta = ii;
    vxo = vo * cos(theta * conv);
    vyo = vo * sin(theta * conv);
    max_time = - 2 * vyo/grav;
    % 计算小球轨迹的 x、y 坐标数值
    x = zeros(1,21);
    y = zeros(1,21);
    for jj = 1:21;
        time = (jj - 1) * max_time/20;
        x(jj) = vxo * time;
        y(jj) = vyo * time + 0.5 * grav * time^2;
    end
    plot(x,y,'g');
    if ii == 5
        hold on;
    end
end
% 添加图形的标题和坐标轴名称
title('\bf Trajectory of Ball vs Initial Angle\theta');
xlabel('\bf\itx \rm\bf(meters)');
ylabel('\bf\ity \rm\bf(meters)');
axis([0 max(range) + 5 0 - vo^2/2/grav]);
grid on;
% 绘制最大水平的轨迹图形
vxo = vo * cos(maxangle * conv);
vyo = vo * sin(maxangle * conv);
max_time = - 2 * vyo/grav;
% Calculate the (x,y)
x = zeros(1,21);
y = zeros(1,21);
for jj = 1:21
    time = (jj - 1) * max_time/20;
    x(jj) = vxo * time;
    y(jj) = vyo * time + 0.5 * grav * time^2;
end
plot(x,y,'r','Linewidth',2);
hold off
```

（3）单击 M 文件编辑器中的"保存"按钮,将以上程序代码保存为 ball.m。

（4）返回 MATLAB 的命令窗口,输入 ball,然后按 Enter 键,根据程序代码的提示,依次输入不同的值,得到的结果如下:

```
>> ball
Enter the initial velocity:20
Range versus angle theta
   0    0.0000
   5    7.0732
  10   13.9316
  15   20.3666
  20   26.1828
  25   31.2034
  30   35.2760
  35   38.2767
  40   40.1144
  45   40.7332
  50   40.1144
  55   38.2767
  60   35.2760
  65   31.2034
  70   26.1828
  75   20.3666
  80   13.9316
  85    7.0732
  90    0.0000
Max range is 40.7332 at 45 degrees.
```

除了以上数值结果之外,MATLAB 还会绘制相应的图形结果,如图 5-13 所示。

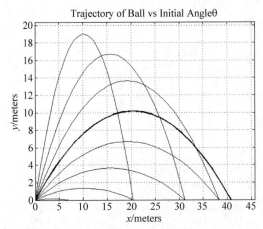

图 5-13　初始速度为 20 时的轨迹

（5）修改初始速度数值,将其改为 45,得到的结果如下:

```
>> ball
Enter the initial velocity:45
Range versus angle theta
   0      0.0000
   5     35.8083
  10     70.5286
  15    103.1059
  20    132.5504
  25    157.9674
  30    178.5847
```

```
35   193.7757
40   203.0790
45   206.2118
50   203.0790
55   193.7757
60   178.584765   157.9674
70   132.5504
75   103.1059
80    70.5286
85    35.8083
90     0.0000
Max range is 206.2118 at 45 degrees.
```

同时，MATLAB 会给出对应的图形结果，如图 5-14 所示。

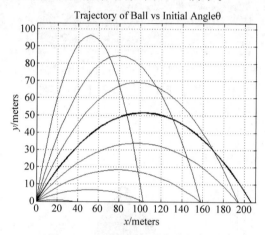

图 5-14　初始速度为 45 时的轨迹

5.4　脚本文件

M 文件可分为脚本文件（MATLAB scripts）和函数文件（MATLAB functions）。脚本文件是包含多条 MATLAB 命令的文件；函数文件可以包含输入变量，并把结果传送给输出变量。

脚本文件可以理解为简单的 M 文件，脚本文件中的变量都是全局变量。函数文件是在脚本文件的基础之上多添加了一行函数定义行，其代码组织结构和调用方式与对应的脚本文件截然不同。函数文件是以函数声明行 function… 作为开始的，其实质就是用户往 MATLAB 函数库里边添加了子函数，函数文件中的变量都是局部变量，除非使用了特别声明。函数运行完毕之后，其定义的变量将从工作区间中清除。而脚本文件只是将一系列相关的代码结合封装，没有输入参数和输出参数，即不自带参数，也不一定要返回结果。而多数函数文件一般都有输入和输出变量，并且有返回结果。

【例 5-33】　通过 M 脚本文件，画出下列分段函数所表示的图形。

$$p(x_1,x_2)=\begin{cases}0.5457\mathrm{e}^{-0.75x_2^2-3.75x_1^2-1.5x_1} & x_1+x_2>1\\0.7575\mathrm{e}^{-x_2^2-6x_1^2} & -1<x_1+x_2\leqslant1\\0.5457\mathrm{e}^{-0.75x_2^2-3.75x_1^2+1.5x_1} & x_1+x_2\leqslant-1\end{cases}$$

```
a = 2;
b = 2;
clf;
x = - a:0.2:a;
y = - b:0.2:b;
for i = 1:length(y)
    for j = 1:length(x)
        if x(j) + y(i)> 1
            z(i,j) = 0.5457 * exp( - 0.75 * y(i)^2 - 3.75 * x(j)^2 - 1.5 * x(j));
        elseif x(j) + y(j)< = 1
            z(i,j) = 0.5457 * exp( - 0.75 * y(i)^2 - 3.75 * x(j)^2 + 1.5 * x(j));
        else z(i,j) = 0.7575 * exp( - y(i)^2 - 6 * x(j)^2);
        end
    end
end
axis([ - a,a, - b,b,min(min(z)),max(max(z))]);
colormap(flipud(winter));
surf(x,y,z);
```

将以上内容的 M 文件 Ex_5_36.m 保存在当前目录下,然后在命令行输入该 M 文件的文件名 Ex_5_36,或者按 F5 快捷键,或者打开文件后单击 M 文件编辑器的"运行"按钮,即可运行该文件,运行结果如图 5-15 所示。

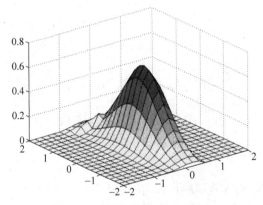

图 5-15　分段函数所对应的曲面

5.5　函数

MATLAB 中的函数主要有两种创建方法：在命令行中定义,保存为 M 文件。在命令行中创建的函数称为匿名函数。通过 M 文件创建的函数有多种类型,包括主函数、子函数、私有函数及嵌套函数等。

5.5.1　主函数

主函数在结构上与其他函数没有任何区别,之所以叫它主函数,是因为它在 M 文件中排在最前面,其他子函数都排在它后面。主函数与其 M 文件同名,是唯一可以在命令窗口或者其他函数中调用的函数。主函数通过 M 文件名来调用。

本书前文涉及的函数文件都是主函数,所以这里就不再举例说明了。

5.5.2　子函数

一个 M 文件中可以写入多个函数定义式,排在第 1 个位置的是主函数,排在主函数后面进行定义的函数都是子函数,子函数的排列没有规定顺序。子函数只能在被同一个文件上的主函数或其他子函数调用。子函数与主函数没有形式上的区别。每个子函数都有自己的函数定义行。

【例 5-34】　子函数示例。

```
function[avg,med] = newstats(u)                    % 主函数
 % NEWSTATS Find mean and median with internal functions.
n = length(u);
avg = mean(u,n);
med = median(u,n);
function a = mean(v,n)                              % 子函数
 % Calculate average.
a = sum(v)/n;
function m = median(v,n)                            % 子函数
 % Calculate median
w = sort(v);
if rem(n,2) == 1
    m = w((n+1)/2);
else
    m = (w(n/2) + w(n/2+1))/2;
end
```

运行结果：

```
>> newstats 10
ans =
            48.5000
```

本例中的主函数 newstats 用于返回输入变量的平均值和中位值，而子函数 mean 只用来计算平均值，子函数 median 只用来计算中位值，主函数在计算过程中调用了这两个子函数。需要注意的是：几个子函数虽然在同一个文件上，但各有自己的变量，子函数不能存取其他函数的变量。若声明变量为全局变量，那另当别论。

1. 调用一个子函数时的查找顺序

从一个 M 文件中调用函数时，MATLAB 首先查看被调用的函数是否是本 M 文件中的子函数。是，则调用它；不是，再寻找是否有同名的私有函数；如果还不是，则从搜索路径中查找其他 M 文件。因为最先查找的是子函数，所以在 M 文件中可以编写子函数来覆盖原有的其他同名函数文件。例如，例 5-34 中子函数名称 mean 和 median 是 MATLAB 内建函数，但是通过子函数的定义，就可以调用自定义的 mean 和 median 函数。

2. 子函数的帮助文本

可以像为主函数写帮助文本那样为子函数写帮助文本。但是，显示子函数的帮助文本有点区别，要把 M 文件名加在子函数名前面。如子函数名为 mysubfun，放在 myfun.m 文件中。要在命令行得到它的帮助信息，需输入命令：

help myfun > mysubfun（">"之前之后不能有空格）

【例 5-35】　子函数的帮助文本查看示例。

```
>> help newsstats > mean
Callculate average.
>> help mean
mean - 数组的均值

    此 MATLAB 函数 返回 A 沿大小不等于 1 的第一个数组维度的元素的均值。

    M = mean(A)
```

```
M = mean(A,'all')
M = mean(A,dim)
M = mean(A,vecdim)
M = mean(___,outtype)
M = mean(___,nanflag)

另请参阅 median, mode, std, sum, var

mean 的文档
名为 mean 的其他函数
```

5.5.3 私有函数

私有函数实际上是另一种子函数，它是私有的，只有父 M 文件函数能调用它。私有函数的存储需要在当前目录下建一个子目录，子目录名字必须为 private。存放于 private 文件夹内的函数即为私有函数，它的上层目录称为父目录，只有父目录中的 M 文件才可以调用私有函数。

- 私有函数对于其父目录以外的目录中的 M 文件来说是不可见的。
- 调用私有函数的 M 文件必须在 private 子目录的直接父目录内。

假如私有函数名为 myprivfun，为了得到私有函数的帮助信息，需输入命令：

```
help private/myprivfun
```

私有函数只能被其父文件夹中的函数调用，因此，用户可以开发自己的函数库，函数名称可以与系统标准 M 函数库名称相同，而不必担心在函数调用时发生冲突，因为 MATLAB 首先查找私有函数，然后再查找标准函数。

5.5.4 嵌套函数

所谓嵌套函数，是指在某函数中定义的函数。

1. 嵌套函数的格式

MATLAB 允许在函数 M 文件的函数体中定义一个或多个嵌套函数。像任何 M 文件函数一样，被嵌套的函数能包含任何构成 M 文件的成分。

MATLAB 函数文件一般不需要使用 end 语句来表征函数体已经结束。但是嵌套函数，无论是嵌套的还是被嵌套的，都需要以 end 语句结束。而且在一个 M 文件内，只要定义了嵌套函数，其他非嵌套函数也要以 end 语句结束。

最简单的嵌套函数的结构如下：

```
function x =  A(p1,p2)
    ⋮
    function y = B(p3)
        ⋮
    end
    ⋮
end
```

另外，一个主函数还可以嵌套多个函数，例如多个平行嵌套函数结构如下：

```
function x =  A(p1,p2)
    ⋮
    function y = B(p3)
        ⋮
    end
    function z = C(p4)
        ⋮
```

```
      end
        ⋮
  end
```

在这个程序中,函数 A 嵌套了函数 B 和 C,嵌套函数 B 和 C 是并列关系。除了平行嵌套函数外,还有多层嵌套函数:

```
function x = A(p1,p2)
    ⋮
    function y = B(p3)
        ⋮
        function z = C(p4)
            ⋮
        end
        ⋮
    end
    ⋮
end
```

在这段程序中,函数 A 嵌套了函数 B,而函数 B 嵌套了函数 C。

2. 嵌套函数的调用

一个嵌套函数可以被下列函数调用:

(1) 该嵌套函数的直接上一层函数。

(2) 同一母函数下的同级嵌套函数。

(3) 任一低级别的函数。

【**例 5-36**】 嵌套函数调用示例。

```
function A(x,y)                    % 主函数
B(x,y);
D(y);
    function B(x,y)               % 嵌套在 A 内
        C(x);
        D(y);
        function C(x)            % 嵌套在 B 内
            D(x);
        end
    end
    function D(x)                % 嵌套在 A 内
    E(x);
        function E(x)            % 嵌套在 D 内
            ⋮
        end
    end
end
```

在这段程序中,函数 A 包含了嵌套函数 B 和嵌套函数 D。函数 B 和函数 D 分别嵌套了函数 C 和函数 E。这段程序中函数间的调用关系如下。

- 函数 A 为主函数,可以调用函数 B 和函数 D,但是不能调用函数 C 和函数 E。
- 函数 B 和函数 D 为同一级嵌套函数,函数 B 可以调用函数 D 和函数 C,但是不能调用函数 E;函数 D 可以调用函数 B 和函数 E,但是不能调用函数 C。
- 函数 C 和函数 E 为分属两个函数的嵌套函数,函数 C 和函数 E 都可以调用函数 B 和函数 D;虽然函数 C 和函数 E 属于同级别的函数,但是它们分属于不同的母函数,所以不能互相调用。

3. 嵌套函数中变量的使用范围

通常在函数之间,局部变量是不能共享的。子函数不能与主函数或其他子函数共享变量,

因此为每个函数都有自己的工作空间(Workspace),用于存放自己的变量。嵌套函数也都有自己的工作空间。但是因为它们是嵌套关系,所以有些情况下可以共享变量。

【例5-37】 嵌套函数示例1。

varScope1.m 代码如下:

```
function varScope1
    x = 5;
    nestfun1
    function nestfun1
        nestfun2
        function nestfun2
            x = x + 1
        end
    end
end
```

varScope2.m 代码如下:

```
function varScope2
    nestfun1
    function nestfun1
        nestfun2
        function nestfun2
            x = 5;
        end
    end
    x = x + 1
end
```

运行结果如下:

```
>> varScope1
x =
    6
>> varScope2
x =
    6
```

本例中的两个 M 文件都使用了多层嵌套函数。在这两个例子中,变量 x 被储存在了外层主函数的工作空间,所以它能被嵌套在里面的函数读取或者写入。

【例5-38】 嵌套函数示例2。

varScope3.m 代码如下:

```
function varScope3
    nestfun1
    nestfun2
    function nestfun1
        x = 5;
    end
    function nestfun2
        x = x + 1
    end
end
```

本例中的两个嵌套函数 nestfun1 和 nestfun2 是并列关系,外层的函数 varScope3 没有读取 x,因为 x 不在它的工作空间中,所以 x 并不能被两个嵌套函数共享。nestfun1 定义了 x 在 nestfun1 的工作空间可中,不能被 nestfun2 共享。因此,当 nestfun2 运行之后试图访问 x 时就会出错。运行本例中的程序,将会显示如下错误信息:

```
>> varScope3
函数或变量 'x' 无法识别

出错 Ex_5_16/nestfun2 (line 8)
      x = x + 1

出错 Ex_5_16 (line 3)
nestfun2
```

【例 5-39】 嵌套函数输出变量的共享示例。

varScope4.m 代码如下：

```
function varScope4
    x = 5;
    nestfun;
    function y = nestfun
        y = x + 1;
    end
    y
end
```

varScope5.m 代码如下：

```
function varScope5
    x = 5;
    z = nestfun;
    function y = nestfun
        y = x + 1;
    end
    z
end
```

由嵌套函数返回的结果变量并不被外层的函数共享。varScopc4.m 在运行到倒数第 2 行的时候会发生错误。这是因为，虽然在嵌套函数中计算并返回了 y 的值，但是这个变量 y 只存在于嵌套函数的工作空间，并不能被外层函数共享。而在 varScape5.m 中将嵌套函数赋值给了变量 z，所以最终可以正确地显示 z 的值。具体的运行结果如下：

```
>> varScope4
函数或变量 'y' 无法识别

出错 Ex_5_16 (line 7)
y
>> varScope5
z =
      6
```

5.5.5　重载函数

重载函数是已经存在的函数的另外的版本。假设有一个函数是为某种特定的数据类型设计的，当要使用其他类型的数据时，就要重写此函数，使它能处理新的数据类型，但它的名字与原函数名相同。至于调用函数的哪个版本，则取决于数据类型和参数的个数。

每个重载的 MATLAB 函数都有一个 M 文件放在 MATLAB 目录中。同一种数据类型的不同的重载函数 M 文件放在同一个目录下。目录以这种数据类型命名，并用@符号开头。例如，在目录\@double 下的函数，在输入变量数据类型为 double 时才可以被调用；而在目录\@int32 下的函数，则在输入变量数据类型为 int32 时才可以被调用。

5.6　P码文件和变量作用域

下面补充介绍两个重要的概念,一个是P码文件,另一个是变量的使用范围。

5.6.1　P码文件

1. 语法分析过程和伪代码

一个M文件首次被调用(运行文件名,或被M文本编辑器打开)时,MATLAB将首先对该M文件进行语法分析(parse),并把生成的相应内部伪代码(Pseudocode,简称P码)文件存放在内存中。此后,当再次调用该M文件时,将直接调用该文件在内存中的P码文件,而不会对原码文件重复进行语法分析。值得注意的是:MATLAB的分析器(parser)总是把M文件连同被它调用的所有函数M文件一起变换成P码文件。

P码文件有与原码文件相同的文件名,但其扩展名是“.p”。本质上说,P码文件运行速度高于原码文件。

在MATLAB中,假如存在同名的P码和原码文件,那么当该文件名被调用时,被执行的肯定是P码文件。

2. P码文件的预生成

P码文件不是仅当M文件被调用时才可产生。P码文件也可被预先生成。具体如下:

(1) pcode(item)。

如果item是.m文件,则生成的文件是item.p。如果item是一个文件夹,则该文件夹中的所有脚本或函数文件都在当前文件夹中生成对应的P文件。

(2) pcode(item1,item2,…)。

基于以逗号分隔的列表中指定的每个.m文件或文件夹创建P文件。

(3) pcode(____ , '-inplace')。

在与输入相同的文件夹中生成P文件。在所有其他输入参数后指定'-inplace'。

3. 内存中P码文件的列表和清除

(1) inmem:列出内存中所有P码文件名;

(2) clear FunName:清除内存中的P码文件FunName.p;

(3) clear functions:清除内存中的所有P码文件。

说明:P码文件较之原码文件有两大优点:

① 运行速度快,对于规模较大的问题,其效果尤为显著。

② 由于P文件是二进制文件,难于阅读,因此用户常借助其为自己的程序保密。虽然P文件确实难以阅读,但是实际上MATLAB并没有对生成的P文件加密。因此,若对文件的保密要求较高,则不应借助于P文件。

【例5-40】　在MATLAB中,查看内存中的所有P码文件,然后清除所有P码文件,再次查询内存中的P码文件信息。

在MATLAB的命令窗口中输入以下代码:

```
>> inmem

ans =

    749×1 cell 数组
```

```
{'pathdef'                              }
{'userpath'                             }
{'usejava'                              }
{'general\private\openm'          }
 ⋮
{'getOverloads'                    }
{'helpProcess.getOtherNamesLink'         }
{'findDisabledAddons'             }
{'findExamples'                    }
>> clear functions
>> inmem

ans =

  41×1 cell 数组

    {'codetools\private\dataviewerhelper'}
    {'Manager'                    }
    {'Channel'                    }
    {'MessageHandler'             }
     ⋮
    {'imformats'                  }
    {'InteractionInfoPanel'       }
    {'feature'                    }
    {'graphicsAndGuis'            }
```

5.6.2　局部变量、全局变量和持存变量

MATLAB 共有 3 种类型的变量：局部变量、全局变量和持存变量。

1. 局部变量

对 M 函数文件（除内嵌函数）而言，除该函数的输入、输出量外，每个函数文件中所用到的变量都是局部变量（local variables）。

- 局部变量的作用域（variable scope），仅限于该函数本身，它存放于隶属该函数的专用内存空间。各函数的内存空间是相互独立、互不相通的。
- 局部变量仅生存于该函数的运行过程期间。一旦函数运行结束，该函数内存空间连同其中保存的变量就全被清空并释放。

2. 全局变量

通过 global 指令，MATLAB 也允许几个不同的函数空间以及基本工作空间共享同一个变量。这种被共享的变量称为全局变量（global variables）。

（1）全局变量必须特别声明。

- 每个希望共享全局变量（比如名为 DELTA 的变量）的函数或 MATLAB 基本工作空间必须各自用 global 指令对具体变量加以声明。没采用 global 指令声明的函数或基本工作空间，将无权使用全局变量。例如，把 DELTA 声明为全局变量的格式为

  global DELTA

- 对具体变量的“全局化”声明必须在每个函数的其他指令运行前进行。

（2）全局变量将影响与之关联的所有内存空间。

- 如果某个函数的运行使全局变量的内容发生了变化，那么其他函数空间以及基本工作空间中的同名变量也就随之变化。
- 全局变量是否存在不受与它关联的函数运行与否的影响。只有当该全局变量关联的全部函数被清除，并同时把该全局变量从基本内存空间删除的情况下，全局变量才消

失。clear all 可以执行这个删除功能。

（3）全局变量应用要点如下：

- 由于全局变量损害函数的封装性，因此应尽量避免使用全局变量，以免出现难以觉察的程序失误。在可能的情况下，尽量使用持存变量代替全局变量。
- 由于全局变量关联面广，它的变量名建议尽量用大写字符及较多字符组成。以免不经意间的错用。
- 可以使用指令 whos global 检查内存空间中是否存在全局变量。

3. 持存变量

通过 persistent 指令，MATLAB 也允许几个不同的函数空间共享同一个变量。这种在函数间被共享的变量称为持存变量(persistent variables)。

（1）持存变量必须特别声明。

- 每个希望共享持存变量（比如名为 Sigma 的变量）的函数，必须在各自函数体内用 persistent 指令对具体变量加以声明。没采用 persistent 指令声明的函数或基本工作空间，将无权使用全局变量。例如，把 Sigma 声明为持存变量的格式为

persistent Sigma

- 对具体变量的"全局化"声明，最好在每个函数的其他指令运行前进行。

（2）持存变量将影响与之关联的所有内存空间。

- 如果某个函数的运行使持存变量的内容发生了变化，那么其他函数空间中的同名变量也就随之变化。
- 持存变量是否存在不受与它关联的函数运行与否的影响。只有当与该持存变量关联的全部函数被删除的情况下，持存变量才消失。

（3）持存变量与全局变量的区别是：持存变量应用于函数，与基(内存)空间无关；而全局变量与函数及基空间都有关。

5.7 M 文件调试

用户编写的 M 文件程序有错误在所难免，能够熟练掌握调试的方法和技巧可以提高工作效率。

5.7.1 出错信息

在创建 M 文件的过程中，会遇到两类错误：语法(syntax)错误和运行时(run-time)错误。M 文件编辑器的语法错误检测功能已经在前面进行了描述。本节集中介绍发现和纠正运行错误的调试(debugging)方法和辅助工具。

运行时错误发生在程序执行过程中。相对语法错误而言，动态的运行时错误较难发现和处理。其原因在于：

- 运行时错误来源于算法模型与期望目标是否一致以及程序模型与算法是否一致。这涉及用户对期望目标的理解、对算法的理解，还涉及用户对 MATLAB 指令的理解、对程序流的理解和对 MATLAB 工作机理的理解。
- 运行时错误的表现形态较多。例如，程序正常运行，但结果错误；程序不能正常运行而中断。
- 运行时错误是动态错误。尤其是 M 函数文件，它一旦运行停止，其中间变量被删除一空，错误查找很难着手。

5.7.2 调试方法

本节介绍两种调试(debug)方法：直接调试法和工具调试法。

1. 直接调试法

由于 MATLAB 语言本身的向量化程度高,程序一般都显得相对简单。再加上 MATLAB 语言的可读性强,因此直接调试法往往十分奏效。直接调试法包括以下一些手段：

- 将重点怀疑语句行、指令行后的分号";"删除或改成",",使计算结果显示于屏幕。
- 在适当的位置添加显示某些关键变量值的语句(包括使用 disp 在内)。
- 利用 echo 指令,使 M 文件在运行时在屏幕上逐行显示文件内容。echo on 能显示 M 脚本文件；echo FunName on 能显示名为 FunName 的 M 函数文件。
- 在原 M 脚本或函数文件中的适当位置增添 keyboard 指令。当 MATLAB 运行至 keyboard 指令时,将暂停执行文件,并在 MATLAB 指令窗中出现 K 提示符。此时用户可以输入指令查看基本内存空间或函数内存空间中存放的各种变量,也可以输入指令去修改那些变量。在 K 提示符后输入 dbcont 指令结束查看,原文件继续往下执行。
- 通过在原函数文件首行之前加上百分号,使一个中间变量难于观察的 M 函数文件变为一个所有变量都保留在基空间中的 M 脚本文件。

如果函数文件规模很大,文件内嵌套复杂,有较多的函数、子函数、私用函数调用,直接调试法可能会失败,那么可借助 MATLAB 提供的专门工具——调试器(debugger)进行。

【例 5-41】 在 MATLAB 中,使用直接调试法来调试程序代码。

(1) 单击 MATLAB 命令窗口工具栏中的"新建"按钮,打开 M 文件编辑器,输入以下程序代码：

```
function f = ballw(K,ki)
% ballw.m 演示红色小球沿一条封闭螺线运动的实时动画
% 仅演示实时动画的调用格式为 ballw(K)
% 既演示实时动画又拍摄照片的调用格式为 f = ballw(K,ki)
% K 红球运动的循环数(不小于 1 )
% ki 指定拍摄照片的瞬间,取 1 到 1034 的任意整数
% f 存储拍摄的照片数据,可用 image(f.cdata) 观察照片
% 产生封闭的运动轨线
t1 = (0:1000)/1000 * 10 * pi;x1 = cos(t1);y1 = sin(t1);z1 = - t1;
t2 = (0:10)/10;x2 = x1(end) * (1 - t2);y2 = y1(end) * (1 - t2);z2 = z1(end) * ones(size(x2));
t3 = t2;z3 = (1 - t3) * z1(end);x3 = zeros(size(z3));y3 = x3;
t4 = t2;x4 = t4;y4 = zeros(size(x4));z4 = y4;
x = [x1 x2 x3 x4];y = [y1 y2 y3 y4];z = [z1 z2 z3 z4];
% data = [x',y',z']
plot3(x,y,z, 'y','Linewidth',2 ), axis off          % 绘制曲线
% 定义 "线"色、"点"型(点)、点的大小( 40 )、擦除方式( xor )
h = line( 'Color',[0.67 0 1], 'Marker', '.', 'MarkerSize',40, 'EraseMode', 'xor' );
% 使小球运动
n = length(x);i = 1;j = 1;
while 1                                              % 无穷循环
set(h, 'xdata',x(i), 'ydata',y(i), 'zdata',z(i));
% bw = [x(i),y(i),z(i)]                              % 小球位置
drawnow;                                            % 刷新屏幕
pause(0.0005)                                       % 控制球速
i = i + 1;
if nargin == 2 & nargout == 1                       % 仅当输入宗量为 2、输出宗量为 1 时,才拍摄照片
if (i == ki&j == 1);f = getframe(gcf); end          % 拍摄 i = ki 时的照片
end
if i > n
i = 1;j = j + 1;
```

```
if j > K; break ; end
    end
end
```

（2）将以上程序代码保存为 ballw. m 文件，然后在命令窗口中输入 ballw(2,200)，得到的图形如图 5-16 所示。当 MATLAB 完成了以上程序代码后，得到的结果如图 5-17 所示。

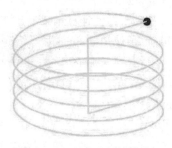

图 5-16　程序运行的结果

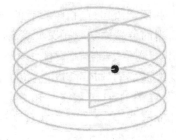

图 5-17　程序的最终结果图形

（3）显示封闭曲线的坐标数值。打开保存的 ballw. m 文件，然后将程序代码修改如下：

```
data = [x',y',z']                              % 添加显示封闭曲线的坐标数值(此为修改部分)
```

（4）查看程序结果。返回到命令窗口，输入命令行 ballw(2,200)，得到的结果如下：

```
>> ballw(2,200)

data =

    1.0000          0          0
    0.9995     0.0314    - 0.0314
    0.9980     0.0628    - 0.0628
    0.9956     0.0941    - 0.0942
    0.7000          0          0
    0.8000          0          0
    0.9000          0          0
    1.0000          0          0
```

从以上程序结果可以看出，当在程序代码中添加一个简单的语句 data＝[x',y',z']后，就可以在程序代码执行的过程中查看封闭曲线的所有坐标值数值了。如果程序结果中封闭曲线不正常，则可以从以上数据中查看数值的问题。

（5）显示小球位置的坐标数值。打开上面步骤保存的 ballw. m 文件，然后将程序代码作如下修改：

```
...
bw = [x(i),y(i),z(i)]                          % 小球位置(此为修改部分)
...
```

（6）查看程序结果。返回到命令窗口，输入命令行 ballw(2,200)，得到的结果如下：

```
bw =
     1          0          0
bw =
     0.9995     0.0314    - 0.0314
bw =
     0.9980     0.0628    - 0.0628
bw =
     0.9956     0.0941    - 0.0942
bw =
     0.9921     0.1253    - 0.1257
       ⋮
```

在以上步骤中，分别使用简单程序代码查看关键的程序数据，如果在程序运算过程中出现问题，则可以从以上程序数值中查看出相应的问题。

2. 工具调试法

MATLAB 不但向用户提供了专门的指令式调试工具，而且在 M 文件编辑器上集成有图形调试装置（graphical debugger）。图 5-18 展示了一组调试功能按钮、设置的断点和程序暂停指针等。表 5-5 和表 5-6 列出了相应的功能。

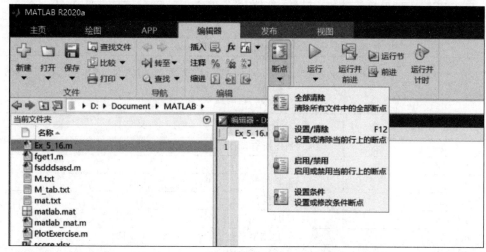

(a) 图1

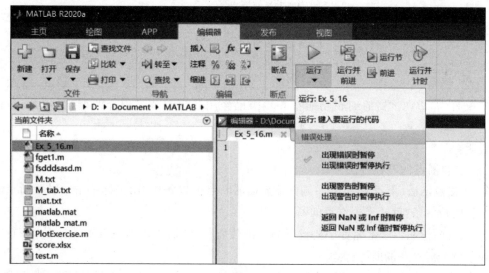

(b) 图2

图 5-18　M 文件编辑/调试器

表 5-5　调试功能键和相应菜单选项

功 能 键	含 义	相应的菜单条选项
	清除所有文件中的全部断点	全部清除
	设置或清除当前行上的断点	设置/清除

功　能　键	含　　义	相应的菜单条选项
	启用或禁用当前行上的断点	启用/禁用
	设置或修改条件断点	设置条件
	出现错误时暂停执行	出现错误时暂停
	出现警告时暂停执行	出现警告时暂停
	出现 NaN 或 Inf 值时暂停执行	出现 NaN 或 Inf 时暂停

注:"功能键"最后 3 行无须图标表示。不同于按钮控制,在出现错误和警告时,会弹出相应窗口。

表 5-6　调试指令

指　　令	含　　义
help debug	列出所有调试指令
dbstop	设置断点用于调试
dbclear	删除断点
dbcont	恢复执行
dbdown	反向 dbup 工作区切换
dbmex	在 UNIX 平台上启用 MEX 文件调试
dbstack	函数调用堆栈
dbstatus	列出所有断点
dbstep	从当前断点执行下一个可执行代码行
dbtype	显示带有行号的文件
dbup	在调试模式下,从当前工作区切换到调用方的工作区
dbquit	退出调试模式

M 文件编辑/调试器的编辑功能在 5.1 节已经阐述。本节集中介绍调试器功能与使用方法。

说明:

(1) 设置断点的三种方法。

① 直接点击法(推荐使用):在调试器界面的断点位置条中,用鼠标单击要设置断点的代码行左侧的短线条,就会出现红色的断点标志。

② 工具图标法:把光标置于要设置断点的代码行,然后单击断点设置图标 ,该行左侧的短线条就变成红色的断点标志。

③ 快捷键法:把光标置于要设置断点的代码行,按下 F12 键,该行左侧的短线条就变成红色的断点标志。

(2) 撤销断点的三种方法。

① 直接点击法(推荐使用):用鼠标单击要撤销的红色断点标志,该红色断点标志就变回短线条,于是该断点被撤销。

② 工具图标法:把光标置于要撤销断点的代码行,然后单击断点清除图标 ,该行左侧的红色的断点标志变回短线条,于是该断点被撤销。

③ 快捷键法:把光标置于要撤销断点的代码行,按下 F12 键,该行左侧的红色的断点标志变回短线条,于是该断点被撤销。

（3）程序执行进程指针。

程序进入调试状态后，在调试器中就会出现标志程序进程的绿色的指针 ➡。在整个调试过程中，指针 ➡ 随各种调试操作（如步进、步入、步出等）而运动。它醒目地展示了程序的进程。

3．调试器应用示例

正如前面所说，由于 M 文件错误的多样性，调试器的具体使用方法会随具体问题而变化。下面通过实例叙述调试器的基本使用方法。

【例 5-42】 本例的目标：对于任意随机向量，画出能够鲜明标志该随机向量均值、标准差的频数直方图（如图 5-19 所示），给出绘制这种图形的数据。

（1）根据题目要求写出以下两个 M 文件。

barzzy1.m 代码如下：

```
function [nn,xx,xmu,xstd] = barzzy1(x)
% 本函数文件专供实践调试器用
xmu = mean(x);
xstd = std(x);
[nn,xx] = hist(x);
if nargout == 0
    barzzy2(nn,xx,xmu,xstd)            % <7>
end
```

barzzy2.m 代码如下：

```
function barzzy2(nn,xx,xmu,xstd)
% 本函数供 barzzy1.m 调用
% 本函数故意设置了一个错误
clf,
bar(xx,nn);hold on
Ylimit = get(gca,'YLim');
yy = 0:Ylimit(2);
xxmu = xmu * size(yy);
xxL = xxmu/xmu * (xmu − xstd);
xxR = xxmu/xmu * (xmu + xstd);
plot(xxmu,yy,'r','Linewidth',3)          % <11>
plot(xxL,yy,'rx','MarkerSize',8)
plot(xxR,yy,'rx','MarkerSize',8),hold off
```

（2）初次运行以下指令后，得到运行出错的提示，如图 5-20 所示。

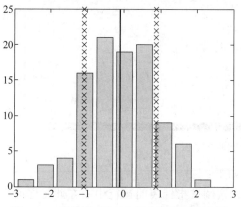

图 5-19　带均值、标准差标志的频数直方图

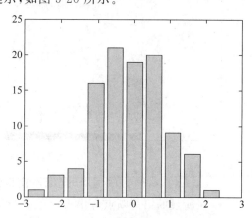

图 5-20　运行出错时所得的不完整图形

```
>> keyboard
K >> randn('seed',1),x = randn(1,100);
barzzy1(x);
错误使用 plot
向量长度必须相同
出错 barzzy2 (line 11)
     plot(xxmu,yy,'r','Linewidth',3)                    % < 11 >

出错 barzzy1 (line 7)
     barzzy2(nn,xx,xmu,xstd)                            % < 7 >
```

（3）初步分析错误原因。

根据提示可知,问题发生在 barzzy2.m 文件 plot 指令中的 xxmu 和 yy 两个文件的向量的长度不同。于是要查清这两个向量到底是什么? 长度不同的根源在何处?

由于错误发生在函数 barzzy2.m 中,所以在错误发生后,该函数空间中的变量全部消失。为此,使用调试器进行调试。

（4）断点设置。

用鼠标单击 barzzy1.m 第 6 行断点位置条中的短线条,就会出现断点标注 ●（红点）。在 barzzy2.m 函数的第 9 行进行类似的操作,实现断点设置。

（5）进入调试状态。

在指令窗口中运行以下指令,就进入动态调试。

randn('seed',1),x = randn(1,100); barzzy1(x);

该指令的运行引起两个窗口发生如下变化:

① 指令窗口出现控制权交给键盘的标志符 K >>,如图 5-21 所示。

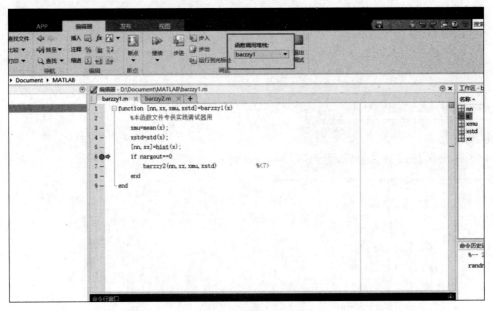

图 5-21　进入调试状态的指令窗

② barzzy1.m 所在的编辑/调试器窗口的变化如下:

- 在所设的第一断点旁出现绿色右箭头 ●➡。该调试指针表明运行中断在此行之前。
- 编辑/调试器右上方的"函数调用栈"栏显示 barzzy1 字样,表示目前处在 barzzy1 调用空间中。

（6）进入被调文件 barzzy2.m 函数内部。

当程序运行到代码 barzzy2(nn,xx,xmu,xstd)所在行时(单击"步进"图标或单击 F10 按键运行下一行)，单击工具条上的进入被调函数"步入"图标，就会打开 barzzy2.m 文件的调试窗口，不管原先 barzzy1.m. 文件是否已经被打开，只要该文件在搜索路径上，就可以打开其调试窗口。调试指针停留在函数文件可执行指令的首行。

（7）连续执行，直到另一个断点。

单击连续执行图标"步出"，就使程序执行完第 8 行指令后停止在第 9 行指令。

（8）观察这段程序运行后产生的中间结果，确定错误的准确位置。

首先观察指令 plot 中的 yy 变量。

观察运行所生成变量的常用方法有下列 3 种：

① 变量值的鼠标观察法(可快捷地观察较小规模变量值)。把鼠标移到待观察变量处，就可看到变量内容。如图 5-22 所示，鼠标放在 yy 变量名上，就能看到 yy 是长度为 26 的向量。

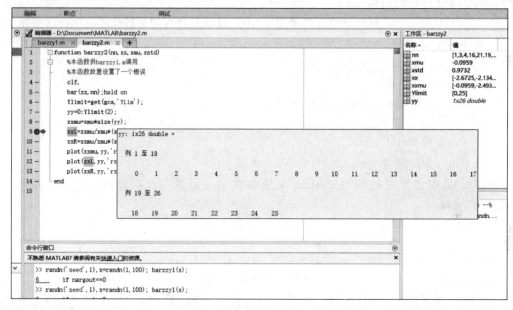

图 5-22　变量值的鼠标观察法

② 指令窗观察法(适于观察较大规模变量值)。在 K 提示符后输入变量名，就会显示出相应的变量值。

③ 变量编辑器观察法(适于观察大规模变量值)。此时，MATLAB 操作桌面上的工作空间浏览器中显示 barzzy2.m 函数内存空间中的所有变量。双击希望观察的变量，就能在变量编辑器中看到变量值。

然后观察第 9 行指令 plot 中的另一个变量 xxmu，发现它仅是长度为 2 的向量。显然，错误是由 xxmu 和 yy 两个向量长度不一致引起的。

由第 9 行指令向上追溯可以发现，该错误源于第 6 行指令。

编写该行指令的原意是：产生一个与 yy 长度相同的 xxmu 向量，用于绘制一条垂直横轴的直线。但是，该行指令写错了。正确写法应是 xxmu＝xmu * ones(size(yy))。

（9）修改程序，停止第一论调试，重新运行。

① 单击"退出调试"图标。

② 清除之前在 barzzy1.m 和 barzzy2.m 文件中设置的断点。

③ 把 barzzy2.m 文件第 8 行指令改写为 xxmu＝xmu * ones(size(yy)),并保存文件。

④ 在 MATLAB 指令窗中,再次运行下列指令,便可得到如图 5-19 所示的图形。

```
K>> randn('seed',1),x = randn(1,100);barzzy1(x);
```

5.8 综合实例 4：Python 调用 M 脚本文件

【例 5-43】 此综合示例演示如何在 Python 代码中调用 MATLAB 的 M 脚本文件。

1. 配置环境

(1) Python 版本要求：本例使用的 MATLAB 支持 Python 版本 2.7、3.6 和 3.7。

(2) 安装。

① 将包含 Python 解释器的文件夹添加到您的路径(如果尚未在该路径中)。

② 找到 MATLAB 文件夹的路径。启动 MATLAB,并在命令行窗口中键入 matlabroot。复制 matlabroot 所返回的路径。

要安装引擎 API,请选择以下两个选项之一(用户可能需要管理员特权才能执行这些命令)：

① 在 Windows 操作系统提示符下：

```
cd "matlabroot\extern\engines\python"
python setup.py install
```

② 在 macOS 或 Linux 操作系统提示符下：

```
cd "matlabroot/extern/engines/python"
python setup.py install
```

2. 实现 Python 调用 MATLAB 的 M 脚本文件。

MATLAB 脚本文件必须与 Python 文件放在同一目录下。新建 MATLAB 脚本文件 count.m,代码如下：

```
1 + 2
```

新建 python 文件 test.py,代码如下：

```
import time
import matlab.engine
eng = matlab.engine.start_matlab()    # matlab.engine.start_matlab()启动一个新的 MATLAB 进
                                       # 程,并返回 Python 的一个变量,它是一个 MatlabEngine 对
                                       # 象,用于与 MATLAB 过程进行通信

eng.count(nargout = 0)
time.sleep(10)
```

打开 CMD,进入 M 脚本文件和 Python 文件所在目录,输入以下命令：

```
python .\test.py
```

得到结果如图 5-23 所示。

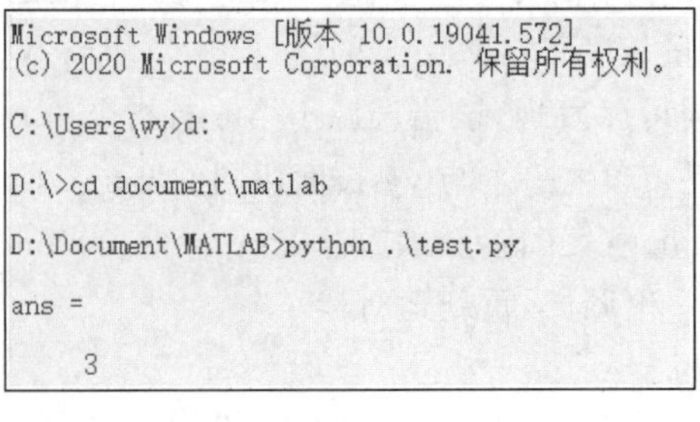

```
Microsoft Windows [版本 10.0.19041.572]
(c) 2020 Microsoft Corporation. 保留所有权利。

C:\Users\wy>d:

D:\>cd document\matlab

D:\Document\MATLAB>python .\test.py

ans =

     3
```

图 5-23 在 Python 调用 MATLAB 脚本文件

5.9　本章小结

MATLAB 除本身提供了大量可用的命令之外,还提供了扩展开发的功能,可以根据需要编写相应功能的程序代码——M 文件。本章主要介绍了 M 文件的基础知识,包括数据类型、表达式和常见的程序结构。由于 MATLAB 的内核是由 C 语言编写的,所以,读者如果熟悉 C 语言,就很容易掌握本章的内容。

本章涉及 MATLAB 脚本、函数(一般函数、内联函数、子函数、私有函数、方法函数)、程序调试和剖析,并且配备了许多精心设计的算例,这些算例是完整的,可直接演练。读者通过这些算例,将真切感受到抽象概念的内涵、各指令间的协调,将领悟到面向对象编程的优越性和要领。

5.10　习题

(1) 命令文件与函数文件的主要区别是什么?

(2) 找出 $1 \sim 100$ 同时满足:①3 的倍数;②尾数是 3,并按升序排列。提示:排序函数为 $\text{sort}(X)$。

(3) 编写脚本文件 Ex2.m 使用 while 循环计算从 1 开始的奇数的连乘积 $S1$,$S1 = 1 \times 3 \times 5 \times \cdots$。要求 $S1 < 1 \times 10^6$,显示 $S1$ 和最后一个奇数的值。

(4) 绘出以下函数

$$y = \begin{cases} 2 * x^2 + 1, & x \geqslant 1 \\ 0, & -1 < x < 1 \\ -x^3, & x \leqslant -1 \end{cases}$$

的图像。

(5) 建立一个 M 文件,求所有的"水仙花数"。所谓"水仙花数"是指一个三位数,其各位数字的立方和等于该数本身。例如,153 是一个水仙花数,因为 $153 = 1^3 + 5^3 + 3^3$。

(6) 编写函数 M 文件 SQRT.m,用迭代法求 $x = \sqrt{a}$ 的值。求平方根的迭代公式为 $x_{n+1} = \dfrac{1}{2}\left(x_n + \dfrac{a}{x_n}\right)$,迭代的终止条件为前后两次求出的 x 的差的绝对值小于 10^{-5}。

Simulink是一个对动态系统(包括连续系统、离散系统和混合系统)进行建模、仿真和综合分析的集成软件包,是MATLAB的重要组成部分。它提供了集动态系统建模、仿真和综合分析于一体的图形用户环境。在Simulink环境中,用户不仅可以观察现实世界中非线性因素和各种随机因素对系统行为的影响,而且也可以在仿真进程中改变感兴趣的参数,实时地观察系统行为的变化。因此Simulink已成为目前控制工程界的通用软件,而且在许多领域,如通信、信号处理、DSP、电力、金融、生物系统等,也获得了重要应用。本章将系统地介绍Simulink的基本知识、常用模块集、子系统及其封装、模型仿真、模型调试和S-函数等内容。

6.1 预备知识

Simulink是MathWorks公司为MATLAB提供的系统模型化的图形输入与仿真工具,它使仿真进入了模型化的图形阶段。Simulink主要有两个功能,即Simu(仿真)和Link(连接),它可以针对自动控制、信号处理以及通信等系统进行建模、仿真和分析。

6.1.1 概述

Simulink是MATLAB的重要组成部分,它为用户提供了一个动态系统建模、仿真和综合分析的集成环境。在该环境中,无须大量书写程序,而只需要通过简单直观的鼠标操作,就可构造出复杂的系统。Simulink同时支持线性和非线性、连续时间系统、离散时间系统、连续和混合系统建模且支持多进程,基于上述特性,Simulink几乎可分析任何一种类型的真实动态系统。Simulink具有适应面广、结构和流程清晰及仿真精细、贴近实际、效率高、灵活等优点,已被广泛应用于控制理论和数字信号处理的复杂仿真和设计。同时有大量的第三方软件和硬件可应用于或被要求应用于Simulink。

1. Simulink的启动

启动MATLAB,在MATLAB主界面中单击Simulink按钮,如图6-1所示。也可以在命令窗口中输入simulink命令打开。

2. Simulink的模块库

Simulink的模块库由两部分组成:基本模块和各种应用工具箱,如图6-2所示。对通信系统仿真来说,主要用到Simulink基本库、通信系统工具箱和数字信号处理工具箱。

图 6-1　Simulink 启动界面

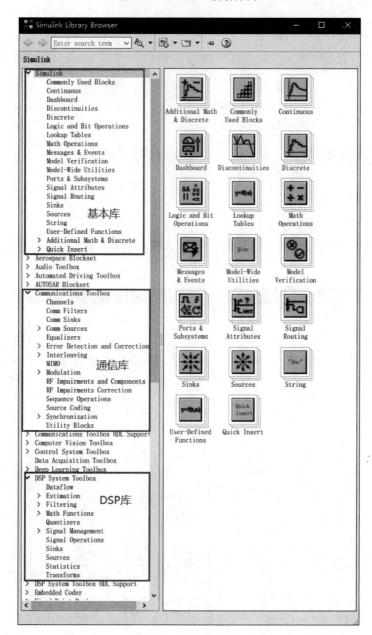

图 6-2　模块库窗口

在 MATLAB 命令窗口中输入 simulink 命令会弹出如图 6-3 所示的 Simulink 主页。

6.1.2　建模环境

按照 6.1.1 节所介绍的方法启动 Simulink 后就可以看到如图 6-4 所示的 Simulink 模块库浏览器。该浏览器包含公共模型库和专业模型库。Simulink 模型库浏览器的各部分用途如图 6-4 所示。

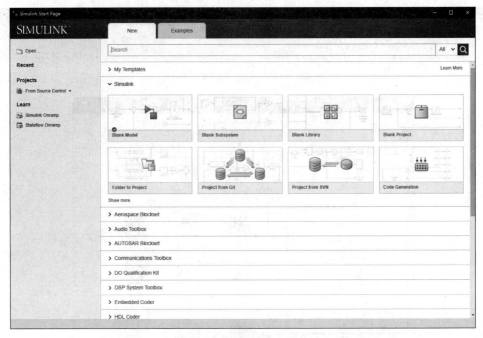

图 6-3　Simulink 主页

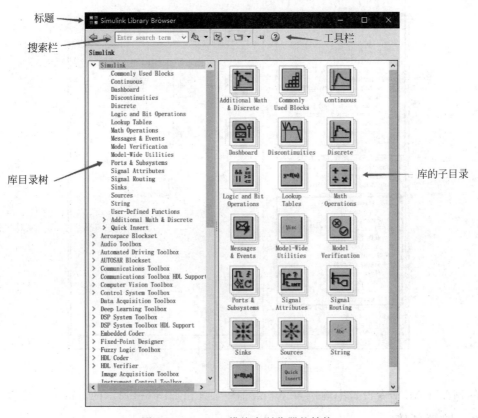

图 6-4　Simulink 模块库浏览器的结构

公共模块库包含 19 个子模块库,它们分别为 Commondy Used Blocks(常用模型库)、Continuous(连续系统模型库)、Dashboard(仪表盘模型库)、Discontinuities(不连续循环模型库)、Discrete(离散系统模型库)、Logic and Bit Operations(逻辑及位操作库)、Lookup Tables

（查表库）、Math Operations（数学运算库）、Message & Events（消息和事件库）、Model Verification（模型检验）、Model-Wide Utilities（针对模型的有用功能模块）、Ports & Subsystems（信号口与子系统）、Signal Attributes（信号特征库）、Signal Routing（信号路由库）、Sinks（输出方式库）、Sources（输入源）、String（字符串库）、User-Defined Functions（用户自定义函数库）、Additional Math & Discrete（数学离散模型库）。

6.1.3 建模原理

Simulink虽然提供了实现各种功能的模块，为用户屏蔽了许多烦琐的编程工作，但用户要想更加灵活高效地使用这个工具，就必须对其工作原理有一定的了解。Simulink建模大致可分为两步：创建模型图标和控制Simulink对其进行仿真。但这些图像化模型和现实系统之间到底存在着什么样的映射关系？Simulink是如何对这些模型进行仿真的？下面就这两个问题予以说明。

1. 图形化的模型和现实系统间的映射关系

现实系统中都包含输入、状态和输出3种基本元素，以及3种元素间随时间变化的数学函数关系，在Simulink模型中每个图形化模块都可用图6-5表示，来代表现实系统中某个部分的输入、状态以及输出随时间变化的函数关系，即系统的数学模型。系统的数学模型是由一系列的数学方程来描述的，每一组数学方程都由一个模块来代表，Simulink称这些方程为模块或模型的方法（一组MATLAB函数）。模块与模块间的连线代表系统中各元件输入/输出信号的连接关系，也代表了随时间变化的信号值。

通常，Simulink模型的典型结构分为信源、系统和信宿三部分，其关系模型如图6-6所示。

图6-5 模块的图形化形式　　　　图6-6 Simulink模型的典型结构

2. 利用映射关系进行仿真

在用户定义的时间段内根据模型提供的信息计算系统的状态和输出，并将计算结果予以显示和保存的过程，即是Simulink对模型进行仿真的过程。Simulink的仿真过程包括模型编译阶段、连接阶段和仿真环阶段。

1）模型编译阶段

Simulink引擎调用模型编译器，将模型编译成可执行文件。编译器完成以下任务：计算模块参数的表达式以确定它们的值；确定信号属性（名字、数据类型等）；传递信号属性以确定未定义信号的属性；优化模块；展开模型的继承关系（如子系统）；确定模块运行的优先级；确定模块的采样时间。

2）连接阶段

Simulink引擎创建按执行次序排列的运行列表，同时定位和初始化存储每个模块的运行信息。

3）仿真环阶段

Simulink引擎从仿真的开始到结束，在每个采样点按运行列表计算各个模块的状态和输出。仿真环阶段又可分为两个子阶段：第一个是初始化阶段，此阶段只运行一次，用于初始化系统的状态和输出；第二个为迭代阶段，该阶段在定义的时间段内按照采样点间的步长重复执行，用于在每个时间步计算模型的新的输入、状态和输出，并更新模型使之能反映系统最新的计算值。在仿真结束时，模型能反映系统最终的输入、状态和输出值。

6.2　Simulink 基本模块

Simulink 库浏览器窗口呈现一种树状结构,在其中列出了 Simulink 中的所有模块库,大体分为公共库和专业库,如 Simulink 库、Aerospace Blockset 库等,本节将介绍最常用的 Simulink 库中的一些子库,以便读者在阅读本书和学习中能够对所使用的模块有初步的了解。下面主要介绍 Simulink 的常用子库中常用模块的功能。

6.2.1　基本模块

Simulink 的基本模块包括 9 个子模块。

1. 输入信号源模块(Sources)

输入信号源模块用来向模型提供输入信号。常用的输入信号源模块如表 6-1 所示。

表 6-1　常用的输入信号源模块

名　　称	模 块 形 状	功 能 说 明
Constant	1　Constant	生成常量值
Step	Step	生成阶跃函数
Ramp	Ramp	生成持续上升或下降的信号
Sine Wave	Sine Wave	使用仿真时间作为时间源以生成正弦波
Signal Generator	Signal Generator	生成各种波形
From File	untitled.mat　From File	从 MAT 文件加载数据
From Workspace	simin　From Workspace	从工作区加载信号数据
Clock	Clock	显示并提供仿真时间
In	1　In1	为子系统或外部输入创建输入端口

2. 接收模块(Sinks)

接收模块用来接收模块信号,常用的接收模块如表 6-2 所示。

表 6-2　常用的接收模块表

名　　称	模 块 形 状	功 能 说 明
Scope	Scope	示波器,显示实时信号
Display	Display	实时数值显示
XY Graph	XY Graph	显示 X-Y 两个信号的关系图
To File	untitled.mat　To File	把数据保存为文件
To Workspace	simout　To Workspace	把数据写成矩阵输出到工作空间

续表

名　称	模块形状	功能说明
Stop Simulation	(STOP) Stop Simulation	输入不为零时终止仿真,常与关系模块配合使用
Out	(1) Out1	输出模块

3. 连续系统模块(Continuous)

连续系统模块是构成连续系统的环节,常用的连续系统模块如表 6-3 所示。

表 6-3　常用的连续系统模块

名　称	模块形状	功能说明
Integrator	$\frac{1}{s}$ Integrator	对信号求积分
Derivative	du/dt Derivative	输出是输入信号的时间导数
State-Space	$\dot{x} = Ax+Bu$ $y = Cx+Du$ State-Space	实现线性状态空间系统
Transfer Fcn	$\frac{1}{s+1}$ Transfer Fcn	通过传递函数为线性系统建模
Zero-Pole	$\frac{(s\text{-}1)}{s(s+1)}$ Zero-Pole	通过零点和极点增益传递函数进行系统建模
Transport Delay	Transport Delay	按给定的时间量延迟输入

4. 离散系统模块(Discrete)

离散系统模块用来构成离散系统的环节,常用的离散系统模块如表 6-4 所示。

表 6-4　常用的离散系统模块

名　称	模块形状	功能说明
Discrete Transfer Fcn	$\frac{1}{z+0.5}$ Discrete Transfer Fcn	实现离散传递函数
Discrete Zero-Pole	$\frac{(z\text{-}1)}{z(z\text{-}0.5)}$ Discrete Zero-Pole	对由离散传递函数的零点和极点定义的系统建模
Discrete State-Space	$x_{n+1} = Ax_n + Bu_n$ $y_n = Cx_n + Du_n$ Discrete State-Space	实现离散状态空间系统
Discrete Filter	$\frac{1}{1+0.5z^{-1}}$ Discrete Filter	构建无限脉冲响应(IIR)滤波器模型
Zero-Order Hold	Zero-Order Hold	实现零阶保持采样期间
Unit Delay	$\frac{1}{z}$ Unit Delay	将信号延迟一个采样期间

6.2.2 设置模块参数和属性

1. 正弦信号源(Sine Wave)

双击正弦信号源模块,会出现如图 6-7 所示的参数设置对话框。

图 6-7 的上部分为参数说明,仔细阅读可以帮助用户设置参数。Sine type 为正弦类型,包括 Time-based 和 Sample-based;Amplitude 为正弦幅值;Bias 为幅值偏移值;Frequency 为正弦频率;Phase 为初始相角;Sample time 为采样时间。

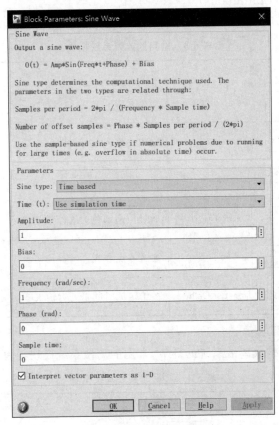

图 6-7 模块的参数设置

2. 阶跃信号源(Step)

阶跃信号模块是输入信号源,其模块参数设置对话框如图 6-8 所示。其中,Step time 为阶跃信号的变化时刻,Initial value 为初始值,Final value 为终止值,Sample time 为采样时间。

3. 从工作空间获取数据(From Workspace)

从工作空间获取数据模块的输入信号源为工作空间。在工作空间计算变量 t 和 y,将其运算的结果作为系统的输入。

```
t = 0: 0.1: 10;
y = sin(t);
t = t';
y = y';
```

然后将 From Workspace 模块的参数设置对话框打开,如图 6-9(a)所示,在 Data 栏填写 "[t,y]",单击 OK 按钮完成,则在模型窗口中该模块就显示为图 6-9(b)。用示波器作为接收模块,可以查看输出波形为正弦波。

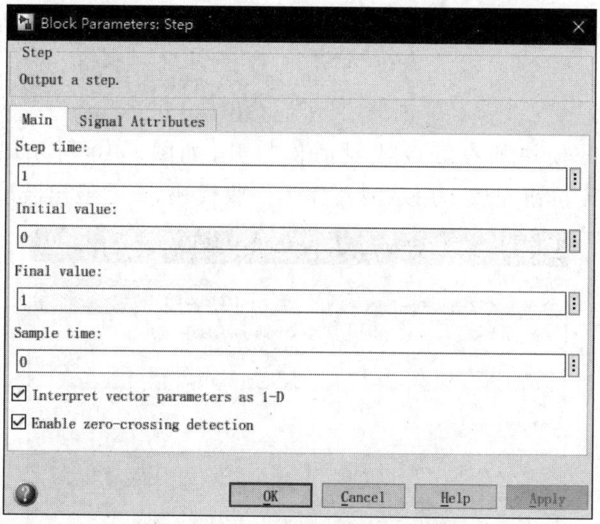

图 6-8　阶跃信号模块的参数

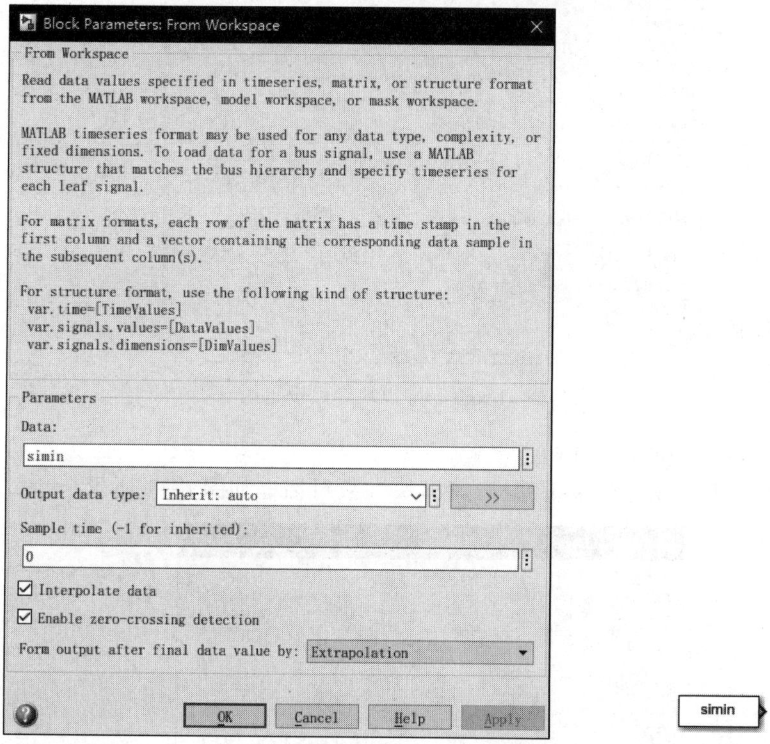

(a) 模块参数设置　　　　　　　　　(b) 模块在模型窗口中的显示

图 6-9　从工作空间获取数据模块

Data 的输入,可以是矩阵或包含时间数据的结构数组。From Workspace 模块的接收模块必须有输入端口,Data 矩阵的列数应等于输入端口的个数+1,第一列自动当成时间向量,后面几列依次对应各端口。

4. 从文件获取数据(From File)

从文件获取数据模块是指从 MAT 数据文件获取数据作为系统的输入。例如,将如下数据保存到 MAT 文件:

```
t = 0:0.1:2 * pi;
y = sin(t);
y1 = [t;y];
save Ex0702 y1                    % 保存在 Ex0702.mat 文件中
```

然后将 From File 模块的参数设置对话框打开,如图 6-10 所示,在 File name 栏填写 Ex0702.mat,单击 OK 按钮完成。用示波器作为接收模块,查看输出波形。

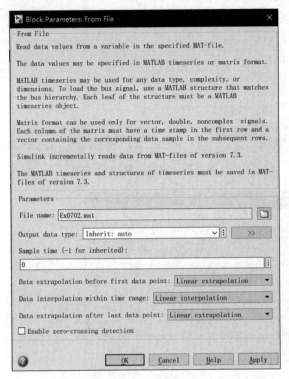

图 6-10　From File 模块参数设置

5. 传递函数(Transfer Function)

传递函数模块用来构成连续系统结构,其模块参数对话框如图 6-11 所示。

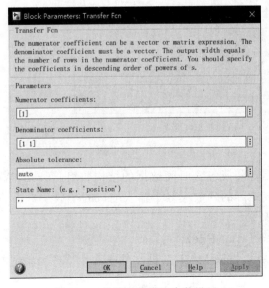

图 6-11　传递函数模块参数设置

设置 Denominator 为[1 1.414 1],则在模型窗口中显示如图 6-12 所示。若在模型窗口中此模块未显示公式,则用鼠标增大此模块的显示面积即可。

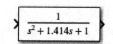

图 6-12　传递函数模块在模型窗口中的显示

6. **示波器模块(Scope)**

示波器模块用来接收输入信号并实时显示信号波形曲线。示波器窗口的工具栏可以调整显示的波形,显示正弦信号的示波器如图 6-13 所示。

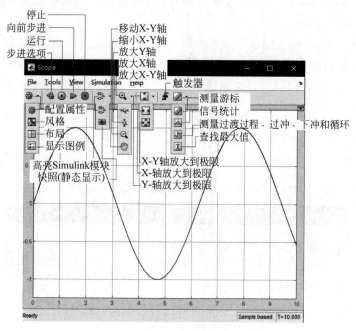

图 6-13　示波器窗口

6.2.3　简单模块的使用

下面通过两个例子来介绍一些模块的使用方法,以便读者对 Simulink 有进一步的了解。添加一个模块时,只需要在模块浏览器中找到该模块,选中并拖放到模型窗口即可;删除一个模块时,只需要在模型窗口中选中并删除即可。模块之间的连接比较简单,只需要选中一个模块的输出端,然后用鼠标拖动到另一个模块的输入端;或首先选中一个模块的输出端,再用鼠标拖动到已经存在的连线上。设置模块参数时,只需双击指定模块,然后设置相应参数项即可。

1. **创建 SIMULINK 模型**

(1) 新建一个空白的模型窗口(只有在模型窗口中才能创建系统模型)。方式是:进入 MATLAB 的"主页"选项卡→单击 Simulink 图标→将鼠标移至 Blank Model 处,单击 Create Model 图标。

(2) 在 Simulink 模块库浏览器中,将创建系统模型所需的功能模块用鼠标拖放到新建的模型窗口中。

(3) 将各个模块用信号线连接,设置仿真参数,保存所创建的模型(后缀名为.mdl)。

(4) 单击模型窗口中的 Run 按钮,运行仿真。

【例6-1】 已知某振动系统的振动速度为 $x(t) = \sin(t)$，初始条件为 $x(0) = 0$，利用 Simulink 仿真该系统的振动位移。

分析：要计算振动位移必须解上述微分方程，需要一个积分模块(Integrator)。被积函数是 $\sin(t)$，因此需要一个正弦波输入源模块(Sine Wave)。积分器的输出(即振动位移 $x(t)$)用示波器观察，因此需要一个显示输出模块(Scope)。所需各模块如图6-14所示。

步骤如下。

① 新建模型窗口。

② 从源模块库(Sources)中用鼠标拖放一个正弦波模块(Sine Wave)至模型窗口中，然后从连续模块库(Continuous)中拖放一个积分模块(Integrator)，再从输出显示模块库(Sinks)拖放一个示波器模块(Scope)。

③ 将各模块的输入、输出用信号线按如图6-15所示方式依次连接(连接方法：将鼠标移动到模块的输出端，此时鼠标箭头成"十"字形，按住鼠标左键，移动鼠标到另一个模块的输入端，当信号线由虚线变为实线时，释放左键即可完成信号线连接)，然后保存模型。

图6-14 所需模块　　　　　　　　　　图6-15 连接信号线

④ 运行仿真，然后双击示波器模块，可观察到仿真结果如图6-16所示。

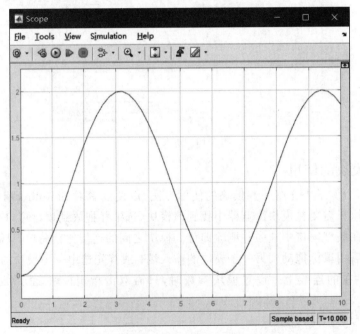

图6-16 振动位移的仿真结果

2. 信号线的处理与修饰

信号线即功能模块之间的连接线。对 Simulink 信号线的操作包括绘制信号线、移动线段、删除信号线、设定信号线的标签、给信号线加分支。

(1) 绘制信号线。

由模块的输出端口拖曳鼠标到另一模块的输入端口，或拖曳鼠标由输入端口到输出端口，如图6-17所示。拖动模块还可以调整所绘信号线的弯折状态。

（2）移动线段。

若想移动信号线的某段，单击选中此段，将鼠标移动到目标线段，按住鼠标左键，并拖曳到新位置。放开鼠标，则信号线将被移动到新的位置，如图 6-18 所示。

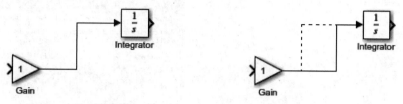

图 6-17　绘制信号线　　　　　　　　　图 6-18　移动信号线片段

（3）删除信号线。

与删除模块类似，删除信号线时，可以选中信号线，然后按下 Delete 键，或右击菜单（在信号线上）→选中 Clear，或在信号线上右击→选中 Cut 进行删除。

（4）设定信号线的标签。

每段信号线都可以有一个标签。双击要标注的信号线，则在信号线的附近就会出现一个编辑区，在编辑区内输入标签的内容即可，如图 6-19 所示。

（5）给信号线加分支。

若要给信号线加分支，则只需将鼠标移动到分支的起点位置，在按住 Ctrl 键的同时单击鼠标左键，拖动到目标模块的输入端，同时释放鼠标和 Ctrl 键即可，如图 6-20 所示。

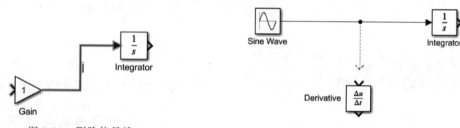

图 6-19　删除信号线　　　　　　　　　图 6-20　加入信号线分支

3. 其他模块

Simulink 可以针对控制、信号处理以及通信等系统进行建模、仿真和分析，因此，除了前面介绍的常用模块集之外，还提供了其他模块集和工具箱。下面通过具体例子对其中几个模块集或工具箱中的模块进行介绍。

【例 6-2】　使用 Simulink Extras 模块集中带有初始参数的传递函数模块。

（1）建立如图 6-21 所示的模型并保存。

需要说明的是：

* Transfer Fcn(with initial outputs)模块的初始输出和参数设置如图 6-22 所示。
* Transfer Fcn(with initial states)模块的初始状态和参数设置如图 6-23 所示。
* Spectrum Analyzer 模块为系统频谱分析器，它的第一个输入表示系统输入信号，第二个输入表示系统输出信号。

（2）运行该模型，然后双击 Spectrum Analyzer 模块可得到如图 6-24 所示的结果，双击 Scope

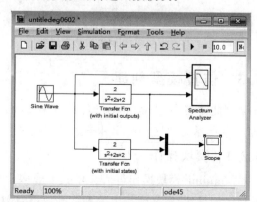

图 6-21　Simulink 模型

模块可得到如图 6-25 所示的结果。

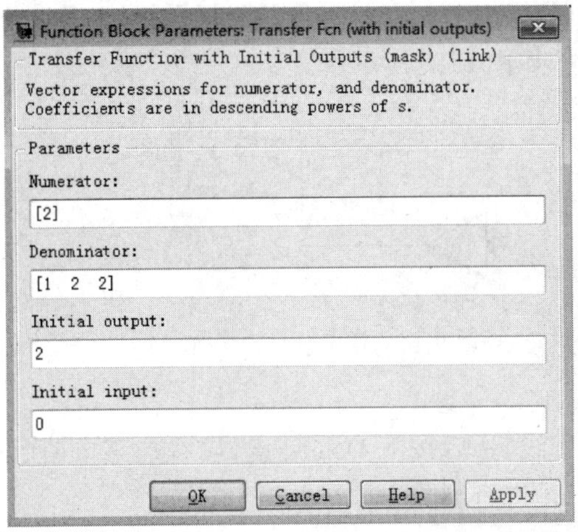

图 6-22　Transfer Fcn(with initial outputs)模块设置 1 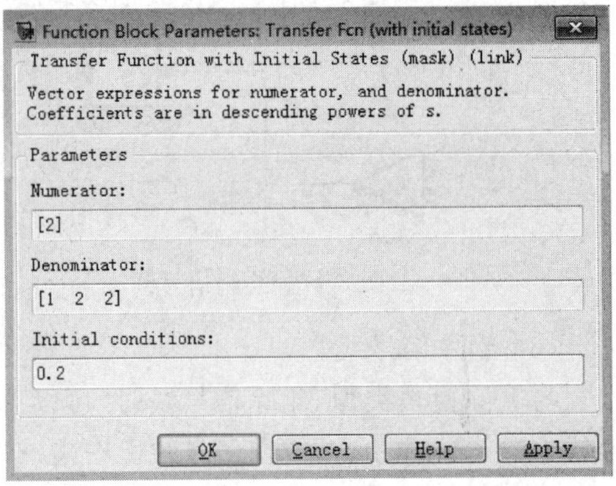　　图 6-23　Transfer Fcn(with initial states)模块设置 2

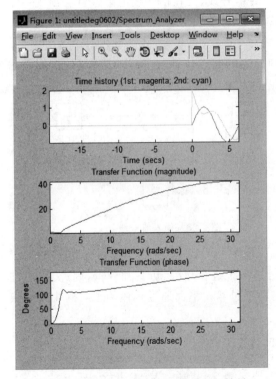

图 6-24　Spectrum Analyzer 模块运行结果

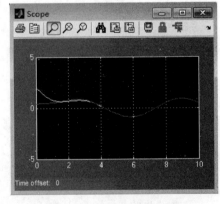

图 6-25　Scope 模块运行结果

6.3　仿真模型创建

至此读者对 Simulink 已经有了初步的认识,下面来学习如何创建 Simulink 模型,如图 6-26 所示为建立 Simulink 模型的流程图。

6.3.1　模块操作

Simulink 模块操作包括选择一个或多个模块,复制、删除和移动模块,模块外形的调整,模块名的操作,定义模块中的参数和属性,模块间的连接等。

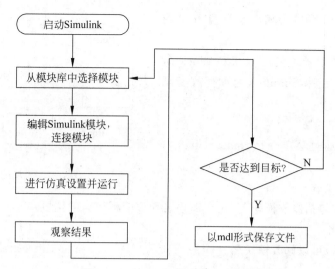

图 6-26 Simulink 模型建立流程图

1. 模块的选择

选择模块有两种情况,即选择一个模块和选择多个模块。

1) 选择一个模块

选择一个模块只需要单击指定模块,当用户选中一个模块时,以前选中的模块就被放弃。

2) 选择多个模块

选择多个模块可以有两种方法,一个是逐个选择法,另一个是使用方框选择相邻的几个模块。

（1）逐个选择法：按住 Shift 键,单击需要选中的模块。

（2）方框选择法：使用鼠标单击和拖动以画出方框,即可选择方框内的所有模块。

2. 复制、删除和移动模块

1) 复制模块

（1）不同窗口复制模块：选中模块后,直接将模块从一个窗口拖动到另一个窗口即可。

（2）同一个窗口内复制模块：选中模块后,按快捷键 Ctrl＋C,再按快捷键 Ctrl＋V 实现复制。

（3）通过右击菜单中的 Copy 和 Paste 命令来复制模块。

2) 删除模块

删除模块可以采用以下两种方法：

（1）选中后,按 Delete 键删除模块。

（2）选中模块后,通过右击菜单中的 Cut 和 Delete 命令来删除模块。

3) 移动模块

按住鼠标左键直接将模块拖动到指定位置。

3. 模块外形的调整

模块外形的调整包括 3 种形式,即改变模块的大小、调整模块的方向和给模块添加阴影。

1) 改变模块的大小

选中模块后,将鼠标移动到模块边框的一角,当鼠标变成两端有箭头的线段时,按下鼠标左键拖动模块图标来改变模块大小。

2) 调整模块方向

选中模块后,通过菜单 Format→Rotate Block 使模块水平方向顺时针旋转 90°,通过菜单

Format→Flip Block 使模块相对于垂直方向翻转180°。

图 6-27 说明了对模块使用 Rotate Block 命令和 Flip Block 命令后,Simulink 是如何改变模块端口的顺序的。

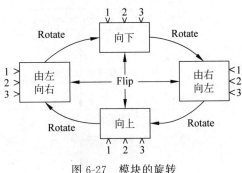

图 6-27　模块的旋转

3)给模块添加阴影

选中模块后,通过菜单→Format→Shadow 给模块添加阴影。

4. 模块名的操作

模块名的操作包括修改模块名、显示模块名和改变模块名的位置。

1)修改模块名

双击模块名后,可以修改模块名。

2)显示模块名

单击选中模块,鼠标移动到模块上方的菜单按钮(3 个点)→单击 Show Block Name 来显示模块名;鼠标移动到模块上方的菜单按钮→单击 Hide Block Name 来隐藏模块名。

3)改变模块名的位置

选中模块后,通过菜单 Format→Flip Name 来改变模块名的显示位置。

6.3.2　基本步骤

前面介绍了 Simulink 的一些基础知识,下面总结使用 Simulink 进行系统建模和仿真的步骤。

(1)画出系统框图,将要仿真的系统根据功能划分成子系统,然后选用模块来搭建每个子系统。

(2)启动 Simulink 模块库浏览器,新建一个空白模型。

(3)在模块库中找到所需模块并拖曳到空白模型窗口中,按系统框图的布局摆放好各模块并连接各模块。

(4)如果系统比较复杂,模块的数目太多,用户可以将同一功能的模块封装成一个子系统。

(5)设置各模块的参数以及与仿真有关的各种参数。

(6)将模型保存为后缀名为.mdl 的模型文件。

(7)运行仿真,观察结果。如果仿真出错,按照弹出的错误提示框来查看出错误原因,进行修改;如果仿真结果与预想的结果不符,首先检查模块的连接是否有误,选择的模块是否合适,然后检查模块参数和仿真参数的设置是否合理。

(8)调试模型。若在第(7)步中没有出现任何错误提示,但是仿真结果与预想的结果不符,那么就需要进行调试,来查看系统在每个采样点的运行情况,以便找到导致仿真结果与预想情况或实际情况不符的地方。修改后再仿真,直到结果符合要求为止。

6.3.3　仿真示例

Simulink 最大的功能在于其建模仿真功能,在本节中,将通过一个具体的实例来向读者展示 Simulink 到底能够做什么,通过本实例,读者就可以直接建立自己简单的 Simulink 模型了。在本例中的模型有如下要求:

· 信号源为脉冲信号和正弦信号。

- 将脉冲信号放大两倍,正弦信号不变。
- 将放大后的脉冲信号和正弦信号在同一示波器中输出。

在 Simulink 中,建模步骤如下:

① 打开 MATLAB 界面,单击 Simulink 图标打开 Simulink 库浏览器。

② 鼠标移动至 Simulink 库主页中的 Blank Model 处,单击 Create Model 图标,打开一个默认名称为 untitled 的空白模型窗口,如图 6-28 所示。

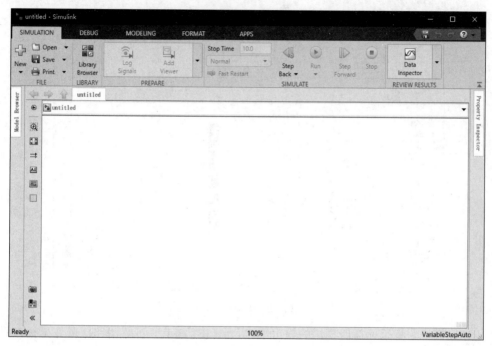

图 6-28　Simulink 模型窗口

③ 在模型窗口中添加信号源,在 Simulink 库浏览器中单击 Simulink 库中的子库 Sources,在右侧展开列表框中分别选择 Sine Wave(正弦波)模块和 Pulse Generator(脉冲发生器)模块,按下鼠标左键的同时,拖动模块到新建的空白模型窗口中,释放鼠标左键,即可分别将正弦波模块和脉冲发生器模块从库浏览器复制到模型窗口中,如图 6-29 所示。

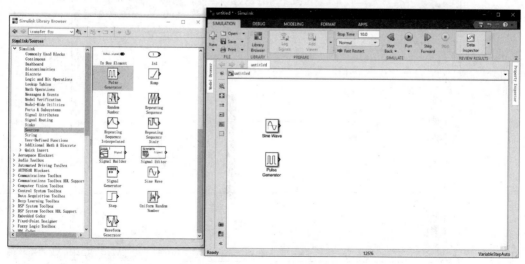

图 6-29　向模型窗口中添加信号源

④ 按照步骤③，在模型窗口中添加其他模块。将 Simulink 库中子库 Math Operations 中的 Gain 模块、Signal Routing 子库中的 Mux 模块和 Sink 子库中的 Scope 模块一次性拖动到新建的模型窗口中，如图 6-30 所示。Gain 模块用来放大脉冲信号；Mux 模块用来将放大后的脉冲信号和正弦信号这两路信号复合为一路信号输出；Scope 模块用来显示输出信号。

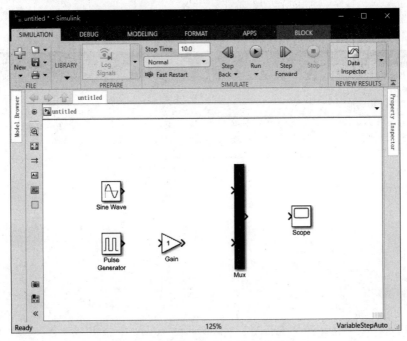

图 6-30　向模型窗口中添加其他模块

⑤ 连接模块。将鼠标指向模块的输出端，当光标变为"十"字形符号时，按住鼠标左键，移动鼠标至要连接模块的输入端，当信号线由虚线变为实线时，松开鼠标，即可完成两个模块间的连接。最终完成所有模块间的连接，如图 6-31 所示。

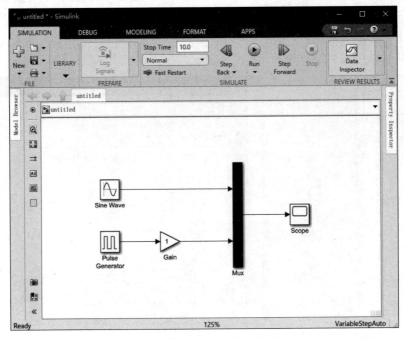

图 6-31　连接模块

⑥ 单击模型窗口工具栏中的"保存"按钮,将弹出如图 6-32 所示的保存窗口,将模型名称改为 Sample,单击"保存"按钮进行保存。

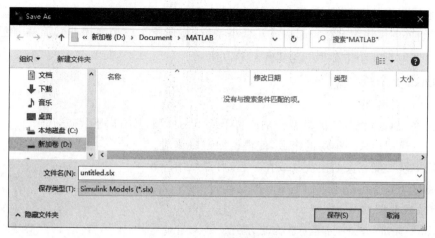

图 6-32　保存模型

⑦ 设置模块属性。双击 Gain 模块,将弹出 Gain 模块参数设置对话框,设置参数 Gain 为 2,如图 6-33 所示,设置完毕之后单击 OK 按钮关闭对话框。其他模块采用默认设置,在本例中不做修改。

⑧ 显示仿真结果。单击模型窗口中的"运行"按钮,开始仿真。在示波器上可以观察到原信号和放大后的输出信号。单击示波器工具栏中的"放大 X-Y 轴到极限"按钮,使得波形充满整个坐标框,得到如图 6-34 所示的图形。

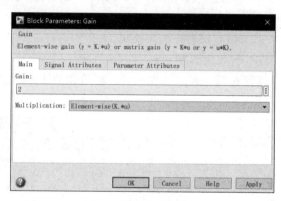

图 6-33　模块参数设置

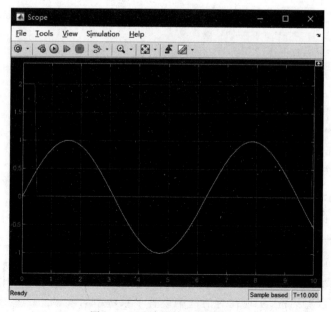

图 6-34　示波器输出结果显示

6.4 子系统及其封装

随着系统规模的不断扩大,复杂性不断增加,模型的结构也变得越来越复杂。在这种情况下,将功能相关的模块组合在一起形成几个小系统,将使整个模型变得非常简洁,使用起来非常方便。下面分别介绍子系统的创建和封装方法。

6.4.1 创建子系统

1. 子系统的作用

通过子系统可以把复杂的模型分割成若干简单的模型,具有以下优点:

(1)减少模型窗口中模块的个数,使得模型窗口整洁。

(2)把一些功能相关的模块集成在一起,可以复用。

(3)通过子系统可以实现模型图表的层次化。

2. 子系统的创建方法

Simulink有如下两种创建子系统的方法。

(1)通过子系统模块来创建子系统:先向模型中添加Subsystem模块,然后打开该模块并向其中添加模块。

(2)组合已存在的模块集。

3. 子系统创建示例

【例6-3】 通过Subsystem模块创建子系统。具体步骤如下。

(1)从Ports & Subsystems中复制Subsystem模块到模型中,如图6-35所示。

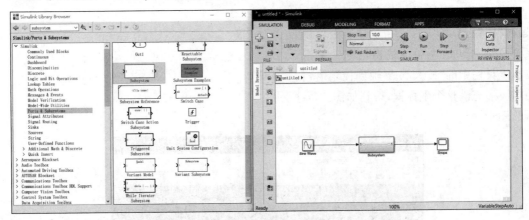

图6-35 子系统创建实例

(2)双击Subsystem模块图标即可打开Subsystem模块编辑窗口。

(3)在新的空白窗口创建子系统,然后保存。

(4)运行仿真并保存。

6.4.2 封装子系统

子系统虽然可以使模型更简洁,但是更改子系统内部模块参数时需要打开许多参数对话框,修改大量的参数,使工作会变得十分烦琐,Simulink提供了封装技术来解决这一问题。封装就是为子系统定制对话框和图标,使子系统具有良好的用户界面。

封装后的子系统与Simulink提供的模块一样拥有图标,并且双击图标时会出现一个用户自定义的"参数设置"对话框,实现在对话框中设置子系统中的参数。

1. 封装子系统的优点和作用

（1）在设置子系统内部模块参数时可以通过"参数设置"对话框完成。

（2）为子系统创建一个可以反映子系统功能的图标。

（3）可以避免用户在无意中修改子系统中的模块参数。

2. 封装的过程

（1）选择需要封装的子系统。

（2）右击子系统模块，依次选择 Mask→Create Mask 菜单命令，这时会弹出如图 6-36 所示的封装编辑器，设置 Icon & Ports、Parameters、Initialization 和 Documentation。

（3）单击 Apply 或 OK 按钮保存设置。

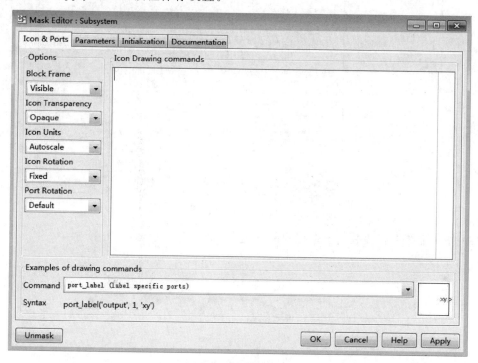

图 6-36　封装编辑器

3. 封装编辑器的设置

下面的例子中将创建一个子系统，并介绍封装编辑器的设置。

【例 6-4】　创建一个子系统，实现斜截式直线方程模型 $y=kx+b$。

分析：由直线方程可知，该子系统后有两个端口 x 和 y，可以用端口和子系统子库（Ports & Subsystems）中的输入模块 In1 和输出模块 Out1 表示。子系统本身有两个变量 k 和 b，由方程中的 kx 可以看出，k 可由增益模块 Gain 实现，而 b 则可由常数模块 Constant 实现。

（1）选取模块，在模型窗口中创建模型，如图 6-37 所示，创建过程这里不再重复。

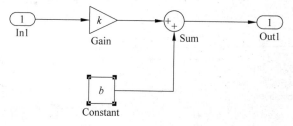

图 6-37　直接创建子系统

（2）设置子系统内的模块参数,这里将增益模块参数设置为k,将常数模块参数设置为b,如图 6-38 所示。

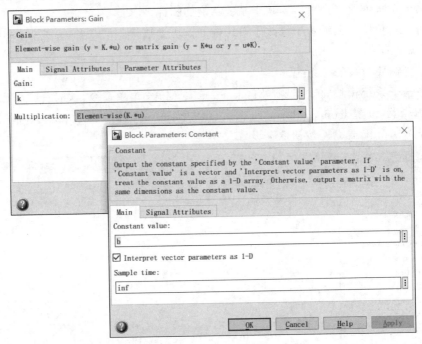

图 6-38　模块参数设置

（3）使用虚线框将要装入子系统的部分选中,如图 6-39 所示。

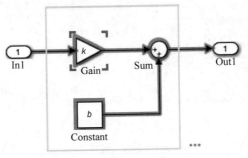

图 6-39　选择创建子系统的对象

（4）选择虚线框右下角菜单中的 Create Subsystem 命令,Simulink 将会用一个子系统模块代替所选中的模块组。适当调整系统模型,如图 6-40 所示。

（5）要想查看如图 6-40 所示的 Subsystem 子系统,最简洁的办法就是双击模块,即可看到子系统模块的内部结构图,如图 6-41 所示。

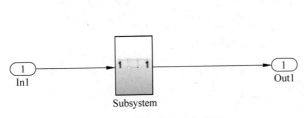

图 6-40　带有子系统的模型

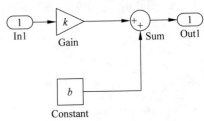

图 6-41　子系统模块内部结构图

【例 6-5】 封装例 6-4 中构建的子系统模块。

（1）创建子系统，与例 6-4 相同，最终构建如图 6-42 所示的模型。

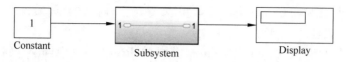

图 6-42　子系统封装模型

（2）设置子系统中模块参数变量。这一步主要是将子系统模块中需要设定的参数在子系统模块内部变量化。本例中，需要对子系统中 Gain 和 Constant 模块中的参数 Gain 和 Constant Value 进行变量化赋值，假设 Gain 设定为变量 k，Constant Value 为 b，设定后子系统内部模型如图 6-43 所示。

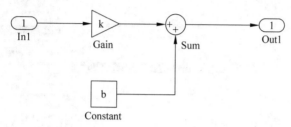

图 6-43　子系统中模块参数变量化

（3）选择子系统模块 Subsystem，右击子系统模块，依次选择 Mask→Create Mask 菜单命令打开封装编辑器，如图 6-44 所示。

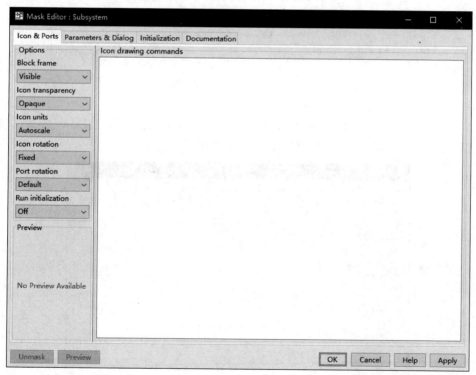

图 6-44　子系统封装编辑器

（4）设置参数标签页（Parameters），该设置主要是为了让子系统模块能够像其他 Simulink 模块一样，具有参数设置对话框，可以设置自己的参数。

① 选择 Parameters & Dialog 选项卡。

② 在 Dialog box 栏中选择 Parameters 文件夹。

③ 在 Controls 栏中单击 Edit 图标。Edit 类型表示封装后子系统参数设置界面中 Slope 的变量值通过文本框输入。

④ 在 Diaglog box 或 Property editor 栏中的 Prompt 栏中写入"斜率(Slope)"。在 Property editor 的 Name 栏中写入变量名 k；勾选 Evaluate 栏，表示输入量是"数值类"的数值或者结果为数值的表达式。

⑤ 按照前述方法，设置子系统所需的参数"截距(Intercept)"。设置结果如图 6-45 所示。

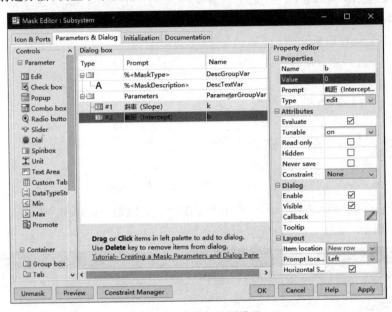

图 6-45　参数标签页设置

(5) 设置图标页(Icon)。

选择 Icon & Ports 选项卡。在 Icon drawing commands 栏中写入如图 6-46 所示的绘制指令。设置 Icon transparency 选项为 Opaque(不透明)设置。

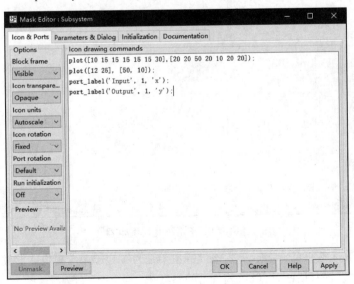

图 6-46　图标标签页设置

（6）设置文档标签页 Documentation。

① 选择 Documentation 选项卡。

② 在 Type 栏中输入"斜截式直线方程模块"。

③ 在 Description 栏中输入"斜截式直线方程模块，斜率（Slope）和截距（Intercept）是该模块的参数"。

④ 在 Help 栏中输入"变量 k 表示斜率，变量 b 表示截距"，如图 6-47 所示。

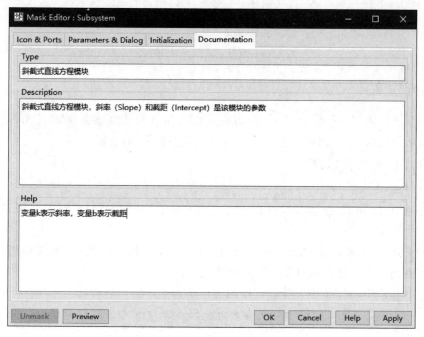

图 6-47　文档标签页设置界面

（7）运行仿真，查看封装结果。

以上基本完成了对子系统的封装，在单击封装编辑器 OK 按钮后，将看到如图 6-48 所示的模型图。

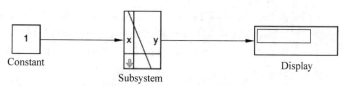

图 6-48　封装后的子系统模型图

双击封装子系统 Subsystem，可以弹出如图 6-49 所示的封装子系统参数设置对话框。

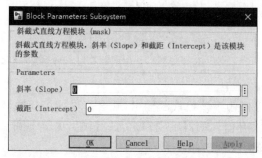

图 6-49　封装后子系统的参数设置对话框

改变封装子系统参数设置对话框中斜率 Slope 和截距 Intercept 的值,设置 Slope 为 3,Intercept 为 4,相当于赋值操作,令 $k=3$、$b=4$,将所赋值传递给子系统内的模块。此时整个模型实现 $y=3x+4$ 的计算。在 Display 中可以实时看到输出值的变化。重新运行仿真后,模型的输出变化如图 6-50 所示。

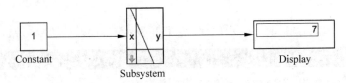

图 6-50　参数调整后的输出变化

6.5　运行仿真

建立模型之后需要运行仿真模型,本节将详细介绍各种仿真参数的设置和仿真的运行。在介绍仿真运行之前,先介绍两个重要的概念——过零检测和代数环。

6.5.1　过零检测和代数环

1. 过零检测

过零检测通过 Simulink 为模块注册若干过零函数,当变化趋势剧烈时,过零函数发生符号变化。

每个采样点仿真结束时,Simulink 检测是否有过零函数符号变化,如果检测到过零点,Simulink 将在前一个采样点和目前采样点间内插值。

表 6-5 列出了 Simulink 中支持过零检测的模块。

表 6-5　支持过零点检测的模块

模　块　名	说　　明
Abs	一个过零检测:检测输入信号沿上升或下降方向通过零点
Backlash	两个过零检测:一个检测是否超过上限阈值,另一个检测是否超过下限阈值
Dead Zone	两个过零检测:一个检测何时进入死区,另一个检测何时离开死区
Hit Crossing	一个过零检测:检测输入何时通过阈值
Integrator	若提供了 Reset 端口,就检测何时发生 Reset;若输出有限,则有 3 个过零检测,即检测何时达到上限饱和值、检测何时达到下限饱和值和检测何时离开饱和区
MinMax	一个过零检测:对于输出向量的每个分量,当输入信号是新的最小值或新的最大值时进行检测
Rely	一个过零检测:若 Relay 是 off 状态,就检测开启点;若是 on 状态,就检测关闭点
Relational Operator	一个过零检测:检测输出何时发生改变
Saturation	两个过零检测:一个检测何时达到或离开上限,另一个检测何时达到或离开下限
Sign	一个过零检测:检测输入何时通过零点
Step	一个过零检测:检测阶跃发生时间
Switch	一个过零检测:检测开关条件是否满足
Subsystem	用于有条件地运行子系统:一个使能端口,另一个触发端口

2. 代数环

如果 Simulink 的输入依赖于该模块的输出,就会产生一个代数环,如图 6-51 所示。这意味着无法进行仿真,因为没有输入就得不到输出,没有输出也得不到输入。

解决代数环的办法包括以下几种:

- 尽量不形成代数环的结构,采用替代结构。

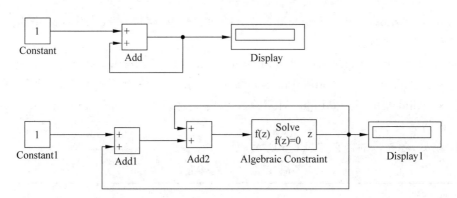

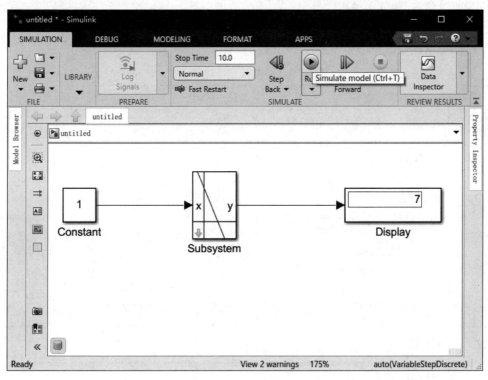

图 6-51　代数环样例

- 为可以设置初值的模块设置初值。
- 对于离散系统,在模块的输出一侧增加 unit delay 模块。
- 对于连续系统,在模块的输出一侧增加 memory 模块。

6.5.2　仿真的运行

1. 使用窗口运行仿真

建立好模型后,可以通过单击工具栏上的运行按钮进行仿真,如图 6-52 所示。

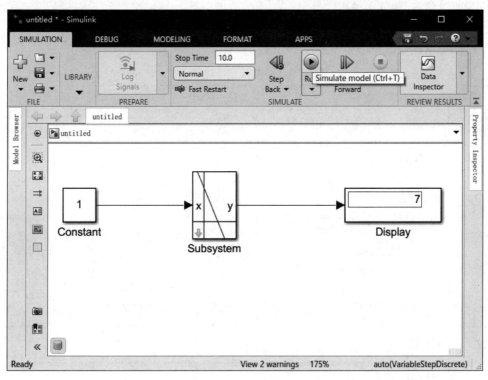

图 6-52　通过工具栏进行仿真

2. 使用 MATLAB 命令运行仿真

MATLAB 允许通过命令窗口运行仿真。MATLAB 提供函数 sim()运行仿真,其具体使用方法如下。

① simOut＝sim(model):使用现有模型配置参数对指定模型进行仿真,并将结果返回为 Simulink.SimulationOutput 对象。

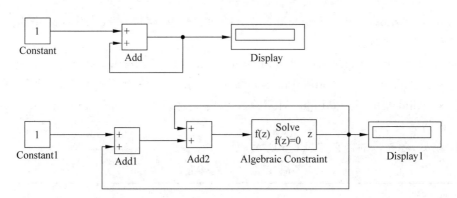

② simOut＝sim(model,ParameterStruct)：使用结构体 ParameterStruct 中指定的参数值对指定模型进行仿真。

③ simOut＝sim(simIn)：使用 SimulationInput 对象 simIn 中指定的输入对模型进行仿真。sim 命令也可用于 SimulationInput 对象数组，以运行一个系列中的多个仿真。如果 simIn 是 Simulink.SimulationInput 对象的数组，输出将以 Simulink.SimulationOutput 对象数组形式返回。

函数 sim()各参量的含义如表 6-6 所示。

表 6-6　函数 sim()各参量的含义

参　量　名	参　量　含　义
model	要仿真的模型的名称，指定为字符向量
ParameterStruct	该结构体中包含的字段是用于仿真的配置参数的名称。对应的值为参数值
simIn	模型的 SimulationInput 对象
simOut	包含所有记录的仿真结果的 Simulink.SimulationOutput 对象

6.6　仿真模型调试

Simulink 提供了调试器，以方便查找和诊断模型中的错误，它允许通过单步运行仿真显示模块的即时状态、输入和输出。

1. Simulink 调试器

工具栏按钮及功能介绍如表 6-7 所示。

表 6-7　工具栏按钮及功能介绍

工具栏按钮	功　　能	工具栏按钮	功　　能
	自动优化模型表现		停止仿真
	跳过当前方法		运行到下一个模块前跳出
	跳出当前方法		当选中的模块被执行时显示其输入输出
	在下一个仿真时间步跳转到第一个方法		显示选中的模块的当前输入输出
	跳转到下一个模块方法		显示调试器的帮助
	开始或继续调试	Close	关闭调试器
	暂停仿真		

2. 命令行调试

许多 Simulink 命令和消息是通过 Method ID 和 Block ID 来引用方法和模块的。

- Method ID 是按方法被调用的顺序从 0 开始分配的一个整数。
- Block ID 是在编译阶段分配的，形式为 sid：bid。

3. 设置断点

断点就是使仿真运行到该位置时停止，同时可以使用命令 continue 使仿真继续运行。调试器允许定义无条件断点和有条件断点。

1）设置无条件断点

设置无条件断点有如下 3 种方式：

- 通过调试器工具栏。
- 通过调试器 Simulation Loop 页。
- 通过在 MATLAB 命令窗口运行相关命令。

2）设置有条件断点

设置有条件断点可以通过在调试器 Break on conditions 页中设置相应的断点条件来实现。

4．显示仿真的信息

Simulink 调试器工具条中的按钮用于显示模块的输入输出信息。

（1）在模型窗口选中模块。

（2）用鼠标左键单击该按钮，被选中的模块在当前采样点的输入、输出和状态信息将显示在调试器窗口的 Outputs 页中。

5．显示模型的信息

调试器除了可以显示仿真的相关信息外，还可以显示模型的相关信息。

在 MATLAB 命令窗口中，可以用命令 slist 显示系统中各模块的索引，模块的索引就是它们的执行顺序，它与调试器窗口中 Sorted List 页显示的内容是一样的。

6.7 S-函数

S-函数是一个动态系统的计算机语言描述，在 MATLAB 里，用户可以选择用 M 文件编写，也可以用 C 语言、C++语言、Ada 或 FORTRAN 语言编写，这些语言编写的 S-函数被编译成 MEX-文件，在需要的时候，被连接到 MATLAB。本节主要介绍如何用 M 文件编写 S-函数。

S-函数提供了扩展 Simulink 模块库的有力工具，它采用一种特定的调用语法，使函数和 Simulink 解法器进行交互。S-函数最广泛的用途是定制用户自己的 Simulink 模块。它的形式十分通用，能够支持连续系统、离散系统和混合系统。

6.7.1 S-函数的定义

在 S-函数的编写中会遇到下面一些基本概念，如直接反馈（direct feedthrough）、动态输入（dynamically sized inputs）、设置采样时间和偏移（setting sample times and offsets）。理解这些概念对于正确创建 S-函数是非常重要的。

1．直接反馈

直接反馈是指系统的输出或可变采样时间受到输入的控制。简单地说，如果输出信号是输入信号的函数，或者在可变步长仿真过程中，S-函数影响着下一个仿真时刻的计算，那么就是直接反馈。有些系统具有直接反馈性，而有些没有。例如，系统 y＝ku（u 是输入，k 是增益系数，y 是输出）就具有直接反馈性。而系统 y＝x,dx＝u,x 表示状态，就不具有直接反馈性。

要确定模块的执行顺序，就需要判断 S-函数有无直接反馈性。一般来说，判断 S-函数输入端口是否总具有直接反馈性的依据如下：

- 从 S-函数的角度看，输出函数中包含输入 u 的函数。
- 下一采样时刻的计算需要输入 u。

2．动态输入

S-函数可以动态设置输入向量宽度（维数）。S-函数的输入变量的宽度取决于 S-函数输入模块的宽度。动态输入主要是给出输入连续状态数目(Size. NumContStates)、离散状态数目(Size. NumDiscStates)、输出数目(Size. NumOutputs)、输入数目(Size. NumInputs)和直接反馈数目(Size. DirFeedthrough)。

S-函数只有一个输入输出端口,所以其只能接受一维输入向量。动态设置输入向量宽度时,可以将指定 Size 结构的对应成员设置为−1。也可以在仿真开始时调用 length 函数来确定实际输入向量的宽度。若指定宽度为 0,则对应的输入端口将会在 S-函数模块中去掉。

3. 设置采样时间和偏移

设置采样时间和偏移中主要设置采样时间。M 文件 S-函数和 C 语言 S-函数都具备在指定 S-函数的执行时间上有高度的自适应度。Simulink 为采样时间提供了以下不同的选择。

- 连续采样时间(continuous sample time)。针对具有连续状态和非采样过零点的 S-函数,其输出按照最小时间步改变。
- 固定最小步长的连续采样时间(continuous but fixed in minor time step sample time)。针对需要在每一个仿真时间步执行,但在最小仿真步内值不改变的 S-函数。
- 离散采样时间(discrete sample time)。在 S-函数发生了具有离散时间间隔的函数行为,用户可以定义一个采样时间来规定 Simulink 何时调用函数。而且用户还可以定义一个延迟时间 offset 来延迟采样时间,这个延迟时间不能超过采样时间。若用户定义了一个离散采样时间,则 Simulink 就会在所定义的每个采样点调用 S-函数的 mdlOutput 例程和 mdlUpdate 例程。
- 可变采样时间(variable sample time)。相邻采样点的时间间隔可变的离散采样时间。在这种采样时间的情况下,S-函数将会在下一步仿真开始的时候计算下一个采样点的时刻。
- 继承采样时间(inherited sample time)。在某些情况下,S-函数自身没有特定的采样时间,它本身的状态是连续的还是离散的完全取决于系统中的其他模块。此时,S-函数模块的采样时间属性可设置为继承(inherited)。

通常,一个模块可以从以下方式中继承采样时间:继承驱动模块(driving block)、继承目标模块(destination block)、系统中最快的采样时间。

6.7.2 工作原理

要创建一个 S-函数,了解 S-函数的工作原理就显得尤为重要。S-函数的一个优点就是可以创建一个通用的模块,在模型中可以多次调用,在不同的场合下仅仅修改它的参数就可以了。因此在了解 S-函数的工作原理之前,首先了解一下模块的共同特性,以便更好地理解 Simulink 的整个仿真原理。最后简介 Simulink 的仿真阶段和 S-函数的反复调用。

1. Simulink 模块的共同特性

Simulink 模块包含 3 个基本元素:输入向量(u)、状态向量(x)和输出向量(y)。图 6-53 显示了 Simulink 模块 3 个基本单元的关系。

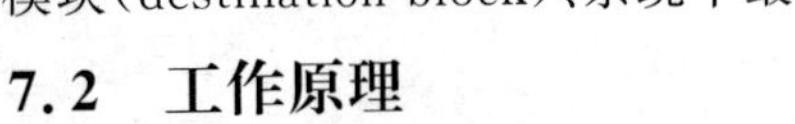

图 6-53   模块的输入、输出和状态关系图

输入、状态和输出之间的数学关系可用状态方程描述为

$$y = f_0(t, x, u); \quad x_c = f_d(t, x, u); \quad x_d = f_u(t, x, u)$$

其中 $x = x_c + x_d$。

2. Simulink 仿真阶段

Simulink 的仿真阶段分为两个阶段。第一个阶段为初始化阶段,在这个阶段,模块的所

有参数将传递给 MATLAB 进行计算,所有参数将被确定下来,同时,Simulink 将展开模型的层次,每个子系统被它们所包含的模块替代,传递信号宽度、数据类型和采样时间,确定模块的执行顺序,最后确定模块的初值和采样时间。第二个阶段是仿真阶段,在这个阶段主要进行的是模块输出的计算,更新模块的离散状态,计算连续状态,在采用变步长解法器时还需要确定时间步长。

3. S-函数的反复调用

Simulink 模型中反复调用 S-函数,以便执行每一阶段的任务。Simulink 会对模型中的 S-函数采用适当的方法进行调用,在调用过程中,Simulink 将调用 S-函数来完成各项任务。其任务如下:

(1)初始化:在仿真开始前,Simulink 在这个阶段初始化 S-函数,这些工作包括:

- 初始化结构体 SimStruct,它包含了 S-函数的所有信息。
- 设置输入输出端口的数目和大小。
- 设置采样时间。
- 分配存储空间并估计数组大小。

(2)计算下一个采样时间点:如果选择步长解法器进行仿真,需要计算下一个采样时间点,即计算下一步的仿真步长。

(3)计算主要时间步的输出:计算所有端口的输出值。

(4)更新状态:此例程在每个步长处都要执行一次,可以在这个例程中添加每个仿真步都需要更新的内容,例如离散状态的更新。

(5)数值积分:用于连续状态的求解和非采样过零点。如果 S-函数存在连续状态,Simulink 就在 minor step time 内调用 mdlDerivatives 和 mdlOutput 两个 S-函数例程。

6.7.3 S-函数模板

在 Simulink 中为用户编写 S-函数提供了多种模板文件,该模板文件定义了完整的 S-函数框架结构,用户可以根据自己的需要来修改模板。编写 M 文件 S-函数时,推荐使用 S-函数模板文件,即 sfuntmpl. m,该文件存储在 MATLAB 的根目录 toolbox\simulink\blocks 子目录中。sfuntmple. m 模板文件是一个 M 文件 S-函数,由一个主函数和 6 个子函数组成,在主函数程序内,由一个 Switch-Case 语句根据标志变量 flag 的值将 Simulink 转移到相应的子函数中。

下面给出 sfuntmpl. m 模板文件源代码,在适当的位置添加了中文注释。

```
function [sys,x0,str,ts] = sfuntmpl(t,x,u,flag)
% x0 是状态变量的初始值
% 一般在初始化中将 str 置空就可以了
% ts 是一个 1 * 2 的向量,ts(1)是采样周期,ts(2)是偏移量
% 函数名 sfuntmpl 是模板文件名,用户在编辑时应编写自己的文件名
% t 是采样时间,x 是状态变量,u 是输入
% flag 是仿真过程中的状态标志,它的 6 个不同的权值分别指向 6 个功能不同的子函数
% 这些子函数也称为回调方法
% sys 输出根据 flag 的不同而不同,下面将结合 flag 来讲 sys 的含义
switch flag,
% 判断 flag 当前处于哪个状态
  case 0,
  [sys,x0,str,ts] = mdlInitializeSizes;
  % 调用"模块初始化"子函数
  case 1,
  sys = mdlDerivatives(t,x,u);
```

```
      % 调用"计算模块导数"子函数
      case 2,
      sys = mdlUpdate(t,x,u);
      % 调用"更新模块离散状态"子函数
      case 3,
      sys = mdlOutputs(t,x,u,k);
      % 调用"计算模块输出"子函数
      case 4,
      sys = mdlGetTimeOfNextVarHit(t,x,u);
      % 调用"计算下一个采样时间点"子函数
      case 9,
      sys = mdlTerminate(t,x,u);
      % 调用"结束仿真"子函数
      otherwise
         error(['Unhandled flag = ',num2str(flag)]);
end
% ================================================================
function [sys,x0,str,ts] = mdlInitializeSizes
% 模块初始化子函数
sizes = simsizes;
% 调用 S - 函数 simsize,返回规范的 Sizes 架构,这个指令用户无须改动
sizes.NumContStates = 0;
% 模块连续状态的数目。0 是模板的默认值,用户可以根据自己所描述的系统进行修改
sizes.NumDiscStates = 0;
% 模块离散状态的数目。0 是模板的默认值,用户可以根据自己所描述的系统进行修改
sizes.NumOutputs = 0;
% 模块输出的数目。0 是模板的默认值,用户可以根据自己所描述的系统进行修改
sizes.NumInputs = 0;
% 模块输入的数目。0 是模板的默认值,用户可以根据自己所描述的系统进行修改
sizes.DirFeedthrough = 1;
% 模块是否存在直接馈入。有则置为 1,无则置为 0,1 是模板的默认值
sizes.NumSampleTimes = 1;
% 模块的采样时间个数,至少是一个。用户可根据自己所描述的系统进行修改
sys = simsizes(sizes);
% 初始化完成后 sizes 向 sys 赋值
x0 = [];
% 设置初始状态,默认为空
str = [];
% 保留参数,默认为空,用户不必修改
ts = [0 0];
% 设置采样时间和偏移量
% ================================================================
function sys = mdlDerivatives(t,x,u)
% 计算模块导数子函数。在此处填写计算导数向量的指令
sys = [];
% 用户必须把算得的导数向量赋给 sys,这里的[ ]是默认设置
% ================================================================
function sys = mdlUpdate(t,x,u)
% 更新模块离散状态子函数。在此处填写计算离散状态向量的指令
sys = [];
% 用户必须把算得的离散状态向量赋给 sys,这里的[ ]是默认设置
% ================================================================
function sys = mdlOutputs(t,x,u,k)
% 计算模块输出子函数。在此处填写计算模块输出向量的指令
sys = [];
% 用户必须把算得的模块输出向量赋给 sys,这里的[ ]是默认设置
% ================================================================
function sys = mdlGetTimeOfNextVarHit(t,x,u)
% 计算下一个采样时间点子函数。该子函数只能在"变采样时间"下使用
sampleTime = 1;
```

```
% 表示在当前时刻 1 秒后再调用本模块。用户可根据需要修改
sys = t + sampleTime;
% 将算得的下一采样时刻赋给 sys。用户无须修改
% ================================================================
function sys = mdlTerminate(t,x,u)
% 结束仿真子函数 ==
sys = [ ];
% 系统默认为[ ]，一般不需改动
```

6.7.4　使用 S-函数

在 Simulink 中，User Defined Function 子库中有一个 S-Function 模块，用户可以利用该模块在模型中创建 S-函数。一般来说，Simulink 可以通过如下步骤来实现创建包含 S-函数的模型：

（1）打开 Simulink 库浏览器，将 User Defined Function 子库中 S-Function 模块复制到用户模型窗口中。

（2）双击 S-Function 模块，打开其参数设置对话框，如图 6-54 所示，设置 S-函数参数。在 S-函数文件名区域要填写 S-函数不带扩展名的文件名，在 S-函数参数编辑框中填入 S-函数所需要的参数，参数并列给出，参数间以逗号分隔开。

（3）创建 S-函数源代码，单击 S-函数模块参数对话框中的 Edit 按钮，即可打开源代码编辑窗口，如图 6-55 所示。事实上，S-函数源代码的创建方式有很多种，一般来说，在 Simulink 的

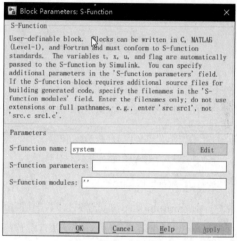

图 6-54　S-函数模块参数对话框

S-Function Example 模型库中，Simulink 为用户提供了针对不同语言的 S-函数模板和例子。用户通过修改 S-函数的模板和例子来实现 S-函数源文件编写工作，然后直接在 S-函数模块参数对话框中输入已经编辑好的 S-函数名，即可直接调用。

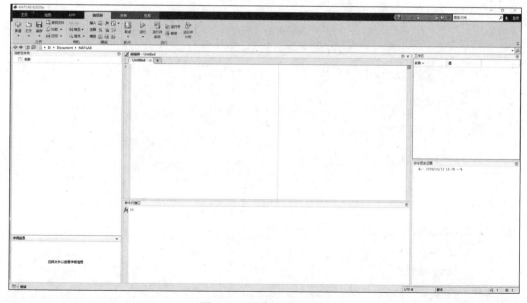

图 6-55　源代码编辑窗口

（4）在 Simulink 仿真模型中，连接模块，进行仿真。

需要注意的是：用户可以利用子系统封装功能对 S-函数进行封装，以提供更加友好的使用界面；S-Function 参数设置中的 S-函数文件名必须与用户建立的 S-函数源文件名完全相同；用户必须知道 S-函数要求的参数和这些参数的调用顺序，然后按照 S-函数要求的顺序输入参数；S-函数是一个单输入、单输出的模块，如果系统有多个输入或输出信号，则需要使用 Mux 和 Demux 模块将其组合成单个的输入或输出信号。

下面结合具体实例来说明 S-函数的使用。

【例 6-6】　利用 S-函数实现斜截式直线方程模块。

（1）构建模型。构建如图 6-56 所示的模型。

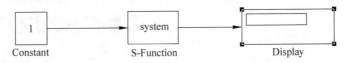

图 6-56　S-函数使用演示模型

（2）打开标准模板文件 sfuntmpl。有三种方式可以打开模板文件：

• 在 MATLAB 命令窗口中输入

```
>> open sfuntmpl.m
```

• 在 MATLAB 命令窗口中输入

```
>> edit sfuntmpl
```

• 在 Simulink 库浏览器中，双击 User-defined Function\S-Function Examples\MATLAB file S-functions\Leveal-1 MATLAB file S-functions\Leveal-1 MATLAB file template 模块。

（3）修改模板文件，完成 S-函数源代码编写。修改后的完整代码如下，所需修改的代码处已经标注出。

```
function [sys,x0,str,ts] = Sfun_line(t,x,u,flag,k,b)
%在主函数中修改函数名称,输入S-函数模块需要设置的参数k和b
switch flag,
  case 0,
    [sys,x0,str,ts] = mdlInitializeSizes;
  case 1,
    sys = mdlDerivatives(t,x,u);
  case 2,
    sys = mdlUpdate(t,x,u);
  case 3,
    sys = mdlOutputs(t,x,u,k,b);
  case 4,
    sys = mdlGetTimeOfNextVarHit(t,x,u);
  case 9,
    sys = mdlTerminate(t,x,u);
  otherwise
    error(['Unhandled flag = ',num2str(flag)]);
end
% ==========================================================
function [sys,x0,str,ts] = mdlInitializeSizes
%初始化: 在 mdlInitializeSizes 中,确定输入和输出数目
%对于带有至少一个输出和输入的简单系统,它总是直接反馈的
sizes = simsizes;

sizes.NumContStates = 0;
sizes.NumDiscStates = 0;
```

```
sizes.NumOutputs = 1;
sizes.NumInputs = 1;
sizes.DirFeedthrough = 1;
sizes.NumSampleTimes = 1;                % at least one sample time is needed
sys = simsizes(sizes);
x0 = [];
str = [];
ts = [0 0];
% =================================================================
function sys = mdlDerivatives(t,x,u)
sys = [];
% =================================================================
function sys = mdlUpdate(t,x,u)
sys = [];
% =================================================================
% 在 mdlOutputs 函数中,编写输出方程,并通过变量 sys 返回
function sys = mdlOutputs(t,x,u,k,b)
sys = [k * u + b];
% =================================================================
function sys = mdlGetTimeOfNextVarHit(t,x,u)
sampleTime = 1;
sys = t + sampleTime;
% =================================================================
function sys = mdlTerminate(t,x,u)
sys = [];
```

（4）双击 S-Function 模块,打开模块参数设置对话框进行设置,如图 6-57 所示。

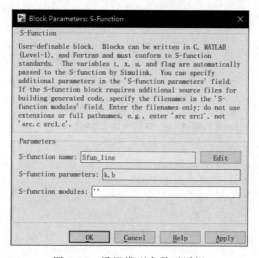

图 6-57　设置模型参数对话框

（5）封装 S-函数模块,这里的封装步骤和例 6-5 的步骤完全相同,请读者参照例 6-5,封装后的导入模型如图 6-58 所示。

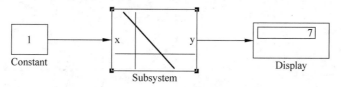

图 6-58　封装后的 S-函数模块

（6）设置 S-Function 模块参数对话框,并进行仿真,这里的步骤与例 6-5 的步骤完全相同,在这里不再重复。

6.7.5　应用示例

在本小节中,将通过修改标准模板,向读者介绍一些经典的实例,如含参S-函数、连续状态系统的S-函数描述、离散状态系统的S-函数描述等,通过这些实例向读者介绍M文件S-函数源代码的编写方法。事实上,含参数的S-函数创建在例6-5中已经介绍了,下面主要介绍连续状态S-函数描述和离散状态S-函数描述。

【例6-7】　创建S-函数描述该连续系统。

连续状态S-函数描述。假设线性连续系统的状态方程为

$$\begin{cases} x = A x + B u \\ y = C x + D u \end{cases}$$

其中,

$$A = \begin{bmatrix} -0.09 & -0.01 \\ 1 & 0 \end{bmatrix}, \quad B = \begin{bmatrix} 1 & -7 \\ 0 & -2 \end{bmatrix}, \quad C = \begin{bmatrix} 0 & 2 \\ 1 & -5 \end{bmatrix}, \quad D = \begin{bmatrix} -3 & 0 \\ 1 & 0 \end{bmatrix}$$

创建S-函数描述该系统。

(1) 打开sfuntmpl模板,该系统可通过在sfuntmpl模板编写如下源代码实现:

```
function [sys,x0,str,ts] = sfun_c(t,x,u,flag)
%定义连续系统的S-函数sfun_c.生成连续系统状态
A = [-0.09   -0.01  ;  1    0];
B = [  1     -7     ;  0   -2];
C = [  0      2     ;  1   -5];
D = [ -3      0     ;  1    0];
switch flag,
%初始化状态
  case 0,
    [sys,x0,str,ts] = mdlInitializeSizes(A,B,C,D);
%计算连续状态变量
  case 1,
    sys = mdlDerivatives(t,x,u, A,B,C,D);
%由于含有状态导数,故mdlDerivatives函数调用需要修改
  case 2,
    sys = mdlUpdate(t,x,u);
%计算系统输出
  case 3,
    sys = mdlOutputs(t,x,u,A,B,C,D);
  case 4,
    sys = mdlGetTimeOfNextVarHit(t,x,u);
  case 9,
    sys = mdlTerminate(t,x,u);
%处理错误
  otherwise
    error(['Unhandled flag = ',num2str(flag)]);
end
% ===============================================================
function [sys,x0,str,ts] = mdlInitializeSizes(A,B,C,D);
sizes = simsizes;

sizes.NumContStates = 2;
sizes.NumDiscStates = 0;
sizes.NumOutputs = 2;
sizes.NumInputs = 2;
sizes.DirFeedthrough = 1;
sizes.NumSampleTimes = 1;                  % at least one sample time is needed
sys = simsizes(sizes);
```

```
x0 = zeros(2,1);
str = [];
ts = [0 0];
 % ========================================================
function sys = mdlDerivatives(t,x,u,A,B,C,D)
% 状态方程含有状态的导数,故需要编写 mdlDerivatives 子函数,将状态的导数通过 sys 变量返回
sys = A * x + B * u;
 % ========================================================
function sys = mdlUpdate(t,x,u)
sys = [];
 % ========================================================
function sys = mdlOutputs(t,x,u,A,B,C,D)
sys = C * x + D * u;
 % ========================================================
function sys = mdlGetTimeOfNextVarHit(t,x,u)
sampleTime = 1;
sys = t + sampleTime;
 % ========================================================
function sys = mdlTerminate(t,x,u)
sys = [];
% 结束仿真
```

（2）保存该 M 文件 S-函数文件名为 sfun_c.m。

【例 6-8】 创建 S-函数描述该离散系统。

假设离散系统的状态方程为

$$\begin{cases} x(k+1) = Ax(k) + Bu(k) \\ y(k) = Cx(k) + Du(k) \end{cases}$$

其中，

$$A = \begin{bmatrix} -1.3 & -0.5 \\ -1.0 & 0 \end{bmatrix}, \quad B = \begin{bmatrix} -2.5 & 0 \\ 0 & 4.3 \end{bmatrix}, \quad C = \begin{bmatrix} 0 & 2.1 \\ 1 & 7.8 \end{bmatrix}, \quad D = \begin{bmatrix} -0.8 & -2.9 \\ 1.2 & 0 \end{bmatrix}$$

（1）打开 sfuntmpl 模板,该系统可通过在 sfuntmpl 模板编写如下源代码实现：

```
function [sys,x0,str,ts] = sfun_d(t,x,u,flag)
% 定义离散系统的 S-函数 sfun_d.生成离散系统状态
A = [ -1.3   -0.5  ;   -1.0  0];
B = [ -2.5   0  ;   0   4.3];
C = [  0   2.1  ;  1   7.8];
D = [ -0.8  -2.9  ;   1.2  0];
switch flag,
% 初始化状态
  case 0,
     [sys,x0,str,ts] = mdlInitializeSizes(A,B,C,D);
  case 1,
     sys = mdlDerivatives(t,x,u, A,B,C,D);
% 更新离散状态
  case 2,
     sys = mdlUpdate(t,x,u);
% 计算系统输出
  case 3,
     sys = mdlOutputs(t,x,u,A,B,C,D);
  case 4,
     sys = mdlGetTimeOfNextVarHit(t,x,u);
  case 9,
     sys = mdlTerminate(t,x,u);
% 处理错误
  otherwise
```

```
       error(['Unhandled flag = ',num2str(flag)]);
   end
   % ==============================================================
   function [sys,x0,str,ts] = mdlInitializeSizes(A,B,C,D);
   sizes = simsizes;
   sizes.NumContStates = 0;
   sizes.NumDiscStates = size(A,1);
   sizes.NumOutputs = size(D,1);
   sizes.NumInputs = size(D,1);
   sizes.DirFeedthrough = 1;
   sizes.NumSampleTimes = 1;              % at least one sample time is needed
   sys = simsizes(sizes);
   x0 = zeros(sizes.NumDiscStates,1);
   str = [];
   ts = [1 0];
   % ==============================================================
   function sys = mdlDerivatives(t,x,u)
   sys = [ ];
   % ==============================================================
   % 更新离散状态子函数
   function sys = mdlUpdate(t,x,u,A,B,C,D)
   sys = A * x + B * u;
   % ==============================================================
   % 计算输出子函数
   function sys = mdlOutputs(t,x,u,A,B,C,D)
   sys = C * x + D * u;
   % ==============================================================
   function sys = mdlGetTimeOfNextVarHit(t,x,u)
   sampleTime = 1;
   sys = t + sampleTime;
   % ==============================================================
   function sys = mdlTerminate(t,x,u)
   sys = [];
   % 结束仿真
```

(2) 保存该 M 文件 S-函数文件名为 sfun_d.m。

6.8 复杂系统的仿真与分析

Simulink 的模型实际上是定义了仿真系统的微分或差分方程组,而仿真则是用数值解算法来求解方程。

6.8.1 连续系统仿真

建立二阶系统的仿真模型有两种方法。

方法一:

输入信号源使用阶跃信号,系统使用开环传递函数 $\dfrac{1}{s^2+0.6s}$,接收模块使用示波器来构成模型。

(1) 在 Sources 模块库选择 Step 模块,在 Math Operations 模块库选择 Sum 模块,在 Continuous 模块库选择 Transfer Fcn 模块,在 Sinks 模块库选择 Scope。

(2) 连接各模块,从信号线引出分支点,构成闭环系统。

(3) 设置模块参数,打开 Sum 模块参数设置对话框,如图 6-59 所示。将 Icon shape 设置为 rectangular,将 List of signs 设置为"|＋－",其中"|"表示上面的入口为空。

在 Transfer Fcn 模块的参数设置对话框中,将分母多项式 Denominator 设置为"[1 0.6 0]"。

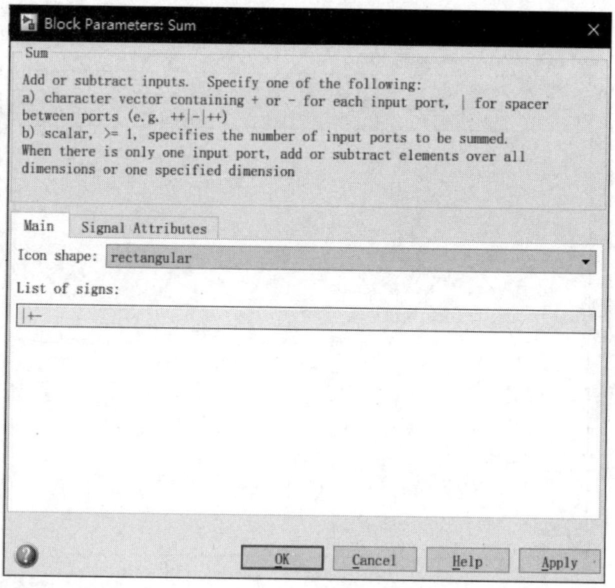

图 6-59   Sum 参数设置

在 Step 模块的参数设置对话框中,将 Step time 修改为 0。

(4) 添加信号线文本注释。

双击信号线,出现编辑框后,输入文本,模型如图 6-60 所示。

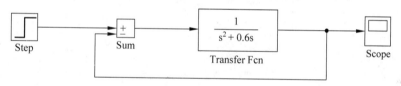

图 6-60   二阶系统模型(方法一)

(5) 仿真并分析。

单击工具栏的 Start simulation 按钮,在示波器上就显示出阶跃响应。

在 Simulink 模型窗口,选择 Simulation 选项卡,在 Prepare 栏中打开下拉菜单,单击 Model Settings,在 Solver 页将 Stop time 设置为 15,然后单击 OK 按钮。单击工具栏的 Run 按钮,示波器显示的就到 15s 结束。

打开示波器的 Y 坐标设置对话框,将 Y 坐标的 Y-limits(Minimum)改为 0,Y-limits(Maximum)改为 2,将 Title 设置为"二阶系统时域响应",则示波器如图 6-61 所示。

方法二:

(1) 系统使用积分模块(Integrator)和零极点模块(Zero-Pole)串联,反馈使用 Math Operations 模块库中的 Gain 模块构成反馈环的增益为 -1。

(2) 连接模块,由于 Gain 模块在反馈环中,因此需要使用 Flip Block 翻转该模块。

(3) 设置模块参数,将 Zero-Pole 模块参数对话框中的 Zeros 栏改为"[]",将 Poles 栏改为 [-0.6]。

将 Gain 模块的 Gain 参数改为 -1,模型如图 6-62 所示。

如果将示波器换成 Sinks 模块库中的 Out 模块;然后在 Model Settings 对话框的 Data Import/Export 页的 Save to workspace or file 中,将 Time 和 Output 栏勾选,并分别设置保存在工作空间的时间量和输出变量为 tout 和 yout。仿真后在工作空间就可以使用这两个变

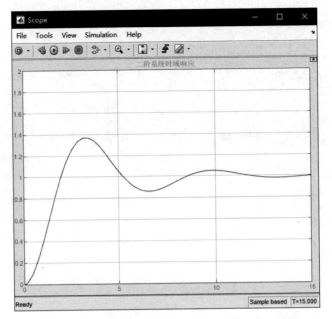

图 6-61 示波器显示

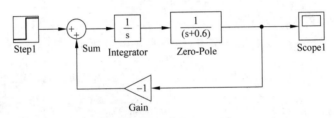

图 6-62 二阶系统模型(方法二)

量来绘制曲线,如图 6-63 所示。

```
plot(out)
```

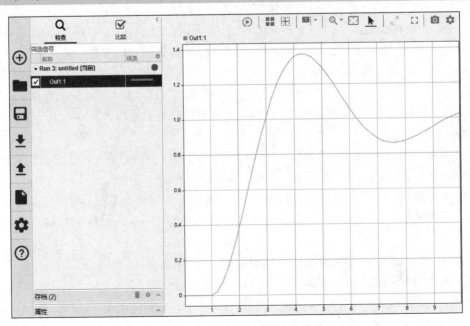

图 6-63 plot 绘制的时域响应波形

6.8.2　离散系统仿真

控制部分为离散环节,被控对象为两个连续环节,其中一个有反馈环,反馈环引入了零阶保持器,输入为阶跃信号。

下面创建模型并仿真。

(1) 选择一个 Step 模块、两个 Transfer Fcn 模块、两个 Sum 模块、两个 Scope 模块、一个 Gain 模块,在 Discrete 模块库选择一个 Discrete Filter 模块和一个 Zero-Order Hold 模块。

(2) 连接模块,将反馈环的 Gain 模块和 Zero-Order Hold 模块翻转。

(3) 设置参数,将 Discrete Filter 和 Zero-Order Hold 模块的 Sample time 都设置为 0.1s。将 Discrete Filter 模块的 Numerator 设置为[1.44 1.26],将 Denominator 设置为[1 1]。两个 Transfer Fcn 模块的 Numerator coefficients 和 Denominator coefficients 分别设置为[6.7]、[0.1 1] 和[1]、[3 1]。Gain 模块的 Gain 设置为 0.03。两个 Sum 模块的 List of signs 均设置为"|＋－"。

(4) 添加文本注释,系统框图如图 6-64 所示。

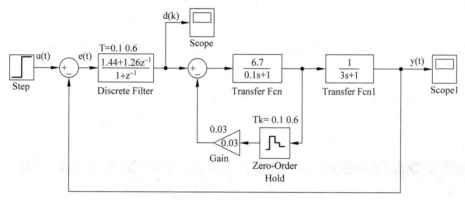

图 6-64　离散系统框图

(5) 设置颜色,Simulink 为帮助用户方便地跟踪不同采样频率的运作范围和信号流向,可以采用不同的颜色表示不同的采样频率。在 Simulink 模型窗口空白处右键,依次选择 Sample Time Display→Colors,就可以看到不同采样频率的模块颜色不同。

(6) 开始仿真,在 Simulink 模型窗口,选择选项卡 SIMULATION→PREPARE 栏→ Model Settings→Solver 页,将 Max step size 设置为 0.05s,两个示波器 Scope 和 Scope1 的显示如图 6-65 所示。

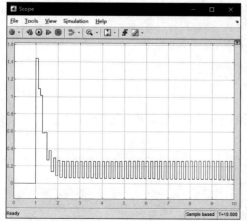
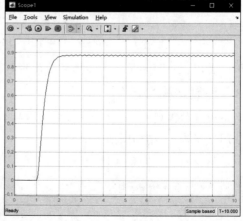

图 6-65　T＝Tk＝0.1 时两个示波器的显示

可以看出,当 T＝Tk＝0.1 时,系统的输出响应较平稳。

(7) 修改参数,将 Discrete Filter 模块的 Sample time 设置为 0.6s,Zero-Order Hold 模块的 Sample time 不变;选择选项卡 MODELING,单击 Update Model 更新模型,可以看到,Discrete Filter 模块的颜色变化了;开始仿真,示波器显示如图 6-66 所示。

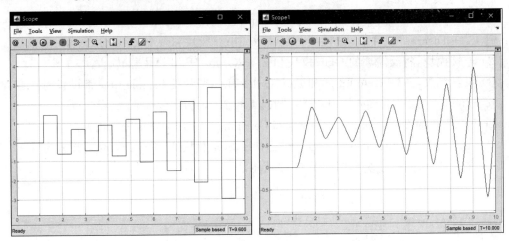

图 6-66   T＝0.6,Tk＝0.1 时两个示波器的显示

可以看出,当 T＝0.6 而 Tk＝0.1 时,系统出现振荡。

(8) 修改参数,将 Discrete Filter 和 Zero-Order Hold 模块的 Sample time 都设置为 0.6s,更新框图颜色,开始仿真,则示波器显示如图 6-67 所示。

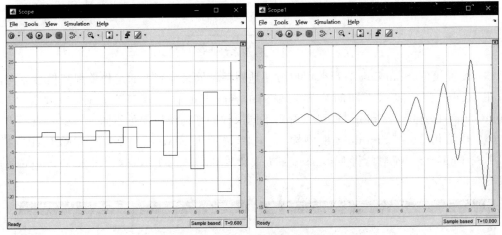

图 6-67   T＝Tk＝0.6 时两个示波器的显示

可以看出,当 T＝Tk＝0.6 时,系统出现强烈的振荡。

6.8.3   仿真结构参数化

当系统参数需要经常改变或由函数得出时,可以使用变量来作为模块的参数。将模块结构参数用变量表示,结构图如图 6-68 所示。

将参数设置放在保存文件中后,可以在 MATLAB 工作空间运行该文件。

```
% 将参数设置保存为文件
T = 0.1;                    % 控制环节采样时间
Tk = 0.6;                   % 零阶保持器采样时间
K = 0.03;                   % Gain 增益
```

```
zt1 = 1.44; zt2 = -1.26; zt3 = 1; zt4 = -1;
tf11 = 6.7; tf12 = 0.1; tf13 = 1;
tf21 = 1; tf22 = 3; tf23 = 1
```

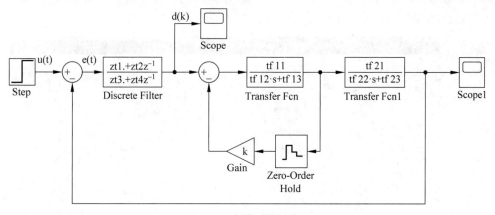

图 6-68　离散系统结构图

6.9　综合实例 5：Simulink 仿真建模之 HelloWorld

【例 6-9】　创建一个 Simulink 模型 HelloWorld。

（1）打开 MATLAB，新建一个 Simulink 模型，同时将模型另存为 HelloWorld.slx 文件。

（2）打开模块库浏览器。在 Sources 库中添加两个 Constant 模块，将其中一个旋转至输出端向上；在 Math Operations 库中添加一个 Sum 模块；在 Sinks 库中添加一个 Display 模块。

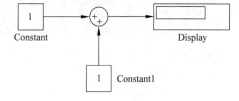

（3）连接信号线，如图 6-69 所示。

（4）按快捷键 Ctrl＋B 对模型进行编译。此

图 6-69　系统框图

时，由于还没有对代码生成进行相关配置，系统会弹出错误提示，要求对代码生成进行相关配置，如图 6-70 所示。由于程序仿真为非连续仿真，所以在生成 C 代码时，Simulink 会给出 3 个提示及对策：

① 需要将仿真解算器（Solver）步长改为固定步长（fixed-step）；

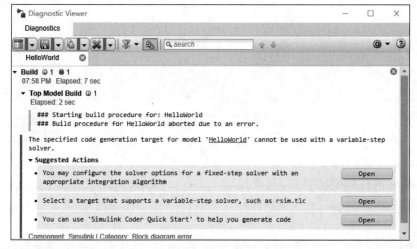

图 6-70　错误提示

② 把输出目标文件类型改为可变步长目标文件；

③ 通过向导完成代码生成的相关设置。

（5）单击图 6-70 所示第一项后的 open 按钮，在弹出的模型参数设置对话框中，将 Solver selection 栏中的 Type 改为 Fixed-step，如图 6-71 所示。

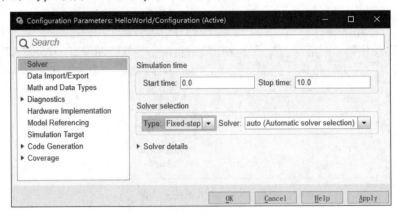

图 6-71　设置 Solver selection

（6）为了简化其他代码生成的相关设置，单击错误提示（见图 6-70）中的第三项后的 open 按钮，利用 Simulink Coder Quick Start 向导进行配置，如图 6-72 所示。

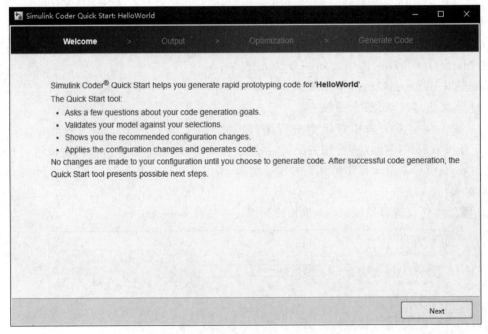

图 6-72　Simulink Coder Quick Start 向导

（7）接下来单击 Next 按钮，采用默认配置即可。配置完成后，单击 Finish 按钮关闭 Simulink Coder Quick Start 向导，如图 6-73 所示。

（8）回到 Simulink 模型界面，按快捷键 Ctrl＋B 进行 C 代码自动生成。由于之前的 Simulink Coder Quick Start 向导会默认打开"代码生成报告"功能，因此在代码生成结束后，会自动弹出网页形式的报告，如图 6-74 所示。

（9）单击报告左边栏中的 HelloWorld.h 可以打开生成代码的头文件。但是，在对应的

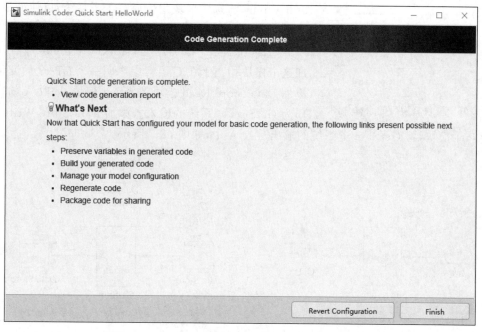

图 6-73　Simulink Coder Quick Start 向导配置完成

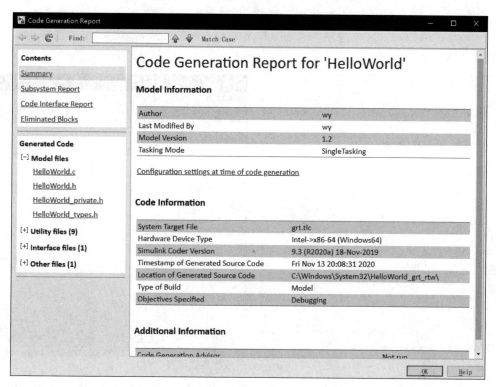

图 6-74　网页形式的报告

HelloWorld.c 中找不到加法运算的相关代码,因为在模型中只是将变量显示在 Simulink 的 Display 模块中。对于程序来说,并没有真正的输出。没有输出的代码会被 Simulink 优化掉。

(10) 将 Constant 和 Display 分别用 In 模块和 Out 模块替换,如图 6-75 所示。

(11) 画框选中所有模块,按快捷键 Ctrl+G 或通过 Multiple 选项卡→Create 栏→Create

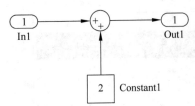

图 6-75　模块替换后的系统框图

Subsystem,将选中模块集生成一个子系统,以便最终生成一个名为 GetSum 的 C 代码函数,如图 6-76 所示。

（12）在模型中添加一个 Data Store Memory 模块,添加这个模块相当于在 C 语言中声明一个新的全局变量 A。添加 Data Store Read 模块替换 In1 模块,读取 A 的数据,作为 GetSum 子系统的输入。添加 Data Store Write 模块替换 Out1 模块,将 GetSum 子系统的输出写入 A 中,如图 6-77 所示。

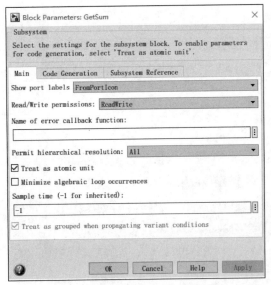

图 6-76　生成子系统后的系统框图

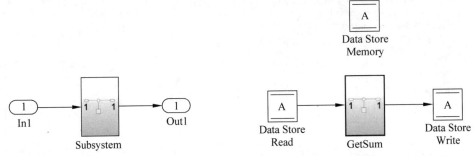

图 6-77　模块替换后的系统框图

（13）为了生成一个单独的函数,需要将 GetSum 子系统定义为 atomic unit（原子子系统）。在 GetSum 子系统单击右键,依次选择 Block Parameters（Subsystem）→选项卡 Main→勾选 Treat as atomic unit→选项卡 Code Generation→Function packaging 选择 Reusable function,如图 6-78 所示。

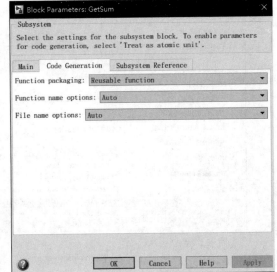

图 6-78　GetSum 子系统参数设置

（14）按快捷键 Ctrl+B 生成代码。在代码生成报告的左侧链接处,或在 MATLAB 文件夹中可以看到生成的代码文件 HellowWorld.c。

（15）打开 HelloWorld.c 文件,可以看到 HelloWorld_GetSum 就是模型中 GetSum 子系统对应的 C 代码函数,如图 6-79 所示。

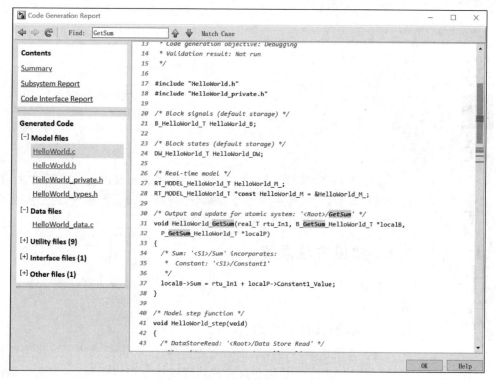

图 6-79　HelloWorld.c 中的函数 HelloWorld_GetSum

6.10　本章小结

Simulink 是用于动态系统和嵌入式系统的多领域仿真和基于模型的设计工具。对于各类系统,包括通信、控制、信号处理、视频处理和图像处理系统,Simulink 提供了交互式图形化环境,并可指定模块库对其进行设计、仿真、执行和测试。掌握如何建模、如何设置仿真参数、如何实现仿真,是本章学习的重点;而子系统和 S-函数的编写则是 Simulink 技术的提升部分,读者可采用 S-函数定制自己的模块库,通过子系统的方式来实现复杂的建模仿真。

6.11　习题

(1) 有初始状态为 0 的二阶微分方程 $x'' + 0.2x' + 0.4x = 0.2u(t)$,其中 $u(t)$ 是单位阶跃函数,试建立系统模型并仿真。

(2) 新建一个 Simulink 的模型文件,试建立并调试一个模型,实现在一个示波器中同时观察正弦波信号和方波信号。

(3) 食饵-捕食者模型:设食饵(如鱼、兔等)数量为 $x(t)$,捕食者(如鲨鱼、狼等)数量为 $y(t)$,有

$$\begin{cases} \dot{x} = x(r - ay) \\ \dot{y} = y(-d + bx) \end{cases} \quad 或 \quad \begin{bmatrix} \dot{x} \\ \dot{y} \end{bmatrix} \begin{bmatrix} r - ay & 0 \\ 0 & -d + bx \end{bmatrix} \begin{bmatrix} x \\ y \end{bmatrix}$$

设 $r=1, d=0.5, a=0.1, b=0.02, x(0)=25, y(0)=2$。求 $x(t)$、$y(t)$ 和 $y(x)$ 的图形。

第 7 章 科学计算

本章主要介绍经常用到的 MATLAB 科学计算问题的求解方法,其中包括线性方程、非线性方程以及常微分方程的求解,数据统计处理,数据插值,数值积分以及优化问题求解等方面的内容。

7.1 常见方程求解

本节讨论线性方程组、非线性方程组和常微分方程 3 种常见方程的解法。

7.1.1 求解线性方程组

线性方程组是线性代数中的主要内容之一,也是理论发展最为完整的部分。在 MATLAB 中也包含多种处理线性方程组的命令,下面详细进行介绍。

1. 问题描述

在实际应用中,经常需要求解如下所示的两类线性方程组,其中第一种更常见。

$$AX = B$$
$$XA = B$$

按照数学的严格定义,并没有矩阵除法的概念,而 MATLAB 为了书写简便,提供了用除号求解线性方程组解的方式,其具体用法如下:

- X=A\B:左除,计算方程组 AX=B 的解。
- X=B/A:右除,计算方程组 XA=B 的解。

下面针对 AX=B 的形式进行说明。系数矩阵 A 是 m×n 的矩阵,根据其维数可以分为如下 3 种情况:

- m=n 为恰定方程组,即方程数等于未知量数。
- m>n 为超定方程组,即方程数大于未知量数。
- m<n 为欠定方程组,即方程数小于未知量数。

线性方程组解的类型也可以分为 3 种情况:

- rank(A)=rank([A, B])≥n,则方程组有唯一解。
- rank(A)=rank([A, B])<n,则方程组有无穷解。
- rank(A)≠rank([A, B]),则方程组无解。

不难看出,线性方程组解的类型是由对应齐次方程组的解、对应系数矩阵和增广矩阵间的关系决定的。

2. 解的形式

线性方程组 AX=B 解的形式可以如下描述:

首先可以使用 null 函数求解对应齐次方程组 AX＝0 的基础解系,也可以称为通解,则 AX＝B 的解都可以通过通解的线性组合表示。

其次求解非齐次线性方程组 AX＝B 的特解。

最后非齐次线性方程组 AX＝B 解的形式为通解的线性组合加上特解。

3. 除法及求逆的解法

1）除法解法

若线性方程组 AX＝B 的系数矩阵可逆,则 A\B 给出方程组的唯一解。

【**例 7-1**】 使用除法求解系数矩阵可逆的恰定线性方程组。

在命令窗口中输入如下语句:

```
A = pascal(4)
det_A = det(A)
B = rand(4,1)
X1 = A\B
X2 = inv(A) * B
```

命令窗口中的输出结果如下所示:

```
A =
    1    1    1    1
    1    2    3    4
    1    3    6   10
    1    4   10   20
det_A =
    1
B =
    0.8147
    0.9058
    0.1270
    0.9134
X1 =
   -2.5813
    9.1360
   -8.1751
    2.4351
X2 =
   -2.5813
    9.1360
   -8.1751
    2.4351
```

本例需要说明的是,det(A)用于计算矩阵 A 的行列式,不难看出矩阵 A 可逆;由于矩阵 A 是 4×4,所以矩阵 B 必须是 4×1,例中随机生成矩阵的语句是 B＝rand(4,1),而非 B＝rand(1,4);A\B 等价于 inv(A) * B。

若线性方程组 AX＝B 的系数矩阵不可逆,则方程组的解不存在或者不唯一。此时,执行 A\B 可能给出警告信息和不恰当的解。

【**例 7-2**】 使用除法求解系数矩阵不可逆的恰定线性方程组。

在命令窗口中输入如下语句:

```
A = [1 3 7; -1 4 4;1 10 18];
det_A = det(A)
B = [6;4;15]
X = A\B
```

命令窗口中的输出结果如下所示:

```
det_A =
      0
B =
      6
      4
     15
Warning: Matrix is singular to working precision.
X =
    NaN
    Inf
   - Inf
```

从以上的结果可以看出,MATLAB 会显示提示信息,表示该矩阵是奇异矩阵,因此无法得到精确的数值解。

【例 7-3】 使用除法求解欠定线性方程组。

在命令窗口中输入如下语句:

```
C = magic(4);
A = C(1:3,:)
B = [1;0;0];
X = A\B
```

命令窗口中的输出结果如下所示:

```
A =
    16     2     3    13
     5    11    10     8
     9     7     6    12
X =
    0.1863
    0.0294
         0
   - 0.1569
```

【例 7-4】 使用除法求解超定线性方程组。

在命令窗口中输入如下语句:

```
T = magic(5)
A = T(:,1:4)
B = [1;0;0;0;0];
X = A\B
```

命令窗口中的输出结果如下所示:

```
T =
    17    24     1     8
    23     5     7    14
     4     6    13    20
    10    12    19    21
    11    18    25     2
A =
    17    24     1     8
    23     5     7    14
     4     6    13    20
    10    12    19    21
    11    18    25     2
X =
   - 0.0041
    0.0437
   - 0.0305
    0.0060
```

2）求解逆法

在例 7-1 中已经介绍了通过求逆的方法求解线性方程组的解，这里着重介绍伪逆解方程的用法。对于系数矩阵而言，它可能是方阵但不可逆，也可能不是方阵，上述情况都导致它的逆不存在或无定义，这就需要引入伪逆的概念。伪逆包含很多种形式，下面介绍最常用的基于最小二乘意义下的最优伪逆，在 MATLAB 中通过 pinv 函数可以实现，即可以使用矩阵 A 的伪逆矩阵 pinv(A) 来得到方程的一个解，其对应的数值解为 pinv(A) * B。

【**例 7-5**】 使用伪逆矩阵的方法求解奇异矩阵的线性方程的解。

在命令窗口中输入如下语句：

```
A = [1 3 7;-1 4 4;1 10 18];
B = [5;2;12];
X = pinv(A) * B
C = A * X
```

命令窗口中的输出结果如下所示：

```
X =
    0.3850
  - 0.1103
    0.7066
C =
    5.0000
    2.0000
   12.0000
```

从上面的结果可以看出，通过使用伪逆矩阵的方法，可以求解得到数值解，同时该数值解可以精确地满足结果。

上面介绍的都是如何计算特解，下面介绍如何计算线性方程组的所有解。

【**例 7-6**】 使用求逆法计算线性方程组的所有解。

在命令窗口中输入如下语句：

```
A = [1 2 3 4;5 6 7 8;9 10 11 12];
B = [1;1;2];
X1 = null(A)
X2 = pinv(A) * B
```

命令窗口中的输出结果如下所示：

```
X1 =
    0.5135    0.1906
  - 0.8267    0.1287
    0.1129  - 0.8290
    0.2003    0.5098
X2 =
  - 0.1250
  - 0.0208
    0.0833
    0.1875
```

此时线性方程组的所有解为 X＝a * X1(:,1)＋b * X1(:,2)＋X2，其中 a、b 为任意实数。

4. 矩阵分解的解法

1）LU 分解

LU 分解又可称为 Gauss(高斯)消去法。若系数矩阵为方阵，它可以表示为下三角矩阵和上三角矩阵的乘积，即 A＝LU，其中 L 为下三角阵，U 为上三角阵。在 MATLAB 中通过 lu

函数可实现 LU 分解。

针对 LU 分解,线性方程组 AX＝B 可以表示为 LUX＝B,由于 L 和 U 的特殊性,通过 X＝U\(L\B)求解可以大大提高运算速度。

LU 函数的具体语法形式如下:

① [L,U]＝lu(A):将满矩阵或稀疏矩阵 A 分解为一个上三角矩阵 U 和一个经过置换的下三角矩阵 L,使得 A＝L∗U。

② [L,U,P]＝lu(A):返回一个置换矩阵 P,并满足 A＝P'∗L∗U。在此语法中,L 是单位下三角矩阵,U 是上三角矩阵。

③ [L,U,P,Q]＝lu(S):将稀疏矩阵 S 分解为一个单位下三角矩阵 L、一个上三角矩阵 U、一个行置换矩阵 P 以及一个列置换矩阵 Q,并满足 P∗S∗Q＝L∗U。

④ [L,U,P,Q,D]＝lu(S):返回一个对角缩放矩阵 D,并满足 P∗(D\S)∗Q＝L∗U。行缩放通常会使分解更为稀疏和稳定。

【例 7-7】 使用 LU 分解法求解以下线性方程组:

$$\begin{cases} 2x_1 + x_2 + x_3 = 1 \\ x_1 - x_2 + 3x_3 = 5 \\ 6x_1 - 5x_2 + x_3 = 7 \end{cases}$$

在命令窗口中输入如下语句:

```
A = [2 1 1;1 -1 3;6 -5 1];
B = [1;5;7];
C = det(A)
[L,U] = lu(A)
X = U\(L\B)
```

命令窗口中的输出结果如下所示:

```
C =
    50
L =
    0.3333    1.0000         0
    0.1667   -0.4375    1.0000
    1.0000         0         0
U =
    6.0000   -5.0000    1.0000
         0    2.6667    0.6667
         0         0    3.1250
X =
    0.3600
   -0.7600
    1.0400
```

【例 7-8】 使用 LU 分解法求解以下线性方程组:

$$\begin{cases} -x_1 + 8x_2 + 5x_3 = 2 \\ 9x_1 - x_2 + 2x_3 = 3 \\ 2x_1 - 5x_2 + 7x_3 = 5 \end{cases}$$

在命令窗口中输入如下语句:

```
A = [-1 8 5;9 -1 2;2 -5 7];
B = [2;3;5];
C = det(A)
[L,U] = lu(A)
X = U\(L\B)
```

命令窗口中的输出结果如下所示：

```
C =
   - 690
L =
   - 0.1111      1.0000           0
     1.0000           0           0
     0.2222    - 0.6056      1.0000
U =
     9.0000    - 1.0000      2.0000
          0      7.8889      5.2222
          0           0      9.7183
X =
     0.1913
   - 0.0957
     0.5913
```

2）Cholesky 分解

若系数矩阵为对称正定矩阵，可以表示为上三角矩阵和其转置的乘积，即 $A=R'R$，其中 R 为上三角矩阵，R' 为下三角矩阵。在 MATLAB 中通过 chol 函数可以实现 Cholesky 分解。

从理论角度来讲，并不是所有的对称矩阵都可以进行 Cholesky 分解，可以进行 Cholesky 分解的矩阵必须是正定的。针对 Cholesky 分解，线性方程组 AX＝B 可以表示为 $R'RX=B$，由于 R 的特殊性，通过 $X=R/(R'/B')$ 求解可以大大提高运算速度。

Chol 函数的具体语法形式如下。

① R＝chol(A)：将对称正定矩阵 A 分解成满足 $A=R'*R$ 的上三角矩阵 R。如果 A 是非对称矩阵，则 chol 将矩阵视为对称矩阵，并且只使用 A 的对角线和上三角形。

② ［R,flag］＝chol(___)：还返回输出 flag，指示 A 是否为对称正定矩阵。可以使用上述语法中的任何输入参数组合。当以指定 flag 输出时，如果输入矩阵不是对称正定矩阵，chol 不会生成错误。如果 flag＝0，则输入矩阵是对称正定矩阵，分解成功。如果 flag 不为零，则输入矩阵不是对称正定矩阵，flag 为整数，表示分解失败的主元位置的索引。

③ ［R,flag,P］＝chol(S)：另外返回一个置换矩阵 P，这是 amd 获得的稀疏矩阵 S 的预先排序。如果 flag＝0，则 S 是对称正定矩阵，R 是满足 $R'*R=P'*S*P$ 的上三角矩阵。

【例 7-9】 使用 Cholesky 分解法求解以下线性方程组：

$$\begin{cases} 2x_1 + x_2 + x_3 = 1 \\ x_1 + 5x_2 + 4x_3 = 3 \\ 3x_1 + 4x_2 + 6x_3 = 5 \end{cases}$$

在命令窗口中输入如下语句：

```
A = [2 1  1;1 - 5 4;3 - 4 6]
B = [1;3;5];
C = det(A)
R = chol(A)
TR = R'
X = R\(TR\B)
```

命令窗口中的输出结果如下所示：

```
C =
     1
R =
     1.4142      0.7071      2.1213
          0      2.1213      1.1785
          0           0      0.3333
```

```
TR =
    1.4142         0         0
    0.7071    2.1213         0
    2.1213    1.1785    0.3333
X =
  -23.0000
  -10.0000
   19.0000
```

【例 7-10】 对对称正定矩阵进行 Cholesky 分解。

在命令窗口中输入如下语句：

```
n = 5;
X = pascal(n)
R = chol(X)
C = transpose(R) * R
```

命令窗口中的输出结果如下所示：

```
X =
    1    1    1    1    1
    1    2    3    4    5
    1    3    6   10   15
    1    4   10   20   35
    1    5   15   35   70
R =
    1    1    1    1    1
    0    1    2    3    4
    0    0    1    3    6
    0    0    0    1    4
    0    0    0    0    1
C =
    1    1    1    1    1
    1    2    3    4    5
    1    3    6   10   15
    1    4   10   20   35
    1    5   15   35   70
```

由结果可以看出，R 是上三角矩阵，同时满足 $X = R'R = C$，表明上面的 Cholesky 分解过程是正确的。

如果修改矩阵的信息，在命令窗口中继续输入如下语句：

```
X(n,n) = X(n,n) - 1
[R1,p] = chol(X)
C1 = transpose(R1) * R1
C2 = X(1:p-1,1:p-1)
```

命令窗口中的输出结果如下所示：

```
X =
    1    1    1    1    1
    1    2    3    4    5
    1    3    6   10   15
    1    4   10   20   35
    1    5   15   35   69
R1 =
    1    1    1    1
    0    1    2    3
    0    0    1    3
    0    0    0    1
```

```
p =
    5
C1 =
    1    1    1    1
    1    2    3    4
    1    3    6   10
    1    4   10   20
C2 =
    1    1    1    1
    1    2    3    4
    1    3    6   10
    1    4   10   20
```

由此可见，当原来的正定矩阵的最后一个元素减 1 后，矩阵将不是正定矩阵，并且满足 X $(1:p-1.1:p-1)=R'R$。

3）QR 分解

对于任何系数矩阵，可以表示为正交矩阵和上三角矩阵的乘积，即 A＝QR，其中 Q 为正交矩阵，R 为上三角矩阵。在 MATLAB 中通过 qr 函数可以实现 QR 分解。

针对 QR 分解，线性方程组 AX＝B 可以表示为 QRX＝B，由于 Q 和 R 的特殊性，通过 X＝R\(Q\B)求解可以大大提高运算速度。

Qr 函数的具体语法形式如下：

[Q,R]＝qr(A)：对 m×n 矩阵 A 执行 QR 分解，满足 A＝Q＊R。因子 R 是 m×n 上三角矩阵，因子 Q 是 m×m 正交矩阵。

【例 7-11】 使用 QR 分解法求解以下线性方程组：

$$\begin{cases} 2x_1 + x_2 + 3x_3 + 4x_4 = 1 \\ x_1 + 5x_2 + 4x_3 + 2x_4 = 3 \\ 3x_1 + 4x_2 + 6x_3 - 5x_4 = 5 \end{cases}$$

在命令窗口中输入如下语句：

```
A = [2 1 3 4;1 5 4 2;3 4 6 -5];
B = [1;3;5];
[Q,R] = qr(A)
X = R\(Q\B)
```

命令窗口中的输出结果如下所示：

```
Q =
   -0.5345    0.4257   -0.7301
   -0.2673   -0.9047   -0.3319
   -0.8018    0.0177    0.5974
R =
   -3.7417   -5.0780   -7.4833    1.3363
        0   -4.0267   -2.2351   -0.1951
        0         0    0.0664   -6.5709
X =
        0
   0.2846
   0.4878
  -0.1870
```

5. 共轭梯度的解法

MATLAB 还提供了一系列的求解线性方程组 AX＝B 的共轭梯度解法，这里主要介绍双共轭梯度法，它可由 bicg 函数实现。bicg 函数要求系数矩阵 A 必须为方阵。

【例 7-12】 使用共轭梯度法求解以下线性方程组：

$$\begin{cases} 5x_1 + 3x_2 + x_3 = 7 \\ 2x_1 - 3x_2 + 4x_3 = 9 \\ x_1 - 7x_2 + 2x_3 = 1 \end{cases}$$

在命令窗口中输入如下语句：

```
A = [5 3 1;2 - 3 4;1 - 7 2];
B = [7;9;1];
[X, flag, relres, iter, resvec] = bicg(A, B)
```

命令窗口中的输出结果如下所示：

```
X =
    0.300000000000000
    0.350000000000000
    0.750000000000000
flag =
    0
relres =
  2.907246313501487e - 16
iter =
    3
resvec =
    4.582575694955840
    3.937003937005906
    6.605153800683921
    0.000000000000001
```

其中，flag 表示在默认迭代次数内收敛，relres 表示相对残差 $\text{norm}(B - A * x)/\text{norm}(B)$，iter 表示终止的迭代次数，resvec 表示每次迭代的残差。

7.1.2 求解非线性方程组

1. 函数的零点

对于任意函数，在求解范围内可能有零点，也可能没有；可能只有一个零点，也可能有多个甚至无数个零点。MATLAB 没有可以求解所有函数零点的通用命令。本节分别讨论一元函数和多元函数的零点求解问题。

1) 一元函数的零点

在所有函数中，一元函数是最简单的，在 MATLAB 中可以使用 fzero 函数来计算一元函数的零点，它的具体使用方法如下：

x=fzero(fun, x0)：尝试求出 fun(x)=0 的点 x。此解是 fun(x)变号的位置，fzero 无法求函数(例如 x^2)的根。

x=fzero(fun, x0, options)：使用 options 修改求解过程。

x=fzero(fun, [x0, x1])：在[x0, x1]区间寻找函数 fun 的零点。

【例 7-13】 计算一元函数 $f(x) = x^2 \sin x - x + 1$ 在[-3, 4]区间的零点。

首先绘制函数的曲线，在命令窗口中输入如下语句：

```
x = - 3:0.1:4;
y = x. * x. * sin(x) - x + 1;
plot(x, y, 'r')
xlabel('x');
ylabel('f(x)');
title('The zero of function')
hold on
```

```
h = line([ - 3,4],[0,0]);
set(h,'color','g')
grid;
```

图形窗口中的输出结果如图 7-1 所示。

在求解函数零点之前，需要绘制函数的图形，是为了在后面的步骤中使用 fzero 命令时，更加方便地选择初始数值 x0。

由图 7-1 不难看出，曲线在[−3,4]区间内包含 3 个零点。

其次计算函数某点附近的零点，在命令窗口中输入如下语句：

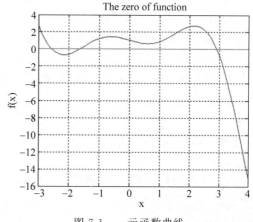

图 7-1 一元函数曲线

```
f = @(x)x * x * sin(x) - x + 1
X1 = fzero(f, - 2.5)
X2 = fzero(f, - 1.5)
X3 = fzero(f,3)
```

命令窗口中的输出结果如下所示：

```
X1 =
  - 2.8523
X2 =
  - 2.8523
X3 =
   2.8523
```

求一元函数零点时，可以使用 optimset 函数设置优化器参数，它的具体使用方法如下：

① Optimset：（不带输入参数或输出参数）显示完整的选项列表及其有效值。

② options＝optimset('param1',value1,'param2',value2,…)：创建名为 options 的优化选项结构体，其中指定的选项（param）具有指定的值。任何未指定的选项都设置为[]（值为[]的选项表示在将 options 传递给优化函数时使用该选项的默认值）。只需键入唯一定义选项名称的几个前导字符即可。选项名称忽略大小写。

③ options＝optimset(oldopts,'param1',value1,…)：创建 oldopts 的副本，用指定的值修改指定的选项。

④ optimset 函数中可以设置的主要优化器参数如表 7-1 所示。

表 7-1 优化器参数

参　数　名	有效参数值	功　能　描　述
Display	'final'、'off'、'liter'、'notify'	'final'：只显示最终结果，该选项为默认值 'off'：不显示计算结果 'liter'：显示每个迭代步骤的计算结果 'notify'：只在不收敛时显示计算结果
MaxFunEvals	正整数	最大允许的函数评估次数
MaxIter	正整数	最大允许的迭代次数
TolFun	正标量	函数值的截断阈值
TolX	正标量	自变量的截断阈值
OutputFcn	空矩阵或用户定义函数句柄	空矩阵：迭代过程采用 MATLAB 自带的函数 用户自定义函数句柄：用该函数替换 MATLAB 自带的函数
FunValCheck	'off'和'on'	'off'：不检查输入函数的返回值，该选项为默认值 'on'：如果输入函数的返回值为复数或者 NaN，则显示警告信息

2) 多元函数的零点

多元函数的零点问题比一元函数的零点问题更难解决,但是当零点大致位置和性质比较好预测时,也可以使用数值方法来搜索精确的零点。

非线性方程组的标准形式为 F(x)=0,其中 x 为向量,F(x)为函数向量。在 MATLAB 中,求解多元函数的命令是 fsolve,它的具体使用方法如下:

- X=fsolve(fun,x0):从 x0 开始,尝试求解方程 fun(x)=0(由零组成的数组)。
- X=fsolve(fun,x0,options):使用 options 中指定的优化选项求解方程,使用 optimoptions 可设置这些选项。

【例 7-14】 求解二元方程组 $\begin{cases} 2x_1 - x_2 = e^{-x_1} \\ -x_1 + 2x_2 = e^{-x_2} \end{cases}$ 的零点。

首先绘制函数的曲线,在命令窗口中输入如下语句:

```
x = [-5:0.1:5];
y = x;
[X,Y] = meshgrid(x,y);
Z = 2 * X - Y - exp(-X);
surf(X,Y,Z)
xlabel('x')
xlabel('y')
xlabel('z')
title('The figure of the function')
```

图形窗口中的输出结果如图 7-2 所示。

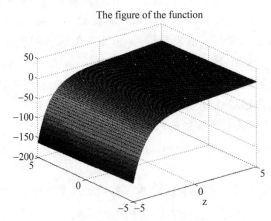

The figure of the function

图 7-2 二元方程组曲线

编写求解函数的 M 文件,在其中输入如下的程序代码:

```
function F = myfun8_15(x)
F = [2 * x(1) - x(2) - exp(-x(1)); -x(1) + 2 * x(2) - exp(-x(2))];
```

将上述程序代码保存为 myfun8_15.m 文件。

下面求解二元函数的零点,在命令窗口中输入如下语句:

```
x0 = [-5;-5];
options = optimset('Display','iter');
x = fsolve(@myfun8_15,x0,options)
```

命令窗口中的输出结果如下所示:

```
         Norm of    First - order    Trust - region
Iteration  Func - count      f(x)         step        optimality   radius
     0          3          47071.2                     2.29e + 004      1
     1          6          12003.4         1           5.75e + 003      1
     2          9          3147.02         1           1.47e + 003      1
     3         12          854.452         1               388          1
     4         15          239.527         1               107          1
     5         18          67.0412         1               30.8         1
     6         21          16.7042         1               9.05         1
     7         24          2.42788         1               2.26         1
     8         27          0.032658     0.759511           0.206        2.5
     9         30       7.03149e - 006   0.111927          0.00294      2.5
    10         33       3.29525e - 013   0.00169132      6.36e - 007    2.5
Equation solved.
fsolve completed because the vector of function values is near zero
as measured by the value of the function tolerance, and
the problem appears regular as measured by the gradient.
< stopping criteria details >
x =
    0.5671
    0.5671
```

由上面的结果可以看出,原来的二元函数是对称的,因此求解的未知数结果是相等的。

2. 非线性方程组的解

求非线性方程组的解的问题,也就是求多元函数的零点的问题。在 MATLAB 中使用 fsolve 函数计算非线性方程组的解。

【例 **7-15**】 求解 $X^4 = \begin{bmatrix} 1 & 7 \\ -11 & 9 \end{bmatrix}$。

首先对非线性方程组进行函数描述,并保存为 myfun8_15.m,其内容如下所示:

```
function T = myfun8_15(x)
T = x^4 - [1,7; - 11,9];
```

其次对非线性方程组进行求解,在命令窗口中输入如下语句:

```
x0 = [3 1;2 1];
options = optimset('Display','off');
X = fsolve(@myfun8_15,x0,options)
```

命令窗口中的输出结果如下所示:

```
X =
    1.4693      0.3875
  - 0.6089      1.9121
```

7.1.3 求解常微分方程

1. 求解常微分方程的函数

在 MATLAB 中使用 ode45、ode23、ode113、ode15s、ode23s、ode23t、ode23tb 等函数求常微分方程(ODE)的数值解,这些函数的介绍如表 7-2 所示。它们的具体使用方法类似,为了方便后面的描述,这里用 solver 统一代替它们。

表 7-2 常微分方程的求解算法

算法名	含　义	特　点	说　明
ode23	普通 2、3 阶法非刚性解	一步法:2、3 阶 Runge-Kutta 方程;累计截断误差达 $(\Delta x)^3$	适用于精度较低的情形

续表

算法名	含　义	特　点	说　明
ode23s	低阶法解刚性	一步法：2 阶 Rosebrock 算法；低精度	当精度较低时，计算时间比 ode15s 短
ode23t	解适度刚性	梯形算法	适用于刚性情形
ode23tb	低阶法解刚性	梯形算法；低精度	当精度较低时，计算时间比 ode15s 短
ode45	普通 4、5 阶法非刚性解	一步算法：4、5 阶 Runge-Kutta 方程；累计截断误差达 $(\Delta x)^3$	大部分场合的首选算法
ode15s	变阶法解刚性	多步法：Gear's 反向数值微分；精度中等	若 ode45 失效，可尝试使用
ode113	普通变阶法非刚性解	多步法：Adams 算法；高低精度均可达到	计算时间比 ode45 短

在介绍具体用法之前，首先介绍其涉及的参数，如表 7-3 所示。其次介绍它们的具体用法，如下所述：

[T,Y] = solver(odefun,tspan,y0)

表 7-3　solver 中的参数

参数名	功　能　描　述
odefun	表示常微分方程
tspan	表示求解区间或求解时刻，通常为 tspan＝[t0,tf] 或 tspan＝[t0,t1,t2,…,tf]（要求单调）
y0	表示初始条件
options	表示使用 odeset 函数所设置的可选参数
p1,p2	表示传递给 odefun 的参数

在区间 tspan＝[t0,tf] 上，使用初始条件 y0 求解常微分方程。常微分方程 $y'＝f(t,y)$ 解向量 Y 中的每行结果对应于时间向量 T 中每个时间点。

[T,Y] = solver(odefun,tspan,y0,options)

利用 odeset 函数所设置的可选参数进行求解，odeset 函数可设置的参数如表 7-4 所示，其用法类似于 optimset 函数。

[T,Y] = solver(odefun,tspan,y0,options,p1,p2,…)

表 7-4　solver 中 options 的参数

参数名	取　值	含　义
absTol	有效值：正实数或向量 默认值：1e−6	绝对误差对应于解向量中的所有元素；向量则分别对应于解向量中的每一分量
relTol	有效值：正实数 默认值：1e−6	相对误差对应于解向量中的所有元素。在每步(第 k 步)计算过程中，误差估计为 e(k)＜＝max(RelTol * abs(y(k))，AbsTol(k))
events	有效值：on、off	为 on 时，返回相应的事件记录
normControl	有效值：on、off 默认值：off	为 on 时，控制解向量范数的相对误差，使每步计算中满足 norm(e)＜＝max(RelTol * norm(y)，AbsTol)
outputFcn	有效值：odeplot、odephas2、odephas3、odeprint 默认值：odeplot	若无输出参量，则 solver 将执行下面的操作之一： • 画出解向量中各元素随时间的变化 • 画出解向量中前 2 个分量构成的相平面图 • 画出解向量中前 3 个分量构成的三维相空间图 随计算过程，显示解向量

续表

参数名	取　　值	含　　义
outputSel	有效值：正整数或向量 默认值：[]	若不使用默认设置，则 OutputFcn 所表现的是那些正整数指定的解向量中的分量的曲线或数据
refine	有效值：正整数或 k＞1 默认值：k＝1	若 k＞1，则增加每个积分步中的数据点记录，使解曲线更加光滑
jacobian	有效值：on、off 默认值：off	若为 on，则返回相应的 ode 函数的 Jacobi 矩阵
jpattern	有效值：on、off 默认值：off	若为 on，则返回相应的 ode 函数的稀疏 Jacobi 矩阵
mass	有效值：none、M、M(t)、M(t,y) 默认值：none	M：不随时间变化的常数矩阵 M(t)：随时间变化的矩阵 M(t,y)：随时间、地点变化的矩阵
maxStep	有效值：正实数 默认值：tspans/0	最大积分步长

利用传递给函数 odefun 的 p1、p2 等参数进行求解。

2. 求解常微分方程的类型

MATLAB 可以求解 3 种一阶常微分方程，即显式常微分方程、线性隐式常微分方程和完全隐式常微分方程。

显式常微分方程的形式如下：

$$\begin{cases} y'=f(t,y) \\ y(t_0)=y_0 \end{cases}$$

线性隐式常微分方程的形式如下：

$$\begin{cases} M(t,y)y'=f(t,y) \\ y(t_0)=y_0 \end{cases}$$

完全隐式常微分方程的形式如下：

$$\begin{cases} f(t,y,y')=0 \\ y(t_0)=y_0 \end{cases}$$

对于高阶常微分方程 $y^{(n)}=f(t,y,y',\cdots,y^{(n-1)})$，可以将其转换成如下所示的一阶常微分方程组：

$$\begin{cases} y'_1=y_2 \\ y'_2=y_2 \\ \quad\vdots \\ y'_n=f(t,y_1,y_2,\cdots,y_n) \end{cases}$$

3. 具体解法

下面通过 3 个实例分别说明 3 种方程的解法。

【例 7-16】 已知微分方程 $y''-\mu(1-y^2)y'+y=0$（$y(0)=0$，$y'(0)=2$；$t\in[0,30]$），该方程为显式常微分方程，分别取 $\mu=3$ 和 $\mu=5$，求解该方程。

首先对微分方程进行变换，得到如下形式：

$$\begin{cases} y'_1=y_2 \\ y'_2=\mu(1-y_1^2)y_2-y_1 \end{cases}$$

其次对方程组进行函数描述,并保存为 myfun7_16.m,其内容如下所示:

```
function output = myfun7_16(t,y,mu)
output = zeros(2,1);
output(1) = y(2);
output(2) = mu * (1 - y(1)^2) * y(2) - y(1);
```

再次对方程组进行求解,在命令窗口中输入如下语句:

```
[t1,y1] = ode45(@myfun7_16,[0 30],[0;2],[],3);      % mu = 3
[t2,y2] = ode45(@myfun7_16,[0 30],[0;2],[],5);      % mu = 5
plot(t1,y1(:,1), ' - ',t2,y2(:,2),' -- ')
title('显式常微分方程的解');
xlabel('t');
ylabel('y');
legend('mu = 3', 'mu = 5');
```

图形窗口中的输出结果如图 7-3 所示。

【例 7-17】 求解微分方程$(ty^2+1)y'=3y^3+y+4(t\in[0,10]; y(0)=2)$,该方程为线性隐式常微分方程。

首先,根据微分方程$(ty^2+1)y'=3y^3+y+4$ 和通式 $M(t,y)y'=f(t,y)$,得到

$$\begin{cases} f(t,y)=3y^3+y+4 \\ M(t,y)=ty^2+1 \end{cases}$$

其次,对 $f(t,y)$ 进行函数描述,并保存为 myfun7_17f.m,其内容如下所示:

```
function output = myfun7_17f(t,y)
output = 3 * y.^3 + y + 4;
```

再次,对 $M(t,y)$ 进行函数描述,并保存为 myfun7_17M.m,其内容如下所示:

```
function output = myfun7_17M(t,y)
output = t * y.^2 + 1;
```

最后,对方程进行求解,在命令窗口中输入如下语句:

```
options = odeset('RelTol',1e - 6, 'OutputFcn', 'odeplot', 'Mass',@myfun7_17M);
[t,y] = ode45(@myfun7_17f,[0 10],2,options);
xlabel('t');
ylabel('y');
title('线性隐式常微分方程的解')
```

图形窗口中的输出结果如图 7-4 所示。

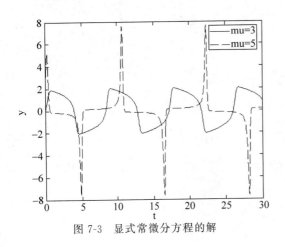

图 7-3　显式常微分方程的解

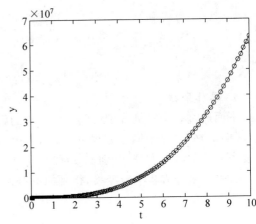

图 7-4　线性隐式常微分方程的解

MATLAB 提供了函数 decic 计算自洽的初始值,其具体用法如下:

$[y0\_new, yp0\_new] = decic(odefun, t0, y0, fixed\_y0, yp0, fixed\_yp0)$,使用 y0 和 yp0 作为完全隐函数 odefun 的初始条件的估计值,保留由 fixed_y0 和 fixed_yp0 指定的分量作为固定分量,然后计算非固定分量的值。结果获得一套完整的一致初始条件。新值 y0_new 和 yp0 _new 满足 $odefun(t0, y0\_new, yp0\_new) = 0$。适合用作 ode15i 的初始条件。

【例 7-18】 求解微分方程 $ty^2(y')^3 - 2y^3(y')^2 + 3t(t^2+1)y' - t^2y = 0 (t \in [1, 20]$; $y(0) = \sqrt{3/2})$,该方程为完全隐式常微分方程。

首先对方程进行函数描述,并保存为 myfun7_18.m,其内容如下所示:

```
function output = myfun7_18(t, y, dydt)
output = t * y.^2 * dydt.^3 - 2 * y.^3 * dydt.^2 + 3 * t * (t^2 + 1) * dydt - t^2 * y;
```

其次对方程进行求解,在命令窗口中输入如下语句:

```
t0 = 1;
y0 = sqrt(3/2);
yp0 = 0;
[y0, yp0] = decic(@myfun7_18, t0, y0, 1, yp0, 0);
[t, y] = ode15i(@myfun7_18, [1 20], y0, yp0);
plot(t, y);
xlabel('t');
ylabel('y');
title('完全隐式常微分方程的解');
```

图形窗口中的输出结果如图 7-5 所示。

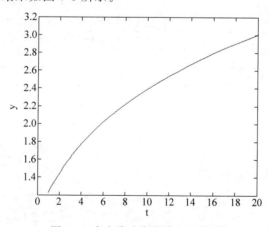

图 7-5 完全隐式常微分方程的解

7.2 数据的统计处理

本节主要介绍 MATLAB 在数据统计处理方面的应用,包括最大值和最小值、求和和求积、平均值和中值、标准方差、相关系数以及排序等内容。

1. 随机数的生成

先来了解一下常见的随机数生成函数,如表 7-5 所示。

表 7-5 随机数生成函数

函 数 名	调 用 形 式	注 释
unifrnd	unifrnd(A, B)	在 $[A, B]$ 上连续均匀分布随机数
unidrnd	unidrnd(N, [m, n])	生成指定维数 m * n 均匀分布(离散)随机数

续表

函 数 名	调用形式	注 释
exprnd	exprnd(Lambda,m,n)	生成指定维数 m＊n,参数为 Lambda 的指数分布随机数
normrnd	normrnd(MU,SIGMA[m,n])	生成指定维数 m＊n,均值参数为 MU,标准差参数为 SIGMA 的正态分布随机数
chi2rnd	chi2rnd(N,m,n)	生成指定维数 m＊n,自由度为 N 的卡方分布随机数
trnd	trnd(N,m,n)	生成指定维数 m＊n,自由度为 N 的 t 分布随机数
frnd	frnd(N₁, N₂,[m,n])	生成指定维数 m＊n,第一自由度为 N1,第二自由度为 N2 的 F 分布随机数
gamrnd	gamrnd(A, B,m,n)	生成指定维数 m＊n,参数为 A,B 的 γ 分布随机数
betarnd	betarnd(A, B,m,n)	生成指定维数 m＊n,参数为 A,B 的 β 分布随机数
lognrnd	lognrnd(MU, SIGMA[m,n])	生成指定维数 m＊n,参数为 MU,SIGMA 的对数正态分布随机数
nbinrnd	nbinrnd(R, P,m,n)	生成指定维数 m＊n,参数为 R,P 的负二项式分布随机数
ncfrnd	ncfrnd(N₁, N₂, delta,m,n)	生成指定维数 m＊n,参数为 N1,N2,delta 的非中心 F 分布随机数
nctrnd	nctrnd(N, delta,m,n)	生成指定维数 m＊n,参数为 N,delta 的非中心 t 分布随机数
ncx2rnd	ncx2rnd(N, delta,m,n)	生成指定维数 m＊n,参数为 N,delta 的非中心卡方分布随机数
raylrnd	raylrnd(B,m,n)	生成指定维数 m＊n,参数为 B 的瑞利分布随机数
binornd	binornd(N,P,m,n)	生成指定维数 m＊n,参数为 N,P 的二项分布随机数
geornd	geornd(P,m,n)	生成指定维数 m＊n,参数为 P 的几何分布随机数
hygernd	hygernd(M,K,N,m,n)	生成指定维数 m＊n,参数为 M,K,N 的超几何分布随机数
poissrnd	poissrnd(Lambda,m,n)	生成指定维数 m＊n,参数为 Lambda 的泊松分布随机数

【例 7-19】 生成[1,5]上均匀分布的 4×4 的随机数矩阵。

在命令窗口中输入如下语句:

```
x = unifrnd(1,5,4,4)
```

命令窗口中的输出结果如下所示:

```
x =
    3.5294    4.8300    4.8287    2.6870
    1.3902    4.8596    2.9415    4.6629
    2.1140    1.6305    4.2011    4.1688
    3.1875    4.8824    1.5675    4.8380
```

2. 数据分析基本函数

在 MATLAB 中提供了大量数据分析函数,在分类介绍这些函数之前,首先给出如下约定:

- 进行一维数据分析时,数据可以用行向量或者列向量来表示,无论哪种表示方法,函数的运算都是对整个向量进行的。
- 进行二维数据分析时,数据可以用多个向量或者二维矩阵来表示。对于二维矩阵,函数的运算总是按列进行的。

MATLAB 提供包括计算随机变量数字特征在内的大量数据分析函数,见以下各小节内容。

7.2.1 最大值与最小值

在 MATLAB 中计算最大值和最小值的函数分别是 max 和 min，具体用法如下：

（1）C＝max(A)，返回数组的最大元素。如果 A 是向量，则 max(A)返回 A 的最大值。如果 A 为矩阵，则 max(A)是包含每一列的最大值的行向量。如果 A 是多维数组，则 max(A)沿大小不等于 1 的第一个数组维度计算，并将这些元素视为向量。此维度的大小将变为 1，而所有其他维度的大小保持不变。如果 A 是第一个维度长度为零的空数组，则 max(A)返回与 A 大小相同的空数组。

（2）C＝min(A)，返回数组的最小元素。如果 A 是向量，则 min(A)返回 A 的最小值。如果 A 为矩阵，则 min(A)是包含每一列的最小值的行向量。如果 A 是多维数组，则 min(A)沿大小不等于 1 的第一个数组维度计算，并将这些元素视为向量。此维度的大小将变为 1，而所有其他维度的大小保持不变。如果 A 是第一个维度为 0 的空数组，则 min(A)返回与 A 大小相同的空数组。

【例 7-20】 应用求最大值、最小值的函数。

在命令窗口中输入如下语句：

```
x = 1:20;
y = randn(1,20);
figure;
hold on;
plot(x,y);
[y_max, I_max] = max(y)            %求向量最大值及其对应下标
plot(x(I_max),y_max, 'ro');
[y_min, I_min] = min(y)            %求向量最小值及其对应下标
plot(x(I_min),y_min, 'g*');
xlabel('x');
ylabel('y');
legend('原始数据', '最大值','最小值');
```

命令窗口中的输出结果如下所示：

```
y_max =
         1.5326
I_max =
        16
y_min =
       - 1.2141
I_min =
        13
```

图形窗口中的输出结果如图 7-6 所示。

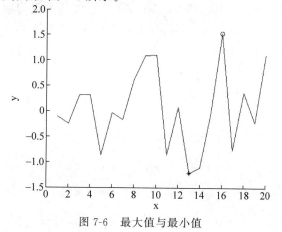

图 7-6　最大值与最小值

7.2.2 求和与求积

在 MATLAB 中求和与求积的函数分别是 sum 和 prod,具体用法如下。

(1) 计算元素和:B=sum(A)。如果 A 是向量,则返回向量 A 的各元素之和;如果 A 是矩阵,则返回含有各列元素之和的行向量;如果 A 是多维数组,则 sum(A)沿大小不等于1的第一个数组维度计算,并将这些元素视为向量。此维度会变为1,而所有其他维度的大小保持不变。

(2) 计算元素连乘积:B=prod(A)。如果 A 是向量,则返回向量 A 的各元素连乘积;如果 A 为非空矩阵,则 prod(A)将 A 的各列视为向量,并返回一个包含每列乘积的行向量。如果 A 为 0×0 空矩阵,则 prod(A)返回 1;如果 A 为多维数组,则 prod(A)沿第一个非单一维度运算并返回乘积数组。此维度的大小将减少至1,而所有其他维度的大小保持不变。如果输入 A 为 single 类型,则 prod 会计算并将 B 以 single 类型返回。如果输入 A 为任何其他数值和逻辑数据类型,则 prod 会计算并将 B 以 double 类型返回。

【例 7-21】 应用求和与求积的函数。

在命令窗口中输入如下语句:

```
x = 1:20;
y = randn(1,20);
y_sum = sum(y)
y_prod = prod(y)
```

命令窗口中的输出结果如下所示:

```
y_sum =
    14.298498925524077
y_prod =
    − 0.009046699652797
```

7.2.3 平均值与中值

在 MATLAB 中计算平均值和中值的函数分别为 mean 和 median,具体用法如下:

(1) 计算均值也叫数学期望:M=mean(A),如果 A 是向量,则 mean(A)返回元素均值;如果 A 为矩阵,则 mean(A)返回包含每列均值的行向量;如果 A 是多维数组,则 mean(A)沿大小不等于1的第一个数组维度计算,并将这些元素视为向量。此维度会变为1,所有其他维度的大小保持不变。

(2) 计算中值:M=median(A),返回 A 的中位数值。如果 A 为向量,则 median(A)返回 A 的中位数值。如果 A 为非空矩阵,则 median(A)将 A 的各列视为向量,并返回中位数值的行向量;如果 A 为 0×0 空矩阵,则 median(A)返回 NaN;如果 A 为多维数组,则 median(A)将沿大小不等于1的第一个数组维度的值视为向量。此维度的大小将变为1,而所有其他维度的大小保持不变。

【例 7-22】 应用求平均值和中值的函数。

在命令窗口中输入如下语句:

```
x = 1:20;
y = randn(1,20);
y_mean = mean(y)          % 求向量平均值
y_median = median(y)      % 求向量中间值
```

命令窗口中的输出结果如下所示:

```
y_mean =
    0.0283
y_median =
    0.1461
```

7.2.4 标准方差

在 MATLAB 中求标准方差的函数为 std。具体用法如下。

s＝std(A)，返回 A 沿大小不等于 1 的第一个数组维度的元素的标准差。如果 A 是观测值的向量，则标准差为标量。如果 A 是一个列为随机变量且行为观测值的矩阵，则 s 是一个包含与每列对应的标准差的行向量。如果 A 是一个多维数组，则 std(A) 会沿大小不等于 1 的第一个数组维度计算，并将这些元素视为向量。此维度的大小将变为 1，而所有其他维度的大小保持不变。在默认情况下，标准差按 N－1 实现归一化，其中 N 是观测值数量。

另外，MATLAB 计算方差（即标准差的平方）的函数为 var。具体用法如下。

v＝var(A)，返回 A 中沿大小不等于 1 的第一个数组维度的元素的方差。如果 A 是一个观测值向量，则方差为标量。如果 A 是一个各列为随机变量、各行为观测值的矩阵，则 V 是一个包含对应于每列的方差的行向量。如果 A 是一个多维数组，则 var(A) 会将沿大小不等于 1 的第一个数组维度的值视为向量。此维度的大小将变为 1，而所有其他维度的大小保持不变。在默认情况下，方差按观测值数量－1 实现归一化。如果 A 是一个标量，则 var(A) 返回 0。如果 A 是一个 0×0 的空数组，则 var(A) 将返回 NaN。

向量 x 的标准差定义如下：

$$s = \left[\frac{1}{N-1} \sum_{k=1}^{N} (x_k - \bar{x})^2 \right]^{\frac{1}{2}}$$

向量 x 的方差是标准差的平方，即

$$s^2 = \frac{1}{N-1} \sum_{k=1}^{N} (x_k - \bar{x})^2$$

其中，N 是向量 x 的长度，$\bar{x} = \frac{1}{N} \sum_{k=1}^{N} x_k$，即平均值。

当 N 较大时，取 $s^2 = \frac{1}{N} \sum_{k=1}^{N} (x_k - \bar{x})^2$，有时称此 s^2 为样本方差，而称上式的 s^2 为样本修正方差。

【例 7-23】 计算向量 x 的标准差。

在命令窗口中输入如下语句：

```
x = 1:20;
mean_x = mean(x);
r = 0;
for i = 1:20
    r = r + (x(i) - mean_x)^2;
end
r1 = sqrt(r/20)
r2 = sqrt(r/19)
r3 = std(x)
```

命令窗口中的输出结果如下所示：

```
r1 =
    5.766281297335398
r2 =
    5.916079783099616
```

```
r3 =
    5.916079783099616
```

7.2.5　相关系数

MATLAB 提供了 corrcoef 函数计算相关系数,具体用法如下。

(1) corrcoef(X,Y),返回两个随机变量 A 和 B 之间的系数,等价于 corrcoef([X,Y])。

(2) corrcoef(A),返回 A 的相关系数的矩阵,其中 A 的列表示随机变量,行表示观测值。

另外,cov 函数用来计算协方差:

(1) cov(A),返回协方差。如果 A 是由观测值组成的向量,则 C 为标量值方差。如果 A 是其列表示随机变量或行表示观测值的矩阵,则 C 为对应的列方差沿着对角线排列的协方差矩阵。C 按观测值数量−1 实现归一化。如果仅有一个观测值,则应按 1 进行归一化。如果 A 是标量,则 cov(A)返回 0。如果 A 是空数组,则 cov(A)返回 NaN。cov(X,Y)等价于 cov([X,Y])。

(2) cov(A,B),返回两个随机变量 A 和 B 之间的协方差。如果 A 和 B 是长度相同的观测值向量,则 cov(A,B)为 2×2 协方差矩阵。如果 A 和 B 是观测值矩阵,则 cov(A,B)将 A 和 B 视为向量,并等价于 cov(A(:),B(:))。A 和 B 的大小必须相同。如果 A 和 B 为标量,则 cov(A,B)返回零的 2×2 矩阵。如果 A 和 B 为空数组,则 cov(A,B)返回 NaN 的 2×2 矩阵。

【例 7-24】　计算协方差与相关系数。

在命令窗口中输入如下语句:

```
X = [1 0 1 3]';
Y = [ − 3 5 1 5]';
A1 = cov(X)
A2 = cov(X,Y)
A3 = corrcoef(X)
A4 = corrcoef(X,Y)
```

命令窗口中的输出结果如下所示:

```
A1 =
    1.5833
A2 =
    1.5833    1.0000
    1.0000   14.6667
A3 =
     1
A4 =
    1.0000    0.2075
    0.2075    1.0000
```

7.2.6　排序

在 MATLAB 中用函数 sort 来实现数值的排序,具体用法如下:

(1) B=sort(A),按升序对 A 的元素进行排序。如果 A 是向量,则 sort(A)对向量元素进行排序。如果 A 是矩阵,则 sort(A)会将 A 的列视为向量,并对每列进行排序。如果 A 是多维数组,则 sort(A)会沿大小不等于1的第一个数组维度计算,并将这些元素视为向量。

(2) B=sort(___,direction),使用上述任何语法返回按 direction 指定的顺序显示的 A 的有序元素。'ascend' 表示升序(默认值),'descend' 表示降序。

【例 7-25】　对随机产生的矩阵 A 分别进行降序和升序排序。

在命令窗口中输入如下语句:

```
A = unifrnd(1,2,4,5)
Y1 = sort(A, 'descend')
Y2 = sort(A, 'ascend')
```

命令窗口中的输出结果如下所示：

```
A =
    1.7943    1.6020    1.7482    1.9133    1.9961
    1.3112    1.2630    1.4505    1.1524    1.0782
    1.5285    1.6541    1.0838    1.8258    1.4427
    1.1656    1.6892    1.2290    1.5383    1.1067
Y1 =
    1.7943    1.6892    1.7482    1.9133    1.9961
    1.5285    1.6541    1.4505    1.8258    1.4427
    1.3112    1.6020    1.2290    1.5383    1.1067
    1.1656    1.2630    1.0838    1.1524    1.0782
Y2 =
    1.1656    1.2630    1.0838    1.1524    1.0782
    1.3112    1.6020    1.2290    1.5383    1.1067
    1.5285    1.6541    1.4505    1.8258    1.4427
    1.7943    1.6892    1.7482    1.9133    1.9961
```

7.3 数据的插值

插值是图像处理和信号处理等领域常用的方法。在已知的数据之间寻找估计值的过程即为插值。MATLAB 中提供了大量用于获取数据时间复杂度、空间复杂度以及平滑度等的插值函数，这些函数保存在 MATLAB 安装目录下的 ployfun 工具箱中，如表 7-6 所示。

表 7-6　插值函数

函 数 名	功 能 描 述
pchip	分段三次埃尔米特多项式插值
interp1	一维数据插值
interp1q	快速一维线性插值
interpft	一维插值（FFT 方法）
interp2	meshgrid 格式的二维网格数据的插值
interp3	meshgrid 格式的三维网格数据的插值
interpn	ndgrid 格式的一维、二维、三维和 N 维网格数据的插值
griddata	插入二维或三维散点数据
griddatan	插入 N 维散点数据
spline	三次方样条数据插值
ppval	计算分段多项式

7.3.1 一维插值

对一维函数进行插值即为一维插值。如图 7-7 所示，图中实心点表示已知数据点，空心点

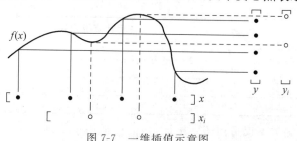

图 7-7　一维插值示意图

表示未知数据点,需要通过插值过程对横坐标 x 所对应的 y 值进行估计。在 MATLAB 中存在两种类型的插值,即基于多项式的插值和基于傅里叶的插值。

一维多项式插值可以通过函数 interp1() 来实现,interp1() 的格式如下:

(1) yi=interp1(x,y,xi,method),指定备选插值方法:'linear'、'nearest'、'next'、'previous'、'pchip'、'cubic'、'v5cubic'、'makima' 或 'spline'。默认方法为 'linear'。

(2) vq=interp1(v,xq),返回插入的值,并假定一个样本点坐标默认集。默认点是从 1 到 n 的数字序列,其中 n 取决于 v 的形状:当 v 是向量时,默认点是 1:length(v);当 v 是数组时,默认点是 1:size(v,1)。

(3) yi=interp1(x,y,xi,method,'extrapolation'),用于指定外插策略,来计算落在 x 域范围外的点。如果希望使用 method 算法进行外插,可将 extrapolation 设置为 'extrap'。也可以指定一个标量值,在这种情况下,interp1 将为所有落在 x 域范围外的点返回该标量值。

(4) pp=interp1(x,v,method,'pp'),使用 method 算法返回分段多项式形式的 v(x)。

一维插值可以指定的方法如下:

(1) 最近邻插值(method 取值为'nearest'),这种插值方法在已知数据的最近邻点设置插值点,对插值点的数进行四舍五入。对超出范围的点将返回 NaN。最近邻插值是最快的插值方法,但在数据平滑方面效果最差,得到的函数是不连续的。

(2) 线性插值(method 取值为'linear'),该方法是未指定插值方法时所采用的方法,该方法直接连接相邻的两点,对超出范围的点将返回 NaN。它比最近邻插值占用更多的内存,执行速度也稍慢,但在数据平滑方面优于最近邻插值,且线性插值的数据变化是连续的。

(3) 三次样条插值(method 取值为'spline'),该方法采用三次样条函数来获得插值点。在已知点为端点的情况下,插值函数至少具有相同的一阶和二阶导数。其处理速度最慢,占用内存小于分段三次埃尔米特多项式插值,可以产生最光滑的结果,但在输入数据分布不均匀或数据点间距过近时将产生错误。样条插值是非常有用的插值方法。

(4) 分段三次埃尔米特多项式插值(method 取值为'pchip'),它在处理速度和内存消耗方面比线性插值差,但插值得到的数据和一阶导数是连续的。

(5) 三次多项式插值(method 取值为'cubic'),它相比于线性插值的处理速度慢和内存消耗较多,与分段三次埃尔米特多项式插值类似。

(6) 三次多项式插值拟合已知数据(method 取值为'v5cubic'),它相比线性插值的处理速度慢和内存消耗较多,该方法使用三次多项式函数对已知数据进行拟合。

MATLAB 的 4 种常见插值方法:

- 最邻近插值:method= 'nearest'
- 线性插值:method= 'linear'
- 三次样条插值:method= 'spline'
- 三次多项式插值:method= 'pchip' or 'cubic'

对这四种插值方法进行比较,见表 7-7。

表 7-7 插值方法比较

方 法	运 算 时 间	占用计算机内存	光 滑 程 度
最近邻插值	快	少	差
线性插值	稍长	较多	稍好
三次样条插值	最长	较多	最好
三次多项式插值	较长	多	较好

上述方法的相对优劣不仅适用于一维插值,同样适用于二维或更高维度的情况。当选择

一个插值方法时,应充分考虑其执行速度、内存占用以及数据平滑度等方面的优劣。

以不同插值方法进行一维插值,代码如下:

```
% interp1_example.m
% 用不同插值方法对一维数据进行插值,并比较其不同
x = 0:1.2:10;
y = sin(x);
xi = 0:0.1:10;
yi_nearest = interp1(x,y,xi,'nearset');     % 最近邻插值
yi_linear = interp1(x,y,xi);                % 默认插值方法是线性插值
yi_spline = interp1(x,y,xi,'spline ');      % 三次样条插值
yi_cubic = interp1(x,y,xi,'PCHIP');         % 三次多项式插值
yi_v5cubic = interp1(x,y,xi,'v5cubic');     % MATLAB5 中使用的三次多项式插值
hold on;
subplot(2,3,1);
plot(x,y,'ro',xi,yi_nearest,'b-');
title('最近邻插值');
subplot(2,3,2);
plot(x,y,'ro',xi,yi_linear,'b-');
title('线性插值');
subplot(2,3,3);
plot(x,y,'ro',xi,yi_spline,'b-');
title('三次样条插值');
subplot(2,3,4);
plot(x,y,'ro',xi,yi_cubic,'b-');
title('三次多项式插值');
subplot(2,3,5);
plot(x,y,'ro',xi,yi_v5cubic,'b-');
title('三次多项式插值');
```

上述语句的运行结果如图 7-8 所示。

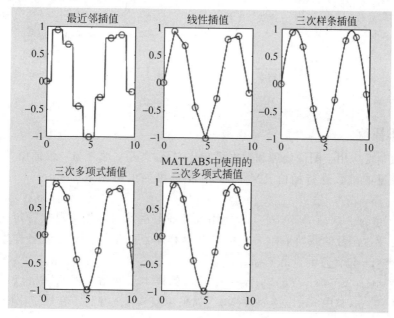

图 7-8　一维插值方法比较

一维快速傅里叶插值通过函数 interpft() 来实现,该函数用傅里叶变换把输入数据变换到频域,然后用更多点的傅里叶逆变换,变换回时域,其结果是对数据进行增采样。函数 interpft() 的调用格式如下:

(1) y＝interpft(x,n),在 X 中内插函数值的傅里叶变换以生成 n 个等间距的点。interpft 对第一个大小不等于 1 的维度进行运算。

(2) y＝interpft(x,n,dim),沿维度 dim 运算。例如,如果 X 是矩阵,interpft(X,n,2) 将在 X 行上进行运算。

【例 7-26】 利用一维快速傅里叶插值实现数据增采样,代码如下:

```
% interpft_example.m
% 一维快速傅里叶插值实现数据增采样
x = 0:1.2:10;
y = sin(x);
n = 2 * length(x);          % 增采样1倍
yi = interpft(y,n);          % 一维快速傅里叶插值
xi = 0:0.6:10.4;
hold on;
plot(x,y,'ro');              % 画图
plot(xi,yi,'b. - ');
title('一维快速傅里叶插值');
legend('原始数据','插值结果');
```

由上述程序可生成如图 7-9 所示结果。

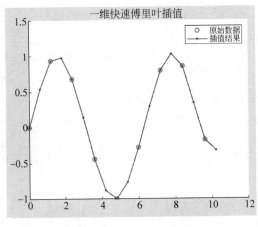

图 7-9　一维快速傅里叶插值

7.3.2　二维插值

二维插值主要应用于图像处理和数据可视化方面,其基本原理与一维插值类似,不同的是它是对两个变量的函数进行插值。MATLAB 中二维插值的函数为 interp2(),其调用格式如下:

(1) Vq＝interp2(X,Y,V,Xq,Yq),使用线性插值返回双变量函数在特定查询点的插入值。结果始终穿过函数的原始采样。X 和 Y 包含样本点的坐标。V 包含各样本点处的对应函数值。Xq 和 Yq 包含查询点的坐标。

(2) Vq＝interp2(V,Xq,Yq),假定一个默认的样本点网格。默认网格点覆盖矩形区域 X＝1:n 和 Y＝1:m,其中 [m,n]＝size(V)。如果希望节省内存且不在意点之间的绝对距离,可使用此语法。

(3) Vq＝interp2(V,k),将每个维度上样本值之间的间隔反复分割 k 次,形成优化网格,并在这些网格上返回插入值。这将在样本值之间生成 2^{k-1} 个插入点。

(4) zi＝interp2(___,method),指定备选插值方法:'linear'、'nearest'、'cubic'、'makima' 或 'spline'。默认方法为 'linear'。

（5）Vq＝interp2(___,method,extrapval)，还指定标量值 extrapval，此参数会为处于样本点域范围外的所有查询点赋予该标量值。

二维插值可采用的方法如下：

（1）最近邻插值(method＝'nearest')，这种插值方法在已知数据的最近邻点设置插值点，对插值的数进行四舍五入。对超出范围的点将返回 NaN。

（2）线性插值(method＝'linear')，该方法是未指定插值方法时 MATLAB 默认采用的方法。插值点值取决于最近邻的 4 个点的值。

（3）三次样条插值(method＝'spline')，该方法采用三次样条函数来获得插值数据。

（4）三次多项式插值(method＝'cublic')。

下面通过实例比较各种二维插值方法的不同，具体如下：

```
% interp2_example2
% 采用二次插值对三维高斯型分布函数进行插值
[x,y] = meshgrid( - 3:0.8:3);              % 原始数据
z = peaks(x,y);
[xi,yi] = meshgrid( - 3:0.25:3);           % 插值点
zi_nearest = interp2(x,y,z,xi,yi,'nearest');   % 最近邻插值
zi_linear = interp2(x,y,z,xi,yi);          % 默认插值方法是线性插值
zi_spline = interp2(x,y,z,xi,yi,'spline');     % 三次样条插值
zi_cubic = interp2(x,y,z,xi,yi,'cubic');       % 三次多项式插值
hold on;
subplot(2,3,1);
surf(x,y,z);
title('原始数据');
subplot(2,3,2);
surf(xi,yi,zi_nearest);
title('最近邻插值');
subplot(2,3,3);
surf(xi,yi,zi_linear);
title('线性插值');
subplot(2,3,4);
surf(xi,yi,zi_spline);
title('三次样条插值');
subplot(2,3,5);
surf(xi,yi,zi_cubic);
title('三次多项式插值');
figure;                                    % 新开绘图窗口
subplot(2,2,1);                            % 插值结果等高线
contour(xi,yi,zi_nearest);
title('最近邻插值');
subplot(2,2,2);
contour(xi,yi,zi_linear);
title('线性插值');
subplot(2,2,3);
contour(xi,yi,zi_spline);
title('三次样条插值');
subplot(2,2,4);
contour(xi,yi,zi_cubic);
title('三次多项式插值');
```

效果如图 7-10 和图 7-11 所示，图 7-11 中的插值等高线可用于比较插值后数据的平滑性。

7.3.3 三维插值

三维插值的思想与一维、二维插值基本相同，区别在于它是对三维函数的插值。MATLAB 提供了函数 interp3 实现三维插值，具体方法如下：

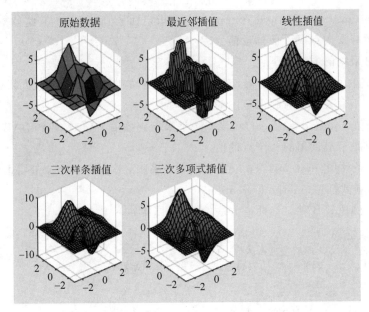

图 7-10　插值结果示意图

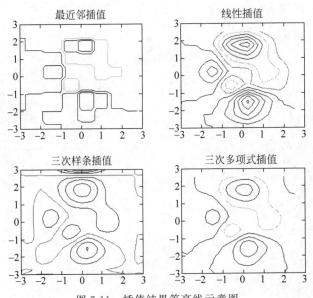

图 7-11　插值结果等高线示意图

(1) Vq＝interp3(X,Y,Z,V,Xq,Yq,Zq),使用线性插值返回三变量函数在特定查询点的插入值。结果始终穿过函数的原始采样。X、Y 和 Z 包含样本点的坐标。V 包含各样本点处的对应函数值。Xq、Yq 和 Zq 包含查询点的坐标。

(2) Vq＝interp3(___,method),指定备选插值方法: 'linear'、'nearest'、'cubic'、'makima' 或 'spline'。默认方法为 'linear'。

(3) Vq＝interp3(___,method,extrapval),还指定标量值 extrapval,此参数会为处于样本点域范围外的所有查询点赋予该标量值。

下面通过实例对 flow(n)函数以不同方法实现三维插值,如 interp3_example 所示。

```
% interp3_example
[x,y,z,v] = flow(30);
[xi,yi,zi] = meshgrid(1:2:5, [0 1], [1 2]);
```

```
vi1 = interp3(x,y,z,v,xi,yi,zi, 'nearest');
vi2 = interp3(x,y,z,v,xi,yi,zi);
vi3 = interp3(x,y,z,v,xi,yi,zi, 'spline');
vi4 = interp3(x,y,z,v,xi,yi,zi, 'cubic');
figure
slice(x,y,z,v,2.5,[0.3 0.5],[1 1.5 2]);
title('原始数据');
figure
hold on;
subplot(2,2,1);
slice(xi,yi,zi,vi1, 2.5,[0.3 0.5],[1 1.5 2]);
title('最近邻插值');
subplot(2,2,2);
slice(xi,yi,zi,vi2, 2.5,[0.3 0.5],[1 1.5 2]);
title('线性插值');
subplot(2,2,3);
slice(xi,yi,zi,vi3, 2.5,[0.3 0.5],[1 1.5 2]);
title('三次样条插值');
subplot(2,2,4);
slice(xi,yi,zi,vi4, 2.5,[0.3 0.5],[1 1.5 2]);
title('三次多项式插值');
colormap hsv
```

图形窗口中显示三维插值的结果,如图 7-12 和图 7-13 所示。

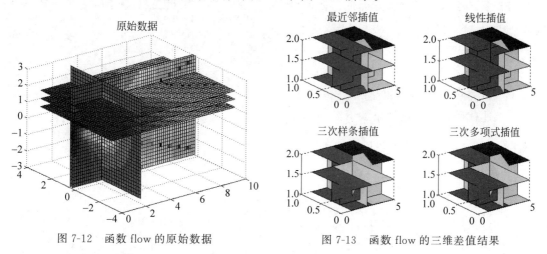

图 7-12　函数 flow 的原始数据

图 7-13　函数 flow 的三维差值结果

7.4　数值积分函数

MATLAB 提供的数值积分函数及其功能描述如表 7-8 所示。

表 7-8　数值积分函数

参　数　名	功　能　描　述
integral	数值积分
integral2	对二重积分进行数值计算
Integral3	对三重积分进行数值计算

7.4.1　一元函数积分

MATLAB 提供了 integral() 计算一元函数的积分。函数 integral() 的调用格式如下:

(1) q＝integral(fun,xmin,xmax),使用全局自适应积分,默认误差容限为 xmin 至 xmax,以数值形式为函数 fun 求积分。

（2）q＝integral(fun,xmin,xmax,Name,Value)，指定具有一个或多个 Name,Value 对组参数的其他选项。例如，指定 'WayPoints'，后跟实数或复数向量，为要使用的积分器指示特定点。

【例 7-27】　求归一化高斯函数在区间［－1 1］上的定积分，代码设置如下：

```
% quad_exam.m
% 求归一化高斯函数在区间\[-1 1]上的定积分,并求得到积分过程的中间节点
y = @(x)1/sqrt(pi) * exp(- x.^2);          % 归一化高斯函数
integral(y, -1,1)                          % 求定积分,并显示中间迭代过程
fplot(y,\[-1 1\],'b');                     % 画出函数
hold on;
% 跟踪数据(运行完上面程序后,可以在命令行复制这些数据)
trace = [    9       -1.0000000000      5.43160000e-001     0.1804679399;
            11       -1.0000000000      2.71580000e-001     0.0728222057;
            13       -0.7284200000      2.71580000e-001     0.1076454255;
            15       -0.4568400000      9.13680000e-001     0.4817487615;
            17       -0.4568400000      4.56840000e-001     0.2408826755;
            19       -0.4568400000      2.28420000e-001     0.1142172651;
            21       -0.2284200000      2.28420000e-001     0.1266655031;
            23        0.0000000000      4.56840000e-001     0.2408826755;
            25        0.0000000000      2.28420000e-001     0.1266655031;
            27        0.2284200000      2.28420000e-001     0.1142172651;
            29        0.4568400000      5.43160000e-001     0.1804679399;
            31        0.4568400000      2.71580000e-001     0.1076454255;
            33        0.7284200000      2.71580000e-001     0.0728222057];
x1 = trace(:,2);                           % 积分过程的中间节点
y1 = y(x1);                                % 中间节点的函数值
plot(x1,y1,'ro');                          % 画图
xlabel('x');
ylabel('y');
legend('高斯函数','求积分过程的中间节点');
```

由上述代码得到输出结果如下：

```
ans =
0.8427
```

积分过程如图 7-14 所示。

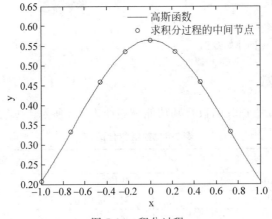

图 7-14　积分过程

7.4.2　矢量积分

矢量积分相当于多个一元定积分，例如求 $\int_{-1}^{1} \dfrac{1}{\sqrt{2\pi n}}\exp\left(-\dfrac{x^2}{2n^2}\right)\mathrm{d}x$，$n=1,2,3,4,5$，就可以用矢量积分，具体代码如下：

```
% quadv_exam.m
% 求矢量积分
y = @(x,n)1./(sqrt(2 * pi). * (1:n)). * exp(- x.^2./(2 * (1:n).^2)); % 归一化高斯函数
integral(@(x)y(x,5), - 1,1,'ArrayValued',true)
```

由上述语句得到的输出结果如下：

```
ans =
    0.6827    0.3829    0.2611    0.1974    0.1585
```

矢量积分的结果是一个向量，其每一元素的值为一个一元函数定积分的值。

7.4.3　二元函数积分

二元函数的积分形式如 $Q = \int_{ymin}^{ymax} \int_{xmin}^{xmax} f(x,y)\mathrm{d}x\,\mathrm{d}y$ 所示。

MATLAB 中使用函数 integral2() 来计算二重积分。该函数先计算内层积分值，然后利用内层积分的中间结果计算二重积分。根据 $\mathrm{d}x\,\mathrm{d}y$ 的顺序，称 x 为内积分变量，y 为外积分变量。函数 integral2() 的基本格式如下：

（1）q=integral2(fun,xmin,xmax,ymin,ymax)，在平面区域[xmin,xmax]和[ymin(x)，ymax(x)]内逼近函数 z=fun(x,y)的积分。

（2）q = integral2(fun,xmin,xmax,ymin,ymax,Name,Value)，指定具有一个或多个 Name,Value 对组参数的其他选项。

【例 7-28】　计算二维高斯函数在矩形区间[−1,1，−1,1]上的二重积分，代码设置如下：

```
% dblquad_exam.m
% 计算二维高斯函数在矩形区间[- 1,1, - 1,1]上的二重积分
f = @(x,y)1/sqrt(pi) * exp(- x.^2) * 1/sqrt(pi) * exp(- y.^2);    % 归一化高斯函数
integral2(f, - 1,1, - 1,1)
```

由上述语句得到输出结果如下：

```
ans =
    0.7101
```

函数 integral2() 处理的都是矩形积分区域。若要计算非矩形的积分区间的二重积分，可以用一个大的矩形积分区域包含非矩形的积分区间，然后在非矩形的积分区间之外的区域上把二元函数的值取零。

【例 7-29】　计算二维高斯函数在圆形区域 $\sqrt{x^2+y^2}<1$ 上的二重积分，代码设置如下：

```
% dblquad_exam2.m
% 计算二维高斯函数在圆形区域 sqrt(x.^2 + y.^2)<1 上的二重积分
% 在圆形区域外填充 0 的归一化高斯函数
f = @(x,y)(1/sqrt(pi) * exp(- x.^2) * 1/sqrt(pi) * exp(- y.^2)). * (sqrt(x.^2 + y.^2)<= 1);
integral2(f, - 2,2, - 2,2)
```

由上述语句得到的输出结果如下：

```
ans =
    0.6321
```

7.4.4　三元函数积分

三重积分的形式如下：

$$Q = \int_{zmin}^{zmax} \int_{ymin}^{ymax} \int_{xmin}^{xmax} f(x,y,z)\mathrm{d}x\,\mathrm{d}y\,\mathrm{d}z$$

三重积分可以用函数 triplequad 来实现,其用法与二重积分类似。

7.5 求解最优化问题

最优化问题是工程中经常遇到的问题,下面从无约束非线性极小化、有约束极小化、二次规划和线性规划、线性最小二乘、非线性最小二乘和多目标寻优方法等方面进行介绍。

7.5.1 无约束非线性极小化

在 MATLAB 中无约束非线性极小化问题的处理使用的是 fminsearch 函数。具体方法如下:

(1) x=fminsearch(fun,x0),在点 x0 处开始并尝试求 fun 中描述的函数的局部最小值。

(2) x=fminsearch(fun,x0,options),使用结构体 options 中指定的优化选项求最小值。使用 optimset 可设置这些选项。

(3) x=fminsearch(problem),求 problem 的最小值,其中 problem 是一个结构体。

此外,还有一个 fminunc 函数,也是解决无约束非线性极小化问题的函数,其用法与 fminsearch 函数类似,该函数求的是局部解。

【例 7-30】 求解正弦函数在 x0=3 附近的极小值点。在命令窗口中输入如下语句:

```
clear
clc
X = fminsearch(@sin,3)
```

在命令窗口中的输出结果如下:

```
X =
    4.1724
```

7.5.2 有约束极小化

有约束条件的极小化问题相比于无约束条件极小化情况复杂很多,种类也比较繁多,这里只简单介绍函数 fmincon 的使用。

fmincon 函数用于解决如下约束条件的极小化问题:

```
min F(X) subject to: AX≤B, Aeq·X = Beq        (线性约束)
                     C(X)≤0, Ceq(X) = 0        (非线性约束)
                     LB≤X≤UB                   (边界)
```

fmincon 函数的具体用法如下:

(1) x=fmincon(fun,x0,A,b),fun 代表目标函数,x0 为初值,它可以是标量、向量或矩阵,线性约束条件为 A * X≤b 时,找到目标函数的极小值点。

(2) x=fmincon(fun,x0,A,b,Aeq,beq),在满足线性等式 Aeq * x=beq 以及不等式 A * x≤b 的情况下最小化 fun。如果不存在不等式,则设置 A=[]和 b=[]。

(3) x=fmincon(fun,x0,A,b,Aeq,beq,lb,ub,nonlcon),执行最小化时,满足 nonlcon 所定义的非线性不等式 c(x)或等式 ceq(x)。fmincon 进行优化,以满足 c(x)≤0 和 ceq(x)=0。如果不存在边界,则设置 lb=[]和/或 ub=[]。

【例 7-31】 求解约束条件下函数的极小值点。

```
clear
clc
X = fmincon(@(x)3 * sin(x(1)) + exp(x(2)),[1;1],[],[],[],[],[0 0])
```

命令窗口中的输出结果如下:

```
Local minimum found that satisfies the constraints.

Optimization completed because the objective function is non-decreasing in
feasible directions, to within the value of the optimality tolerance,
and constraints are satisfied to within the value of the constraint tolerance.

<stopping criteria details>

X =

    1.0e-05 *

    0.0667
    0.2000
```

7.5.3　二次规划和线性规划

1. 二次规划

用下式对二次规划的标准问题进行描述,其中 X、b、b_{eq}、lb 和 ub 都为列向量,A、A_{eq} 和 H 都为符合维数要求的矩阵。

$$\begin{cases} \min_x \left(\dfrac{1}{2} X'HX + f'X \right) \\ AX \leqslant b, \quad A_{eq}X = b_{eq} \\ lb \leqslant X \leqslant ub \end{cases}$$

函数 quadprog 用来处理二次规划问题,该函数的具体用法如下:

- x=quadprog(H,f,A,b):计算 $\begin{cases} \min\limits_x \left(\dfrac{1}{2} X'HX + f'X \right) \\ AX \leqslant b \end{cases}$ 二次规划的最优解。

- x=quadprog(H,f,A,b,Aeq,beq,lb,ub,x0,options):由指定设置 options 和初值 x0

  开始计算 $\begin{cases} z\min\limits_X \left(\dfrac{1}{2} X'HX + f'X \right) \\ AX \leqslant b, A_{eq}X = b_{eq} \\ lb \leqslant X \leqslant ub \end{cases}$ 二次规划的最优解,其中 options 可以由函数 optimset

  设定。

- [x,fval]=(H,f,A,b,Aeq,beq,lb,ub,x0,options):附加返回最小值。

【例 7-32】　计算 $\begin{cases} \min\left(\dfrac{1}{3}(x_1 x_2)\begin{pmatrix} 1 & -1 \\ -1 & 2 \end{pmatrix}\begin{pmatrix} x_1 \\ x_2 \end{pmatrix} - 3x_1 - 5x_2 \right) \\ x_1 + 3x_2 \leqslant 2 \\ -x_1 + x_2 \leqslant 8 \\ x_1, x_2 \geqslant 0 \end{cases}$ 的二次规划。

在命令窗口中输入如下语句:

```
H = [1 -1; -1 2];
f = [-3; -5];
A = [1 3; -1 1];
b = [2; 8];
[x,fval] = quadprog(H,f,A,b,[],[],[0;0])
```

命令窗口中的输出结果如下:

```
Minimum found that satisfies the constraints.

Optimization completed because the objective function is non-decreasing in
feasible directions, to within the value of the optimality tolerance,
and constraints are satisfied to within the value of the constraint tolerance.

< stopping criteria details >
x =
    1.2941
    0.2353
fval =
    -4.4706
```

2. 线性规划

用下式对线性规划问题进行数学描述,其中 X、f、b、b_{eq}、lb 和 ub 都为列向量,A 和 A_{eq} 都为符合维数要求的矩阵。

$$\begin{cases} \min\limits_{X} f^T X \\ AX \leqslant b, \quad A_{eq}X = b_{eq} \\ lb \leqslant X \leqslant ub \end{cases}$$

函数 linprog 用来处理线性规划问题,下面详细介绍该函数的具体用法:

(1) x=linprog(f,A,b),求解 min f'*x,满足 A*x≤b。

(2) x=linprog(f,A,b,Aeq,beq),包括等式约束 Aeq*x=beq。如果不存在不等式,则设置 A=[]和 b=[]。

(3) x=linprog(f,A,b,Aeq,beq,lb,ub),定义设计变量 x 的一组下界和上界,使解始终在 lb≤x≤ub 范围内。如果不存在等式,则设置 Aeq=[]和 beq=[]。

(4) x=linprog(f,A,b,Aeq,beq,lb,ub,options),使用 options 所指定的优化选项执行最小化。使用 optimoptions 可设置这些选项。

(5) 对于任何输入参数,[x,fval]=linprog(___)返回目标函数 fun 在解 x 处的值:fval= f'*x。

【例 7-33】 计算 $\begin{cases} \min(x_1 + 3x_2 - 5x_3) \\ x_1 - x_2 + x_3 \leqslant 8 \\ 3x_1 + x_3 \leqslant 4 \\ x_1, x_2, x_3 \geqslant 0 \end{cases}$ 的线性规划。

在 MATLAB 的命令窗口中输入如下语句:

```
f = [1;3;-5];
A = [1 -1 1;3 0 1];
b = [8;4];
x = linprog(f,A,b,[],[],[0;0;0],[inf;inf;inf])
```

则命令窗口中显示输出结果如下:

```
Optimal solution found
x =
    0
    0
    4
```

值得注意的是,有时候由于约束条件不够,往往无法找到最优解。

7.5.4 线性最小二乘

利用左除(\)可以求解线性最小二乘问题。若 A 为 m×n 矩阵(m≠n),且 b 为具有 m 个元素的列向量或具有多个此类问题向量的矩阵,则 X＝A\B 为等式 AX＝b 的最小二乘意义上的解。

1. 非负线性最小二乘

非负线性最小二乘问题的数学描述如下所示:

$$\min_x \frac{1}{2} \| Cx - d \|_2^2, \quad x \geqslant 0$$

其中,矩阵 C 和向量 d 为目标函数的系数。

在 MATLAB 中用 lsqnonneg 函数求线性问题的非负最小二乘解,具体用法如下所示:

(1) x＝lsqnonneg(C,d),返回在 x≥0 的约束下,使得 norm(C＊x－d)最小的向量 x。参数 C 和 d 必须为实数。

(2) x＝lsqnonneg(C,d,options),使用结构体 options 中指定的优化选项求最小值。使用 optimset(Optimization Toolbox)可设置这些选项。

(3) [x,resnorm,residual]＝lsqnonneg(___),对于上述任何语法,还返回残差的 2-范数平方值 norm(C＊x-d)^2 以及残差 d-C＊x。

【例 7-34】 通过问题比较 lsqnonneg 函数解与无约束最小二乘解的不同。

在命令窗口中输入如下语句:

```
C = [0.0372 0.2869;0.6861 0.7071;0.6233 0.6245;0.6344 0.6170];
d = [0.8587;0.1781;0.0747;0.8405];
x1 = lsqnonneg(C,d)
x2 = C\d
```

则命令窗口显示输出结果如下:

```
x1 =
     0
    0.6929
x2 =
   -2.5627
    3.1108
```

由结果可知二者的解不一样,非负最小二乘解没有负值。

2. 有约束线性最小二乘

有约束线性最小二乘问题的数学描述如下所示:

$$\begin{cases} \min_x \frac{1}{2} \| Cx - d \|_2^2 \\ AX \leqslant b \\ Aeq \cdot X = beq \\ lb \leqslant X \leqslant ub \end{cases}$$

其中,C、A 和 Aeq 为矩阵,d、b、beq、lb、ub 和 X 为向量。在 MATLAB 中用 lsqlin 函数求有约束线性最小二乘解,具体如下:

(1) x＝lsqlin(C,d,A,b),x＝lsqlin(C,d,A,b),在满足 A＊x≤b 的情况下,基于最小二乘思想求解线性方程组 C＊x＝d。

(2) x＝lsqlin(C,d,A,b,Aeq,beq,lb,ub),增加线性等式约束 Aeq＊x＝beq 和边界 lb≤

x≤ub。如果您不需要某些约束(如 Aeq 和 beq),则将其设置为[]。如果 x(i)无下界,则设置 lb(i)=−Inf;如果 x(i)无上界,则设置 ub(i)=Inf。

(3) x=lsqlin(C,d,A,b,Aeq,beq,lb,ub,x0,options),使用初始点 x0 和 options 所指定的优化选项执行最小化。使用 optimoptions 函数可设置这些选项。如果您不想包含初始点,则将 x0 参数设置为[]。

(4) [x,resnorm,residual,exitflag,output,lambda]=lsqlin(___),使用上述任一输入参数组合,将返回:残差的 2-范数平方 resnorm=$\|C*x-d\|_2^2$;残差 residual=C*x−d;描述退出条件的值 exitflag;包含有关优化过程信息的结构体 output;还包括了拉格朗日乘数的结构体 lambda。

【例 7-35】 求解下列问题的最小二乘解。

$$Cx = d$$
$$Ax \leq b$$
$$lb \leq x \leq ub$$

在命令窗口中输入如下代码:

```
C =
    [0.9501 0.7620 0.6153 0.4057;
     0.2311 0.4564 0.7919 0.9354;
     0.6068 0.0185 0.9218 0.9169;
     0.4859 0.8214 0.7382 0.4102;
     0.8912 0.4447 0.1762 0.8936];
d = [0.0578;0.3528;0.8131;0.0098;0.1388];
A =
    [0.2027 0.2721 0.7467 0.4659;
     0.1987 0.1988 0.4450 0.4186;
     0.6037 0.0152 0.9318 0.8462];
b = [0.5251;0.2026;0.6721];
lb = −0.1*ones(4,1);
ub = 2*ones(4,1);
x = lsqlin(C,d,A,b)
```

命令窗口中的输出结果如下:

```
Minimum found that satisfies the constraints.
Optimization completed because the objective function is non−decreasing in
feasible directions, to within the value of the optimality tolerance,
and constraints are satisfied to with the value of the constraint tolerance

< stopping criteria details >
x =
    0.1299
   −0.5757
    0.4251
    0.2438
```

7.5.5 非线性最小二乘

非线性最小二乘问题的数学描述如下:

$$\min_x f(x) = f_1(x)^2 + f_2(x)^2 + \cdots + f_m(x)^2 + L$$

式中,L 为常数。

在 MATLAB 中,用 lsqnonlin 函数求解非线性最小二乘问题,具体用法如下:

(1) x=lsqnonlin(fun,x0),从点 x0 开始,求 fun 中所描述函数的平方和的最小值。函数

fun 应返回由值(而不是值的平方和)组成的向量(或数组)。该算法隐式计算 fun(x)的分量的平方和。

（2）x＝lsqnonlin(fun,x0,lb,ub)，对 x 中的设计变量定义一组下界和上界，使解始终满足 lb≤x≤ub。可以通过指定 lb(i)＝ub(i)来修复解分量 x(i)。

（3）x＝lsqnonlin(fun,x0,lb,ub,options)，x＝lsqnonlin(fun,x0,lb,ub,options)使用 options 所指定的优化选项执行最小化。使用 optimoptions 函数可设置这些选项。如果不存在边界，则为 lb 和 ub 传递空矩阵。

（4）对于任何输入参数，[x,resnorm]＝lsqnonlin(___)返回在 x 处的残差的 2-范数平方值：sum(fun(x)^2)。

【例 7-36】　求解 x，使得下式最小化。

$$\sum_{k=1}^{10} (2+2k-e^{kx_1}-e^{kx_2})^2, \quad 初值为 x=[0.3 \; 0.4]$$

由于 lsqnonlin 函数假设用户提供的平方和不是显式表达的，因此，要将求解的函数变换为向量值函数，如下所示：

$$F_x(x)=2+2k-e^{kx_1}-e^{kx_2}, \quad k=1,2,\cdots,10$$

编辑 M 文件并保存为 myfun1.m 文件，程序代码如下所示：

```
function F = myfun1(x)
k = 1:10;
F = 2 + 2 * k - exp(k * x(1)) - exp(k * x(2));
```

其次在命令窗口中输入如下语句：

```
x0 = [0.3 0.4]
[x, resnorm] = lsqnonlin(@myfun1, x0)
```

则命令窗口中的输出结果如下：

```
x0 =
    0.3000    0.4000
Local minimum possible
lsqnonlin stopped because the size of current step is less than
the value of the step size tolerance

x =
    0.2578    0.2578
resnorm =
  124.3622
```

7.5.6　多目标寻优方法

多目标寻优方法与前面的只有一个目标函数的单目标优化方法不同。在许多实际工程问题中，往往希望多个指标均达到最优值，即，使得多个目标函数均达到最优值，此类问题被称为多目标寻优方法，其数学描述如下：

$$\begin{cases} \min_{x \in R^n} F(x) \\ G_i(x)=0, \quad i=1,2,\cdots,m_e \\ G_i(x) \leqslant 0, \quad i=m_e+1,m_e+2,\cdots,m \\ x_i \leqslant x \leqslant x_u \end{cases}$$

其中，$F(x)$为目标函数。

由于多目标寻优问题往往没有唯一解,因此必须引进非劣解的概念。

若 $x^* \in \Omega$,且对于 x^* 不存在 Δx,使得:

$$(x^* + \Delta x) \in \Omega$$

$$F_i(x * + \Delta x) \leqslant F_i(x *), \quad i = 1, 2, \cdots, m$$

$$f_j(x * + \Delta x) F_j(x *), \quad \exists j$$

能同时成立。

那么定义 x^* 为多目标寻优问题的非劣解(见图 7-15)。

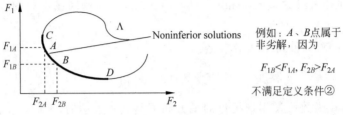

例如:A、B 点属于非劣解,因为

$$F_{1B} < F_{1A},\ F_{2B} > F_{2A}$$

不满足定义条件②

图 7-15　非劣解的例子

1. 多目标寻优解法

多目标寻优有多种解法,常用的形式如下。

1) 权和法

该方法将多目标向量问题转化为所有目标的加权求和的标量问题,数学描述如下:

$$\min_{x \in \Omega} f(x) = \sum_{i=1}^{m} \omega_i \cdot F_p(x)^2$$

其中,ω_i 为加权因子,它的选取方法很多,如加权因子分解法和容限法等。

2) 约束法

约束法对目标函数向量中的主要目标 F_p 进行最小化,将其他目标不等式约束的形式写出:

$$\min_{x \in \Omega} F_p(x)2$$

$$\text{sub.} F_i(x) \leqslant \varepsilon_i, \quad i = 1, 2, \cdots, m; i \neq p$$

3) 目标达到法

目标函数为 $F(x) = \{F_1(x), F_2(x), \cdots, F_m(x)\}$,对应目标值为 $F^* = \{F_1^*, F_2^*, \cdots, F_m^*\}$。允许目标函数有正负偏差,偏差的大小由加权系数 $W = (W_1, W_2, \cdots, W_m)$ 控制,于是目标达到问题就可以表述为标准的寻优问题:

$$\min_{x \in \Omega, \gamma \in R} \gamma$$

$$\text{sub.} F_i(x) - \omega_i \gamma \leqslant F_i^*, \quad i = 1, 2, \cdots, m$$

指定目标 $\langle F_1^*, F_2^* \rangle$,定义目标点 P。权重向量定义从 P 到可行域空间 $\Lambda(\gamma)$ 的搜索方向。在寻优过程中,γ 的变化改变可行域的大小,约束边界变为唯一解点 (F_{1s}, F_{2s})。

4) 目标达到法的改进

目标达到法的一个好处是可以将多目标寻优问题转化为非线性规划问题。通过将目标达到问题变为最大最小化问题来获得更合适的目标函数:

$$\min_{x \in R^n} \max_i \{\Lambda_i\}$$

其中,$\Lambda_i = \dfrac{F_i(x) - F_i^*}{W_i}, i = 1, 2, \cdots, m$。

2. 多目标寻优的有关函数

多目标达到寻优的数学描述如下所示：

$$\min_{x,\gamma}\gamma$$

$$F(x) - weight \cdot \gamma \leqslant goal$$

$$c(x) \leqslant 0$$

$$ceq(x) = 0$$

$$A \cdot x \leqslant b$$

$$Aeq \cdot x = beq$$

$$lb \leqslant x \leqslant ub$$

其中，x、weight、goal、b、beq、lb、ub 为向量，A、Aeq 为矩阵，c(x)、ceq(x)、F(x)为函数，返回向量。c(x)、ceq(x)、F(x)也可以是非线性函数。

在 MATLAB 中，利用 fgoalattain 函数来处理多目标寻优问题，具体用法如下所示：

（1）x＝fgoalattain(fun,x0,goal,weight)，尝试从 x0 开始、用 weight 指定的权重更改 x，使 fun 提供的目标函数达到 goal 指定的目标。

（2）x＝fgoalattain(fun,x0,goal,weight,A,b)，求解满足不等式 A * x≤b 的目标达到问题。

（3）x＝fgoalattain(fun,x0,goal,weight,A,b,Aeq,beq)，求解满足等式 Aeq * x＝beq 的目标达到问题。如果不存在不等式，则设置 A＝[]和 b＝[]。

（4）x＝fgoalattain(fun,x0,goal,weight,A,b,Aeq,beq,lb,ub)，求解满足边界 lb≤x≤ub 的目标达到问题。如果不存在等式，则设置 Aeq＝[]和 beq＝[]。如果 x(i)无下界，则设置 lb(i)＝－Inf；如果 x(i)无上界，则设置 ub(i)＝Inf。

（5）x＝fgoalattain(fun,x0,goal,weight,A,b,Aeq,beq,lb,ub,nonlcon)，求解满足 nonlcon 所定义的非线性不等式 c(x)或等式 ceq(x)的目标达到问题。fgoalattain 进行优化，以满足 c(x)≤0 和 ceq(x)＝0。如果不存在边界，则设置 lb＝[]和/或 ub＝[]。

下面以一个实际的例子说明多目标寻优问题的解决方法。

【例 7-37】 某玩具厂制作两种不同的涂料产品 A 和 B，已知生产 A 涂料 100kg 需要 8 个工时，生产 B 涂料 100kg 需要 10 个工时。限定每日的工时数为 40，并希望不需要临时工，也不需要工人加班生产。这两种涂料每 100kg 可获利 100 元。此外，有个顾客需求供应 B 涂料 600kg。请问应如何制订生产计划达到最优？

分析：假设制作 A 和 B 两种涂料的数量分别为 x_1、x_2（均以 100kg 计），为了使生产计划比较合理并用人尽量少，使利润最大化，并且 B 涂料的产量尽量多，由以上分析可建立如下所示的数学描述：

$$\min z_1 = 8x_1 + 10x_2$$

$$\min z_2 = 100x_1 + 100x_2$$

$$\min z_3 = x_2$$

$$8x_1 + 10x_2 \leqslant 40$$

$$x_2 \geqslant 6$$

$$x_1, x_2 \geqslant 0$$

编写目标函数的 M 文件，保存 goal.m，返回目标计算值：

```
function f = goal(x)
f(1) = 8 * x(1) + 10 * x(2);
f(2) = 100 * x(1) − 100 * x(2);
f(3) = − x(2);
```

给定目标,权重按目标比例确定,给出初始值:

```
goal = [400 − 800 − 6];
weight = [400 − 800 − 6];
x0 = [2 2];
```

给出约束条件的系数:

```
A = [8 10;0 − 1];
b = [40; − 6];
lb = zeros(2,1);
options = optimset('MaxFunEvals',5000);          % 函数将最大次数设置为 5000 次
[x,fval,attainfactor,exitflag] = …
fgoalattain(@(x)goal,x0,goal,weight,A,b,[],[],lb,[],[],options);
```

命令窗口中的输出结果如下:

```
Solver stopped prematurely.
fgoalattain stopped because it exceeded the function evaluation limit,
options.MaxFunctionEvaluations = 5.000000e + 03.
x =
    2.0427    1.9460
fval =
    400    − 800    − 6
attainfactor =
 − 0.0644
exitflag =
    0
```

由结果可知,经过 5000 次迭代以后,生产 A、B 涂料的数据量分别为 204.52kg 和 194.29kg。

7.6 综合实例 6：MATLAB 智能优化之神经网络算法

【例 7-38】 函数逼近:设计一个 BP 神经网络,$g(x) = 1 + \sin(k\pi/2x)$,其中,分别令 $k = 2、3、6$ 进行仿真,通过调节参数得出信号频率和隐含层节点之间,隐含层节点与函数逼近能力之间的关系。

解:设频率参数 $k = 2$,绘制要 BP 的非线性函数的目标曲线:

```
k = 2;p = [−1:.05:8];
t = 1 + sin(k * pi/2 * p);
plot(p,t,' − ');
title('Non − linear Function to be Approached');
xlabel = ('Time');
ylabl = ('Non − linear Function');
```

运行后得到目标曲线如图 7-16 所示。

使用 newff 函数建立 BP 神经网络。

```
n = 5;          % 设定隐含层神经元数目为 5
net = newff(minmax(p),[n,1],{'tansig','purelin'},'trainlm');
% 选择隐含层和输出层神经元传递函数为 tansig 和 purelin
% 网络训练算法采用 Levenberg − Marquardt 算法 trainlm
% 对于初始神经网络,可使用 sim() 函数观察网络输出
y1 = sim(net,p);
```

```
figure;
plot(p,t,'-',p,y1,':')
title('Raw Output');
xlabel('Time');
ylabel('Simulation Output ---- Original Function')
```

程序运行后所得到的神经网络输出曲线和原函数的对比图见图 7-17。

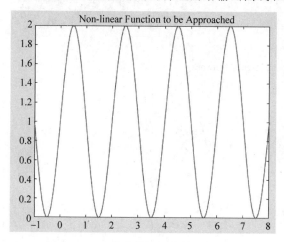

图 7-16 BP 的非线性函数的目标曲线

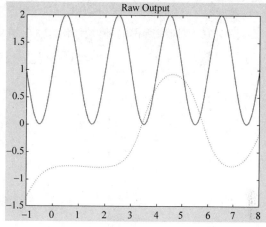

图 7-17 所得的神经网络输出曲线和原函数的对比

使用 newff 函数建立神经网络时,权值和阈值的初始化是随机的,故网络输出的结构很差,达不到逼近函数的目的。下面设置网络训练参数,应用 train 函数对网络进行训练(见图 7-18)。

```
net.trainParam.Epochs == 200;      % 设定网络训练步长为 200
net.trainParam.goal = 0.2;         % 设定网络训练精度为 0.2
net = train(net,p,t);              % 开始执行网络训练
```

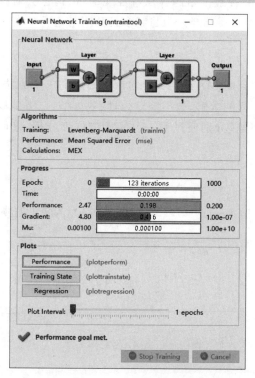

图 7-18 应用 train 函数对网络进行训练

下面对训练出的神经网络进行仿真:

```
y2 = sim(net,p);
figure;
plot(p,t,'-',p,y1,':',p,y2,'--')
title('Output of the Trained Neural Network');
clear xlabel
xlabel('Time')
ylabel('Simulation Output')
```

图 7-19 为训练所得的神经网络的输出结果。

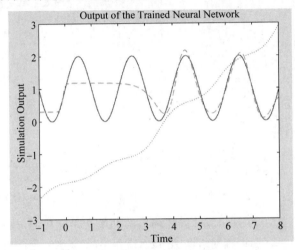

图 7-19   神经网络的训练结果

不难看出,经过训练后的 BP 神经网络对非线性函数的逼近效果有显著提升。实际上,改变非线性函数的频率和 BP 神经网络隐含层神经元的数目,也会对神经网络逼近函数的效果有一定影响。一般而言,隐含层神经元数目越多,BP 网络逼近非线性函数的能力越强。

7.7   本章小结

本章主要介绍经常用到的 MATLAB 科学计算问题的求解方法,分别介绍了线性方程与非线性方程以及常微分方程的求解、数据统计处理、数据插值、数值积分以及优化问题求解等内容。对于每一类计算问题,分别通过对一些实例的详细分析,进而加深读者对求解方法的理解。

7.8   习题

(1) 计算一元函数 $f(x) = 3x^2 \sin x - 4x$ 在 $[-1,10]$ 区间中的零点。

(2) 计算积分 $\int_{-3}^{3} \dfrac{1}{n} \exp\left(-\dfrac{2x}{n^3}\right) \mathrm{d}x$,$n = 1,2,3,4$。

(3) 计算
$$
\begin{cases}
\min\left(\dfrac{1}{3}(x_1 x_2)\begin{bmatrix} 1 & -1 \\ -1 & 2 \end{bmatrix}\begin{bmatrix} x_1 \\ x_2 \end{bmatrix} - 3x_1 - 5x_2\right) \\
x_1 + 4x_2 \leqslant 3 \\
-x_1 + 3x_2 \leqslant 10 \\
x_1, x_2 \geqslant 0
\end{cases}
$$
的线性规划。

高等数学是理工科院校一门重要的基础学科，也是非数学专业理工科专业学生的必修数学课和其他一些专业的必修课。作为一门学科，高等数学有其固有的特点，那就是高度的抽象性、严密的逻辑性和广泛的应用性。在学高等数学的过程中，很难通过简单的语言将复杂问题表述清楚，图形是高等数学学习中离不开的手段之一。因此，将 MATLAB 应用于高等数学中，特别是在泰勒公式、空间解析几何以及极限理论的教学中，充分使用MATLAB 的制图功能，能使抽象、枯燥的高等数学课程学习变得直观、明了和有趣，看到从"理想化"简单算例通向科学研究和工程设计实际问题的一条途径。

8.1　极限

　　极限是高等数学中的一个基本运算和方法，很多重要概念都要用极限来定义，很多重要的计算方法都要涉及极限运算。利用 MATLAB 的制图功能可以更好地学习极限。

8.1.1　数列$\{a_n\}$的极限

　　(1)(极限的定义) $\lim\limits_{n\to\infty} a_n = A \Leftrightarrow \forall \varepsilon > 0$，$\exists$ 正整数 N，s.t. $n > N$ 时，有 $|a_n - A| < \varepsilon$ 成立。

　　(2)(极限的几何解释)任意给定一个正数 ε，存在正整数 N，当 $n > N$ 时，所有的 a_n 都落在区间 $(A - \varepsilon, A + \varepsilon)$ 内，而只有有限个(至多 N 个)在此区间以外。

　　【例 8-1】　$\lim\limits_{n\to\infty} \dfrac{n + (-1)^{n-1}}{n} = 1$ 的几何解释。

　　下面的示意图中共绘出了 40 个点，取 $\varepsilon = 0.5$ 时，如图 8-1 所示，N 可以取 2 或大于 2 的正整数，即当 $n > 2$ 时，$\dfrac{n + (-1)^{n-1}}{n}$ 的值落在直线 $y = 0.5, y = 1.5$ 之间；取 $\varepsilon = 0.1$ 时，如图 8-2 所示，N 可以取 20，即当 $n > 20$ 时，$\dfrac{n + (-1)^{n-1}}{n}$ 的值落在直线 $y = 0.9, y = 1.1$ 之间。可见 N 的取值依赖于 ε 的取值，且不唯一。

　　下面是绘制图 8-1 和图 8-2 的源程序，可以修改点数大于 40，观察数列趋于 1 的变化，修改 ε 的大小，观察 N 随 ε 的变化，加深对数列极限的理解。

```
clf
subplot(1,2,1)
hold on
grid on
n = 1:40;                                    % 描 40 个点
m = 1 + (-1).^(n-1)./n;
plot(n,m,'.')
fplot(@(t)0.5 * ones(size(t)),[0,40])        % ε 取 0.5
fplot(@(t)1.5 * ones(size(t)),[0,40])
axis([0,40,0,2])
subplot(1,2,2)
hold on
grid on
plot(n,m,'.')
fplot(@(t)0.9 * ones(size(t)),[0,40])        % ε 取 0.1
fplot(@(t)1.1 * ones(size(t)),[0,40])
```

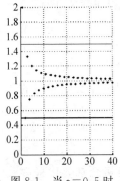

图 8-1　当 $\varepsilon=0.5$ 时

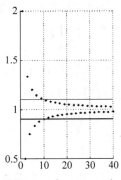

图 8-2　当 $\varepsilon=0.1$ 时

（3）（极限的唯一性）如果数列 $\{a_n\}$ 收敛，那么它的极限唯一。

（4）（收敛数列的有界性）如果数列 $\{a_n\}$ 收敛，那么数列 $\{a_n\}$ 一定有界。

（5）（收敛数列的保号性）如果 $\lim\limits_{n\to\infty}a_n=A$，且 $A>0$（或 <0），那么存在正整数 $N>0$，当 $n>N$ 时，都有 $a_n>0$（或 $a_n<0$）。

（6）（收敛数列与其子数列间的关系）如果数列 $\{a_n\}$ 收敛于 A，那么它的任一子数列也收敛，且极限也是 A。

（7）设数列 $\{a_n\}$ 有界，又 $\lim\limits_{n\to\infty}b_n=0$，则 $\lim\limits_{n\to\infty}a_nb_n=0$。

8.1.2　函数极限定义及性质

（1）自变量趋于有限数时函数的极限

$\lim\limits_{x\to a}f(x)=A\Leftrightarrow\forall\varepsilon>0,\exists\delta>0$，当 $0<|x-a|<\delta$ 时，有 $|f(x)-A|<\varepsilon$ 成立。

$\lim\limits_{x\to a+0}f(x)=A\Leftrightarrow\forall\varepsilon>0,\exists\delta>0$，当 $a<x<a+\delta$ 时，有 $|f(x)-A|<\varepsilon$ 成立。

$\lim\limits_{x\to a-0}f(x)=A\Leftrightarrow\forall\varepsilon>0,\exists\delta>0$，当 $a-\delta<x<a$ 时，有 $|f(x)-A|<\varepsilon$ 成立。

$\lim\limits_{x\to a}f(x)=A\Leftrightarrow\lim\limits_{x\to a+0}f(x)=\lim\limits_{x\to a-0}f(x)$（极限存在的充要条件是左右极限相等）。

【例 8-2】 函数 $f(x)=\begin{cases}x-1 & x<0\\0 & x=0\\x+1 & x>0\end{cases}$，当 $x\to0$ 时，$f(x)$ 的极限不存在。

观察图 8-3，当 $x\to0$ 时，$f(x)$ 的左极限为 -1，右极限为 1，$\lim\limits_{x\to0+0}f(x)\neq\lim\limits_{x\to0-0}f(x)$，所以 $\lim\limits_{x\to0}f(x)$ 不存在，$x=0$ 是函数 $f(x)$ 的跳跃间断点。

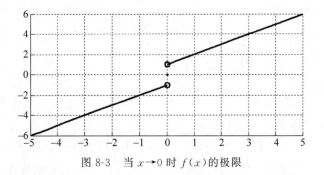

图 8-3　当 $x \rightarrow 0$ 时 $f(x)$ 的极限

作图的源程序如下：

```
hold on
fplot(@(x)x - 1,[ - 5,0])
fplot(@(x)x + 1,[0,5])
plot(0,0,'.')
axis([ - 5,5, - 6,6])
grid on
plot(0,1,'o')
plot(0, - 1,'o')
```

（2）函数 $f(x)$ 当 $x \rightarrow a$ 时极限为 A 的几何解释：任意给定一正数 ε，作平行于 x 轴的两条直线 $y = A + \varepsilon$ 和 $y = A - \varepsilon$，介于这两条直线之间是一个横条区域。

【例 8-3】 $\lim\limits_{x \to 1.4}(-x^2 + 2x + 3) = 1.44$ 的几何解释。

取 $\varepsilon = 1$ 时如图 8-4 所示，δ 可以取 0.1 或更小，即当 $1.3 < x < 1.5$ 时，函数的图形落在两直线 $y = 0.44, y = 2.44$ 之间；取 $\varepsilon = 0.1$ 时如图 8-5 所示，δ 可以取 0.01，即当 $1.39 < x < 1.41$ 时，函数的图形落在两直线 $y = 1.34, y = 1.54$ 之间。可见 δ 的取值依赖于 ε 的取值，且不唯一。

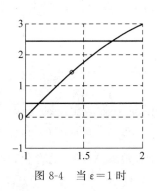

图 8-4　当 $\varepsilon = 1$ 时

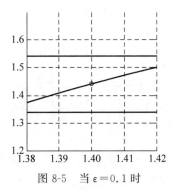

图 8-5　当 $\varepsilon = 0.1$ 时

下面是绘制图 8-4 和图 8-5 的源程序，修改 ε 的大小，观察 δ 随 ε 的变化，加深对自变量趋于有限数时函数极限的理解。

```
clf
  subplot(1,2,1)
  hold on
  grid on
  fplot(@(x) - (x - 3).^2 + 4,[1,2])
  fplot(@(t)0.44 * ones(size(t)),[1,2])          %ε 取 1 时
  fplot(@(t)2.44 * ones(size(t)),[1,2])
  axis([1,2, - 1,3])
  plot(1.4, - 1.6 * 1.6 + 4,'o')
  subplot(1,2,2)
```

```
hold on
grid on
fplot((@(x) - (x - 3).^2 + 4,[1,2])
fplot((@(t)1.34 * ones(size(t)),[1,2])          %ε 取 0.1 时
fplot((@(t)1.54 * ones(size(t)),[1,2])
axis([1.38,1.42,1.2,1.7])
plot(1.4, - 1.6 * 1.6 + 4,'o')
```

(3) 自变量趋于无穷大时函数的极限。

$\lim\limits_{x\to\infty} f(x) = A \Leftrightarrow \forall \varepsilon > 0, \exists X > 0, 当 |x| > X$ 时,有 $|f(x) - A| < \varepsilon$ 成立。

如果 $\lim\limits_{x\to\infty} f(x) = c$,则直线 $y = c$ 是函数 $y = f(x)$ 的图形的水平渐近线。

(4) 函数 $f(x)$ 当 $x\to\infty$ 时的极限为 A 的几何解释:

任意给定一正数 ε,作平行于 x 轴的两条直线 $y = A + \varepsilon$ 和 $y = A - \varepsilon$,则总有一个正数 X 存在,使得当 $x < -X$ 或 $x > X$ 时,函数 $y = f(x)$ 的图形位于这两条直线之间。

【例 8-4】 $\lim\limits_{x\to\infty} \dfrac{1}{x} = 0$ 的几何解释。

取 $\varepsilon = 0.1$ 时如图 8-6 所示,X 可以取 50 或更大,即当 $x > X$ 时,函数的图形落在两直线 $y = -0.1, y = 0.1$ 之间;取 $\varepsilon = 0.001$ 时如图 8-7 所示,X 可以取 2000 或更大,即当 $x < -X$ 时,函数的图形落在两直线 $y = -0.001, y = 0.001$ 之间。可见 N 的取值依赖于 ε 的取值,且不唯一。

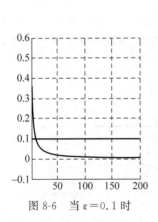

图 8-6　当 $\varepsilon = 0.1$ 时

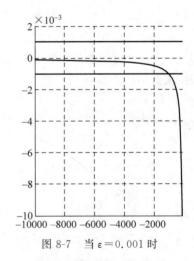

图 8-7　当 $\varepsilon = 0.001$ 时

下面是绘制图 8-6 和图 8-7 的源程序,修改 ε 的大小,观察 X 随 ε 的变化,加深对自变量趋于无穷大时函数极限的理解。

```
clf
subplot(1,2,1)
grid on
hold on
fplot((@(x)1/x,[2,200])
fplot((@(t)0.1 * ones(size(t)),[2,200])              %ε 取 0.1 时
fplot((@(t) - 0.1 * ones(size(t)),[2,200])
subplot(1,2,2)
grid on
hold on
fplot((@(x)1/x,[ - 10000, - 100])
fplot((@(t) - 0.01 * ones(size(t)),[ - 10000, - 100])    %ε 取 0.001 时
fplot((@(t)0.01 * ones(size(t)),[ - 10000, - 100])
```

（5）（函数极限的唯一性）如果 $\lim\limits_{x \to a} f(x)$ 存在，那么此极限唯一。

（6）（函数极限的局部有界性）若 $\lim\limits_{x \to a} f(x) = A$，那么存在常数 $M > 0$ 和 $\delta > 0$，使得当 $0 < |x - a| < \delta$ 时有 $||f(x)| \leqslant M$。

（7）（函数极限的局部保号性）若 $\lim\limits_{x \to a} f(x) = A$，且 $A > 0$（或 $A < 0$），那么存在常数 $\delta > 0$，使得当 $0 < |x - a| < \delta$ 时，有 $f(x) > 0$（或 $f(x) < 0$）。

（8）（函数极限与数列极限的关系）若 $\lim\limits_{x \to a} f(x)$ 存在，$\{x_n\}$ 为函数 $f(x)$ 的定义域内任一收敛于 a 的数列，且满足 $x_n \neq a (n \in \mathbf{N}^+)$ 那么相应的函数值数列 $\{f(x_n)\}$ 必收敛，且 $\lim\limits_{n \to \infty} f(x_n) = \lim\limits_{x \to a} f(x)$。

8.1.3 函数极限计算的重要结论

（1）若 $\lim f(x) = A$，$\lim g(x) = B$，则

$\lim(f(x) \pm g(x)) = A \pm B$；

$\lim(f(xg(x))) = AB$；

$\lim \dfrac{f(x)}{g(x)} = \dfrac{A}{B} (B \neq 0)$。

（2）有界函数与无穷小的乘积是无穷小。

【例 8-5】 $\lim \dfrac{f(x)}{g(x)} = \dfrac{A}{B} (B \neq 0)$。

当 x 趋于 0 时，如图 8-8 所示，$\sin \dfrac{1}{x}$ 的值在 -1 与 1 之间来回波动，有界，但没有极限，$x = 0$ 是函数 $\sin \dfrac{1}{x}$ 的振荡间断点。如图 8-9 所示，$x \sin \dfrac{1}{x}$ 的值不断振荡，但向 0 趋近。

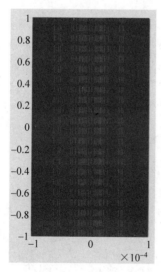

图 8-8 x 趋于 0 时

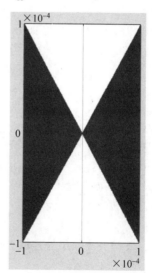

图 8-9 $x = 0$ 时

生成图 8-8 和图 8-9 的程序如下：

```
clf
subplot(1,2,1)
fplot(@(x)sin(1/x),[-0.0001,0.0001])
grid on
subplot(1,2,2)
fplot(@(x)sin(1/x).*x,[-0.0001,0.0001])
grid on
```

(3) $\lim\limits_{x\to 0}\dfrac{\sin x}{x}=1$。

如图 8-10 所示,可以观察到,当 x 趋于 0 时,$\dfrac{\sin x}{x}$ 的值趋于 1。

(4) $\lim\limits_{x\to 0}(1+x)^{\frac{1}{x}}=\mathrm{e}$ 或 $\lim\limits_{x\to\infty}\left(1+\dfrac{1}{x}\right)^{x}=\mathrm{e}$。

如图 8-11 所示,可以观察到,当 x 趋于 0 时,$(1+x)^{\frac{1}{x}}$ 的值近似趋于 2.718。

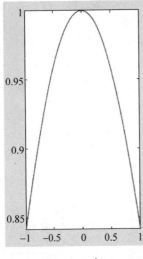

图 8-10　$\lim\limits_{x\to 0}\dfrac{\sin x}{x}=1$

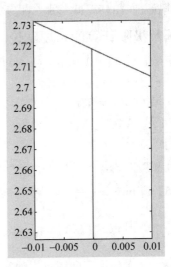

图 8-11　x 趋于 0 时,$(1+x)^{\frac{1}{x}}$

生成图 8-10 和图 8-11 的程序如下:

```
clf
subplot(1,2,1)
grid on
fplot('sin(x)./x',[-1,1])
subplot(1,2,2)
grid on
fplot('(1+x).^(1./x)',[-0.01,0.01])
```

(5) $\lim\limits_{x\to\infty}\dfrac{a_0 x^m+a_1 x^{m-1}+\cdots+a_m}{b_0 x^n+b_1 x^{n-1}+\cdots+b_n}=\begin{cases}\dfrac{a_0}{b_0} & \text{当 } n=m\\[2mm] 0 & \text{当 } n>m\\[2mm] \infty & \text{当 } n<m\end{cases}$。

(6) 若函数 $f(x)$ 在 $x=a$ 处连续,则 $\lim\limits_{x\to a}f(x)=f(a)$。

(7) (等价无穷小替换)设 $\alpha\sim\alpha'$,$\beta\sim\beta'$,且 $\lim\dfrac{\beta'}{\alpha'}$ 存在,则 $\lim\dfrac{\beta}{\alpha}=\lim\dfrac{\beta'}{\alpha'}$。

当 $x\to 0$ 时,$\sin x\sim x$,$\tan x\sim x$,$1-\cos x\sim\dfrac{1}{2}x^2$,$\mathrm{e}^x-1\sim x$,$\ln(1+x)\sim x$。

(8) (洛必达法则)设当 $x\to a$ 时,函数 $f(x)$ 及 $F(x)$ 都趋于 0,在点 a 的某去心领域内,$f'(x)$ 及 $F'(x)$ 都存在,且 $F'(x)\neq 0$,$\lim\limits_{x\to a}\dfrac{f'(x)}{F'(x)}$ 存在(或为无穷大)。那么

$$\lim\limits_{x\to a}\dfrac{f(x)}{F(x)}=\lim\limits_{x\to a}\dfrac{f'(x)}{F'(x)}$$

8.1.4 有关函数极限计算的 MATLAB 命令

（1）limit(F,x,a)执行后返回函数 F 在符号变量 x 趋于 a 的极限。

（2）limit(F,a)执行后返回函数 F 在符号变量趋于 a 的极限。

（3）limit(F)执行后返回函数 F 在符号变量趋于 0 的极限。

（4）limit(F,x,a,'left')执行后返回函数 F 在符号变量 x 趋于 a 的左极限。

（5）limit(F,x,a,'right')执行后返回函数 F 在符号变量 x 趋于 a 的右极限。

注意：使用命令 limit 前，要用 syms 做相应符号变量说明。

【例 8-6】 求下列极限。

（1）$\lim\limits_{x\to 0}\dfrac{\cos x - \mathrm{e}^{-\frac{x^2}{2}}}{x^4}$

在 MATLAB 的命令窗口输入：

```
syms x
limit((cos(x) - exp( - x^2/2))/x^4,x,0)
```

运行结果为：

```
ans = - 1/12
```

理论上，用洛必达法则或泰勒公式计算该极限：

方法一：
$$\lim_{x\to 0}\frac{\cos x - \mathrm{e}^{-\frac{x^2}{2}}}{x^4} = \lim_{x\to 0}\frac{-\sin x - \mathrm{e}^{-\frac{x^2}{2}}(-x)}{4x^3}$$

$$= \lim_{x\to 0}\frac{-\cos x + \mathrm{e}^{-\frac{x^2}{2}} - \mathrm{e}^{-\frac{x^2}{2}}x^2}{12x^2}$$

$$= \lim_{x\to 0}\frac{-\cos x + 1 + \mathrm{e}^{-\frac{x^2}{2}} - 1 - \mathrm{e}^{-\frac{x^2}{2}}x^2}{12x^2}$$

$$= \lim_{x\to 0}\frac{\dfrac{x^2}{2} + \left(-\dfrac{x^2}{2}\right)}{12x^2} - \frac{1}{12}\mathrm{e}^{-\frac{x^2}{2}} = -\frac{1}{12}$$

方法二：
$$\lim_{x\to 0}\frac{\cos x - \mathrm{e}^{-\frac{x^2}{2}}}{x^4} = \lim_{x\to 0}\frac{1 - \dfrac{x^2}{2} + \dfrac{x^4}{4!} + o(x^4) - \left(1 - \left(-\dfrac{x^2}{2}\right) + \dfrac{\left(-\dfrac{x^2}{2}\right)^2}{2} + o(x^4)\right)}{x^4}$$

$$= \lim_{x\to 0}\frac{-\dfrac{1}{12}x^4 + o(x^4)}{x^4} = -\frac{1}{12}$$

（2）$\lim\limits_{x\to\infty}\left(1 + \dfrac{2t}{x}\right)^{3x}$（自变量趋于无穷大，带参数 t）。

在 MATLAB 的命令窗口输入：

```
syms x t
limit((1 + 2 * t/x)^(3 * x),x,inf)
```

运行结果为：

```
ans = exp(6 * t)
```

理论上,用重要极限计算:

$$\lim_{x \to \infty}\left(1+\frac{2t}{x}\right)^{3x}=\lim_{x \to \infty}\left(\left(1+\frac{2t}{x}\right)^{\frac{x}{2t}}\right)^{6t}=\mathrm{e}^{6t}$$

(3) $\lim\limits_{x \to 0+}\dfrac{1}{x}$ 求右极限。

在 MATLAB 的命令窗口输入:

```
syms x
limit(1/x,x,0,'right')
```

运行结果为:

```
ans = inf
```

8.2 导数及其应用

函数 $f(x)$ 在 $x=a$ 处是否可导? 函数 $f(x)$ 在 $x=a$ 处是否连续? 函数 $f(x)$ 在 $x=a$ 处是否存在极值? 需要进行大量的计算才能求出,而利用 MATLAB 软件可以轻易地求出。

8.2.1 函数导数定义及性质

(1) 函数 $f(x)$ 在 $x=a$ 处的导数定义如下:

$$f'(a)=\frac{\mathrm{d}f}{\mathrm{d}x}\bigg|_{x=a}=\lim_{x \to a}\frac{f(x)-f(a)}{x-a}$$

(2) 导数的几何意义:若函数 $f(x)$ 在 $x=a$ 处可导,则函数图形在 $x=a$ 处切线存在,且 $f'(a)$ 是该切线的斜率。

【例 8-7】 函数 $y=x^2$ 在 $(1,1)$ 处的切线方程为 $y=2x-1$,如图 8-12 所示。

(3) 函数 $f(x)$ 在 $x=a$ 处连续是函数 $f(x)$ 在 $x=a$ 处可导的必要条件。

【例 8-8】 函数 $y=|x|$ 在 $x=0$ 处连续,但在 $x=0$ 处不可导,如图 8-13 所示。

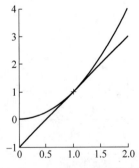
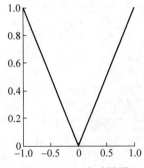

图 8-12 $y=2x-1$ 的切线方程   图 8-13 $y=|x|$ 图形

生成图 8-12 和图 8-13 的程序如下:

```
clf
subplot(1,2,1)
hold on
fplot(@(x)x.^2,[0,2])
fplot(@(x)2.^x-1,[0,2])
plot(1,1,' * ')
subplot(1,2,2)
```

```
hold on
fplot(@(x)abs(x),[-1,1])
```

下面的程序可演示函数 $y = x^2$ 在 $(1,1)$ 处的切线 $y = 2x - 1$ 的生成过程。

```
syms x
hold on
fplot(@(x)x. * x,[0,2],'k')
for i = 1:9
x1 = 2 - 0.1 * i;
y1 = x1 * x1;
y = 1 + (y1 - 1)/(x1 - 1) * (x - 1);
pause
ezplot(y,[0.8,2])
end
fplot(@(x)2. * x - 1,[0.8,2],'r')
```

（4）导数的应用：若函数 $f(x)$ 在定义域内一阶二阶可导，则在定义域内下面的结论等价。

$f'(x) > 0 \Leftrightarrow f(x)$ 单调递增；$f'(x) < 0 \Leftrightarrow f(x)$ 单调递减。

$f''(x) > 0 \Leftrightarrow f(x)$ 是凹函数；$f''(x) < 0 \Leftrightarrow f(x)$ 是凸函数。

$f(x)$ 在 $x = a$ 处取到极值，则 $f'(x) = 0$。

8.2.2　函数导数计算的重要结论

（1）$(x^a)' = ax^{a-1}$，$(\sin x)' = \cos x$，$(\cos x)' = -\sin x$，$(\tan x)' = \sec^2 x$，$(\cot x)' = -\csc^2 x$，$(a^x)' = a^x \ln a$，$(e^x)' = e^x$，$(\log_a x)' = \dfrac{1}{x \ln a}$，$(\ln x)' = \dfrac{1}{x}$。

（2）如果函数 $u = u(x)$ 及 $v = v(x)$ 都在点 x 具有导数，那么它们的和、差、积、商（除分母为零的点外）都在点 x 具有导数，且

$$(u(x) \pm v(x))' = u'(x) \pm v'(x)$$

$$[u(x)v(x)]' = u'(x)v(x) + u(x)v'(x)$$

$$\left(\frac{u(x)}{v(x)}\right)' = \frac{u'(x)v(x) - u(x)v'(x)}{v^2(x)}, \quad v(x) \neq 0$$

（3）若 $u = \varphi(x)$ 在点 x 可导，且 $y = f(u)$ 在相应的点 $u = \varphi(x)$ 可导，则复合函数 $y = f(\varphi(x))$ 在点 x 处可导，且

$$\frac{dy}{dx} = f'(u)\phi'(x)$$

8.2.3　有关函数导数计算的 MATLAB 命令

（1）diff(F,x)表示表达式 F 对符号变量 x 求一阶导数，允许表达式 F 含有其他符号变量，若省略 x，则表示对由命令 syms 定义的变量求一阶导数。

（2）diff(F,x,n)表示表达式 F 对符号变量 x 求 n 阶导数。

【例 8-9】　已知 $z = x^2 \sin 2y$，求 $\dfrac{\partial z}{\partial x}, \dfrac{\partial^2 z}{\partial x^2}, \dfrac{\partial^2 z}{\partial x \partial y}$。

在 MATLAB 的命令窗口输入如下命令：

```
syms x y z
z = x^2 * sin(2 * y);
diff(z,x)
diff(z,x,2)
diff(diff(z,x),y)
```

结果输出如下：

```
ans =
2 * x * sin(2 * y)
ans =
2 * sin(2 * y)
ans =
4 * x * cos(2 * y)
syms x y z u
z = x^2 + y^2;
u = (x − y)^z;
diff(u,x) % 执行结果 ∂u/∂x = (x^2 + y^2) * (x − y)^(x^2 + y^2 − 1) + 2 * x * log(x − y) * (x − y)^(x^2 + y^2)
diff(u, y, 2)
% 执行结果 ∂u/∂y = ((x − y)^(x^2 + y^2 − 2) * (x^2 + y^2 − 1) − 2 * y * log(x − y) * (x − y)^(x^
2 + y^2 − 1)) * (x^2 + y^2) + 2 * log(x − y) * (x − y)^(x^2 + y^2) − 2 * y * (x − y)^(x^2 +
y^2 − 1) − (2 * y * (x − y)^(x^2 + y^2))/(x − y) − 2 * y * log(x − y) * ((x^2 + y^2) * (x − y)^
(x^2 + y^2 − 1) − 2 * y * log(x − y) * (x − y)^(x^2 + y^2))
diff(diff(u,x),y)
% 执行结果 ∂²u/∂x∂y = 2 * y * (x − y)^(x^2 + y^2 − 1) − ((x − y)^(x^2 + y^2 − 2) * (x^2 + y^2 −
1) − 2 * y * log(x − y) * (x − y)^(x^2 + y^2 − 1)) * (x^2 + y^2) − (2 * x * (x − y)^(x^2 + y^2 +
2))/(x − y) − 2 * x * log(x − y) * ((x^2 + y^2) * (x − y)^(x^2 + y^2 − 1) − 2 * y * log(x − y) *
(x − y)^(x^2 + y^2)) + 2 * y/(x−y) + (x^2 + y^2)/(x−y)^2)
```

【例 8-10】 已知函数 $f(x) = x^3 − x^2 − x + 1$，用 MATLAB 软件计算。

求函数 $f(x)$ 的一阶、二阶导数，并画出它们相应的曲线。

观察函数的单调区间、凹凸区间以及极值点和拐点。

在 MATLAB 的命令窗口输入如下命令：

```
syms x
y = x^3 − x^2 − x + 1
d1 = diff(y, x)                    % 求一阶导数
d2 = diff(d1, x)                   % 求二阶导数
clf
subplot(1, 1, 1)
hold on
grid on
ezplot(y,[ − 2 2])
gtext('f(x)')
ezplot(d1,[ −2, 2])
gtext('f'(x)')
ezplot(d2,[ −2, 2])
gtext('f''(x) ')
title('导数的应用')
gtext('o ')
gtext('(x1,y1) ')
gtext('o ')
gtext('(x2,y2) ')
gtext('o ')
gtext('(x3,y3) ')
f1 = char(d1)
```

```
x1 = fzero(f1,0)                    % 求一阶导函数在 x = 0 附近的零点
x2 = fzero(f1,1)                    % 求一阶导函数在 x = 1 附近的零点
f2 = char(d2)
x3 = fzero(f2,0)                    % 求二阶导函数在 x = 0 附近的零点
```

从图 8-14 中可以清楚地看到:(x1,y1)和(x2,y2)为极值点,对应的一阶导数为 0,(x3,y3)为拐点,对应的二阶导数为 0,在单调上升区间(($-\infty$,x1)$\bigcup$(x2,$+\infty$))函数的一阶导数大于 0,在单调下降区间(x1,x2)函数的一阶导数小于 0,在极大值点(x1,y1)处二阶导数小于 0,在极小值点(x2,y2)处二阶导数大于 0,在凸区间($-\infty$,x3)函数的二阶导数小于 0,在凹区间(x3,$+\infty$)函数的二阶导数大于 0。

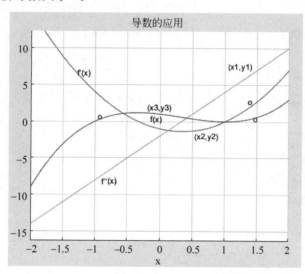

图 8-14 $f(x) = x^3 - x^2 - x + 1$ 曲线

8.2.4   极值问题

MATLAB 软件提供了求一元和多元函数极值问题的命令:

x=fminbnd(fun,x1,x2)返回一个值 x,该值是 fun 中描述的标量值函数在区间 x1<x<x2 中的局部最小值。

【例 8-11】   求函数 $f(x) = 2x^3 - 6x^2 - 18x + 7$ 的极值,并作图。

在 MATLAB 的命令窗口输入如下命令:

```
syms x
f = 2. * x.^3 - 6. * x.^2 - 18. * x + 7;
    xmin = fminbnd('2. * x.^3 - 6. * x.^2 - 18. * x + 7', - 5,5)
    x = xmin;
    miny3 = subs(f)
    a31 = ' - 2. * x.^3 + 6. * x.^2 + 18. * x - 7';
    xmax = fminbnd(a31, - 5,5)
    x = xmax;
    maxy3 = subs(f)
fplot('2. * x.^3 - 6. * x.^2 - 18. * x + 7',[ - 5 5])
grid on
```

执行结果,极值图见图 8-15:

```
xmin = 3.0000             % 在 x = 3 处取极小值
miny3 = - 47.0000         % 极小值为 - 47
xmax = - 1.0000           % 在 x = - 1 处取极大值
maxy3 = 17.0000           % 极大值为 17
```

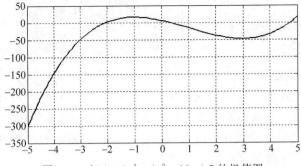

图 8-15　$f(x)=2x^3-6x^2-18x+7$ 的极值图

【例 8-12】 求函数 $f(x_1,x_2)=(x_1\times x_1-4x_2)^2+120(1-2x_2)^2$ 在 $x_1=-2,x_2=2$ 附近的极小值。

在 MATLAB 的命令窗口输入如下命令：

```
fun = @(x).(x(1) * (x(1) - 4 * x(2))^2 + 120 * (1 - 2 * x(2))^2;
x0 = [ - 1,2,1];
x = fminsearch(fun,x0)
```

执行结果：

```
x = - 1.4142    0.5000
```

再输入：

```
fun(x)                    % 计算极小值
```

执行结果：

```
ans = 1.1835e - 08
```

8.3　不定积分

为求不定积分,只须求出被积函数的一个原函数再加上积分常数即可,对于一些简单的不定积分,利用基本积分表就可以得到我们想要的结果。而对于复杂的不定积分,利用 MATLAB 可以更加快速地求得结果,并且可以得到图形,使其更加形象直观。本节主要讲解如何利用 MATLAB 软件求不定积分以及函数图形。

8.3.1　不定积分定义及性质

(1) 在区间 I 上,函数 $f(x)$ 的带有任意常数项的原函数称为 $f(x)$ 在区间 I 上的不定积分,记作 $\int f(x)\mathrm{d}x$。

(2) 基本积分表：

$$\int k\,\mathrm{d}x = kx + C \quad (C \text{ 是常数})$$

$$\int x^a\,\mathrm{d}x = \frac{x^{a+1}}{a+1} + C \quad (a \neq -1)$$

$$\int \frac{1}{x}\mathrm{d}x = \ln|x| + C$$

$$\int \frac{1}{1+x^2}\mathrm{d}x = \arctan x + C$$

$$\int \frac{1}{\sqrt{1-x^2}} dx = \arcsin x + C$$

$$\int \cos x \, dx = \sin x + C$$

$$\int \sin x \, dx = -\cos x + C$$

$$\int \frac{1}{\cos^2 x} dx = \tan x + C$$

$$\int \frac{1}{\sin^2 x} dx = -\cot x + C$$

$$\int \sec x \tan x \, dx = \sec x + C$$

$$\int \csc x \cot x \, dx = -\csc x + C$$

$$\int e^x \, dx = e^x + C$$

$$\int a^x \, dx = \frac{a^x}{\ln a} + C$$

设函数 $f(x)$ 及 $g(x)$ 的原函数存在，则 $\int [f(x) + g(x)] dx = \int f(x) dx + \int g(x) dx$。

设函数 $f(x)$ 的原函数存在，则 $\int k f(x) dx = k \int f(x) dx$。

（第一类换元法）设函数 $f(u)$ 的原函数存在，$u = \varphi(x)$ 可导，则有换元公式 $\int f[\varphi(x)] \varphi'(x) dx = \left[\int f(u) du\right]_{u=\varphi(x)}$。

（第二类换元法）设 $x = \phi(t)$ 是单调的、可导函数，且 $\phi'(t) \neq 0$，又设 $f[\phi(t)]\phi'(t)$ 具有原函数，则有换元公式 $\int f(x) dx = \left[\int f[\phi(t)] \phi'(t) dt\right]_{t=\phi^{-1}(x)}$。

（3）（分部积分法）$\int uv' dx = uv - \int u'v \, dx$。

【例 8-13】 计算不定积分 $\int e^x \cos 2x \, dx$。

```
syms x;
int(exp(x) * cos(2 * x),x)
```

结果：

```
ans =
    (exp(x) * (cos(2 * x) + 2 * sin(2 * x)))/5
```

【例 8-14】 计算不定积分 $\int \frac{1}{x^4 \sqrt{1+x^2}} dx$。

```
syms x;
int(1/(x^4 * sqrt(1 + x^2)))
```

结果：

```
ans =
(x^2 + 1)^(1/2) * (2/(3 * x) - 1/(3 * x^3))
```

【**例 8-15**】 求由抛物线 $y^2=2x$ 和直线 $y=-x+4$ 所围成的面积。首先画出图形，如图 8-16 所示。

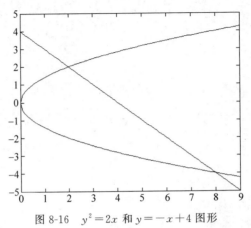

图 8-16 $y^2=2x$ 和 $y=-x+4$ 图形

```
x = 0:0.1:9;
plot(x, - x + 4,'b',x,sqrt(2 * x),'r',x, - sqrt(2 * x),'r')        % 结果如图 8-16 所示
% 求解方程组,得到两曲线交点
syms x y
eqns = [y^2 - 2 * x == 0,y + x - 4 == 0];
S = solve(eqns,[x y])
```

输出结果：

```
S =
    包含以下字段的 struct:
    x: [2×1 sym]
    y: [2×1 sym]
求 x,y 的值
S.x
S.y
```

结果：

```
ans =
 2
 8
ans =
 2
 - 4
```

以 y 为积分变量求面积：

```
int( - y + 4 - y^2/2,y, - 4,2)
```

结果：

```
ans =
    18
```

8.3.2 有关计算函数不定积分的 MATLAB 命令

在 MATLAB 中用 int 函数求不定积分。

① int(f)求函数 f 关于默认变量的不定积分。

② int(f,v)求函数 f 关于变量 v 的不定积分。

注意：MATLAB 在不定积分结果中不自行添加积分常数 C。

【例 8-16】 用 MATLAB 软件计算下列不定积分。

(1) $\int x^3 e^{-x^2} dx$。

在 MATLAB 的命令窗口输入如下命令：

```
syms x
int('x^3 * exp( - x^2)',x)
```

执行结果：

```
ans = - (exp( - x^2) * (x^2 + 1))/2
```

理论推导：

$$\int x^3 e^{-x^2} dx = \int x^2 e^{-x^2} d\frac{x^2}{2} \overset{u=x^2}{=} \frac{1}{2}\left(\int u e^{-u} du\right) \overset{\text{分部积分法}}{=} \frac{1}{2}\left(-u e^{-u} + \int e^{-u} du\right)$$

$$= \frac{1}{2}(-u e^{-u} - e^{-u}) + C = \frac{1}{2}(-x^2 e^{-x^2} - e^{-x^2}) + C$$

(2) $\int \begin{bmatrix} \sin x & x^3 \\ x e^x & \tan x \end{bmatrix} dx$。

在 MATLAB 的命令窗口输入如下命令：

```
syms x
y = [sin(x),x^3;x * exp(x),tan(x)]
int(y)
```

执行结果：

```
ans = [ - cos(x),                    1/4 * x^4]
      [ x * exp(x) - exp(x),  - log(cos(x))]
```

(3) 求不定积分 $\int \left(\sin^2 \frac{ax}{2} + \frac{x^b}{35}\right) dx$，取 $a=2, b=3$ 绘制其函数图像，并说明不定积分的几何意义。试探讨参数 a 和 b 对积分曲线的影响。

在 MATLAB 的命令窗口输入：

```
syms x a C                          % 定义符号
F = int(sin(a * x/2))^2 + (x^3)/35   % 计算不定式
F = 2/a * ( - 1/2 * cos(1/2 * a * x) * sin(1/2 * a * x) + 1/4 * a * x) + 1/140 * x^4
                                    % 不定积分的符号解
y = simple(F) + C                   % 化简 F
```

结果：

```
F =
    x/2 - sin(a * x)/(2 * a) + x^4/140
y =
    C - (2 * (sin(a * x)/4 - (a * x)/4))/a + x^4/140
```

再输入程序：

```
x = - 2 * pi:0.01:2 * pi;
a = 2;
for C = - 28:28
y = 1/140 * ( - 70 * sin(a * x) + 70 * a * x + x.^4 * a)/a + C;
plot(x,y)
hold on
end
```

```
grid
hold off
axis([-2*pi,2*pi,-8,8])
xlabel('x')
ylabel('y')
title('函数 y=sin(a*x/2)^+(x^3)/35 的积分曲线')
legend('函数 y=sin(a*x/2)^+(x^3)/35 的积分曲线')
```

得到图 8-17。

【例 8-17】 求由圆 $r=3\cos\theta$ 和双纽线 $1+r=\cos\theta$ 所围图形的面积。

首先在极坐标系下画出两曲线的图形,如图 8-18 所示。

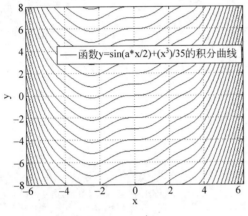

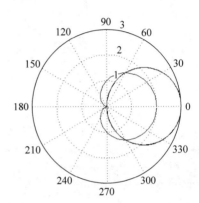

图 8-17 $\int\left(\sin^2\dfrac{ax}{2}+\dfrac{x^b}{35}\right)\mathrm{d}x$ 函数图像　　图 8-18 $r=3\cos\theta$ 和 $1+r=\cos\theta$ 图形

```
Th=0:0.5:2*pi;
th=0:0.05:2*pi;
r1=3*cos(th); r2=1+cos(th);
polar(th,r1,'b');
hold on; polar(th,r2,'r') ; hold off
% 由对称性,求另一个交点(x/3,3/2)或(pi/3,3/2)
s1=int(1/2*r2^2,th,0,pi/3);
s2=int(1/2*r1^2,th,pi/3,pi/2);
S=2*(s1+s2)
```

8.4　定积分

函数 $f(x)$ 在区间 $[a,b]$ 上是否连续,函数 $f(x)$ 在区间 $[a,b]$ 上是否有界且只有有限个间断点,是判断函数 $f(x)$ 是否可积的关键,利用 MATLAB 可以得到简单明了的图形,更加快速地求出想要的结果。本节主要讲解如何利用 MATLAB 软件求定积分。

8.4.1　定积分定义及性质

1. 定积分定义

设函数 $f(x)$ 在区间 $[a,b]$ 上有定义,任意用分点

$$a=x_0<x_1<x_2<\cdots<x_n=b$$

将 $[a,b]$ 分成 n 个小区间,用 $\Delta x_i=x_i-x_{i-1}$ 表示第 i 个小区间的长度,在 $[x_{i-1},x_i]$ 上任取一点 ξ_i,作乘积 $f(\xi_i)\cdot\Delta x_i,i=1,2,\cdots,n$,再作和

$$\sum_{i=1}^{n}f(\xi_i)\Delta x_i$$

若当 $\lambda = \max\limits_{1 \leqslant i \leqslant n} \{\Delta x_i\} \to 0$ 时上式的极限存在,则称函数 $f(x)$ 在区间 $[a,b]$ 上可积,并称此极限值为 $f(x)$ 在 $[a,b]$ 上的定积分,记作 $\int_a^b f(x)\mathrm{d}x$,即

$$\int_a^b f(x)\mathrm{d}x = \lim_{\lambda \to 0} \sum_{i=1}^n f(\xi_i) \Delta x_i$$

积分 $\int_a^b f(x)\mathrm{d}x$ 表示介于 x 轴、曲线 $y = f(x)$ 及直线 $x=a$、$x=b$ 之间各部分面积的代数和。

2. 定积分的几何意义

(1) $\int_a^b [f(x) \pm g(x)]\mathrm{d}x = \int_a^b f(x)\mathrm{d}x \pm \int_a^b g(x)\mathrm{d}x$。

(2) $\int_a^b kf(x)\mathrm{d}x = k\int_a^b f(x)\mathrm{d}x$。

(3) 不论 a、b、c 三点的相互位置如何,恒有 $\int_a^b f(x)\mathrm{d}x = \int_a^c f(x)\mathrm{d}x + \int_c^b f(x)\mathrm{d}x$。

(4) 若在区间 $[a,b]$ 上,$f(x) \geqslant 0$,则 $\int_a^b f(x)\mathrm{d}x \geqslant 0$。

(5)(定积分中值定理) 如果函数 $f(x)$ 在区间 $[a,b]$ 上连续,则在 $[a,b]$ 内至少存在一点 ξ,使下式成立:

$$\int_a^b f(x)\mathrm{d}x = f(\xi)(b-a), \quad \xi \in [a,b]$$

这个定理有明显的几何意义:对曲边连续的曲边梯形,总存在一个以 $b-a$ 为底,以 $[a,b]$ 上一点 ξ 的纵坐标 $f(\xi)$ 为高的矩形,其面积就等于曲边梯形的面积,如图 8-19 所示。

(6) 对称区间上的积分:设 $f(x)$ 在 $[-a,a]$ 上连续。

若 $f(x)$ 为奇函数,则 $\int_{-a}^a f(x)\mathrm{d}x = 0$;

若 $f(x)$ 为偶函数,则 $\int_{-a}^a f(x)\mathrm{d}x = 2\int_0^a f(x)\mathrm{d}x$。

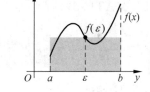

图 8-19 中值定理的几何意义

3. 定积分的计算方法

1) 牛顿-莱布尼茨公式

如果函数 $F(x)$ 是连续函数 $f(x)$ 在区间 $[a,b]$ 上的一个原函数,则

$$\int_a^b f(x)\mathrm{d}x = F(b) - F(a)$$

2) 定积分换元法

假设(a)函数 $f(x)$ 在区间 $[a,b]$ 上连续;(b)函数 $x = \varphi(t)$ 在区间 $[\alpha,\beta]$ 上有连续且不变号的导数;(c)当 t 在 $[\alpha,\beta]$ 变化时,$x = \varphi(t)$ 的值在 $[a,b]$ 上变化,且 $\phi(\alpha) = a$,$\phi(\beta) = b$。

则有

$$\int_a^b f(x)\mathrm{d}x = \int_\alpha^\beta f[\phi(t)]\phi'(t)\mathrm{d}t$$

3) 定积分的分部积分法

设函数 $u(x)$ 与 $v(x)$ 均在区间 $[a,b]$ 上有连续的导数,则

$$\int_a^b u\,\mathrm{d}v = (uv)\,\big|_a^b - \int_a^b v\,\mathrm{d}u$$

8.4.2 有关计算函数定积分的 MATLAB 命令

在 MATLAB 中用 int 函数求定积分。

int(f,a,b)求函数 f 关于默认变量从 a 到 b 的定积分。

int(f,v,a,b) 求函数 f 关于变量 v 从 a 到 b 的定积分。

【例 8-18】 利用 MATLAB 软件找出 $\int_0^1 \sqrt{1-x^2}\,\mathrm{d}x$ 满足定积分中值定理的点 ξ，使得

$\int_0^1 \sqrt{1-x^2}\,\mathrm{d}x = \sqrt{1-\xi^2}$。

在 MATLAB 的命令窗口输入如下命令：

```
syms x
y = sqrt(1 - x^2);
zhi = int(y,0,1)              % 计算 ∫₀¹ √(1−x²) dx = π/4
z = y - zhi;
zf = char(z);
fzero(zf,0.5)                 % 求满足 ∫₀¹ √(1−x²) dx = √(1−ξ²) 的 ξ
```

运行结果：

```
ans = 0.6190
```

【例 8-19】 用 MATLAB 软件求下列定积分。

(1) $\int_1^4 \dfrac{\ln x}{\sqrt{x}}\,\mathrm{d}x$。

(2) $\int_0^{+\infty} \dfrac{\mathrm{d}x}{\sqrt{x(1+x)^3}}$。

在 MATLAB 的命令窗口输入如下命令：

```
syms x;
y = log(x) * x^( - 0.5);
int(y,1,4)
```

运行结果：

```
ans = 8 * log(2) - 4
```

在 MATLAB 的命令窗口输入如下命令：

```
syms x;
y = (x * (1 + x)^3)^( - 0.5);
int(y,0, + inf)
```

运行结果：

```
ans = 2
```

【例 8-20】 求 $\dfrac{\mathrm{d}}{\mathrm{d}x}\int_0^x \dfrac{\sin t}{t}\,\mathrm{d}t$ 变上限函数的导数。

```
syms t x;
y = sin(t)/t;
diff(int(y,t,0,x),x)
```

运行结果：

```
ans =
sin(x)/x
```

【例 8-21】　求 $\lim\limits_{n\to\infty}\dfrac{1}{x}\displaystyle\int_{\sin x}^{0}\cos(t^{2})\mathrm{d}t$。

在 MATLAB 的命令窗口输入如下命令：

```
syms x t;
f = cos(t^2);
int(f,t,sin(x),0);
f1 = diff(int(f,t,sin(x),0),x)
f2 = f1/1
limit(f2)
```

运行结果：

```
f1 =
 - cos(sin(x)^2) * cos(x)
f2 =
 - cos(sin(x)^2) * cos(x)
ans =
          - 1
```

8.4.3　数值积分及软件实现

在计算定积分时，找到被积函数的原函数，利用公式 $\displaystyle\int_{a}^{b}f(x)\mathrm{d}x=F(b)-F(a)$ 就可以求

出积分值，但有时很难求出它的原函数或根本无法用初等函数表示它的原函数，诸如 $\dfrac{\sin x}{x}$、

$\sin x^{2}$，此时就求这些积分满足一定精度的近似值。数值积分法就是最常用的计算定积分近似值的方法。这里介绍矩形数值积分公式、梯形数值积分公式、抛物线形数值积分公式（也称辛普森积分公式）和近似函数法。

（1）矩形数值积分公式：先将区间 $[a,b]$ 做如下划分：$a=x_{0}<x_{1}<x_{2}<\cdots<x_{n}=b$，然后在每一个小区间上用矩形面积近似代替曲边梯形面积，即得矩形数值积分公式：

$$\int_{a}^{b}f(x)\mathrm{d}x\approx\sum_{i=1}^{n}\left[f(x_{i-1})\times(x_{i}-x_{i-1})\right]\quad\text{左矩形公式}$$

$$\int_{a}^{b}f(x)\mathrm{d}x\approx\sum_{i=1}^{n}\left[f(x_{i})\times(x_{i}-x_{i-1})\right]\quad\text{右矩形公式}$$

$$\int_{a}^{b}f(x)\mathrm{d}x\approx\sum_{i=1}^{n}\left[f\left(\frac{x_{i}+x_{i-1}}{2}\right)\times(x_{i}-x_{i-1})\right]\quad\text{中矩形公式}$$

（2）梯形数值积分公式：先将区间 $[a,b]$ 做如下划分：$a=x_{0}<x_{1}<x_{2}<\cdots<x_{n}=b$，然后在每一个小区间上用梯形面积近似代替曲边梯形面积，即得梯形数值积分公式：

$$\int_{a}^{b}f(x)\mathrm{d}x\approx\sum_{i=1}^{n}\left[\frac{f(x_{i-1})+f(x_{i})}{2}\times(x_{i}-x_{i-1})\right]$$

（3）抛物线形数值积分公式：

$$\int_{a}^{b}f(x)\mathrm{d}x\approx\sum_{i=1}^{n}\frac{(x_{i}-x_{i-1})}{6}\times\left[f(x_{i-1})+4f\left(\frac{x_{i-1}+x_{i}}{2}\right)+f(x_{i})\right]$$

（4）近似函数法：用 n 次多项式函数 $p_{n}(x)$ 近似被积分函数 $f(x)$，而利用 $\displaystyle\int_{a}^{b}x^{n}\mathrm{d}x=$

$\dfrac{b^{n+1}-a^{n+1}}{n+1}$ 可以准确地计算 $\displaystyle\int_{a}^{b}p_{n}(x)\mathrm{d}x$ 的值，从而用定积分 $\displaystyle\int_{a}^{b}p_{n}(x)\mathrm{d}x$ 的值近似 $\displaystyle\int_{a}^{b}f(x)\mathrm{d}x$ 的

值。函数的近似表达式可截取被积分函数在某点处泰勒展开式的部分项，MATLAB 中泰勒

级数展开命令为 taylor(f,a,n),表示函数 f 在 x=a 处的 n−1 阶泰勒展开式。

MATLAB 软件求数值积分的命令如下:

integral(fun,xmin,xmax),使用全局自适应积分和默认误差容限在 xmin 至 xmax 间以数值形式为函数 fun 求积分。

trapz(x,y),根据 X 指定的坐标或标量间距对 Y 进行积分。

如果 X 是坐标向量,则 length(X) 必须等于 Y 的大小不等于 1 的第一个维度的大小。

如果 X 是标量间距,则 trapz(X,Y) 等于 X * trapz(Y)。

根据各数值积分法公式,编写程序如下:

```matlab
% 左矩阵法,f 是积分符号函数,a、b 是积分限,n 是等分区间份数
% 补充定义 sinx/x 在 x = 0 处等于 1
function   y = zjx(f,a,b,n)            % 建立 zjx.m 脚本
s = 0;s1 = 1 * (b−a)/n;
for ii = 1:n−1
    x = a + ii * (b−a)/n;
    zhi = eval(f);
    s1 = s1 + zhi * (b−a)/n;
end
y = s1;
% 中矩阵法,f 是积分符号函数,a、b 是积分限,n 是等分区间份数
function   y = djx(f,a,b,n)            % 建立 djx.m 脚本
s1 = 0;
for ii = 1:n
    x = a + (ii − 0.5) * (b−a)/n;
    zhi = eval(f);
    s1 = s1 + zhi * (b−a)/n;
end
y = s1;
% 右矩阵法,f 是积分符号函数,a、b 是积分限,n 是等分区间份数
function   y = rjx(f,a,b,n)            % 建立 rjx.m 脚本
s1 = 0;
for ii = 1:n
    x = a + ii * (b−a)/n;
    zhi = eval(f);
    s1 = s1 + zhi * (b−a)/n;
end
y = s1;
% 梯形法,f 是积分符号函数,a、b 是积分限,n 是等分区间份数
function   y = txf(f,a,b,n)            % 建立 txf.m 脚本
s1 = 0;
for ii = 1:n
    x = a + ii * (b−a)/n;
    zhi1 = eval(f);
    x = a + (ii − 1) * (b−a)/n;
    if (x = = 0)
        zhi2 = 1;
    else
      zhi2 = eval(f);
    end
    s1 = s1 + (zhi1 + zhi2)/2 * (b-a)/n;
end
y = s1;
% 辛普森积分公式,f 是积分符号函数,a、b 是积分限,n 是等分区间份数
function   y = smp(f,a,b,n)            % 建立 smp.m 脚本
s1 = 0;
for ii = 1:n
```

```
         x = a + ii * (b-a)/n;
         zhi1 = eval(f);
         x = a + (ii-1) * (b-a)/n;
         if (x = = 0)
             zhi2 = 1;
         else
             zhi2 = eval(f);
         end
         x = a + (ii-0.5) * (b-a)/n;
         zhi3 = eval(f);
         s1 = s1 + (zhi1 + zhi2 + 4 * zhi3) * (b-a)/(6 * n);
    end
    y = s1;
```

【例 8-22】 用多种方法计算反常积分 $\int_0^1 \dfrac{\sin x}{x}\mathrm{d}x$ 的近似值。

（1）方法一：调用 MATLAB 函数计算，在 MATLAB 的命令窗口输入以下命令：

```
quad('sin(x)./x',0,1,0.001)
```

运行结果：

```
ans = 0.946083070076534
```

（2）方法二：数值积分法，等分区间数为 10、100、500。

在 M 文件编辑窗口输入上述函数，分别存盘为 zjx. m、djx. m、rjx. m、txf. m 和 smp. m。

在 MATLAB 的命令窗口输入以下命令：

```
format long
digits(20)
syms x
y = sin(x)/x;
zjx(y,0,1,10)
zjx(y,0,1,100)
zjx(y,0,1,500)
rjx(y,0,1,10)
rjx(y,0,1,100)
rjx(y,0,1,500)
djx(y,0,1,10)
djx(y,0,1,100)
djx(y,0,1,500)
smp(y,0,1,10)
smp(y,0,1,100)
smp(y,0,1,500)
```

运行结果如表 8-1 所示。结果的精度差距很大，与积分的准确值 $I = 0.946083070076534$ 比较，辛普森公式收敛的速度最高，而且精度高。

表 8-1 数值积分法结果

n	10	100	500
左矩形法	0.953758522626510	0.946873205701693	0.946241498992812
中矩形法	0.946208578843145	0.946084325238831	0.946083120561967
右矩形法	0.937905621107300	0.945287915549772	0.945924440962428
梯形法	0.94583207186691	0.94608056062573	0.94608296997762
辛普森公式法	0.946083076517732	0.946083070367798	0.946083070367185

（3）方法三：近似函数法，分别用 5 阶、10 阶、20 阶泰勒展开式进行近似计算。

在 MATLAB 的命令窗口输入以下命令：

```
ty = taylor(sin(x)/x,'Order', 5);        % 5 阶泰勒展开式,默认 x = 0
int(ty,0,1)
ty = taylor(sin(x)/x,'Order', 10);       % 10 阶泰勒展开式,默认 x = 0
int(ty,0,1)
ty = taylor(sin(x)/x,'Order', 20);       % 20 阶泰勒展开式,默认 x = 0
int(ty,0,1)
```

运行结果如表 8-2 所示。

表 8-2　近似函数法结果

n	5	10	20
近似函数法	0.9461111111111111	0.946083072632345	0.946083070367183

从表 8-2 看出，10 阶泰勒展开式的近似结果精度已经很高。

【例 8-23】　求由抛物线 $x=5y^2$ 与 $x=1+y^2$ 所围图形的面积 A。

在 MATLAB 窗口输入以下命令，画出积分区域的图形：

```
y = linspace( -1,1,60);
x1 = 5 * y.^2;x2 = 1 + y.^2;
plot(x1,y,x2,y)
```

运行结果如图 8-20 所示。

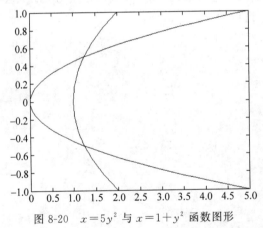

图 8-20　$x=5y^2$ 与 $x=1+y^2$ 函数图形

观察曲线，再计算面积：

```
syms y
f = (1 + y^2) - 5 * y^2;
A = int(f,y, - 0.5,0.5)
```

运行结果：

```
A =
2/3
```

即所求平面图形的面积为 $2/3$。

8.5　二重积分

二重积分的计算在科学计算中起着重要的作用，关于矩形区域上的二重积分的计算一般都是化重积分为累次积分，然后借助定积分已有的数值积分计算公式推导出，MATLAB 已经有这些计算公式的相应的函数,但是往往建模得到的二重积分的积分区域都不是矩形区域,对于一般的非矩形区域的二重积分,直接用 MATLAB 是无法计算的。又当被积函数比较复杂,无法用初等函数表示或求其原函数很困难时,就只能求积分的数值解。

若 $f(x,y)$ 在 D 上连续,二重积分 $\iint_D f(x,y)\mathrm{d}x\,\mathrm{d}y$ 存在且为一个确定的常数,这个数值与 $f(x,y)$ 的结构和 D 的几何形状有关,二重积分计算的基本途径是在一定条件下化为二次积分,本节研究的某些区域的二重积分要求二重积分在该区域上能化为二次积分。

二重积分的存在性:$f(x,y)$ 在闭区域 D 上连续,则 $\iint_D f(x,y)\mathrm{d}x\,\mathrm{d}y$ 必存在。

定理:若 $f(x,y)$ 在闭区间 $D\ \{a\leqslant x\leqslant b; c(x)\leqslant y\leqslant d(x)\}$ 上连续,且 $c(x)$、$d(x)$ 在 $[a,b]$ 上连续,则

$$I=\iint_D f(x,y)\mathrm{d}x\,\mathrm{d}y=\int_a^b\int_{c(x)}^{d(x)}f(x,y)\mathrm{d}x\,\mathrm{d}y$$

上式右端是一个先对 x 后对 y 的二次积分:先把 $f(x,y)$ 看作 x 的函数,在区间 $[c(x),d(x)]$ 上对 x 计算定积分(这时 y 看作常数),把得到的结果(是 y 的函数)再在 $[a,b]$ 上对 y 计算定积分,即为二重积分。具体处理办法是,设

$$\phi=\int_{c(x)}^{d(x)}f(x,y)\mathrm{d}y,\quad I=\int_a^b\phi(x)\mathrm{d}x$$

计算二重积分转化为计算两个单次积分。

【**例 8-24**】 计算 $\iint_D \dfrac{x^2}{y^2}\mathrm{d}x\,\mathrm{d}y$,其中 D 为直线 $y=2x$,$y=\dfrac{x}{2}$,$y=12-x$ 围成区域。

具体步骤如下。

划定积分区域:

```
y1 = 2 * x;
y2 = x/2;
y3 = 12 - x;
ezplot(y1,[ - 2,12])
hold on
ezplot(y2,[ - 2,12])
ezplot(y3,[ - 2,12])
title('积分区域')
```

结果如图 8-21 所示,三条直线相交所围区域即为积分区域。

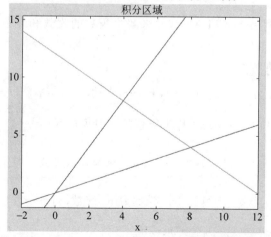

图 8-21 $\quad y=2x$,$y=\dfrac{x}{2}$,$y=12-x$ 围成的区域

确定交点的横坐标：

```
xa = fzero('2 * x - x/2',0)
xb = fzero('2 * x - 12 + x',4)
xc = fzero('12 - x - x/2',8)
```

结果为

```
xa = 0
xb = 4
xc = 8
```

化二重积分 $\iint_D \dfrac{x^2}{y^2}\mathrm{d}\sigma$ 为累次积分 $\displaystyle\int_0^4 \mathrm{d}x\int_{\frac{x}{2}}^{2x}\dfrac{x^2}{y^2}\mathrm{d}y + \int_4^8 \mathrm{d}x\int_{\frac{x}{2}}^{12-x}\dfrac{x^2}{y^2}\mathrm{d}y$。

在 MATLAB 的命令窗口输入以下命令：

```
syms x y z
z = x^2/y^2;
dx1 = int(z,y,x/2,2 * x);j1 = int(dx1,0,4);
dx2 = int(z,y,x/2,12 - x);j2 = int(dx2,4,8);
jf = j1 + j2
```

运行结果：

```
jf = 132 - 144 * log(2)
```

【例 8-25】 计算数值积分 $\displaystyle\iint_{x^2+y^2\leqslant 1}(1+x+y)\,\mathrm{d}x\,\mathrm{d}y$，可将此二重积分转化为累次积分

$$\iint_{x^2+y^2\leqslant 1}(1+x+y)\,\mathrm{d}x\,\mathrm{d}y = \int_{-1}^1 \mathrm{d}x\int_{-\sqrt{1+x^2}}^{\sqrt{1+x^2}}(1+x+y)\,\mathrm{d}y$$

在 MATLAB 命令窗口中输入以下命令：

```
clear; syms x y;
iy = int(1 + x + y,y, - sqrt(1 - x^2),sqrt(1 - x^2));
int(iy,x, - 1,1)
```

运行结果：

```
ans = pi
```

8.6 无穷级数

本节主要介绍如何利用 MATLAB 软件来解决级数的收敛和发散、级数的求和以及近似值的求解。

8.6.1 常数项级数的概念

定义 1 给定一个无穷数列 $u_1,u_2,\cdots,u_n,\cdots$，表达式 $u_1+u_2+\cdots+u_n+\cdots$ 称为（常数项）无穷级数，记为 $\displaystyle\sum_{n=1}^{\infty}u_n$，其中第 n 项 u_n 称为级数的一般项或通项。

例如，等差数列的各项之和 $\displaystyle\sum_{n=1}^{\infty}[a+(n-1)d]$ 称为算术级数。等比数列各项的和 $\displaystyle\sum_{n=1}^{\infty}aq^{n-1}$ 称为等比级数，也称为几何级数。级数 $\displaystyle\sum_{n=1}^{\infty}\dfrac{1}{n^p}$ 称为 p-级数，当 $p=1$ 时，称为调和级数。

定义 2 设级数的前 n 项和为 $s_n=\displaystyle\sum_{k=1}^{n}u_k=u_1+u_2+\cdots+u_n$，如果级数 $\displaystyle\sum_{n=1}^{\infty}u_n$ 的部分和数

列 $\{s_n\}$ 有极限 s，即 $\lim\limits_{n\to\infty}s_n=s$（常数），则称级数 $\sum\limits_{n=1}^{\infty}u_n$ 收敛，这时极限 s 叫作这个级数的和，并写成 $s=\sum\limits_{n=1}^{\infty}u_n$；如果数列 $\{s_n\}$ 没有极限，则称级数 $\sum\limits_{n=1}^{\infty}u_n$ 发散。若级数 $\sum\limits_{n=1}^{\infty}\mid u_n\mid$ 也收敛，则称级数 $\sum\limits_{n=1}^{\infty}u_n$ 绝对收敛；若级数 $\sum\limits_{n=1}^{\infty}\mid u_n\mid$ 发散，而级数 $\sum\limits_{n=1}^{\infty}u_n$ 收敛，则称级数 $\sum\limits_{n=1}^{\infty}u_n$ 条件收敛。

当级数收敛时，其部分和 s_n 是级数的和 s 的近似值，差值 $r_n=s-s_n=u_{n+1}+u_{n+2}+\cdots$ 叫作级数的余项。

用近似值 s_n 代替和 s 所产生的误差是这个余项的绝对值，即误差是 $\mid r_n\mid$。

8.6.2　常数项级数的收敛性判别方法

（1）重要结论：

等比级数

$$\sum_{n=1}^{\infty}aq^{n-1}=\begin{cases}\dfrac{a}{1-q} & \mid q\mid<1\\ \text{发散} & \mid q\mid\geqslant1\end{cases}$$

p-级数

$$\sum_{n=1}^{\infty}\frac{1}{n^p}=\begin{cases}\text{收敛} & p>1\\ \text{发散} & p\leqslant1\end{cases}$$

（2）如果 $\lim\limits_{n\to\infty}u_n\neq0$，则级数 $\sum\limits_{n=1}^{\infty}u_n$ 发散。

（3）正项级数的判别。

设 $u_n\geqslant0(n=1,2,3,\cdots)$，则级数 $\sum\limits_{n=1}^{\infty}u_n$ 称为正项级数。

正项级数 $\sum\limits_{n=1}^{\infty}u_n$ 收敛的充分必要条件是它的部分和数列 $\{s_n\}$ 有界。

① 比较审敛法。设 $\sum\limits_{n=1}^{\infty}u_n$ 和 $\sum\limits_{n=1}^{\infty}v_n$ 都是正项级数，且 $u_n\leqslant v_n$。如果级数 $\sum\limits_{n=1}^{\infty}v_n$ 收敛，则级数 $\sum\limits_{n=1}^{\infty}u_n$ 也收敛；如果级数 $\sum\limits_{n=1}^{\infty}u_n$ 发散，则级数 $\sum\limits_{n=1}^{\infty}v_n$ 也发散。

比较审敛法的极限形式：设 $\sum\limits_{n=1}^{\infty}u_n$ 和 $\sum\limits_{n=1}^{\infty}v_n$ 都是正项级数，如果 $\lim\limits_{n\to\infty}\dfrac{u_n}{v_n}=l(0<l<+\infty)$，则级数 $\sum\limits_{n=1}^{\infty}u_n$ 和 $\sum\limits_{n=1}^{\infty}v_n$ 同时收敛或同时发散。

② 比值审敛法。设 $\sum\limits_{n=1}^{\infty}u_n$ 是正项级数，并且 $\lim\limits_{n\to\infty}\dfrac{u_{n+1}}{u_n}=\rho$，则：当 $\rho<1$ 时，级数收敛；当 $\rho>1\Big($ 或 $\lim\limits_{n\to\infty}\dfrac{u_{n+1}}{u_n}=+\infty\Big)$ 时，级数发散；当 $\rho=1$ 时，级数可能收敛，也可能发散。

【例 8-26】　设 $a_n=\dfrac{10^n}{n!}$，求 $\sum\limits_{n}^{\infty}a_n$。

首先输入以下代码：

```
for n = 1:25
    a = 1;
    for m = 1:n
```

```
        a = a * 10/m;
    end
    plot(n,a,'*')
    hold on
end
```

得到的输出如图 8-22 所示。从散点图可见 a_n 的变化趋势。

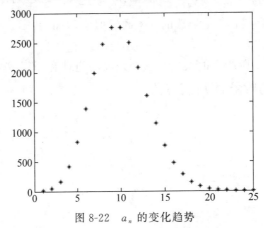

图 8-22　a_n 的变化趋势

输入以下命令:

```
syms n;
symsum(10^n/gamma(n+1),n,1,inf)
```

输出:

```
ans =
exp(10) - 1
```

【例 8-27】　判别级数 $\dfrac{u_{n+1}}{u_n}$ 的收敛性。

因为

$$\frac{u_{n+1}}{u_n} = \frac{2^{n+1}(n+1)!}{(n+1)^{n+1}} \times \frac{n^n}{2^n \cdot n!} = 2 \times \left(\frac{n}{n+1}\right)^n = 2 \times \frac{1}{\left(1+\frac{1}{n}\right)^n}$$

所以

$$\lim_{n\to\infty} \frac{u_{n+1}}{u_n} = \lim_{n\to\infty} \frac{2}{\left(1+\frac{1}{n}\right)^n} = \frac{2}{e} < 1$$

故级数收敛。

③ 根值审敛法。设 $\displaystyle\sum_{n=1}^{\infty} u_n$ 是正项级数,并且 $\lim\limits_{n\to\infty} \sqrt[n]{u_n} = \rho$,则:当 $\rho < 1$ 时,级数收敛;当 $\rho > 1$(或 $\lim\limits_{n\to\infty} \sqrt[n]{u_n} = +\infty$)时,级数发散;当 $\rho = 1$ 时,级数可能收敛,也可能发散。

【例 8-28】　级数 $\displaystyle\sum_{n=1}^{\infty} \left(\frac{n}{2n+1}\right)^n$ 的收敛性。

$\lim\limits_{n\to\infty} \sqrt[n]{u_n} = \lim\limits_{n\to\infty} \dfrac{n}{2n+1} = \dfrac{1}{2} < 1$,所以级数收敛。

(4) 交错级数及其审敛法。

若交错级数 $\sum_{n=1}^{\infty}(-1)^{n-1}u_n(u_n>0,n=1,2,3,\cdots)$ 满足条件

$$u_n\geqslant u_{n+1}(n=1,2,3,\cdots)$$

$$\lim_{n\to\infty}u_n=0$$

则此级数收敛,且其和 $s\leqslant u_1$,用它的部分和 s_n 作为级数和 s 的近似值,误差 $|s_n-s|\leqslant u_{n+1}$。

例如,级数 $\sum_{n=1}^{\infty}(-1)^{n-1}\dfrac{1}{n}$ 收敛。

8.6.3 用 MATLAB 实现级数求和

MATLAB 级数求和命令:

① symsum(s,k):k 为求和变量,求出 k 由 0 到 k−1 的级数有限项的和。

② symsum(f,k,a,b)等价于 symsum(f,k,[a b]):函数 f,变量 k,求出 k 由 a 到 b 的级数有限项的和。

8.6.4 幂级数

1. 幂级数定义

如果级数 $u_1(x)+u_2(x)+u_3(x)+\cdots+u_n(x)+\cdots$ 的各项都是定义在某区间 I 中的函数,则称作函数项级数。当自变量 x 取特定值,如 $x=x_0\in I$ 时,级数变成一个数项级数 $\sum_{n=1}^{\infty}u_n(x_0)$。如果这个数项级数收敛,则称 x_0 为函数项级数 $\sum_{n=1}^{\infty}u_n(x)$ 的收敛点;如发散,则称 x_0 为发散点。一个函数项级数的收敛点的全体构成它的收敛域。

形如 $\sum_{n=0}^{\infty}a_nx^n=a_0+a_1x+a_2x^2+\cdots+a_nx^n+\cdots$ 的级数称为幂级数,其中常数 $a_0,a_1,a_2,\cdots,a_n,\cdots$ 叫作幂级数的系数。

2. 函数展开成幂级数

若函数 $f(x)$ 在 x_0 的某邻域内具有直到 $n+1$ 阶的导数,则在该邻域内 $f(x)$ 的 n 阶泰勒公式为 $f(x)=f(x_0)+f'(x_0)(x-x_0)+\dfrac{f''(x_0)}{2!}(x-x_0)^2+\cdots+\dfrac{f^{(n)}(x_0)}{n!}(x-x_0)^n+R_n(x)$

成立,其中 $R_n(x)$ 为拉格朗日型余项:$R_n(x)=\dfrac{f^{(n+1)}(\xi)}{(n+1)!}(x-x_0)^{n+1}$,其中 ξ 介于 x 与 x_0 之间。

定理:设函数 $f(x)$ 在点 x_0 的某一邻域 $U(x_0)$ 内有各阶导数,则 $f(x)$ 在该邻域内能展开成泰勒级数的充分条件是 $f(x)$ 的泰勒公式中的余项 $R_n(x)$ 当 $n\to\infty$ 时的极限为零。

取 $x_0=0$ 时,级数

$$f(x)=f(0)+f'(0)x+\frac{f''(0)}{2!}x^2+\cdots+\frac{f^{(n)}(0)}{n!}x^n+\cdots \quad (-R<x<R)$$

称为函数 $f(x)$ 的麦克劳林级数。

3. 初等函数展成幂级数

$$\frac{1}{1+x}=1-x+x^2-x^3+\cdots+(-1)^nx^n+\cdots \quad (x\in(-1,1))$$

$$e^x=1+x+\frac{x^2}{2!}+\cdots+\frac{x^n}{n!}+\cdots \quad (x\in(-\infty,+\infty))$$

$$\sin x = x - \frac{x^3}{3!} + \frac{x^5}{5!} - \cdots + (-1)^{n-1}\frac{x^{2n-1}}{(2n-1)!} + \cdots \quad (x \in (-\infty, +\infty))$$

$$\cos x = 1 - \frac{x^2}{2!} + \frac{x^4}{4!} - \cdots + (-1)^n\frac{x^{2n}}{(2n)!} + \cdots \quad (x \in (-\infty, +\infty))$$

$$(1+x)^m = 1 + mx + \frac{m(m-1)}{2!}x^2 + \cdots + \frac{m(m-1)\cdots(m-n+1)}{n!}x^n + \cdots \quad (-1 < x < 1)$$

4. MATLAB 完成泰勒展开命令

在以下的 taylor 函数的用法格式中，f 代表待展开的函数表达式。

① taylor(f)：求出函数 f 关于系统默认变量的麦克劳林型的 5 阶近似展开。

② taylor(f,'Order',n)：求出函数 f 关于系统默认变量的麦克劳林型的 n 阶近似展开。

③ taylor(f,v)：求出函数 f 关于变量 v 等于默认值 0 的麦克劳林型的 5 阶近似展开。

④ taylor(f,v,a)：求出函数 f 关于变量 v 等于 a 处的麦克劳林型的 5 阶近似展开。

⑤ taylor(f,Order',n,v,a)：求出函数 f 关于变量 v 等于 a 处的麦克劳林型的 n 阶近似展开。

【例 8-29】 求 $\displaystyle\sum_{n=0}^{\infty}\frac{4^{2x}(n-3)^n}{n+1}$ 的收敛性及和函数。

输入：

```
clear;
syms n x
a1 = 4^(2 * n) * (x - 3)^n/(n + 1);
a2 = subs(a1,n,n + 1);
p = limit(a2/a1,n,inf)
```

输出为：

```
p =
    16 * x - 48
```

注意，这里对 a2 和 a1 都没有加绝对值。因此上式的绝对值小于 1 时，幂级数收敛，大于 1 时发散。

为了求出收敛区间的端点，输入：

```
x1 = solve('16 * x - 48 = 1')
x2 = solve('16 * x - 48 = - 1')
```

输出为：

```
x1 = 49/16
x2 = 47/16
```

由此可知 $\frac{47}{16} < x < \frac{49}{16}$ 时收敛，$x < \frac{47}{16}$ 或 $x > \frac{49}{16}$ 时发散。

为了判断端点的敛散性，输入：

```
simplify(subs(a1,'x',49/16))
```

得到 x 为右端点时幂级数的一般项为：

```
ans =
    1/(n + 1)
```

因此当 x＝49/16 时发散。

再输入：

```
simplify(subs(a1,'x',47/16))
```

输出结果为：

```
ans = (−1)^n/(n+1)
```

因此当 x＝47/16 时,级数收敛。

【例 8-30】 求函数 $y = e^x$ 在 $x = 1$ 处的 3 阶泰勒展开式。

```
syms x
taylor(exp(x),x,1,'Order',3)
```

执行后得到：

```
ans =
exp(1) + exp(1) * (x − 1) + (exp(1) * (x − 1)^2)/2
```

5. 幂级数的应用

函数展开成幂级数,从形式上看,似乎复杂化了,其实不然,因为幂级数的部分和是一个多项式,它在进行数值计算时非常方便,所以经常用这样的多项式来近似表达复杂的函数,这样产生的误差可以用余项来估计。

【例 8-31】 求函数 $y = \sin x$ 的不同阶数的麦克劳林展开式,并作图观察不同阶数展开式对函数的近似程度,计算 $\sin\dfrac{\pi}{8}$ 的近似值。

```
syms x
sin3 = taylor(sin(x),'Order',3);
sin5 = taylor(sin(x),'Order',5);
sin7 = taylor(sin(x),'Order',7);
sin9 = taylor(sin(x),'Order',9);
clf
hold on
ezplot(sin(x))
gtext('sinx')
ezplot(sin3)
gtext('3 阶')
ezplot(sin5)
gtext('5 阶')
ezplot(sin7)
gtext('7 阶')
ezplot(sin9)
gtext('9 阶')
title('y = sinx 及其泰勒展开式曲线')
sin(pi/8)
x = pi/8;
zhi3 = eval(sin3)
zhi5 = eval(sin5)
zhi7 = eval(sin7)
zhi9 = eval(sin9)
```

$\sin\dfrac{\pi}{8}$ 的准确值为 0.3826834323650897。不同阶数的麦克劳林展开式的近似值如表 8-3 所示。

表 8-3 准确值表

n	3	5	7	9
$\sin(x)$	0.3926990816987241	0.3826058926751890	0.3826837175055075	0.382683431753912

由图 8-23 和表 8-3 可知,阶数越高,近似精度越高。

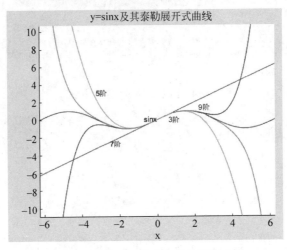

图 8-23　$y=\sin x$ 的麦克劳林展开式图

【**例 8-32**】　设 $g(x)$ 是 2π 为周期的函数,它在 $[-\pi,\pi]$ 的表达式为

$$g(x) = \begin{cases} -1, & -\pi \leqslant x < 0 \\ 1, & 0 \leqslant x < \pi \end{cases}$$

将 $g(x)$ 展开成傅里叶级数。

因为 $g(x)$ 是奇函数,所以它的傅里叶展开式中只含正弦项。

计算系数:

```
syms k x
bk = 2 * int(sin(k * x),x,0,pi)/pi
```

输出:

```
bk = (4 * sin((pi * k)/2)^2)/(pi * k)
```

再输入:

```
clear;
f = 'sign(sin(x))';
x = - 3 * pi:0.1:3 * pi;
y1 = eval(f);
plot(x,y1,'r')
pause
hold on
for n = 3:2:9
for k = 1:n
    bk = (4 * sin((pi * k)/2)^2)/(pi * k);
    s(k, :) = bk * sin(k * x);
end
s = sum(s);
plot(x,s)
pause
hold on
end
```

运行结果如图 8-24 所示。可以看到,n 越大,$g(x)$ 的傅里叶级数的前 n 项与 $g(x)$ 越接近。

【**例 8-33**】　计算 e 的近似值,精确到 10^{-10}。

e 的值就是 e^x 的展开式在 $x=1$ 处的函数值,即

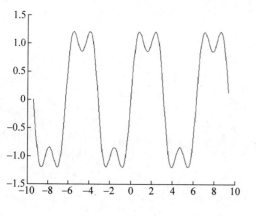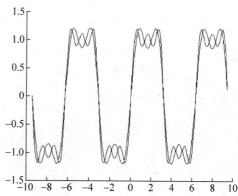

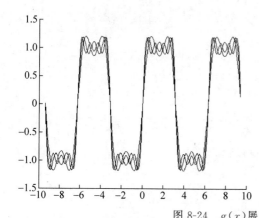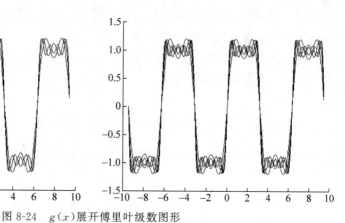

图 8-24　$g(x)$ 展开傅里叶级数图形

$$e = \sum_{n=0}^{\infty} \frac{1}{n!} = 1 + 1 + \frac{1}{2!} + \cdots + \frac{1}{n!} + \cdots \approx 1 + 1 + \frac{1}{2!} + \cdots + \frac{1}{n!}$$

其误差为

$$|R_n| = \frac{1}{(n+1)!} + \frac{1}{(n+2)!} + \cdots + \frac{1}{(n+k)!} + \cdots$$

$$< \frac{1}{(n+1)!} + \frac{1}{(n+1)!(n+1)} + \cdots + \frac{1}{(n+1)!(n+1)^{k-1}} + \cdots$$

$$= \frac{1}{(n+1)!}\left[1 + \frac{1}{n+1} + \frac{1}{(n+1)^2}\cdots + \frac{1}{(n+1)^{k-1}} + \cdots\right]$$

$$= \frac{1}{(n+1)!} \times \frac{1}{1 - \dfrac{1}{n+1}} = \frac{1}{n!n}$$

要精确到 $g(s) = \begin{cases} -1, & -\pi \leqslant x < 0 \\ 1, & 0 \leqslant x < \pi \end{cases}$，须 $\dfrac{1}{n!n} < 10^{-10}$，即 $n!n > 10^{10}$，由于 $13! \times 13 > 10^{10}$，

故取 $n=13$，得 $e \approx 1 + \dfrac{1}{2!} + \cdots + \dfrac{1}{13!} \approx 2.7182818285$。

用 MATLAB 创建函数 edejs. m 文件，wch 代表误差。

```
function zhi = edejs(wch)
syms x s
n = 5;
s = taylor(exp(x),'Order',n);
```

```
x = 1;
zhi1 = eval( s );
n = n + 1;
syms x s
s = taylor(exp( x ),'Order',n);
x = 1;
zhi2 = eval( s ) ;
while(abs(zhi1 - zhi2)> wch)
    zhi1 = zhi2;
    n = n + 1;
    syms x s
    s = taylor(exp(x),'Order',n);
    x = 1;
    zhi2 = eval(s);
end
zhi = zhi2;
```

在 MATLAB 命令窗口输入以下命令：

```
format long
jszhi = edejs(0.0000000001)
```

执行结果为：

```
jszhi = 2.718281828458230
```

【例 8-34】 计算 $\ln2$ 的近似值，要求误差不超过 0.0001。

方法一：在展开式

$$\ln(1+x)=x-\frac{x^2}{2}+\frac{x^3}{3}-\frac{x^4}{4}+\cdots+(-1)^n\frac{x^{n+1}}{n+1}+\cdots \quad (-1<x\leqslant1)$$

中，设 $x=1$，得

$$\ln2=1-\frac{1}{2}+\frac{1}{3}-\frac{1}{4}+\cdots+(-1)^n\frac{1}{n+1}+\cdots$$

为了保证误差不超过 10^{-4}，须取 $n=10000$ 项进行计算。这样做计算量太大了，必须用收敛较快的级数代替它。

方法二：在 $\ln(1+x)$ 的展开式中将 x 换成 $-x$，得

$$\ln(1-x)=-x-\frac{x^2}{2}-\frac{x^3}{3}-\frac{x^4}{4}-\cdots-\frac{x^{n+1}}{n+1}-\cdots \quad (-1\leqslant x<1)$$

两式相减，得到不含偶次幂的展开式：

$$\ln\frac{1+x}{1-x}=\ln(1+x)-\ln(1-x)=2\left(x+\frac{x^3}{3}+\frac{x^5}{5}+\cdots\right) \quad (-1<x<1)$$

令 $\frac{1+x}{1-x}=2$，解出 $x=\frac{1}{3}$，以 $x=\frac{1}{3}$ 代入上式，得

$$\ln2=2\left(\frac{1}{3}+\frac{1}{3}\cdot\frac{1}{3^3}+\frac{1}{5}\cdot\frac{1}{3^5}+\frac{1}{7}\cdot\frac{1}{3^7}+\cdots\right)$$

如果取前四项的和作为 $\ln 2$ 的近似值，其误差

$$|R_4|=2\left(\frac{1}{9}\cdot\frac{1}{3^9}+\frac{1}{11}\cdot\frac{1}{3^{11}}+\frac{1}{13}\cdot\frac{1}{3^{13}}+\cdots\right)<\frac{2}{3^{11}}\left[1+\frac{1}{9}+\left(\frac{1}{9}\right)^2+\cdots\right]$$

$$=\frac{2}{3^{11}}\times\frac{1}{1-\frac{1}{9}}=\frac{1}{4\times3^9}=\frac{1}{78732}<\frac{1}{2}\times10^{-4}<10^{-4}$$

于是有

$$\ln 2 \approx 2\left(\frac{1}{3} + \frac{1}{3} \times \frac{1}{3^3} + \frac{1}{5} \times \frac{1}{3^5} + \frac{1}{7} \times \frac{1}{3^7}\right) \approx 0.6931$$

用 MATLAB 创建函数 ln2js1.m 文件实现方法 1 对 ln 2 进行近似,函数 ln2js2.m 文件实现方法 2 对 ln 2 进行近似,n 代表泰勒展开阶数。

```
function zhi = ln2js1(n)          % 函数 ln2js1.m 文件
syms x s t
t = log(1 + x);
s = taylor(t,'Order',n);
x = 1;
zhi = eval(s);

function zhi = ln2js2(n)          % 函数 ln2js2.m 文件
syms x s t
t = log((1 + x)/(1 - x));
s = taylor(t,'Order',n);
x = 1/3;
zhi = eval(s);
```

在 MATLAB 命令窗口输入以下命令:

```
format long
ln2js1(5)
ln2js1(10)
ln2js1(50)
ln2js1(1000)
log(2)
ln2js2(5)
ln2js2(10)
ln2js2(50)
```

执行结果比较如表 8-4 所示。

表 8-4　不同展开阶数的近似值

方　法	5	10	50	10000
方法一	0.783333333333333	0.783333333333333	0.783333333333333	0.783333333333333
方法二	0.693147180559945	0.693004115226337	0.693004115226337	0.693004115226337

ln2 的准确值为 0.693147180559945。

观察表 8-4 的数据得知:方法 2 收敛速度比方法 1 快得多。因此,在近似计算中应恰当地选取近似公式,在保证收敛的同时,注意收敛的速度。

8.7　方程数值的求解方法

MATLAB 求近似解的命令是 fzero('f',x₀),表示在 x＝x0 附近求 f(x)＝0 的近似解。

编写程序求方程的近似解可分两步来做:

第一步是确定根的大致范围。先较精确地画出 $y = f(x)$ 的图形,然后从图上定出它与 x 轴交点的大概位置。由于作图和读数的误差,这种做法得不出根的高精度的近似值,但一般已可以确定出根的隔离区间。

第二步是以根的隔离区间的端点作为根的初始近似值,逐步改善根的近似值的精度,直至求得满足精度要求的近似解。常用的方法有二分法和切线法。

(1) 二分法。设 $f(x)$ 在区间 $[a,b]$ 上连续，$f(a)f(b)<0$，且 $f(x)=0$ 在 (a,b) 内仅有一个实根 c，于是 $[a,b]$ 即是这个根的一个隔离区间，取中点 $x_1=\dfrac{a+b}{2}$，计算 $f(x_1)$。

若 $f(x_1)=0$，那么 $c=x_1$；

若 $f(x_1)$ 与 $f(a)$ 同号，那么取 $a_1=x_1$，$b_1=b$；

若 $f(x_1)$ 与 $f(b)$ 同号，那么取 $a_1=a$，$b_1=x_1$；

总之，当 $c\neq x_1$ 时，可求得 $a_1<c<b_1$，且 $b_1-a_1=\dfrac{1}{2}(b-a)$。

以 $[a_1,b_1]$ 作为新的隔离区间，重复上述做法，当 $c\neq x_2=\dfrac{1}{2}(a_1+b_1)$ 时，可求得 $a_2<c<b_2$，且 $b_2-a_2=\dfrac{1}{2^2}(b-a)$，如此反复 n 次，可求得 $a_n<c<b_n$，且 $b_n-a_n=\dfrac{1}{2^n}(b-a)$。由此可知，如果以 a_n 或 b_n 作为 c 的近似值，那么其误差小于 $\dfrac{1}{2^n}(b-a)$。

(2) 切线法。设 $f(x)$ 在区间 $[a,b]$ 上具有二阶导数，$f(a)f(b)<0$，且 $f'(x)$ 及 $f''(x)$ 在 $[a,b]$ 上保持定号，方程 $f(x)=0$ 在 (a,b) 内有唯一的实根 c，$[a,b]$ 是根的一个隔离区间。考虑用曲线弧一端的切线来代替曲线弧，从而求出方程实根的近似值。如果在纵坐标与 $f''(x)$ 同号的那个端点(此端点记作 $(x_0,f(x_0))$)作切线，这切线与 x 轴的交点的横坐标 x_1 就比 x_0 更接近方程的根 c。

$y=f(x)$ 的图形只有以下 4 种情况，迭代公式为

$$x_n=x_{n-1}-\frac{f(x_{n-1})}{f'(x_{n-1})}\quad(n=1,2,3,\cdots)$$

其中，x_0 的取值分 4 种情况，如图 8-25 所示。

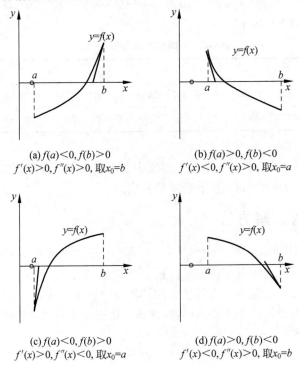

(a) $f(a)<0,f(b)>0$
$f'(x)>0,f''(x)>0$，取 $x_0=b$

(b) $f(a)>0,f(b)<0$
$f'(x)<0,f''(x)>0$，取 $x_0=a$

(c) $f(a)<0,f(b)>0$
$f'(x)>0,f''(x)<0$，取 $x_0=a$

(d) $f(a)>0,f(b)<0$
$f'(x)<0,f''(x)>0$，取 $x_0=b$

图 8-25　x_0 取值的 4 种情况

二分法求方程 f＝0 的近似解的函数 erff 定义如下：

```
function y = erff(f,a,b,wch)
```

其中，f 是符号函数，a、b 是隔离区间的左右端点值，wch 是要求的误差，函数返回近似解和迭代次数。

```
x = a;
fa = eval(f);
x = (a + b)/2;
fx = eval(f);
n = 0;
while (b - a)> wch
    n = n + 1;
    if (fx * fa > 0)
        a = x;
    else
        b = x;
    end
    x = a;
    fa = eval(f);
    x = (a + b)/2;
    fx = eval(f);
end
y(1) = a;
y(2) = n;
```

切线法求方程 f＝0 的近似解的函数 qxf 定义如下：

```
function y = qxf(f,a,b,wch)
```

其中，f 是符号函数，a、b 是隔离区间的左右端点值，wch 是要求的误差，函数返回近似解和迭代次数。

```
d1f = diff(f);
d2f = diff(f);
x = (a + b)/2;
f1 = eval(d1f);
f2 = eval(d2f);
n = 1;
if f1 * f2 > 0
    z(1) = b;
else
    z(1) = a;
end
x = z(n);
z(n + 1) = z(n) - eval(f)/eval(d1f);
while abs(z(n + 1) - z(n))> wch
    n = n + 1;
    x = z(n);
    z(n + 1) = z(n) - eval(f)/eval(d1f);
end
y(1) = z(n + 1);
y(2) = n;
```

【例 8-35】　用 MATLAB 函数编程、二分法、切线法 3 种方法求方程 $x^3 + 1.1x^2 + 0.9x - 1.4 = 0$ 的实根的近似值，使误差不超过 10^{-3}。

令 $f(x) = x^3 + 1.1x^2 + 0.9x - 1.4$，显然 $f(x)$ 在 $(-\infty, +\infty)$ 内连续。

因为 $f'(x) = 3x^2 + 2.2x + 0.9 > 0$，故 $f(x)$ 在 $(-\infty, +\infty)$ 内单调递增，$f(x) = 0$ 至多有

一个实根。由 $f(0)=-1.4<0$，$f(1)=1.6>0$，知 $f(x)=0$ 在 $[0,1]$ 内有唯一的实根。取 $a=0,b=1$，$[0,1]$ 即是一个隔离区间。

先画出函数 $f(x)$ 的图形，如图 8-26 所示，在 MATLAB 的命令窗口输入如下命令：

```
f = 'x^3 + 1.1 * x^2 + 0.9 * x - 1.4 '
fplot(@(x).x.^3 + 1.1. * x.^2 + 0.9. * x - 1.4,[0,1])
grid on
```

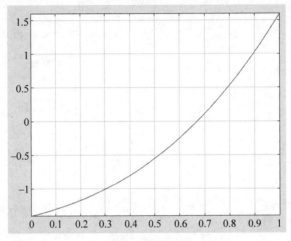

图 8-26 $f(x)$ 的函数图像

方法一：在 MATLAB 的命令窗口输入如下命令：

```
f = 'x^3 + 1.1 * x^2 + 0.9 * x - 1.4 '
fzero(f,1)
```

运行结果：

```
ans = 0.670657310725810
```

方法二：二分法求方程的近似解。

在 MATLAB 的命令窗口输入如下命令：

```
f = 'x^3 + 1.1 * x^2 + 0.9 * x - 1.4 ';
a = 0;
b = 1;
wch = 0.0001;
erff(f,a,b,wch)
```

运行结果：

```
ans = 0.670654296875000    14.000000000000000
```

二分法迭代 14 次，近似解为 0.670654296875000。

方法三：切线法求方程的近似解。

在 MATLAB 的命令窗口输入如下命令：

```
f = 'x^3 + 1.1 * x^2 + 0.9 * x - 1.4 ';
a = 0;
b = 1;
wch = 0.0001;
qxf(f,a,b,wch)
```

运行结果：

切线法计算共迭代 4 次，近似解为 0.6707。

比较结果可知，切线法的收敛速度快。

8.8 常微分方程的求解

本节主要介绍常规常微分方程的求解方法，常微分方程在 MATLAB 中的表达方式，以及常微分方程在 MATLAB 中的命令输入。

8.8.1 基本概念

一般地，凡表示未知函数、未知函数的导数与自变量之间的关系的方程叫作微分方程。未知函数是一元函数的方程叫作常微分方程，未知函数是多元函数的方程叫作偏微分方程。本节只讨论常微分方程。

微分方程中所出现的求未知函数的最高阶导数的阶数叫作微分方程的阶。一般地，n 阶微分方程的形式是 $F(x,y,y',\cdots,y^{(n)})=0$，其中 F 是 $n+2$ 个变量的函数。

如果微分方程的解中含有任意常数，且任意常数的个数与微分方程的阶数相同，这样的解叫作微分方程的通解。确定了通解中的任意常数以后，就得到了微分方程的特解。

8.8.2 常微分方程的解法

1. 可分离变量的微分方程

一般地，如果一个一阶微分方程能写成

$$g(y)\mathrm{d}y = f(x)\mathrm{d}x$$

的形式，就是说，能把微分方程写成一端只含 y 的函数和 $\mathrm{d}y$，另一端只含 x 的函数和 $\mathrm{d}x$，那么原方程就称为可分离变量的微分方程。

求解方法：等式两边同时求不定积分 $\int g(y)\mathrm{d}y = \int f(x)\mathrm{d}x$。

设 $G(y)$ 及 $F(x)$ 依次为 $g(y)$ 和 $f(x)$ 的原函数，于是有 $G(y)=F(x)+C$。例如，微分方程 $\dfrac{\mathrm{d}y}{\mathrm{d}x}=2xy$ 属于可分离变量类型。

2. 齐次方程

如果一阶微分方程 $y'=f(x,y)$ 中的函数 $f(x,y)$ 可写成 $\dfrac{y}{x}$ 的函数，即 $f(x,y)=\varphi\left(\dfrac{y}{x}\right)$，则称这个方程为齐次方程。

例如，$(x+y)\mathrm{d}x+(y-x)\mathrm{d}y=0$ 是齐次方程。

求解方法：作代换 $u=\dfrac{y}{x}$，则 $y=ux$，于是

$$\frac{\mathrm{d}y}{\mathrm{d}x}=x\,\frac{\mathrm{d}u}{\mathrm{d}x}+u$$

从而

$$x\,\frac{\mathrm{d}u}{\mathrm{d}x}+u=\phi(u)$$

$$\frac{\mathrm{d}u}{\mathrm{d}x}=\frac{\phi(u)-u}{x}$$

分离变量得

$$\frac{\mathrm{d}u}{\phi(u)-u}=\frac{\mathrm{d}x}{x}$$

两端积分得

$$\int\frac{\mathrm{d}u}{\phi(u)-u}=\int\frac{\mathrm{d}x}{x}$$

求出积分后,再用 $\frac{y}{x}$ 代替 u,便得到所给齐次方程的通解。

3. 一阶线性微分方程

方程 $\frac{\mathrm{d}y}{\mathrm{d}x}+P(x)y=Q(x)$ 称为一阶线性微分方程。若 $Q(x)\equiv0$,则称为齐次的;若 $Q(x)\neq0$,则称为非齐次的。

例如,

$$y'+2xy=2x\mathrm{e}^{-x^2}$$

求解方法:

当 $Q(x)\equiv0$ 时,方程为可分离变量的微分方程。

当 $Q(x)\neq0$ 时,为求其解,首先把 $Q(x)$ 换为 0,即 $\frac{\mathrm{d}y}{\mathrm{d}x}+P(x)y=0$,称为对应原方程的齐次微分方程,求得其解 $y=C\mathrm{e}^{-\int P(x)\mathrm{d}x}$。为求原方程的解,利用常数变易法,用 $u(x)$ 代替 C,即 $y=u(x)\mathrm{e}^{-\int P(x)\mathrm{d}x}$。于是

$$\frac{\mathrm{d}y}{\mathrm{d}x}=u'\mathrm{e}^{-\int P(x)\mathrm{d}x}+u\mathrm{e}^{-\int P(x)\mathrm{d}x}[-P(x)]$$

代入原方程,得

$$u=\int Q(x)\mathrm{e}^{\int P(x)\mathrm{d}x}\mathrm{d}x+C$$

故

$$y=\mathrm{e}^{-\int P(x)\mathrm{d}x}\left(\int Q(x)\mathrm{e}^{\int P(x)\mathrm{d}x}\mathrm{d}x+C\right)$$

4. 伯努利方程

定义 $\frac{\mathrm{d}y}{\mathrm{d}x}+P(x)y=Q(x)y^n(n\neq0,1)$,称为伯努利方程。

当 $n=0,1$ 时,为一阶线性微分方程。

例如,$\frac{\mathrm{d}y}{\mathrm{d}x}+\frac{y}{x}=a(\ln x)y^2$ 是 2 阶伯努利方程。

求解方法:两边同除 y^n:

$$y^{-n}\frac{\mathrm{d}y}{\mathrm{d}x}+P(x)y^{1-n}=Q(x)$$

令 $z=y^{1-n}$,则有

$$\frac{\mathrm{d}z}{\mathrm{d}x}=(1-n)y^{-n}\frac{\mathrm{d}y}{\mathrm{d}x}$$

$$\frac{1}{1-n}\times\frac{\mathrm{d}z}{\mathrm{d}x}+P(x)z=Q(x)$$

而

$$\frac{\mathrm{d}z}{\mathrm{d}x} + (1-n)P(x)z = (1-n)Q(x)$$

为一阶线性微分方程,故

$$z = \mathrm{e}^{-\int(1-n)P(x)\mathrm{d}x}\left(\int(1-n)Q(x)\mathrm{e}^{\int(1-n)P(x)\mathrm{d}x}\mathrm{d}x + C\right)$$

5. 全微分方程

若 $P(x,y)\mathrm{d}x + Q(x,y)\mathrm{d}y = 0$ 恰为某一个函数的全微分方程,即存在某个 $u(x,y)$,使 $\mathrm{d}u = P(x,y)\mathrm{d}x + Q(x,y)\mathrm{d}y$,则称为全微分方程。可以证明 $u(x,y)=C$ 是方程的隐式通解。

若 $P(x,y)$ 和 $Q(x,y)$ 在单连通域 G 内具有一阶连续偏导数,则

$$\frac{\partial P}{\partial y} = \frac{\partial Q}{\partial x}$$

是方程为全微分方程的充要条件。

通解为 $u(x,y) = \int_{x_0}^{x} P(x,y)\mathrm{d}x + \int_{y_0}^{y} Q(x,y)\mathrm{d}y = C$。

6. 可降阶的高阶微分方程

① $y^{(n)} = f(x)$ 型:

令 $y^{(n-1)} = z$,则原方程可化为 $\frac{\mathrm{d}z}{\mathrm{d}x} = f(x)$,于是

$$z = y^{(n-1)} = \int f(x)\mathrm{d}x + C_1$$

同理

$$y^{(n-2)} = \int\left[\int f(x)\mathrm{d}x + C_1\right]\mathrm{d}x + C$$

n 次积分后可求其通解。

② $y'' = f(x, y')$ 型:

令 $y' = p$,则 $y'' = p'$,于是可将其化成一阶微分方程。其特点是含有 y''、y' 和 x,不含 y。

③ $y'' = f(y, y')$ 型:

令 $y' = p$,则

$$y'' = \frac{\mathrm{d}p}{\mathrm{d}x} = \frac{\mathrm{d}p}{\mathrm{d}y} \times \frac{\mathrm{d}y}{\mathrm{d}x} = p\frac{\mathrm{d}p}{\mathrm{d}y}$$

于是可将其化为一阶微分方程。其特点是不显含 x。

7. 二阶常系数齐次线性微分方程

求二阶常系数齐次线性微分方程 $y'' + py' + qy = 0$ 的通解的步骤如下:

(1) 写出微分方程的特征方程:$r^2 + pr + q = 0$。

(2) 求出特征方程的两个根 r_1、r_2。

(3) 根据特征方程的两个根的不同情形,按照表 8-5 写出微分方程的通解。

表 8-5　微分方程的通解

r_1, r_2	微分方程的通解
两个不相等的实根 r_1, r_2	$y = C_1\mathrm{e}^{r_1 x} + C_2\mathrm{e}^{r_2 x}$
两个相等的实根 r_1, r_2	$y = (C_1 + C_2 x)\mathrm{e}^{r_1 x}$
一对共轭复根 $r_{1,2} = \alpha \pm \mathrm{i}\beta$	$y = \mathrm{e}^{ax}(C_1\cos\beta x + C_2\sin\beta x)$

8. 二阶常系数非齐次线性微分方程

二阶常系数非齐次线性微分方程 $y''+py'+qy=f(x)$ 的通解可按下面三个步骤来求：

(1) 求其对应的齐次线性微分方程的通解 Y。

(2) 求非齐次线性微分方程的一个特解 y^*。

① $f(x)=P_m(x)\mathrm{e}^{\lambda x}$ 型，特解形式为

$$y^*=x^k Q_m(x)\mathrm{e}^{\lambda x}$$

其中，$Q_m(x)$ 是与 $P_m(x)$ 同次(m 次)的多项式，而 k 按 λ 不是特征方程的根、是特征方程的单根或是特征方程的重根依次取为 0、1 或 2。

② $f(x)=\mathrm{e}^{\lambda x}[P_l(x)\cos\omega x+P_n(x)\sin\omega x]$型，特解形式为

$$y^*=x^k\mathrm{e}^{\lambda x}[Q_m(x)\cos\omega x+R_m(x)\sin\omega x]$$

其中，$Q_m(x)$ 和 $R_m(x)$ 是 m 次多项式，$m=\max\{l,n\}$，而 k 按 $\lambda\pm\mathrm{i}\omega$ 不是特征方程的根或是特征方程的单根依次取 0 或 1。

(3) 原方程的通解为 $y=Y+y^*$。

8.8.3 MATLAB 求解微分方程的命令

常微分方程在 MATLAB 中的表达方式为：符号 D 表示对变量的求导，Dy 表示对变量 y 求一阶导数，Dny 表示对变量求 n 阶导数。

① dsolve(diff_equation)：diff_equation 为待求解的方程，自变量为 t，得方程的通解；

② dsolve(diff_equation,cond1，cond2，…)：diff_equation 为待求解的方程，cond 表示初始条件，得方程的特解。

【例 8-36】 解常微分方程 $y''+y=x\cos2x$。

```
syms  y(x)
eqn = diff(y,x,2) + diff(y,x,1) == x * cos(2 * x);
y = dsolve(eqn)
```

解得结果为：

```
y =
C1 + (13 * cos(2 * x))/100 + (4 * sin(2 * x))/25 - (x * cos(2 * x))/5 + (x * sin(2 * x))/10 + C2 *
exp( - x) - 1/4
```

【例 8-37】 求常微分方程 $y'''-y''=x$ 满足 $y(1)=8$，$y'(1)=7$，$y''(1)=4$ 的特解。

```
syms y(x)
Dy2 = diff(y,x,2);
Dy = diff(y,x);
eqn = diff(y,x,3) - diff(y,x,2) == x;
cond = [y(1) == 8, Dy(1) == 7,Dy(2) == 4];
y = dsolve(eqn,cond)
```

解得结果为：

```
y = (5 * x)/2 + 6 * exp( - 1) * exp(x) - x^2/2 - x^3/6 + 1/6
```

【例 8-38】 用 Euler 方法求解常微分方程初值问题。

$$\begin{cases} y'=\dfrac{y}{x}-2y^2 & (0<x<3) \\ y(0)=0 \end{cases}$$

并将数值解和该问题的如下解析解比较：

$$y(x) = \begin{cases} y' = \dfrac{y}{x} - 2y^2 & (0 < x < 3) \\ y(0) = 0 \end{cases}$$

Euler 方法的具体格式如下：

$$y_{n+1} = y_n + h\left(\frac{y_n}{x_n} - 2y_n^2\right)$$

程序实现：

```
h = 0.2;y(1) = 0.2;x = 0.2:h:3;
for n = 1:14
    xn = x(n);yn = y(n);
    y(n + 1) = yn + h * (yn/xn - 2 * yn * yn);
end
x0 = 0.2:h:3;y0 = x0./(1 + x0.^2);
plot(x0,y0,x,y,x,y,'o')
```

结果如图 8-27 所示。

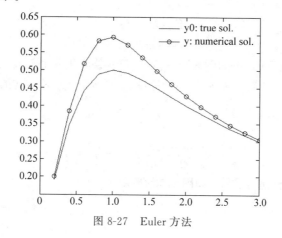

图 8-27　Euler 方法

$$h = 0.2, \quad x_n = nh(n = 0,1,2,\cdots,15), \quad f(x,y) = y/x - 2y^2$$

计算中取 $f(0,0) = 1$。计算结果如下：

x_n	$y(x_n)$	y_n	$y_n - y(x_n)$
0.0	0	0	0
0.2	0.1923	0.2000	0.0077
0.4	0.3448	0.3840	0.0392
0.6	0.4412	0.5170	0.0758
0.8	0.4878	0.5824	0.0946
1.0	0.5000	0.5924	0.0924
1.2	0.4918	0.5705	0.0787
1.4	0.4730	0.5354	0.0624
1.6	0.4494	0.4972	0.0478
1.8	0.4245	0.4605	0.0359
2.0	0.4000	0.4268	0.0268
2.2	0.3767	0.3966	0.0199
2.4	0.3550	0.3698	0.0147
2.6	0.3351	0.3459	0.0108
2.8	0.3167	0.3246	0.0079
3.0	0.3000	0.3057	0.0057

由以上结果可以看到，微分方程初值问题的数值解和解析解的误差一般在第二位或第三位小数上，说明 Euler 方法的精度比较差。

8.9　综合实例7：生日蛋糕问题和长方体体积问题

【例8-39】　实验一：生日蛋糕问题。

一个数学家即将要迎来他90岁生日,有很多的学生要来为他祝寿,所以要定做一个特大蛋糕。为了纪念他提出的一项重要成果——口腔医学的悬链线模型,他的学生要求蛋糕店的老板将蛋糕边缘圆盘半径做成下列悬链线函数：

$$r = 2 - (\exp(2h) + \exp(-2h))/5 \quad (0 < h < 1) \quad (单位\ m)$$

由于蛋糕店从来没有做过这么大的蛋糕,蛋糕店的老板必须要计算一下成本。这主要涉及两个问题的计算：一个是蛋糕的质量,由此可以确定需要多少鸡蛋和面粉；另一个是蛋糕表面积(底面除外),由此确定需要多少奶油。

【实验方案】

首先分析一个圆盘形的单层蛋糕,蛋糕由如图8-28所示的形状绕水平中心轴旋转而成。

若高为h(单位 m),半径为r(单位 m),密度为k(单位 kg/m^3),则蛋糕的质量W(单位 kg)和表面积S(单位 m^2)为

$$W = k\pi r^2 h$$
$$S = 2\pi r h + \pi r^2$$

如果蛋糕是双层圆盘的,由如图8-29所示的形状绕水平中心轴旋转而成。

每层高为$h/2$,下层蛋糕半径为r_1,上层蛋糕半径为r_2,此时蛋糕的质量W和表面积S为

$$W = \frac{k\pi r_1^2}{2} + k\pi r_2^2 = k\pi(r_1^2 + r_2^2)h/2$$

$$S = \frac{2\pi r_1 h}{2} + \frac{2\pi r_2 h}{2} + \pi r_1^2 = \pi(r_1 + r_2)h + \pi r_1^2$$

以此类推,如果蛋糕是n层的,如图8-30所示。

图8-28　单层蛋糕

图8-29　双层蛋糕

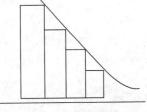

图8-30　多层蛋糕

每层高为h/n,半径分别为$r_1, r_2, \cdots, r_n$,则蛋糕的质量W和表面积S为

$$W - k\pi \frac{h}{n} \sum_{i=1}^{n} r_i^2$$

$$S = 2\pi \frac{h}{n} \sum_{i=1}^{n} r_i$$

事实上,蛋糕边缘圆盘半径为

$$r = r(h) = 2 - (\exp(2h) + \exp(-2h))/5 \quad (0 < h < 1)$$

那么当$n \to \infty, h = 1$时

$$W = k\pi \frac{H}{n} \sum_{i=1}^{n} r_i^2 \to k\pi \int_0^1 r^2(h)\,\mathrm{d}h$$

$$S = 2\pi \frac{H}{n} \sum_{i=1}^{n} r_i + \pi r_i^2 \to 2k\pi \int_0^1 r(h)\,\mathrm{d}h + \pi r(0)^2$$

此时,数学家的生日蛋糕问题就转化为求上面两个数值积分。

【实验过程】

```
>> syms h
>> r = 2 - (exp(2 * h) + exp( - 2 * h))/5;
>> quadl('pi * (2 - (exp(2 * h) + exp( - 2 * h))/5).^2',0,1)
ans =
    5.4171
>> r0 = subs(r,h,0)
r0 =
    8/5
>> quadl('2 * pi * (2 - (exp(2 * h) + exp( - 2 * h))/5)',0,1) + pi * r0^2
ans =
    16.051201
```

求得该数学家的生日大蛋糕的质量和表面积为

$$W = 5.4171(\text{kg}), \quad S = 16.0512(\text{m}^2)$$

实验二:求侧面积为常数 $6a^2 (a>0)$,体积最大的长方体体积。

设长方体的长、宽、高分别为 x、y、$z (x>0, y>0, z>0)$,体积为 V,则 $V = f(x,y,z) = xyz$。约束条件为 $\phi(x,y,z) = 2(yz+zx+xy) - 6a^2 = 0$。

输入如下命令:

```
>> syms x y z lamda a;
>> L = x * y * z + lamda * (2 * y * z + 2 * z * x + 2 * x * y - 6 * a^2);
>> Lx = diff(L, 'x');
>> Ly = diff(L, 'y');
>> Lz = diff(L, 'z');
>> Llamda = diff(L, 'lamda');
>> [lamda x y z ] = solve(Lx,Ly,Lz,Llamda)
```

运行结果:

```
lamda =
    a/4
  - a/4
x =
  - a
    a
y =
  - a
    a
z =
  - a
    a
```

输入如下命令:

```
>> V = x. * y. * z
```

运行结果:

```
V =
  - a^3
    a^3
```

以上结果中出现的负根不在取值范围内,舍去。因侧面积固定的长方体的最大体积客观存在,故当 $x = y = z = a$ 时,长方体的体积最大,且最大值为 a^3。

实验三:通信卫星在地面上的覆盖面积。

将一颗通信卫星送入太空,使该卫星轨道位于地球赤道平面内,如图 8-31 所示,卫星运行的角速率与地球自传的角速率($w=2\pi/(24\times3600)$)相同时称为同步卫星。设卫星距地面的最低高度为 $h=3580\text{km}$,试计算卫星所覆盖的地球面积 S。

【实验方案】

将地球视为球体(地球半径为 $R=6378\text{km}$),以球心为原点建立如图 8-31 所示的坐标系。因上半球面方程为 $z=\sqrt{R^2-x^2-y^2}$,故被卫星覆盖的地表表面积为 $S=\iint\limits_{\Sigma}\mathrm{d}s$,其中,$\sum$ 为上半球面 $x^2+y^2+z^2=R^2(R\geqslant0)$ 上被半顶角为 α 的圆锥所截的曲面部分。所以卫星的覆盖面积为

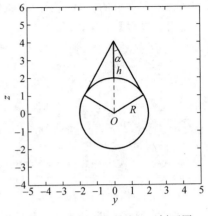

图 8-31　通信卫星覆盖地面剖面图

$$S=\iint\limits_{D}\sqrt{1+z_x^2+z_y^2}\,\mathrm{d}x\,\mathrm{d}y=\iint\limits_{}\frac{R\,\mathrm{d}x\,\mathrm{d}y}{\sqrt{R^2-x^2-y^2}}$$

其中,D:$x^2+y^2\leqslant R^2\cos^2\alpha$,注意到 $\sin\alpha=\dfrac{R}{R+h}$,于是

$$D:x^2+y^2\leqslant R^2\left(1-\left(\frac{R}{R+h}\right)^2\right)$$

利用极坐标变换,求得

$$S=\iint\limits_{D}\frac{R\,\mathrm{d}x\,\mathrm{d}y}{\sqrt{R^2-x^2-y^2}}=\int_0^{2\pi}\mathrm{d}\theta\int_0^{R\sqrt{1-\left(\frac{R}{R+h}\right)^2}}\frac{r}{\sqrt{R^2-r^2}}\mathrm{d}r=2\pi R^2\frac{h}{R+h}$$

当 $h=3580,R=6378$ 时,$S=2.1694\text{e}+008$。

8.10　本章小结

本章通过 MATLAB 工具解决了很多高等数学中涉及的大部分问题。通过使用 MATLAB 实现了公式图形化的特点,更加有利于我们对高等数学的研究和应用。

本章涉及高等数学的各个方面的知识,通过使用 MATLAB 解决极限问题,其中涉及数列和函数的问题,知道怎样在 MATLAB 中输入矩阵函数以及简单的矩阵函数之间的运算。接着讲到了函数的求导和性质,导数计算的方法以及极值问题的求解,读者应该注意掌握其中的一些方法。不定积分和定积分的概念、性质以及在 MATLAB 中是怎样实现其功能的特别重要。通过前面的知识我们知道了二重积分的求解是通过求积分逐步实现的,本章还讲到了无穷级数以及用 MATLAB 实现级数求和的方法。最后介绍了在常微分方程中的应用,它为以后的建模起到了很重要的作用。

8.11　习题

(1) 求 $\cos x$ 的 6 阶麦克劳林展开式。

(2) 计算:$\lim\limits_{n\to0^+}\left(\dfrac{1}{x}\right)^{\tan x}$。

(3) 计算 $\lim\limits_{(x,y)\to(0,0)}(x,y)\ln(x^2+y^2)$。

(4) 求 $y=\ln\sin x$ 的函数微分 $\mathrm{d}y$。

(5) 求下列函数的一个原函数:

$$\frac{1}{x^4},\frac{\mathrm{e}^x}{1-\mathrm{e}^x}$$

第

9

章

MATLAB 在线性代数中的应用

线性代数作为高等学校一门重要的基础课程,在计算机科学、工程技术、经济管理等诸多领域有着广泛的应用。但由于线性代数课程本身的特点,使得一些有实际背景意义的问题计算量特别大,导致一些同学对这门课程失去了兴趣。而教师为了避免出现大量烦琐的计算,就会举一些纯粹的没有实际背景意义的例子来讲解理论,久而久之就会使学生觉得该门课程枯燥无味,脱离实际。MATLAB 的出现很好地解决了这个矛盾。

在本章,将会学习如何利用 MATLAB 处理矩阵的运算、方程组的求解、向量的运算等问题,熟练掌握 MATLAB 求解最基本的线性代数问题。在综合实例部分,将会接触到 MATLAB 在线性代数实际问题中的应用,如生产决策问题、最大流问题等都可以利用 MATLAB 轻松求解。

9.1 矩阵的基本函数运算

矩阵的函数运算是矩阵运算中最为实用的部分。它主要包括矩阵的逆运算、矩阵的行列式、特征值运算、矩阵秩、求正交矩阵运算和向量组的点乘(内积)等。

9.1.1 矩阵的逆运算

矩阵的逆运算是矩阵运算中很重要的一种。它在线性代数及计算方法中都有很多的论述。而在 MATLAB 中,众多的复杂理论只变成了一个简单的命令——inv 或 A^(−1)。

【例 9-1】 求矩阵 $a = \begin{bmatrix} 1 & 2 \\ 2 & 1 \end{bmatrix}$ 的逆。

```
a = [1 2;2 1];
inv(a)
ans =
 - 0.3333    0.6667
   0.6667  - 0.3333
```

【例 9-2】 求矩阵 $a = \begin{bmatrix} 2 & 1 & -3 & -1 \\ 3 & 1 & 0 & 7 \\ -1 & 2 & 4 & -2 \\ 1 & 0 & -1 & 5 \end{bmatrix}$ 的逆。

```
a = [2 1 - 3 - 1;3 1 0 7;- 1 2 4 - 2;1 0 - 1 5];
inv(a)
ans =
```

$$
\begin{array}{rrrr}
-0.0471 & 0.5882 & -0.2706 & -0.9412 \\
0.3882 & -0.3529 & 0.4824 & 0.7647 \\
-0.2235 & 0.2941 & -0.0353 & -0.4706 \\
-0.0353 & -0.0588 & 0.0471 & 0.2941
\end{array}
$$

9.1.2 矩阵的行列式运算

矩阵的行列式的值可由 det 函数计算得出。

【例 9-3】 计算行列式 $D = \begin{vmatrix} 3 & 1 & -1 & 2 \\ -5 & 1 & 3 & -4 \\ 2 & 0 & 1 & -1 \\ 1 & 5 & 3 & -3 \end{vmatrix}$ 值。

相应的 MATLAB 代码如下:

```
>> D = [3 1 -1 2;-5 1 3 -4;2 0 1 -1;1 -5 3 -3];
>> det(D)
```

算得 $D = 40$。

如果用 determ 命令,相应的 MATLAB 代码如下:

```
>> D = [3 1 -1 2;-5 1 3 -4;2 0 1 -1;1 -5 3 -3];
>> determ(D)
```

算得 $D = 40$。

【例 9-4】 计算行列式 $\begin{vmatrix} a & b & c & d \\ a & a+b & a+b+c & a+b+c+d \\ a & 2a+b & 3a+2b+c & 4a+3b+2c+d \\ a & 3a+b & 6a+3b+c & 10a+6b+3c+d \end{vmatrix}$ 的值。

相应的 MATLAB 代码如下:

```
>> clear;
>> sysms a;
>> sysms b;
>> sysms c;
>> sysms d;
>> D = [a b c d;a a+b a+b+c a+b+c+d;a 2*a+b 3*a+2*b+c 4*a+3*b+2*c+d; …
>> a 3*a+b 6*a+3*b+c 10*a+6*b+3*c+d];
>> determ(D)
```

计算可得 $D = a^4$。本题中用 det 命令就不能算出结果。determ(D)命令等同于 det(sym(D))命令,本题如果用 det(sym(D))命令也能算出同样的结果。

【例 9-5】 求行列式 $A = \begin{vmatrix} 1 & 2 \\ 3 & 4 \end{vmatrix}$ 的值。

```
A = [1,2;3,4];
det(A)
ans = -2
```

9.1.3 向量的点乘(内积)

点乘:也叫向量的内积、数量积。顾名思义,求得的结果是一个数。维数相同的两个向量的点乘可由函数 dot 得出。

在 MATLAB 中关于 dot 函数的使用:

(1) C = dot(A,B):返回 A 和 B 的标量点积。

① 如果 A 和 B 是向量,则它们的长度必须相同。

② 如果 A 和 B 为矩阵或多维数组,则它们必须具有相同大小。

(2) C＝dot(A,B,dim):计算 A 和 B 沿维度 dim 的点积。dim 输入是一个正整数标量。

【例 9-6】 求向量 $\boldsymbol{X}=(-1,0,2)$ 与向量 $\boldsymbol{Y}=(-2,-1,1)$ 的点乘。

```
X = [ -1 0 2];
Y = [ -2 -1 1];
Z = dot(X,Y)
Z = 4
```

还可用另一种算法:

```
sum(X. * Y)
ans = 4
```

【例 9-7】 利用函数 rand 和函数 round 构造一个 5×5 的随机正整数矩阵 $\boldsymbol{A}$ 和 $\boldsymbol{B}$。

(1) 计算 $\boldsymbol{A}+\boldsymbol{B}$、$\boldsymbol{A}-\boldsymbol{B}$ 和 $6\boldsymbol{A}$。

```
A =  round( rand(5) * 10)
     10   8   6   4   1
      2   5   8   9   4
      6   0   9   9   8
      5   8   7   4   0
      9   4   2   9   1
>> B = round( rand(5) * 10)
B =
      2   0   4   8   5
      2   7   8   0   7
      6   4   5   7   4
      3   9   2   4   3
      2   5   7   8   2
>> C = A + B
C =
     12    8   10   12    6
      4   12   16    9   11
     12    4   14   16   12
      8   17    9    8    3
     11    9    9   17    3
>> D = A - B
D =
      8    8    2   -4   -4
      0   -2    0    9   -3
      0   -4    4    2    4
      2   -1    5    0   -3
      7   -1   -5    1   -1
>> E = 6 * A
E =
     60   48   36   24    6
     12   30   48   54   24
     36    0   54   54   48
     30   48   42   24    0
     54   24   12   54    6
```

(2) 计算 $(\boldsymbol{AB})^{\mathrm{T}}$、$\boldsymbol{B}^{\mathrm{T}}\boldsymbol{A}^{\mathrm{T}}$ 和 $(\boldsymbol{AB})^{100}$。

```
>> (A * B)'
ans =
      86    97   109    80    67
     121   168   157   120   122
     149   134   143   127   103
     146   140   211   105   130
     144   112   109   121   110
```

```
>> (B)' * (A)'
ans =
      86    97   109    80    67
     121   168   157   120   122
     149   134   143   127   103
     146   140   211   105   130
     144   112   109   121   110
>> (A * B)^100
ans =
   1.0e + 278 *
     3.0801   4.8507   4.5531   5.0819   4.1045
     3.1319   4.9322   4.6296   5.1673   4.1734
     3.4774   5.4763   5.1404   5.7374   4.6338
     2.6535   4.1788   3.9224   4.3780   3.5359
     2.5268   3.9792   3.7351   4.1690   3.3671
```

(3) 计算行列式 $|A|$、$|B|$ 和 $|AB|$。

```
>> det(A)
ans =
       5972
>> det(B)
ans =
      12221
>> det(A * B)
ans =
   72983812
```

(4) 若矩阵 A 和 B 可逆,计算 A^{-1} 和 B^{-1}。

```
>> inv(A)
ans =
    - 0.0012   - 0.1654    0.0759    0.0765    0.0561
      0.4208     0.3925   - 0.2316  - 0.4720  - 0.1381
    - 0.3830   - 0.3369    0.2112    0.5728    0.0414
    - 0.1700     0.0114   - 0.0012    0.0959    0.1338
      0.6229     0.4903   - 0.1681  - 0.8098  - 0.2391
>> inv(B)
ans =
    - 0.1218   - 0.0184    0.2713   - 0.0582   - 0.0866
    - 0.0384     0.0002   - 0.0570    0.1208    0.0278
    - 0.0916     0.0688    0.0347   - 0.1425    0.1325
      0.0901   - 0.0731   - 0.0475    0.0491    0.0520
      0.1778     0.0692   - 0.0602    0.0588   - 0.1545
```

(5) 计算矩阵 A 和矩阵 B 的秩。

```
>> rank(A)
ans = 5
>> rank(B)
ans = (6)
```

生成一个 6 行 5 列秩为 3 的矩阵,并求其最简阶梯形:

```
>> round(rand(6,5) * 10)
ans =
     2   4   8   3   4
     7   9   6   5   7
     3   9   8   7   5
     5   6   7   3   4
     2   5   3   8   7
     7   9   3   6   6
```

```
>> A = [2,4,8,3,4;7,9,6,5,7;3,9,8,7,5;4,8,16,6,8;6,12,24,9,12;8,16,32,12,16]
A =
    2    4    8    3    4
    7    9    6    5    7
    3    9    8    7    5
    4    8   16    6    8
    6   12   24    9   12
    8   16   32   12   16
>> rank(A)
ans = 3
>> rref(A)
ans = 5
    1.0000   0        0       -0.4767   0.6512
    0        1.0000   0        0.8953   0.0698
    0        0        1.0000   0.0465   0.3023
    0        0        0        0        0
    0        0        0        0        0
    0        0        0        0        0
```

9.1.4 混合积

3个向量 a、b、c 共面的充分必要条件是 $(a、b、c)=0$。

定义 设 a、b、c 是空间中的3个向量,则 $(a*b)*c$ 称为3个向量 a、b、c 的混合积,记作 (a,b,c) 或 (abc) 或 $[a\ b\ c]$。

混合积的性质:

(1) $(a,b,c)=(b,c,a)=(c,a,b)=-(b,a,c)=-(a,c,b)=-(c,b,a)$。

(2) $(a×b)c=a(b×c)$。

【例 9-8】 向量 $a=(1,2,3)$,$b=(2,3,4)$,$c=(5,2,1)$,求 $a·(b×c)$ 的混合积。

```
a = [1 2 3]
a =
  1   2   3
>> b = [2 3 4]
b =
  2   3   4
>> c = [5 2 1]
c =
  5   2   1
>> v = dot(a, cross(b,c))
v =
  -2
```

9.2 秩与线性相关性

本节介绍如何使用 MATLAB 软件构造已知矩阵对应的行(列)向量组,求矩阵的秩,对矩阵进行初等行变换,求向量组的秩与最大线性无关组。

9.2.1 矩阵和向量组的秩以及向量组的线性相关性

矩阵的秩是矩阵中最高阶非零子式的阶数,向量组的秩通常由该向量组构成的矩阵来计算。

rank(A):A 为矩阵,rank 为矩阵求秩函数。

向量组的线性相关性定义:

给定向量组 $A:a_1,a_2,\cdots,a_m$,对于任何一组实数 $k_1,k_2,\cdots,k_m$,表达式 $k_1a_1+k_2a_2+\cdots+$

$k_m a_m$ 称为向量组 A 的一个线性组合,k_1,k_2,…,k_m 称为这个线性组合的系数。

给定向量组 A:a_1,a_2,…,a_m 和向量 b,如果存在一组实数 $l_1,l_2,…,l_m$,使得 $b=l_1a_1+l_2a_2+…+l_ma_m$,则向量 b 是向量组 A 的线性组合,这时称向量 b 能由向量组 A 线性表示。

在进行科学运算时,常常要用到矩阵的特征参数,如矩阵的行列式、秩、迹、条件数等,在 MATLAB 中可以用命令轻松地进行这些运算。

【例9-9】 求向量组 $a_1=(1,-2,2,3)$,$a_2=(-2,4,-1,3)$,$a_3=(-1,2,0,3)$,$a_4=(0,6,2,3)$ 的秩,并判断其线性相关性。

```
A = [1 -2 2 3; -2 4 -1 3; -1 2 0 3; 0 6 2 3];
rank(A)
ans =
    3
```

由于秩为3,小于向量的个数,因此向量组线性相关。

【例9-10】 设 $M=\begin{bmatrix} 3 & 2 & -1 & -3 & -2 \\ 2 & -1 & 3 & 1 & -3 \\ 7 & 0 & 5 & -1 & -8 \end{bmatrix}$,求矩阵 M 的秩。

```
M = [3,2,-1,-3,-2;2,-1,3,1,-3;7,0,5,-1,-8];
Rank(M);
ans =
    2
```

【例9-11】 已知矩阵 $M=\begin{bmatrix} 3 & 2 & -1 & -3 \\ 2 & -1 & 3 & 1 \\ 7 & 0 & t & -1 \end{bmatrix}$ 秩为2,求常数 t 的值。

题中的二阶子式不等于0。由于矩阵的秩为2,因此其三阶子式应该等于0。

```
syms t;
M = [3,2,-1,-3;2,-1,3,1;7,0,t,-1];
Det(M(1:3,1:3));
ans =
    35 - 7 * t
```

当 $t=5$ 时,有一个三阶子式等于0,但是否所有的三阶子式都为0呢?输入:

```
M = [3,2,-1,-3;2,-1,3,1;7,0,5,-1];
Rank(M);
ans =
    2
```

说明此时矩阵的秩为2。

9.2.2 向量组的最大无关组

矩阵可以通过初等行变换化成行最简形,从而找出列向量组的最大无关组,MATLAB 将矩阵化成行最简形的命令是 rref,格式如下:

```
rref (A),
```

A 为矩阵。

求一个向量组最大无关组的方法大致可归纳为定义法、解线性方程组方法和矩阵法。其中矩阵法又可分为两种:第一种方法是借助矩阵的子行列式;第二种方法是借助矩阵的初等变换。用矩阵初等变换求最大无关组是一个简便实用的方法。

【例 9-12】 求矩阵列向量组 $a = \begin{bmatrix} 1 & -2 & -1 & 0 & 2 \\ -2 & 4 & 2 & 6 & -6 \\ 2 & -1 & 0 & 2 & 3 \\ 3 & 3 & 3 & 3 & 4 \end{bmatrix}$ 的一个最大无关组。

编写 M 文件 ex1.m 如下：

```
format rat
a = [1, -2, -1,0,2; -2,4,2,6, -6;2, -1,0,2,3;3,3,3,3,4];
b = rref(a)
```

求得

```
b =
    1    0   1/3   0    16/3
    0    1   2/3   0   -1/9
    0    0    0    1   -1/3
    0    0    0    0    0
```

由此可以得到 5 个列向量，并且易得向量组中的一个最大无关组。

【例 9-13】 求向量组 $a = (1,-2,2,3)$，$b = (-2,4,-1,3)$，$c = (-1,2,0,3)$，$d = (0,6,2,3)$，$e = (2,-6,3,4)$ 的一个最大无关组。

```
a = [1, -2,2,3]';
b = [ -2,4, -1,3]';
c = [ -1,2,0,3]';
d = [0,6,2,3]';
e = [2, -6,3,4]';
A = [a b c d e]
A =
    1   -2   -1   0    2
   -2    4    2   6   -6
    2   -1    0   2    3
    3    3    3   3    4
format rat                    % 以有理格式输出
B = rref(A)                   % 求 A 的行最简形
B =
    1    0   1/3   0    16/9
    0    1   2/3   0   -1/9
    0    0    0    1   -1/3
    0    0    0    0    0
```

从 B 中可以得到：向量组 a、b、d 是其中的一个最大无关组。

【例 9-14】 求向量组 $a = (1,-1,2,4)$，$b = (0,3,1,2)$，$c = (3,0,7,14)$，$d = (1,-1,2,0)$，$e = (2,1,5,0)$ 的最大无关组，并将其他向量用最大无关组线性表示。

```
a = [1, -1,2,4;0,3,1,2;3,0,7,14;1, -1,2,0;2,1,5,0];
b = transpose(a);
rref(b)
ans =
    1.0000    0         3.0000    0        -0.5000
    0         1.0000    1.0000    0         1.0000
    0         0         0         1.0000    2.5000
    0         0         0         0         0
```

在行最简形中有 3 个非零行，因此向量的秩等于 3。非零行的首元素分别位于第一、二、四列，因此 a、b、d 是向量组的一个最大无关组。第三列的前两个元素分别是 3、1，于是 $c = 3a + b$。第 5 列的前 3 个元素分别是 -0.5、1、2.5，于是 $e = -0.5a + b + 2.5d$。

【例9-15】 已知向量组 $\boldsymbol{\alpha}_1 = \begin{bmatrix} 3 \\ 4 \\ 0 \\ 8 \\ 3 \end{bmatrix}$, $\boldsymbol{\alpha}_2 = \begin{bmatrix} 1 \\ 1 \\ 0 \\ 2 \\ 2 \end{bmatrix}$, $\boldsymbol{\alpha}_3 = \begin{bmatrix} 2 \\ 3 \\ 0 \\ 6 \\ 1 \end{bmatrix}$, $\boldsymbol{\alpha}_4 = \begin{bmatrix} 9 \\ 3 \\ 2 \\ 1 \\ 2 \end{bmatrix}$, $\boldsymbol{\alpha}_5 = \begin{bmatrix} 0 \\ 8 \\ -2 \\ 21 \\ 10 \end{bmatrix}$, 求出它的最大

无关组,并用该最大无关组来线性表示其他向量。

```
>> format rat
>> A = [3,1,2,9,0;4,1,3,3,8;0,0,0,2,-2;8,2,6,1,21;3,2,1,2,10]
A =

     3    1    2    9    0
     4    1    3    3    8
     0    0    0    2   -2
     8    2    6    1   21
     3    2    1    2   10

>> B = rref(A)
B =

     1    0    1    0    2
     0    1   -1    0    3
     0    0    0    1   -1
     0    0    0    0    0
     0    0    0    0    0
```

$\boldsymbol{\alpha}_1$、$\boldsymbol{\alpha}_2$、$\boldsymbol{\alpha}_4$ 是向量组的一个最大无关组,且有 $\boldsymbol{\alpha}_3 = \boldsymbol{\alpha}_1 - \boldsymbol{\alpha}_2$,$\boldsymbol{\alpha}_5 = 2\boldsymbol{\alpha}_1 + 3\boldsymbol{\alpha}_2 - \boldsymbol{\alpha}_3$。

【例9-16】 求向量组 $\boldsymbol{\alpha}_1 = (3, 6, -4, 2, 1)^T$,$\boldsymbol{\alpha}_2 = (-2, -4, 3, 1, 0)^T$,$\boldsymbol{\alpha}_3 = (-1, -2, 1, 2, 3)^T$,$\boldsymbol{\alpha}_4 = (1, 2, -1, 3, 1)^T$ 的秩及一个最大线性无关组,并将其余向量用最大线性无关组表示。

分析:容易发现用定义的形式很难求秩和最大线性无关组,为此从方程组和矩阵之间的关系以及方程组和向量组之间的关系可以得到,向量组的秩及其最大线性无关组应该与其对应的矩阵的秩以及矩阵的最高阶非零子式之间有某种关系,为此给出以下定理。

定理 矩阵的秩等于其行向量组的秩,也等于其列向量组的秩。

略证:设 A 的秩为 r,则在 A 中存在 r 阶子式 $D_r \neq 0$,从而 D_r 所在的 r 线性无关,又 A 的所有的 $r+1$ 阶子式 $D_{r+1} = 0$,因此 A 中的任意 $r+1$ 个列向量都线性相关,因此 D_r 所在的 r 列是 A 列向量组的最大线性无关组,所以列向量组的秩等于 r。

类似可证矩阵 A 行向量组的秩等于 r。

同时从证明的过程可以发现:若 D_r 是矩阵 A 的一个最高阶非零子式,则 D_r 所在的 r 列即是 A 的列向量组的一个最大线性无关组;同时 D_r 所在的 r 行即是 A 的行向量组的一个最大线性无关组。

现在求解上面的问题,把上面的 4 个向量看成矩阵 A 的 4 列进行求解。

$$A = (\boldsymbol{\alpha}_1, \boldsymbol{\alpha}_2, \boldsymbol{\alpha}_3, \boldsymbol{\alpha}_4) = \begin{bmatrix} 3 & -2 & -1 & 1 \\ 6 & -4 & -2 & 2 \\ -4 & 3 & 1 & -1 \\ 2 & 1 & 2 & 3 \\ 1 & 0 & 3 & 1 \end{bmatrix} \rightarrow \begin{bmatrix} 1 & 0 & 3 & 1 \\ 6 & -4 & -2 & 2 \\ -4 & 3 & 1 & -1 \\ 2 & 1 & 2 & 3 \\ 3 & -2 & -1 & 1 \end{bmatrix}$$

$$\rightarrow \begin{bmatrix} 1 & 0 & 3 & 1 \\ 0 & 1 & -4 & 1 \\ 0 & 0 & 1 & 0 \\ 0 & 0 & 0 & 0 \\ 0 & 0 & 0 & 0 \end{bmatrix}$$

所以 $R(\boldsymbol{\alpha}_1,\boldsymbol{\alpha}_2,\boldsymbol{\alpha}_3,\boldsymbol{\alpha}_4)=R(A)=3,\boldsymbol{\alpha}_1,\boldsymbol{\alpha}_2,\boldsymbol{\alpha}_3$ 是 $\boldsymbol{\alpha}_1,\boldsymbol{\alpha}_2,\boldsymbol{\alpha}_3,\boldsymbol{\alpha}_4$ 的一个最大线性无关组(当然易见 $\boldsymbol{\alpha}_1,\boldsymbol{\alpha}_2,\boldsymbol{\alpha}_4$ 亦是 $\boldsymbol{\alpha}_1,\boldsymbol{\alpha}_2,\boldsymbol{\alpha}_3,\boldsymbol{\alpha}_4$ 的一个最大线性无关组)。

为了把 $\boldsymbol{\alpha}_4$ 用 $\boldsymbol{\alpha}_1,\boldsymbol{\alpha}_2,\boldsymbol{\alpha}_3$ 线性表示,把 A 再变成行最简形矩阵

$$A \rightarrow \begin{bmatrix} 1 & 0 & 0 & 1 \\ 0 & 1 & 0 & 1 \\ 0 & 0 & 1 & 0 \\ 0 & 0 & 0 & 0 \\ 0 & 0 & 0 & 0 \end{bmatrix}$$

易见 $\boldsymbol{\alpha}_4=\boldsymbol{\alpha}_1+\boldsymbol{\alpha}_2$。

初等变换前后列向量组之间的线性表示形式是保持不变的,同时可以验证上面的线性表示的结果是正确的。

9.3 线性方程组的求解

线性方程组是齐次线性方程组还是非齐次线性方程组?方程组是否有解?都需要先进行判断,才能运用正确的方法得到正确的结果。

9.3.1 求线性方程组的唯一解或特解

线性方程组有解的充要条件为:$R(A)=R(\overline{A})$。其中,A 为方程组系数矩阵,$R(A)$ 为系数矩阵的秩,$\overline{A}$ 为方程组的增广矩阵。线性方程的求解分为两类:一类是方程组求唯一解或求特解,另一类是方程组求无穷解即通解。

(1)判断方程组解的情况。

① 当 $R(A)=R(\overline{A})$ 时有解,当 $(R(A)=R(\overline{A})\geqslant n$ 时有唯一解,$R(A)=R(\overline{A})\langle n$,有无穷解〉;

② 当 $R(A)+1=R(\overline{A})$ 时无解。

(2)求特解。

(3)求通解(无穷解),线性方程组的无穷解=对应齐次方程组的通解+非齐次方程组的一个特解。

注意:以上针对非齐次线性方程组,对于齐次线性方程组,主要是用到第(1)、(2)步。

线性方程组的函数 qr 调用格式为:

(1)$X=\text{qr}(A)$:返回 RQR 分解的上三角因子 $A=Q*R$。如果 A 已满,则 $R=\text{triu}(X)$;如果 A 稀疏,则 $R=X$。

(2)$[Q,R]=\text{qr}(A)$:执行 QR 分解 m-by-n 矩阵 A 使得 $A=Q*R$。因子 R 是一个 m-by-n 上三角矩阵,并且所述因子 Q 是 m-by-m 正交矩阵。

(3)$[Q,R,P]=\text{qr}(A)$:另外返回一个置换矩阵 P,使得 $A*P=Q*R$。

(4)$[\_\_\_]=\text{qr}(A,0)$:使用任何先前的输出参数组合产生经济规模的分解。输出的大小取决于 m-by-n 矩阵 A 的大小:

① 如果为 $m>n$,则 qr 仅计算的第 n 列 Q 和的第 n 行 R;

② 如果为 $m\leqslant n$,则经济规模分解与常规分解相同;

③ 如果使用经济规模分解指定第 3 个输出,那么它将作为排列向量返回,例如 $A(:,P)=Q*R$。

(5)$[Q,R,P]=\text{qr}(A,\text{outputForm})$:指定是将排列信息 P 作为矩阵还是向量返回。例

如,如果 outputForm 为'vector',则为 $A(:,P)=Q*R$。

(6) $[C,R]=\mathrm{qr}(S,B)$:计算 $C=Q'*B$ 和上三角因子 R。可以用 C 和 R 来计算最小二乘解决稀疏线性系统 $S*X=B$(用 $X=R\backslash C$)。

(7) $[C,R,P]=\mathrm{qr}(S,B)$:另外返回一个置换矩阵 P。

(8) $[\_\_\_]=\mathrm{qr}(S,B,0)$:使用任何先前的输出参数组合产生经济规模分解。输出的大小取决于 $m\text{-by-}n$ 稀疏矩阵 S:

① 如果为 $m>n$,则 qr 仅计算和的第 n 行;

② 如果为 $m\leqslant n$,则经济规模分解与常规分解相同;

③ 如果您指定带有经济规模分解的第三项输出,则将其作为置换向量返回,以使最小二乘解 $S*X=B$ 为 $X(P,:)=R\backslash C$。

(9) $[C,R,P]=\mathrm{qr}(S,B,\mathrm{outputForm})$:指定将排列信息 P 作为矩阵还是向量返回。

【例 9-17】 求方程组的一个特解。

$$\begin{cases} x_1+x_2-3x_3-x_4=1 \\ 3x_1-x_2-3x_3+4x_4=4 \\ x_1+5x_2-9x_3-8x_4=0 \end{cases}$$

```
A = [1 1 -3 -1;3 -1 -3 4;1 5 -9 -8];
b = [1 4 0]';
[Q,R] = qr(A)
Q =
    -0.3015     0.1421    -0.9428
    -0.9045    -0.3553     0.2357
    -0.3015     0.9239     0.2357
R =
    -3.3166    -0.9045     6.3317    -0.9045
         0     5.1168    -7.6752    -8.9544
         0          0    -0.0000    -0.0000
X = R\(Q\b)
Warning: Rank deficient, rank = 2 tol = 8.8373e-015.
X =
         0
         0
    -0.5333
     0.6000
```

说明:这 3 种分解在求解大型方程组时很有用。其优点是运算速度快,可以节省磁盘空间和内存。

9.3.2 求线性齐次方程组的通解

【例 9-18】 求解方程组的通解。

$$\begin{cases} x_1+2x_2+2x_3+x_4=0 \\ 2x_1+x_2-2x_3-2x_4=0 \\ x_1-x_2-4x_3-3x_4=0 \end{cases}$$

```
A = [1 2 2 1;2 1 -2 -2;1 -1 -4 -3];
format rat
B = null(A,'r')
B =
```

```
       2     5/3
     - 2    - 4/3
       1      0
       0      1
```

写出通解:

```
syms k1 k2
x = k1 * B( :,1) + k2 * B( :,2)              % 写出方程组的通解
x =
[   2 * k1 + 5/3 * k2]
[ - 2 * k1 - 4/3 * k2]
[                  k1]
[                  k2]
pretty(x)                                     % 让通解表达式更加精美
                              [   2  k1    + 5/3  k2]
                              [                     ]
                              [ - 2  k1    - 4/3  k2]
                              [                     ]
                              [        k1           ]
                              [                     ]
                              [        k2           ]
```

9.3.3　求非齐次线性方程组的通解

非齐次线性方程组需要先判断方程组是否有解,若有解,再去求通解。因此步骤如下。

第一步:判断 $AX = b$ 是否有解,若有解则进行第二步。

第二步:求 $AX = b$ 的一个特解。

第三步:求 $AX = 0$ 的通解。

第四步: $AX = b$ 的通解为 $AX = 0$ 的通解加上 $AX = b$ 的一个特解。

【例 9-19】　求解以下方程组的解。

$$\begin{cases} x_1 - 2x_2 + 3x_3 - x_4 = 1 \\ 3x_1 - x_2 + 5x_3 - 3x_4 = 2 \\ 2x_1 + x_2 + 2x_3 - 2x_4 = 3 \end{cases}$$

在 MATLAB 编辑器中建立 M 文件 LX0601.m:

```
A = [1 - 2 3 - 1;3 - 1 5 - 3;2 1 2 - 2];
b = [1 2 3]';
B = [A b];
n = 4;
R_A = rank(A)
R_B = rank(B)
format rat
if R_A == R_B&R_A == n                % 判断有唯一解
    X = A\b
elseif R_A == R_B&R_A < n             % 判断有无穷解
    X = A\b                           % 求特解
    C = null(A,'r')                   % 求 AX = 0 的基础解系
else X = 'equation no solve'          % 判断无解
end
```

运行结果:

```
X =
equition no solve
```

说明该方程组无解。

【例 9-20】 求解以下方程组的通解。

$$\begin{cases} x_1 + x_2 - 3x_3 - x_4 = 1 \\ 3x_1 - x_2 - 3x_3 + 4x_4 = 4 \\ x_1 + 5x_2 - 9x_3 - 8x_4 = 0 \end{cases}$$

方法一:在 MATLAB 编辑器中建立 M 文件 LX0602.m:

```
A = [1 1 -3 -1;3 -1 -3 4;1 5 -9 -8];
b = [1 4 0]';
B = [A b];
n = 4;
R_A = rank(A)
R_B = rank(B)
format rat
if R_A == R_B&R_A == n
    X = A\b
elseif R_A == R_B&R_A < n
    X = A\b
    C = null(A,'r')
else X = 'equation has no solves'
end
```

运行结果:

```
>> LX0602.m
警告: 秩亏,秩 = 2,tol = 8.837264e - 15
> In LX0602.m (line 11)
X =
         0
         0
     - 8/15
       3/5
C =
    3/2   - 3/4
    3/2     7/4
     1       0
     0       1
```

所以原方程组的通解为

```
syms k1 k2
X = k1 * C(:,1) + k2 * C(:,2) + X
X =
[ 3/2 * k1 - 3/4 * k2]
[ 3/2 * k1 + 7/4 * k2]
[        k1 - 8/15]
[            k2 + 3/5]
pretty(X)
                        [3/2  k1   - 3/4   k2]
                        [                    ]
                        [3/2  k1   + 7/4   k2]
                        [                    ]
                        [     k1   - 8/15    ]
                        [                    ]
                        [     k2   + 3/5     ]
```

方法二：在 MATLAB 编辑器中建立 M 文件 LX0603.m：

```
A = [1 1 -3 -1;3 -1 -3 4;1 5 -9 -8];
b = [1 4 0]';
B = [A b];
C = rref(B)        %求增广矩阵的行最简形,可得最简同解方程组
```

运行结果：

```
C =
    1   0   -3/2    3/4    5/4
    0   1   -3/2   -7/4   -1/4
    0   0    0      0      0
```

对应齐次方程组的基础解系为

$$\xi_1 = \begin{bmatrix} 3/2 \\ 3/2 \\ 1 \\ 0 \end{bmatrix} \qquad \xi_2 = \begin{bmatrix} -3/4 \\ 7/4 \\ 0 \\ 1 \end{bmatrix}$$

非齐次方程组的特解为

$$\eta^* = \begin{bmatrix} 5/4 \\ -1/4 \\ 0 \\ 0 \end{bmatrix}$$

所以原方程组的通解为

$$X = k_1 \xi_1 + k_2 \xi_2 + \eta^*$$

9.4 特征值与二次型

本节主要介绍矩阵的特征值和特征向量、正交向量组和正交矩阵、二次型和它的标准形以及正定二次型的判定。

9.4.1 矩阵的特征值与特征向量

A 是 $n \times n$ 矩阵，如果 λ 满足 $Ax = \lambda x$，则称 λ 是矩阵 A 的特征值，x 是矩阵 A 的特征向量。如果 A 是实对称矩阵，则特征值为实数，否则特征值为复数。

由 A 的特征值构成的对角矩阵以及由对应的特征向量构成矩阵 V 的各列满足 $AV = VD$。如果 V 是非奇异的，则这就是矩阵 A 的特征值分解。

特征值分解的函数 eig 调用格式为：

（1）$D = \text{eig}(A)$：返回矩阵 A 的特征值；

（2）$[V, D] = \text{eig}(A)$：生成特征值矩阵 D 和特征向量构成的矩阵 V，使得 $A * V = V * D$。矩阵 D 是由 A 的特征值在主对角线构成的对角矩阵。V 是由 A 的特征向量按列构成的矩阵。

（3）$[V, D] = \text{eig}(A, \text{'nobalance'})$：计算矩阵的特征值和特征向量，而不采用预先平衡。

（4）$e = \text{eig}(A, B)$：返回一个列向量，其中包含平方矩阵 A 和的广义特征值 B。

（5）$[V, D] = \text{eig}(A, B)$：返回 D 广义特征值的对角矩阵和列为 V 对应的右特征向量的全矩阵，因此 $A * V = B * V * D$。

【例 9-21】 求行列式矩阵 $A = \begin{bmatrix} 1 & 2 & 3 \\ 4 & 5 & 6 \\ 7 & 8 & 9 \end{bmatrix}$ 的特征向量矩阵和特征值矩阵。

```
A = [1 2 3;4 5 6;7 8 9];
[x,y] = eig(A)
x =
    - 0.2320    - 0.7858      0.4082
    - 0.5253    - 0.0868    - 0.8165
    - 0.8187      0.6123      0.4082

y =
   16.1168          0          0
        0    - 1.1168          0
        0          0          0
```

其中 x 为特征向量矩阵, y 为特征值矩阵。

【例 9-22】 求矩阵 $A = \begin{bmatrix} 3 & -1 \\ -1 & 3 \end{bmatrix}$ 的特征值和特征向量。

相应的 MATLAB 代码和计算结果如下:

```
A = [3 -1; -1 3]
A =
     3    -1
    -1     3
eig(A)            % A 的特征值
ans =
    4
    2
[X,D] = eig(A)    % D 的对角线元素是特征值,X 是矩阵
X =
    - 0.7071    - 0.7071
      0.7071    - 0.7071
D =
    2    0
    0    4
```

【例 9-23】 求下列矩阵的特征值和特征向量,并判断其正定性。

(1) $A = \begin{bmatrix} 1 & 2 & 3 \\ 2 & 5 & 6 \\ 3 & 6 & 25 \end{bmatrix}$。

```
>> A = [1,2,3;2,5,6;3,6,25]
A =
     1    2    3
     2    5    6
     3    6   25
>> format rat
>> [V,D] = eig(A)
V =
      160/171        445/1357      1377/10567
    - 751/2135      1596/1781       417/1541
    - 301/10736    - 712/2381       909/953
D =
    25/158          0              0
       0        3767/1010          0
       0            0          3145/116
```

即特征值 $25/158$ 对应特征向量 $(160/171, -751/2135, -301/10736)^T$,特征值 $3767/1010$ 对应特征向量 $(445/1357, 1596/1781, -712/2381)^T$,特征值 $3145/116$ 对应特征向量 $(1377/10567, 417/1541, 909/953)^T$。

因为 A 的特征值均为正数,所以 A 正定。

（2）$\boldsymbol{B} = \begin{bmatrix} -20 & 3 & 1 \\ 3 & -10 & -6 \\ 1 & -6 & -22 \end{bmatrix}$。

```
>> B = [ - 20,3,1;3, - 10, - 6;1, - 6, - 22]
B =
    - 20      3      1
      3    - 10    - 6
      1     - 6    - 22
>> [V,D] = eig(B)
V =
    - 357/937    4822/5323      500/2703
    1060/2647    - 19/1019     3681/4018
    7996/9595     699/1652    - 1609/4524
D =
    - 20323/802        0            0
         0        - 7348/375       0
         0             0       - 544/77
```

特征值与特征向量的对应关系如上，因为 $\boldsymbol{B}$ 的特征向量均为负数，所以 $\boldsymbol{B}$ 负定。

【例 9-24】　求矩阵 $\boldsymbol{A} = \begin{bmatrix} 6 & 12 & 19 \\ -9 & -20 & -33 \\ 4 & 9 & 15 \end{bmatrix}$ 的特征值，具体代码序列如下：

```
A = [6 ,12,19 ; - 9 , - 20 , - 33;4,9,15 ];
d = eig(A)
d =
    - 1.0000
      1.0000
      1.0000
```

9.4.2　正交矩阵及二次型

1. 求向量的长度（范数）

命令：norm

格式：norm（X）　　　　　　%求 $\boldsymbol{X}$ 的范数

2. 求矩阵的正交矩阵

命令：orth

格式：orth（A）　　　　　　%将矩阵 $\boldsymbol{A}$ 正交规范化

【例 9-25】　将矩阵 $\boldsymbol{A} = \begin{bmatrix} 4 & 0 & 0 \\ 0 & 3 & 1 \\ 0 & 1 & 3 \end{bmatrix}$ 正交化。

```
A = [4 0 0;0 3 1;0 1 3];
P = orth(A)
P =
         0        1        0
    - 985/1393    0    - 985/1393
    - 985/1393    0      985/1393
format short
P
P =
        0      1.0000        0
    - 0.7071     0      - 0.7071
    - 0.7071     0        0.7071
```

```
Q = P' * P
Q =
    1.0000        0      0.0000
        0    1.0000        0
    0.0000        0      1.0000
```

【例 9-26】 将 $a_1=[1;0;-1;0], a_2=[1;-1;0;1], a_3=[-1;1;1;0]$向量组正交化。

```
a1 = [1;0; -1;0]
a1 =
     1
     0
    -1
     0
a2 = [1; -1;0;1];
a3 = [ -1;1;1;0];
Q = orth([a1 a2 a3])
Q =
    -0.6928     0.0587    -0.4280
     0.5046     0.4078    -0.7609
     0.4589    -0.6730    -0.0563
    -0.2339    -0.6143    -0.4843
Q' * Q
ans =
    1.0000         0    -0.0000
        0     1.0000     0.0000
   -0.0000     0.0000     1.0000
```

Q 就是正交化后的矩阵,orth 是正交化函数。

【例 9-27】 求矩阵 $A = \begin{bmatrix} 4 & 0 & 0 \\ 0 & 3 & 1 \\ 0 & 1 & 3 \end{bmatrix}$ 的 schur 分解。

```
A = [4 0 0;0 3 1;0 1 3];
[U,T] = schur(A)
U =
        0        0    1.0000
  -0.7071   0.7071        0
   0.7071   0.7071        0

T =
    2    0    0
    0    4    0
    0    0    4
```

这里 U 就是所求的正交矩阵 P, T 就是对角矩阵Λ。

```
[V,D] = eig(A)
V =
        0        0    1.0000
  -0.7071   0.7071        0
   0.7071   0.7071        0

D =
    2    0    0
    0    4    0
    0    0    4
```

这里 V 就是所求的正交矩阵 P, D 就是对角矩阵Λ。

说明:对于实对称矩阵,用 eig 和 schur 分解效果一样。

【例 9-28】 用一个正交变换 $X = PY$，把二次型 $f = 2x_1x_2 + 2x_1x_3 - 2x_1x_4 - 2x_2x_3 + 2x_2x_4 + 2x_3x_4$ 化成标准型。

先写出二次型的实对称矩阵：

$$A = \begin{bmatrix} 0 & 1 & 1 & -1 \\ 1 & 0 & -1 & 1 \\ 1 & -1 & 0 & 1 \\ -1 & 1 & 1 & 0 \end{bmatrix}$$

在 MATLAB 编辑器中建立 M 文件 LX0603. m：

```
A = [0 1 1 -1;1 0 -1 1;1 -1 0 1;-1 1 1 0];
[P,D] = schur(A)
syms y1 y2 y3 y4
y = [y1;y2;y3;y4];          % 这里不用行向量的转置表示,以免出现复数
X = vpa(P,2) * y            % vpa 表示可变精度计算,这里取 2 位精度
f = [y1 y2 y3 y4] * D * y
P =
     -1/2        390/1351     780/989      780/3691
      1/2       -390/1351     780/3691     780/989
      1/2       -390/1351     780/1351    -780/1351
     -1/2      -1170/1351       0            0
D =
     -3   0   0   0
      0   1   0   0
      0   0   1   0
      0   0   0   1
X =
[  -.50 * y1 + .29 * y2 + .79 * y3 + .21 * y4]
[   .50 * y1 - .29 * y2 + .21 * y3 + .79 * y4]
[   .50 * y1 - .29 * y2 + .56 * y3 - .56 * y4]
[               -.50 * y1 - .85 * y2]
f =
   -3 * y1^2 + y2^2 + y3^2 + y4^2
```

【例 9-29】 利用 $U = [U,L] = \text{schur}(A)$ 计算 $A = \begin{bmatrix} 1 & 4 & 2 \\ 5 & 6 & 9 \\ 4 & 1 & 8 \end{bmatrix}$ 的 schur 分解,具体代码如下：

```
A = [1,4,2;5,6,9;4,1,8];
[U,L] = schur(A)
U =
    0.3494     0.8929     0.2838
    0.8242    -0.1489    -0.5464
    0.4456    -0.4248     0.7880
L =
   12.9859    -0.3899     7.2707
        0     -0.4658    -3.9981
        0          0      2.4799
```

3. 二次型

【例 9-30】 求一个正交变换 $X = PY$，把二次型化成标准型。

先写出二次型的实对称矩阵：

$$A = \begin{bmatrix} 0 & 1 & 1 & -1 \\ 1 & 0 & -1 & 1 \\ 1 & -1 & 0 & 1 \\ -1 & 1 & 1 & 0 \end{bmatrix}$$

在 MATLAB 编辑器中建立 M 文件如下:

```
A = [0 1 1 - 1;1 0 - 1 1;1 - 1 0 1; - 1 1 1 0];
[P,D] = schur(A)
syms y1 y2 y3 y4
y = [y1;y2;y3;y4];
X = vpa(P,2) * y                    % vpa 表示可变精度计算,这里取 2 位精度
f = [y1 y2 y3 y4] * D * y
```

运行后结果显示如下:

```
P =
      780/989      780/3691      1/2     - 390/1351
      780/3691     780/989      - 1/2     390/1351
      780/1351    - 780/1351    - 1/2     390/1351
            0           0        1/2     1170/1351
D =
      1   0    0   0
      0   1    0   0
      0   0   - 3   0
      0   0    0   1
X =
[ .79 * y1 + .21 * y2 + .50 * y3 - .29 * y4]
[ .21 * y1 + .79 * y2 - .50 * y3 + .29 * y4]
[ .56 * y1 - .56 * y2 - .50 * y3 + .29 * y4]
[                      .50 * y3 + .85 * y4]
f =
y1^2 + y2^2 - 3 * y3^2 + y4^2
```

【例 9-31】 求一个正交变换,把二次型化为标准型,二次型的矩阵为

$$A = \begin{bmatrix} 0 & 1 & 1 & -1 \\ 1 & 0 & -1 & 1 \\ 1 & -1 & 0 & 1 \\ -1 & 1 & 1 & 0 \end{bmatrix}$$

代码如下:

```
A = [0,1,1, - 1;1,0, - 1,1;1, - 1,0,1; - 1,1,1,0];
[P,D] = eig(A)
```

求得

```
P =
    0.7887      0.2113      0.5000    - 0.2887
    0.2113      0.7887    - 0.5000      0.2887
    0.5774    - 0.5774    - 0.5000      0.2887
    0           0           0.5000      0.8660
D =
    1.0000      0           0           0
    0           1.0000      0           0
    0           0         - 3.0000      0
    0           0           0           1.0000
```

P 就是所求的正交矩阵,使得 $P^{\mathrm{T}}AP = D$,令 $X = PY$,其中 $X = [x_1, x_2, \cdots, x_4]^{\mathrm{T}}$,$Y = [y_1, y_2, \cdots, y_4]^{\mathrm{T}}$,化简后的二次型为 $g = y_1^2 + y_2^2 - 3y_3^2 + y_4^2$。

上面求得的正交矩阵 P 是数值解,下面求正交矩阵的精确解。

```
a = sym('[0,1,1, - 1;1,0, - 1,1;1, - 1,0,1; - 1,1,1,0]');
[v,d] = eig(a)
```

求得

```
v = [1, -1,1,  1]    d = [1,0,0,  0]
    [1,  0,0, -1]        [0,1,0,  0]
    [0,  0,1, -1]        [0,0,1,  0]
    [0,  1,0,  1]        [0,0,0, -3]
```

即求得矩阵的特征值为 1、1、1、3，对应的特征向量分别是矩阵 v 的第 1、2、3、4 列。再把对应于特征值 1 的 3 个特征向量正交化、单位化，就容易求出正交矩阵了。

9.5　综合实例 8：MATLAB 在线性代数中的典型应用

MATLAB 除了可以解决线性代数最基本的运算问题，也可以解决复杂的实际问题，例如人流量问题、线性规划问题、生产决策问题，这些问题 MATLAB 都可以很好地求解，MATLAB 让线性代数变得更加简单。

【例 9-32】　求线性方程组的一个特解和一个基础解系。

$$\begin{cases} x_1 + x_2 + x_3 = 0 \\ x_1 + x_2 - x_3 - x_4 - 2x_5 = 1 \\ 2x_1 + 2x_2 - x_4 - 2x_5 = 1 \\ 5x_1 + 5x_2 - 3x_3 - 4x_4 - 8x_5 = 4 \end{cases}$$

```
format rat
a = [1,1,1,0,0;1,1, -1, -1, -2;2,2,0, -1, -2;5,5, -3, -4, -8];
b = [0;1;1;4];
x = rank(a);
y = rank([a,b]);
n = size(a,2);
if x == y & x == n
fprintf('方程组有唯一解\n')
    x = a\b
elseif x == y & x < n
    fprintf('方程组有无穷多个解\n')
    x = a\b                %求非齐次方程组的特解
    xt = null(a,'r')       %求齐次方程的基础解系
end
```

结果如下：

```
方程组有无穷多个解
警告：秩亏,秩 = 2,tol = 9.420555e - 15
x =
        0
    -1/1663313099225045
        0
        0
    -1/2
xt =
    -1               1/2             1
     1               0               0
     0              -1/2            -1
     0               1               0
     0               0              -1
```

【例 9-33】　用 MATLAB 解下列线性方程组。

$$\begin{cases} 2x_1 + 4x_2 - 6x_3 = -4 \\ x_1 + 5x_2 + 3x_3 = 10 \\ x_1 + 3x_2 + 2x_3 = 5 \end{cases} \quad \begin{cases} 3x_1 + 41x_2 - 62x_3 = -41 \\ 4x_1 + 50x_2 + 3x_3 = 100 \\ 11x_1 + 38x_2 + 25x_3 = 50 \end{cases}$$

```
A = [2 4 -6;1 5 3;1 3 2]
A =
     2    4    -6
     1    5     3
     1    3     2
b = [-4;10;5]
b =
    -4
    10
     5
x = inv(A) * b
x =
    -3.0000
     2.0000
     1.0000
B = [3 41 -62;4 50 3;11 38 25]
B =
     3   41   -62
     4   50     3
    11   38    25
c = [-41;100;50]
c =
   -41
   100
    50
x = inv(B) * c
x =
    -8.8221
     2.5890
     1.9465
```

【例 9-34】 求解下面的方程组：

$$\begin{cases} 8x_1 + x_2 + 6x_3 = 7.5 \\ 3x_1 + 5x_2 + 7x_3 = 4 \\ 4x_1 + 9x_2 + 2x_3 = 12 \end{cases}$$

分析：对于线性方程组求解，常用线性代数的方法，把方程组转化为矩阵进行计算。

$$ax = b \Rightarrow x = a^{-1}b \Rightarrow x = a \backslash b$$

MATLAB 的表达形式及结果如下：

```
>> a = [8 1 6;3 5 7;4 9 2];      %建立系数矩阵
>> b = [7.5;4;12];               %建立常数项矩阵
>> x = a\b                       %求方程组的解
```

计算结果：

```
x =
    1.2931
    0.8972
   -0.6236
```

【例 9-35】 本金 P 以每年 n 次，每次 i 的增值率(n 与 i 的乘积为每年增值额的百分比)增加，当增加到 $r \times P$ 时所花费的时间 T 为(利用复利计息公式可得到下式)：

$$r \times P = P(1+0.01i)^{nT} \Rightarrow T = \frac{\ln r}{n\ln(1+0.01i)} \quad (r=2, i=0.5, n=12)$$

MATLAB 的表达形式及结果如下：

```
>> r = 2;i = 0.5;n = 12; %变量赋值
>> T = log(r)/(n * log(1 + 0.01 * i))
```

计算结果：

```
T = 11.5813
```

即所花费的时间为 $T=11.5813$ 年。

分析：上面的问题是一个利用公式直接进行赋值计算的问题,实际中若变量在某个范围变化取很多值时,使用 MATLAB 将倍感方便,能轻松得到结果,其绘图功能还能将结果轻松地显示出来,变量之间的变化规律将一目了然。

若 r 在 $[1,9]$ 变化, i 在 $[0.5,3.5]$ 变化,将 MATLAB 的表达式作如下改动,结果如图 9-1 所示。

```
r = 1:0.5:9;
i = 0.5:0.5:3.5;
n = 12;
p = 1./(n * log(1 + 0.01 * i));
T = log(r') * p;
plot(r,T)
xlabel('r')          % 给 x 轴加标题
ylabel('T')          % 给 y 轴加标题
q = ones(1,length(i));
text(7 * q - 0.2,[T(14,1:5) + 0.5,T(14,6) - 0.1,T(14,7) - 0.9],num2str(i'))
```

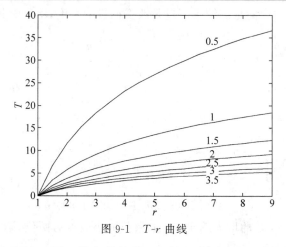

图 9-1　T-r 曲线

从图 9-1 中既可以看到 T 随 r 的变化规律,也可以看到 i 的不同取值对 T-r 曲线的影响(图中的 7 条曲线分别代表 i 的不同取值)。

【例 9-36】　人口迁徙模型问题。

设在一个大城市中的总人口是固定的。人口的分布则因居民在市区和郊区之间迁徙而变化。每年有 6% 的市区居民搬到郊区去住,而有 2% 的郊区居民搬到市区。假如开始时有30% 的居民住在市区,70% 的居民住在郊区,问 10 年后市区和郊区的居民人口比例是多少? 30 年、50 年后又如何?

这个问题可以用矩阵乘法来描述。把人口变量用市区和郊区两个分量表示,即 $\boldsymbol{x}_k = \begin{bmatrix} x_{ck} \\ x_{sk} \end{bmatrix}$,其中 x_c 为市区人口所占比例, x_s 为郊区人口所占比例, k 表示年份的次序。在 $k=0$

时的初始状态为 $\boldsymbol{x}_0 = \begin{bmatrix} x_{c0} \\ x_{s0} \end{bmatrix} = \begin{bmatrix} 0.3 \\ 0.7 \end{bmatrix}$。

一年以后,市区人口为 $x_{c1} = (1-0.02)x_{c0} + 0.06x_{s0}$,郊区人口 $x_{s1} = 0.02x_{c0} + (1-0.06)x_{s0}$,用矩阵乘法来描述,可写成

$$\boldsymbol{x}_1 = \begin{bmatrix} x_{c1} \\ x_{s1} \end{bmatrix} = \begin{bmatrix} 0.94 & 0.02 \\ 0.06 & 0.98 \end{bmatrix} \begin{bmatrix} 0.3 \\ 0.7 \end{bmatrix} = \boldsymbol{A}\boldsymbol{x}_0 = \begin{bmatrix} 0.2960 \\ 0.7040 \end{bmatrix}$$

此关系可以从初始时间到 k 年,扩展为 $\boldsymbol{x}_k = \boldsymbol{A}\boldsymbol{x}_{k-1} = \boldsymbol{A}^2\boldsymbol{x}_{k-2} = \cdots = \boldsymbol{A}^k\boldsymbol{x}_0$,用下列 MATLAB 程序进行计算:

```
A = [0.94,0.02;0.06,0.98]
x0 = [0.3;0.7]
x1 = A * x0,
x10 = A^10 * x0
x30 = A^30 * x0
x50 = A^50 * x0
```

程序运行的结果为

$$\boldsymbol{x}_1 = \begin{bmatrix} 0.2960 \\ 0.7040 \end{bmatrix}, \quad \boldsymbol{x}_{10} = \begin{bmatrix} 0.2717 \\ 0.7283 \end{bmatrix}, \quad \boldsymbol{x}_{30} = \begin{bmatrix} 0.2541 \\ 0.7459 \end{bmatrix}, \quad \boldsymbol{x}_{50} = \begin{bmatrix} 0.2508 \\ 0.7492 \end{bmatrix}$$

无限增加时间 k,市区和郊区人口之比将趋向一组常数 0.25/0.75。为了弄清为什么这个过程趋向一个稳态值,我们改变一下坐标系统,在这个坐标系统中可以更清楚地看到乘以矩阵 $\boldsymbol{A}$ 的效果。选 $\boldsymbol{u}_1$ 为稳态向量 $[0.25, 0.75]^{\mathrm{T}}$ 的任意一个倍数,令 $\boldsymbol{u}_1 = [1,3]^{\mathrm{T}}$ 和 $\boldsymbol{u}_2 = [-1,1]^{\mathrm{T}}$。可以看到,用 $\boldsymbol{A}$ 乘以这两个向量的结果不过是改变向量的长度,不影响其相角(方向):

$$\boldsymbol{A}\boldsymbol{u}_1 = \begin{bmatrix} 0.94 & 0.02 \\ 0.06 & 0.98 \end{bmatrix} \begin{bmatrix} 1 \\ 3 \end{bmatrix} = \begin{bmatrix} 1 \\ 3 \end{bmatrix} = \boldsymbol{u}_1$$

$$\boldsymbol{A}\boldsymbol{u}_2 = \begin{bmatrix} 0.94 & 0.02 \\ 0.06 & 0.98 \end{bmatrix} \begin{bmatrix} -1 \\ 1 \end{bmatrix} = \begin{bmatrix} -0.92 \\ 0.92 \end{bmatrix} = 0.92\boldsymbol{u}_2$$

初始向量 $\boldsymbol{x}_0$ 可以写成这两个基向量 $\boldsymbol{u}_1$ 和 $\boldsymbol{u}_2$ 的线性组合:

$$\boldsymbol{x}_0 = \begin{bmatrix} 0.30 \\ 0.70 \end{bmatrix} = 0.25 \times \begin{bmatrix} 1 \\ 3 \end{bmatrix} - 0.05 \times \begin{bmatrix} -1 \\ 1 \end{bmatrix} = 0.25\boldsymbol{u}_1 - 0.05\boldsymbol{u}_2$$

因此

$$\boldsymbol{x}_k = \boldsymbol{A}^k\boldsymbol{x}_0 = 0.25\boldsymbol{u}_1 - 0.05(0.82)^k\boldsymbol{u}_2$$

式中的第二项会随着 k 的增大趋于 0。如果只取小数点后两位,则只要 $k>27$,第二项就可以忽略不计而得到

$$\boldsymbol{x}_k\big|_{k>27} = \boldsymbol{A}^k\boldsymbol{x}_0 = 0.25\boldsymbol{u}_1 = \begin{bmatrix} 0.25 \\ 0.75 \end{bmatrix}$$

适当选择基向量可以使矩阵乘法结果等价于一个简单的实数乘子,避免相角项出现,使得问题简单化。这也是方阵求特征值的基本思想。

这个应用问题实际上是所谓马尔可夫过程的一个类型。所得到的向量序列 $x_1, x_2, \cdots, x_k$ 称为马尔可夫链。马尔可夫过程的特点是 k 时刻的系统状态 $\boldsymbol{x}_k$ 完全可由其前一个时刻的状态 $\boldsymbol{x}_{k-1}$ 所决定,与 $k-1$ 时刻之前的系统状态无关。

【例 9-37】 线性规划问题。

线性规划问题即目标函数和约束条件均为线性函数的问题。

其标准形式为：

$$\min \quad \boldsymbol{C}' \boldsymbol{x}$$
$$\text{sub. to} \quad \boldsymbol{A}\boldsymbol{x} = \boldsymbol{b}$$
$$\boldsymbol{x} \geqslant 0$$

其中，$\boldsymbol{C}, \boldsymbol{b} \in R^n, \boldsymbol{A} \in R^{m \times n}$，均为数值矩阵，$\boldsymbol{x} \in R^n$。

若目标函数为 $\max \quad \boldsymbol{C}'\boldsymbol{x}$，则转换成 $\min \quad -\boldsymbol{C}'\boldsymbol{x}$。

标准形式的线性规划问题简称为 LP(Linear Programming)问题。其他形式的线性规划问题经过适当的变换均可以化为此种标准形式。线性规划问题虽然简单，但在工农业及其他生产部门中应用十分广泛。

在 MATLAB 中，线性规划问题由 linprog 函数求解。

linprog 可以求解如下形式的线性规划问题：

$$\min_{x} \boldsymbol{f}^{\mathrm{T}} \boldsymbol{x}$$
$$\text{such that} \quad \boldsymbol{A} \cdot \boldsymbol{x} \leqslant \boldsymbol{b}$$
$$\mathbf{Aeq} \cdot \boldsymbol{x} = \mathbf{beq}$$
$$\mathbf{lb} \leqslant \boldsymbol{x} \leqslant \mathbf{ub}$$

其中，$\boldsymbol{f}, \boldsymbol{x}, \boldsymbol{b}, \mathbf{beq}, \mathbf{lb}, \mathbf{ub}$ 为向量，$\boldsymbol{A}, \mathbf{Aeq}$ 为矩阵。

格式：

```
x = linprog(f,A,b)
x = linprog(f,A,b,Aeq,beq)
x = linprog(f,A,b,Aeq,beq,lb,ub)
x = linprog(f,A,b,Aeq,beq,lb,ub,x0)
x = linprog(f,A,b,Aeq,beq,lb,ub,x0,options)
[x,fval] = linprog(…)
[x,fval,exitflag] = linprog(…)
[x,fval,exitflag,output] = linprog(…)
[x,fval,exitflag,output,lambda] = linprog(…)
```

说明：

x＝linprog(f,A,b)：求解问题 min f′·x，约束条件为 A·x≤b。

x＝linprog(f,A,b,Aeq,beq)：求解上面的问题，但增加等式约束，即 Aeq·x＝beq。若没有不等式存在，则令 A＝[]，b＝[]。

x＝linprog(f,A,b,Aeq,beq,lb,ub)：定义设计变量 x 的下界 lb 和上界 ub，使得 x 始终在该范围内。若没有等式约束，令 Aeq＝[]，beq＝[]。

x＝linprog(f,A,b,Aeq,beq,lb,ub,x0)：设置初值为 x0。该选项只适用于中型问题，默认时大型算法将忽略初值。

x＝linprog(f,A,b,Aeq,beq,lb,ub,x0,options)：用 options 指定的优化参数进行最小化。

[x,fval]＝linprog(…)：返回解 x 处的目标函数值 fval。

[x,fval,exitflag]＝linprog(…)：返回 exitflag 值，该值用于描述函数计算的退出条件。

[x,fval,exitflag,output]＝linprog(…)：返回包含优化信息的输出变量 output。

[x,fval,exitflag,output,lambda]＝linprog(…)：将 x 处的拉格朗日乘子返回到 lambda 参数。

exitflag 参数描述退出条件：

- >0,表示目标函数收敛于解 x 处。
- $=0$,表示已经达到函数评价或迭代的最大次数。
- <0,表示目标函数不收敛。

output 参数包含下列优化信息：

- output.iterations,迭代次数。
- output.cgiterations,PCG 迭代次数(只适用于大型规划问题)。
- output.algorithm,所采用的算法。

lambda 参数是解 x 处的拉格朗日乘子。它有以下一些属性：

- lambda.lower,lambda 的下界。
- lambda.upper,lambda 的上界。
- lambda.ineqlin,lambda 的线性不等式。
- lambda.eqlin,lambda 的线性等式。

生产决策问题。某厂生产甲乙两种产品,已知制成一吨产品甲需资源 A 为 3t,资源 B 为 $4m^3$；制成 1t 产品乙需资源 A 为 2t,资源 B 为 $6m^3$,资源 C 为 7 个单位。若 1t 产品甲和乙的经济价值分别为 7 万元和 5 万元,3 种资源的限制量分别为 90t、$200m^3$ 和 210 个单位,试决定应生产这两种产品各多少吨才能使创造的总经济价值最高？

令产品甲的数量为 x_1,产品乙的数量为 x_2。由题意可以建立下面的数学模型：

$$\max \quad z = 7x_1 + 5x_2$$
$$\text{sub. to} \quad 3x_1 + 2x_2 \leqslant 90$$
$$4x_1 + 6x_2 \leqslant 200$$
$$7x_2 \leqslant 210$$
$$x_1 \geqslant 0, \quad x_2 \geqslant 0$$

该模型中要求目标函数最大化,需要按照 MATLAB 的要求进行转换,即目标函数为

$$\min \quad z = -7x_1 - 5x_2$$

在 MATLAB 中实现：

```
>> f = [-7;-5];
>> A = [3 2;4 6;0 7];
>> b = [90;200;210];
>> lb = [0;0];
>> [x,fval,exitflag,output,lambda] = linprog(f,A,b,[],[],lb)
Optimization terminated successfully.
x =
    14.0000
    24.0000
fval =
    -218.0000
exitflag =
    1
output =
    iterations: 5
    cgiterations: 0
    algorithm: 'lipsol'
lambda =
    ineqlin: [3x1 double]
    eqlin: [0x1 double]
    upper: [2x1 double]
    lower: [2x1 double]
```

由上可知,生产甲种产品 14t、乙种产品 24t 可使创造的总经济价值最高为 218 万元。exitflag＝1 表示过程正常收敛于解 x 处。

【例 9-38】 交通流的分析问题。某城市有两组单行道,构成了一个包含 4 个节点 A,B,C,D 的十字路口,如图 9-2 所示。在交通繁忙时段的汽车进出此十字路口的流量(每小时的车流数)标于图上。现要求计算每两个节点之间路段上的交通流量 x_1, x_2, x_3, x_4。

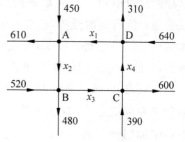

解:在每个节点上,进入和离开的车数应该相等,这就决定了 4 个流量的方程:

节点 A: $x_1 + 450 = x_2 + 610$

节点 B: $x_2 + 520 = x_3 + 480$

节点 C: $x_3 + 390 = x_4 + 600$

节点 D: $x_4 + 640 = x_2 + 310$

图 9-2　单行线交通流图

将这组方程进行整理,写成矩阵形式:

$$
\begin{aligned}
x_1 - x_2 &&&& = 160 \\
x_2 &- x_3 &&&= -40 \\
&& x_3 &- x_4 &= 210 \\
-x_1 &&& x_4 &= -330
\end{aligned}
$$

其系数增广矩阵为

$$
[\boldsymbol{A}, \boldsymbol{b}] = \left[\begin{array}{cccc:c}
1 & -1 & & & 160 \\
& 1 & -1 & & -40 \\
& & 1 & -1 & 210 \\
-1 & & & 1 & -330
\end{array}\right]
$$

用消元法求其行阶梯形式,或者直接调用 $U_0 = \mathrm{rref}([A,b])$,可以得出其精简行阶梯形式为

$$
\boldsymbol{U}_0 = \left[\begin{array}{cccc:c}
1 & 0 & 0 & -1 & 330 \\
0 & 1 & 0 & -1 & 170 \\
0 & 0 & 1 & -1 & 210 \\
0 & 0 & 0 & 0 & 0
\end{array}\right]
$$

注意这个系数矩阵所代表的意义,它的左边 4 列从左至右依次为变量 x_1, x_2, x_3, x_4 的系数,第 5 列则是在等式右边的常数项。把第 4 列移到等式右边,可以按行列写,恢复为方程,其结果为

$$x_1 = x_4 + 330$$
$$x_2 = x_4 + 170$$
$$x_3 = x_4 + 210$$
$$0 = 0$$

由于最后一行变为全零,这个精简行阶梯形式只有 3 行有效,也就是说 4 个方程中有一个是相依的,实际上只有 3 个有效方程。方程数比未知数的数目少,即没有给出足够的信息来唯一地确定 x_1, x_2, x_3 和 x_4。其原因也不难从实际上想象,题目给出的只是进入和离开这个十字路区的流量,如果有些车沿着这四方的单行道绕圈,那是不会影响总的输入输出流量的,但可以全面增加 4 条路上的流量。所以 x_4 被称为自由变量,实际上它的取值也不能完全自由,因为规定了这些路段都是单行道,x_1, x_2, x_3 和 x_4 都不能取负值。

所以要准确了解这里的交通流情况,还应该在 x_1,x_2,x_3 和 x_4 中再检测一个变量。

【例 9-39】 价格平衡模型问题。

在诺贝尔奖获得者 Leontiff 的理论中,线性代数曾起过重要的作用,我们来看看他的基本思路。假定一个国家或区域的经济可以分解为 n 个部门,这些部门都有生产产品或服务的独立功能。设单列 n 元向量 x 是这些 n 个部门的产出,组成在 R^n 空间的产出向量。先假定该社会是自给自足的经济,这是一个最简单的情况,即各经济部门生产出的产品完全被自己部门和其他部门所消费。Leontiff 提出的第一个问题是,各生产部门的实际产出的价格 p 应该是多少,才能使各部门的收入和消耗相等,以维持持续的生产。

Leontiff 的输入输出模型中的一个基本假定是:对于每个部门,存在着一个在 R^n 空间单位消耗列向量 v_i,它表示第 i 个部门每产出一个单位(比如 100 万元)产品,由本部门和其他各个部门消耗的百分比。在自给自足的经济中,这些列向量中所有元素的总和应该为 1。把这 n 个 v_i 并列起来,它可以构成一个 $n \times n$ 的系数矩阵,可称为内部需求矩阵 V。

举一个最简单的例子,假如一个自给自足的经济体由 3 个部门组成,它们是煤炭业、电力业和钢铁业。它们的单位消耗列向量和销售收入列向量 p 如表 9-1 所示。

表 9-1 单位消耗列向量和销售收入列向量 p

由下列部门购买	每单位输出的消耗分配			销售价格 p(收入)
	煤炭业	电力业	钢铁业	
煤炭业	0.0	0.4	0.6	p_c
电力业	0.6	0.1	0.2	p_e
钢铁业	0.4	0.5	0.2	p_s

如果电力业产出了 100 个单位的产品,有 40 个单位会被煤炭业消耗,10 个单位被自己消耗,而被钢铁业消耗的是 50 个单位,各行业付出的费用为

$$p_e v_2 = p_e \begin{bmatrix} 0.4 \\ 0.1 \\ 0.5 \end{bmatrix}$$

这就是内部消耗的计算方法。把几个部门都算上,可以求出:各部门消耗成本

$$p_c v_c + p_e v_e + p_s v_s = [v_c, v_e, v_s] \begin{bmatrix} p_c \\ p_e \\ p_s \end{bmatrix} = 销售收入 = \begin{bmatrix} p_c \\ p_e \\ p_s \end{bmatrix}$$

其中

$$V = [v_c, v_e, v_s] = \begin{bmatrix} 0 & 0.4 & 0.6 \\ 0.6 & 0.1 & 0.2 \\ 0.4 & 0.5 & 0.2 \end{bmatrix}$$

于是总的价格平衡方程可以写成为

$$p - Vp = 0$$
$$(I - V)p = 0$$

此等式右端常数项为 0,是一个齐次方程。它有非零解的条件是系数行列式等于 0,或者用行阶梯简化来求解。

用 MATLAB 语句写出其解的表示式:

```
V = [0.,0.4,0.6;0.6,0.1,0.2;0.4,0.5,0.2],
U₀ = rref([[eye(3) - V],zeros(3,1)])
```

程序运行的结果为

$$U_0 = \begin{bmatrix} 1.0000 & 0 & -0.9394 & 0 \\ 0 & 1.0000 & -0.8485 & 0 \\ 0 & 0 & 0 & 0 \end{bmatrix}$$

这个结果是合理的,简化行阶梯形式只有两行,说明$[1-V]$的秩是 2,所以它的行列式必定为 0。由于现在有 3 个变量,只有两个方程,必定有一个变量可以作为自由变量。记住 U_0 矩阵中各列的意义,它们分别是原方程中 p_c, p_e, p_s 的系数,所以简化行阶梯矩阵 U_0 表示的是下列方程:

$$\left. \begin{array}{l} p_c - 0.9394 p_s = 0 \\ p_e - 0.8485 p_s = 0 \end{array} \right\} \Rightarrow \left\{ \begin{array}{l} p_c = 0.9394 p_s \\ p_e = 0.8485 p_s \end{array} \right.$$

这里取 p_s 为自由变量,所以煤炭业和电力业的价格应该分别为钢铁业价格的 94% 和 85%。如果钢铁业产品价格总计为 100 万元,则煤炭业的产品价格总计为 94 万元,电力业的价格总计为 85 万元。

【例 9-40】 厂址选择问题。

考虑 A、B、C 三地,每地都出产一定数量的原料,也消耗一定数量的产品(见表 9-2)。已知制成每吨产品需 3t 原料,各地之间的距离为:A—B:150km,A—C:100km,B—C:200km。假定每万吨原料运输 1km 的运价是 5000 元,每万吨产品运输 1km 的运价是 6000 元。由于地区条件的差异,在不同地点设厂的生产费用也不同。问究竟在哪些地方设厂,规模多大,才能使总费用最小? 另外,由于其他条件限制,在 B 处建厂的规模(生产的产品数量)不能超过 5 万 t。

表 9-2　A、B、C 三地出产原料、消耗产品情况表

地点	年产原料/万 t	年销产品/万 t	生产费用/(万元/万 t)
A	20	7	150
B	16	13	120
C	24	0	100

令 x_{ij} 为由 i 地运到 j 地的原料数量(万 t),y_{ij} 为由 i 地运到 j 地的产品数量(万吨),$i, j = 1,2,3$(分别对应 A、B、C 三地)。根据题意,可以建立问题的数学模型(其中目标函数包括原料运输费、产品运输费和生产费用(万元)):

$$\min \quad z = 75x_{12} + 75x_{21} + 50x_{13} + 50x_{31} + 100x_{23} + 100x_{32} + 150y_{11}$$
$$+ 240y_{12} + 210y_{21} + 120y_{22} + 160y_{31} + 220y_{32}$$
$$\text{sub. to} \quad 3y_{11} + 3y_{12} + x_{12} + x_{13} - x_{21} - x_{31} \leqslant 20$$
$$3y_{21} + 3y_{22} - x_{12} + x_{21} + x_{23} - x_{32} \leqslant 16$$
$$3y_{31} + 3y_{32} - x_{13} - x_{23} + x_{31} + x_{32} \leqslant 24$$
$$y_{11} + y_{21} + y_{31} = 7$$
$$y_{12} + y_{22} + y_{32} = 13$$
$$y_{21} + y_{22} \leqslant 5$$
$$x_{ij} \geqslant 0, i,j = 1,2,3; \quad i \neq j$$
$$y_{ij} \geqslant 0, i = 1,2,3; \quad j = 1,2$$

在 MATLAB 中实现：

```
>> f = [75;75;50;50;100;100;150;240;210;120;160;220];
>> A =
    [ 1  -1   1  -1   0   0 3 3 0 0 0 0
     -1   1   0   0   1  -1 0 0 3 3 0 0
      0   0  -1   1  -1   1 0 0 0 0 3 3
      0   0   0   0   0   0 0 0 1 1 0 0];
>> b = [20;16;24;5];
>> Aeq = [ 0 0 0 0 0 0 1 0 1 0 1 0
           0 0 0 0 0 0 0 1 0 1 0 1];
>> beq = [7;13];
>> lb = zeros(12,1);
>> [x,fval,exitflag,output,lambda] = linprog(f,A,b,Aeq,beq,lb)
Optimization terminated successfully.

x =
     0.0000
     1.0000
     0.0000
     0.0000
     0.0000
     0.0000
     7.0000
     0.0000
     0.0000
     5.0000
     0.0000
     8.0000
fval =
    3.4850e + 003
exitflag =
     1
output =
        iterations: 8
        cgiterations: 0
        algorithm: 'lipsol'
lambda =
        ineqlin: [4x1 double]
        eqlin: [2x1 double]
        upper: [12x1 double]
        lower: [12x1 double]
```

因此，要使总费用最小，需要 B 地向 A 地运送 1 万 t 原料，A、B、C 三地的建厂规模分别为 7 万 t、5 万 t、8 万 t。最小总费用为 3485 万元。

9.6 本章小结

线性代数方法是指使用线性观点看待问题，并用线性代数的语言描述它、解决它（必要时可使用矩阵运算）的方法。这是数学与工程学中最主要的应用之一。数值运算是 MATLAB 最基本、最重要的功能，MATLAB 能够成为世界上最优秀的数学软件之一，和它出色的数值运算能力是分不开的。MATLAB 以矩阵作为基本的运算单元，向量和标量都作为特殊的矩阵来处理：向量看作只有一行或一列的矩阵；标量通常看作只有一个元素的矩阵，在一些特殊的情况下有一定的变化。

本章介绍了以下内容：①利用 MATLAB 求行列式；②利用 MATLAB 进行矩阵运算。矩阵加减，矩阵转置，数乘矩阵，矩阵相乘，矩阵的秩，逆矩阵，矩阵相除；③利用 MATLAB 求方程组的解；④可以利用 MATLAB 解决一些线性代数的实际问题。

9.7 习题

（1）矩阵 A 是一个上三角矩阵，主对角线上的元素不为 0。

（2）利用 RREF 判断下列线性系统（linear system）$Ax = b$ 是否有解？如果有解，请求出其解。

```
A = [1 + i  2i  1; 2 - 3i  4 + i  0; 4  3 - i  i];
b = [2 - 4i  -7 - 3i  -2 - 2i]';
```

（3）试决定一个通过下列 A、B、C、D 四点的三次多项式，并在直角坐标平面上画出此多项式的图形：

$$A：(-2,0)；B：(-1,1)；C：(0,0)；D：(1,0)$$

目标函数：

$$f(x) = -x_1 x_2 x_3$$

约束条件：

$$0 \leqslant x_1 + 2x_2 + 2x_3 \leqslant 72$$

（4）求解下列方程组。

① 求非齐次线性方程组 $\begin{cases} 2x_1 + x_2 + 2x_3 + 4x_4 = 5 \\ -14x_1 + 17x_2 - 12x_3 + 7x_4 = 8 \\ 7x_1 + 7x_2 + 6x_3 + 6x_4 = 5 \\ -2x_1 - 9x_2 + 21x_3 - 7x_4 = 10 \end{cases}$ 的唯一解。

② 求非齐次线性方程组 $\begin{cases} 5x_1 + 9x_2 + 7x_3 + 2x_4 + 8x_5 = 4 \\ 4x_1 + 22x_2 + 8x_3 + 25x_4 + 23x_5 = 9 \\ x_1 + 8x_2 + x_3 + 8x_4 + 8x_5 = 1 \\ 2x_1 + 6x_2 + 6x_3 + 9x_4 + 7x_5 = 7 \end{cases}$ 的通解。

（5）分析向量组 $a_1 = [1\ \ 1\ \ 2\ \ 2]^T$，$a_2 = [0\ \ 2\ \ 1\ \ 5]^T$，$a_3 = [2\ \ 0\ \ 5\ \ -1]^T$，$a_4 = [3\ \ 3\ \ 8\ \ 6]^T$ 的线性相关性，找出它们的最大无关组，并将其余向量表示成最大无关组的线性组合。

（6）矩阵 $A = \begin{bmatrix} 2 & 3 & -2 \\ 3 & 6 & 11 \\ -2 & 11 & 5 \end{bmatrix}$，求正交矩阵 P 及对角形矩阵 B，使 $P^{-1}AP = B$。

数理统计是伴随着概率论的发展而发展起来的一个数学分支,研究如何有效地收集、整理和分析受随机因素影响的数据,并对所考虑的问题作出推断或预测,为采取某种决策和行动提供依据或建议。数理统计在自然科学、工程技术、管理科学及人文社会科学中得到越来越广泛和深刻的应用,其研究的内容也随着科学技术和政治、经济与社会的不断发展而逐步扩大。概括地说,数理统计可以分为两大类:①试验的设计和研究,即研究如何更合理更有效地获得观察资料的方法;②统计推断,即研究如何利用一定的资料对所关心的问题作出尽可能精确可靠的结论,当然这两部分内容有着密切的联系,在实际应用中更应前后兼顾。

本章将介绍如何使用 MATLAB 研究解决数理统计和概率论的问题,通过本章的学习着重应该了解面对一批数据如何进行描述与分析,并需要掌握参数估计和假设检验这两个数理统计的最基本方法在 MATLAB 中的实现,其中将着重介绍使用 MATLAB 的统计工具箱(Statistics Toolbox)来实现数据的统计描述和分析。

10.1 数据分析

数据分析是指用适当的统计分析方法对收集来的大量数据进行分析,将它们加以汇总和理解并消化,以求最大化地开发数据的功能,发挥数据的作用。数据分析是为了提取有用信息和形成结论而对数据加以详细研究和概括总结的过程。

10.1.1 总体与样本

以下是数据分析中最主要的几个概念。

总体:是指客观存在的、在同一性质基础上结合起来的许多个别单位的整体,即研究对象的某项指标的取值的集合或全体。

个体:每个研究对象。

样本:总体的一部分。

10.1.2 几种均值

在给定的一组数据中,要进行各种均值的计算,在 MATLAB 中可由以下函数实现。

mean:算术平均值函数。对于向量 x,mean(x)得到它的元素的算术平均值;对于矩阵,mean(x)得到 x 各列元素的算术平均值,返回一个行向量。

nanmean：求忽略 NaN 的随机变量的算术平均值。

geomean：求随机变量的几何平均值。

harmmean：求随机变量的和谐平均值。

rimmean：求随机变量的调和平均值。

10.1.3 数据比较

在给定的一组数据中,还常要对它们进行最大值、最小值和中值的查找或对它们排序等操作。MATLAB 中也有这样的功能函数。

max：求随机变量的最大值元素。

nanmax：求随机变量的忽略 NaN 的最大值元素。

min：求随机变量的最小值元素。

nanmin：求随机变量的忽略 NaN 的最小值元素。

median：求随机变量的中值。

nanmedian：求随机变量的忽略 NaN 的中值。

mad：求随机变量的绝对差分平均值。

sort：对随机变量由小到大排序。

sortrows：对随机矩阵按首行进行排序。

range：求随机变量的值的范围,即最大值与最小值的差(极差)。

10.1.4 累和与累积

向量或矩阵的元素累和或累积运算是比较常用的运算,在 MATLAB 中可由以下函数实现。

sum：若 X 为向量,sum(X)为 X 中各元素之和,返回一个数值;若 X 为矩阵,sum(X)为 X 中各列元素之和,返回一个行向量。

nansum：忽略 NaN 求向量或矩阵元素的累和。

cumsum：求当前元素与所有前面位置的元素和。返回与 X 同维的向量或矩阵。

cumtrapz：梯形累和函数。

prod：若 X 为向量,prod(X)为 X 中各元素之积,返回一个数值;若 X 为矩阵,prod(X)为 X 中各列元素之积,返回一个行向量。

cumprod：求当前元素与所有前面位置的元素之积。返回与 X 同维的向量或矩阵。

10.1.5 简单随机样本

$X_1, X_2, \cdots, X_n \sim F(x)$,为独立同分布,无限总体抽样。

在 MATLAB 中各种随机数可以认为是独立同分布的,即简单随机样本。以下列出在 MATLAB 中的实现方法。

$X_1, X_2, \cdots, X_n \sim U(0,1)$,均匀分布样本：

```
n = 10;x = rand(1,n)
```

$X_1, X_2, \cdots, X_n \sim U(a,b)$：

```
n = 10;a = -1;b = 3;x = rand(1,n);x = (b-a) * x + a
```

$X_1, X_2, \cdots, X_n \sim N(0,1)$,正态分布样本：

```
n = 10;x = randn(1,n)
```

$X_1, X_2, \cdots, X_n \sim N(a, b^2):$

```
mu = 80.2; sigma = 7.6; m = 1; n = 10;
x = normrnd(mu, sigma, m, n)
```

上面首先对总体均值赋值 mu＝80.2,再对标准差赋值 sigma＝7.6,m＝1,n＝10,分别对生成的随机矩阵的行数和列数进行赋值,然后可直接利用 MATLAB 自带的函数 normrnd 生成正态分布的随机数。

类似地可生成 m 行 n 列的随机矩阵,服从指定的分布。生成随机数的函数后缀都是 rnd,前缀为分布的名称。常用分布的随机数产生方法如下,注意使用前先要对参数赋值。

x＝betarnd(a,b,m,n):参数为 a,b 的 beta 分布。

x＝binornd(N,p,m,n):参数为 N,p 的二项分布。

x＝chi2rnd(N,m,n):自由度为 N 的 χ^2 分布。

x＝exprnd(mu,m,n):总体期望为 mu 的指数分布。

x＝frnd(n_1,n_2,m,n):自由度为 n_1 与 n_2 的 F 分布。

x＝gamrnd(a,b,m,n):参数为 a,b 的 Γ 分布。

x＝lognrnd(mu,sigma,m,n):参数为 mu 与 sigma 的对数正态分布。

x＝poissrnd(mu,m,n):总体均值为 mu 的 Poisson 分布。

x＝trnd(N,m,n):自由度为 N 的 T 分布。

MATLAB 统计工具箱中还有其他一些分布,不再一一列举。

对于已知密度函数的不常用连续型总体,若想产生服从该分布的随机数,可用如下方法。

【例 10-1】 设总体密度函数为

$$f(x) = \begin{cases} \dfrac{\cos x}{2}, & -\dfrac{\pi}{2} < x < \dfrac{\pi}{2} \\ 0, & \text{其他} \end{cases}$$

试从该总体中抽取容量为 1000 的简单随机样本。

利用 MATALB 编辑窗口将以下程序保存为 ex11.m:

```
n = 1000;
x = zeros(1, n);
k = 0;
while k < n
    a = rand * pi - pi/2;
    b = rand/2;
    if b < (cos(a)/2)
        k = k + 1;
        x(k) = a;
    end
end
```

注意理解其原理。保存完成之后,在命令窗口执行 ex11,则 x 被赋值。再执行下列命令,就可以得到这个容量为 1000 的样本的直方图,如图 10-1 所示。

```
hist(x, - pi/2:0.2:pi/2)
```

这里又用到了 hist 函数,其作用是在直角坐标系下绘制统计直方图,如图 10-2 所示,其格式为

```
hist (X, n)
```

说明:X 为统计数据,n 表示直方图的区间数,默认值 n＝10。

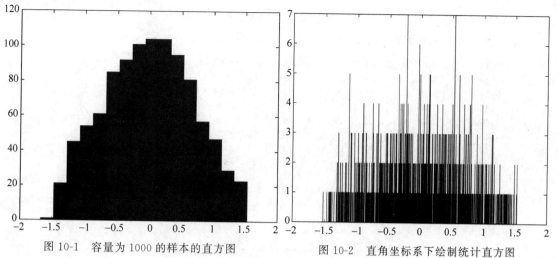

图 10-1 容量为 1000 的样本的直方图　　　图 10-2 直角坐标系下绘制统计直方图

同时,再介绍一下 rose 函数,其作用是在极坐标系下绘制角度直方图,如图 10-3 所示,其用法为

```
rose (theta, n)
```

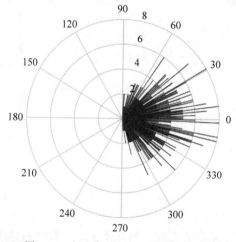

图 10-3 极坐标系下绘制角度直方图

说明:n 是在[0,2π]范围内所分区域数,默认值 n＝20;theta 为指定的弧度数据。

【例 10-2】 某食品厂为加强质量管理,对生产的罐头重量 X 进行测试,在某天生产的罐头中抽取了 100 个,其重量测试数据记录如下:

342	340	348	346	343	342	346	341	344	348
346	346	340	344	342	344	345	340	344	344
343	344	342	343	345	339	350	337	345	349
336	348	344	345	332	342	342	340	350	343
347	340	344	353	340	340	356	346	345	346
340	339	342	352	342	350	348	344	350	335
340	338	345	345	349	336	342	338	343	343
341	347	341	347	344	339	347	348	343	347
346	344	345	350	341	338	343	339	343	346
342	339	343	350	341	346	341	345	344	342

试根据以上数据作出 X 的频率直方图。

解：在 MATLAB 编辑器中建立 M 文件 LX0832.m：

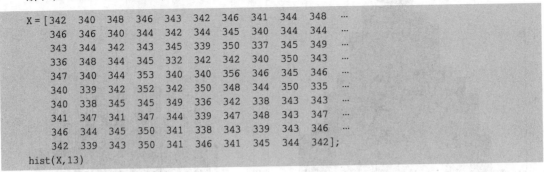

```
X = [342   340   348   346   343   342   346   341   344   348   …
     346   346   340   344   342   344   345   340   344   344   …
     343   344   342   343   345   339   350   337   345   349   …
     336   348   344   345   332   342   342   340   350   343   …
     347   340   344   353   340   340   356   346   345   346   …
     340   339   342   352   342   350   348   344   350   335   …
     340   338   345   345   349   336   342   338   343   343   …
     341   347   341   347   344   339   347   348   343   347   …
     346   344   345   350   341   338   343   339   343   346   …
     342   339   343   350   341   346   341   345   344   342];
hist(X,13)
```

结果如图 10-4 所示。

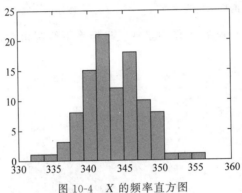

图 10-4　X 的频率直方图

10.1.6　有限总体的无放回样本

若有限总体为 $X_1, X_2, \cdots, X_N$，希望从中无放回抽取容量为 n 的样本，这里 N 与 n 已经赋值，则可利用

```
r = randperm(N)
```

产生 $1, 2, \cdots, N$ 的一个随机全排列，即 r 是一个 N 维向量。于是，对于给定的 N 维向量 $\boldsymbol{X}$，令 $x = \boldsymbol{X}(r(1:n))$，可得到容量为 n 的无放回抽样本 x。无放回抽样中，各样本点不是独立的。

10.2　离散型随机变量的概率及概率分布

随机取值的变量就是随机变量，随机变量分为离散型随机变量与连续型随机变量两种（变量分为定性和定量两类，其中定性变量又分为分类变量和有序变量；定量变量分为离散型和连续型），随机变量的函数仍为随机变量。有些随机变量全部可能取到的不相同的值是有限个或可列无限多个，这种随机变量称为离散型随机变量。

10.2.1　几种常见分布

1. 二项分布

设随机变量 X 的分布律为

$$P\{X=k\} = C_n^k p^k (1-p)^{n-k} \quad (k=0,1,2,\cdots,n)$$

其中，$0 < p < 1$，n 为独立重复试验的总次数，k 为 n 次重复试验中事件 A 发生的次数，p 为每次试验事件 A 发生的概率，则称 X 服从二项分布，记为 $X \sim B(n,p)$。

2. Poisson 分布

设随机变量 X 的分布律为

$$P\{x=k\}=\frac{\lambda^k}{k!}\mathrm{e}^{-\lambda} \quad (k=0,1,2,\cdots;\lambda>0)$$

则称 X 服从参数为 λ 的 Poisson 分布，记为 $X\sim P(\lambda)$。Poisson 分布是二项分布的极限分布，当二项分布中的 n 较大而 p 又较小时，常用 Poisson 分布代替，$\lambda=np$。

3. 超几何分布

设一批同类产品共 N 件，其中有 M 件次品，从中任取 $n(n\leqslant N)$ 件，其次品数 X 恰为 k 件的概率分布为

$$P\{X=k\}=\frac{C_M^k C_{N-M}^{n-k}}{C_N^n} \quad (k=0,1,2,\cdots,\min(n,M))$$

则称次品数 X 服从参数为 (N,M,n) 的超几何分布。超几何分布用于无放回抽样，当 N 很大而 n 较小时，次品率 $p=\dfrac{M}{N}$ 在抽取前后差异很小，就用二项分布近似代替超几何分布，其中二项分布的 $p=\dfrac{M}{N}$，而且在一定条件下，也可用 Poisson 分布近似代替超几何分布。

10.2.2 概率密度函数值

无论是离散分布还是连续分布，在 MATLAB 中，都用通用函数 pdf 或专用函数来求概率密度函数值。而对于离散型随机变量，取值是有限个或可数个，因此，其概率密度函数值就是某个特定值的概率，即利用函数 pdf 求输入分布的概率。

1. 通用概率密度函数 pdf 计算特定值的概率

命令：pdf

格式：Y＝pdf('name', k, A)

　　　Y＝pdf('name', k, A, B)

　　　Y＝pdf('name', k, A, B, C)

说明：返回以 name 为分布，在随机变量 X＝k 处，参数为 A、B、C 的概率密度值；对离散型随机变量 X，返回 X＝k 处的概率值，name 为分布函数名。

常见的分布有 bino（二项分布）、hyge（超几何分布）、geo（几何分布）和 poiss（Poisson 分布）。

2. 专用概率密度函数计算特定值的概率

1）二项分布的概率值

命令：binopdf

格式：binopdf (k,n,p)

说明：等同于 pdf ('bino', k, n, p)。n 为试验总次数；p 为每次试验事件 A 发生的概率；k 为事件 A 发生 k 次。

2）Poisson 分布的概率值

命令：poisspdf

格式：poisspdf (k, Lambda)

说明：等同于 pdf ('poiss', k, Lambda)，参数 Lambda ＝ np。

3）超几何分布的概率值

命令：hygepdf

格式：hygepdf (k, N, M, n)

说明：等同于 pdf ('hyge', k, N, M, n)，N 为产品总数，M 为次品总数，n 为抽取总数（n≤N），k 为抽得次品数。

3. 通用函数 cdf 计算随机变量 X≤k 的概率之和(累积概率值)

命令：cdf

格式：cdf ('name', k, A)

　　　cdf ('name', k, A, B)

　　　cdf ('name', k, A, B, C)

说明：返回以 name 为分布、随机变量 X≤k 的概率之和(即累积概率值)，name 为分布函数名。

4. 专用函数计算累积概率值(随机变量 X≤k 的概率之和,即分布函数)

1) 二项分布的累积概率值

命令：binocdf

格式：binocdf (k, n, p)

2) Poisson 分布的累积概率值

命令：poisscdf

格式：poisscdf (k, Lambda)

3) 超几何分布的累积概率值

命令：hygecdf

格式：hygecdf (k, N, M, n)

5. 二项分布

1) 求 n 次独立重复试验中事件 A 恰好发生 k 次的概率 P。

命令：pdf 或 binopdf

格式：pdf ('bino', k, n, p)

　　　binopdf (k, n, p)

说明：该命令的功能是计算二项分布中事件 A 恰好发生 k 次的概率。pdf 为通用函数，bino 表示二项分布，binopdf 为专用函数，n 为试验总次数，k 为 n 次试验中，事件 A 发生的次数，p 为每次试验事件 A 发生的概率。

2) 在 n 次独立重复试验中,事件 A 至少发生 k 次的概率 P_s。

命令：cdf 或 binocdf

格式：cdf ('bino', k, n, p)

　　　binocdf (k, n, p)

说明：该命令的功能是返回随机变量 X≤k 的概率之和(即累积概率值)。其中 cdf 为通用函数，binocdf 为专用函数，n 为试验总次数，k 为 n 次试验中，事件 A 发生的次数，p 为每次试验事件 A 发生的概率。

所以,至少发生 k 次的概率为

P_s = 1−cdf ('bino', k−1, n, p)　　或　　P_s = 1−binocdf (k−1, n, p)

【例 10-3】 某机床出次品的概率为 0.01,求生产 100 件产品中:

(1) 恰有一件次品的概率；

(2) 至少有一件次品的概率。

此问题可看作 100 次独立重复试验,每次试验出次品的概率为 0.01。

（1）恰有一件次品的概率。

在 MATLAB 命令窗口输入：

```
>> p = pdf('bino',1,100,0.01)
p =
    0.3697
```

或在 MATLAB 命令窗口输入：

```
>> p = binopdf(1,100,0.01)
p =
    0.3697
```

（2）至少有一件次品的概率。

在 MATLAB 命令窗口输入：

```
>> p = 1 - cdf('bino',0,100,0.01)
p =
    0.6340
```

或在 MATLAB 命令窗口输入：

```
>> p = 1 - binocdf(0,100,0.01)
p =
    0.6340
```

6. Poisson 分布

在二项分布中，当 n 的值很大，p 的值很小，而 np 又较适中时，用 Poisson 分布来近似二项分布较好（一般要求 $\lambda = np < 10$）。

1）n 次独立重复试验中，事件 A 恰好发生 k 次的概率 P_k。

命令：pdf 或 poisspdf

格式：pdf（'poiss'，k，Lambda）

　　　poisspdf（k，Lambda）

说明：在 MATLAB 中，poiss 表示 Poisson 分布。该命令返回事件恰好发生 k 次的概率。

2）n 次独立重复试验中，事件 A 至少发生 k 次的概率 P。

首先求累积概率值。

命令：cdf 或 poisscdf

格式：cdf（'poiss'，k，Lambda）

　　　poisscdf（k，Lambda）

说明：该函数返回随机变量 X≤k 的概率之和，Lambda ＝ np。

然后求 A 至少发生 k 次的概率 P_k：

```
P_k = 1 - cdf('poiss', k-1, Lambda)   或   P_k = 1 - poisscdf(-1, Lambda)
```

【例 10-4】　自 1875 年到 1955 年的某 63 年间，某城市夏季（5—9 月）共发生暴雨 180 次，试求在一个夏季中发生 k 次（$k = 0,1,2,\cdots,8$）暴雨的概率 P_k（设每次暴雨以一天计算）。

一年夏天共有天数为

$$n = 31 + 30 + 31 + 31 + 30 = 153$$

故可知夏天每天发生暴雨的概率约为 $p = \dfrac{180}{63 \times 153}$，很小；$n = 153$，较大。可用 Poisson 分布近似，$\lambda = np = \dfrac{180}{63}$。

在 MATLAB 编辑器中编写 M 文件 LX0802.m：

```
p = input('input p = ')
n = input('input n = ')
lambda = n * p
for k = 1:9                    % 循环变量的最小取值从 k = 1 开始
    p_k(k) = poisspdf(k - 1,lambda);
end
p_k
```

在 MATLAB 的命令窗口输入 LX0802,回车后按提示输入 p 和 n 的值,显示如下：

```
input p = 180/(63 * 153)
p =
    0.0187
input n = 153
n =
    153
lamda =
    2.8571
p_k =
  Columns 1 through 7
    0.0574   0.1641   0.2344   0.2233   0.1595   0.0911   0.0434
  Columns 8 through 9
    0.0177   0.0063
```

注意：在 MATLAB 中,p_k (0)被认为非法,因此应避免。

【例 10-5】 某市公安局报警电话在长度为 t 的时间间隔内收到的呼叫次数服从参数为 $t/2$ 的 Poisson 分布,且与时间间隔的起点无关(时间以小时计)。求：

(1) 在某一天中午 12 时至下午 3 时没有收到呼叫的概率；

(2) 某一天中午 12 时至下午 5 时至少收到一次呼叫的概率。

在此题中,Lamda$=t/2$。

设呼叫次数 X 为随机变量,则该问题转化为

(1) 求 $P\{X=0\}$；

(2) 求 $1-P\{X\leqslant 0\}$。

解法一：在 MATLAB 命令窗口输入

```
>> poisscdf (0,1.5)        % X = 0 表示 0 次呼叫,Lambda = t/2 = 1.5
ans =
    0.2231
```

即问题(1)所求的概率为 0.2231。

```
>> 1 - poisscdf (0,2.5)
ans =
    0.9179
```

即问题(2)所求的概率为 0.9179。

解法二：

由于呼叫次数 $X\leqslant 0$ 就是呼叫 0 次,即 $X=0$。因此,此题也可用 poisspdf 求解,即 poisspdf(0,1.5)和 $1-$poisspdf(0,2.5)。

7. 超几何分布

设 N 为产品总数,M 为其中次品总数,n 为随机抽取件数(n≤N),则次品数 X 恰为 k 件的概率 p_k(k=0,1,2,…,min(n,M))可由下列命令求得：

命令：pdf 或 hygepdf

格式：pdf（'hyge'，k，N，M，n）

　　　hygepdf（k，N，M，n）

超几何分布的累积概率值的求法如下。

命令：cdf 或 hygecdf

格式：cdf（'hyge'，k，N，M，n）

　　　hygecdf（k，N，M，n）

说明：该函数的功能是返回次品数 X≤k 的概率之和。

【例 10-6】 设盒中有 5 件同样的产品，其中 3 件正品，2 件次品，从中任取 3 件，求不能取得次品的概率。

在 MATLAB 编辑器中编辑 M 文件 LX0802.m：

```
N = input('input N = ')
M = input('input M = ')
n = input('input n = ')
for k = 1:M + 1
    p_k = hygepdf(k - 1, N, M, n)
end
```

在 MATLAB 的命令窗口输入 LX0804，回车后按提示输入 N、M、n 的值，显示如下：

```
input N = 5
N =
     5
input M = 2
M =
     2
input n = 3
n =
     3
p_k =
    0.1000
p_k =
    0.6000
p_k =
    0.3000
```

这里，p_k 为 0.1000、0.6000、0.3000，表示取到次品数分别为 X = 0，1，2 的概率。

10.3　连续型随机变量的概率及其分布

对于随机变量 X，若存在一个非负的可积函数 $f(x)(x \in R)$，使对于任意两个实数 a、b（假设 $a < b$），都有

$$P\{a < x < b\} = \int_a^b f(x)\mathrm{d}x$$

则称 X 为连续型随机变量。其中 $f(x)$ 为 X 的概率分布密度函数，记为 $X \sim f(x)$。

10.3.1　几种常见分布

以下列出数理统计中几种重要分布的概念与性质。

1. χ^2 分布

设一维连续型随机变量 X 的密度函数为

$$f_n(x) = \begin{cases} \dfrac{1}{2^{n/2}\,\varGamma(n/2)} x^{\frac{n}{2}-1} \mathrm{e}^{-\frac{x}{2}}, & x > 0 \\ 0, & x \leqslant 0 \end{cases}$$

则称 X 服从自由度为 n 的 χ^2 分布,记为 $X \sim \chi^2(n)$。

(1) 期望与方差: $E(X) = n, D(X) = 2n$。

(2) 来源: 若 $X_1, X_2, \cdots, X_n \sim N(0,1)$独立同分布,则

$$X_1^2 + X_2^2 + \cdots + X_n^2 \sim \chi^2(n)$$

(3) 可加性: 若 $Y_1 \sim \chi^2(n_1), Y_2 \sim \chi^2(n_2)$,且两者独立,则有

$$Y_1 + Y_2 \sim \chi^2(n_1 + n_2)$$

(4) 重要结论: 若 $X_1, X_2, \cdots, X_n \sim N(\mu, \sigma^2)$,则

$$\frac{(n-1)S^2}{\sigma^2} = \frac{\displaystyle\sum_{i=1}^{n}(X_i - \bar{X})^2}{\sigma^2} \sim \chi^2(n-1)$$

自由度为 5,10,20 的 χ^2 分布的密度函数如图 10-5 所示。

2. t 分布

设一维连续型随机变量 X 的密度函数为

$$f_n(x) = \frac{\varGamma\left(\dfrac{n+1}{2}\right)}{\varGamma\left(\dfrac{n}{2}\right)\sqrt{n\pi}}\left(1 + \frac{x^2}{n}\right)^{-\frac{n+1}{2}}$$

则称 X 服从自由度为 n 的 t 分布,记为 $X \sim t(n)$。

(1) 密度函数特点: 与标准正态分布类似,方差较大。$n \to \infty$ 时,

$$f_n \to \varphi(x) = \frac{1}{\sqrt{2\pi}} \mathrm{e}^{-\frac{x^2}{2}} \text{(标准正态分布密度函数)}$$

执行以下 MATLAB 命令:

```
x = - 3:0.01:3; y5 = tpdf(x,5); y10 = tpdf(x,10);
y20 = tpdf(x,20); y = normpdf(x);
plot(x,y5,x,y10,x,y20,x,y)
```

得到自由度为 5,10,20 的 t 分布密度函数及标准正态分布密度函数的图形,如图 10-6 所示。

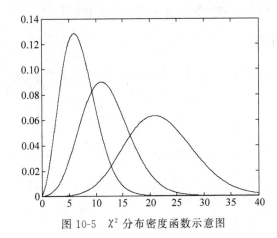

图 10-5 χ^2 分布密度函数示意图

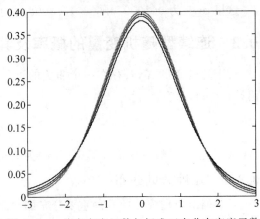

图 10-6 t 分布密度函数与标准正态分布密度函数

（2）来源：设 $X \sim N(0,1)$，$Y \sim \chi^2(n)$，且两者独立，则

$$\frac{X}{\sqrt{Y/n}} \sim t(n)$$

（3）重要结论：设 $X_1, X_2, \cdots, X_n \sim N(\mu, \sigma^2)$，则

$$T = \frac{\overline{X} - \mu}{S/\sqrt{n}} \sim t(n-1)$$

3. F 分布

设一维连续型随机变量 X 的密度函数为

$$f(x) = \begin{cases} cx^{\frac{n_1}{2}-1}\left(1+\frac{n_1}{n_2}x\right)^{-\frac{n_1+n_2}{2}}, & x > 0 \\ 0, & x \leqslant 0 \end{cases}$$

其中常数

$$c = \frac{\Gamma\left(\dfrac{n_1+n_2}{2}\right)}{\Gamma\left(\dfrac{n_1}{2}\right)\Gamma\left(\dfrac{n_2}{2}\right)}\left(\dfrac{n_1}{n_2}\right)^{\frac{n_1}{2}}$$

则称 X 服从第一自由度 n_1、第二自由度 n_2 的 F 分布，记为 $X \sim F(n_1, n_2)$。

（1）密度函数特点：在 $x = 1$ 附近密度函数取值较大，为单峰非对称的。当两个自由度都很大时，X 取值以较大概率集中在 $x = 1$ 附近。以下 MATLAB 命令画出了 $F(8,12)$ 的密度函数：

```
x = 0:0.01:3;y = fpdf(x,8,12);plot(x,y);
```

结果如图 10-7 所示。

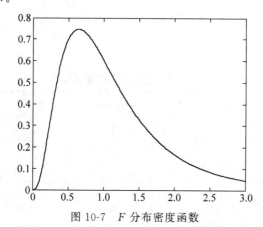

图 10-7　F 分布密度函数

（2）来源：设 $X \sim \chi^2(n_1)$，$Y \sim \chi^2(n_2)$，且两者独立，则

$$F = \frac{X/n_1}{Y/n_2} \sim F(n_1, n_2)$$

（3）重要结论：设 $X_1, X_2, \cdots, X_{n_1}$ 为来自总体 $N(\mu_1, \sigma_1^2)$ 的简单随机样本，$Y_1, Y_2, \cdots, Y_{n_2}$ 为来自总体 $N(\mu_2, \sigma_2^2)$ 的简单随机样本，且两者独立。设两个样本方差分别为 S_1^2 与 S_2^2，则

$$F = \frac{S_1^2/S_2^2}{\sigma_1^2/\sigma_2^2} \sim F(n_1-1, n_2-1)$$

4. 正态分布

若随机变量 X 的概率密度为

$$p(x) = \frac{1}{\sqrt{2\pi}\sigma} e^{-\frac{(x-\mu)^2}{2\sigma^2}}, \quad -\infty < x < \infty$$

其中，μ、$\sigma(\sigma > 0)$ 是两个常数，则称 X 服从参数为 μ、σ 的正态分布，记为 $X \sim N(\mu, \sigma^2)$。

5. Γ 分布

$$p(x) = \begin{cases} \dfrac{\beta^\alpha}{\Gamma(\alpha)} x^{\alpha-1} e^{-\beta x}, & x > 0 \\ 0, & x \leqslant 0 \end{cases}$$

其中，$\alpha > 0$，$\beta > 0$，记为 $\Gamma(\alpha, \beta)$。

6. β 分布

$$p(x) = \begin{cases} \dfrac{\Gamma(\alpha+\beta)}{\Gamma(\alpha)\Gamma(\beta)} x^{\alpha-1}(1-x)^{\beta-1}, & 0 < x < 1 \\ 0, & \text{其他} \end{cases}$$

其中 $\alpha > 0$，$\beta > 0$，记为 $\beta(\alpha, \beta)$。

10.3.2 概率密度函数值

连续型随机变量：如果存在一非负可积函数 $p(x) \geqslant 0$，使对于任意实数 $a \leqslant b$，X 在区间 (a, b) 上取值的概率为 $P\{a < X < b\} = \int_a^b p(x)\mathrm{d}x$，则函数 $p(x)$ 称作随机变量 X 的概率密度函数。通用函数 pdf 和专用函数用来求密度函数 $p(x)$ 在某个点 x 处的值。

1. 利用概率密度函数值通用函数 pdf 计算

格式：pdf ('name', x, A)

　　　　 pdf ('name', x, A, B)

　　　　 pdf ('name', x, A, B, C)

　　　　 pdf ('name', x, A, B, C, D)

说明：返回以 name 为分布的随机变量在 $X = x$ 处、参数为 A、B、C、D 的概率密度函数值。name 取值如表 10-1 所示。

表 10-1　常见通用函数密度函数表

name	分　　布	name	分　　布
unif	均匀分布密度函数	logn	对数分布
exp	指数分布密度函数	nbin	负二项分布
norm	正态分布密度函数	ncf	非中心 F 分布
chi2	卡方(χ^2)分布	nct	非中心 t 分布
t 或 T	t 分布	ncx2	非中心卡方分布
f 和 F	F 分布密度函数	rayl	瑞利分布
gam	Γ 分布密度函数	weib	Weibull(韦布尔)分布
beta	β 分布		

2. 利用专用函数计算概率密度函数值

如表 10-2 所示，展示了计算概率密度函数值的专用函数。

表 10-2　专用函数概率密度函数表

函　数　名	调用形式	注　　释
unifpdf	unifpdf(x, a, b)	$[a, b]$ 上均匀分布概率密度在 $X = x$ 处的函数值
exppdf	exppdf(x, Lambda)	指数分布概率密度在 $X = x$ 处的函数值

函 数 名	调 用 形 式	注 释
normpdf	normpdf(x, mu, sigma)	正态分布概率密度在 $X = x$ 处的函数值
chi2pdf	chi2pdf(x, n)	卡方分布概率密度在 $X = x$ 处的函数值
tpdf	tpdf(x, n)	t 分布概率密度在 $X = x$ 处的函数值
fpdf	fpdf(x, n_1, n_2)	F 分布概率密度在 $X = x$ 处的函数值
gampdf	gampdf(x, a, b)	Γ 分布概率密度在 $X = x$ 处的函数值
betapdf	betapdf(x, a, b)	β 分布概率密度在 $X = x$ 处的函数值
lognpdf	lognpdf(x, mu, sigma)	对数分布概率密度在 $X = x$ 处的函数值
nbinpdf	nbinpdf(x, R, P)	负二项分布概率密度在 $X = x$ 处的函数值
ncfpdf	ncfpdf(x, n_1, n_2, delta)	非中心 F 分布概率密度在 $X = x$ 处的函数值
nctpdf	nctpdf(x, n, delta)	非中心 t 分布概率密度在 $X = x$ 处的函数值
ncx2pdf	ncx2pdf(x, n, delta)	非中心卡方分布概率密度在 $X = x$ 处的函数值
raylpdf	raylpdf(x, b)	瑞利分布概率密度在 $X = x$ 处的函数值
weibpdf	weibpdf(x, a, b)	Weibull 分布概率密度在 $X = x$ 处的函数值

【例 10-7】 计算正态分布 $N(0,1)$ 在点 0.7733 的概率密度值。

在 MATLAB 命令窗口输入：

```
>> pdf('norm',0.7733,0,1)          % 利用通用函数
ans =
    0.2958
>> normpdf(0.7733,0,1)             % 利用专用函数
ans =
    0.2958
```

两者计算结果完全相同。

【例 10-8】 绘制卡方分布密度函数在 n 分别等于 $1,5,15$ 时的图形。

在 MATLAB 编辑器中编辑 M 文件 LX0806.m：

```
x = 0:0.1:30;
y1 = chi2pdf(x,1);
plot(x,y1,':')
hold on
y2 = chi2pdf(x,5);
plot(x,y2,'+')
y3 = chi2pdf(x,15);
plot(x,y3,'o')
axis([0,30,0,0.2])
xlabel('图10-8')
```

在命令窗口输入 LX0806，回车后得到的结果如图 10-8 所示。

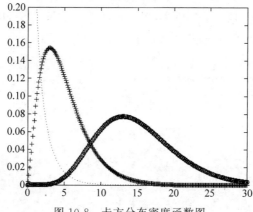

图 10-8 卡方分布密度函数图

10.3.3 累积概率函数值(分布函数)

连续型随机变量的累积概率函数值是指随机变量 $X \leqslant x$ 的概率之和,即

$$P\{X \leqslant x\} = \int_{-\infty}^{x} p(t)\mathrm{d}t$$

也就是连续型随机变量的分布函数 $F(x)$,$F(x)$ 既可以用通用函数,也可用专用函数来计算。通常用这些函数计算随机变量落在某个区间上的概率和随机变量 X 的分布函数 $F(x)$。

1. 利用通用函数 cdf 计算累积概率值

格式:cdf ('name', x, A)

      cdf ('name', x, A, B)

      cdf ('name', x, A, B, C)

      cdf ('name', x, A, B, C, D)

说明:返回随机变量 $X \leqslant x$ 的概率之和。name 为上述分布函数名。

2. 利用专用函数计算累积概率值

其命令函数是在上述分布后面加上 cdf,其用法同专用函数计算概率密度函数值。

例如求正态分布的累积概率值,命令函数为

```
normcdf (x, mu, sigma)
```

则显示结果为 $F(x) = \int_{-\infty}^{x} p(t)\mathrm{d}t$ 的值。

【例 10-9】 某公共汽车站从上午 7:00 起每 15 分钟来一趟班车。若某乘客在 7:00 到 7:30 间的任何时刻到达此站是等可能的,试求他候车的时间不到 5 分钟的概率。

设乘客 7 点过 X 分钟到达此站,则 X 在 $[0,30]$ 内服从均匀分布,当且仅当他在时间间隔 $(7:10, 7:15)$ 或 $(7:25, 7:30)$ 内到达车站时,候车时间不到 5 分钟。故其概率为

$$p = P\{10 < X < 15\} + P\{25 < X < 30\}$$

在 MATLAB 编辑器中建立 M 文件 LX0807.m 如下:

```
format rat
p1 = unifcdf(15,0,30) - unifcdf(10,0,30);
p2 = unifcdf(30,0,30) - unifcdf(25,0,30);
p = p1 + p2
```

运行结果:

```
p =
    1/3
```

【例 10-10】 设 $X \sim N(3, 2^2)$,求 $P\{2 < X < 5\}$,$P\{-4 < X < 10\}$,$P\{|X| > 2\}$,$P\{X > 3\}$。

解:在 MATLAB 编辑器中编辑 M 文件 LX0808.m 如下:

```
p1 = normcdf(5,3,2) - normcdf(2,3,2)
p2 = normcdf(10,3,2) - normcdf( - 4,3,2)
p3 = 1 - normcdf(2,3,2) + normcdf( - 2,3,2)
p4 = 1 - normcdf(3,3,2)
```

运行结果:

```
p1 =
    0.5328
p2 =
    0.9995
```

```
p3 =
    0.6977
p4 =
    0.5000
```

【例 10-11】 设随机变量 X 的概率密度为

$$p(x) = \begin{cases} \dfrac{c}{\sqrt{1-x^2}}, & |x| < 1 \\ 0, & |x| \geqslant 1 \end{cases}$$

（1）确定常数 c。

（2）求 X 落在区间 $\left(-\dfrac{1}{2}, \dfrac{1}{2}\right)$ 内的概率。

（3）求 X 的分布函数 $F(x)$。

解：（1）在 MATLAB 编辑器中建立 M 文件 LX08091.m 如下：

```
syms c x
p_x = c/sqrt(1 - x^2);
F_x = int(p_x,x, - 1,1)
```

运行结果：

```
F_x =
    pi * c
```

由 pi * c＝1 得 c＝1/pi。

（2）在 MATLAB 编辑器中建立 M 文件 LX08092.m 如下：

```
syms x
c = '1/pi';              % '1/pi'若不加单引号,其结果的表达式有变化
p_x = c/sqrt(1 - x^2);
format rat
p1 = int(p_x,x, - 1/2,1/2)
```

运行结果：

```
p1 =
    1/3
```

（3）在 MATLAB 编辑器中建立 M 文件 LX08093.m 如下：

```
syms x t
c = '1/pi';
p_t = c/sqrt(1 - t^2);
F_x = int(p_t,t, - 1,x)
```

运行结果：

```
F_x =
1/2 * (2 * asin(x) + pi)/pi
>> simple(F_x)
ans =
asin(x)/pi + 1/2
```

所以 X 的分布函数为

$$f(x) = \begin{cases} 0, & x < -1 \\ \dfrac{\arcsin x}{\pi} + \dfrac{1}{2}, & -1 \leqslant x < 1 \\ 1, & x \geqslant 1 \end{cases}$$

【例 10-12】 设 $\ln X \sim N(1, 2^2)$，求 $P\left\{\dfrac{1}{2} < X < 2\right\}$。

解：利用对数分布累积专用函数，在 MATLAB 命令窗口输入：

```
>> p = logncdf(2,1,2) - logncdf(1/2,1,2)
p =
    0.2404
```

10.3.4 逆累积概率值

已知分布和分布中的一点，求此点处的概率值要用到累积概率函数 cdf，当已知概率值而需要求对应概率的分布点时，就要用到逆累积概率函数 icdf，icdf 返回某给定概率值下随机变量 X 的临界值，实际上就是 cdf 的逆函数，在假设检验中经常用到。已知 $F(x) = P\{X \leqslant x\}$，求 x，逆累积概率值的计算有下面两种方法。

1. 通用函数 icdf

格式：icdf ('name', p, a_1, a_2, a_3)

说明：返回分布为 name，参数为 a_1、a_2、a_3，累积概率值为 p 的临界值，这里 name 与前面相同。

例如，p＝cdf('name', x, a_1, a_2, a_3)，则 x＝icdf('name', p, a_1, a_2, a_3)。

【例 10-13】 设 $X \sim N(3, 2^2)$，确定 c，使得 $P\{X > c\} = P\{X < c\}$。

解：若要 $P\{X > c\} = P\{X < c\}$，只需 $P\{X > c\} = P\{X < c\} = 0.5$。

在 MATLAB 命令窗口输入：

```
>> c = icdf('norm',0.5,3,2)
```

运行结果：

```
c =
    3
```

【例 10-14】 在假设检验中求临界值问题。已知 $\alpha = 0.05$，求自由度为 10 的双边界检验 t 分布临界值。

解：在 MATLAB 命令窗口输入：

```
>> t0 = icdf('t',0.025,10)
```

运行结果：

```
t0 =
   -2.2281
```

2. 专用函数-inv

例如，norminv (p, mu, sigma)为正态逆累积分布函数，返回临界值。用法与前面类似。

关于常用临界值函数可查表 10-3。

表 10-3 常用临界值函数

函 数 名	调用形式	注 释
unifinv	x = unifinv (p, a, b)	$[a, b]$上均匀分布逆累积分布函数，X 为临界值
expinv	x = expinv (p, lambda)	指数逆累积分布函数
norminv	x = norminv (p, mu, sigma)	正态逆累积分布函数

函 数 名	调 用 形 式	注 释
chi2inv	x = chi2inv (p, n)	卡方逆累积分布函数
tinv	x = tinv (p, n)	t 分布逆累积分布函数
finv	x = finv (p, n_1, n_2)	F 分布逆累积分布函数
gaminv	x = gaminv (p, a, b)	Γ 分布逆累积分布函数
betainv	x = betainv (p, a, b)	β 分布逆累积分布函数
logninv	x = logninv (p, mu, sigma)	对数逆累积分布函数
ncfinv	x = ncfinv (p, n_1, n_2, delta)	非中心 F 分布逆累积分布函数
nctinv	x = nctinv (p, n, delta)	非中心 t 分布逆累积分布函数
ncx2inv	x = ncx2inv (p, n, delta)	非中心卡方逆累积分布函数
raylinv	x = raylinv (p, b)	瑞利逆累积分布函数
weibinv	x = weibinv (p, a, b)	韦伯逆累积分布函数

【例 10-15】 公共汽车门的高度是按成年男子与车门顶碰头的机会不超过 1% 设计的。设男子身高(单位 cm)$X \sim N$ (175,36),求车门的最低高度。

解:设 h 为车门高度,X 为男子身高,求满足条件 $P\{X>h\}\leqslant0.01$ 的 h,即 $P\{X<h\}\geqslant0.99$。

在 MATLAB 命令窗口输入:

```
>> h = norminv(0.99,175,6)
h =
  188.9581
```

【例 10-16】 设二维随机向量(X,Y)的联合密度为

$$p(x,y) = \begin{cases} e^{-(x+y)}, & x \geqslant 0, y \geqslant 0 \\ 0, & \text{其他} \end{cases}$$

求:(1) $P\{0<X<1, 0<Y<1\}$。(2) (X,Y)落在 $x+y=1, x=0, y=0$ 所围成区域 G 内的概率。

解:在 MATLAB 编辑器中编辑 M 文件 LX0814.m 如下:

```
syms x y
f = exp( - x - y);
p_XY = int(int(f,y,0,1),x,0,1)
p_G = int(int(f,y,0,1 - x),x,0,1)
```

运行结果:

```
p_XY =
exp( - 2) - 2 * exp( - 1) + 1
p_G =
 - 2 * exp( - 1) + 1
```

10.4 统计量

通常,一个随机变量的分布可由某些参数决定,但在实际问题中要想知道一个分布的参数的精确值是很困难的,因此,需要对这些参数的取值作出估计。统计量就是通过随机样本去估计参数的取值以及参数的取值范围。

MATLAB 的统计工具箱中采用极大似然法给出了常用概率分布的参数的点估计和区间

估计值,另外还提供了部分分布的对数似然函数的计算功能。

统计量是样本的函数,不含参数,可根据样本观察值立即计算出数值。

以下设 $X_1, X_2, \cdots, X_n$ 为来自总体的简单随机样本,列举出一些常用统计量。以下总假设 X 为样本,为一行 n 列矩阵,在 MATLAB 中已经赋值。

10.4.1 样本 k 阶矩

称 $\alpha_k = \dfrac{1}{n} \sum\limits_{i=1}^{n} X_i^k$ 为样本 k 阶原点矩,对于已经赋值的正整数 k,可以用如下命令得到:

```
a(k) = mean(X.^k);
```

特别地,样本一阶原点矩就是样本均值 $\overline{X} = \dfrac{1}{n} \sum\limits_{i=1}^{n} X_i$,在 MATLAB 中用 mean 计算。

称 $\mu_k = \dfrac{1}{n} \sum\limits_{i=1}^{n} (X_i - \overline{X})^k$ 为样本 k 阶中心矩,对于已经赋值的正整数 k,可以用如下命令得到:

```
mu(k) = mean((X - mean(X)).^k)
```

特别地,称 $\mu_2 = \dfrac{1}{n} \sum\limits_{i=1}^{n} (X_i - \overline{X})^2$ 为未修正样本方差,将

$$S^2 = \frac{1}{n-1} \sum_{i=1}^{n} (X_i - \overline{X})^2$$

称为样本方差。称 S 为样本标准差。MATLAB 中用 $var(X)$ 计算样本方差,用 $std(X)$ 计算样本标准差。

10.4.2 顺序统计量

对于样本 $X_1, X_2, \cdots, X_n$,若将其依照数值大小由小到大重新排列为
$$X_{(1)} \leqslant X_{(2)} \leqslant \cdots \leqslant X_{(k)} \leqslant \cdots X_{(n)}$$
则称每个 $X_{(k)}$ 为原来样本的顺序统计量。

可以证明,若总体服从 $(0,1)$ 上的均匀分布,则有
$$E(X_{(k)}) = \frac{k}{n+1}$$

特别地,$X_{(1)}$ 就是样本中的最小值,可用 $\min(X)$ 计算;$X_{(n)}$ 就是样本中的最大值,可用 $\max(X)$ 计算。MATLAB 命令

```
Y = sort(X)
```

可立即得到 X 的顺序统计量,满足 $Y_k = X_{(k)}$。

利用 MATLAB 中的 sort 函数比自己编程序排序可能效率更高。当在循环语句中反复使用排序时,应该优先选用。

10.4.3 经验分布函数

设总体分布函数为 $F(x)$,$X_1, X_2, \cdots, X_n$ 为简单随机样本,$X_{(1)}, X_{(2)}, \cdots, X_{(n)}$ 为顺序统计量,记

$$F_n(x) = \begin{cases} 0, & x < X_{(1)} \\ \dfrac{k}{n}, & X_{(k)} \leqslant x < X_{(k+1)} \quad (k = 1, 2, \cdots n-1) \\ 1, & x \geqslant X_{(n)} \end{cases}$$

则称 $F_n(x)$ 为经验分布函数或者样本分布函数。

著名的格里汶科定理指出,当 $n \to \infty$ 时,有

$$F_n(x) \to F(x)$$

以下命令产生了来自自由度为 5 的 χ^2 分布样本,样本容量为 1000,并画出了此样本的经验分布函数。结果如图 10-9 所示。

```
Y = chi2rnd(5,1,1000);[F,X] = ecdf(Y);
plot(X,F)
```

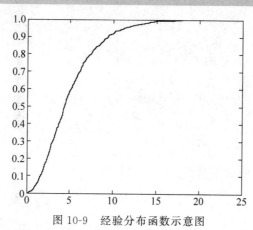

图 10-9　经验分布函数示意图

10.5　数字特征

随机变量的数字特征是概率统计学的重要内容。在对随机变量的研究中,如果对随机变量的分布不需要作全面了解,那么只需要知道它在某一方面的特征就够了。这些特征的数值就是随机变量的数字特征。

10.5.1　随机变量的期望

期望是随机变量的所有可能取值乘以相应的概率值之和,即

$$E(X) = \sum_{k=1}^{\infty} x_k p_k$$

其中,p_k 是对应于 x_k 的概率,即权重。

$p_k = \dfrac{1}{n}$ 是常用的情况:给定一组样本值 $x = [x_1, x_2, \cdots, x_n]$,

$$E(X) = \frac{1}{n} \sum_{k=1}^{\infty} x_k$$

此时,期望称为样本均值。

1. 离散型随机变量 X 的期望计算

(1) 函数:sum。

格式:sum(X)

说明:若 X 为向量,则 sum(X) 为 X 中的各元素之和,返回一个数值;

若 X 为矩阵,则 sum(X) 为 X 中各列元素之和,返回一个行向量。

(2) 函数:mean。

格式:mean(X)

说明:若 X 为向量,则 mean(X) 为 X 中的各元素的算术平均值,返回一个数值;

若 X 为矩阵,则 mean(X) 为 X 中各列元素的算术平均值,返回一个行向量。

【例 10-17】 设随机变量 X 的分布律为

X	-2	-1	0	1	2
p	0.3	0.1	0.2	0.1	0.3

求 EX, $E(X^2-1)$。

解：在 MATLAB 编辑器中建立 M 文件 LX0815.m：

```
X = [ - 2 - 1 0 1 2];
p = [0.3 0.1 0.2 0.1 0.3];
EX = sum(X * p')
Y = X.^2 - 1;
EY = sum(Y * p')
```

运行结果：

```
EX =
     0
EY =
    1.6000
```

LX0815.m 也可以写成如下形式：

```
X = [ - 2 - 1 0 1 2];
p = [0.3 0.1 0.2 0.1 0.3];
EX = sum(X. * p)
Y = X.^2 - 1;
EY = sum(Y. * p)
```

运行结果：

```
EX =
     0
EY =
    1.6000
```

【例 10-18】 随机抽取 6 个滚珠测得直径(单位 mm)如下：

$$14.70 \quad 15.21 \quad 14.90 \quad 14.91 \quad 15.32 \quad 15.32$$

试求样本均值。

解：在 MATLAB 命令窗口输入：

```
>> X = [14.70 15.21 14.90 14.91 15.32 15.32];
>> mean(X)
ans =
    15.0600
```

2. 连续型随机变量的期望

若随机变量 X 的概率密度为 $p(x)$,则 X 的期望为

$$E(X) = \int_{-\infty}^{+\infty} x p(x) \mathrm{d}x$$

若下式右端积分绝对收敛,则 X 的函数 $f(X)$ 的期望为

$$E(f(X)) = \int_{-\infty}^{+\infty} f(x) p(x) \mathrm{d}x$$

【例 10-19】 已知随机变量 X 的概率密度：

$$p(x) = \begin{cases} 3x^2, & 0 < x < 1 \\ 0, & \text{其他} \end{cases}$$

求 $E(X)$ 和 $E(4X-1)$。

解：在 MATLAB 编辑器中建立 M 文件 LX0817.m：

```
syms x
p_x = 3 * x^2;
EX = int(x * p_x,0,1)
EY = int((4 * x - 1) * p_x,0,1)
```

运行结果：

```
EX =
3/4
EY =
2
```

【例 10-20】 设随机变量 X 的概率密度为

$$p(x) = \frac{1}{2}\mathrm{e}^{-|x|}, \quad -\infty < x < \infty$$

求 $E(X)$。

解：在 MATLAB 编辑器中建立 M 文件 LX0818.m：

```
syms x
p_x = 1/2 * exp( - abs(x));
EX = int(x * p_x, - inf,inf)
```

运行结果：

```
EX =
0
```

10.5.2　方差与标准差

方差是随机变量的个别偏差的平方的期望：

$$D(X) = E(X - E(X))^2 = E(X)^2 - (E(X))^2$$

标准差：

$$\sqrt{D(X)} = \sqrt{E(X - E(X))^2} = \sqrt{E(X)^2 - (E(X))^2}$$

对于样本 $x = [x_1, x_2, \cdots, x_n]$，有

样本方差：

$$S^2 = \frac{1}{n-1}\sum_{i=1}^{n}(x_i - \bar{x})^2$$

样本标准差：

$$\sigma(X) = \sqrt{D(X)}$$

1. 离散型随机变量的方差

1）方差

在 MATLAB 中用 sum 函数计算离散型随机变量的方差。

设 X 的分布律为

$$P\{X = x_k\} = p_k, \quad (k = 1, 2, \cdots)$$

则方差计算的函数调用形式为

$$DX = \mathrm{sum}(X - EX).\char`\^2.*p$$

或

$$DX = \mathrm{sum}(X.\char`\^2.*p) - (EX).\char`\^2$$

标准差的计算公式如下：

$$\sigma(X) = \sqrt{DX} = \text{sqrt}(DX)$$

【例 10-21】 设随机变量 X 的分布律为

X	-2	-1	0	1	2
p	0.3	0.1	0.2	0.1	0.3

求 $DX, D(X^2-1)$。

解：在 MATLAB 编辑器中建立 M 文件 LX0819.m：

```
X = [ - 2 - 1 0 1 2];
p = [0.3 0.1 0.2 0.1 0.3];
EX = sum(X. * p)
Y = X.^2 - 1
EY = sum(Y. * p)
DX = sum(X.^2. * p) - EX.^2
DY = sum(Y.^2. * p) - EY.^2
```

运行结果：

```
EX =
     0
Y =
     3     0    - 1     0     3
EY =
   1.6000
DX =
   2.6000
DY =
   3.0400
```

2) 样本方差

设随机变量 X 的样本为 $x = [x_1, x_2, \cdots, x_n]$，由于 X 取 x_i 的概率相同且均为 $1/n$，因此可以用上面的方法计算方差。另外，在 MATLAB 中又有专门的函数 var 计算样本方差。

函数：var ％计算一组采集数据即样本的方差

格式：$\text{var}(X)$ $\text{var}(X) = S^2 = \dfrac{1}{n-1}\sum_{i=1}^{n}(x_i - \bar{x})^2$，若 X 为向量，则返回向量的样本方差；若 X 为矩阵，则返回矩阵列向量的样本方差构成的行向量。

$\text{var}(X, 1)$ 返回向量(矩阵)X 的简单方差(即置前因子为 $1/n$ 的方差)。

$\text{var}(X, w)$ 返回向量(矩阵)X 的以 w 为权重的方差。

函数：std 计算一组采集数据即样本的标准差。

格式：$\text{std}(X)$ 返回向量(矩阵)X 的样本标准差，即

$$\text{std}(X) = S = \sqrt{\frac{1}{n-1}\sum_{i=1}^{n}(x_i - \bar{x})^2}$$

$\text{std}(X, 1)$ 返回向量(矩阵)X 的标准差(置前因子为 $1/n$)。

$\text{std}(X, 0)$ 与 $\text{std}(X)$ 相同。

$\text{std}(X, \text{flag}, \text{dim})$ 返回向量(矩阵)X 中维数为 dim 的标准差值，其中 flag=0 时，置前因子为 $1/(n-1)$；否则置前因子为 $1/n$。

【例 10-22】 求下列样本的样本方差和样本标准差，方差和标准差为

14.70 15.21 14.90 14.91 15.32 15.32

解：在 MATLAB 编辑器中建立 M 文件 LX0820.m：

```
X = [14.70 15.21 14.90 14.90 15.32 15.32];
DX = var(X,1)                    %方差
sigma = std(X,1)                 %标准差
DX1 = var(X)                     %样本方差
sigma1 = std(X)                  %样本标准差
```

运行结果：

```
DX =
     0.0559
sigma =
     0.2364
DX1 =
     0.0671
sigma1 =
     0.2590
```

2. 连续型随机变量的方差

连续型随机变量的方差利用 $D(X) = E(X - E(X))^2 = E(X^2) - (E(X))^2$ 求解。

设 X 的概率密度为 $p(x)$，则

$$E(X) = \int_{-\infty}^{+\infty} x p(x) \mathrm{d}x$$

$$D(X) = \int_{-\infty}^{+\infty} (x - EX)^2 p(x) \mathrm{d}x$$

或

$$D(X) = \int_{-\infty}^{+\infty} x^2 p(x) \mathrm{d}x - \left(\int_{-\infty}^{+\infty} x p(x) \mathrm{d}x \right)^2$$

在 MATLAB 中，视具体情况实现。

【例 10-23】 设 X 的密度函数为

$$p(x) = \begin{cases} \dfrac{1}{\pi \sqrt{1 - x^2}}, & |x| < 1 \\ 0, & |x| \geqslant 1 \end{cases}$$

求 $D(X), D(2X+1)$。

解：在 MATLAB 编辑器中建立 M 文件 LX0821.m：

```
syms x
px = 1/(pi * sqrt(1 - x^2));
EX = int(x * px, - 1,1)
DX = int(x^2 * px, - 1,1) - EX^2
y = 2 * x + 1;
EY = int(y * px, - 1,1)
DY = int(y^2 * px, - 1,1) - EY^2
```

运行结果：

```
EX =
0
DX =
1/2
EY =
1
DY =
2
```

10.5.3　常用分布的期望与方差求法

在统计工具箱中,用 stat 结尾的函数可以计算给定参数的某种分布的期望和方差,见表 10-4。

表 10-4　计算期望和方差的函数

函数名	调　用　形　式	参　数　说　明	函　数　注　释
betastat	$[M,V]=$betastat(A,B)	M 为期望值,V 为方差值; A、B 为 β 分布参数	β 分布的期望与方差
binostat	$[M,V]=$binostat(N,p)	N 为试验次数; p 为二项分布概率	二项分布的期望与方差
chi2stat	$[M,V]=$chi2stat(nu)	nu 为卡方分布参数	χ^2 分布的期望与方差
expstat	$[M,V]=$expstat(mu)	mu 为指数分布参数	指数分布的期望与方差
fstat	$[M,V]=$fstat$(n1,n2)$	$n1$、$n2$ 为 F 分布的两个自由度	F 分布的期望与方差
gamstat	$[M,V]=$gamstat(A,B)	A、B 为 Γ 分布的参数	Γ 分布的期望与方差
geostat	$[M,V]=$geostat(p)	p 为几何分布的几何概率参数	几何分布的期望与方差
hygestat	$[M,V]=$hygestat(M,K,N)	M、K、N 为超几何分布的参数	超几何分布的期望与方差
lognstat	$[M,V]=$lognstat$(mu,sigma)$	mu 为对数分布的均值; sigma 为标准差	对数分布的期望与方差
poisstat	$[M,V]=$poisstat$(lambda)$	lambda 为 Poisson 分布的参数	Poisson 分布的期望与方差
normstat	$[M,V]=$normstat$(mu,sigma)$	mu 为正态分布的均值; sigma 为标准差	正态分布的期望与方差
tstat	$[M,V]=$tstat(nu)	nu 为 t 分布的参数	t 分布的期望与方差
unifstat	$[M,V]=$unifstat(a,b)	a、b 为均匀分布的分布区间端点值	均匀分布的期望与方差

有了表 10-4,各函数的用法也就一目了然了。下面举几个例子。

【例 10-24】 求参数为 0.12 和 0.34 的 β 分布的期望和方差。

解：在 MATLAB 命令窗口输入：

```
>> [m,v] = betastat(0.12,0.34)
```

运行结果：

```
m =
    0.2609
v =
    0.1321
```

【例 10-25】 按规定,某型号的电子元件的使用寿命超过 1500 小时为一级品,已知一样品 20 只,一级品率为 0.2。问这样品中一级品元件的期望和方差为多少?

解：分析可知此电子元件中一级品元件分布为二项分布,可使用 binostat 函数求解。在 MATLAB 命令窗口输入：

```
>> [m,v] = binostat(20,.2)
```

运行结果：

```
m =
    4
v =
    3.2000
```

结果说明一级品元件的期望为 4,方差为 3.2000。

【**例 10-26**】 求参数为 8 的 Poisson 分布的期望和方差。

解:

```
>> [m,v] = poisstat(8)
m =
     8
v =
     8
```

由此可见 Poisson 分布参数 λ 的值与它的期望和方差是相同的。

10.6 二维随机向量的数字特征

设 E 是一个随机试验,M 是它的样本空间,X 和 Y 是定义在 M 上的两个随机变量,称向量 (X,Y) 为二维随机向量或二维随机变量。

10.6.1 期望

(1) 若 (X,Y) 的联合分布律为

$$P\{X = x_i,\ Y = y_j\} = p_{ij} \quad (i = 1,2,3,\cdots;\ j = 1,2,3,\cdots)$$

则 $Z = f(X,Y)$ 的期望为

$$E(Z) = Ef((X,Y)) = \sum_i \sum_j f(x_i,y_j) p_{ij}$$

(2) 若 (X,Y) 的联合密度为 $p(x,y)$,则 $Z = f(X,Y)$ 的期望为

$$E(Z) = E(f(X,Y)) = \int_{-\infty}^{+\infty} \int_{-\infty}^{+\infty} f(x,y) p(x,y)\mathrm{d}x\mathrm{d}y$$

(3) 若 (X,Y) 的边缘概率密度为 $p_X(x),p_Y(y)$,则

$$E(X) = \int_{-\infty}^{+\infty} x p_X(x)\mathrm{d}x = \int_{-\infty}^{+\infty} \int_{-\infty}^{+\infty} x p(x,y)\mathrm{d}x\mathrm{d}y$$

$$E(Y) = \int_{-\infty}^{+\infty} y p_Y(y)\mathrm{d}y = \int_{-\infty}^{+\infty} \int_{-\infty}^{+\infty} y p(x,y)\mathrm{d}x\mathrm{d}y$$

$$D(X) = \int_{-\infty}^{+\infty} (x - EX)^2 p_X(x)\mathrm{d}x = \int_{-\infty}^{+\infty} \int_{-\infty}^{+\infty} (x - EX)^2 p(x,y)\mathrm{d}x\mathrm{d}y$$

$$D(Y) = \int_{-\infty}^{+\infty} (y - EY)^2 p_Y(y)\mathrm{d}y = \int_{-\infty}^{+\infty} \int_{-\infty}^{+\infty} (y - EY)^2 p(x,y)\mathrm{d}x\mathrm{d}y$$

【**例 10-27**】 设 (X,Y) 的联合分布如下

X \\ Y	-1	1	2
-1	$\dfrac{5}{20}$	$\dfrac{2}{20}$	$\dfrac{6}{20}$
2	$\dfrac{3}{20}$	$\dfrac{3}{20}$	$\dfrac{1}{20}$

$Z = X - Y$,求 $E(Z)$。

解: 在 MATLAB 编辑器中建立 M 文件 LX0825.m:

```
X = [-1 2];
Y = [-1 1 2];
for i = 1:2
    for j = 1:3
        Z(i,j) = X(i) - Y(j);
    end
end
```

```
end                        % 该循环计算 X - Y 的值 Z
p = [5/20 2/20 6/20;3/20 3/20 1/20];
EZ = sum(sum(Z. * p))      % 将 Z 与 p 对应相乘相加
```

运行结果：

```
EZ =
    - 0.5000
```

【例 10-28】 射击试验中,在靶平面建立以靶心为原点的直角坐标系,设 X、Y 分别为弹着点的横坐标和纵坐标,它们相互独立且均服从 $N(0,1)$,求弹着点到靶心距离的均值。

解：弹着点到靶心的距离为 $Z=\sqrt{X^2+Y^2}$,求 $E(Z)$。

其联合分布密度为

$$p(x,y)=\frac{1}{2\pi}e^{-\frac{1}{2}(x^2+y^2)} \quad (-\infty < x < +\infty, -\infty < y < +\infty)$$

在 MATLAB 编辑器中建立 M 文件 LX0826.m：

```
syms x y r t
pxy = 1/(2 * pi) * exp( - 1/2 * (x.^2 + y.^2));
EZ = int(int(r * 1/(2 * pi) * exp( - 1/2 * r^2) * r,r,0,inf),t,0,2 * pi)
% 利用极坐标计算较简单
```

运行结果：

```
EZ =
    1/2 * 2^(1/2) * pi^(1/2)
```

即

$$E(Z)=\frac{\sqrt{2\pi}}{2}$$

10.6.2　协方差

对于二维随机向量 (X,Y),期望 $E(X)$、$E(Y)$ 分别反映 X、Y 各自的均值,而方差 $D(X)$、$D(Y)$ 也仅仅反映分量 X、Y 对各自均值的离散程度。因此还需要研究 X 与 Y 之间相互联系的程度。协方差是体现这一程度的一个很重要的概念。

设 (X,Y) 是一个二维随机向量,若 $E[(X-E(X))(Y-E(Y))]$ 存在,则称为 X、Y 的协方差,记为 $\mathrm{cov}(X,Y)$ 或 σ_{XY}。即

$$\mathrm{cov}(X,Y)=E[(X-E(X))(Y-E(Y))]=E(XY)-E(X)E(Y)$$

特别地：

$$\mathrm{cov}(X,X)=E[(X-E(X))^2]=E(X^2)-(E(X))^2$$
$$\mathrm{cov}(Y,Y)=E[(Y-E(Y))^2]=E(Y^2)-(E(Y))^2$$

MATLAB 提供了求样本协方差的函数：

$\mathrm{cov}(X)$　　X 为向量时,返回此向量的方差；X 为矩阵时,返回此矩阵的协方差矩阵,此协方差矩阵对角线元素为 X 矩阵的列向量的方差值。

$\mathrm{cov}(X,Y)$　　返回 X 与 Y 的协方差,且 X 与 Y 同维。

$\mathrm{cov}(X,0)$　　返回 X 的样本协方差,置前因子为 $1/(n-1)$ 与 $\mathrm{cov}(X)$ 相同。

$\mathrm{cov}(X,1)$　　返回 X 的协方差,置前因子为 $1/n$。

$\mathrm{cov}(X,Y)$ 与 $\mathrm{cov}(X,Y,1)$ 的区别同上。

说明：用命令函数 cov 时,X、Y 分别为样本点。

【例 10-29】 设 (X,Y) 的联合密度为

$$p(x,y) = \begin{cases} \dfrac{1}{8}(x+y), & 0 \leqslant x \leqslant 2, 0 \leqslant y \leqslant 2 \\ 0, & \text{其他} \end{cases}$$

求 $D(X)$、$D(Y)$ 和 $\text{cov}(X,Y)$。

解:

$$E(X) = \int_{-\infty}^{+\infty} x p_X(x) \mathrm{d}x = \int_{-\infty}^{+\infty} \int_{-\infty}^{+\infty} x p(x,y) \mathrm{d}x \mathrm{d}y$$

$$E(Y) = \int_{-\infty}^{+\infty} y p_Y(y) \mathrm{d}y = \int_{-\infty}^{+\infty} \int_{-\infty}^{+\infty} y p(x,y) \mathrm{d}x \mathrm{d}y$$

在 MATLAB 编辑器中建立 M 文件 LX0827.m：

```
syms x y
pxy = 1/8 * (x + y);
EX = int(int(x * pxy, y, 0, 2), 0, 2)
EY = int(int(y * pxy, x, 0, 2), 0, 2)
EXX = int(int(x^2 * pxy, y, 0, 2), 0, 2)
EYY = int(int(y^2 * pxy, x, 0, 2), 0, 2)
EXY = int(int(x * y * pxy, x, 0, 2), 0, 2)
DX = EXX - EX^2
DY = EYY - EY^2
DXY = EXY - EX * EY
```

运行结果：

```
EX =
7/6
EY =
7/6
EXX =
5/3
EYY =
5/3
EXY =
4/3
DX =
11/36
DY =
11/36
DXY =
-1/36
```

【例 10-30】 求向量 $\boldsymbol{a} = \begin{bmatrix} 1 & 2 & 1 & 2 & 2 & 1 \end{bmatrix}$ 的协方差。

解: 在 MATLAB 命令窗口输入：

```
>> a = [1 2 1 2 2 1];
>> cov(a)
ans =
    0.3000
```

【例 10-31】 求矩阵的协方差。

解: 在 MATLAB 命令窗口输入：

```
>> d = rand(2,6)
d =
    0.9218    0.1763    0.9355    0.4103    0.0579    0.8132
    0.7382    0.4057    0.9169    0.8936    0.3529    0.0099
```

```
>> cov1 = cov(d)
cov1 =
     0.0169    - 0.0211     0.0017    - 0.0444    - 0.0271     0.0737
   - 0.0211      0.0263    - 0.0021     0.0555      0.0338    - 0.0922
     0.0017    - 0.0021     0.0002    - 0.0045    - 0.0027     0.0075
   - 0.0444      0.0555    - 0.0045     0.1168      0.0713    - 0.1942
   - 0.0271      0.0338    - 0.0027     0.0713      0.0435    - 0.1185
     0.0737    - 0.0922     0.0075    - 0.1942    - 0.1185     0.3226
```

10.6.3　相关系数

相关系数是体现随机变量 X 和 Y 相互联系程度的度量。

设 (X, Y) 的协方差为 $\mathrm{cov}(X, Y)$，且 $D(X) > 0, D(Y) > 0$，则称 $\dfrac{\sigma_{XY}}{\sqrt{\sigma_{XX}}\sqrt{\sigma_{YY}}}$ 即

$\dfrac{\mathrm{cov}(X, Y)}{\sqrt{D(X)}\sqrt{D(Y)}}$ 为 X 与 Y 的相关系数，记为 ρ_{XY}。

当 $\rho_{XY} = 0$ 时，称 X 与 Y 不相关。

MATLAB 提供了求样本相关系数的函数。

corrcoef(X, Y)　返回列向量 X、Y 的相关系数。

corrceof(X)　返回矩阵 X 的列向量的相关系数矩阵。

【例 10-32】　设 (X, Y) 的联合分布律如下

X ＼ Y	-1	1	2
-1	$\dfrac{5}{20}$	$\dfrac{2}{20}$	$\dfrac{6}{20}$
2	$\dfrac{3}{20}$	$\dfrac{3}{20}$	$\dfrac{1}{20}$

求 X 与 Y 的协方差 σ_{XY} 及相关系数 ρ_{XY}。

解： 在 MATLAB 编辑器中建立 M 文件 LX0830.m：

```
format rat                          % 有理格式输出
X = [ -1 2 ];
Y = [ -1 1 2 ];
PXY = [5/20 2/20 6/20;3/20 3/20 1/20];   % X、Y 的联合分布
PX = sum(PXY')                      % X 的边缘分布
PY = sum(PXY)                       % Y 的边缘分布
EX = sum(X. * PX)                   % X 的期望
EY = sum(Y. * PY)
EXX = sum(X.^2. * PX)               % 计算 EX²
EYY = sum(Y.^2. * PY)
DX = EXX - EX^2                     % X 的方差
DY = EYY - EY^2
XY = [1 -1 -2; -2 2 4];            % XY 的取值
EXY = sum(sum(XY. * PXY))
DXY = EXY - EX * EY                 % X 与 Y 的协方差
ro_XY = DXY/sqrt(DX * DY)           % X 与 Y 的相关系数
```

运行结果：

```
PX =
    13/20     7/20
PY =
    2/5     1/4     7/20
```

```
EX =
    1/20
EY =
    11/20
EXX =
    41/20
EYY =
    41/20
DX =
    819/400
DY =
    699/400
EXY =
    - 1/4
DXY =
    - 111/400
ro_XY =
    - 365/2488
```

即 $\sigma_{XY} = -111/400, \rho_{XY} = -365/2488$。

【**例 10-33**】 设 (X, Y) 在单位圆 $G = \{(x, y) | x^2 + y^2 \leqslant 1\}$ 上服从均匀分布,即有联合密度

$$p(x, y) = \begin{cases} \dfrac{1}{\pi}, & x^2 + y^2 \leqslant 1 \\ 0, & x^2 + y^2 > 1 \end{cases}$$

求 σ_{XX}、σ_{XY}、σ_{YY} 和 ρ_{XY}。

解:

$$E(X) = \iint\limits_{G} x p(x, y) \mathrm{d}x \mathrm{d}y = \iint\limits_{G} r\cos\theta \cdot p(x, y) r \mathrm{d}r \mathrm{d}\theta$$

在 MATLAB 编辑器中建立 M 文件 LX0831. m:

```
syms x y r t
pxy = str2sym('1/pi');
EX = int(int(r^2 * cos(t) * pxy,r,0,1),0,2 * pi)
EY = int(int(r^2 * sin(t) * pxy,r,0,1),0,2 * pi)
EXX = int(int(r^3 * cos(t)^2 * pxy,r,0,1),0,2 * pi)
EYY = int(int(r^3 * sin(t)^2 * pxy,r,0,1),0,2 * pi)
EXY = int(int(r^3 * cos(t) * sin(t) * pxy,r,0,1),0,2 * pi)
DX = EXX - EX^2
DY = EYY - EY^2
DXY = EXY - EX * EY
ro_XY = DXY/sqrt(DX * DY)
```

运行结果:

```
EX =
0
EY =
0
EXX =
1/4
EYY =
1/4
EXY =
0
DX =
1/4
```

```
DY =
1/4
DXY =
0
ro_XY =
0
```

10.7　参数估计

通常，一个随机变量的分布可由某些参数决定，但在实际问题中要想知道一个分布的参数的精确值是很困难的，因此，需要对这些参数的取值作出估计。参数估计就是通过随机样本去估计参数的取值以及参数的取值范围。

MATLAB 的统计工具箱采用极大似然法给出了常用概率分布的参数的点估计和区间估计值，另外还提供了部分分布的对数似然函数的计算功能。

10.7.1　点估计

对于给定的总体和样本，如果用某个统计量的值估计总体的某个未知参数，这种估计方法称为点估计，该统计量称为点估计量。例如，用样本均值 $\overline{X}$ 估计总体均值，用样本方差 S^2 估计总体方差，都属于点估计。

常用的求点估计量的方法有矩估计法、最大似然估计法，常用的教材都有详细叙述。

对于同一个未知参数，常有多种估计方法，如何选择？这涉及估计量的评价标准。常从以下 3 个不同角度考察。

1. 无偏性

设总体 X 含有未知参数 θ，$X_1, X_2, \cdots, X_n$ 为来自总体的简单随机样本，又设 $\hat{\theta} = \hat{\theta}(X_1, X_2, \cdots, X_n)$ 为 θ 的一个估计量。若在给定范围内无论 θ 如何取值，总有 $E_\theta(\hat{\theta}) = \theta$，则称 $\hat{\theta}$ 为 θ 的一个无偏估计量；若 $E_\theta(\hat{\theta}) \neq \theta$，则称 $\hat{\theta}$ 为 θ 的一个有偏估计量。

无偏估计的含义是：由于样本的随机性，估计值有时候偏大，有时候偏小，多次估计的平均值才能靠近真实的未知参数值。

无论无偏估计还是有偏估计，可以统一使用均方误差 MSE 评价：

$$\text{MSE}(\hat{\theta}) = E_\theta(\hat{\theta} - \theta)^2 = D_\theta(\hat{\theta}) + [\theta - E_\theta(\hat{\theta})]^2$$

对于无偏估计，$[\theta - E_\theta(\hat{\theta})]^2 = 0$，但 $D_\theta(\hat{\theta})$ 可能很大，果真如此，它就不是一个好的估计量。反之，对于有偏估计，虽然 $[\theta - E_\theta(\hat{\theta})]^2 \neq 0$，但如果与 $D_\theta(\hat{\theta})$ 相加之后 $\text{MSE}(\hat{\theta})$ 仍然较小，则它就是一个较好的估计量。

【例 10-34】 设总体 $X \sim \chi^2(n)$，$X_1, X_2, \cdots, X_{20}$ 为来自总体的简单随机样本，欲估计总体均值 μ（注意 n 未知），比较以下 3 个点估计量的好坏：

$$\hat{\mu}_1 = 101X_1 - 100X_2, \quad \hat{\mu}_2 = \frac{1}{2}(X_{(10)} + X_{(11)}), \quad \hat{\mu}_3 = \overline{X}$$

解：本例题给出了利用 MSE 评价点估计量的随机模拟方法。由于 $\chi^2(n)$ 的总体均值为 n，因此可以先取定一个固定值，例如 $n = \mu_0 = 5$，然后在这个参数已知且固定的总体中抽取容量为 20 的样本，分别用样本值依照 3 种方法分别计算估计值（注意 $n = \mu_0 = 5$），看看哪种方法误差大，哪种方法误差小。一次估计的比较一般不能说明问题，正如低手射击也可能命中 10 环，高手射击也可能命中 9 环。如果连续射击 1 万次，比较总环数（或平均环数），多者一定是

高手。同理,如果抽取容量为 20 的样本 $N=10000$ 次,分别计算

$$\text{MSE}(\hat{\mu}_i) \approx \frac{1}{N} \sum_{k=1}^{N} [\hat{\mu}_i(k) - \mu_0]^2$$

小者为好。

```
N = 10000; m = 5; n = 20;
mse1 = 0; mse2 = 0; mse3 = 0;
for k = 1:N
    x = chi2rnd(m,1,n);
    m1 = 101 * x(1) - 100 * x(2);
    m2 = median(x);
    m3 = mean(x);
    mes1 = mse1 + (m1 - m)^2;
    mes2 = mse2 + (m2 - m)^2;
    mes3 = mse3 + (m3 - m)^2;
end
mse1 = mes1/N
mse2 = mes2/N
mse3 = mes3/N
```

以上程序保存为 ex21. m,在命令窗口中输入 ex21,运算结果为

```
mse1 =
  58.1581
mse2 =
  7.8351e - 005
mse3 =
  9.4469e - 006
```

可见第一个虽为无偏估计量,但 MSE 极大,表现很差。第二个虽为有偏估计,但表现与第三个相差不多,也是较好的估计量。另外,重复运行 ex21,每次的结果是不同的,但优劣表现几乎是一致的。

【**例 10-35**】 设 $X_1, X_2, \cdots, X_{50}$ 为来自 $[0,\theta]$ 上服从均匀分布的总体的简单随机样本,容易得到未知参数的矩估计量 $\hat{\theta}_1 = 2\overline{X}$,最大似然估计量 $\hat{\theta}_2 = \max(X_1, X_2, \cdots, X_{50})$,试用随机模拟的方法比较两者的优劣。

解:不妨设 $\theta = 5$,以下程序给出了两者的评价:

```
s = 5;
N = 10000;
mse1 = 0; mse2 = 0;
for k = 1:N
    x = 5. * rand(1,50);
    s1 = 2 * mean(x);
    s2 = max(x);
    mse1 = mse1 + (s1 - s)^2;
    mse2 = mse2 + (s2 - s)^2;
end
mse1 = mse1/N; mse2 = mse2/N;
[mse1,mse2]
```

参考运行结果:

```
176/1063     157/8123
```

本例中,最大似然估计精度较高。注意矩法估计量是无偏估计,本例中最大似然估计量显然是有偏估计,且一定是偏小的。

2. 有效性

对于无偏估计,在 $\mathrm{MSE}(\hat{\theta}) = D_\theta(\hat{\theta}) + [\theta - E_\theta(\hat{\theta})]^2$ 中第二项为零,故比较两个无偏估计量,只需比较各自的方差即可。称方差小的无偏估计量为有效的,当然指的是两个无偏估计相对而言。

3. 相合性

设 $\hat{\theta}_n = \hat{\theta}_n(X_1, X_2, \cdots, X_n)$ 为总体未知参数 θ 的估计量,如果对于任意给定的 $\varepsilon > 0$,总有

$$\lim_{n \to \infty} P(|\hat{\theta}_n - \theta| < \varepsilon) = 1$$

则称 $\hat{\theta}_n$ 为 θ 的相合估计量。又若

$$P(\lim_{n \to \infty} |\hat{\theta}_n - \theta| = 0) = 1$$

则称 $\hat{\theta}_n$ 为 θ 的强相合估计量。

相合估计的含义是:样本容量越大,估计值越精确。

10.7.2　区间估计

所谓区间估计,就是用两个估计量 $\hat{\theta}_1$ 与 $\hat{\theta}_2$ 估计未知参数 θ,使得随机区间 $(\hat{\theta}_1, \hat{\theta}_2)$ 能够包含未知参数的概率为指定的 $1 - \alpha$。即

$$P_\theta(\hat{\theta}_1 < \theta < \hat{\theta}_2) \geqslant 1 - \alpha$$

称满足上述条件的区间 $(\hat{\theta}_1, \hat{\theta}_2)$ 为 θ 的置信区间,称 $1 - \alpha$ 为置信水平。$\hat{\theta}_1$ 称为置信下限,$\hat{\theta}_2$ 称为置信上限。

MATLAB统计工具箱中给出了最大似然法估计常用概率分布的参数的点估计和区间估计值函数,还提供了部分分布的对数似然函数的计算功能。

1. 单正态总体均值的置信区间

1) 方差 $\sigma^2 = \sigma_0^2$ 已知情形

查表求 $u_{\frac{\alpha}{2}}$ 满足:对于 $\xi \sim N(0,1), P(\xi > u_{\frac{\alpha}{2}}) = \dfrac{\alpha}{2}$。

对于总体 $N(\mu, \sigma_0^2)$ 中的样本 $X_1, X_2, \cdots, X_n, \mu$ 的置信区间为

$$(\overline{X} - u_{\frac{\alpha}{2}} \sigma_0, \overline{X} + u_{\frac{\alpha}{2}} \sigma_0)$$

其中 $u_{\frac{\alpha}{2}}$ 可以用 norminv$(1 - a/2)$ 计算。

【例 10-36】 设

$$1.1, 2.2, 3.3, 4.4, 5.5$$

为来自正太总体 $N(\mu, 2.3^2)$ 的简单随机样本,求 μ 的置信水平为 95% 的置信区间。

解: 以下用MATLAB命令计算:

```
x = [1.1,2.2,3.3,4.4,5.5];
m = mean(x);
c = 2.3;
d = c * norminv(0.975);
a = m - d; b = m + d;
[a,b]
```

计算结果:

```
 - 1.2079    7.8079
```

2) 方差 σ^2 未知情形

对于总体 $N(\mu,\sigma^2)$ 中的样本 $X_1,X_2,\cdots,X_n,\mu$ 的置信区间为

$$\left(\overline{X}-t_{\frac{\alpha}{2}}S,\overline{X}+t_{\frac{\alpha}{2}}S\right)$$

其中,$t_{\frac{\alpha}{2}}$ 为自由度 $n-1$ 的 t 分布临界值。

数据同上,利用 MATLAB 计算:

```
m = mean(x); S = std(x); d = S * tinv(0.975,4);
a = m-d;      b = m + d;   [a,b]
```

计算结果:

```
-1.5289    8.1289
```

2. 单正态总体方差的置信区间

由于 $W=\dfrac{1}{\sigma^2}\sum_{i=1}^{n}(X_i-\overline{X})^2 \sim \chi^2(n-1)$,查表求临界值 c_1 与 c_2,使得

$$P(c_1<W<c_2)=1-\alpha$$

则 σ^2 的置信区间为

$$\left(\frac{1}{c_2}\sum_{i=1}^{n}(X_i-\overline{X})^2,\frac{1}{c_1}\sum_{i=1}^{n}(X_i-\overline{X})^2\right)$$

其中查表可用 chi2inv 进行。数据同上,以下求 σ^2 的置信区间:

```
c1 = chi2inv(0.025,4),
c2 = chi2inv(0.975,4),
T = var(x) * 4,
a = T/c2,
b = T/c1,
```

计算结果:

```
1.0859   24.9784
```

3. 两正态总体均值差的置信区间

1) 方差已知情形

设 $X_1,X_2,\cdots,X_m \sim N(\mu_1,\sigma_1^2)$,$Y_1,Y_2,\cdots,Y_n \sim N(\mu_2,\sigma_2^2)$,两样本独立,此时 $\mu_1-\mu_2$ 的置信区间为

$$\left(\overline{X}-\overline{Y}-u_{\frac{\alpha}{2}}\sqrt{\frac{\sigma_1^2}{m}+\frac{\sigma_2^2}{n}},\overline{X}-\overline{Y}+u_{\frac{\alpha}{2}}\sqrt{\frac{\sigma_1^2}{m}+\frac{\sigma_2^2}{n}}\right)$$

这里已经知道 $u_{\frac{\alpha}{2}}$ 可用 norminv(0.975) 求得,MATLAB 计算很容易。

2) 方差未知但相等

$$\sigma_1^2=\sigma_2^2=\sigma^2$$

此时 $\mu_1-\mu_2$ 的置信区间为

$$\left(\overline{X}-\overline{Y}-t_{\frac{\alpha}{2}}\cdot C,\overline{X}-\overline{Y}+t_{\frac{\alpha}{2}}\cdot C\right)$$

其中,$C=\sqrt{\dfrac{1}{m}+\dfrac{1}{n}}\sqrt{\dfrac{(m-1)S_1^2+(n-1)S_2^2}{m+n-2}}$,而 $t_{\frac{\alpha}{2}}$ 依照自由度 $m+n-2$ 计算。

4. 两正态总体方差比的置信区间

此时,查自由度为 $(m-1,n-1)$ 的 F 分布临界值表,使得

$$P(c_1 < F < c_2) = 1 - \alpha$$

则 σ_1^2/σ_2^2 的置信区间为

$$\left(\frac{S_1^2/S_2^2}{c_2}, \frac{S_1^2/S_2^2}{c_1} \right)$$

【例 10-37】 设两台车床加工同一零件,各加工 8 件,长度的误差为

A: -0.12 -0.80 -0.05 -0.04 -0.01 0.05 0.07 0.21

B: -1.50 -0.80 -0.40 -0.10 0.20 0.61 0.82 1.24

求方差比的置信区间。

解:用 MATLAB 计算如下:

```
x = [ - 0.12, - 0.80, - 0.05, - 0.04, - 0.01,0.05,0.07,0.21];
y = [ - 1.50, - 0.80, - 0.40, - 0.10,0.20,0.61, 0.82,1.24];
v1 = var(x), v2 = var(y),
c1 = finv(0.025,7,7), c2 = finv(0.975,7,7),
a = (v1/v2)/c2, b = (v1/v2)/c1, [a,b]
```

计算结果:

```
0.0229    0.5720
```

方差比小于 1 的概率至少达到了 95%,说明车床 A 的精度明显高。

10.7.3 最大似然估计法

MATLAB 统计工具箱中给出了最大似然法估计常用概率分布的参数的点估计和区间估计值函数,还提供了部分分布的对数似然函数的计算功能。

1. 常用分布的参数估计函数

表 10-5 展示了常用分布的参数估计函数。

表 10-5 参数似然估计函数表

函数名	调用形式	函数说明
binofit	binofit(X,N) [PHAT,PCI]=binofit(X,N,ALPHA)	二项分布的最大似然估计; 返回 α 水平的参数估计和置信区间
poissfit	poissfit(X) [LAMBDAHAT, LAMBDACI] = poissfit(X, ALPHA)	泊松分布的最大似然估计; 返回 α 水平的 λ 参数和置信区间
normfit	normfit(X,ALPHA) [MUHAT, SIGMAHAT, MUCI, SIGMACI] = normfit(X,ALPHA)	正态分布的最大似然估计; 返回 α 水平的期望、方差和置信区间
betafit	betafit(X) [PHAT,PCI]=betafit(X,ALPHA)	β 分布的最大似然估计; 返回最大似然估计值和 α 水平的置信区间
unifit	unifit(X,ALPHA) [AHAT,BHAT,ACI,BCI]=unifit(X,ALPHA)	均匀分布的最大似然估计; 返回 α 水平的参数估计和置信区间
expfit	expfit(X) [MUHAT,MUCI]=expfit(X,ALPHA)	指数分布的最大似然估计; 返回 α 水平的参数估计和置信区间
gamfit	gamfit(X) [PHAT,PCI]=gamfit(X,ALPHA)	Γ 分布的最大似然估计; 返回最大似然估计值和 α 水平的置信区间

函数名	调 用 形 式	函 数 说 明
weibfit	weibfit(DATA,ALPHA) [PHAT,PCI]=weibfit(DATA,ALPHA)	韦伯分布的最大似然估计； 返回 α 水平的参数及其区间估计
mle	PHAT=mle(DIST,DATA) [PHAT,PCI]=mle(DIST,DATA,ALPHA,PI)	DIST 分布的最大似然估计； 返回最大似然估计值和 α 水平的置信区间

注意：① 各函数返回已给数据向量的参数最大似然估计值和置信度为 $(1-\alpha) \times 100\%$ 的置信区间。α 的默认值为 0.05，即置信度为 95%。

② 在 mle 函数中，参数 dist 可为各种分布函数名，可实现各分布的最大似然估计。

例如 β 分布：

函数：betafit

功能：β 分布数据的参数 a 和 b 的最大似然估计值及其置信区间。

格式：$PHAT = betafit(X)$

$\quad\quad [PHAT，PCI]= betafit(X，ALPHA)$

说明：PHAT 为样本 X 的 β 分布参数 a 和 b 估计值；PCI 为样本 X 的 β 分布参数 a 和 b 的置信区间，是一个 2×2 矩阵，其第 1 列为参数 a 的置信下界和上界，第 2 列为为参数 b 的置信下界和上界；ALPHA 为显著水平，$(1-\alpha) \times 100\%$ 为置信度。

函数：mle

功能：求分布参数的最大似然估计值。

格式：$phat = mle('dist'，X)$

$\quad\quad [phat，pci] = mle('dist'，X)$

$\quad\quad [phat，pci] = mle('dist'，X，alpha)$

$\quad\quad [phat，pci] = mle('dist'，X，alpha，pl)$ %仅用于二项分布，pl 为试验次数

说明：dist 可为各种分布函数名，如 beta（β 分布）、bino（二项分布）；X 为数据样本；alpha 为显著水平 α，$(1-\alpha) \times 100\%$ 为置信度。

【例 10-38】 随机产生 100 个 β 分布数据，相应的分布参数真值为 4 和 3。求 4 和 3 的最大似然估计值和置信度为 99% 的置信区间。

解：在 MATLAB 编辑器中建立 M 文件 LX0833.m：

```
X = betarnd(4,3,100,1)          %随机产生 100 个 β 分布数据，参数为 4 和 3
[phat,pci] = betafit(X,0.01)
```

运行结果：

```
X = %这些数据只有一列，这里为了节约版面而改为 4 列数据(使用矩阵重置命令 reshape (X, 25, 4))
    0.3658      0.6519      0.6081      0.9078
    0.3643      0.8469      0.5968      0.4355
    0.3699      0.5699      0.2124      0.4981
    0.4072      0.2345      0.4700      0.5750
    0.6875      0.6418      0.6228      0.5098
    0.7258      0.7138      0.8713      0.7770
    0.6845      0.3643      0.4154      0.7091
    0.5608      0.5030      0.5983      0.5150
    0.8293      0.6394      0.6324      0.4216
    0.2735      0.3465      0.5696      0.5543
    0.6139      0.5409      0.5737      0.5949
```

```
    0.5499      0.6392      0.7139      0.4601
    0.4019      0.6719      0.5702      0.4127
    0.5287      0.5353      0.8848      0.5694
    0.2029      0.5285      0.6796      0.5562
    0.5193      0.7248      0.6908      0.7405
    0.7569      0.8543      0.2363      0.6161
    0.7796      0.4654      0.3605      0.7372
    0.5012      0.6840      0.4441      0.1429
    0.7392      0.6577      0.6327      0.3682
    0.7025      0.4687      0.6471      0.7881
    0.4492      0.7995      0.2292      0.7464
    0.6360      0.5585      0.5740      0.5893
    0.6985      0.4931      0.4393      0.5544
    0.4263      0.6238      0.4507      0.6960
phat =
    4.6613      3.5719
pci =
    3.1123      2.3336
    6.2103      4.8102
```

说明：数据 4.6613 和 3.5719 为参数 4 和 3 的估计值；pci 的第 1 列为参数 4 的置信区间，第 2 列为参数 3 的置信区间。随机产生的数据不同，其估计值和置信区间就不一样。

【例 10-39】 设某种油漆的 9 个样品干燥时间(以小时计)分别为

$$6.0 \quad 5.7 \quad 5.8 \quad 6.5 \quad 7.0 \quad 6.3 \quad 5.6 \quad 6.1 \quad 5.0$$

设干燥时间总体服从正态分布 $N(\mu, \sigma^2)$，求 μ 和 σ 的置信度为 0.95 的置信区间(σ 未知)。

解：在 MATLAB 命令窗口输入：

```
>> X = [6.0 5.7 5.8 6.5 7.0 6.3 5.6 6.1 5.0];
>> [muhat, sigmahat, muci, sigmaci] = normfit(X, 0.05)
muhat =
     6              % μ 的最大似然估计值
sigmahat =
     0.5745         % σ 的最大似然估计值
muci =              % μ 的置信区间
     5.5584
     6.4416
sigmaci =           % σ 的置信区间
     0.3880
     1.1005
```

此解说明 μ 的最大似然估计值为 6，置信区间为 $[5.5584, 6.4416]$；σ 的最大似然估计值为 0.5745，置信区间为 $[0.3880, 1.1005]$。

【例 10-40】 分别使用金球和铂球测定引力常数。

(1) 用金球测定观察值为

$$6.683 \quad 6.681 \quad 6.676 \quad 6.678 \quad 6.679 \quad 6.672$$

(2) 用铂球测定观察值为

$$6.661 \quad 6.661 \quad 6.667 \quad 6.667 \quad 6.664$$

设测定值总体服从 $N(\mu, \sigma^2)$，μ 和 σ 为未知。对(1)、(2)两种情况分别求 μ 和 σ 的置信度为 0.9 的置信区间。

解：在 MATLAB 命令窗口输入：

```
>> j = [6.683 6.681 6.676 6.678 6.679 6.672];
>> b = [6.661 6.661 6.667 6.667 6.664];
>> [muhat, sigmahat, muci, sigmaci] = normfit(j, 0.1)          % 金球测定的估计
```

```
muhat =
     6.6782
sigmahat =
     0.0039
muci =
     6.6750
     6.6813
sigmaci =
     0.0026
     0.0081
```

说明金球测定数据的置信度为 0.9 的 μ 和 σ 置信区间为

$$\mu: [6.6750, 6.6813]$$
$$\sigma: [0.0026, 0.0081]$$

```
>> [muhat,sigmahat,muci,sigmaci] = normfit(b,0.1)          % 铂球测定的估计
muhat =
     6.6640
sigmahat =
     0.0030
muci =
     6.6611
     6.6669
sigmaci =
     0.0019
     0.0071
```

说明铂球测定数据的置信度为 0.9 的 μ 和 σ 置信区间为

$$\mu: [2811/422, 11487/1723]$$
$$\sigma: [65/33369, 69/9695]$$

2. 对数似然函数

MATLAB 统计工具箱提供了 β 分布、Γ 分布、正态分布和韦伯分布的负对数似然函数值的求取函数。

1) betalike

功能：β 分布负对数似然函数。

格式：logL = betalike(params, data)

　　　[logL，info] = betalike(params, data)

说明：logL = betalike(params, data)返回 β 分布对数似然函数负值。其中 params 为包含 β 分布的参数 a、b 的矢量[a，b]，data 为服从 β 分布的样本数据，logL 的长度与数据 data 的长度相同。

[logL，info] = betalike(params, data)则同时给出了 Fisher 信息矩阵 info。Info 的对角线元素为相应参数的渐进方差。

betalike 是 β 分布最大似然估计的实用函数。似然函数假设数据样本中所有的元素相互独立。因为 betalike 返回 β 负对数似然函数，用 fminsearch 函数最小化 betalike 与最大似然估计的功能是相同的。

示例：

```
>> r = betarnd(4,3,100,1);              % 随机产生的 β 分布数据
>>[logl,avar] = betalike([3.9010 2.6193],r)
logl =
   - 33.0514
```

```
avar =
    0.2856    0.1528
    0.1528    0.1142
```

2) gamlike

功能：Γ 分布的负对数似然函数。

格式：logL = gamlike(params, data)

　　　　[logL, info] = gamlike(params, data)

说明：logL = gamlike(params, data)返回由给定样本数据 data 确定的 Γ 分布的参数 params(即[a, b])的负对数似然函数值。logL 的长度与数据 data 的长度相同。

[logL, info] = gamlike(params, data)则同时给出了 Fisher 信息矩阵 info。Info 的对角线元素为相应参数的渐进方差。

gamlike 是 Γ 分布的最大似然估计工具函数。因为 gamlike 返回 Γ 负对数似然函数值，故用 fminsearch 函数将 gamlike 最小化后，其结果与最大似然估计是相同的。

示例：

```
>>a = 2; b = 3;
>> r = gamrnd(a,b,100,1);
>>[logL,info] = gamlike([2.1990 2.8069],r)
logL =
  267.5585
info =
    0.0690   - 0.0790
   - 0.0790    0.1220
```

3) normlike

功能：正态分布的负对数似然函数。

格式：logL = normlike(params, data)

说明：与 betalike 和 gamlike 的功能类似，不再赘述。params 参数中，params(1)为正态分布的参数 mu，params(2)为参数 sigma。

10.8　假设检验

在 MATLAB 中，假设检验问题都提出两种假设：原假设和备择假设。对于正态总体均值 μ 的假设检验给出了检验函数：

ztest：已知 σ^2，检验正态总体均值 μ。

ttest：未知 σ^2，检验正态总体均值 μ。

ttest2：两个正态总体均值比较。

对于一般连续型总体一致性的检验，给出了检验方法——秩和检验，由函数 ranksum 实现。

10.8.1　假设检验的基本概念

【例 10-41】 已知小麦亩产服从正态分布，传统小麦品种平均亩产 800 斤，现有新品种产量未知，试种 10 块，每块一亩，产量为

$$775,816,834,836,858,863,873,877,885,901$$

新产品亩产是否超过了 800 斤？

假设检验就是概率意义上的反证法。要证明命题 $H_1: \mu > 800$，可以首先假设 $H_0: \mu =$

800。本例中容易计算样本均值超过 800 了，有没有可能超过 800 的原因是由于抽样的随机性引起的？是否总体均值根本没有变化？我们看如下的统计量：

$$T = \frac{\overline{X} - 800}{S/\sqrt{n}}$$

容易看出，如果新品种确有增产效应，T 应偏大，不利于 H_0，取 $\alpha = 0.05$，查表求临界值 t_α，使得 $P(T > t_\alpha) = \alpha$，即构造不利于 H_0、有利于 H_1 的小概率事件，如果在一次试验中该小概率事件发生了，就有理由拒绝 H_0，认为 H_1 成立。

严格逻辑意义上的反证法思路如下：欲证 H_1 成立，先假设其否命题 H_0 成立，然后找出逻辑意义上的矛盾，从而推翻 H_0 成立，严格证明 H_1 成立。假设检验的思路类似，只不过引出的不是矛盾，而是小概率事件在一次实验中发生。

称想要证明的命题 H_1 为备择假设，对立的命题 H_0 称为原假设，面对样本，必须表态是接受原假设还是拒绝原假设，这有可能出现两类错误。如果客观上原假设的确成立，面对样本的异常拒绝了原假设，这种"以真为假"的错误称为第一类错误，发生的概率用 α 表示；如果客观上备择假设成立，却接受了原假设，这种"以假为真"的错误称为第二类错误，发生的概率用 β 表示。假设检验一般首先控制第一类错误，即当拒绝原假设时有比较充足的理由，犯错误的概率不超过预设的 α，称 α 为显著性水平。常用的显著性水平有

$$\alpha = 0.1, 0.05, 0.01$$

这种预设显著性水平 α 的假设检验也称为显著性检验，以后提到的假设检验都是显著性检验。对于显著性检验，当接受原假设时，可以认为是拒绝的证据不足。

对于例 10-41 的问题，取 $\alpha = 0.05$，当 $T > t_\alpha$ 时拒绝原假设。这里 T 称为检验统计量，$T > t_\alpha$ 所确定的 T 的取值范围称为拒绝域。

```
x = [775,816,834,836,858,863,873,877,885,901];
T = (mean(x) - 800)/(std(x)/sqrt(9)),
ta = tinv(0.95,9),
```

计算结果 $T = 3146/755 > t_\alpha = 1384/755$，故拒绝原假设，认为确有增产。

之所以查表求临界值，是因为当初计算机及数学软件尚未普及，人们利用稀有的计算机资源计算出一些关键的临界值，供没有计算机的人们使用。因此上述解题套路是几乎所有教科书上使用的方法，不妨称为"查表法"。

由于计算机及数学软件的普及，统计方法的使用套路也应该更新，如果写作业、写论文都用计算机打字，真正的数学计算反而要翻书本查表，怎么看都很滑稽。

其实，MATLAB 可以计算常用分布在任意一点的分布函数的值。例如，对于上述 $T = 3146/755$，可以直接计算分布函数在该点的值：

```
p = tcdf(T,9)
```

计算结果为 $824/825$，即 0.9988，超过了 $1 - \alpha = 0.95$。或者计算出 $1 - p = 0.0012$，小于预设的显著性水平 $\alpha = 0.05$。面对 0.0012 这个值，拒绝了原假设，就是使用了概率意义上的反证法。可以做一个比喻：张三每天上网游戏，期末考试肯定不及格，我们说："张三要想及格，除非明天太阳从西边出来。"这里原假设是"及格"，备择假设"不及格"是我们想证明的东西。其等价的逆否命题是：因为明天太阳不会从西边出来，所以张三一定不及格。这是我们说话的内涵逻辑。"太阳从西边出来"是不可能事件，我们使用的是语文上"夸张"的修辞方法以表达对张三的极度鄙视。

现在,面对新品种亩产数据,结论是:要说没有增产效应,除非明天下大雹子。这里没有"夸张",因为 $1-p=0.0012$ 大约为千分之一,是类似于不可能事件的极小概率事件,和明天下大雹子一样罕见(大约三年才得一见)。计算出来的 $1-p$ 越小,说明备择假设成立的证据越充足。

几十年前,对于自由度为 9 的 t 分布,只能将

$$t_{0.1}=1.3830, \quad t_{0.05}=1.8331, \quad t_{0.025}=2.2622, \quad t_{0.01}=2.8214$$

等少数几个值印在书上,现在可以计算 $p=\text{tcdf}(T,9)$ 在任意一点分布函数的值。

10.8.2 正态总体参数的假设检验

1. 正态总体均值的假设检验

设 $X_1,X_2,\cdots,X_n$ 为来自正态总体 $N(\mu,\sigma^2)$ 的简单随机样本,μ_0 为我们关心的已知的值,原假设为

$$H_0: \mu=\mu_0$$

1) 方差已知情形

此时,检验统计量为 $U=\dfrac{\overline{X}-\mu_0}{\sigma/\sqrt{n}}$,$H_0$ 成立时 $U\sim N(0,1)$,依据备择假设的不同提法,分 3 种情况分别给出拒绝域。

(1) 双侧检验。备择假设 $H_1: \mu\neq\mu_0$,拒绝域:$|U|>u_{\frac{\alpha}{2}}$。

这种情形我们关心的是总体均值是否发生了变化,增多和减少都是我们同等关注的。例如,要研究某种药物的副作用为是否引起血压的变化,变大变小都是副作用,如果实验证明了确有副作用,就该停产或慎用。

(2) 单侧检验(右侧)。备择假设 $H_1: \mu>\mu_0$,拒绝域:$U>u_\alpha$。

这种情形我们关心的是总体均值是否有增加效应。例如小麦亩产无增产效应或者减产都是我们不希望看到的,我们希望证明的是增产了。

(3) 单侧检验(左侧)。备择假设 $H_1: \mu<\mu_0$,拒绝域:$U<-u_\alpha$。

这种情形我们希望看到总体均值变小了,例如每匹布上疵点的个数在采用新工艺后是否有减少。

下面介绍在 MATLAB 中进行检验的函数。

函数:ztest

格式:H=ztest(X, m, sigma)

　　　H=ztest(X, m, sigma, alpha)

　　　[H, sig, ci]=ztest (X, m, sigma, alpha, tail)

说明:X 是样本。

m 是期望值 μ_0。

sigma 是正态总体标准差。

alpha 是检验水平 α(默认为 0.05)。

tail 是备选假设的选项,有 3 种情况:

tail=0(默认):$\mu\neq m$。

tail=1:$\mu>m$。

tail=−1:$\mu<m$。

即 tail=0 为双边检验,其余为单边检验问题。

H 是检验结果，有两种情况：

H＝0 是在水平 α 下，接受原假设，或假设相容；

H＝1 是在水平 α 下，拒绝原假设，或假设不相容。

sig 是当原假设为真时（即 $\mu＝m$ 成立）得到观察值的概率。当 sig 为小概率时，则对原假设提出质疑。

ci 是均值 μ 的置信度为 $1-\alpha$ 的置信区间。

【例 10-42】 某车间用一台包装机包装葡萄糖，包得的袋装糖重是一个随机变量，它服从正态分布。当机器正常时，其均值为 0.5kg，标准差为 0.015。某日开工后检验包装机是否正常，随机地抽取所包装的糖 9 袋，称得净重（kg）为

$$0.497 \quad 0.506 \quad 0.518 \quad 0.524 \quad 0.498 \quad 0.511 \quad 0.52 \quad 0.515 \quad 0.512$$

问机器工作是否正常？

解：总体 μ 和 σ 已知，则可设样本的 $\sigma＝0.015$，于是 $X \sim N(\mu, 0.015^2)$，问题就化为根据样本值来判断 $\mu＝0.5$ 还是 $\mu \neq 0.5$。为此，提出以下假设。

原假设：$H_0 : \mu＝\mu_0＝0.5$。

备择假设：$H_1 : \mu \neq \mu_0$。

MATLAB 实现如下：

```
>> X = [0.497 0.506 0.518 0.524 0.498 0.511 0.52 0.515 0.512];  %注意：此处数据 X 只能为向量而
%非矩阵
>> [H,sig] = ztest(X,0.5,0.015,0.05,0)
H =
     1
sig =
    0.0248
```

结果 H ＝1，说明在 0.05 的水平下，可拒绝原假设，即认为这天包装机工作不正常。

2）方差未知情形

原假设 $H_0 : \mu＝\mu_0$。

此时，检验统计量为 $T＝\dfrac{\overline{X}-\mu_0}{S/\sqrt{n}}$，$H_0$ 成立时 $T \sim t(n-1)$，依据备择假设的不同提法，分 3 种情况分别给出拒绝域。

（1）双侧检验。备择假设 $H_1 : \mu \neq \mu_0$，拒绝域：$|T| > t_{\frac{\alpha}{2}}$。

（2）单侧检验（右侧）。备择假设 $H_1 : \mu > \mu_0$，拒绝域：$T > t_\alpha$。

（3）单侧检验（左侧）。备择假设 $H_1 : \mu < \mu_0$，拒绝域：$T < -t_\alpha$。

下面介绍在 MATLAB 中进行检验的函数。

函数：ttest

格式：H＝ttest (X, m, alpha)

　　　[H, sig, ci]＝ttest (X, m, alpha, tail)

说明：X 是样本。

m 是期望值 μ_0。

alpha 是检验水平 α（默认为 0.05）。

tail 是备选假设的选项，有 3 种情况：

tail＝0（默认）：$\mu \neq m$。

tail＝1：$\mu > m$。

tail$=-1$：$\mu<m$。

即 tail$=0$ 为双边检验,其余为单边检验问题。

H 是检验结果,有两种情况：

H$=0$ 是在水平 α 下,接受原假设,或假设相容;

H$=1$ 是在水平 α 下,拒绝原假设,或假设不相容。

sig 是当原假设为真时(即 $\mu=m$ 成立)得到观察值的概率。当 sig 为小概率时,则对原假设提出质疑。

ci 是均值 μ 的置信度为 $1-\alpha$ 的置信区间。

【例 10-43】 某种电子元件的寿命 X(以小时计)服从正态分布,μ 和 σ 均未知。现测得 16 只元件的寿命如下：

$$159 \quad 280 \quad 101 \quad 212 \quad 224 \quad 379 \quad 179 \quad 264$$
$$222 \quad 362 \quad 168 \quad 250 \quad 149 \quad 260 \quad 485 \quad 170$$

问是否有理由认为元件的平均寿命大于 225 小时?

解：σ 未知,按题意作如下假设。

$$H_0 : \mu < \mu_0 = 225$$
$$H_1 : \mu > \mu_0 = 225$$

取 $\alpha=0.05$。在 MATLAB 实现：

```
>> X = [159 280 101 212 224 379 179 264 222 362 168 250 149 260 485 170];    % 注意：此处数据 X 只能
% 为向量而非矩阵
>> [h, sig] = ttest(X, 225, 0.05, 1)
h =
     0
sig =
    0.2570
```

结果表明,h$=0$,即在显著水平为 0.05 的情况下,不能拒绝原假设,即认为元件的平均寿命不大于 225 小时。

2. 单正态总体方差的假设检验

设 $X_1, X_2, \cdots, X_n$ 为来自正态总体 $N(\mu, \sigma^2)$ 简单随机样本,σ_0 为我们关心的已知的值,原假设为 $H_0 : \sigma = \sigma_0$,检验统计量为

$$\chi^2 = \frac{(n-1)S^2}{\sigma^2} = \frac{\sum_{i=1}^{n}(X_i - \overline{X})^2}{\sigma^2}$$

当 H_0 成立时,$\chi^2 \sim \chi^2(n-1)$,由此可查 $\chi^2(n-1)$ 临界值表,构造拒绝域。

(1) 双侧检验。此时备择假设为 $H_1 : \sigma \neq \sigma_0$,也就是说,希望通过样本找到总体方差比较 σ_0^2 有明显变化的证据,无论变大变小都是希望证明的。

此时取临界值 c_1 与 c_2,使得 $P(\chi^2 \leqslant c_1) = \frac{\alpha}{2}$,$P(\chi^2 > c_1) = \frac{\alpha}{2}$,拒绝域为 $\chi^2 < c_1$(方差变小了)或者 $\chi^2 > c_2$(方差变大了)。

当 n 已经赋值的时候,执行如下 MATLAB 命令可得到临界值：

```
a = 0.05, n = 20, c1 = chi2inv(a/2, n-1), c2 = chi2inv(1-a/2, n-1)
```

(2) 单侧检验(右侧)。此时备择假设为 $H_1 : \sigma > \sigma_0$,也就是说,我们关心的是方差是否变大了。此时临界值为 c 满足 $P(\chi^2 > c) = \alpha$,可用以下 MATLAB 函数实现：

```
c = chi2inv(1 - a,n - 1)
```

（3）单侧检验（左侧）。此时备择假设为 $H_1 : \sigma < \sigma_0$，也就是说，我们关心的是方差是否变小了。此时临界值为 c 满足 $P(\chi^2 < c) = \alpha$，可用以下 MATLAB 函数实现：

```
c = chi2inv(a,n - 1)
```

3. 两个正态总体均值差的检验（t 检验）

设 $X_1, X_2, \cdots, X_m$ 为来自正态总体 $N(\mu_1, \sigma_1^2)$ 的简单随机样本，$Y_1, Y_2, \cdots, Y_n$ 为来自正态总体 $N(\mu_2, \sigma_2^2)$ 的简单随机样本，且两样本独立。比较两个总体的期望，提出如下原假设：

$$H_0 : \mu_1 = \mu_2$$

与前面类似，备择假设有双侧、单侧（左侧、右侧）等提法。

1）方差已知情形

此时检验统计量为 $U = \dfrac{\overline{X} - \overline{Y}}{\sqrt{\dfrac{\sigma_1^2}{m} + \dfrac{\sigma_2^2}{n}}}$，当 H_0 成立时 U 服从标准正态分布，临界值 u_α 和 $u_{\frac{\alpha}{2}}$ 的含义及计算方法同前。

（1）双侧检验。$H_1 : \mu_1 \neq \mu_2$，拒绝域：$|U| > u_{\frac{\alpha}{2}}$。

（2）右侧检验。$H_1 : \mu_1 > \mu_2$，拒绝域：$U > u_\alpha$。

（3）左侧检验。$H_1 : \mu_1 < \mu_2$，拒绝域：$U < -u_\alpha$。

2）方差未知但相等情形（$\sigma_1^2 = \sigma_2^2 = \sigma^2$）

此时原假设仍为 $H_0 : \mu_1 = \mu_2$，备择假设同样有 3 种提法。检验统计量为

$$T = \frac{(m + n - 2)(\overline{X} - \overline{Y})}{(m - 1)S_1^2 + (n - 1)S_2^2} \sqrt{\frac{mn}{m + n}}$$

当 H_0 成立时 $T \sim t(m + n - 2)$，由此得临界值 t_α 和 $t_{\frac{\alpha}{2}}$。

（1）双侧检验。$H_1 : \mu_1 \neq \mu_2$，拒绝域：$|T| > t_{\frac{\alpha}{2}}$。

（2）右侧检验。$H_1 : \mu_1 > \mu_2$，拒绝域：$T > t_\alpha$。

（3）左侧检验。$H_1 : \mu_1 < \mu_2$，拒绝域：$T < -t_\alpha$。

相关 MATLAB 函数如下。

函数：ttest2　　％具有相同方差的两个正态总体样本均值的比较

格式：[h, sig, ci] = ttest2 (X, Y)

　　　[h, sig, ci] = ttest2 (X, Y, alpha)

　　　[h, sig, ci] = ttest2 (X, Y, alpha, tail)

说明：原假设为 $\mu_X = \mu_Y$。

备择假设为：当 tail = 0 时，表示 $\mu_X \neq \mu_Y$（默认）；

当 tail = 1 时，表示 $\mu_X > \mu_Y$；

当 tail = -1 时，表示 $\mu_X < \mu_Y$。

其中 μ_X、μ_Y 分别表示 X、Y 的期望。

h、sig、ci 的含义与前面相同。

【例 10-44】　在平炉上进行一项试验以确定改变操作的建议是否会增加钢的得率，试验是在同一只平炉上进行的。每炼一炉钢时，除操作方法外，其他条件都尽可能做到相同。先用标准方法炼一炉，然后用建议的新方法炼一炉，以后交替进行，各炼 10 炉，其得率分别如下：

(1) 标准方法：78.1　72.4　76.2　74.3　77.4　78.4　76.0　75.5　76.7　77.3

(2) 新方法：　79.1　81.0　77.3　79.1　80.0　79.1　79.1　77.3　80.2　82.1

设这两种方法相互独立，且分别来自正态总体 $N(\mu_1,\sigma^2)$ 和 $N(\mu_2,\sigma^2)$，μ_1、μ_2、σ^2 均未知。问建议的新操作方法能否提高得率？（取 $\alpha=0.05$）。

解：建立假设：

$$H_0:\mu_1=\mu_2$$

$$H_1:\mu_1<\mu_2$$

MATLAB 实现如下：

```
>> X = [78.1 72.4 76.2 74.3 77.4 78.4 76.0 75.5 76.7 77.3];
>> Y = [79.1 81.0 77.3 79.1 80.0 79.1 79.1 77.3 80.2 82.1];
>> [h,sig,ci] = ttest2(X,Y,0.05,-1)
h =
   1
sig =
  2.1759e-004
ci =
  -Inf  -1.9083
```

结果 $h=1$，表明在 $\alpha=0.05$ 的显著水平下，可以拒绝原假设，即认为建议的新操作方法较原方法优。

4. 两正态总体方差的假设检验

设 $X_1,X_2,\cdots,X_m$ 为来自正态总体 $N(\mu_1,\sigma_1^2)$ 的简单随机样本，$Y_1,Y_2,\cdots,Y_n$ 为来自正态总体 $N(\mu_2,\sigma_2^2)$ 的简单随机样本，且两样本独立。为比较两个总体的方差，提出如下原假设：

$$H_0:\sigma_1^2=\sigma_2^2$$

与前面类似，备择假设有双侧、单侧（左侧、右侧）等提法。此时检验统计量为 $F=S_1^2/S_2^2$，当 H_0 成立时，$F\sim F(m-1,n-1)$，在 MATLAB 中，如果 m、n 已经赋值，例如 $m=8,n=10$，则

```
c1 = finv(0.025,7,9),c2 = finv(0.975,7,9)
```

分别给出了 $\alpha=0.05$ 时的两个临界值，双侧检验的拒绝域为 $F<c_1$ 或 $F>c_2$。

```
c3 = finv(0.05,7,9)
```

给出了左侧检验临界值，$F<c_3$ 时拒绝原假设，认为备择假设 $H_1:\sigma_1^2<\sigma_2^2$ 成立。

```
c4 = finv(0.95,7,9)
```

给出了右侧检验临界值，$F>c_4$ 时拒绝原假设，认为备择假设 $H_1:\sigma_1^2>\sigma_2^2$ 成立。

5. 大样本非正态总体均值的假设检验

设 $X_1,X_2,\cdots,X_n$ 为来自非正态总体的简单随机样本，设总体均值 μ 与总体方差 σ^2 有限，原假设

$$H_0:\mu=\mu_0$$

此时可以将 $U=\dfrac{\overline{X}-\mu}{S/\sqrt{n}}$ 作为近似的检验统计量，当样本容量很大时（例如 100），由中心极限定理知 H_0 成立时 U 近似服从标准正态分布，可以单正态总体方差的假设检验算法检验如下 3 个备择假设：

$$H_1:\mu\neq\mu_0;\quad H_1:\mu>\mu_0;\quad H_1:\mu<\mu_0$$

设 $X_1, X_2, \cdots, X_m$ 为来自非正态总体的简单随机样本，$Y_1, Y_2, \cdots, Y_n$ 为来自非正态总体的简单随机样本，且两样本独立。两个总体有有限的均值与方差，均值为 μ_1 与 μ_2，为比较两个总体的期望，提出如下原假设：

$$H_0 : \mu_1 = \mu_2$$

与前面类似，备择假设有双侧、单侧（左侧、右侧）等提法。此时可以将

$$U = \frac{X - Y}{\sqrt{\dfrac{S_1^2}{m} + \dfrac{S_2^2}{n}}}$$

近似作为检验统计量，当两个样本容量都很大时（例如 100），由中心极限定理知 H_0 成立时 U 近似服从标准正态分布，可以两个正态总体均值差的检验算法检验如下3个备择假设：

$$H_1 : \mu_1 \neq \mu_2; \quad H_1 : \mu_1 > \mu_2; \quad H_1 : \mu_1 < \mu_2$$

10.8.3　3个常用的非参数检验

大样本情形下，对于非正态总体，可以利用中心极限定理近似用标准正态分布进行假设检验。小样本情形下，若总体不是正态分布的，可以使用非参数检验的方法。非参数检验的效率稍差，但适应各种总体类型，应用范围较广。

1. 符号检验

【例10-45】　已知原来工艺下生产的某种灯泡的中位数为800小时，现改进生产工艺，试产10只灯泡，实验得到每只寿命为

$$775 \quad 816 \quad 834 \quad 836 \quad 858 \quad 863 \quad 873 \quad 877 \quad 885 \quad 901$$

问新工艺生产的灯泡寿命中位数是否超过了800小时？（$H_0 : m = 800$）。

一般情况下，灯泡寿命不是正态分布的。符号检验使用的是计数统计量 B，先设

$$q(x) = \begin{cases} 1, & x > 0 \\ 0, & x < 0 \end{cases}$$

则有

$$B = \sum_{i=1}^{n} q(X_i - 800)$$

即记录样本点中大于800的个数。若 H_0 成立，B 应该占样本容量的一半左右，若 B 异常大，说明备择假设 $H_1 : \mu > 800$ 成立。

H_0 成立时，$B \sim B\left(n, \dfrac{1}{2}\right)$，可以利用二项分布构造拒绝域：

$$B \in \{t, t+1, \cdots, n\}$$

使得若 H_0 成立时：

$$P(B \in \{t, t+1, \cdots, n\}) \leqslant \alpha, \quad P(B \notin \{t, t+1, \cdots, n\}) > \alpha$$

利用二项分布的分布律 $P(B = k) = \dfrac{1}{2^n} C_n^k$ 可以计算出临界值 t，用如下 MATLAB 函数文件计算：

```
function t = bt(n,a)
SS = 2^n * a;
S = 0;
c = 1;
k = n + 1;
while S <= SS
```

```
    k = k − 1;
    S = S + c;
    c = c * k/(n − k + 1);
  end
  t = k + 1;
```

以上自定义函数扩展了 MATLAB 的功能,可以替代教科书上的"符号检验临界值表",并且可以使用任意的 n 及 α。

注意:以上代码为自定义函数,不同于本书中之前新建文件操作(如例 10-38 的 LX0833.m),不能直接运行,需在命令窗口中调用。

在例 10-45 中 $B=9$,$n=10$,对于 $\alpha=0.05$,使用命令 $t = bt(10,0.05)$ 可以得到临界值 9,$B=9$,不大于临界值 9,落在拒绝域内,故拒绝原假设,认为新工艺生产的灯泡寿命中位数超过了 800 小时。

只要以 $\dfrac{\alpha}{2}$ 代替 α,也可以进行双侧符号检验。

【例 10-46】 20 个品酒师对 A、B 两种白酒进行品尝,有 17 个品酒师认为 A 品质好,3 个品酒师认为 B 品质好,在 $\alpha=0.05$ 的显著性水平下,检验两种白酒品质是否存在差异。

解:$n=20$,设原假设为

$$H_0:两种白酒品质无差异$$

令 B 表示认为 A 品质好的品酒师的人数,则 H_0 成立时 B 应该在 10 左右取值,如果 B 值异常大或者异常小,都说明两种白酒品质有差异。取临界值 t_1 与 t_2,使得 $P(B \geqslant t_2) \leqslant \dfrac{\alpha}{2}$,$P(B \leqslant t_1) \leqslant \dfrac{\alpha}{2}$,由于 B 关于 $\dfrac{n}{2}=10$ 对称,故有 $t_1 = n+1-t_2$,因此可用水平为 $\dfrac{\alpha}{2}$ 的单侧检验求出临界值 t_2。命令

```
t2 = bt(20,0.05/2)
```

得到 $t_2=15$,因此 $t_1=21-15=6$,此例中拒绝域为

$$B \geqslant 15 \quad 或者 \quad B \leqslant 6$$

$B=17$ 落在拒绝域内,可以认为两种白酒品质有显著差异。

有些教科书中没有 0.025 的临界值,而本书的函数 bt.m 扩展了功能。

MATLAB 中有自带的 signtest 函数,可以直接用于符号检验。

默认的检验是双侧的。对于配对实验的两总体均值检验问题,也可用符号检验。

2. Wilcoxon 秩和检验

下面要研究的问题是两总体均值的假设检验,设

$$X_1,X_2,\cdots,X_m \sim F(x), \quad Y_1,Y_2,\cdots,Y_n \sim F(x-\Delta)$$

要检验第二个总体是否有增加效应,即检验如下问题:

$$H_0:\Delta=0 \quad H_1:\Delta>0$$

Wilcoxon 秩和检验的方法是:将两个样本混合为

$$X_1,X_2,\cdots,X_m,Y_1,Y_2,\cdots,Y_n$$

混合之后样本容量为 $N=m+n$,每个样本点在样本中从小到大排列的名次称为该样本点的秩,用 $Q_i=Q(X_i)$ 表示 X_i 在混合样本中的秩,$R_j=R(Y_j)$ 表示 Y_j 在混合样本中的秩,检验统计量为

$$W = \sum_{j=1}^{n} R_i$$

例如,设 X 为 $1.1, 3.3, 5.5, 7.7$,设 Y 为 $2.2, 4.4, 6.6$,混合样本及秩如下

混合样本	1.1	3.3	5.5	7.7	2.2	4.4	6.6
秩	1	3	5	7	2	4	6

则 $R = 2 + 4 + 6 = 12$。

若 H_0 成立,则 W 的值应该适中。注意到每个秩序的平均值为 $\frac{N+1}{2}$,故 H_0 成立时,

$E(W) = \frac{n(N+1)}{2}$,W 的值在此值附近应该是正常的。若 W 的值异常偏大,说明第二个总体

确有增加效应。利用 MATLAB 自身的函数 $p = \mathrm{ranksum}(X, Y)$ 可以进行双侧的秩和检验。

返回的 p 值小于给定的 α 则拒绝原假设,认为 $H_1: \Delta \neq 0$ 成立。H_0 成立时,可以证明 W 关

于 $E(W) = \frac{n(N+1)}{2}$ 对称,要检验 $H_1: \Delta > 0$,只要判定 $W > \frac{n(N+1)}{2}$,并且 $p =$

$\mathrm{ranksum}(X, Y) < 2\alpha$ 即可。

自定义 rsum 函数用于求 W:

```
function W = rsum(x,y)
[s,t] = size(x);
m = max(s,t);
if t < m
    x = x';
end
[s,t] = size(y);
n = max(s,t);
N = m + n;
if t < n
    y = y';
end
xy = [x,y];
[z,I] = sort(xy);
W = 0;
for i = 1:N
    if(I(i)) > m
        W = W + i;
    end
end
end
```

为了求出 Wilcoxon 秩和检验的临界值,给出如下定理。

在 H_0 成立时,W 的概率分布为

$$P(W = d) = \frac{t_{mn}(d)}{C_N^n}, \quad d = \frac{n(n+1)}{2}, \cdots, \frac{n(2m+n+1)}{2}$$

其中,$t_{mn}(d)$ 表示从 $1, 2, \cdots, N$ 中取 n 个数,其和恰为 d 的取法的个数。$t_{mn}(d)$ 可用如下初始
条件及递推公式计算:

$$t_{i0}(0) = 1$$

$$t_{i0}(d) = 0, \text{当 } d > 0, 1, 2, \cdots, m$$

$$t_{0j}(d) = \begin{cases} 1, & d = \dfrac{j(j+1)}{2} \\ 0, & d \neq \dfrac{j(j+1)}{2} \end{cases} \quad j = 1, 2, \cdots, n$$

$$t_{mn}(d) = t_{m,(n-1)}(d - m - n) + t_{(m-1),n}(d)$$

编写 tmnd.m 计算如下：

```
function tmn = tmnd(m, n, d)
N = m + n;
nn = n * (n + 1)/2;
NN = n * (2 * m + n + 1)/2;
if m < 0 | n < 0 | d < nn | d > NN
    tmn = 0;
elseif m > 0 & n == 0 & d == 0
    tmn = 1;
elseif m > 0 & n == 0 & d > 0
    tmn = 0;
elseif m == 0 & n > 0 & d == nn
    tmn = 1;
elseif m == 0 & n > 0 & d～nn
    tmn = 0;
else
T = zeros(m, n, NN);
for i = 1:m
    for k = 1:i + 1;
    T(i, 1, k) = 1;
    end
end
for j = 1:n
    kk = j * (j + 1)/2;
    KK = (j + 1) * (j + 2)/2 - 1;
    for k = kk:KK
        T(1, j, k) = 1;
    end
end
for i = 2:m
    for j = 2:n
        s = i + j;
        for k = 1:d
            if k <= s
                T(i, j, k) = T(i - 1, j, k);
            else
                T(i, j, k) = T(i, j - 1, k - s) + T(i - 1, j, k);
            end
        end
    end
end
end
tmn = T(m, n, d);
end
```

可以证明，H_0 成立时，W 的概率分布关于 $E = n(m + n + 1)/2$ 对称。下面给出单侧检验临界值的求法，自定义函数 wr.m 的输入参数 m、n、alpha 分别是对照组样本容量、实验组样本容量、检验的显著性水平，而输出值 c 表示右侧临界值，即满足 $P(W \geqslant c) \leqslant \alpha$ 的最小正整数。

```
function c = wr(m, n, alpha)
 % return the min c such that P(W> = c)< = alpha
NN = n * (2 * m + n + 1)/2;
nn = n * (n + 1)/2;
```

```
N = m + n;
E = n * (N + 1)/2;
a = 1;
for k = 1:n
    a = a * (N + 1 - k)/k;
end
Alpha = a * alpha;
k = nn;
P = 0;
while P < Alpha
    P = P + tmnd(m, n, k);
    k = k + 1;
end
c1 = k - 1;
c = 2 * E - c1;
```

上述函数可用于右侧检验。若进行左侧检验,计算 $c1 = 2 * E - c$ 即为左侧临界值。若进行双侧检验,先求出 $c2 = wr(m, n, alpha/2)$,再计算 $c1 = 2 * E - c2$ 即可。

【例 10-47】 某班级共 15 名同学,某次英语水平考试的分数如下:

$$男:53 \quad 55 \quad 59 \quad 65 \quad 71 \quad 77 \quad 81$$

$$女:56 \quad 62 \quad 68 \quad 76 \quad 84 \quad 86 \quad 90 \quad 96$$

在显著性水平 $\alpha = 0.05$ 下,能否认为女生英语水平高于男生?要求采用 Wilcoxon 秩和检验。

解:注意这是一个单侧检验问题,使用以下 MATLAB 命令:

```
x = [53,55,59,65,71,77,81]
y = [56,62,68,76,84,86,90,96]
rsum(x,y)
c = wr(7,8,0.05)
```

上述计算中,注意到 $W = \text{rsum}(x, y) = 78$,而临界值为 $c = 78$,W 的值落在拒绝域内,故可拒绝原假设,认为女生成绩显著高于男生。

3. Wilcoxon 符号秩检验

设 $X_1, X_2, \cdots, X_n$ 为来自连续总体 $F(x - \theta)$ 的简单随机样本,$F(t)$ 关于 0 点对称,检验假设

$$H_0: \theta = \theta_0 \quad H_1: \theta > \theta_0$$

Wilcoxon 符号秩检验统计量为

$$W^+ = \sum_{i=1}^{n} q(X_i - \theta_0) R_i^+$$

其中

$$q(x) = \begin{cases} 1, & x > 0 \\ 0, & x < 0 \end{cases}$$

$R_i^+ = R(X_i - \theta)$,即把 $X_1 - \theta_0, X_2 - \theta_0, \cdots, X_n - \theta_0$ 依照绝对值由小到大排列,$X_i - \theta$ 的名次。

H_0 成立时,$E(W)^+ = \dfrac{n(n+1)}{4}$,故在此值附近取值说明原假设成立。若 W^+ 异常大,则要拒绝原假设,说明 $H_1: \theta > \theta_0$ 成立。

对于双侧检验问题:

$$H_0: \theta = \theta_0 \quad H_1: \theta \neq \theta_0$$

MATLAB 有自带的函数 p＝signrank(x,m),这里 x 为样本,m 代表 θ_0。若显著性水平为 α,则 $p<\alpha$ 时拒绝原假设。

对于单侧检验,$H_1:\theta>\theta_0$,要拒绝原假设需要同时满足两个条件: $W^+>\dfrac{n(n+1)}{4}$; $p=$ signrank(x,m)$<2\alpha$。为计算 W^+,自编函数:

```
function wp = rpsum(x,m);
n = length(x);
x = x - m;
y = abs(x);
[z,I] = sort(y);
wp = 0;
for i = 1:n
    if x(I(i))>0
        wp = wp + i;
    end
end
```

保存了上述函数后,即可进行单侧检验。

【例 10-48】 某班级共 15 名同学,某次英语水平考试的分数如下:

> 53　55　59　65　71　77　81　56　62　68　76　84　86　90　96

在显著性水平 $\alpha=0.05$ 下,能否认为平均成绩高于 60 分? 要求分别用符号检验和 Wilcoxon 符号秩检验。

解:注意这是一个单侧检验问题:

$$H_0:\theta=60 \qquad H_1:\theta>60$$

使用 MATLAB 命令:

```
x = [53,55,59,65,71,77,81,56,62,68,76,84,86,90,96]
```

(1) 符号检验。

注意这里 n＝15,B＝11,利用前面自定义的 bt.m 函数计算:

```
t = bt(15,0.05)
```

得到临界值 $t=12$,$B=11<t=12$,没有落入拒绝域,故接受 H_0,认为平均成绩没有明显高于 60 分。

(2) Wilcoxon 符号秩检验。

```
E = n * (n + 1)/4,
wp = rpsum(x,60),
```

计算结果发现 $W^+=wp=106>E=60$,满足单侧检验条件一,再计算

```
p = signrank(x,60)
```

结果得 $p=0.0071<2\alpha$,故拒绝原假设,认为平均成绩明显高于 60 分。

10.8.4　检验的功效函数

为了简单起见,下面只讨论位置参数的单侧检验:

$$H_0:\theta=\theta_0 \qquad H_1:\theta>\theta_0$$

其中,θ 为总体的中位数。

对于上述检验,当总体为方差已知正态总体时,有 U 检验;当总体为方差未知正态总体时,有 t 检验;当总体为连续对称总体时,有符号检验及 Wilcoxon 符号秩检验。自然有一个

问题,如何评价不同的检验方法的优劣?

对于相同的样本容量,对于相同的显著性水平,一般比较区间 $\theta \in (\theta_0, +\infty)$ 时拒绝的概率 $w(\theta)$,此时 $\beta = \beta(\theta) = 1 - w(\theta)$ 为犯第二类错误的概率。不同的检验方法犯第一类错误的概率已经被 α 控制了,具有相同的水平,此时比较 $\theta \in (\theta_0, +\infty)$ 时的 $\beta = \beta(\theta) = 1 - w(\theta)$,小者为好;或者等价地说,比较 $\theta \in (\theta_0, +\infty)$ 时的 $w(\theta)$ 越大越好。

称 $w = w(\theta), \theta \in [\theta_0, +\infty)$ 为检验的功效函数。功效大的检验就是好的检验。

以下画出正态总体方差已知时 U 检验的功效函数。H_0 时,不妨设总体服从标准正态分布,$\sigma^2 = 1$ 已知,均值用 m 表示。

以下固定样本容量 $n = 20$,固定显著性水平 $\alpha = 0.05$,此时检验临界值为 $u0 = norminv(0.95) = 1.6449$。当 $m > 0$ 时,检验统计量为

$$U = \frac{\overline{X} - 0}{\sigma / \sqrt{n}} = \sqrt{n}\,\overline{X}$$

容易计算

$$w(m) = P(U > u_0) = P(\overline{X} > u_0 / \sqrt{n})$$

$$= P\left(\frac{\overline{X} - m}{1 / \sqrt{n}} > \frac{u_0 / \sqrt{n} - m}{1 / \sqrt{n}}\right) = P\left(\frac{\overline{X} - m}{1 / \sqrt{n}} > u_0 - m\sqrt{n}\right)$$

$$= 1 - normcdf(u0 - m * sqrt(20))$$

以下利用 MATLAB 作图功能画出此时的功效函数。

```
u0 = norminv(0.95)
m = 0:0.01:1;
w = 1 - normcdf(u0 - m * sqrt(20));
plot(m,w)
```

结果如图 10-10 所示。

请读者自己研究,随着样本容量的增加,功效函数的图形会有怎样的变化?

注意 $w(0) = 0.05$,这是水平为 α 的检验的出发点,类似于百米赛跑,此点是起跑点。如果起跑点相同,随着 m 的增加,功效函数越来越大,对于两条功效函数曲线,在备择假设的范围内大者为佳。

上述功效函数容易得到精确的曲线。对于稍微复杂的情形,拒绝概率的精确值不易计算,可以使用随机模拟的方法得到功效函数。

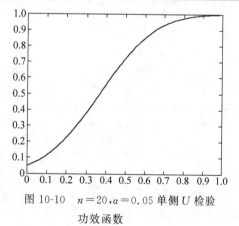

图 10-10　$n = 20, \alpha = 0.05$ 单侧 U 检验功效函数

例如,要研究 t 检验的功效函数、符号检验的功效函数、Wilcoxon 符号秩检验的功效函数,并与 U 检验的功效函数进行对比。首先固定如下 4 个因素:

（1）总体分布 $X \sim N(m, 1)$。

（2）样本容量 $n = 20$。

（3）显著性水平 $\alpha = 0.05$。

（4）取定 $m = 0.1$。

前 3 条都满足时,3 种方法的临界值就完全确定了,拒绝域也完全确定了。

t 检验：$t = \dfrac{\bar{x} - u}{s/\sqrt{n}}$，拒绝域为 $T > t_0 = \text{tinv}(0.95, 19) = 1.7291$。

符号检验：B 为大于 0 样本点个数，拒绝域 $B \geqslant t = bt(20, 0.05) = 15$。

Wilcoxon 符号秩检验：拒绝域 $W^+ \geqslant 150$。

为评价不同的检验，可以分别计算功效函数。这可以采用随机模拟的方法，利用万次随机试验中拒绝的频率近似代替拒绝概率。

以下命令文件保存为 p123.m：

```
m = 0:0.1:1;
p1 = zeros(1,11);
p2 = zeros(1,11);
p3 = zeros(1,11);
t0 = tinv(0.95,19);
b0 = 15;
w0 = 150;
s20 = sqrt(20);
N = 10000;
for mm = 1:11
    for k = 1:N
        x = randn(1,20) + m(mm);
        T = s20 * mean(x)/std(x);
        if T >= t0
            p1(mm) = p1(mm) + 1;
        end
        B = 0;
        for i = 1:20
            if x(i) > 0
                B = B + 1;
            end
        end
        if B >= b0
            p2(mm) = p2(mm) + 1;
        end
        wp = rpsum(x,0);
        if wp >= w0
            p3(mm) = p3(mm) + 1;
        end
    end
    p1(mm) = p1(mm)/N;
    p2(mm) = p2(mm)/N;
    p3(mm) = p3(mm)/N;
    mm
end
P = [p1;p2;p3]
plot(m,p1,m,p2,m,p3)
```

计算结果：

```
P =
0.0482   0.1105   0.2100   0.3522   0.5304   0.6958   0.8292
    0.9132   0.9609   0.9874   0.9953
0.0192   0.0460   0.0864   0.1619   0.2551   0.3775   0.5247
    0.6528   0.7711   0.8456   0.9123
0.0468   0.1063   0.2000   0.3379   0.5084   0.6746   0.8091
    0.9007   0.9558   0.9823   0.9926
```

功效函数图形如图 10-11 所示。

当总体为正态总体时，可以看出 t 检验功效较高，Wilcoxon 符号秩检验功效稍差，符号检

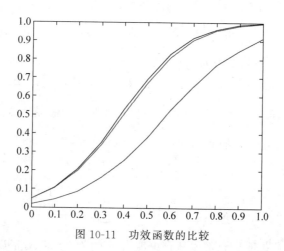

图 10-11　功效函数的比较

验功效很差。

　　如果总体不是正态总体,例如服从 $t(3)+m$,将上述 p123.m 程序中取样本的语句改为

```
x = trnd(3,1,20) + m(mm);
```

则 Wilcoxon 符号秩检验功效明显高于 t 检验,结果如下:

```
P =
0.0472   0.0881   0.1499   0.2350   0.3368   0.4436   0.5442
    0.6512   0.7230   0.8092   0.8541
0.0218   0.0456   0.0829   0.1462   0.2305   0.3247   0.4271
    0.5480   0.6482   0.7496   0.8260
0.0482   0.0941   0.1633   0.2701   0.3883   0.5145   0.6252
    0.7419   0.8134   0.8944   0.9297
```

　　如果总体服从自由度为 1 的 t 分布,即 Cauchy 分布,将抽样语句改为

```
x = trnd(1,1,20) + m(mm);
```

　　计算结果:

```
P =
0.0311   0.0453   0.0574   0.0785   0.1020   0.1199   0.1569
    0.1934   0.2270   0.2423   0.2767
0.0199   0.0395   0.0732   0.1145   0.1691   0.2294   0.3137
    0.3944   0.4775   0.5495   0.6087
0.0485   0.0815   0.1303   0.1815   0.2412   0.3020   0.3794
    0.4556   0.5294   0.5896   0.6443
```

　　可以发现,t 检验的表现极差,功效比符号检验小很多。

10.8.5　总体分布的假设检验

　　设 $X_1, X_2, \cdots, X_n$ 为来自总体 $F(x)$ 的简单随机样本,$F_0(x)$ 为已知的一个固定的分布函数,要进行如下的检验:

$$H_0: F(x) = F_0(x) \qquad H_1: F(x) \equiv F_0(x)$$

对此检验问题,有两种常用的方法。

对总体分步进行假设检验,一般要求样本容量较大,例如至少 100。

1. χ^2 检验

取正整数 $m \approx \sqrt{n}$,将样本排序为 $X_{(1)} \leqslant X_{(2)} \leqslant \cdots \leqslant X_{(n)}$,将区间 $[X_{(1)}, X_{(n)}]$ 作 $m+1$ 等分,分点为

$$t_i = X_{(1)} + \frac{i}{m+1}[X_{(n)} - X_{(1)}] \quad (i = 1, 2, \cdots, m)$$

这 m 个分点将 $(-\infty, +\infty)$ 分割为 $m+1$ 个小区间：

$$\Delta_1 = (-\infty, t_1], \quad \Delta_2 = (t_1, t_2], \quad \cdots, \quad \Delta_m = (t_{m-1}, t_m], \quad \Delta_{m+1} = (t_m, +\infty)$$

记 v_i 为落入 Δ_i 的样本点的个数，显然 $\sum_{i=1}^{m+1} v_i = n$，称 $\frac{v_i}{n}$ 为 X 落入 Δ_i 的频率。$p_i = P(X \in \Delta_i)$ 表示 H_0 成立时 X 落入 Δ_i 的概率，即

$$p_1 = F_0(t_1), \quad p_2 = F_0(t_2) - F_0(t_1), \quad \cdots, \quad p_m = F_0(t_m) - F_0(t_{m-1}), \quad p_{m+1} = 1 - F_0(t_m)$$

检验统计量取为

$$V = \sum_{i=1}^{m+1} \left(\frac{v_i}{n} - p_i\right)^2 \frac{n}{p_i} = \sum_{i=1}^{m+1} \frac{(v_i - np_i)^2}{np_i}$$

可以证明，当 H_0 成立时 V 近似服从自由度为 m 的 χ^2 分布，对于显著性水平 α，取临界值

```
v0 = chi2inv(1 - alpha, m)
```

当 $V > v_0$ 时，拒绝 H_0。以下自定义函数文件 ftc.m 用于检验，调用格式是

```
[H, VV, v0] = ftc(x, alpha)
```

其中，x 为样本，alpha 为检验的显著性水平，这两个是输入变量，使用前必须赋值。3 个输出变量中，H 等于 0 或者 1，分别表示接受原假设、拒绝原假设；VV 为检验统计量的值；v0 为临界值。另外，使用之前必须保存函数文件 F0.m 才能使用，例如：

```
function y = F0(x)
y = normcdf(x);
```

定义了 $F_0(x)$ 之后，就可以使用下面的 ftc.m 用于检验了：

```
function [H, VV, v0] = ftc(x, alpha)
n = length(x);
m = floor(sqrt(n));
x = sort(x);
a = x(1); b = x(n); d = b - a;
t = zeros(1, m);
for i = 1:m
    t(i) = a + i * d/(m + 1);
end
v = zeros(1, m + 1);
p = zeros(1, m + 1);
p(1) = F0(t(1)); p(m + 1) = 1 - F0(t(m));
for i = 2:m
    p(i) = F0(t(i)) - F0(t(i - 1));
end
i = 1; j = 1;

while x(j) <= t(m)
    if x(j) <= t(i)
        v(i) = v(i) + 1;
        j = j + 1;
    else
        i = i + 1;
    end
end

v(m + 1) = n - sum(v);
VV = 0;
```

```
for i = 1:m + 1
    VV = VV + (v(i) - n * p(i))^2/(n * p(i));
end
v0 = chi2inv(1 - alpha,m);
H = 0;
if VV > v0
    H = 1;
end
```

在 MATLAB 命令窗口中输入如下命令,尝试使用如上检验,为避免大量数据输入,采用随机数。

```
x = trnd(10,1,100);
[H, VV, v0] = ftc(x,0.05)
H = 0
VV = 7.2179
v0 = 18.3070
```

计算结果为:H=0,VV=7.2179,v0=18.3070。从自由度为 10 的 t 分布总体中抽取容量为 100 的样本,冒充标准正态分布,结果检验出原假设不成立,总体不是标准正态分布。当自由度变大时,例如 80,t 分布很接近标准正态分布,这时就检验不出来了。请读者自行尝试。

2. Kolmogorov 检验

Kolmogorov 检验利用的是经验分布函数 $F_n(x)$:

$$F_n(x) = \begin{cases} 0, & x < X_{(1)} \\ \dfrac{k}{n}, & X_{(k)} \leqslant x < X_{(k+1)} \quad (k = 1,2,\cdots,n-1) \\ 1, & x \geqslant X_{(n)} \end{cases}$$

检验统计量为

$$D_n = \sup_{-\infty < x < \infty} | F_n(x) - F_0(x) |$$

可以证明,对于任意的 $x > 0$,

$$\lim_{n \to \infty} P(\sqrt{n} D_n \leqslant x) = Q(x) = \sum_{k=-\infty}^{\infty} (-1)^k e^{-2k^2 x^2}$$

为了求出临界值,先给出自定义函数 KolQ.m 用于计算上述 $Q(x)$:

```
function Q = KolQ(x)
n = length(x);
for i = 1:n
    Q(i) = 0;
if x(i) > 0
    a = 1;
    k = 1;
    while abs(a) > 10^(-10)
        Q(i) = Q(i) + a;
        a = 2 * (exp(-2 * k^2 * x(i)^2)) * (-1)^k;
        k = k + 1;
    end
end
end
```

上述函数可以处理向量,这样方便作图。输入命令:

```
x = 0.3:0.01:1.3;
Q = KolQ(x);
plot(x,Q)
```

上述命令得到图10-12,易见在我们关心的范围内,$Q(x)$单调增加,这为下面用二分法求临界值提供了依据。

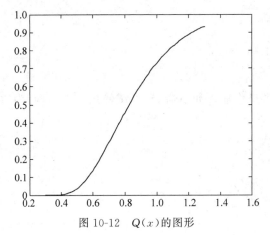

图 10-12　$Q(x)$的图形

如果根据计算出的$Q(x)$值,反向查表得到临界值λ,使得

$$P(D_n > \lambda) = P(\sqrt{n} D_n > \sqrt{n} \lambda) = 1 - Q(\sqrt{n} \lambda) = \alpha$$

则拒绝域为$D_n > \lambda$。以下函数 KolDinv.m 给出了求临界值的方法。

```
function lambda = KolDinv(n,alpha)
pp = 1 - alpha;
s = sqrt(n);
a = 1/s;
b = 1;
for k = 1:40
    c = (a + b)/2;
    lambda = (a + b)/2;
    x = s * lambda;
    if KolQ(x) > pp
        b = c;
    else
        a = c;
    end
end
```

有了临界值,还需要计算D_n的值。由于经验分布函数是阶梯函数,而总体分布函数是单调增加的,故上确界一定会在样本点处取得。因此,只需要计算诸$F_n(X_{(i)})$的左右极限与F_n的差异即可。

以下只考虑连续总体,样本点相同值情形,给出求D_n的方法。

```
function D = KolD(x)
n = length(x);
x = sort(x);
D = 0;
for i = 1:n
    a = abs( F0(x(i)) - (i - 1)/n );
    b = abs( F0(x(i)) - i/n );
    c = max(a,b);
    if D < c
        D = c;
    end
end
```

要调用函数 D=KolD(x),首先在 MATLAB 默认的保存路径中应该还有函数文件 F0.m,这样就可以进行检验了。

以上给出了两种检验总体分布的方法,下面对两种方法进行比较。不妨取定总体 $t(10)$,样本容量为 50,分别使用两种方法检验:

H_0:样本来自标准正态总体。

H_1:样本不是来自标准正态总体。

看看哪种方法拒绝的概率大,为此进行万次抽样,分别计算两者的拒绝频率。注意,由于临界值是固定的,因此一定在万次循环之前首先求出。否则,求临界值比计算统计量麻烦得多,每次多用 0.1s,万次循环累积下来也相当大。请读者自行编程解决两种方法的比较问题。

10.9 综合实例 9:MATLAB 在数理统计中的典型应用

【例 10-49】 旱灾土地总面积问题。

表 10-6 是从 1990 年至 2010 年全国因干旱而受灾的土地总面积(单位:千公顷)(数据来源于全国统计局官网)。

表 10-6 各个年份全国受旱灾土地总面积

年份	受灾面积	年份	受灾面积	年份	受灾面积
1990	18175	1997	33516	2004	17253
1991	24914	1998	14236	2005	16028
1992	32981	1999	30156	2006	20738
1993	21097	2000	40541	2007	29386
1994	30423	2001	38472	2008	12137
1995	23455	2002	22124	2009	29259
1996	20152	2003	24852	2010	13259

解决以下问题:

(1) 计算所给样本的均值与标准差;

(2) 检验在显著水平为 0.05 的情况下,全国每年因干旱而受灾的土地总面积是否服从正态分布;

(3) 如果服从正态分布,用极大似然估计法对未知参数 μ 和 σ 作出估计;

(4) 若年受旱灾总面积大于 35000 千公顷即为重灾年,根据估计出的 μ 值和 σ 值,计算当年为重灾年的概率。

分析问题:这是一个样本均值和标准差的计算以及正态性检验和计算的一系列问题,见图 10-13。对于此类问题可以应用数学软件 MATLAB 进行处理,应用 MATLAB 可以很容易地计算出均值及标准差。此外,采用 Jarque-Beran 检验即可知道其是否服从正态分布,并估计出总体的均值 μ 和标准差 σ。

解决问题:下面计算样本的均值和标准差。

```
>> X = [18175 24917 32981 21097 30423 23455 20152 33516 14236 30156 40541 38472 22124
24852 17253 16028 20738 29386 12137 29259 13259];
>> [h, stats] = cdfplot(X)
h =
Line - 属性:
        Color: [0 0.4470 0.7410]
        LineStyle: '-'
        LineWidth: 0.5000
        Marker: 'none'
        MarkerSize: 6
```

```
        MarkerFaceColor: 'none'
                XData: [1 × 44 double]
                YData: [1 × 44 double]
                ZData: [1 × 0 double]
显示 所有属性
stats =
包含以下字段的 struct:
        min: 12137
        max: 40541
        mean: 2.4436e + 04
        median: 23455
        std: 8.1234e + 03
```

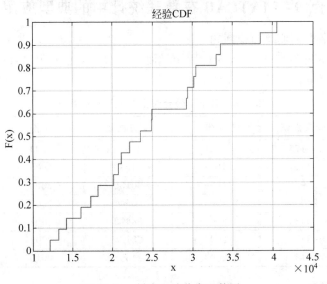

图 10-13   样本经验分布函数图

从输出结果可看出,样本的最小值为 12137,最大值为 40541,中值为 23455,均值为 24436,标准差为 8123.4。验证下面检验其是否服从正态分布。

MATLAB 程序如下:

```
>> clear all;
>> X = [18175 24917 32981 21097 30423 23455 20152 33516 14236 30156 40541 38472 22124
24852 17253 16028 20738 29386 12137 29259 13259];
>> normplot(X);
>>[h, P, Jbstat, CV] = jbtest(X, 0.05)
>> title('正态概率图')
>> xlabel('数据');
>> ylable('概率')
```

运行程序后,输出如下:

```
h =
    0
P =
    0.4574
Jbstat =
    0.9230
CV =
    3.8801
```

由输出结果 $h = 0$ 且 Jbstat<CV 可得出结论,在置信度 $\alpha = 0.05$ 下,受灾面积(原始数据)

服从正态分布,且在正态概率图(见图10-14)中,各点均落在直线两侧,也可说明这一结论是成立的。

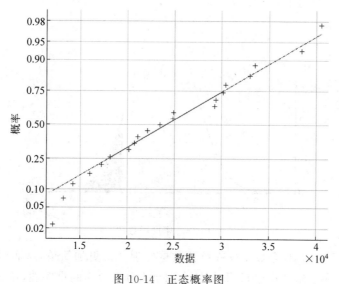

图 10-14　正态概率图

再用极大似然估计法对未知参数 μ 和 σ 作出估计:

MATLAB 程序如下:

```
>> clear all;
>> X = [18175 24917 32981 21097 30423 23455 20152 33516 14236 30156 40541 38472 22124
24852 17253 16028 20738 29386 12137 29259 13259];
>> phat = mle(X,'distribution','norm','alpha',0.05)
```

运行程序后,输出如下:

```
phat =
    1.0e + 04 *
    2.4436    0.7928
```

即受灾面积的 μ 估计值为 24436,σ 估计值为 7928。

最后,根据估计出的 μ 值和 σ 值,计算出每年的受灾面积大于 35000 千公顷的概率:

MATLAB 程序代码如下:

```
>> clear all;
p = normspec([35000 inf],24436,7928)
```

运行程序后,输出如下:

```
p =
    0.0913
```

根据输出结果可知,为重灾年的概率为 0.0913,见图 10-15。

学习总结:通过对 1990 年至 2010 年全国因干旱而受灾的土地总面积的分析,我们得出这些数据服从正态分布。运用 MATLAB 程序得出年均受灾土地总面积为 24436 千公顷,图表清晰地示意了每年受灾总面积的分布状况,可以根据对这些数据的具体分布,采取相应的措施,从而最大限度地减小受灾。

经过此次对实际问题的解决,让我们共同认识到概率统计的知识在我们的生活中无处不在,概率论在我们学习和生活中的应用也给人们带来了极大地便利。在对数据处理的过程中,

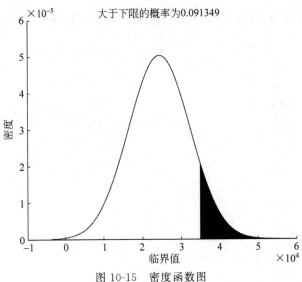

图 10-15　密度函数图

很多数学工具如 MATLAB 等数学软件可让数据处理变得更加简单,从而引导我们更深层次地探讨数学问题。在小组合作中,让我们体会到小组分工合作的重要性,让我们受益匪浅。

【**例 10-50**】　已知 $x=0:0.1:1$,$y=[-0.447\ 1.978\ 3.28\ 6.16\ 7.08\ 7.34\ 7.66\ 9.56\ 9.48\ 9.30\ 11.2]$,请用 polyfit 和 polyval 函数拟合出曲线图。

在命令行窗口输入如下命令:

```
>> x = 0:0.1:1;
>> y = [ - 0.447 1.978 3.28 6.16 7.08 7.34 7.66 9.56 9.48 9.30 11.2];
>> A = polyfit(x, y, 2);
>> z = polyval(A, x);
>> plot(x, y, 'r * ', x, z, 'b')
```

如图 10-16 所示为曲线拟合的函数图。

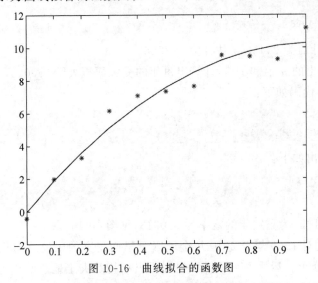

图 10-16　曲线拟合的函数图

【**例 10-51**】　以一简单数据组来说明什么是线性回归。假设有一组数据形态为 $y=y(x)$,其中 $x=\{0,1,2,3,4,5\}$,$y=\{0,20,60,68,77,110\}$。

如果要以一个最简单的方程式来近似这组数据,则用一阶的线性方程式最为适合。从 polyfit 函数得到的输出值就是上述各项系数,并计算这个线性方程式的 y 值与原数据 y 值间误差平方的总和(见图 10-17)。

```
>> x = [0 1 2 3 4 5];
>> y = [0 20 60 68 77 110];
>> coef = polyfit(x, y, 1);          % coef 代表线性回归的二个输出值
>> a0 = coef(1);
>> a1 = coef(2);
>> ybest = a0 * x + a1;              % 由线性回归产生的一阶方程式
>> sum_sq = sum((y - ybest).^2);     % 误差平方总和为 356.82
>> axis([ -1, 6, -20, 120])
>> plot(x, ybest, x, y, 'o'), title('Linear regression estimate'), grid
```

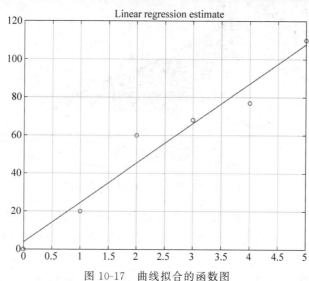

图 10-17　曲线拟合的函数图

【例 10-52】　用 polyval 计算在 X 中任意元素处的多项式 p 的估值。对多项式 $p(x) = 1 + 2 * x + 3 * x^2$，计算 x 分别为 5、7、9 的值。

```
>> x = [5,7,9];
>> p = [3,2,1];
>> polyval(p,x)
% 结果为
ans =
86    162      262
```

【例 10-53】　如何估计多元线性回归的系数(以 MATLAB 自带的数据为样本)。

```
load carsmall              % 此数据样本 MATLAB 自带
x1 = Weight;               % 取这 3 个变量作为拟合对象, x1、x2 自变量, y 应变量
x2 = Horsepower;
y = MPG;
% 用相互作用项计算线性模型的回归系数
X = [ones(size(x1)) x1 x2 x1. * x2];
b = regress(y,X);
% 绘制数据和模型
scatter3(x1,x2,y,'filled')
hold on
x1fit = min(x1):100:max(x1);
x2fit = min(x2):10:max(x2);
[X1FIT,X2FIT] = meshgrid(x1fit,x2fit);
YFIT = b(1) + b(2) * X1FIT + b(3) * X2FIT + b(4) * X1FIT. * X2FIT;
mesh(X1FIT,X2FIT,YFIT)
xlabel('Weight')
```

```
ylabel('Horsepower')
zlabel('MPG')
view(50,10)
```

如图 10-18 所示为估计多元线性回归的系数图。

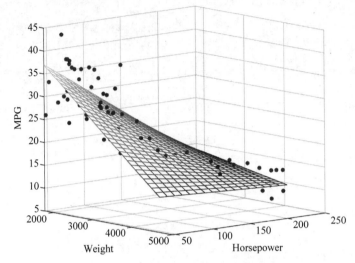

图 10-18　估计多元线性回归的系数图

【例 10-54】 已知 $x = [1.1389\ 1.0622\ 0.9822\ 0.934\ 0.9251\ 0.9158]$，$y = [0.03\ 1\ 5.03\ 15.05\ 19.97]$其中拟合函数为 $y = -k * \ln(x+a) - b$，请利用 nlinfit 函数进行非线性参数拟合。

```
x = [1.1389 1.0622 0.9822 0.934 0.9251 0.9158];
y = [0.03 1 5.03 15.05 19.97 30.3];
myfunc = inline(' - beta(1) * log(x + beta(2)) - beta(3)','beta','x');
beta = nlinfit(x,y,myfunc,[0 0 0]);
k = beta(1),a = beta(2),b = beta(3)  % test the model
xx = min(x):max(x);
yy = - k * log(x + a) - b;
plot(x,y,'o',x,yy,'r')
```

如图 10-19 所示为 nlinfit 非线性参数拟合图。

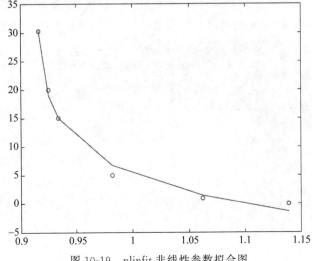

图 10-19　nlinfit 非线性参数拟合图

【例 10-55】 已知 $x = 2:10$，$y = 8 * \sin(x). * \exp(x) - 12./\log(x)$。现在已经有多组 (x, y) 的数据，对于函数 $y = a * \sin(x) * \exp(x) - b/\log(x)$，求最佳的 a、b 值。

```
x = 2:10;
y = 8 * sin(x). * exp(x) - 12./log(x);          % 上面假如是我们事先获得的值
a = [1 2];
f = @(a,x)a(1) * sin(x). * exp(x) - a(2)./log(x);   % 使用 nlinfit
nlinfit(x,y,f,a)                                 % 在命令行显示如下命令
>> ans =
8.0000 12.0000
```

10.10　本章小结

本章介绍了使用 MATLAB 研究解决数理统计和概率论的问题，使用 MATLAB 对数据进行描述与分析，参数估计和假设检验这两个数理统计的最基本方法在 MATLAB 中的实现。

10.11　习题

(1) 某厂生产的一种电器的销售量 y 与竞争对手的价格 x_1 和本厂的价格 x_2 有关。下面是该商品在 10 个城市的销售记录：

x_1(元)	120	140	190	130	155	175	125	145	180	150
x_2(元)	100	110	90	150	210	150	250	270	300	250
y(个)	102	100	120	77	46	93	26	69	65	85

试根据这些数据建立 y 与 x_1 和 x_2 的关系式，对得到的模型和系数进行检验。若某市本厂产品售价 160 元，竞争对手售价 170 元，预测商品在该市的销售量。

(2) 设随机变量 X 的分布密度为：$f(x) = \begin{cases} \dfrac{2}{\pi}\cos 2x, & |x| \leqslant \dfrac{\pi}{2} \\ 0, & \text{其他} \end{cases}$，求随机变量 X 的期望值和方差。

(3) 设随机变量 (X, Y) 具有联合密度函数为

$$f(x, y) = \begin{cases} (x+y)/8, & 0 \leqslant x \leqslant 2, 0 \leqslant y \leqslant 2 \\ 0, & \text{其他} \end{cases}$$

求 X 与 Y 的协方差函数及相关系数，并计算概率 $P(X > 1, Y > 1)$。

(4) 求下列样本的样本方差和样本标准差以及方差和标准差：

$$14.70 \quad 15.21 \quad 14.90 \quad 15.32 \quad 15.32$$

应 用 篇

应 用 篇

在当今科技飞速发展的时代，MATLAB 作为一种强大的数学计算和编程工具，扮演着十分重要的角色，为各个领域的专业人士和研究者提供了无限的可能性。应用篇将带领读者深入探讨 MATLAB 在实际应用中的丰富用途，从而使其更好地应对现实生活中复杂的数学问题。

MATLAB 不仅是用于数学建模和仿真的工具，更是一个灵活而强大的平台，适用于工程、科学、数据科学等多个领域。本篇将在基础篇的基础上，聚焦于 MATLAB 的实际应用，通过详细的案例讲解和实例教学，揭示 MATLAB 在不同领域中发挥的关键作用，并展示 MATLAB 强大的数据处理能力。

本篇将深入研究 MATLAB 在高校名额分配、土壤金属污染分析、风电功率预测、统计回归模型求解及图论算法仿真等具体现实场景下的应用。通过这一深度剖析，读者将不仅了解 MATLAB 的强大之处，更能够掌握如何在实际问题中应用这些功能，从而提升工作效率和应对复杂挑战的能力。

无论是工程师、科学家或数据分析师，还是刚刚踏入 MATLAB 的学习之路的新手，本篇都将为读者提供实用而深入的见解，帮助读者更好地掌握 MATLAB 的强大功能。总之，掌握 MATLAB 功能并学以致用对于提高工作效率、解决实际问题以及推动科学研究和工程设计的进展都至关重要，MATLAB 的多功能性和易用性使其成为许多专业领域中不可或缺的工具之一。

每年研究生招生时,各大高校均会出台政策,以说明本校需要招收多少研究生(针对不同专业和不同背景的研究生),然而研究生的招生数量有相应的约束,每一所学校老师的数量决定了学生的比例,不同的教师的级别对研究生的招收也存在差异,此外还有老师的学科方向、科研经费、发表中英文论文数、专利数、获奖数、优秀论文数等因素也对招生有一定的影响。综合这些因素,合理地分配研究生名额,成为高校亟待解决的问题。

学习目标:

(1) 学习和掌握高校硕士研究生指标分配等问题。

(2) 掌握常用相关分析和回归分析等方法。

(3) 掌握常用聚类分析等方法。

(4) 掌握 MATLAB 常用残差检验等功能。

11.1 问题描述

高等学校研究生招生指标分配问题,对研究生的培养质量、学科建设和科研成果的取得有直接影响。特别是在 2011 年研究生招生改革方案中,将硕士研究生招生指标划分为学术型和专业型两类。这一改革方案的实施,在给研究生教育的发展带来发展机遇的同时,也给研究生招生指标分配的优化配置提出了新的思考。

实验的数据是某高校 2007—2011 年硕士研究生招生实际情况。研究生招生指标分配主要根据指导教师的数量及教师岗位进行分配。其中教师岗位分为七个岗位等级(一级岗位为教师的最高级,七级岗为具备硕士招生资格的最低级)。另外,数据表还列出了各位教师的学科方向,2007—2011 年的招生数量、科研经费、发表中英文论文数量、专利数量、获奖数量、获得校省优秀论文奖数量等信息。

请你参考有关文献,利用实验的数据建立数学模型,并解决下列问题。

(1) 由于统计数据的缺失,第 18、103、110、123、150、168、274、324、335和 352 位教师的数据不完整,请使用数学模型的方法将这些缺失的数据补充完整。

(2) 以前的硕士研究生名额分配方案主要参考导师岗位级别进行分配。请以岗位级别为指标,分析每个岗位的招生人数、科研经费、发表中英文论文数、专利数、获奖数和优秀论文数的统计规律,并给出合理的解释。

(3) 根据第(2)问的结论,提出更加合理的研究生名额分配方案,使得新方案能够兼顾岗位和其他因素(如研究生的招生类型等),并要求用此方案对2012年的招生名额进行预分配。

(4) 如果想把分配方案做得更合理,你认为需要添加哪些数据,用什么方法可以完成你的方案?请阐述你的思想。

11.2 摘要

本章针对高校硕士研究生指标分配问题,采用聚类分析、相关分析和回归分析等方法,建立了系统聚类模型和多元线性回归方程模型,采用最小二乘估计算法计算得到了各个导师研究生指标的分配名额,并对2012年的招生指标进行预分配,结果较准确。

问题(1)中,要求将部分导师所缺失的数据补充完整。首先,采用聚类分析的方法,建立两种模型。第一种模型,将缺失数据的导师在其相同学科间进行系统聚类,建立聚类模型;第二种模型,将缺失数据的导师的各项指标与所有的导师的各项指标进行聚类,建立聚类模型。然后对两种聚类模型均采用最小欧氏距离平方的方法进行求解,最后得出每位缺失数据导师的完整信息,十位导师的岗位级别依次为四级岗、七级岗、七级岗、七级岗、四级岗、三级岗、七级岗、六级岗、四级岗和七级岗。

问题(2)中,要求以岗位级别为指标,分析每个岗位的招生人数、科研经费、发表中英文论文数、专利数、获奖数和优秀论文数的统计规律,并给出合理的解释。首先,画出招生人数、科研经费和发表中英文论文数等指标数据关于各个岗位的直方图,分析其分布情况。然后,运用相关性分析,对硕士招生总人数与各指标进行相关性分析,得出硕士招生人数与专利数、获奖数等具有较强的相关性的结论。

问题(3)中,要求根据第(2)问的结论,既考虑岗位因素又兼顾其他因素,建立更加合理的研究生名额分配方案,并对2012年名额进行预分配。首先,运用相关性分析和回归分析的方法,建立多元线性回归方程模型,采用最小二乘估计方法对回归系数进行估计,并对回归方程进行残差检验。最后,根据2011年的数据,得出了2012年各导师的招生名额分配方案。其中,前八位导师的名额分别为:1个、7个、7个、7个、2个、7个、5个和7个。

问题(4)中,为了更加合理地建立分配方案,要求增加一些指标数据,建立分配方案模型。为使分配方案更加合理,可增加就业率、学生报考人数和企业反馈信息等指标数据。

11.3 基本假设

(1) 2007—2011年教师岗位等级没有变化。
(2) 研究生招生政策没有较大变动。
(3) 2007—2011年导师人数没有较大变化。
(4) 研究生招生不因为其他主客观原因而变化。

11.4 符号说明

本章的相关符号说明如表11-1所示。

表11-1 本章相关符号说明

符　　号	意　　义	备　　注
x_{ij}	第 i 类样品中的第 j 项指标	$i=1,2,\cdots,354$; $j=1,2,\cdots,40$
x'_{ij}	x_{ij} 标准化后的值	$i=1,2,\cdots,354$; $j=1,2,\cdots,40$

续表

符 号	意 义	备 注
σ_j	第 j 项指标数据的方差	$j = 1, 2, \cdots, 40$
$\bar{x}$	第 j 项指标数据平均值	$j = 1, 2, \cdots, 40$
d	样品间欧氏距离	
D	欧氏距离平方	
β	回归系数矩阵	
$\hat{\beta}$	回归系数矩阵估计值	
X	回归变量矩阵	

11.5 问题分析

对于问题(1),通过数据分析,可发现缺失的数据均是岗位的等级,而其他的数据如所招收研究生数量和论文发表等都具体存在,因此,可考虑采用聚类分析的方法,通过已知完整的数据,对数据进行分析和求解。

我们针对第(1)问列出了两个聚类的模型。

① 第一种模型将所求的样本和相同学科类样本进行聚类分析,然后在得出的结果中,将所求的样本和它一类的几个样本进行比较,若全部是一个级别,那所求样本属于该级别。若同一类中等级有差异,则所求样本和该类中距离较近的样本属于同一岗位级别。

② 第二种模型将所求样本和所有的样本进行比较,计算欧氏距离,得到一个最小值,则所求样本和最近欧氏距离样本属于同一岗位级别。

对于问题(2),题目要求以岗位级别为指标,分别分析每个岗位的招生人数等的统计规律。因此,首先以岗位级别为横坐标,招生人数、科研经费、发表中英文论文数等信息作为纵坐标。根据已有的信息绘制出 7 个直方图,然后根据绘制的图形,结合实际,分析统计规律。

对于问题(3),在第(2)问的基础上,由于要对 2012 年的名额进行预测分配,因此考虑用回归分析的方法,将招生人数定为因变量,将岗位级别、发表中英文论文数、专利数和获奖数等五项指标定为回归变量,构造多元回归方程,根据已有数据拟合出 2012 年招生名额分配。

对于问题(4),要求增加一些指标数据,采用相应的方法建立更加合理的招生分配方案。因此,可查找相关文献及根据目前实际情况找出影响研究生招生人数的指标,再进行分析。

11.6 模型建立与求解

针对问题(1)可以看到,有 A～K 类不同的学科、1～7 个不同岗位等级,以及每位导师的论文、专利数量等。因此,我们首先将信息缺失的导师和他所在的学科中的其余导师作为样品进行聚类分析。

首先确定出影响聚类的指标,由题目所给数据,将指标确定为每年硕士招生总人数、纵横向科研项目,以及到账经费、每年发表中英文论文数、专利数、获奖数等。然后进行数据的标准化,无量纲处理。

11.6.1 问题 1 的求解

我们针对第(1)问给出了两个聚类的模型。

第一种模型,是将所求的样本和同学科类样本进行聚类分析,然后在得出的结果中,将所求的样本和它一类的几个样本进行比较,若全部是一个级别,那所求样本属于该级别。若同一类中等级有差异,则所求样本和该类的中距离较近的样本属于同一岗位级别。

第二种模型,是将所求样本和七种岗位等级样本进行比较,计算欧氏距离,得到一个最小值,则所求样本和最近欧氏距离属于同一岗位级别。

1. 模型的建立

(1) 聚类分析的简介。

聚类分析是根据事物本身的特性来定量研究分类问题的一种多元统计分析方法。其基本思想是同一类中个体有较大的相似性,不同类中的个体差异较大,于是根据一批样本的多个观测指标,找出能够度量样品(或变量)之间相似度的统计量,并以此为依据,采用某种聚类法,将所有样品(或变量)分别聚合到不同的类中。

(2) 数据的标准化处理。

利用如下公式对数据进行标准化处理:

$$x'_{ij} = \frac{x_{ij} - \bar{x}_j}{\sigma_j} \quad i = 1, 2, \cdots, 354; \quad j = 1, 2, \cdots, 40$$

其中:

$$\bar{x}_j = \frac{1}{354} \sum_{i=1}^{354} x_{ij} \quad j = 1, 2, \cdots, 40$$

$$\sigma_j = \frac{1}{354} \sum_{i=1}^{354} (x_{ij} - \bar{x}_j)^2 \quad j = 1, 2, \cdots, 40$$

为了方便起见,我们把归一化后的矩阵仍然记作:

$$X = \begin{bmatrix} x_{11} \cdots x_{1,40} \\ \vdots \\ x_{354,1} \cdots x_{354,40} \end{bmatrix}$$

(3) 样本的距离计算。

设 $d(x_i, x_j)$ 是样品 x_i, x_j 之间的距离,一般要求它满足以下条件:

① $d(x_i, x_j) \geqslant 0$,且 $d(x_i, x_j) = 0 \Leftrightarrow x_i = x_j$; $i, j = 1, 2, \cdots, 354$;

② $d(x_i, x_j) = d(x_j, x_i)$; $i, j = 1, 2, \cdots, 354$;

③ $d(x_i, x_j) \leqslant d(x_i, x_k) + d(x_k, x_j)$; $k \leqslant 354$。

欧氏距离:

$$d(x_i, x_j) = \left[\sum_{k=1}^{40} (x_{ik} - x_{jk})^2 \right]^{\frac{1}{2}} \quad i = 1, 2, \cdots, 354; \quad j = 1, 2, \cdots, 40$$

欧氏距离平方:

$$D(x_i, x_j) = [d(x_i, x_j)]^2 = \sum_{k=1}^{j} (x_{ik} - x_{jk})^2$$

从而得到聚类分析的模型:

$$\begin{cases} x'_{ij} = \dfrac{x_{ij} - \bar{x}_j}{\sigma_j} & i = 1, 2, \cdots, 354; \quad j = 1, 2, \cdots, 40 \\[2mm] \bar{x}_j = \dfrac{1}{354} \sum\limits_{i=1}^{354} x_{ij} & i = 1, 2, \cdots, 354; \quad j = 1, 2, \cdots, 40 \\[2mm] \sigma_j = \dfrac{1}{354} \sum\limits_{i=1}^{354} (x_{ij} - \bar{x}_j)^2 & j = 1, 2, \cdots, 40 \\[2mm] d(x_i, x_j) = \left[\sum\limits_{k=1}^{40} (x_{ik} - x_{jk})^2 \right]^{\frac{1}{2}} & i = 1, 2, \cdots, 354; \quad j = 1, 2, \cdots, 40 \end{cases}$$

2．模型的求解

（1）模型一的求解。

① 对样本和标准进行确定。设题目给出的 354 位导师为 354 个样本，所对应的指标分别为：五年的硕士招生人数，纵向、横向科研项目数量及其到账经费合计，五年发表中英文论文数，五年专利数，五年获奖数，优秀论文数等。

② 将未知样品所属的学科筛选出来，如第 18 个样品属于学科 A，那么将学科 A 的所有样品筛选出来。

③ 对数据进行标准化处理。利用 MATLAB 软件，将题目所给的数据按 $x'_{ij} = \dfrac{x_{xj} - \bar{x}_j}{\sigma_j}$ 进行标准化处理。

④ 计算位置样本点与其学科间其他样本点的欧氏距离平方，并对我们所确立的样本指标进行聚类分析。

（2）模型二的求解。

① 同模型一的求解，确立样品和指标。

② 对数据进行标准化处理。

③ 计算所有样品之间的欧式距离，并将未知样品和所有的样品进行聚类分析。

3．结果分析

（1）模型一的结果分析。

根据上述求解步骤可得到聚类分析结果，如表 11-2 所示。

表 11-2　聚类分析结果

缺失数据导师号	18	103	110	123	150
最小距离	5.96	1.17	1.44	5.54	6.06
导师编号	41	99	99	127	134
归属级岗	四级岗	七级岗	七级岗	七级岗	四级岗
缺失数据导师号	168	274	3324	335	352
最小距离	9.80	5.57	5.14	3.29	8.48
导师编号	175	273	308	345	348
归属级岗	三级岗	七级岗	六级岗	四级岗	七级岗

由表 11-2 的聚类分析结果可得到导师缺失数据，如表 11-3 所示。

表 11-3　导师缺失数据

缺失数据	18	103	110	123	150
归属级岗	四级岗	七级岗	七级岗	七级岗	四级岗
缺失数据	168	274	324	335	352
归属级岗	三级岗	七级岗	六级岗	四级岗	七级岗

根据上述信息可得出学科 A 缺失数据导师与其他导师之间的欧氏距离，部分结果如表 11-4 所示。

表 11-4　学科 A 缺失数据导师与其他部导师之间的欧氏距离

其他部导师 ＼ 学科 A 缺失数据导师	1	2	3	4	5	…	48	49	50	51	18
1	0.00	17.94	10.60	10.02	10.67	…	9.29	10.90	11.08	11.65	10.63
2	17.94	0.00	14.12	15.13	15.35	…	17.22	15.65	15.28	15.63	13.98

续表

学科 A 缺失数据导师 / 其他部导师	1	2	3	4	5	…	48	49	50	51	18
3	10.60	14.12	0.00	4.80	7.90	…	8.78	3.77	5.26	4.72	7.50
4	10.02	15.13	4.80	0.00	8.82	…	7.16	3.73	3.56	4.70	7.44
5	10.67	15.35	7.90	8.82	0.00	…	10.98	9.62	9.92	10.28	9.32
…	…	…	…	…	…	…	…	…	…	…	…
48	9.29	17.22	8.78	7.16	10.98	…	0.00	8.12	8.02	8.86	10.45
49	10.90	15.65	3.77	3.73	9.62	…	8.12	0.00	2.95	2.60	7.96
50	11.08	15.28	5.26	3.56	9.92	…	8.02	2.95	0.00	3.73	7.02
51	11.65	15.63	4.72	4.70	10.28	…	8.86	2.60	3.73	0.00	8.70
18	10.63	13.98	7.50	7.44	9.32	…	10.45	7.96	7.02	8.70	0.00

(2) 模型二的结果分析。

由上述的模型二中的 Step3 可得到任意两导师之间的欧氏距离,如表 11-5 所示。

表 11-5 模型二所得最小欧氏距离与岗位级别

最小距离	一级岗	二级岗	三级岗	四级岗	五级岗	六级岗	七级岗
第 18 位	5.62	5.27	5.16	7.98	7.39	8.26	11.18
第 103 位	4.29	3.01	3.14	1.11	3.10	1.48	1.41
第 110 位	4.40	3.64	3.39	1.55	2.55	2.16	1.14
第 123 位	7.01	7.42	6.44	6.63	5.35	5.96	4.33
第 150 位	6.49	5.37	5.49	7.07	8.55	7.89	15.48
第 168 位	7.82	7.40	8.63	9.75	9.26	10.64	9.21
第 274 位	5.87	7.69	6.55	8.53	7.47	7.01	9.30
第 324 位	4.82	3.96	2.16	5.37	5.59	4.04	6.81
第 335 位	4.41	4.10	3.68	2.77	3.19	2.81	2.52
第 352 位	8.63	8.67	7.07	9.82	8.26	10.64	6.67

由表 11-5 最小欧氏距离值,从而可得导师的岗位级别缺失数据,如表 11-6 所示。

表 11-6 模型二所得最小欧氏距离与岗位级别

导师编号	18	103	110	123	150
归属级岗	三级岗	四级岗	四级岗	七级岗	二级岗
导师编号	168	274	324	335	352
归属级岗	二级岗	一级岗	三级岗	七级岗	七级岗

11.6.2 问题 2 的求解

题目要求以岗位级别为指标,分别分析每个岗位的招生人数等的统计规律。因此,首先以岗位级别为横坐标,以招生人数、科研经费、中英文论文数、专利数、获奖数和优秀论文数分别作为纵坐标。根据已有信息绘制 7 个直方图,然后根据绘制的图形,结合实际,分析统计规律。

1. 模型的建立

首先进行数据处理,每个岗位等级所对应的各个因素的平均值。然后以岗位级别为横坐标,招生人数、科研经费、中英文论文数、专利数、获奖数和获得优秀论文数分别作为纵坐标。利用 MATLAB 软件绘制出他们的直方图,MATLAB 程序如下:

```
% 级岗合并
clc,clear;
load xsum.mat
load gw1.mat
```

```
load gw2.mat
load gw3.mat
load gw4.mat
load gw5.mat
load gw6.mat
load gw7.mat
n0 = size(xsum);
n1 = size(gw1);n2 = size(gw2);n3 = size(gw3);
n4 = size(gw4);n5 = size(gw5);n6 = size(gw6);
n7 = size(gw7);
renshu1 = [0,0,0,0,0,0,0];keyan1 = [0,0,0,0,0,0,0];zhongyw1 = [0,0,0,0,0,0,0];
zhuanli1 = [0,0,0,0,0,0,0];huoj1 = [0,0,0,0,0,0,0];youxlw1 = [0,0,0,0,0,0,0];
for i = 1:n1(1,1)
    renshu1(1,1) = renshu1(1,1) + gw1(i,9);
    keyan1(1,1) = keyan1(1,1) + gw1(i,14);
    zhongyw1(1,1) = zhongyw1(1,1) + gw1(i,20) + gw1(i,29);
    zhuanli1(1,1) = zhuanli1(1,1) + gw1(i,35);
    huoj1(1,1) = huoj1(1,1) + gw1(i,41);
    youxlw1(1,1) = youxlw1(1,1) + gw1(i,42) + gw1(i,43);
end

for i = 1:n2(1,1)
    renshu1(1,2) = renshu1(1,2) + gw2(i,9);
    keyan1(1,2) = keyan1(1,2) + gw2(i,14);
    zhongyw1(1,2) = zhongyw1(1,2) + gw2(i,20) + gw2(i,29);
    zhuanli1(1,2) = zhuanli1(1,2) + gw2(i,35);
    huoj1(1,2) = huoj1(1,2) + gw2(i,41);
    youxlw1(1,2) = youxlw1(1,2) + gw2(i,42) + gw2(i,43);
end

for i = 1:n3(1,1)
    renshu1(1,3) = renshu1(1,3) + gw3(i,9);
    keyan1(1,3) = keyan1(1,3) + gw3(i,14);
    zhongyw1(1,3) = zhongyw1(1,3) + gw3(i,20) + gw3(i,29);
    zhuanli1(1,3) = zhuanli1(1,3) + gw3(i,35);
    huoj1(1,3) = huoj1(1,3) + gw3(i,41);
    youxlw1(1,3) = youxlw1(1,3) + gw3(i,42) + gw3(i,43);
end

for i = 1:n4(1,1)
    renshu1(1,4) = renshu1(1,4) + gw4(i,9);
    keyan1(1,4) = keyan1(1,4) + gw4(i,14);
    zhongyw1(1,4) = zhongyw1(1,4) + gw4(i,20) + gw4(i,29);
    zhuanli1(1,4) = zhuanli1(1,4) + gw4(i,35);
    huoj1(1,4) = huoj1(1,4) + gw4(i,41);
    youxlw1(1,4) = youxlw1(1,4) + gw4(i,42) + gw4(i,43);
end

for i = 1:n5(1,1)
    renshu1(1,5) = renshu1(1,5) + gw5(i,9);
    keyan1(1,5) = keyan1(1,5) + gw5(i,14);
    zhongyw1(1,5) = zhongyw1(1,5) + gw5(i,20) + gw5(i,29);
    zhuanli1(1,5) = zhuanli1(1,5) + gw5(i,35);
    huoj1(1,5) = huoj1(1,5) + gw5(i,41);
    youxlw1(1,5) = youxlw1(1,5) + gw5(i,42) + gw5(i,43);
end

for i = 1:n6(1,1)
    renshu1(1,6) = renshu1(1,6) + gw6(i,9);
    keyan1(1,6) = keyan1(1,6) + gw6(i,14);
    zhongyw1(1,6) = zhongyw1(1,6) + gw6(i,20) + gw6(i,29);
    zhuanli1(1,6) = zhuanli1(1,6) + gw6(i,35);
    huoj1(1,6) = huoj1(1,6) + gw6(i,41);
```

```
        youxlw1(1,6) = youxlw1(1,6) + gw6(i,42) + gw6(i,43);
end

for i = 1:n1(1,1)
        renshu1(1,7) = renshu1(1,7) + gw7(i,9);
        keyan1(1,7) = keyan1(1,7) + gw7(i,14);
        zhongyw1(1,7) = zhongyw1(1,7) + gw7(i,20) + gw7(i,29);
        zhuanli1(1,7) = zhuanli1(1,7) + gw7(i,35);
        huoj1(1,7) = huoj1(1,7) + gw7(i,41);
        youxlw1(1,7) = youxlw1(1,7) + gw7(i,42) + gw7(i,43);
end

subplot(2,3,1)
bar(1:7,renshu1)
gtext('级岗')
gtext('招生人数')
subplot(2,3,2)
bar(1:7,keyan1)
gtext('级岗')
gtext('科研经费')
subplot(2,3,3)
bar(1:7,zhongyw1)
gtext('级岗')
gtext('中英文论文数')
subplot(2,3,4)
bar(1:7,zhuanli1)
gtext('级岗')
gtext('专利数')
subplot(2,3,5)
bar(1:7,huoj1)
gtext('级岗')
gtext('获奖数')
subplot(2,3,6)
bar(1:7,youxlw1)
gtext('级岗')
gtext('优秀论文数')
```

运行结果如图 11-1 所示。

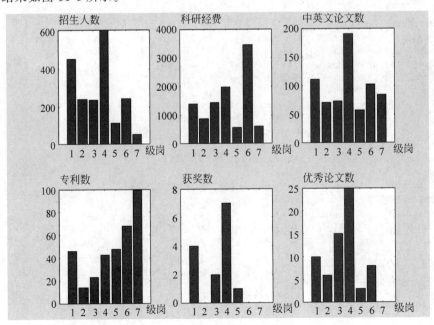

图 11-1　每个岗位招生人数和科研经费等指标与岗位的统计直方图

如图 11-1 所示,这样画出的直方图不能够很明确地反映出统计的规律。因此,我们将招生人数、科研经费、发表中英文论文数、专利数、获奖数和优秀论文数等都求取平均值:

$$x_{xj} = \frac{\sum_{j=1}^{k} x_{xj}}{k}, \quad (i = 1, 2, \cdots, 7)$$

再利用 MATLAB 软件编程如下:

```
%求平均值
    renshu1(1,1) = renshu1(1,1)/n1(1,1);
    keyan1(1,1) = keyan1(1,1)/n1(1,1);
    zhongyw1(1,1) = zhongyw1(1,1)/n1(1,1);
    zhuanli1(1,1) = zhuanli1(1,1)/n1(1,1);
    huoj1(1,1) = huoj1(1,1)/n1(1,1);
    youxlw1(1,1) = youxlw1(1,1)/n1(1,1);
%求平均值
    renshu1(1,2) = renshu1(1,2)/n2(1,1);
    keyan1(1,2) = keyan1(1,2)/n2(1,1);
    zhongyw1(1,2) = zhongyw1(1,2)/n2(1,1);
    zhuanli1(1,2) = zhuanli1(1,2)/n2(1,1);
    huoj1(1,2) = huoj1(1,2)/n2(1,1);
    youxlw1(1,2) = youxlw1(1,2)/n2(1,1);
%求平均值
    renshu1(1,3) = renshu1(1,3)/n3(1,1);
    keyan1(1,3) = keyan1(1,3)/n3(1,1);
    zhongyw1(1,3) = zhongyw1(1,3)/n3(1,1);
    zhuanli1(1,3) = zhuanli1(1,3)/n3(1,1);
    huoj1(1,3) = huoj1(1,3)/n3(1,1);
    youxlw1(1,3) = youxlw1(1,3)/n3(1,1);
%求平均值
    renshu1(1,4) = renshu1(1,4)/n4(1,1);
    keyan1(1,4) = keyan1(1,4)/n4(1,1);
    zhongyw1(1,4) = zhongyw1(1,4)/n4(1,1);
    zhuanli1(1,4) = zhuanli1(1,4)/n4(1,1);
    huoj1(1,4) = huoj1(1,4)/n4(1,1);
    youxlw1(1,4) = youxlw1(1,4)/n4(1,1);
%求平均值
    renshu1(1,5) = renshu1(1,5)/n5(1,1);
    keyan1(1,5) = keyan1(1,5)/n5(1,1);
    zhongyw1(1,5) = zhongyw1(1,5)/n5(1,1);
    zhuanli1(1,5) = zhuanli1(1,5)/n5(1,1);
    huoj1(1,5) = huoj1(1,5)/n5(1,1);
    youxlw1(1,5) = youxlw1(1,5)/n5(1,1);
%求平均值
    renshu1(1,6) = renshu1(1,6)/n6(1,1);
    keyan1(1,6) = keyan1(1,6)/n6(1,1);
    zhongyw1(1,6) = zhongyw1(1,6)/n6(1,1);
    zhuanli1(1,6) = zhuanli1(1,6)/n6(1,1);
    huoj1(1,6) = huoj1(1,6)/n6(1,1);
    youxlw1(1,6) = youxlw1(1,6)/n6(1,1);
%求平均值
    renshu1(1,7) = renshu1(1,7)/n7(1,1);
    keyan1(1,7) = keyan1(1,7)/n7(1,1);
    zhongyw1(1,7) = zhongyw1(1,7)/n7(1,1);
    zhuanli1(1,7) = zhuanli1(1,7)/n7(1,1);
    huoj1(1,7) = huoj1(1,7)/n7(1,1);
    youxlw1(1,7) = youxlw1(1,7)/n7(1,1);
figure(2),
```

```
subplot(2,3,1)
bar(1:7,renshu1)
gtext('级岗')
gtext('平均招生人数')
subplot(2,3,2)
bar(1:7,keyan1)
gtext('级岗')
gtext('平均科研经费')
subplot(2,3,3)
bar(1:7,zhongyw1)
gtext('级岗')
gtext('平均中英文论文数')
subplot(2,3,4)
bar(1:7,zhuanli1)
gtext('级岗')
gtext('平均专利数')
subplot(2,3,5)
bar(1:7,huoj1)
gtext('级岗')
gtext('平均获奖数')
subplot(2,3,6)
bar(1:7,youxlw1)
gtext('级岗')
gtext('平均优秀论文数')
```

运行程序输出结果如图 11-2 所示。

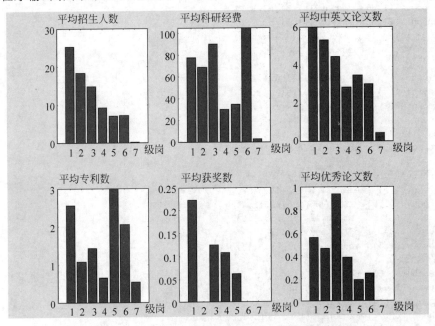

图 11-2　处理后的各项指标与岗位级别间的统计直方图

2. 模型的分析

由图 11-1 和图 11-2 可知,对于每个岗位的招生人数来说:岗位级别为 1 时,招生人数越多;岗位级别为 7 时,招生人数越少。因此,岗位级别越高,招生人数越多;岗位级别越低,招生人数越少。

对于科研经费来说,大致的分布情况也是岗位级别越高,经费越多,但是第 6 级岗位出现了一个峰值。

对于发表中英文论文数来说,级别越高,发表论文数也就越多,也就是说,发表论文数和级别成正比。

对于申请专利来说,1、6 和 5 级的专利申请数较多,2、3 级的专利申请稍少,4、7 级申请专利数更少。

对于获奖数来说,也大致呈现一个获奖数和级别高低成正比。只有第 2 级别出现了一个大幅度地下降。

对于获得优秀论文数量来说,整体趋势呈现出优秀论文数和级别高低成正比,其中,第 3 级别出现了一个峰值。

11.6.3 问题 3 的求解

在问题(2)的基础之上,由于要对 2012 年的名额进行预测分配,而 2012 年的名额分配是根据 2011 年导师的岗位级别、中英文论文发表数等指标来确定的。同理,2011 年的名额分配是根据 2010 年导师的各项指标确定的,以此类推。因此,考虑用回归分析的方法,将招生人数定为因变量,将岗位级别、中英文论文数、专利数和获奖数等五项指标定为回归变量,建立多元线性回归方程,根据已有数据,拟合出 2012 年招生名额分配模型。

首先,设招生人数为因变量 y,将回归变量岗位级别、中文期刊发表论文数、英文期刊发表论文数、专利数和获奖数分别设为 β_1、β_2、β_3、β_4、β_5。建立多元线性回归模型。最后根据所给数据,利用最小二乘估计,求出 β_i 的值,得到线性回归方程,从而可建立预测 2012 年名额分配的模型。

1. 模型的建立

(1) 建立多元线性回归的一般模型。

$$y = \beta_1 x_1(u) + \beta_2 x_2(u) + \beta_3 x_3(u) + \beta_4 x_4(u) + \beta_5 x_5(u) + \varepsilon$$

其中,ε 为随机误差,且服从于 $N(0, \sigma^2)$。如题目中所给的数据,有 n 组数据,即

$$\begin{bmatrix} u_1 & y_1 \\ u_2 & y_2 \\ \vdots & \vdots \\ un & yn \end{bmatrix}$$

代入多元线性回归方程可得

$$y = \beta_1 x_1(ui) + \beta_2 x_2(ui) + \beta_3 x_3(ui) + \beta_4 x_4(ui) + \beta_5 x_5(u_i) + \varepsilon$$

其中,ε_i 为第 i 次试验的随机误差,且相互独立服从于 $N(0, \sigma^2)$。

(2) 回归系数 β 的最小二乘估计。

引入矩阵记号:

$$Y = \begin{bmatrix} y_1 \\ y_2 \\ \vdots \\ y_n \end{bmatrix}, \quad X = \begin{bmatrix} x_1(u_1) & \cdots & x_m(u_m) \\ x_2(u_1) & \cdots & x_2(u_m) \\ & \vdots & \\ x_n(u_1) & \cdots & x_n(u_m) \end{bmatrix}$$

选取 β 的一个估计值 $\hat{\beta}$,使得随机误差 ε 的平方和达到最小,即

$$\min \varepsilon^t = \min(Y - X\beta)^{\mathrm{T}}(Y - X\beta)$$

写成分量形式:

$$Q(\beta_1, \beta_3, \cdots, \beta_m) = \sum_{i=1}^{n} \left[y_i - \beta_1 x_1(u_i) - \beta_2 x_2(u_i) - \cdots - \beta_m x_m(u_i) \right]^2$$

则

$$Q(\hat{\beta}_1, \hat{\beta}_3, \cdots, \hat{\beta}_m) = \min Q(\beta_1, \beta_3, \cdots, \beta_m)$$

注意到 $Q(\beta_1, \beta_3, \cdots, \beta_m)$ 是非负二次式,可微。由多元函数取得极值的必要条件可得 $\dfrac{\partial Q}{\partial \beta_j} = 0 (j=1,2,\cdots,m)$,即

$$\sum_{i=1}^{n} \left[y_i - \hat{\beta}_1 x_1(u_i) - \hat{\beta}_2 x_2(u_i) - \cdots - \hat{\beta}_m x_m(u_i) \right] x_j(u_i) = 0$$

整理得到:

$$\begin{cases} \left[\sum_{i=1}^{n} x_1^2(u_i)\right] \hat{\beta}_1 + \left[\sum_{i=1}^{n} x_1(u_i) x_2(u_i)\right] \hat{\beta}_2 + \cdots + \left[\sum_{i=1}^{n} x_1(u_i) x_m(u_i)\right] \hat{\beta}_m = \sum_{i=1}^{n} x_1(u_i) y_i \\ \vdots \\ \left[\sum_{i=1}^{n} x_1(u_i) x_m(u_i)\right] \hat{\beta}_1 + \left[\sum_{i=1}^{n} x_2(u_i) x_m(u_i)\right] \hat{\beta}_2 + \cdots + \left[\sum_{i=1}^{n} x_m^2(u_i)\right] \hat{\beta}_m = \sum_{i=1}^{n} x_m(u_i) y_i \end{cases}$$

将 $\hat{\beta}$ 代入模型,得模型的估计 $\hat{Y} = X^{\mathrm{T}} \hat{\beta}$。

2. 模型的求解

① 根据题目所给的数据,提取出回归变量和因变量,并用相应的字母表示。

② 运用最小二乘估计法,计算回归系数(以 2008 年为例),MATLAB 程序如下:

```
% 级岗合并
clc,clear;
load xsum.mat
n0 = size(xsum);
j = 1;
for i = 1:n0(1,1)
    if xsum(i,3) ~ = 0
        zq(j,:) = xsum(i,:);
        j = j + 1;
    end
end
n1 = size(zq);
% 08 招生人数
for i = 1:n1(1,1)
    fpfa08(i,1) = zq(i,3);
    fpfa08(i,2) = zq(i,15);
    fpfa08(i,3) = zq(i,24);
    fpfa08(i,4) = zq(i,30);
    fpfa08(i,5) = zq(i,36);
    fpfa08(i,6) = zq(i,5);
end
for i = 1:n1(1,1)
    if fpfa08(i,1) == 1
        fpfa08(i,1) = 7;
    end
    if fpfa08(i,1) == 2
        fpfa08(i,1) = 6;
    end
    if fpfa08(i,1) == 3
        fpfa08(i,1) = 5;
    end
    if fpfa08(i,1) == 4
        fpfa08(i,1) = 4;
    end
```

```
            if fpfa08(i,1) == 5
                fpfa08(i,1) = 3;
            end
            if fpfa08(i,1) == 6
                fpfa08(i,1) = 2;
            end
            if fpfa08(i,1) == 7
                fpfa08(i,1) = 1;
            end
    end
    n2 = size(fpfa08);
    %  Bfpfa08 = zscore(fpfa08(:,1:n2(1,2) - 1));           % 标准化数据矩阵
    %  Bfpfa08(:,n2(1,2)) = fpfa08(:,n2(1,2));

    %  figure(1),
    %  subplot(2,3,1)
    %  plot(fpfa08(:,1),fpfa08(:,6));                       % 级岗
    %  subplot(2,3,2)
    %  plot(fpfa08(:,2),fpfa08(:,6));                       % 英文论文
    %  subplot(2,3,3)
    %  plot(fpfa08(:,2),fpfa08(:,6));                       % 中文论文
    %  subplot(2,2,3)
    %  plot(fpfa08(:,4),fpfa08(:,6));                       % 专利数
    %  subplot(2,2,4)
    %  plot(fpfa08(:,5),fpfa08(:,6));                       % 获奖数

    figure(1),
    X = fpfa08(:,1:5);
    X = [ones(n2(1,1),1),X];
    Y = fpfa08(:,n2(1,2));
    [b,bint,r,rint,s] = regress(Y,X);
    rcoplot(r,rint)

    % 删除一些点
    j = 1;
    for i = 1:n1(1,1)
        if
            i~ = 1&&i~ = 115&&i~ = 21&&i~ = 33&&i~ = 41&&i~ = 78&&i~ = 91&&i~ = 105&&i~ = 131&&i~ =
    162&&i~ = 173&&i~ = 214&&i~ = 215&&i~ = 220&&i~ = 234&&i~ = 242&&i~ = 244&&i~ = 255&&i~ =
    261&&i~ = 264&&i~ = 269&&i~ = 279
            Cfpfa08(j,:) = fpfa08(i,:);
            j = j + 1;
        end
    end
    figure(2),
    n3 = size(Cfpfa08);
    X = Cfpfa08(:,1:5);
    X = [ones(n3(1,1),1),X];
    Y = Cfpfa08(:,n2(1,2));
    [b,bint,r,rint,s] = regress(Y,X);
    rcoplot(r,rint)

    % 删除一些点
    j = 1;
    for i = 1:n3(1,1)
        if
            i~ = 64&&i~ = 69&&i~ = 87&&i~ = 92&&i~ = 106&&i~ = 128&&i~ = 122&&i~ = 134&&i~ =
    136&&i~ = 157&&i~ = 163&&i~ = 164&&i~ = 201&&i~ = 194&&i~ = 205&&i~ = 220&&i~ = 223&&i~ =
    234&&i~ = 261&&i~ = 235&&i~ = 239&&i~ = 279&&i~ = 316
            CCfpfa08(j,:) = Cfpfa08(i,:);
```

```
        j = j+1;
    end
end
figure(3),
n3 = size(CCfpfa08);
X = CCfpfa08(:,1:5);
X = [ones(n3(1,1),1),X];
Y = CCfpfa08(:,n2(1,2));
[b,bint,r,rint,s] = regress(Y,X);
rcoplot(r,rint)
```

回归方程系数估计结果如表 11-7 所示。

表 11-7　2008 年研究生招生人数回归方程系数估计结果

回 归 系 数	回归系数估计值	回归系数置信区间
β_0	-0.1582	$[-0.3322\quad 0.0159]$
β_1	0.3934	$[0.3194\quad 0.4675]$
β_2	0.5118	$[-0.0505\quad 1.0741]$
β_3	0.0192	$[-0.0693\quad 0.1077]$
β_4	-0.0385	$[-0.1133\quad 0.0364]$
β_5	2.5845	$[1.0302\quad 4.1389]$

从如图 11-3 所示的残差检验图可以看出,异常值较多,因此可将异常点剔除。

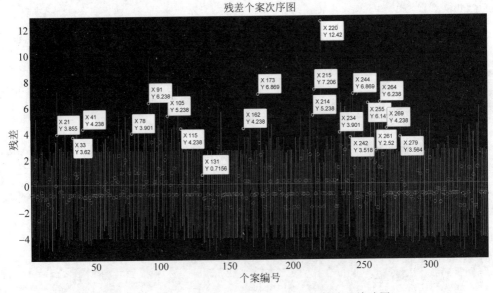

图 11-3　2008 年研究生招生人数回归方程的残差检验图

具体异常点如表 11-8 所示。

表 11-8　2008 年研究生招生人数回归方程检验所得异常点

1	21	33	41	78	91	105	115	131	162	173
214	215	220	234	242	244	255	261	264	269	279

将表 11-7 中的 24 个异常点数据剔除之后,再次进行回归分析,然后删除异常点……如此循环多次,最终得到回归系数估计值、置信区间、检验统计量及残差图,如表 11-9 所示。

表 11-9　2008 年研究生招生人数最终回归方程系数

回 归 系 数	回归系数估计值	回归系数置信区间
β_0	-0.1884	$[-0.3128 \quad -0.0639]$
β_1	0.3112	$[0.2571 \quad 0.3652]$
β_2	0.43	$[0.0147 \quad 0.8452]$
β_3	0.0049	$[-0.0594 \quad 0.0692]$
β_4	-0.0336	$[-0.086 \quad 0.0189]$
β_5	2.9437	$[1.8669 \quad 4.0205]$

由表 11-9 可求出相关系数 R，$R^2 = 0.405$，统计量值 $F = 35.8018$，统计量所对应的概率 $p < 0.0001$。得到的残差检验图如图 11-4 所示。

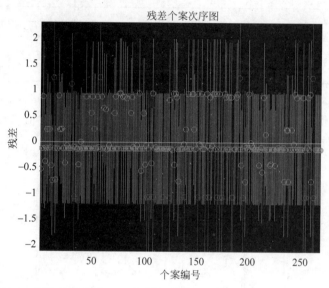

图 11-4　剔除异常点后 2008 年研究生招生人数回归方程的残差检验图

3. 结果分析与验证

（1）结果分析。

将上面所求的回归系数估计值代入多元回归方程中可得到 2008—2012 年的回归方程，结果如表 11-10 所示。

表 11-10　2008—2012 年研究生招生名额与各项指标的回归方程

年份	研究生名额与岗位级别、中英文论文数、专利数、获奖数关系式
2008	$\hat{y}_{rs} = -0.1884 + 0.3112x_1 - 0.43x_2 + 0.0049x_3 - 0.0336x_4 + 2.9437x_5$
2009	$\hat{y}_{rs} = -0.3131 + 0.5455x_1 - 0.3073x_2 + 0.1009x_3 + 0.0034x_4 + 0.1311x_5$
2010	$\hat{y}_{rs} = -0.0144 + 0.5442x_1 + 0.2518x_2 + 0.1768x_3 + 0.0417x_4 + 0.3944x_5$
2011	$\hat{y}_{rs} = 0.0753 + 0.5448x_1 + 0.0472x_2 + 0.0328x_3 + 0.1366x_4 + 0.045x_5$
2012	$\hat{y}_{rs} = -0.09795 + 0.4864x_1 - 0.0441x_2 + 0.0789x_3 + 0.037x_4 + 0.8786x_5$

将各指标数据代入 2012 年回归方程可得 2012 年预分配方案，部分结果如表 11-11 所示。

表 11-11 2012 年各岗位的导师分配名额

导师编号	岗位级别	2012 年分配名额	导师编号	岗位级别	2012 年分配名额
1	1	4	289	7	1
2	7	1	290	7	1
3	7	1	291	7	1
4	7	1	292	6	1
5	2	3	293	6	1
6	7	1	294	6	1
7	5	2	295	7	1
8	7	1	296	8	1
⋮	⋮	⋮	⋮	⋮	⋮
281	7	1	337	4	2
282	8	1	338	3	3
283	7	1	339	7	1
284	7	3	340	7	1
285	7	1	341	7	1
286	7	1	342	7	1
287	2	1	343	7	1
288	2	1	344	7	1

（2）结果验证。

将各指标数据代入招生回归方程中,得出预测值,然后与实际招生值进行比较验证,2010 年和 2011 年的预测对比如图 11-5 与图 11-6 所示。

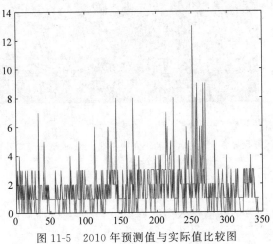

图 11-5 2010 年预测值与实际值比较图

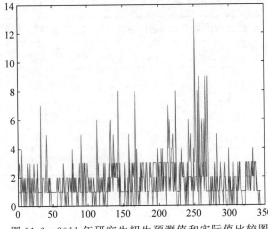

图 11-6 2011 年研究生招生预测值和实际值比较图

11.6.4 问题 4 的求解

有前面的问题分析可以得到,名额的分配和招生人数、科研经费、中英文论文数、专利数、获奖数与优秀论文数有着一定的联系。这些都是导师在带领研究生学习期间的相关指标,对于名额分配的影响显然还不够。

因此可以考虑加入研究生毕业后的就业情况,从一定程度上也可以反映导师带领研究生的能力和质量,从而影响名额的分配。

就业情况包括了研究生的就业效果和企业的反馈结果。就业率可以直接将当年研究生的就业单位进行一个层次的划分,根据实际情况分别量化,得到一个新的资本。而企业反馈效果则是根据研究生工作一段时间后,所在企业对其进行的评价,进行量化,得到第二个指标。

同时,导师带领研究生的名额情况还应该考虑资源优化的问题,避免有的导师的研究生名额不满,而有些研究生由于名额竞争太激烈而落榜。因此,将每年研究生的报名人数作为第3个指标。

根据三个新的指标,首先向企业反馈这个指标,如"满意"、"比较满意"和"不满意";以及研究生就业效果,如"好工作"、"较好工作"和"一般工作"进行量化,然后对这三个量化的指标进行标准化处理。将标准化处理后的数据,连同问题(3)的几个指标一起进行线性回归模型的建立。将这七个指标作为回归变量,研究生招收名额作为因变量,根据已有的数据建立一个多元线性回归模型。

通过建立的多元线性回归模型,代入 2011 年的各指标数据,可以对 2012 年的研究生招生人数进行预测。而且对于问题(3),其模型更加完善,结果更加合理。

11.7 模型的评价

对于上述问题,我们在进行聚类的时候巧妙地运用了两种方法。第一种是将所求的样本和同类学科进行比较;第二种是将所求样本和所有的样本进行比较,计算欧氏距离得到最小值。在进行规律统计时,我们通过绘制关系图使得几种指标的关系非常直观地展示出来。在建立回归模型时,我们全面地利用了各个数据,缺点就是采用年份太少,可能存在预测结果数据不合理。最后,解决具体问题应该从实际角度出发,确立必要的指标数据,建立更加合理的分配方案。

11.8 本章小结

本章的模型针对研究生名额分配的问题,主要采取的思路是利用线性回归模型进行预测。在拥有更多的指标数据的条件下,模型的预测将会更加合理。同时,在拥有更多年份的招生配额和指标数据的情况下,我们所建立的模型方程也会更加准确,预测的结果也将更具参考意义。

第12章 城市表层土壤重金属污染分析

随着城市经济的快速发展和城市人口的不断增加,人类活动对城市环境质量的影响日益凸显。城市工业、经济的发展,污水排放和汽车尾气排放等均能引起城市表层土壤重金属污染。而重金属污染对城市环境和人类健康造成了严重的威胁,因此,对城市表层土壤重金属污染的研究具有重大意义。为更充分地研究城市地质环境的演变模式,通过分析影响城市地质演化模型的因素,从动态和多元的角度出发,建立动态传播模型和城市地质环境的综合评价预测模型。

12.1 问题描述

对城市土壤地质环境异常的查证,以及如何应用查证获得的海量数据资料开展城市环境质量评价,研究人类活动影响下城市地质环境的演变模式,日益成为人们关注的焦点。按照功能划分,城区一般可分为生活区、工业区、山区、主干道路区及公园绿地区等,分别记为1类区,2类区,…,5类区,不同的区域环境受人类活动影响的程度不同。

现对某城市城区土壤地质环境进行调查。为此,将所考察的城区划分为间距1km左右的网格子区域,按照每平方公里1个采样点对表层土(0~10cm深度)进行取样、编号,并用GPS记录采样点的位置。应用专门仪器测试分析,获得了每个样本所含的多种化学元素的浓度数据。另外,按照2km的间距在那些远离人群及工业活动的自然区取样,将其作为该城区表层土壤中元素的背景值。

现要求通过数学建模来完成以下任务:

(1)给出8种主要重金属元素在该城区的空间分布,并分析该城区内不同区域重金属的污染程度。

(2)通过数据分析,说明重金属污染的主要原因。

(3)分析重金属污染物的传播特征,由此建立模型,确定污染源的位置。

(4)分析所建立模型的优缺点,为更好地研究城市地质环境的演变模式,还需进一步收集一些信息,说明还应收集什么信息,并说明如何建立模型解决问题。

12.2 模型假设

在城市地质环境的演变模式中,对提出的方案作如下假设:

(1)假设模型中所给数据可靠无误。

（2）假设各区平均的污染程度可以看作该区的污染程度。

（3）假设只考虑所给的 8 种重金属，不考虑其他重金属。

（4）假设重金属传播特征不受风向等因素影响。

12.3　符号说明

表 12-1 列出了模型中常用的符号。

表 12-1　符号说明

符号设定	符号说明	符号设定	符号说明
P_{ij}	区域 i 中第 j 个重金属的污染分指数	$P_{j,ave}$	平均单项污染指数
C_j	第 j 个重金属的实测浓度	$P_{j,max}$	最大单项污染指数
S_j	第 j 元素的评价标准	z	浓度分布矩阵
P_N	综合污染指数		

12.4　问题分析

（1）问题 1 的分析。

问题 1 属于空间分布和综合评价问题，重金属的传播过程是一个扩散的过程，通常物质扩散模型中物质从高浓度向低浓度扩散且其浓度的分布是连续的，据此可以借助 MATLAB 软件进行插值拟合得出 8 种主要重金属污染物在整个城区的空间分布图。对于该城区内不同区域重金属的污染程度的研究，可以借助我国《土壤监测技术规范》（HJ/T 166－2004）中推荐的内梅罗综合污染指数法进行评价，求出不同区域重金属的污染等级。

（2）问题 2 的分析。

问题 2 要求通过数据分析来说明重金属污染的主要原因。首先可以对重金属和海拔进行相关性分析，得出相关矩阵和相关度，再结合问题 1 求出的结论，分析重金属可能的主要来源和重金属污染的主要原因。

（3）问题 3 的分析。

由问题 1 的分析可知，重金属的分布是连续的，同时还可以知道，物质的扩散是从高浓度向低浓度进行的，在扩散模型中某区域浓度最高的点可能就是扩散源，所以重金属空间分布中的极值点就可能是重金属的传播模型中污染源。因此，问题 3 的求解就转化为在模型（1）拟合出的重金属空间分布曲面上搜索极值的问题。搜索极值的现代算法有模拟退火、遗传算法、鱼群算法等多种。考虑的模型中所搜索的域有限，且目标解数目不确定，遍历搜索是较好的方法。得出极值点后，再结合国家土壤环境质量标准筛选出污染源。

（4）问题 4 的分析。

首先应对问题 1～3 所建立的模型进行优缺点分析，然后根据影响城市演化模型的因素，分析还应当搜集哪些数据，以及模型如何建立。

12.5　模型建立与求解

对于问题 1，用 MATLAB 对原始数据进行差值拟合。对于问题 2，对各种重金属元素浓度和海拔进行因子分析。模型（3）依据模型（1）中的浓度分布矩阵建立了遍历搜索模型。

12.5.1　问题 1 的求解

1. 分布图及散点图

用 MATLAB 软件对所给数据进行插值拟合得出调查区的地形图（见图 12-1）和 MATLAB

软件对所给数据进行分析得出功能区散点图(见图12-2),以及8种主要重金属元素在该城区的空间分布图,如图12-3所示。

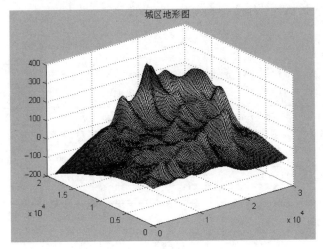

图 12-1　调查地区的地形图

实现调查区的地形图的 MATLAB 代码如下:

```
A = xlsread('F:\A\cumcm2011A 附件_数据.xls',1,'A4:E322');
x = A(:,2);y = A(:,3);z = A(:,4);
scatter(x,y,5,z)                                                    % 散点图
figure
[X,Y,Z] = griddata(x,y,z,linspace(0,30000)',linspace(0,20000),'v4');  % 插值
pcolor(X,Y,Z);shading interp % 伪彩色图
title('功能区')
figure,contourf(X,Y,Z)                                             % 等高线图
figure,contour(X,Y,Z)
title('功能区')
figure,surf(X,Y,Z)                                                  % 三维曲面
```

MATLAB 软件对所给数据进行分析得出功能区散点图,如图12-2所示。

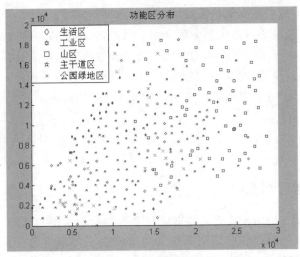

图 12-2　功能区散点图

实现功能区散点图的 MATLAB 代码如下:

```
A = xlsread('F:\A\cumcm2011A 附件_数据.xls',1,'A4:E322');
x = A(:,2);y = A(:,3);
z = A(:,5);
x1 = find(z == 1);
x = x(x1(:));
y = y(x1(:));
scatter(x,y,20,'d')
hold on;
x = A(:,2);y = A(:,3);
x2 = find(z == 2);
x = x(x2(:));
y = y(x2(:));
scatter(x,y,20,'h')
hold on;
x = A(:,2);y = A(:,3);
x3 = find(z == 3);
x = x(x3(:));
y = y(x3(:));
scatter(x,y,20,'s')
hold on;
x = A(:,2);y = A(:,3);
x4 = find(z == 4);
x = x(x4(:));
y = y(x4(:));
scatter(x,y,20,'p')
hold on;
x = A(:,2);y = A(:,3);
x5 = find(z == 5);
x = x(x5(:));
y = y(x5(:));
scatter(x,y,20,'x')
title('功能区分布')
legend('生活区','工业区','山区','主干道区','公园绿地区')
A = xlsread('F:\A\cumcm2011A 附件_数据.xls',1,'A4:E322');
B = xlsread('F:\A\cumcm2011A 附件_数据.xls',2,'B4:I322');
x = A(:,2);y = A(:,3);
for k = 1:8
z = B(:,k);
scatter(x,y,5,z)                                              % 散点图
figure
[X,Y,Z] = griddata(x,y,z,linspace(0,30000)',linspace(0,20000),'v4');  % 插值
pcolor(X,Y,Z);shading interp                                 % 伪彩色图
title('功能区')
figure,contourf(X,Y,Z)                                       % 等高线图
figure,contour(X,Y,Z)
title('功能区')
figure,surf(X,Y,Z)                                           % 三维曲面
end
```

　　MATLAB 软件对所给数据进行插值拟合,得出 8 种主要重金属元素在该城区的空间分布图,如图 12-3 所示。

　　说明:

　　图 12-3(a)的 Z 轴为海拔高度,X、Y 轴为地理坐标值(单位:m)。

　　图 12-3(b)的 X、Y 轴为地理坐标值(单位:m)。

　　图 12-3(c)~(h)的 Z 轴为重金属元素的浓度(单位:$\mu g/g$),X、Y 轴为地理坐标值(单位:m)。

　　2. 模型建立

　　土壤环境质量单项污染指数主要用来评价某一污染物的污染程度,指数小,表示污染轻;

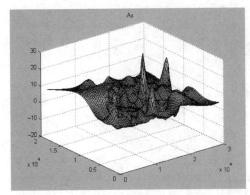

(a) 砷在该城区的空间分布图

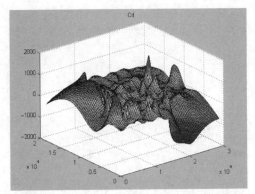

(b) 镉在该城区的空间分布图

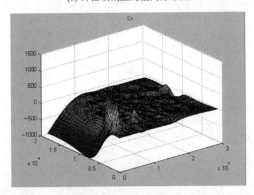

(c) 铬在该城区的空间分布图

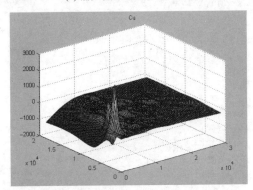

(d) 铜在该城区的空间分布图

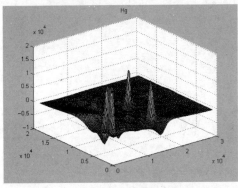

(e) 汞在该城区的空间分布图

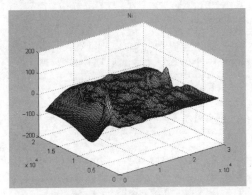

(f) 镍在该城区的空间分布图

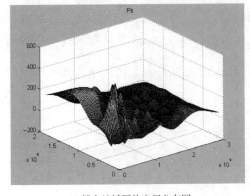

(g) 铅在该城区的空间分布图

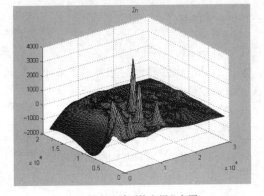

(h) 锌在该城区的空间分布图

图 12-3　8 种主要重金属元素在该城区的空间分布图

指数大,则表示污染重。区域内土壤环境质量作为一个整体和外区域进行比较时,除用单项污染指数外,还常用综合污染指数。综合污染指数可以综合判断某土壤多种污染物的联合污染效应。

目前土壤环境质量评价方法有很多,它们各有优点和缺点。本文根据我国《土壤监测技术规范》(HJ/T 166—2004)中推荐的内梅罗综合污染指数法进行评价。在计算某个区域某种重金属单项污染指数(分指数)的基础上,再计算该区域多种重金属的综合污染指数。单项污染指数和综合污染指数的计算公式如下:

$$P_{ij} = C_j / S_j \tag{12-1}$$

$$P_N = \sqrt{(P_{j,ave}^2 + P_{j,max}^2)/2} \tag{12-2}$$

当 $P_{ij} \leqslant 1$ 时,表示土壤未受该因子污染;当 $P_{ij} > 1$ 时,表示土壤受该因子污染。内梅罗综合污染指数反映了各污染物对土壤的作用,同时突出了高浓度污染物对土壤环境质量的影响。根据我国《土壤监测技术规范》(HJ/T 166—2004)内梅罗综合污染指数的分级标准,得出各个区域污染等级,如表12-2所示。

表 12-2　内梅罗综合污染指数的分级标准

等　　级	内梅罗污染指数	污 染 等 级
1	$P_N \leqslant 0.7$	清洁(安全)
2	$0.7 < P_N \leqslant 1.0$	尚清洁(警戒线)
3	$1.0 < P_N \leqslant 2.0$	轻度污染
4	$2.0 < P_N \leqslant 3.0$	中度污染
5	$P_N > 3.0$	重污染

3. 模型求解

以背景值作为评价标准进行求解,用 Excel 对数据进行分类,把数据分入 1 类区、2 类区、3 类区、4 类区、5 类区。然后得出各区主要重金属含量的平均值,可看作各区中主要重金属含量值,如表12-3所示。

表 12-3　各区重金属含量的平均值

区域	As/(μg/g)	Cd/(ng/g)	Cr/(μg/g)	Cu/(μg/g)	Hg/(ng/g)	Ni/(μg/g)	Pb/(μg/g)	Zn/(μg/g)
1	6.27	289.96	69.02	49.4	93.04	18.34	69.11	237.01
2	7.25	393.11	53.41	127.54	642.36	19.81	93.04	277.93
3	4.04	152.32	38.96	17.32	40.96	15.45	36.56	73.29
4	5.71	360.01	58.05	62.21	446.82	17.62	63.53	242.85
5	6.26	280.54	43.64	30.19	114.99	15.29	60.71	154.24

然后结合 MATLAB 软件算得各区重金属单项污染指数和综合污染指数,如表12-4所示。

表 12-4　各区重金属单项污染指数和综合污染指数

区域	单项污染指数								综合污染指数
	As	Cd	Cr	Cu	Hg	Ni	Pb	Zn	
1	1.7417	2.2305	2.2265	3.7424	2.6583	1.4911	2.2294	3.4349	3.1704
2	2.0139	3.0239	1.7229	9.6621	18.3531	1.6106	3.0013	4.028	13.5331
3	1.1222	1.1717	1.2568	1.3121	1.1703	1.2561	1.1794	1.0622	1.2532
4	1.5861	2.7693	1.8726	4.7129	12.7663	1.4325	2.0494	3.5196	9.4264
5	1.7389	2.158	1.4077	2.2871	3.2854	1.2431	1.9584	2.2354	2.7343

单项污染指数求解的 MATLAB 代码如下：

```
a = [6.27    289.96   69.02   49.4     93.04   18.34   69.11   237.01
     7.25    393.11   53.41   127.54   642.36  19.81   93.04   277.93
     4.04    152.32   38.96   17.32    40.96   15.45   36.56   73.29
     5.71    360.01   58.05   62.21    446.82  17.62   63.53   242.85
     6.26    280.54   43.64   30.19    114.99  15.29   60.71   154.24]
m = size(a,1);
n = size(a,2);
c = [ ]
b = [3.6
130
31
13.2
35
12.3
31
69
];
b = b';
for i = 1:5
for j = 1:n;
    c(i,j) = a(i,j)/b(j)
end
end
```

再由内梅罗综合污染指数的分级标准得出各区的综合污染等级,如表 12-5 所示。

表 12-5　各区综合污染等级

区　　域	污　染　等　级	
生活区	5	重污染
工业区	5	重污染
山区	3	轻等污染
主干道路区	5	重污染
公园绿地区	4	中等污染

从表 12-5 可以看出,该城区内生活区、工业区、主干道路区属于重污染区,公园绿地区属于中等污染区,山区属于轻度污染区。

12.5.2　问题 2 的求解

1. 模型建立

对各种重金属元素浓度和海拔进行相关性分析,得出各种元素与元素之间和元素与海拔之间的相关系数矩阵及其相关性,结合问题 1 得出的空间分布图和区域散点图,参照主要重金属含量土壤单项污染的指数,分析得出各重金属污染的主要原因。

2. 模型求解

根据所给数据,以 As、Cd、Cr、Cu、Hg、Ni、Pb、Zn 这 8 种重金属元素浓度和海拔作相关性分析,经 SPSS 11.0 统计软件进行相关性分析,得出该市表层土壤 As、Cd、Cr、Cu、Hg、Ni、Pb 和 Zn 这 8 种重金属原始含量数据和海拔的相关系数矩阵如表 12-6 所示。

表 12-6　重金属原始含量数据和海拔的相关系数矩阵

指标	As	Cd	Cr	Cu	Hg	Ni	Pb	Zn	海拔
As	1.000	0.255	0.189	0.160	0.064	0.317	0.290	0.247	0.289
Cd	0.255	1.000	0.352	0.397	0.265	0.329	0.660	0.431	0.248

续表

指标	As	Cd	Cr	Cu	Hg	Ni	Pb	Zn	海拔
Cr	0.189	0.352	1.000	0.532	0.103	0.716	0.383	0.424	0.152
Cu	0.160	0.397	0.532	1.000	0.417	0.495	0.520	0.387	0.138
Hg	0.064	0.265	0.103	0.417	1.000	0.103	0.298	0.196	0.084
Ni	0.317	0.329	0.716	0.495	0.103	1.000	0.307	0.436	0.163
Pb	0.290	0.660	0.383	0.520	0.298	0.307	1.000	0.494	0.235
Zn	0.247	0.431	0.424	0.387	0.196	0.436	0.494	1.000	0.178
海拔	0.289	0.248	0.152	0.138	0.084	0.163	0.235	0.178	1.000

由表 12-6 可见,各重金属浓度均和海拔呈负相关,即海拔越高,其含各种重金属浓度越低;Cr 和 Ni 的相关性最好,相关系数最大,为 0.716;其次为 Pb 和 Cd,相关系数为 0.660;以下是 Cr 和 Cu 的相关性较好,相关系数是 0.532。其他元素之间的相关性并不是很好。从成因上来分析,相关性较好的元素可能在成因和来源上有一定的关联。结合问题 1 中 8 种主要重金属元素在该城区的空间分布可以看出,Cr 和 Ni、Pb 和 Cd 可能是来自同一来源。

根据空间分布图、区域散点图和主要重金属含量土壤单项污染的指数进行分析。

(1) 对于 Cr 和 Ni,在来源上关联较密切,该市表层土壤 Cr 和 Ni 基本未污染,只有个别点富集程度较高,污染达到中度污染,该富集中心的位置主要分布在生活区周边和主干道区周边,这可能是由于生活废水的排放和交通源汽车尾气的排放等原因造成的。

(2) 对于 Pb 和 Cd,在来源上关联较密切,Pb 和 Cd 的高含量点主要分布在交通繁忙的主干道路区周边和工业区周边,这可能是因为 Pb 和 Cd 来自该市中心交通源汽车尾气的排放、汽车轮胎的磨损和冶炼厂的废水、尘埃和废渣,以及电镀、电池、颜料、塑料稳定剂、涂料工业的废水等。所以可以说 Pb 和 Cd 的污染主要是由于主干道污染和工业污染。

(3) 对于 Cu,该市表层土壤 Cu 基本未污染,只有个别点富集程度较高,污染达到中度污染,该富集中心的位置主要分布在生活区周边,这可能是由城市商业活动、城市居民生活累加到土壤中的 Cu。

(4) 对于 Hg,其高含量点主要分布在交通繁忙的主干道路区周边和工业区周边,Hg 污染的一个主要原因是由燃煤造成的,无论是工业用煤还是居民用煤,而且燃烧方式落后。工业排放也是表层土壤 Hg 污染的另一个重要来源,主要在大面积污染的几个工业浓集中心。

(5) 对于 Zn,其高含量点也主要分布在交通繁忙的主干道路区周边和工业区周边,这主要是由于汽车尾气的排放和厂矿企业的三废排放。

(6) 对于 As,该市表层土壤 As 基本都是轻度或中度污染,只有个别点富集程度较高,该富集中心的位置主要分布在工业区周边,主要来源可能是工厂的废水排放。

综上所述,我们可以认为,工业区、主干道路区和生活区的活动是该城区表层土壤重金属污染的主要原因。

12.5.3 问题 3 的求解

1. 模型建立

依据问题 1 得出的各重金属元素在该城区的空间分布,得到浓度分布矩阵 Z(Z 是 100×100 的矩阵),进而结合 MATLAB 软件建立搜索模型。

Z 是 100×100 的矩阵,借鉴元胞的思想建立一个 100×100 规模的二维网格,将元素浓度分布矩阵对应放入,其中每一个元素占据其中一个格子。根据问题分析可知:污染源存在于二维网格中的某些格子中,并且污染源所在格子元素浓度大于周围格子的元素浓度。二维元胞自动机(规则四方网格划分)的邻居通常有如图 12-4 所示几种形式:黑色元胞为中心元胞,灰色元胞为该元胞的邻居。

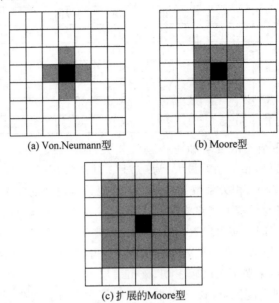

(a) Von.Neumann型　　　　(b) Moore型

(c) 扩展的Moore型

图 12-4　元胞邻居模型

分析三种邻居模型发现,第二种模型最适合。第二种邻居模型中污染源存在的格子 $z(i,j)$ 应满足:

$$z(i,j) > z(i-1,j) \tag{12-3}$$
$$z(i,j) > z(i+1,j) \tag{12-4}$$
$$z(i,j) > z(i,j-1) \tag{12-5}$$
$$z(i,j) > z(i,j+1) \tag{12-6}$$
$$z(i,j) > z(i-1,j-1) \tag{12-7}$$
$$z(i,j) > z(i-1,j+1) \tag{12-8}$$
$$z(i,j) > z(i+1,j-1) \tag{12-9}$$
$$z(i,j) > z(i+1,j+1) \tag{12-10}$$

对于边界处的格子,理论上应满足以左边界为例:

$$z(i,1) > z(i-1,1) \tag{12-11}$$
$$z(i,1) > z(i-1,2) \tag{12-12}$$
$$z(i,1) > z(i,2) \tag{12-13}$$
$$z(i,1) > z(i+1,2) \tag{12-14}$$
$$z(i,1) > z(i+1,1) \tag{12-15}$$

对于顶角处的格子,理论上应满足以左边界为例:

$$z(1,1) > z(1,2) \tag{12-16}$$
$$z(i,j) > z(2,2) \tag{12-17}$$
$$z(i,j) > z(2,1) \tag{12-18}$$

为了简化模型,在此不予考虑,即认为对于边界和顶角处不存在污染源。通过搜索模型可以求出重金属空间分布中的极值点即可能的污染源,再结合国家土壤环境质量标准(如表 12-7)通过 MATLAB 软件对极值点进行筛选出,求出重金属的主要污染源。

表 12-7　国家土壤环境质量标准

级别	As/(μg/g)	Cd/(ng/g)	Cr/(μg/g)	Cu/(μg/g)	Hg/(ng/g)	Ni/(μg/g)	Pb/(μg/g)	Zn/(μg/g)
一级	15	200	90	35	150	40	35	100
二级	25	300	300	100	500	50	300	250
三级	30	1000	400	400	1500	200	500	500

2. 模型求解

根据问题 1 中得出的砷元素在城区的空间分布,得到浓度分布矩阵 Z(矩阵较大未附出),结合 MATLAB 软件建立搜索模型进行搜索得出砷元素在空间分布的 61 个极大值。用同样方法得出其他 7 种重金属在空间分布极大值个数(见表 12-8)。

表 12-8　8 种金属元素空间分布极大值个数

元素	As	Cd	Cr	Cu	Hg	Ni	Pb	Zn
个数	61	60	57	62	63	60	53	58

运用 scatter 函数画出各重金属元素空间分布极大值点的散点图使数据可视化,得到砷、镉、铬、铜重金属元素空间分布极大值点的散点图,如图 12-5 所示。

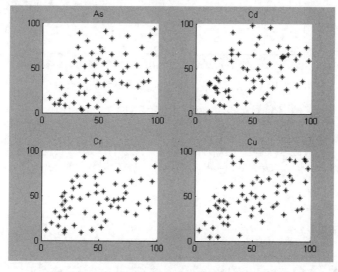

图 12-5　砷、镉、铬、铜的空间分布极大值散点图

实现重金属元素砷、镉、铬、铜的污染源分布图的 MATLAB 程序如下:

```
A = xlsread('F:\A\cumcm2011A 附件_数据.xls',1,'A4:E322');
B = xlsread('F:\A\cumcm2011A 附件_数据.xls',2,'B4:I322');
ss = {'As ','Cd','Cr ','Cu','Hg','Ni','Pb','Zn'};
x = A(:,2);y = A(:,3);
for k = 1:4
z = B(:,k);
[X,Y,Z] = griddata(x,y,z,linspace(0,30000)',linspace(0,20000),'v4'); % 插值
z = Z';
for i = 2:99
    for j = 2:99
        if (z(i,j)> z(i-1,j))&&(z(i,j)> z(i+1,j))&&(z(i,j)> z(i,j+1))&&(z(i,j)> z(i,j-1))
&&(z(i,j)> z(i-1,j-1))&&(z(i,j)> z(i-1,j+1))&&(z(i,j)> z(i+1,j-1))&&(z(i,j)> z(i+1,j+1));
            z(i,j) = 1000;
        end;
    end;
```

```
end;
    [ii,jj] = find(z == 1000);
    disp(ii');disp(jj');
    subplot(2,2,k),scatter(ii,jj,' * '),title(ss{k})
end
```

运用 scatter 函数画出各重金属元素空间分布极大值点的散点图,使数据可视化,得到汞、镍、铅、锌重金属元素空间分布极大值点的散点图如图 12-6 所示。

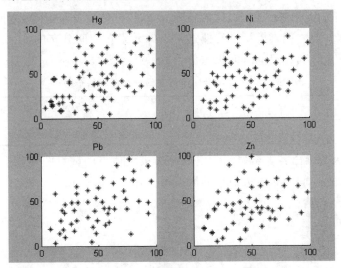

图 12-6　汞、镍、铅、锌的空间分布极大值散点图

实现重金属元素汞、镍、铅、锌的污染源分布图的 MATLAB 代码如下:

```
A = xlsread('F:\A\cumcm2011A 附件_数据.xls',1,'A4:E322');
B = xlsread('F:\A\cumcm2011A 附件_数据.xls',2,'B4:I322');
ss = {'As ','Cd','Cr ','Cu','Hg','Ni','Pb','Zn'};
x = A(:,2);y = A(:,3);
for k = 5:8
z = B(:,k);
[X,Y,Z] = griddata(x,y,z,linspace(0,30000)',linspace(0,20000),'v4'); % 插值
z = Z';
for i = 2:99
    for j = 2:99
        if (z(i,j)> z(i-1,j))&&(z(i,j)> z(i+1,j))&&(z(i,j)> z(i,j+1))&&(z(i,j)> z(i,j-1))
&&(z(i,j)> z(i-1,j-1))&&(z(i,j)> z(i-1,j+1))&&(z(i,j)> z(i+1,j-1))&&(z(i,j)> z(i+1,j+1));
            z(i,j) = 1000;
        end;
    end;
end;
    [ii,jj] = find(z == 1000);
    disp(ii');disp(jj');
    subplot(2,2,k-4),scatter(ii,jj,' * '),title(ss{k})
end
```

结合国家土壤环境三个等级的质量标准通过 MATLAB 软件对极值点进行分级筛选:首先用国家土壤环境一级质量标准进行筛选,得出筛选结果;再用国家土壤环境二级质量标准对一级指标得出的点进行筛选,以此类推,最终得到筛选结果如表 12-9 所示。

从筛选的结果中选出适当的点作为重金属的主要污染源,所选点个数和点坐标如表 12-10～表 12-18 所示。

表 12-9 不同国标等级下的极大值个数

元素	As	Cd	Cr	Cu	Hg	Ni	Pb	Zn
一级个数	6	57	13	45	39	6	53	57
二级个数	1	52	3	20	17	3	3	25
三级个数	1	11	2	5	11	0	1	18

表 12-10 重金属主要污染源个数

元素	As	Cd	Cr	Cu	Hg	Ni	Pb	Zn
个数	6	11	3	5	11	6	3	18

表 12-11 砷污染源二维坐标及其浓度值

As/(μg/g)	15.061	23.641	16.121	23.175	30.032	18.971
X/m	18900	12900	7200	4500	18300	27600
Y/m	2200	3200	7400	7800	10200	12200

表 12-12 镉污染源二维坐标及其浓度值

Cd/(ng/g)	1068.8	1458.6	1401.9	1321.9	1121.4	1054.9	1054.9	1264.4	1024	1267.8	1263.8	1578.6
X/m	4500	2400	2400	17700	17700	5100	5100	3600	6000	4800	4800	21600
Y/m	2600	3400	3600	4000	4200	5200	5200	6000	8600	11200	11400	11600

表 12-13 汞污染源二维坐标及其浓度值

Hg/(ng/g)	16385	14487	15460	15427	1839	2333	13434	13411	11432	1692	1723
X/m	3000	13800	2700	2700	7200	3300	15300	15300	15600	22500	8700
Y/m	2600	2600	3400	3600	7400	8200	9200	9400	9400	10600	12200

表 12-14 锌污染源二维坐标及其浓度值

Zn/(μg/g)	1485.6	550.9	1631.5	1457	1749.2	3092.1	2801.4	1965.3	1961.9
X/m	4500	8100	12900	12900	2400	9600	9600	3600	3600
Y/m	2600	3200	3200	3400	3600	4600	4800	5800	6000
Zn/(μg/g)	1111.9	1064.7	5320	5859	5265	5379	3664.5	2985.5	552.1
X/m	5400	5400	12900	8100	6000	9600	13800	13800	6000
Y/m	7200	7400	7800	8400	8600	8600	9800	10000	11000

表 12-15 铬污染源二维坐标及其浓度值

Cr/(μg/g)	747.81	304.81	976.76
X/m	4800	10800	3600
Y/m	4800	5600	6000

表 12-16 铜污染源二维坐标及其浓度值

Cu/(μg/g)	2759.4	2609.8	2622.3	2565.2	1391.9
X/m	2400	2700	2400	2700	3600
Y/m	3600	3600	3800	3800	6000

表 12-17 镍污染源二维坐标及其浓度值

Ni/(μg/g)	146.08	70.587	69.355
X/m	3600	22200	27600
Y/m	6000	12200	12200

表 12-18　铅污染源二维坐标及其浓度值

Pb/(μg/g)	527.92	485.07	354.06
X/m	2100	5100	3600
Y/m	3400	5200	10600

运用 scatter 函数画出各重金属元素主要污染源的散点图使数据可视化。各种重金属元素主要污染源的散点图如图 12-7 所示。

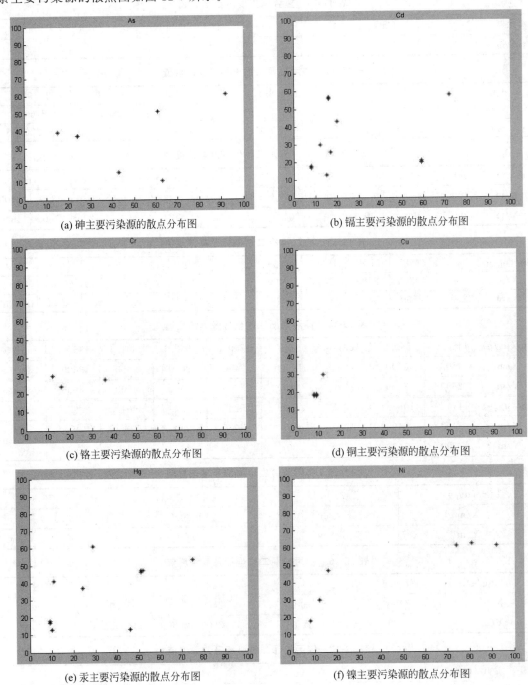

(a) 砷主要污染源的散点分布图　　　　(b) 镉主要污染源的散点分布图

(c) 铬主要污染源的散点分布图　　　　(d) 铜主要污染源的散点分布图

(e) 汞主要污染源的散点分布图　　　　(f) 镍主要污染源的散点分布图

图 12-7　各种重金属元素主要污染源的散点图

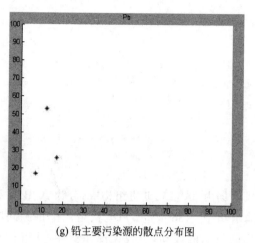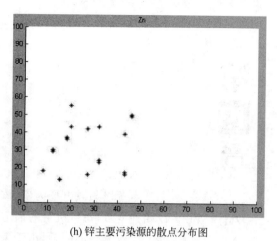

(g) 铅主要污染源的散点分布图　　　　　　(h) 锌主要污染源的散点分布图

图 12-7　（续）

12.5.4　问题 4 的求解

由于所给数据是静态的，无法根据所给数据建立城区污染的动态演化过程。为此，还可以在原有采样点进行定期采样，以获得重金属元素的动态传播模型。城市地质环境是一个涉及地球岩石圈表层的岩石、土壤、大气、水和生物的复杂系统。为建立城市的地质演进模型，还应搜集岩石、土壤、大气、水和生物等因素的相关信息，进而建立城市地质环境的综合评价预测模型。

12.6　模型的评价

解决问题 1 时，把各区内采样点重金属浓度实测值的平均值用作各区重金属浓度的实测值，经过内梅罗综合污染指数评价法进行求解得出的各区污染等级只能反映各区的平均污染等级，不能反映各采样点各自的污染等级。要想得出各区在不同位置的污染等级，需进一步求出各种重金属的空间分布函数。解决问题 2 时，忽略了该市风向、天气等因素对重金属污染的影响。要更好地分析出重金属污染的主要原因，还需对该城市周边农田中农药的使用等因素造成的污染进行调查分析。解决问题 3 时，对于城市地质环境的演变模式，仅对城市海拔进行了分析。而地质环境是一个涉及地球岩石圈表层的岩石、土壤、大气、水和生物的复杂系统，为建立城市的地质演进模型，还应搜集岩石、土壤、大气、水和生物等因素的相关信息，进而建立城市地质环境的综合评价预测模型。

12.7　本章小结

人类活动对城市环境质量的影响日显突出，对城市土壤地质环境异常的查证，以及如何应用查证获得的海量数据资料开展城市环境质量评价，研究人类活动影响下城市地质环境的演变模式，日益成为人们关注的焦点。本章运用 MATLAB 进行数学建模和求解完成了重金属污染的相关问题研究，对重金属污染的 4 个问题进行解决，对金属污染分布、原因、传播特征、污染源位置等进行了分析。

第13章 风电功率预测问题

本章以某风电场为例,该风电场由58台风电机组构成,分为A、B、C和D四种型号,每台机组的额定输出功率为850kW。风电机组功率预测问题是一个较复杂的问题,由于采集的数据的波动,呈现无规律特性,使得预测下一时刻的风电功率显得较困难。本章综合选取了三次指数平滑预测、BP神经网络预测、马尔可夫链模型预测及NAR时间序列的动态神经网络来进行分析,将风电功率分为短期预测和长期预测,从整体来看,算法预测结果较好,能够较好地拟合实际结果。

学习目标:

(1) 学习和掌握马尔可夫链预测方法;

(2) 掌握三次指数平滑预测方法;

(3) 掌握BP神经网络预测方法;

(4) 掌握用NAR时间序列的动态神经网络进行预测等。

13.1 问题描述

某风电场由58台风电机组构成,每台机组的额定输出功率为85kW。2006年5月10日—2006年6月6日时间段内,该风电场中指定的四台风电机组(A、B、C和D)每隔15分钟的输出功率数据分别记为PA、PB、PC和PD;该四台机组总输出功率为P4;全场58台机组总输出功率数据记为P58。

问题1:风电功率实时预测及误差分析。

请对给定数据进行风电功率实时预测,并检验预测结果是否满足预测精度的相关要求。具体要求如下:

(1) 采用不少于3种预测方法(至少选择一种时间序列分析类的预测方法)。

(2) 预测量: a. PA,PB,PC,PD;   b. P4;   c. P58。

(3) 预测时间范围分别为(预测用的历史数据范围可自行选定):

a. 5月31日0时0分至23时45分;

b. 5月31日0时0分至6月6日23时45分。

(4) 试根据实时预测的考核要求,分析所采用方法的准确性。

(5) 对方法效果进行对比。

问题2:试分析风电机组的汇聚对于预测结果误差的影响。

在我国主要采用集中开发的方式开发风电,各风电机组功率汇聚通过风电场或风电场群(多个风电场汇聚而成)接入电网。众多风电机组的汇聚会改变风电功率波动的属性,从而影响预测的误差。

在问题1的预测结果中,试比较单台风电机组功率(PA、PB、PC、PD)的相对预测误差与多机总功率(P4,P58)预测的相对误差,总结其中的普遍性规律,并对风电机组汇聚给风电功率预测误差带来的影响进行预测。

问题3:进一步提高风电功率实时预测精度的探索。

提高风电功率实时预测的准确程度对改善风电联网运行性能有重要意义。在问题1的基础上,构建有更高预测精度的实时预测方法,并用预测结果说明其有效性。

通过求解上述问题,分析论证阻碍风电功率实时预测精度进一步改善的主要因素,并分析风电功率预测精度是否能无限提高。

13.2 模型假设

对提出的模型作如下假设:

(1)假设所给数据具有代表性和真实性;

(2)该风电场所对应的供电区域用电户数量不会发生很大调整;

(3)假设风电场系统硬件设备可靠性高,不会发生严重的机器瘫痪;

(4)假设风电场发电功率范围具有连续性且预测的值均在其有效范围内;

(5)不考虑自然灾害等不可预期的重大事件对风电机运行情况产生的重大冲击影响。

13.3 符号说明

在表13-1中列出了模型中常用的符号。

表 13-1 符号说明

符号设定	符 号 说 明	符号设定	符 号 说 明
x_t	实际观察值	a	时间序列的平滑指数
$S_t^{(n)}$	时间 t 观察值的一次指数平滑值	F_{t+1}	$t+1$ 期预测值

13.4 问题分析

(1)问题1的分析。

问题1是关于风电场发电机组输出功率预测的研究,题目已经给出了2006年5月10日—6月6日时间段内该风电场中指定的四台风电机组(A、B、C和D)输出功率数据(分别记为PA、PB、PC和PD,另设该四台机组总输出功率为P4)及全场58台机组总输出功率数据(记为P58)。

问题1要对所设定的时段先进行短期预测。例如某一天,即a;然后对假定的5月31日—6月6日进行长期预测,方能满足题意。本章用Markov链模型、三次指数平滑法模型和BP神经网络模型三种预测方法先对其进行短期预测,然后单独利用BP神经网络进行长期的预测。

问题1是对风电功率实时预测及误差分析。由于题目已给出了2006年5月10日—6月6日时间段内各机组的数据,通过分析题目所给数据,首先,通过MATLAB软件绘出电机输出功率及多机总功率输出功率图以观察分析其特点走势,做出大致走势图,然后,根据图示,建立相应的数学模型。

（2）问题2的分析。

首先根据问题1中选出的较优预测方法即 BP 神经网络,经过网络的学习训练计算出单台风电机组功率以及多机总功率预测值和他们的相对误差。然后再绘出单机、多机相对误差随各时点变化的相对误差图。最后经过观察分析相对误差图以及机理分析可找出普遍规律。从而可对风电机组汇聚后给风电功率预测误差带来影响做出预期。

（3）问题3的分析。

由问题1可知,BP 神经网络模型预测结果较好,但 BP 神经网络虽然在一定程度上可以合理地预测时点的大致趋势,但是预测值与实际值的误差仍较大,为了弥补 BP 神经网络的弊端,可以改用动态神经网络时间序列模型,该方法的记忆功能对时间序列的滞后性给予了一定的弥补,并且精度较高,其结构原理图如图 13-1 所示。

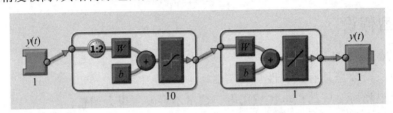

图 13-1　动态神经网络式结构原理图

13.5　模型建立与求解

指数平滑预测方法是移动平均预测方法加以发展的一种特殊加权移动平均预测方法。它可分为一次指数平滑法和多次指数平滑法,一般常用于时间序列既有长期趋势变动又有季节波动的场合。根据平滑次数的不同,又分为一次指数平滑法、二次指数平滑法和三次指数平滑法等。BP 神经网络是一种典型的多层前向型神经网络,具有一个输入层、一个或多个隐含层和一个输出层。层与层之间采用全连接的方式,同一层的神经元之间不存在相互连接。理论上已经证明,具有一个隐含层的三层网络可以逼近任意非线性函数。

13.5.1　问题1的求解

1. 建立三次指数平滑法模型并求解

绘制各发电机输出功率曲线,分析数据的波动规律。实现代码如下:

```
clc,clear,close all
load('data.mat')
a = 23; %某一天
subplot(321),plot(PA(a,:));grid on
xlabel('时点');ylabel('PA 输出功率');
title('PA 发动机输出功率曲线')
subplot(322),plot(PB(a,:));grid on
xlabel('时点');ylabel('PB 输出功率');
title('P5 发动机输出功率曲线')
subplot(323),plot(PC(a,:));grid on
xlabel('时点');ylabel('PC 输出功率');
title('PC 发动机输出功率曲线')
subplot(324),plot(PD(a,:));grid on
xlabel('时点');ylabel('PD 输出功率');
title('PD 发动机输出功率曲线')
subplot(325),plot(P4(a,:));grid on
xlabel('时点');ylabel('P4 输出功率');
```

```
title('P4 发动机输出功率曲线')
subplot(326),plot(P58(a,:));grid on
xlabel('时点');ylabel('P58 输出功率');
title('P58 发动机输出功率曲线')
```

各发电机组输出功率曲线如图 13-2 所示。

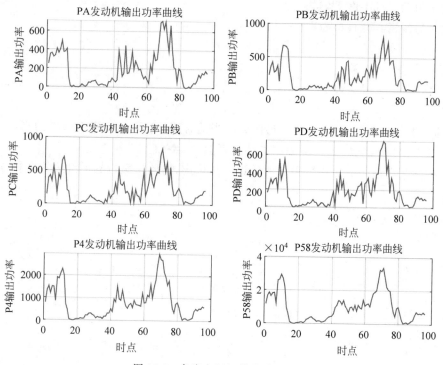

图 13-2　各发电机组输出功率曲线

如图 13-2 所示,各发电机组的数据波动规律基本一致,具有周期性,并没有较强的规律性,具有随机波动性,在 0～100 的时间内,一开始从一个特定的值逐步上升,到达一个特定时间点(大概是 12 时点)开始迅速下降,一直降到 0,在很长一段时间内,都在 0 附近微弱波动,从大概 40 时点开始,在动荡中上升,大概在 70 时点时上升到最大值,之后又迅速下降,再次降到 0,从 90 时点开始又有小幅度上升。

一次指数平滑法是以最后一次指数平滑值为基础,确定市场预测值的一种特殊的加权平均法,其基本预测方程为

$$S_t^{(1)} = ax_t + (1-a)S_{t-1}^{(1)}$$
$$F_{t+1} = S_t^{(1)} = ax_t + (1-a)F_t$$

由上式可知,一次指数平滑法是一种加权预测。指数平滑法是以首项系数为 α,公比为 $(1-\alpha)$ 的等比数列作为权数的加权平均法。体现了"近重远轻"的赋权原则,它既不需要存储全部历史数据,也不需要存储一组数据,从而可以大大减少数据存储问题,甚至有时只需一个最新观察值、最新预测值和 α 值,就可以进行预测。它提供的预测值是前一期预测值加上前期预测值中产生的误差的修正值。由预测模型可见,α 起到一个调节器的作用。如果 α 值选取得越大,则越加大当前数据的比重,预测值受近期影响越大;如果 α 值选取得越小,则越加大过去数据的比重,预测值受远期影响越大。因此,α 值大小的选取对预测的结果关系很大,一般根据最小均方差选取 α 的值。

二次指数平滑法是在一次指数平滑的基础上再进行一次指数平滑,并根据一次、二次的最

后一项的指数平滑值,建立直线趋势预测模型,并用之进行预测的方法,称为二次指数平滑预测法。当时间序列的变动呈线性趋势时,可采用二次指数平滑法。二次指数平滑法的计算方法为

$$S_t^{(2)} = aS_t^{(1)} + (1-a)S_{t-1}^{(2)}$$

其中,$S_t^{(1)}$ 为第 t 期的一次指数平滑值;$S_t^{(2)}$ 为第 t 期的二次指数平滑值;$S_{t-1}^{(2)}$ 为第 $t-1$ 期的二次指数平滑值;a 为平滑指数。

二次指数平滑预测模型为

$$y_{t+T} = a_t + b_t T$$
$$a_t = 2S_t^{(1)} - S_t^{(2)}$$
$$b_t = \frac{a}{1-a}(S_t^{(1)} - S_t^{(2)})$$

其中,y 为第七的预测值;t 为预测模型所处的当前时期;T 为预测模型所处的当前时期与预测期之间的间隔期;a_t、b_t 为预测模型的待定系数。

三次指数平滑法是二次指数平滑法的进一步推广,仿照二次指数平滑法的推导方法,可推得估计值公式:

$$\begin{cases} \hat{a}_t = 3S_t^{(1)} - 3S_t^{(2)} + S_t^{(3)} \\ \hat{b}_t = \frac{\alpha}{2(1-\alpha)}\left[(6-5\alpha)S_t^{(1)} - 2(5-4\alpha)S_t^{(2)} + (4-3\alpha)S_t^{(3)}\right] \\ \hat{c}_t = \frac{\alpha^2}{2(1-\alpha)^2}(S_t^{(1)} - 2S_t^{(2)} + S_t^{(3)}) \end{cases}$$

所以,最终可得三次指数平滑预测模型为

$$\begin{cases} \hat{y}_{t+\tau} = \hat{a}_t + \hat{b}_t\tau + \hat{c}_t\tau^2, \quad \tau = 1,2,\cdots \\ \hat{a} = 3S_t^{(1)} - 3S_t^{(2)} + S_t^{(3)} \\ \hat{b}_t = \frac{\alpha}{2(1-\alpha)}\left[(6-5\alpha)S_t^{(1)} - 2(5-4\alpha)S_t^{(2)} + (4-3\alpha)S_t^{(3)}\right] \\ \hat{c}_t = \frac{\alpha^2}{2(1-\alpha)^2}(S_t^{(1)} - 2S_t^{(2)} + S_t^{(3)}) \\ S_t^{(1)} = \alpha y_t + (1-\alpha)S_{t-1}^{(1)} \\ S_t^{(2)} = \alpha S_t^{(2)} + (1-\alpha)S_{t-1}^{(2)} \\ S_t^{(3)} = \alpha S_t^{(2)} + (1-\alpha)S_{t-1}^{(3)} \end{cases}$$

因此,三次指数平滑预测法的求解流程如图 13-3 所示。

针对 PA,设置平滑指数为 0.9,对 5 月 31 日 00:00—23:45 时段内进行预测,MATLAB 程序代码如下:

```
clc,clear
load('data.mat')
PA = PA(2:29,:);PA = PA';
yt = PA(:,22); n = length(yt);
alpha = 0.9; % 平滑系数如果时间序列具有快速明显的变化时,则 α 宜选用较大的值
st1_0 = mean(yt(1:3)); st2_0 = st1_0;st3_0 = st1_0;
st1(1) = alpha * yt(1) + (1 - alpha) * st1_0;
st2(1) = alpha * st1(1) + (1 - alpha) * st2_0;
st3(1) = alpha * st2(1) + (1 - alpha) * st3_0;
for i = 2:n
    st1(i) = alpha * yt(i) + (1 - alpha) * st1(i - 1);
    st2(i) = alpha * st1(i) + (1 - alpha) * st2(i - 1);
```

```
        st3(i) = alpha * st2(i) + (1 - alpha) * st3(i - 1);
end
xlswrite('PA531.xls', [st1', st2', st3'])
st1 = [st1_0, st1]; st2 = [st2_0, st2]; st3 = [st3_0, st3];
a = 3 * st1 - 3 * st2 + st3;
b = 0.5 * alpha/(1 - alpha)^2 * ((6 - 5 * alpha) * st1 - 2 * (5 - 4 * alpha) * st2 + (4 - 3 * alpha) * st3);
c = 0.5 * alpha^2/(1 - alpha)^2 * (st1 - 2 * st2 + st3);
yhat = a + b + c;
%预测 yt + 1 的值
xlswrite('PA531.xls', yhat, 'Sheet1', 'D1')
%求解三次指数平滑预测方程 c、b、a 系数
xishu = [c(n + 1), b(n + 1), a(n + 1)];
%Sheet1.E1 列存放真实值
xlswrite('PA531.xls', yt, 'Sheet1', 'E1')
%误差分析,预测值与真实值差之差
st3 = st3(2:n + 1)';
delta = abs(st3 - yt);
xlswrite('PA531.xls', delta, 'Sheet1', 'F1')              %绝对误差
deltaxd = delta. /yt;
xlswrite('PA531.xls', deltaxd, 'Sheet1', 'G1')            %计算相对误差
deltajdminmax = minmax(delta');
xlswrite('PA531.xls', deltajdminmax, 'Sheet1', 'H1')      %计算绝对误差的最小值、最大值
deltaxdminmax = minmax(deltaxd');
xlswrite('PA531.xls', deltaxdminmax, 'Sheet1', 'J1')      %计算相对误差的最小值、最大值
deltasum = sum(sum(delta));                               %总误差值
xlswrite('PA531.xls', deltasum, 'Sheet1', 'L1')
%函数绘图
plot(1:n, yt, 1:n, st3(1:n), 'r')
legend('实际值', '预测值')
grid on
xlabel('时点 x'), ylabel('发电功率 y');
title('PA5.31.0.0 - 5.31.23.45 发电功率随时点变化图像')
```

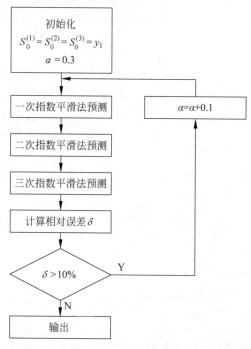

图 13-3　三次指数平滑预测法的求解流程

PA 风电机功率 5 月 31 日预测值如图 13-4 所示。

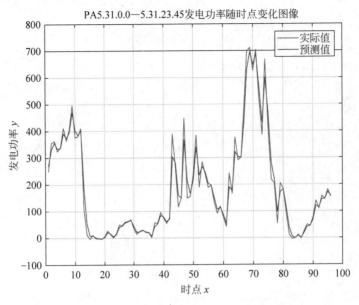

图 13-4　PA 风电机功率 5 月 31 日预测值

对 5 月 31 日 00:00—6 月 6 日 23:45 进行预测,MATLAB 程序如下:

```
clc,clear
load PA
PA = PA(2:29,:);
% 数据的标准化
N = size(PA);
for j = 1:N(1,2)
    PAHminmax = minmax(PA(:,j)');
    for i = 1:N(1,1)
        PA(i,j) = (PA(i,j) - PAHminmax(1,1))/(PAHminmax(1,2) - PAHminmax(1,1));
    end
end
% 从每天的 0 时开始计数,每隔 15 分钟作为输入
P = PA(1:21,:);
% 以 5 月 31 日的间隔 15 分钟的发电量作为目标向量
T = PA(22:N(1,1),:);
% 创建一个 BP 神经网络,每一个输入向量的取值范围为[0 ,1],隐含层有 22 个神经元,
% 输出层有一个神经元,隐含层的激活函数为 tansig,输出层的激活函数为 % logsig,
% 训练函数为梯度下降函数,即标准学习算法
for i = 1:21
    a(i,1) = 0;
    a(i,2) = 1;
end
net = newff(a,[21,7],{'tansig','logsig'},'traingd');
net.trainParam.epochs = 25000;
net.trainParam.goal = 0.01;
% 设置学习速率为 0.1
LP.lr = 0.1;
% 训练网络
net = train(net,P,T);
% 预测 5 月 31 的发电量数据
T1 = sim(net,P); % 预测值
% PA.5 月 31 日发电量真实值
T0 = PA(22:N(1,1),:);
% 预测值与实际值的误差
```

```
n = size(T1);
k = 1;
for i = 1:n(1,1)
    for j = 1:n(1,2)
        a(k,1) = T1(i,j);
        b(k,1) = T0(i,j);
        k = k + 1;
    end
end
N = size(a);
% 绘制误差图
plot(1:N(1,1),b(:,1),1:N(1,1),a(:,1),'r')
grid on
legend('实际值','预测值')
xlabel('时点 x'),ylabel('发电功率 y');
title('PA5.31.0.0—6.6.23.45 发电功率实时函数图像')
```

PA 风电机功率 5.31—6.6 日预测值如图 13-5 所示。

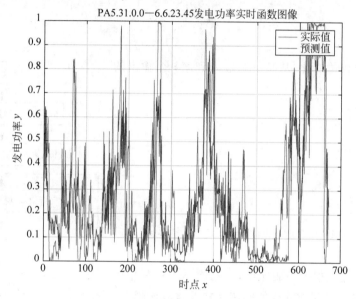

图 13-5　PA 风电机功率 5.31—6.6 日预测值

从图 13-4 和图 13-5 可看出,三次指数平滑法对风电机功率的非线性、非规律性的适应性较强,可以较好地预测功率的非线性和非规律性特点。但该方法权数的确定具有很强的主观性,当数据特征发生变化时,指数平滑法不能自动调整权数,以适应新数据的要求;同时,当预测对象保持较长时间的稳定后,出现突然上升或下降的趋势时,指数平滑法就难以适应。因此,指数平滑法应用于中短期预测时误差较小,效果较好。在本题中,采用一个时点预测下一个时点,不断地滚动向前,长远预测误差将很大。

2. 建立 BP 神经网络模型并求解

BP 网络的学习过程主要由以下四部分组成。

(1) 输入样本顺传播。

输入样本传播也就是样本由输入层经中间层向输出层传播计算。这一过程主要是输入样本求出它所对应的实际输出。隐含层中第 i 个神经元的输出为

$$a_{1i} = f_1\left(\sum_{j=1}^{R} w_{1ij} p_j + b_{1i}\right), \quad i = 1, 2, \cdots, s_1$$

输出层中第 k 个神经元的输出为

$$a_{2k} = f_2\left(\sum_{i=1}^{s_1} w_{2ki}a_{1i} + b_{2k}\right), \quad i=1,2,\cdots,s_2$$

其中,$f_1(\cdot)$,$f_2(\cdot)$分别为隐含层和输出层的传递函数。

(2) 输出误差逆传播。

在第一步的样本顺传播计算中我们得到了网络的实际输出值,当这些实际的输出值与期望输出值不一样时,或者说其误差大于所限定的数值时,就要对网络进行校正。首先,定义误差函数:

$$E(w,b) = \frac{1}{2}\sum_{k=1}^{s_2}(t_k - a_{2k})^2$$

其次,给出权值的变化

① 输出层的权值变化,从第 i 个输入到第 k 个输出的权值为

$$\Delta w_{2ki} = -\eta \frac{\partial E}{\partial w_{2ki}} = \eta \cdot \delta_{ki} \cdot a_{1i}$$

$$\delta_{ki} = e_k f_2', \quad e_k = l_k - a_{2k}$$

② 隐含层的权值变化,从第 j 个输入到第 i 个输出的权值为

$$\Delta w_{ij} = -\eta \frac{\partial E}{\partial w_{1ij}} = \eta \cdot \delta_{ij} \cdot p_j \quad 0 < \eta < 1$$

$$\delta_{ij} = e_i \cdot f_1'$$

$$e_i = \sum_{k=1}^{s_2} \delta_{ki} \cdot w_{2ki}$$

由此可以看出:

① 调整量与误差成正比,即误差越大,调整的幅度就越大。

② 调整量与输入值大小成比例,在这次学习过程中就显得越活跃,所以与其相连的权值的调整幅度就应该越大。

③ 调整是与学习系数成正比。通常学习系数范围为 $0.1 \sim 0.8$,为使整个学习过程加快,又不会引起振荡,可采用变学习率的方法,即在学习初期取较大的学习系数随着学习过程的进行逐渐减小其值。最后,将输出误差由输出层经中间层传向输入层,逐层进行校正。

由此可知,BP 神经网络的求解流程如图 13-6 所示。

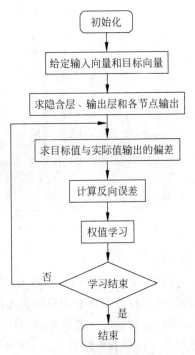

图 13-6　BP 神经网络的求解流程

根据上述建立的输入层和输出层数学模型,对 PA 利用 MATLAB 编程求解(以 5 月 31 日为例),实现代码如下:

```
clc,clear
load('data.mat')
PA = PA(2:29,:);
% 数据的标准化
N = size(PA);
for j = 1:N(1,2)
    PAHminmax = minmax(PA(:,j)');
    for i = 1:N(1,1)
```

```
            PA(i,j) = (PA(i,j) - PAHminmax(1,1))/(PAHminmax(1,2) - PAHminmax(1,1));
        end
    end
    % 从每天的从 0 时计数起,每隔 15 分钟作为输入
    P = PA(1:21,:);
    % 以 5 月 31 日的间隔 15 分钟的发电量作为目标向量
    T = PA(22,:);
    % 创建一个 BP 神经网络,每一个输入向量的取值范围为[0,1],隐含层有 22 个神经元,输出层有一个神经
    % 元,隐含层的激活函数为 tansig,输出层的激活函数为 logsig,训练函数为梯度下降函数,即标准学习算法
    for i = 1:21
        a(i,1) = 0;
        a(i,2) = 1;
    end
    net = newff(a,[21,1],{'tansig','logsig'},'traingd');
    net.trainParam.epochs = 30000;
    net.trainParam.goal = 0.01;
    % 设置学习速率为 0.1
    LP.lr = 0.1;
    % 训练网络
    net = train(net,P,T);
    % 预测 5 月 31 的发电量数据
    T1 = sim(net,P);  % 预测值
    % PA 5 月 31 日发电量真实值
    T0 = PA(22,:);
    % 预测值与实际值的误差
    for i = 1:N(1,2)
        error(1,i) = T1(1,i) - T0(1,i);
    end
    % 绘制误差图
    figure(1)
    plot(1:N(1,2),error(1:N(1,2)),'- * ')
    grid on
    xlabel('时点 x'),ylabel('发电功率误差 y');
    title('PA5.31.0.0 - 5.31.23.45 发电功率随时点误差变化图像')
    % 函数绘图
    figure(2)
    plot(1:N(1,2),T0,1:N(1,2),T1,'r')
    legend('实际值','预测值')
    grid on
    xlabel('时点 x'),ylabel('发电功率 y');
    title('PA5.31.0.0 - 5.31.23.45 发电功率随时点变化图像')
```

同理,对于 PA、PB、PC、PD、P4 和 P58 等机组在 5 月 31 日和其他日期,可以利用 MATLAB 得到风电功率随时间变化图和误差图。由图 13-7 和图 13-8 可知,预测曲线可以较好地拟合原始数据曲线,在每个时点的值逼近于实际值,预测曲线与实际曲线的走势大致相同,故该预测模型较合理。

3. 建立马尔可夫链模型并求解

由于风电功率变化的不确定性,而未来一段时间内的风电功率对历史数据有一定的依赖性,又有一定的随机变化性,因此我们利用马尔可夫链模型进行数据预测。以 PA 为例,我们选用 5 月 29 日和 5 月 30 日的数据预测 5 月 31 日的风电机功率,选用 5 月 30 日和 5 月 31 日的数据预测 6 月 1 日的风电机功率,以此类推。

由各天每隔 15 分钟的各机组风电功率值,定义 A 机组的增长率为

$$s_A = \frac{P_A(n+1) - P_A(n)}{P_A(n)} \quad (n = 1, \cdots, 191)$$

以 A 机组为例,可以利用 MATLAB 绘出其增长率变化趋势图如图 13-9 所示。

于是对于任意一个状态 E_i 有状态转移方程:

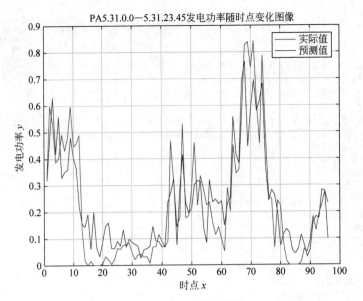

图 13-7　风电功率预测图

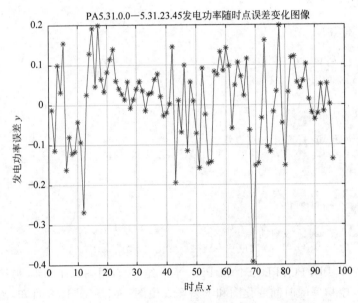

图 13-8　风电功率误差图

$$P_i(n) = P_i(n-1)P$$

其中，P_i 为状态 E_i 的状态概率向量，P 为进一步转移概率矩阵。以 A 机组为例，取 5 月 29—30 日的 194 组增长率数据参加计算，其余机组求解类似。由 A 机组 5 月 29—30 日的数据可计算各个状态 E_i 的频数：

$$M = M_i = (31, 65, 0, 74, 20)$$

然后，计算样本空间中从状态 E_i 一步转移到状态 E_j 的样本个数 M_{ij}：

$$M_{ij} = \begin{bmatrix} 4 & 8 & 0 & 15 & 4 \\ 7 & 29 & 0 & 15 & 4 \\ 0 & 0 & 0 & 0 & 0 \\ 12 & 22 & 0 & 1 & 9 \\ 8 & 5 & 0 & 2 & 5 \end{bmatrix}$$

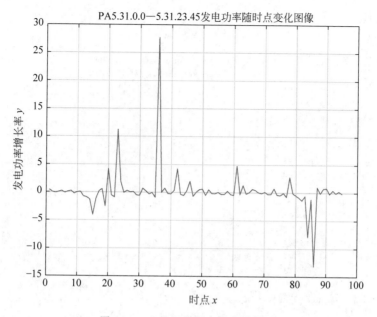

图 13-9　A 机组增长率变化趋势图

计算一步转移概率矩阵 P：

$$P = \begin{bmatrix} 0.1290 & 0.2581 & 0 & 0.4839 & 0.1290 \\ 0.1077 & 0.4462 & 0 & 0 & 0.0462 \\ 0 & 0 & 0 & 0 & 0 \\ 0.1622 & 0.2973 & 0 & 0.4189 & 0.1216 \\ 0.4000 & 0.2500 & 0 & 0.1000 & 0.2500 \end{bmatrix}$$

计算任一状态 E_i 的状态概率 $P_i(n)$：

$$P_i(n) = P_i(n-1)P$$

通过 MATLAB 编程，可得 5 月 31 日内任一时点任一状态的概率，MATLAB 代码如下：

```
clc,clear;
load PA
PA = PA(2:29,:);
yt = PA(22:28,:); n = length(yt);
% 增长率波动情况
for j = 1:7
    for i = 1:n-1
        y(j,i) = (yt(j,i+1) - yt(j,i))/yt(j,i);
    end
end
t = 1:n-1;y1 = -0.5;y2 = -0.3;y3 = 0;y2 = 0.3;y3 = 0.5;
plot(t,y(1,:),t,y1,'-r',t,y2,'-r',t,y3,'-r')
grid on
xlabel('时点 t'),ylabel('发电功率增长率 y');
title('PA5.31.0.0-5.31.23.45 发电功率随时点变化图像')
% 构造马尔可夫链模型
k = 1;
for j = 21:22
    for l = 1:n
        zsj(1,k) = PA(j,l);
        k = k + 1;
    end
end
```

```
n1 = size(zsj);
b = zeros(1,n1(1,2) - 1);                          % 存放状态值
% 2 1 0 - 1 - 2
% '2 表示快速下降、1 表示缓慢下降、0 表示基本保持不变、1 表示缓慢上升、2 表示快速上升'
c = zeros(1,25);                                   % 表示相邻状态发生的概率
j = 1;
for i = 1:n1(1,2) - 1
    a(j,i) = (zsj(j,i + 1) - zsj(j,i))/zsj(j,i);
    if a(j,i)> = 0.3
        b(j,i) = 2;
    elseif (a(j,i)< 0.3)&&(a(j,i)> 0)
        b(j,i) = 1;
    elseif a(j,i) == 0
        b(j,i) = 0;
    elseif a(j,i)> - 0.3 && a(j,i)< 0
        b(j,i) = - 1;
    elseif a(j,i)< - 0.3
        b(j,i) = - 2;
    end
end
% c(1,25)表示相邻状态发生的概率统计
for i = 1:n1(1,2) - 2
    if (b(j,i) == 2&&b(j,i + 1) == 2)
        c(j,1) = c(j,1) + 1;
    elseif(b(j,i) == 2&&b(j,i + 1) == 1)
        c(j,2) = c(j,2) + 1;
    elseif(b(j,i) == 2&&b(j,i + 1) == 0)
        c(j,3) = c(j,3) + 1;
    elseif(b(j,i) == 2&&b(j,i + 1) == - 1)
        c(j,4) = c(j,4) + 1;
    elseif(b(j,i) == 2&&b(j,i + 1) == - 2)
        c(j,5) = c(j,5) + 1;
    elseif(b(j,i) == 1&&b(j,i + 1) == 2)
        c(j,6) = c(j,6) + 1;
    elseif(b(j,i) == 1&&b(j,i + 1) == 1)
        c(j,7) = c(j,7) + 1;
    elseif(b(j,i) == 1&&b(j,i + 1) == 0)
        c(j,8) = c(j,8) + 1;
    elseif(b(j,i) == 1&&b(j,i + 1) == - 1)
        c(j,9) = c(j,9) + 1;
    elseif(b(j,i) == 1&&b(j,i + 1) == - 2)
        c(j,10) = c(j,10) + 1;
    elseif(b(j,i) == 0&&b(j,i + 1) == 2)
        c(j,11) = c(j,11) + 1;
    elseif(b(j,i) == 0&&b(j,i + 1) == 1)
        c(j,12) = c(j,12) + 1;
    elseif(b(j,i) == 0&&b(j,i + 1) == 0)
        c(j,13) = c(j,13) + 1;
    elseif(b(j,i) == 0&&b(j,i + 1) == - 1)
        c(j,14) = c(j,14) + 1;
    elseif(b(j,i) == 0&&b(j,i + 1) == - 2)
        c(j,15) = c(j,15) + 1;
    elseif(b(j,i) == - 1&&b(j,i + 1) == 2)
        c(j,16) = c(j,16) + 1;
    elseif(b(j,i) == - 1&&b(j,i + 1) == 1)
        c(j,17) = c(j,17) + 1;
    elseif(b(j,i) == - 1&&b(j,i + 1) == 0)
        c(j,18) = c(j,18) + 1;
    elseif(b(j,i) == - 1&&b(j,i + 1) == - 1)
        c(j,19) = c(j,19) + 1;
```

```
            elseif(b(j,i) == -1&&b(j,i+1) == -2)
                c(j,20) = c(j,20) + 1;
            elseif(b(j,i) == -2&&b(j,i+1) == 2)
                c(j,21) = c(j,21) + 1;
            elseif(b(j,i) == -2&&b(j,i+1) == 1)
                c(j,22) = c(j,22) + 1;
            elseif(b(j,i) == -2&&b(j,i+1) == 0)
                c(j,23) = c(j,23) + 1;
            elseif(b(j,i) == -2&&b(j,i+1) == -1)
                c(j,24) = c(j,24) + 1;
            elseif(b(j,i) == -2&&b(j,i+1) == -2)
                c(j,25) = c(j,25) + 1;
        end
end
d = zeros(1,5);
i = 1;
%统计某一个状态到另一个状态的次数和
for j = 1:25
    if(j < 6)
            d(i,1) = d(i,1) + c(i,j);
        elseif(j > 5&&j < 11)
            d(i,2) = d(i,2) + c(i,j);
        elseif(j > 10&&j < 16)
            d(i,3) = d(i,3) + c(i,j);
        elseif(j > 15&&j < 21)
            d(i,4) = d(i,4) + c(i,j);
        else
            d(i,5) = d(i,5) + c(i,j);
    end
end
e = zeros(5,5);%状态概率矩阵
i = 1;
for j = 1:25
    if(j < 6)
            if(d(i,1) == 0)
            e(5,j) = 0;
            else
            e(1,j) = c(i,j)/d(i,1);  %该2状态转移到另一个状态的概率
            end
        elseif(j > 5&&j < 11)
            if(d(i,2) == 0)
             e(5,j-5) = 0;
            else
            e(2,j-5) = c(i,j)/d(i,2);  %该1状态转移到另一个状态的概率
            end
        elseif(j > 10&&j < 16)
            if(d(i,3) == 0)
            e(5,j-10) = 0;
            else
            e(3,j-10) = c(i,j)/d(i,3);  %该0状态转移到另一个状态的概率
            end
        elseif(j > 15&&j < 21)
            if(d(i,4) == 0)
            e(5,j-15) = 0;
            else
            e(4,j-15) = c(i,j)/d(i,4);  %该-1状态转移到另一个状态的概率
            end
        else
            if(d(i,5) == 0)
            e(5,j-20) = 0;
```

```
            else
                e(5,j-20) = c(i,j)/d(i,5);  %该-2状态转移到另一个状态的概率
            end
        end
    end
    f = b(:,n1(1,2)-1);                %最后的增长模式
    g = zeros(1,5);
    m = 1;
    if(f(1,1) == 2)                    %预测
        h = [1 0 0 0 0] * e;
        for k = 1:96
            h = h * e;
            yuce(m,:) = h;
            m = m + 1;
        end
    elseif(f(1,1) == 1)
        g(1,:) = [0 1 0 0 0];
        h = g(1,:) * e;
        for k = 1:96
            h = h * e;
            yuce(m,:) = h;
            m = m + 1;
        end
    elseif(f(1,1) == 0)
        g(1,:) = [0 0 1 0 0];
        h = g(1,:) * e;
        for k = 1:96
            h = h * e;
            yuce(m,:) = h;
            m = m + 1;
        end
    elseif(f(1,1) == -1)
        g(1,:) = [0 0 0 1 0];
        h = g(1,:) * e;
        for k = 1:96
            h = h * e;
            yuce(m,:) = h;
            m = m + 1;
        end
    elseif(f(1,1) == -2)
        g(1,:) = [0 0 0 0 1];
        h = g(1,:) * e;
        for k = 1:96
            h = h * e;
            yuce(m,:) = h;
            m = m + 1;
        end
    end
    w = size(yuce);
    for i = 1:w(1,1)
        max1 = max(yuce(i,:));
        for j = 1:w(1,2)
            if yuce(i,j) == max1;
                liehao(i,1) = j;  %1表示快速下降、2表示缓慢下降、3表示基本不变、4表示缓慢上升、
5表示快速上升
            end
        end
    end
```

由此可得 5 月 31 日各时点预测结果,如表 13-2 所示。

表 13-2　5 月 31 日各时点预测结果

5.31	00:00	00:15	⋯	23:40	23:45
预测	E4	E4	⋯	E4	E4

由于 5 月 31 日内 A 机组风电功率的增长状态为 E4,即缓慢下降对每个状态向量,均取其中最大的那个概率值,因此可知,在未来一天内,A 机组风电功率趋于缓慢下降的概率较其他状态的概率大得多,因此可以说 A 机组风电功率 5 月 31 日内趋于缓慢下降。

对于 PA、PB、PC、PD、P4 和 P58 等机组在 5 月 31 日和其他日期,可依照上述方法得出预测结果。

4. 模型比较

进行模型比较的两个考核指标如下:

(1)准确率为

$$r_1 = \left(1 - \sqrt{\frac{1}{N}\sum_{k=1}^{N}\left(\frac{P_{mk} - P_{pk}}{cap}\right)^2}\right) \times 100\%$$

(2)合格率为

$$r_2 = \frac{1}{N}\sum_{k=1}^{N} B_k \times 100\%$$

为了保证数据的合理性,避免偶然误差,三种模型中均省去 6 月 6 日当天时段准确率和合格率的计算,取 5 月 31 日—6 月 5 日的数据进行分析。计算可知,三个模型的考核指标见表 13-3～表 13-5。

表 13-3　三次指数平滑预测模型的考核指标

指标	5.31		6.1		6.2		6.3		6.4		6.5	
	准确率 r1	合格率 r2	准确率 r1	合格率 r2	准确率 r1	合格率 r2	准确率 r1	合格率 r2	准确率 r1	合格率 r2	准确率 r1	合格率 r2
PA	0.967	1	0.964	1	0.961	1	0.977	1	0.967	1	0.985	1
PB	0.96	1	0.966	1	0.96	1	0.977	1	0.964	1	0.985	1
PC	0.958	1	0.963	1	0.959	1	0.973	1	0.963	1	0.983	1
PD	0.965	1	0.96	1	0.967	1	0.97	1	0.96	1	0.987	1
P4	0.974	1	0.975	1	0.969	1	0.981	1	0.975	1	0.988	1
P58	0.981	1	0.984	1	0.973	1	0.986	1	0.984	1	0.991	1

表 13-4　BP 神经网络预测模型的考核指标

指标	5.31		6.1		6.2		6.3		6.4		6.5	
	准确率 r1	合格率 r2	准确率 r1	合格率 r2	准确率 r1	合格率 r2	准确率 r1	合格率 r2	准确率 r1	合格率 r2	准确率 r1	合格率 r2
PA	0.691	0.656	0.667	0.594	0.717	0.75	0.635	0.667	0.678	0.635	0.834	0.865
PB	0.657	0.615	0.660	0.552	0.655	0.708	0.685	0.760	0.672	0.615	0.826	0.813
PC	0.654	0.635	0.644	0.469	0.665	0.688	0.681	0.708	0.685	0.563	0.804	0.823
PD	0.849	0.844	0.685	0.646	0.658	0.677	0.703	0.719	0.709	0.635	0.849	0.844
P4	0.685	0.656	0.672	0.594	0.658	0.688	0.701	0.688	0.697	0.646	0.830	0.844
P58	0.735	0.719	0.735	0.719	0.694	0.708	0.735	0.76	0.73	0.708	0.857	0.865

表 13-5　马尔可夫链模型的考核指标

指标	5.31	6.1	6.2	6.3	6.4	6.5
	准确率 r1	准确率 r1	准确率 r1	准确率 r1	准确率 r1	准确率 r1
PA	0.964	0.763	0.692	0.645	0.692	0.697
PB	0.651	0.717	0.772	0.704	0.690	0.707
PC	0.667	0.627	0.680	0.658	0.645	0.667
PD	0.746	0.772	0.692	0.635	0.730	0.760
P4	0.517	0.500	0.585	0.645	0.730	0.645
P58	0.484	0.535	0.656	0.585	0.585	0.551

　　三次指数平滑模型预测出来的数据的准确率大于 0.95,合格率等于 1,与实际值很接近,这个结果与 α 的取值有关,由于 α 值很大,实际值的波动特征会被削减,故预测出来的值与实际值很接近,而在实际情况下,实际值提前不可知,所以三次只是平滑模型不能应用于实际。BP 神经网络模型的准确率在 0.6~0.85,合格率在 0.61~0.86,是一个合理的范围。由于 BP 神经网络输入值是实际值,根据前期的实际值训练,寻找一个最优的模拟网络来预测下一时段的值,从而 BP 神经网络的预测结果不受外界约束,主要取决于输入值,因此具有可行性。马尔可夫链模型的准确率为 0.5~0.8,然而马尔可夫链模型只能预测某一个状态发生的概率,不能预测出实际值,因此此模型不可行。

13.5.2　问题 2 的求解

1. 模型建立与求解

　　在问题 1 中,我们已经通过分别建立三次指数平滑、BP 神经网络预测模型,再对预测结果进行误差分析,并比较准确率,合格率等指标,判断哪一个预测效果最佳。最终,得出 BP 神经网络较优,从而推荐 BP 神经网络算法。因此对于本问题,可建立 BP 神经网络模型。

　　对于输出层,有

$$y_k = f(\text{net}_k) \quad k = 1, 2, \cdots, 28$$

$$\text{net}_k = \sum_{j=1}^{m} v_{jk} y_j \quad k = 1, 2, \cdots, 28$$

　　对于隐层,有

$$y_j = f(\text{net}_k) \quad j = 1, 2, \cdots, m$$

$$\text{net}_j = \sum_{i=1}^{m} v_{ij} x_i \quad j = 1, 2, \cdots, m$$

其中,$f(x) = \dfrac{1}{1 + e^{-x}}$。模型的求解类似问题 1 中的模型 2,在问题 1 的基础上将 BP 神经网络模型算出来的各个机组预测值与实测值间相对误差进行分析。

　　分别绘制 PA、PB、PC、PD 与 P4、P58 的相对误差变化图,MATLAB 程序代码如下:

```
clc,clear,close all
figure(1)
%计算 PA 的预测误差与 P4 的预测误差的规律
load('data.mat')
%PA 的神经网络模拟后的预测相对误差值
%P4 的神经网络模拟后的预测相对误差值
n1 = size(WA);
k = 1;
for i = 1:n1(1,2)
```

```
        for j = 1:n1(1,1)
            A(k,1) = WA(j,i); %5.31—6.5 合并于一列
            k = k + 1;
        end
    end
    l = 1;
    for i = 1:n1(1,2)
        for j = 1:n1(1,1)
            w4(l,1) = W4(j,i); %5.31—6.5 合并于一列
            l = l + 1;
        end
    end
    t = n1(1,1) * n1(1,2);
    plot(1:t,A(:,1),'r',1:t,w4(:,1),'b')
    grid on
    title('PA 的预测误差与 P4 的预测误差随时间变化图');
    legend('PA 的预测误差','P4 的预测误差')
    xlabel('时点 x'),ylabel('发电功率预测误差 y');

    figure(2)
    %计算 PA 的预测误差与 P58 的预测误差的规律
    load('data.mat')
    %PA 的神经网络模拟后的预测相对误差值
    %P4 的神经网络模拟后的预测相对误差值
    n1 = size(WA);
    k = 1;
    for i = 1:n1(1,2)
        for j = 1:n1(1,1)
            A(k,1) = WA(j,i); %5.31—6.5 合并于一列
            k = k + 1;
        end
    end

    l = 1;
    for i = 1:n1(1,2)
        for j = 1:n1(1,1)
            w58(l,1) = W58(j,i); %5.31—6.5 合并于一列
            l = l + 1;
        end
    end
    t = n1(1,1) * n1(1,2);
    plot(1:t,A(:,1),'r',1:t,w58(:,1),'b')
    grid on
    title('PA 的预测误差与 P58 的预测误差随时间变化图');
    legend('PA 的预测误差','P58 的预测误差')
    xlabel('时点 x'),ylabel('发电功率预测误差 y');

    figure(3)
    %计算 PA 的预测误差与 P58 的预测误差的规律
    subplot(2,1,1)
    load('data.mat')
    %PA 的神经网络模拟后的预测相对误差值
    %P4 的神经网络模拟后的预测相对误差值
    n1 = size(WA);
    k = 1;
    for i = 1:n1(1,2)
        for j = 1:n1(1,1)
            A(k,1) = WA(j,i); %5.31—6.5 合并于一列
            k = k + 1;
        end
```

```
    end

    l = 1;
    for i = 1:n1(1,2)
        for j = 1:n1(1,1)
            w58(l,1) = W58(j,i); %5.31—6.5 合并于一列
            l = l + 1;
        end
    end
    t = n1(1,1) * n1(1,2);
    plot(1:t,A(:,1),'r',1:t,w58(:,1),'b')
    grid on
    title('PA 的预测误差与 P58 的预测误差随时间变化图');
    legend('PA 的预测误差','P58 的预测误差')
    xlabel('时点 x'),ylabel('发电功率预测误差 y');
    subplot(2,1,2)
    hold on
    % 计算 PA 的预测误差与 P4 的预测误差的规律
    load('data.mat')
    % PA 的神经网络模拟后的预测相对误差值
    % P4 的神经网络模拟后的预测相对误差值
    n1 = size(WA);
    k = 1;
    for i = 1:n1(1,2)
        for j = 1:n1(1,1)
            A(k,1) = WA(j,i); %5.31—6.5 合并于一列
            k = k + 1;
        end
    end

    l = 1;
    for i = 1:n1(1,2)
        for j = 1:n1(1,1)
            w4(l,1) = W4(j,i); %5.31—6.5 合并于一列
            l = l + 1;
        end
    end
    t = n1(1,1) * n1(1,2);
    plot(1:t,A(:,1),'r',1:t,w4(:,1),'b')
    grid on
    title('PA 的预测误差与 P4 的预测误差随时间变化图');
    legend('PA 的预测误差','P4 的预测误差')
    xlabel('时点 x'),ylabel('发电功率预测误差 y');
```

P4、P58 与 PA、PB、PC、PD 相对误差随 5 月 31 日—6 月 5 日各时点变化情况如图 13-10～图 13-13 所示。

由图 13-10～图 13-13 可得出一些普遍规律:

(1) PA、PB、PC 和 PD 的预测误差均很小,但当把 4 台发电机接入电网或整个风电场一起接入电网时,在某些时点预测误差陡增,这说明当多机汇聚后,由于各电机的相互影响,会改变实际输出功率值,使实际输出功率变小,以致预测不精确。

(2) 多机组汇聚产生的 4 个叠加误差几乎都出现在同一时点。也就是当我们对某风电场进行风电功率预测时,在某一时点有多个机组同时发电的情况下,不能将各个机组叠加后的总功率作为总的实测功率来进行预测,只能在风电机组汇聚时一起测总的功率,然后再进行预测。

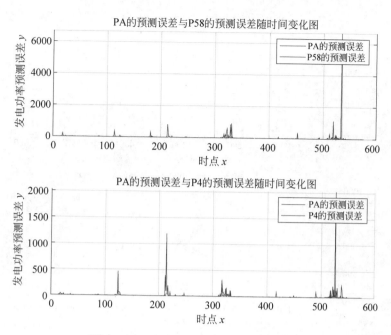

图 13-10　PA 和 P4、P58 相对误差变化图

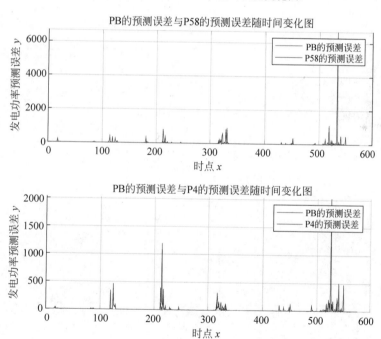

图 13-11　PB 和 P4、P58 相对误差变化图

2. 结果的分析及验证

在预测多机组同时工作时的总输出功率时，必须把这些特殊时点剔除。而这些"异常"时点可通过历史数据分析得到。得出的结果在风电机组原理上也能说通：风电机组即普通的发电机，只不过此时的原动力来源于风，将风能转化成机械能，再通过转换装置拖动发电机旋转产生电能，由于发电机内部有很多线圈，因此发电的同时线圈也会耗能，这就解释了为什么附件中所给的数据会出现负值，即发电机并未正常工作，其内部的线圈反而消耗能量的结果。正因为这样，当多台发电机汇聚运行时，由于线圈间互感的作用以及线圈本身耗能的原因，输出

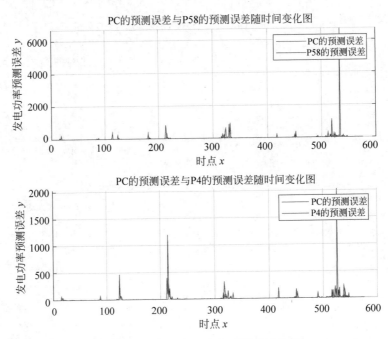

图 13-12　PC 和 P4、P58 相对误差变化图

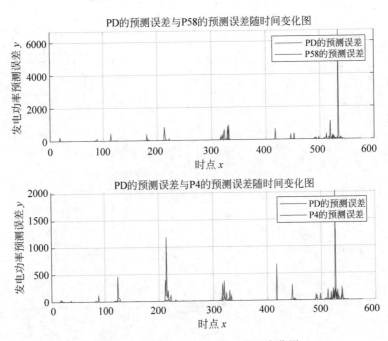

图 13-13　PD 和 P4、P58 相对误差变化图

的总功率会小于单个电机工作时的功率之和。至于为何只出现在某些特殊时点,则需要更深入的研究了。

13.5.3　问题3的求解

1. 模型建立

动态神经网络时间序列模型的算法流程如下:

(1) 对 PA 数据进行标准化,使各值处于 0～1;

(2) 选取训练神经网络的数据(预测某天,则选取该天之前的所有天数据);

（3）对训练动态神经网络的数据进行矩阵变换，使其变为一列；

（4）启动 MATLAB 的 Neural Network Start，如图 13-14 所示；

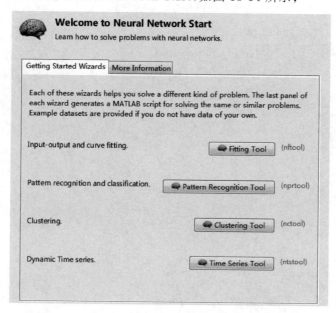

图 13-14　启动 MATLAB 的 Neural Network Start 图

（5）单击 Time Series Tool，进入动态神经网络序列预测工具箱；

（6）使用非线性自回归模型，选择训练该网络的数据作为输入行向量；

（7）对数据进行分割，采用系统默认值，输入数据的 70％作为训练数据，15％作为验证数据，其余 15％作为测试数据；

（8）反复调节隐层神经元个数和时间滞后的 y_i 个数，并反复进行训练，直到达到要求。

执行上述步骤，对 PA 在 5 月 1 日、6 月 1 日、6 月 2 日、6 月 3 日、6 月 4 日、6 月 5 日、6 月 6 日进行预测，并不断地训练网络，对 PB、PC、PD、P4、P58 亦如此。

2．短期预测

建立动态神经网络时间序列模型，如图 13-15 所示。

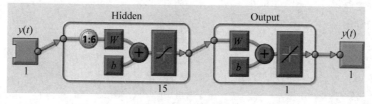

图 13-15　建立动态神经网络时间序列模型

设置隐层神经元个数为 15，利用 MATLAB 求解（以 PA 在 5 月 31 日为例）：

```
clc,clear
load('data.mat')
PA = PA(2:29,:);
% 数据的标准化
N = size(PA);
for j = 1:N(1,2)
    PAHminmax = minmax(PA(:,j)');
    for i = 1:N(1,1)
        PA(i,j) = (PA(i,j) - PAHminmax(1,1))/(PAHminmax(1,2) - PAHminmax(1,1));
```

```
        end
end
% 以每天的从 0 时计数起,每隔 15 分钟作为输入
P = PA(1:21, :);
% 以 5 月 31 日的间隔 15 分钟的发电量作为目标向量
T = PA(22, :); % 实际值,应预测的值
T = T';
n = size(P);
k = 1;
for i = 1:n(1,1)
    for j = 1:n(1,2)
        P1(k,1) = P(i,j);
        k = k + 1;
    end
end
% Solve an Autoregression Time - Series Problem with a NAR Neural Network
% P1 - feedback time series.

targetSeries = tonndata(T, false, false);

% Create a Nonlinear Autoregressive Network
feedbackDelays = 1:6;
hiddenLayerSize = 15;
net = narnet(feedbackDelays, hiddenLayerSize);

% open loop or closed loop feedback modes.
[inputs, inputStates, layerStates, targets] = preparets(net, {}, {}, targetSeries);

% Setup Division of Data for Training, Validation, Testing
net.divideParam.trainRatio = 70/100;
net.divideParam.valRatio = 15/100;
net.divideParam.testRatio = 15/100;

% Train the Network
[net, tr] = train(net, inputs, targets, inputStates, layerStates);

% Test the Network
outputs = net(inputs, inputStates, layerStates);
errors = gsubtract(targets, outputs);
performance = perform(net, targets, outputs)

% View the Network
view(net)

netc = closeloop(net);
[xc, xic, aic, tc] = preparets(netc, {}, {}, targetSeries);
yc = netc(xc, xic, aic);
perfc = perform(net, tc, yc)

nets = removedelay(net);
[xs, xis, ais, ts] = preparets(nets, {}, {}, targetSeries);
ys = nets(xs, xis, ais);
closedLoopPerformance = perform(net, tc, yc)
```

得到 PA 的实时预测图如图 13-16 所示。

其均方差图如图 13-17 所示。

由图 13-16 可知,经过动态神经网络训练后,预测值与真实值的误差很小,各个时点的预测值与真实值相差无几,大部分的点都能正确预测,因此该网络训练合理。由图 13-17 可知,均方误差较小,其中训练用的数据误差最小,大部分在 $0.1 \sim 0.001$。

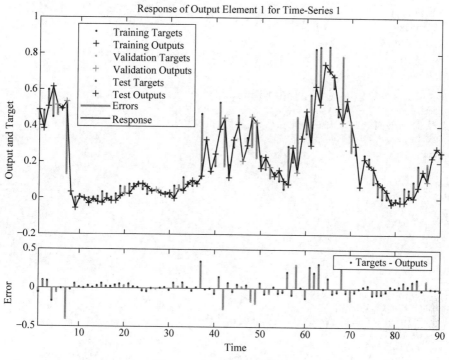

图 13-16　PA 的实时预测图

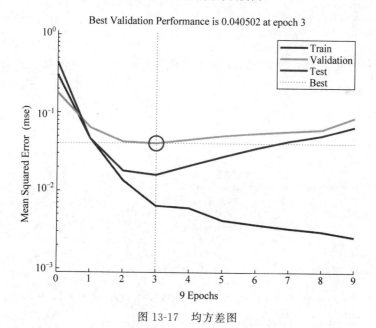

图 13-17　均方差图

3. 长期预测

跟短期预测类似,长期预测只是改变了预测的目标量,由于短期训练每次训练误差都不一样,因此采用重新训练新的动态神经网络进行预测,其 MATLAB 程序如下(以 P4 为例):

```
clc,clear
load P4
P4 = P4(2:29,:);
% 数据的标准化
N = size(P4);
```

```
for j = 1:N(1,2)
    P4Hminmax = minmax(P4(:,j)');
    for i = 1:N(1,1)
        P4(i,j) = (P4(i,j) - P4Hminmax(1,1))/(P4Hminmax(1,2) - P4Hminmax(1,1));
    end
end
% 从每天的 0 时计数起,每隔 15 分钟作为输入
P = P4(1:21,:);
% 以 5 月 31 日的间隔 15 分钟的发电量作为目标向量
T = P4(22:28,:); % 实际值,应预测的值
n = size(P);
k = 1;
for i = 1:n(1,1)
    for j = 1:n(1,2)
        P1(k,1) = P(i,j);
        k = k + 1;
    end
end
m = 1;
n1 = size(T);
for i = 1:n1(1,1)
    for j = 1:n1(1,2)
        T1(m,1) = T(i,j);
        m = m + 1;
    end
end
% Solve an Autoregression Time - Series Problem with a NAR Neural Network
% Script generated by NTSTOOL
% Created Sun Nov 27 17:30:25 CST 2011
%
% This script assumes this variable is defined:
%
% P1 - feedback time series.

targetSeries = tonndata(T1,false,false);

% Create a Nonlinear Autoregressive Network
feedbackDelays = 1:6;
hiddenLayerSize = 15;
net = narnet(feedbackDelays,hiddenLayerSize);

% Prepare the Data for Training and Simulation
% The function PREPARETS prepares timeseries data for a particular network,
% shifting time by the minimum amount to fill input states and layer states.
% Using PREPARETS allows you to keep your original time series data unchanged, while
% easily customizing it for networks with differing numbers of delays, with
% open loop or closed loop feedback modes.
[inputs,inputStates,layerStates,targets] = preparets(net,{},{},targetSeries);

% Setup Division of Data for Training, Validation, Testing
net.divideParam.trainRatio = 70/100;
net.divideParam.valRatio = 15/100;
net.divideParam.testRatio = 15/100;


% Train the Network
[net,tr] = train(net,inputs,targets,inputStates,layerStates);

% Test the Network
outputs = net(inputs,inputStates,layerStates);
```

```
errors = gsubtract(targets,outputs);
performance = perform(net,targets,outputs)

% View the Network
view(net)

% Plots
% Uncomment these lines to enable various plots.
% figure, plotperform(tr)
% figure, plottrainstate(tr)
% figure, plotresponse(targets,outputs)
% figure, ploterrcorr(errors)
% figure, plotinerrcorr(inputs,errors)

% Closed Loop Network
% Use this network to do multi-step prediction.
% The function CLOSELOOP replaces the feedback input with a direct
% connection from the outout layer.
netc = closeloop(net);
[xc,xic,aic,tc] = preparets(netc,{},{},targetSeries);
yc = netc(xc,xic,aic);
perfc = perform(net,tc,yc)

nets = removedelay(net);
[xs,xis,ais,ts] = preparets(nets,{},{},targetSeries);
ys = nets(xs,xis,ais);
closedLoopPerformance = perform(net,tc,yc)
```

P4 风电机组长期预测图如图 13-18 所示。

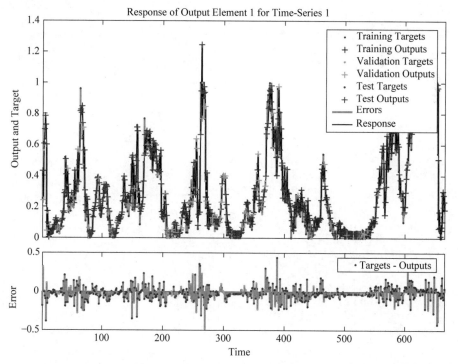

图 13-18　P4 风电机组长期预测图

电功率预测精度不能无限地提高,风电功率受风力、风速、气温、气压等因素的影响,变化没规律;而现行的预测精度一方面受外界因素的影响;另一方面受模型本身因素影响,即存在偶然误差以及系统误差,使得风电功率预测精度不能无限地提高。

13.6　模型的评价

通过建立三次指数平滑、Marlov 链和 BP 神经网络三种预测模型,对预测结果进行误差分析,并比较准确率、合格率等指标,最终得出 BP 神经网络较优。之后在此基础上进行改进,得出了更高精度的动态神经网络时间序列预测法,误差较小。该动态神经网络时间序列预测法也有不足之处,部分数据对训练后的网络的检验不起作用,会失效。该模型对开发风电功率预测系统具有一定的参考价值。

13.7　本章小结

本章通过建立三次指数平滑、Marlov 链和 BP 神经网络三种预测模型对风电机组功率进行预测,对预测结果进行误差分析,并比较准确率,合格率等指标,最终得出 BP 神经网络较优。之后利用 BP 神经网络的学习训练计算出单台风电机组功率以及多机总功率预测值和它们的相对误差。然后再绘出相对误差图,经过观察分析对风电机组汇聚后给风电功率预测误差带来的影响做出预期。最后在此基础上进行改进,得出了更高精度的动态神经网络时间序列预测法,通过短期加长期预测的方法,对风电机组功率预测的产生误差较小。

当人们对研究对象的内在特性和各因素间的关系有比较充分的认识时，一般用机理分析方法建立数学模型。本书前面讨论的绝大多数模型都是如此。如果由于客观事物内部规律的复杂性及人们认识程度的限制，无法分析实际对象内在的因果关系，为了建立合乎机理规律的数学模型，通常的办法是搜集大量的数据，基于对数据的统计分析去建立模型，本章只介绍用途非常广泛的一类随机模型——统计回归模型。

14.1 问题描述

问题 1：一家技术公司人事部门为研究软件开发人员的薪金与他们的资历、管理责任、教育程度等因素之间的关系，建立一个数学模型，以分析公司人事策略的合理性，并作为新聘用人员薪金的参考。他们认为目前公司人员的薪金总体上是合理的，可以作为建模的依据，于是调查了 46 名软件开发人员的档案资料，如表 14-1 所示，其中"资历"一列指从事专业工作的年数；"管理"一列中 1 表示管理人员，0 表示非管理人员；"教育"一列中 1 表示中学程度，2 表示大学程度，3 表示更高程度（研究生）。

表 14-1　软件开发人员的薪金与其资历、管理责任、教育程度之间的关系

编 号	薪 金	资 历	管 理	教 育
01	13876	1	1	1
02	11608	1	0	3
03	18701	1	1	3
04	11283	1	0	2
05	11767	1	0	3
06	20872	2	1	2
07	11772	2	0	2
08	10535	2	0	1
09	12195	2	0	3
10	12313	3	0	2
11	14975	3	1	1
12	21371	3	1	2
13	19800	3	1	3
14	11417	4	0	1
15	20263	4	1	3
16	13231	4	0	3
17	12884	4	0	2

编　号	薪　金	资　历	管　理	教　育
18	13245	5	0	2
19	13677	5	0	3
20	15965	5	1	1
21	12366	6	0	1
22	21352	6	1	3
23	13839	6	0	2
24	22884	6	1	2
25	16978	7	1	1
26	14803	8	0	2
27	17404	8	1	1
28	22184	8	1	3
29	13548	8	0	1
30	14467	10	0	1
31	15942	10	0	2
32	23174	10	1	3
33	23780	10	1	2
34	25410	11	1	2
35	14861	11	0	1
36	16882	12	0	2
37	24170	12	1	3
38	15990	13	0	1
39	26330	13	1	2
40	17949	14	0	2
41	25685	15	1	3
42	27837	16	1	2
43	18838	16	0	2
44	17483	16	0	1
45	19207	17	0	2
46	19364	20	0	1

问题2：某大型牙膏制造企业为了更好地拓展产品市场,有效地管理库存,公司董事会要求销售部门根据市场调查,找出公司生产的牙膏销售量与销售价格、广告投入等之间的关系,从而预测出在不同价格和广告费用下的销售量。为此,销售部的研究人员收集了过去30个销售周期(每个销售周期为4周)公司生产的牙膏的销售量、销售价格、投入的广告费用,以及同期其他厂家生产的同类牙膏的市场平均销售价格,见表14-2(其中价格差指其他厂家平均价格与公司销售价格之差)。试根据这些数据建立一个数学模型,分析牙膏销售量与其他因素的关系,为制订价格策略和广告投入策略提供数量依据。

表 14-2　牙膏销售量与销售价格、广告费用等数据

销售周期	公司销售价格 /元	其他厂家平均价格 /元	价格差 /元	广告费用 /百万元	销售量 /百万支
1	3.85	3.80	−0.05	5.5	7.38
2	3.75	4.00	0.25	6.75	8.51
3	3.70	4.30	0.60	7.25	9.52

销售周期	公司销售价格 /元	其他厂家平均价格 /元	价格差 /元	广告费用 /百万元	销售量 /百万支
4	3.60	3.70	0.00	5.50	7.50
5	3.60	3.85	0.25	7.00	9.33
6	3.60	3.80	0.20	6.50	8.28
7	3.60	3.75	0.15	6.75	8.75
8	3.80	3.85	0.05	5.25	7.87
9	3.80	3.65	−0.15	5.25	7.10
10	3.85	4.00	0.15	6.00	8.00
11	3.90	4.10	0.20	6.50	7.89
12	3.90	4.00	0.10	6.25	8.15
13	3.70	4.10	0.40	7.00	9.10
14	3.75	4.20	0.45	6.90	8.86
15	3.75	4.10	0.35	6.80	8.90
16	3.80	4.10	0.30	6.80	8.87
17	3.70	4.20	0.50	7.10	9.26
18	3.80	4.30	0.50	7.00	9.00
19	3.70	4.10	0.40	6.80	8.75
20	3.80	3.75	−0.05	6.50	7.95
21	3.80	3.75	−0.05	6.25	7.65
22	3.75	3.65	−0.10	6.00	7.27
23	3.70	3.90	0.20	6.50	8.00

14.2　模型假设

对提出的模型作如下假设：

(1) 假定资历对薪金的作用是线性的，即资历每加一年，薪金的增长是常数；

(2) 假设管理责任、教育程度、资历诸因素之间没有交互作用。

14.3　符号说明

在表 14-3 中列出了模型中常用的符号。

表 14-3　符号说明

符 号 设 定	符 号 说 明
y	薪金
x_1	资历
x_2	管理人员
x_3	教育程度

14.4　问题分析

(1) 问题 1 的分析。

按照常识，薪金自然随着资历的增长而增加，管理人员的薪金应高于非管理人员，教育程度越高薪金也越高。薪金记作 y，资历记作 x_1，为了表示是否管理人员，定义：

$$x_2 = \begin{cases} 1, & 管理人员 \\ 0, & 非管理人员 \end{cases}$$

为了表示 3 种教育程度,定义:

$$x_3 = \begin{cases} 1, & 中学 \\ 0, & 其他 \end{cases}, \quad x_4 = \begin{cases} 1, & 大学 \\ 0, & 其他 \end{cases}$$

这样,中学生用 $x_3 = 1, x_4 = 0$ 表示,大学生用 $x_3 = 0, x_4 = 1$ 表示,研究生则用 $x_3 = 0$, $x_4 = 0$ 表示。

(2) 问题 2 的分析。

由于牙膏是生活必需品,对于大多数顾客来说,在购买同类产品的牙膏时,更多地会在意不同品牌之间的价格差异,而不是价格本身。因此,在研究各个因素对销售量的影响时,用价格差代替公司销售价格和其他厂家平均价格更为合适。记牙膏销售量为 y,其他厂家平均价格与公司销售价格之差(价格差)为 x_1,公司投入的广告费用为 x_2,其他厂家平均价格和公司销售价格分别为 x_3 和 x_4,$x_1 = x_3 - x_4$。基于以上分析,仅用 x_1 和 x_2 来建立 y 的预测模型。

14.5 模型建立与求解

以一家技术公司人事部门为研究软件开发人员的薪金与他们的资历、管理责任、教育程度等因素之间的关系,建立一个数学模型,以便分析公司人事策略的合理性,并作为新聘用人员薪金的参考。同时,某大型牙膏制造企业为了更好地拓展产品市场,有效地管理库存,公司董事会要求销售部门根据市场调查,找出公司生产的牙膏销售量与销售价格、广告投入等之间的关系,从而预测在不同价格和广告费用下的销售量。

14.5.1 问题 1 的求解

1. 建立基本模型

薪金 y 与资历 x_1,管理责任 x_2,教育程度 x_3, x_4 之间的多元线性回归模型为

$$y = a_0 + a_1 x_1 + a_2 x_2 + a_3 x_3 + a_4 x_4 + \varepsilon \tag{1}$$

其中,$a_0, a_1, \cdots, a_4$ 是待估计的回归系数,ε 是随机误差。利用 MATLAB 编程计算可以得到回归系数及其置信区间(置信水平 $\alpha = 0.05$)、检验统计量 R^2、F、p 结果,如表 14-4 所示。

表 14-4 模型(1)的计算结果

参 数	参数估计值	参数置信区间
a_0	11033	[10258,11807]
a_1	546	[484,608]
a_2	6883	[6248,7517]
a_3	-2994	[$-3826,-2162$]
a_4	148	[$-636,931$]

$$R^2 = 0.9567 \quad F = 226 \quad p < 0.0001 \quad s^2 = 1.057 \times 10^6$$

计算得到回归系数及其置信区间的 MATLAB 代码如下所示:

```
clear; clc
% % model 1
y = [13876; 11608; 18701; 11283; 11767; 20872; 11772; 10535; 12195;
    12313; 14975; 21371; 19800; 11417; 20263; 13231; 12884; 13245;
    13677; 15965; 12366; 21352; 13839; 22884; 16978; 14803; 17404;
    22184; 13548; 14467; 15942; 23174; 23780; 25410; 14861; 16882;
    24170; 15990; 26330; 17949; 25685; 27837; 18838; 17483; 19207;
    19346];
```

```
x1 = [1; 1; 1; 1; 1; 2; 2; 2; 2; 3; 3; 3; 3; 4; 4; 4; 4; 5; 5; 5; 6;
      6; 6; 6; 7; 8; 8; 8; 8; 10; 10; 10; 10; 11; 11; 12; 12; 13; 13;
      14; 15; 16; 16; 16; 17; 20];
x2 = [1; 0; 1; 0; 0; 1; 0; 0; 0; 0; 1; 1; 1; 0; 1; 0; 0; 0; 0; 1; 0;
      1; 0; 1; 1; 0; 1; 1; 0; 0; 0; 1; 1; 1; 0; 1; 0; 1; 0; 1; 1;
      0; 0; 0; 0];
x3 = [1; 0; 0; 0; 0; 0; 0; 1; 0; 0; 1; 0; 0; 1; 0; 0; 0; 0; 1; 1;
      0; 0; 0; 1; 0; 1; 0; 1; 1; 0; 0; 0; 0; 1; 0; 0; 1; 0; 0; 0; 0;
      0; 1; 0; 1];
x4 = [0; 0; 0; 1; 0; 1; 1; 0; 0; 1; 0; 1; 0; 0; 0; 0; 1; 1; 0; 0; 0;
      0; 1; 1; 0; 1; 0; 0; 0; 1; 0; 1; 1; 0; 1; 0; 0; 1; 1; 0; 1;
      1; 0; 1; 0];
xb5 = [ones(46, 1), x1, x2, x3, x4];
[b, bint, r, rint, stats] = regress(y, xb5);
```

实际运行结果如下所示：

```
b =
    1.0e + 04  *
    1.1033
    0.0546
    0.6883
   -0.2994
    0.0148
bint =
    1.0e + 04  *
    1.0258     1.1807
    0.0484     0.0608
    0.6248     0.7517
   -0.3826    -0.2162
   -0.0636     0.0931
stats =
    1.0e + 06  *
    0.0000     0.0002     0.0000     1.0571
```

结果分析：$R^2 = 0.957$，即因变量（薪金）的95.7%可由模型确定，F值远远超过F检验的临界值，p远小于α，因而模型（1）从整体来看是可用的。例如，利用模型可以估计（或预测）一个大学毕业、有2年资历、管理人员的薪金为

$$\hat{y} = a_0 + a_1 * 2 + a_2 * 0 + a_3 * 0 + a_4 * 1 = 12273$$

模型中各个回归系数的含义可初步解释如下：x_1的系数为546，说明资历每增加1年，薪金增长546；x_2的系数为6883，说明管理人员的薪金比非管理人员多6883；x_3的系数为-2994，说明中学程度的薪金比研究生少2994；x_4的系数为148，说明大学程度的薪金比研究生多148，但是应该注意到a_4的置信区间包含零点，所以这个系数的解释是不可靠的。

需要指出，以上理解是就平均值来说，并且，一个因素改变引起的因变量的变化量，都是在其他因素需不变的条件下才成立的。

进一步地讨论：a_4的置信区间包含零点，说明基本模型（1）存在缺点。为寻找改进的方向，常用残差分析法（残差ε指薪金的实际值y与用模型估计的薪金$\hat{y}$之差，是模型（1）中随机误差ε的估计值，这里用了同一个符号）。我们将影响因素分成资历与管理-教育组合两类，管理-教育组合的定义如表14-5所示。

表 14-5　管理-教育组合

组合	1	2	3	4	5	6
管理	0	1	0	1	0	1
教育	1	1	2	2	3	3

为了对残差进行分析,使用 MATLAB 编程作图,图 14-1 给出 ε 与资历 x_1 的关系,图 14-2 给出 ε 与管理 x_2-教育 x_3,x_4 组合间的关系。

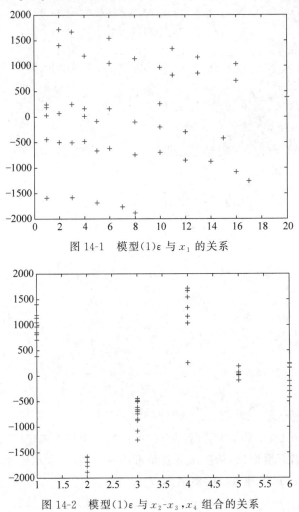

图 14-1　模型(1)ε 与 x_1 的关系

图 14-2　模型(1)ε 与 x_2-x_3,x_4 组合的关系

从图 14-1 中看出,残差大概分成 3 个水平,这是由于 6 种管理-教育组合混在一起,在模型中未被正确反映的结果;从图 14-2 看,对于前 4 个管理-教育组合,残差或者全为正,或者全为负,也表明教育组合在模型中处理不当。

对残差进行分析的 MATLAB 代码如下所示:

```
clear; clc
% % model 1
y = [13876; 11608; 18701; 11283; 11767; 20872; 11772; 10535; 12195;
    12313; 14975; 21371; 19800; 11417; 20263; 13231; 12884; 13245;
    13677; 15965; 12366; 21352; 13839; 22884; 16978; 14803; 17404;
    22184; 13548; 14467; 15942; 23174; 23780; 25410; 14861; 16882;
    24170; 15990; 26330; 17949; 25685; 27837; 18838; 17483; 19207;
    19346];
x1 = [1; 1; 1; 1; 1; 2; 2; 2; 2; 3; 3; 3; 3; 4; 4; 4; 4; 5; 5; 5; 6;
    6; 6; 6; 7; 8; 8; 8; 8; 10; 10; 10; 10; 11; 11; 12; 12; 13; 13;
    14; 15; 16; 16; 16; 17; 20];
x2 = [1; 0; 1; 0; 0; 1; 0; 0; 0; 0; 1; 1; 1; 0; 1; 0; 0; 0; 0; 1; 0;
    1; 0; 1; 1; 0; 1; 1; 0; 0; 0; 1; 1; 1; 0; 1; 0; 1; 0; 1; 1;
    0; 0; 0; 0];
```

```
x3 = [1; 0; 0; 0; 0; 0; 0; 1; 0; 0; 1; 0; 0; 1; 0; 0; 0; 0; 0; 1; 1;
      0; 0; 0; 1; 0; 1; 0; 1; 1; 0; 0; 0; 1; 0; 0; 1; 0; 0; 0; 0;
      0; 1; 0; 1];
x4 = [0; 0; 0; 1; 0; 1; 1; 0; 0; 1; 0; 1; 0; 0; 0; 1; 1; 0; 0; 0;
      0; 1; 1; 0; 1; 0; 0; 0; 0; 1; 0; 1; 0; 1; 0; 0; 1; 1; 0; 1;
      1; 0; 1; 0];
xb5 = [ones(46, 1), x1, x2, x3, x4];
[b, bint, r, rint, stats] = regress(y, xb5);
% 残差 e 与 x1 的关系图
figure(1);
% yj = 11033 + 546 * x1 + 6883 * x2 + ( - 2994 * x3) + 148 * x4;
yj = b(1) + b(2) * x1 + b(3) * x2 + b(4) * x3 + b(5) * x4;
eb = y - yj;
plot(x1, eb, 'r + ');
% 残差 e 与 x2-x3,x4 的关系图
figure(2);
x5 = [2; 5; 6; 3; 5; 4; 3; 1; 5; 3; 2; 4; 6; 1; 6; 5; 3; 3; 5;
      2; 1; 6; 3; 4; 2; 3; 2; 6; 1; 1; 3; 6; 4; 4; 1; 3; 6; 1;
      4; 3; 6; 4; 3; 1; 3; 1];
plot(x5, eb, 'r + ');
```

在模型(1)中,管理责任和教育程度是分别起作用的,事实上,二者可能交互,如大学程度的管理人员的薪金会比二者分别的薪金之和高一点。

以上分析提示我们,应在基本模型(1)中增加管理 x_2 与教育 x_3、x_4 的交互项,建立新的回归模型。

更好的模型:增加 x_2 与 x_3、x_4 的交互项后,模型记作

$$y = a_0 + a_1 x_1 + a_2 x_2 + a_3 x_3 + a_4 x_4 + a_5 x_2 x_3 + a_6 x_2 x_4 + \varepsilon \tag{2}$$

利用 MATLAB 编程计算可以得到回归系数及其置信区间(置信水平 $\alpha = 0.05$)、检验统计量 R^2、F、p 结果,如表 14-6 所示。

表 14-6 模型(2)的计算结果

参　　数	参数估计值	参数置信区间
a_0	11204	$[11044, 11363]$
a_1	497	$[486, 508]$
a_2	7048	$[6841, 7255]$
a_3	-1727	$[-1939, -1514]$
a_4	-348	$[-545, -152]$
a_5	-3071	$[-3372, -2769]$
a_6	1836	$[1571, 2101]$

$R^2 = 0.9988 \quad F = 5545 \quad p < 0.0001 \quad s^2 = 3.047 \times 10^4$

由表 14-6 可知,模型(2)的 R^2 和 F 值都比模型(1)有所改进,并且所有回归系数的置信区间都不含零点,表明模型(2)是完全可用的。

计算得到回归系数及其置信区间的 MATLAB 代码如下所示:

```
clear; clc
% % model 2
y = [13876; 11608; 18701; 11283; 11767; 20872; 11772; 10535; 12195;
     12313; 14975; 21371; 19800; 11417; 20263; 13231; 12884; 13245;
     13677; 15965; 12366; 21352; 13839; 22884; 16978; 14803; 17404;
     22184; 13548; 14467; 15942; 23174; 23780; 25410; 14861; 16882;
     24170; 15990; 26330; 17949; 25685; 27837; 18838; 17483; 19207;
     19346];
```

```
x1 = [1; 1; 1; 1; 1; 2; 2; 2; 2; 3; 3; 3; 3; 4; 4; 4; 4; 5; 5; 5; 6;
      6; 6; 6; 7; 8; 8; 8; 8; 10; 10; 10; 10; 11; 11; 12; 12; 13; 13;
      14; 15; 16; 16; 16; 17; 20];
x2 = [1; 0; 1; 0; 0; 1; 0; 0; 0; 0; 1; 1; 1; 0; 1; 0; 0; 0; 0; 1; 0;
      1; 0; 1; 1; 0; 1; 1; 0; 0; 0; 1; 1; 1; 0; 0; 1; 0; 1; 0; 1; 1;
      0; 0; 0; 0];
x3 = [1; 0; 0; 0; 0; 0; 0; 1; 0; 0; 1; 0; 0; 1; 0; 0; 0; 0; 0; 1; 1;
      0; 0; 0; 1; 0; 1; 1; 0; 0; 0; 0; 1; 0; 0; 1; 0; 0; 0; 0;
      0; 1; 0; 1];
x4 = [0; 0; 0; 1; 0; 1; 1; 0; 0; 1; 0; 1; 0; 0; 0; 0; 1; 1; 0; 0; 0;
      0; 1; 1; 0; 1; 0; 0; 0; 0; 1; 0; 1; 1; 0; 1; 0; 0; 1; 1; 0; 1;
      1; 0; 1; 0];
xb7 = [ones(46, 1), x1, x2, x3, x4, x2. * x3, x2. * x4];
[b, bint, r, rint, stats] = regress(y, xb7);
```

实际运行结果如下所示：

```
b =
   1.0e + 04 *
   1.1204
   0.0497
   0.7048
  - 0.1727
  - 0.0348
  - 0.3071
   0.1836
bint =
   1.0e + 04 *
   1.1044    1.1363
   0.0486    0.0508
   0.6841    0.7255
  - 0.1939   - 0.1514
  - 0.0545   - 0.0152
  - 0.3372   - 0.2769
   0.1571    0.2101
stats =
   1.0e + 04 *
   0.0001    0.5545    0.0000    3.0047
```

与模型(1)类似，使用 MATLAB 编程作模型(2)的两个残差分析图(见图 14-3 和图 14-4)可以看出，已经消除了图 14-1 和图 14-2 中的不正常现象，这也说明了模型(2)的适用性。

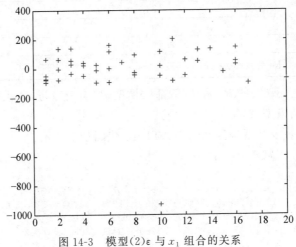

图 14-3　模型(2)ε 与 x_1 组合的关系

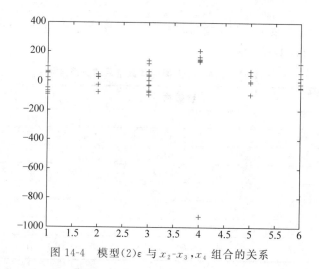

图 14-4　模型(2)ε 与 x_2-x_3, x_4 组合的关系

从图 14-3 和图 14-4 还可以发现一个异常点：具有 10 年资历、大学程度的管理人员，他的实际薪金明显低于模型的估计值，也明显低于有类似经历的其他人的薪金。这可能是由于我们未知的原因造成的。

具体 MATLAB 代码如下所示：

```
clear; clc
%% model 2
y = [13876; 11608; 18701; 11283; 11767; 20872; 11772; 10535; 12195;
      12313; 14975; 21371; 19800; 11417; 20263; 13231; 12884; 13245;
      13677; 15965; 12366; 21352; 13839; 22884; 16978; 14803; 17404;
      22184; 13548; 14467; 15942; 23174; 23780; 25410; 14861; 16882;
      24170; 15990; 26330; 17949; 25685; 27837; 18838; 17483; 19207;
      19346];
x1 = [1; 1; 1; 1; 1; 2; 2; 2; 2; 3; 3; 3; 3; 4; 4; 4; 4; 5; 5; 5; 6;
      6; 6; 6; 7; 8; 8; 8; 8; 10; 10; 10; 10; 11; 11; 12; 12; 13; 13;
      14; 15; 16; 16; 16; 17; 20];
x2 = [1; 0; 1; 0; 0; 1; 0; 0; 0; 0; 1; 1; 1; 0; 1; 0; 0; 0; 0; 1; 0;
      1; 0; 1; 1; 0; 1; 1; 0; 0; 0; 1; 1; 1; 0; 0; 1; 0; 1; 0; 1; 1;
      0; 0; 0; 0];
x3 = [1; 0; 0; 0; 0; 0; 0; 1; 0; 0; 1; 0; 0; 1; 0; 0; 0; 0; 1; 1;
      0; 0; 0; 1; 0; 1; 0; 1; 1; 0; 0; 0; 0; 1; 0; 0; 1; 0; 0; 0; 0;
      0; 1; 0; 1];
x4 = [0; 0; 0; 1; 0; 1; 1; 0; 0; 1; 0; 0; 0; 0; 0; 0; 1; 1; 0; 0; 0;
      0; 1; 1; 0; 1; 0; 0; 0; 1; 0; 0; 1; 1; 0; 1; 0; 0; 1; 1; 0; 1;
      1; 0; 1; 0];
xb7 = [ones(46, 1), x1, x2, x3, x4, x2.*x3, x2.*x4];
[b, bint, r, rint, stats] = regress(y, xb7);
% 残差 e 与 x1 的关系图
figure(3);
% yj = 11204 + 497 * x1 + 7048 * x2 + ( - 1727) * x3 + ( - 348) * x4 + …
%      ( - 3071) * x2. * x3 + 1836 * x2. * x4;
yj = b(1) + b(2) * x1 + b(3) * x2 + b(4) * x3 + b(5) * x4 + …
     b(6) * x2. * x3 + b(7) * x2. * x4;
eb = y - yj;
plot(x1, eb, 'r + ');
% 残差 e 与 x2-x3, x4 的关系图
figure(4);
x5 = [2; 5; 6; 3; 5; 4; 3; 1; 5; 3; 2; 4; 6; 1; 6; 5; 3; 3; 5;
      2; 1; 6; 3; 4; 2; 3; 2; 6; 1; 1; 3; 6; 4; 4; 1; 3; 6; 1;
      4; 3; 6; 4; 3; 1; 3; 1];
plot(x5, eb, 'r + ');
```

　　为了使个别的数据不致影响整个模型,应该将这个异常数据去掉,对模型(2)重新估计回归系数,得到的结果如表 14-7 所示。

表 14-7　模型(2)去掉异常数据后的计算结果

参　数	参数估计值	参数置信区间
a_0	11200	$[11139,11261]$
a_1	498	$[494,503]$
a_2	7041	$[6962,7120]$
a_3	-1737	$[-1818,-1656]$
a_4	-356	$[-431,-281]$
a_5	-3056	$[-3171,-2942]$
a_6	1997	$[1894,2100]$

$$R^2 = 0.9998 \quad F = 36701 \quad p < 0.0001 \quad s^2 = 4.347 \times 10^3$$

　　为了使个别的数据不致影响整个模型,应该将这个异常数据去掉,对模型(2)重新估计回归系数,具体 MATLAB 代码如下所示:

```
clear; clc
% % model 3
y = [13876; 11608; 18701; 11283; 11767; 20872; 11772; 10535; 12195;
    12313; 14975; 21371; 19800; 11417; 20263; 13231; 12884; 13245;
    13677; 15965; 12366; 21352; 13839; 22884; 16978; 14803; 17404;
    22184; 13548; 14467; 15942; 23174; 25410; 14861; 16882; 24170;
    15990; 26330; 17949; 25685; 27837; 18838; 17483; 19207; 19346];
x1 = [1; 1; 1; 1; 1; 2; 2; 2; 2; 3; 3; 3; 3; 4; 4; 4; 4; 5; 5; 5; 6;
    6; 6; 6; 7; 8; 8; 8; 8; 10; 10; 10; 11; 11; 12; 12; 13; 13; 14;
    15; 16; 16; 16; 17; 20];
x2 = [1; 0; 1; 0; 0; 1; 0; 0; 0; 0; 1; 1; 1; 0; 1; 0; 0; 0; 0; 1; 0;
    1; 0; 1; 1; 0; 1; 1; 0; 0; 0; 1; 1; 0; 0; 1; 0; 1; 0; 1; 1; 0;
    0; 0; 0];
x3 = [1; 0; 0; 0; 0; 0; 0; 1; 0; 0; 1; 0; 0; 1; 0; 0; 0; 0; 0; 1; 1;
    0; 0; 0; 1; 0; 1; 0; 1; 1; 0; 0; 0; 1; 0; 0; 1; 0; 0; 0; 0; 0;
    1; 0; 1];
x4 = [0; 0; 0; 1; 0; 1; 1; 0; 0; 1; 0; 1; 0; 0; 0; 0; 1; 1; 0; 0; 0;
    0; 1; 1; 0; 1; 0; 0; 0; 0; 1; 0; 1; 0; 1; 0; 0; 1; 1; 0; 1; 1;
    0; 1; 0];
x5 = [2; 5; 6; 3; 5; 4; 3; 1; 5; 3; 2; 4; 6; 1; 6; 5; 3; 3; 5; 2; 1;
    6; 3; 4; 2; 3; 2; 6; 1; 1; 3; 6; 4; 1; 3; 6; 1; 4; 3; 6; 4; 3;
    1; 3; 1];
xb8 = [ones(45, 1), x1, x2, x3, x4, x2.* x3, x2.* x4];
[b, bint, r, rint, stats] = regress(y, xb8);
```

实际运行结果如下所示:

```
b =
    1.0e + 04 *
    1.1200
    0.0498
    0.7041
   - 0.1737
   - 0.0356
   - 0.3056
    0.1997
bint =
    1.0e + 04 *
    1.1139    1.1261
    0.0494    0.0503
```

```
        0.6962      0.7120
      − 0.1818    − 0.1656
      − 0.0431    − 0.0281
      − 0.3171    − 0.2942
        0.1894      0.2100
stats =
    1.0e + 04  *
      0.0001      3.6701      0.0000      0.4347
```

通过残差分析图可以看出，去掉异常数据结果又有改善，如图 14-5 和图 14-6 所示。

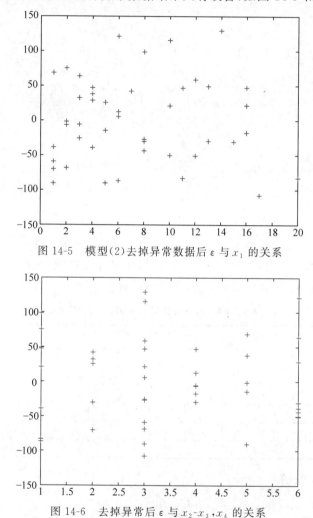

图 14-5　模型(2)去掉异常数据后 ε 与 x_1 的关系

图 14-6　去掉异常后 ε 与 x_2-x_3，x_4 的关系

残差分析图的具体 MATLAB 代码如下所示：

```
clear; clc
% % model 3
y = [13876; 11608; 18701; 11283; 11767; 20872; 11772; 10535; 12195;
     12313; 14975; 21371; 19800; 11417; 20263; 13231; 12884; 13245;
     13677; 15965; 12366; 21352; 13839; 22884; 16978; 14803; 17404;
     22184; 13548; 14467; 15942; 23174; 25410; 14861; 16882; 24170;
     15990; 26330; 17949; 25685; 27837; 18838; 17483; 19207; 19346];
x1 = [1; 1; 1; 1; 1; 2; 2; 2; 2; 3; 3; 3; 3; 4; 4; 4; 4; 5; 5; 5; 6;
     6; 6; 6; 7; 8; 8; 8; 8; 10; 10; 10; 11; 11; 12; 12; 13; 13; 14;
     15; 16; 16; 16; 17; 20];
```

```
x2 = [1; 0; 1; 0; 0; 1; 0; 0; 0; 0; 1; 1; 1; 0; 1; 0; 0; 0; 0; 1; 0;
      1; 0; 1; 1; 0; 1; 1; 0; 0; 0; 1; 1; 0; 1; 0; 1; 0; 1; 0; 1; 1; 0;
      0; 0; 0];
x3 = [1; 0; 0; 0; 0; 0; 0; 1; 0; 0; 1; 0; 0; 1; 0; 0; 0; 0; 0; 1; 1;
      0; 0; 0; 1; 0; 0; 1; 1; 0; 0; 0; 1; 0; 0; 1; 0; 0; 0; 0; 0;
      1; 0; 1];
x4 = [0; 0; 0; 1; 0; 1; 1; 0; 0; 1; 0; 1; 0; 0; 0; 0; 1; 1; 0; 0; 0;
      0; 1; 1; 0; 1; 0; 0; 0; 1; 0; 1; 0; 1; 0; 0; 1; 1; 0; 1; 1;
      0; 1; 0];
x5 = [2; 5; 6; 3; 5; 4; 3; 1; 5; 3; 2; 4; 6; 1; 6; 5; 3; 3; 5; 2; 1;
      6; 3; 4; 2; 3; 2; 6; 1; 1; 3; 6; 4; 1; 3; 6; 1; 4; 3; 6; 4; 3;
      1; 3; 1];
xb8 = [ones(45, 1), x1, x2, x3, x4, x2. * x3, x2. * x4];
[b, bint, r, rint, stats] = regress(y, xb8);
% 残差e与x1的关系图
% yj = 11200 + 498 * x1 + 7041 * x2 + ( - 1737) * x3 + ( - 356) * x4 + …
%        ( - 3056) * x2. * x3 + 1997 * x2. * x4;
yj = b(1) + b(2) * x1 + b(3) * x2 + b(4) * x3 + b(5) * x4 + …
      b(6) * x2. * x3 + b(7) * x2. * x4;
eb = y - yj;
figure(5);
plot(x1, eb, 'r+');
% 残差e与x2-x3,x4的关系图
figure(6);
plot(x5, eb, 'r+');
```

2. 模型应用

对于回归模型(2),用去掉异常数据后估计出的系数,得到的结果是令人满意的。作为这个模型的应用之一,不妨用它来"制订"6种管理-教育组合人员的"基础"薪金(即平均意义上的资历为零的薪金)。利用模型(2)和表 14-7 容易得到表 14-8。

表 14-8　6种管理-教育组合人员的"基础"薪金

组　　合	管　　理	教　　育	系　　数	"基础"薪金
1	0	1	$a_0 + a_3$	9463
2	1	1	$a_0 + a_2 + a_3 + a_5$	13448
3	0	2	$a_0 + a_4$	10844
4	1	2	$a_0 + a_2 + a_4 + a_6$	19822
5	0	3	a_0	11200
6	1	3	$a_0 + a_2$	18241

14.5.2　问题2的求解

1. 模型建立

为了大致地分析 y 与 x_1 和 x_2 的关系,首先利用表中的数据作出 y 对 x_1 和 x_2 的散点图(见图 14-7 和图 14-8 中的圆点)。

y 对 x_1 和 x_2 的散点图的具体 MATLAB 代码如下所示:

```
clear; clc
% % Data
x1 = [ - 0.05;   0.25;   0.60;   0.00; 0.25; 0.20;
       0.15;   0.05;  - 0.15;   0.15; 0.20; 0.10;
       0.40;   0.45;   0.35;   0.30; 0.50; 0.50;
       0.40;  - 0.05;  - 0.05;  - 0.10; 0.20; 0.10;
       0.50;   0.60;  - 0.05;   0.00; 0.05; 0.55];
x2 = [5.50; 6.75; 7.25; 5.50; 7.00; 6.50;
      6.75; 5.25; 5.25; 6.00; 6.50; 6.25;
```

```
         7.00; 6.90; 6.80; 6.80; 7.10; 7.00;
         6.80; 6.50; 6.25; 6.00; 6.50; 7.00;
         6.80; 6.80; 6.50; 5.75; 5.80; 6.80];
y = [7.38; 8.51; 9.52; 7.50; 9.33; 8.28;
     8.75; 7.87; 7.10; 8.00; 7.89; 8.15;
     9.10; 8.86; 8.90; 8.87; 9.26; 9.00;
     8.75; 7.95; 7.65; 7.27; 8.00; 8.50;
     8.75; 9.21; 8.27; 7.67; 7.93; 9.26];
% % model 1
figure(1);
plot(x1, y, 'o');
% % model 2
figure(2);
plot(x2, y, 'o');
```

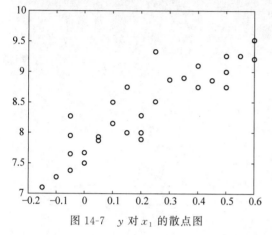

图 14-7　y 对 x_1 的散点图

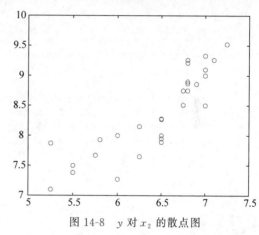

图 14-8　y 对 x_2 的散点图

从图 14-7 和图 14-8 可以发现，随着 x_1 的增加，y 的值有比较明显的线性增长趋势，图中的直线使用线性模型。

$$y = \beta_0 + \beta_1 + \varepsilon \tag{3}$$

拟合的（其中 ε 是随机误差）。而在图 14-8 中，当 x_2 增大时，y 有向上弯曲增加的趋势，图中的曲线使用二次函数模型。

$$y = \beta_0 + \beta_1 x_2 + \beta_2 x_2^2 + \varepsilon \tag{4}$$

综合上面的分析，结合模型（3）和（4）建立如下回归模型。

$$y = \beta_0 + \beta_1 x_2 + \beta_2 x_2 + \beta_3 x_2^2 + \varepsilon \tag{5}$$

式（5）右端的 x_1 和 x_2 称为回归变量（自变量），$\beta_0 + \beta_1 x_2 + \beta_2 x_2 + \beta_3 x_2^2$ 是给定价格差 x_1、广告费用 x_2 时，牙膏销售量 y 的平均值，其中的参数 $\beta_0, \beta_1, \beta_2, \beta_3$ 称为回归系数，由表格的统计数据估计，影响 y 的其他因素作用都包含在随机误差 ε 中。如果模型选择得合适，ε 应大致服从均值为 0 的正态分布。

2. 模型求解

利用 MATLAB 编程计算可以得到回归系数及其置信区间（置信水平 $\alpha = 0.05$）、检验统计量 R^2、F、p 结果，如表 14-9 所示。

表 14-9　模型（3）的计算结果

参　　数	参数估计值	参数置信区间
β_0	17.3244	[5.7282,28.9206]
β_1	1.3070	[0.6829,1.9311]

参　　数	参数估计值	参数置信区间
β_2	-3.6956	$[-7.4989, 0.1077]$
β_3	0.3486	$[0.0379, 0.6594]$
$R^2 = 0.9054$ $\quad F = 82.9409$ $\quad p < 0.0001$ $\quad s^2 = 0.0490$		

计算得到回归系数及其置信区间具体 MATLAB 代码如下所示：

```
clear; clc
% % Data
x1 = [-0.05;   0.25;    0.60;    0.00; 0.25; 0.20;
       0.15;   0.05;  -0.15;    0.15; 0.20; 0.10;
       0.40;   0.45;    0.35;    0.30; 0.50; 0.50;
       0.40;  -0.05;  -0.05;  -0.10; 0.20; 0.10;
       0.50;   0.60;  -0.05;    0.00; 0.05; 0.55];
x2 = [5.50; 6.75; 7.25; 5.50; 7.00; 6.50;
      6.75; 5.25; 5.25; 6.00; 6.50; 6.25;
      7.00; 6.90; 6.80; 6.80; 7.10; 7.00;
      6.80; 6.50; 6.25; 6.00; 6.50; 7.00;
      6.80; 6.80; 6.50; 5.75; 5.80; 6.80];
y = [7.38; 8.51; 9.52; 7.50; 9.33; 8.28;
     8.75; 7.87; 7.10; 8.00; 7.89; 8.15;
     9.10; 8.86; 8.90; 8.87; 9.26; 9.00;
     8.75; 7.95; 7.65; 7.27; 8.00; 8.50;
     8.75; 9.21; 8.27; 7.67; 7.93; 9.26];
% % model 3
X = [ones(30, 1), x1, x2, (x2.^2)];
[b, bint, r, rint, stats] = regress(y, X);
b1 = b;
```

实际运行结果如下所示：

```
b =
   17.3244
    1.3070
   -3.6956
    0.3486
bint =
    5.7282   28.9206
    0.6829    1.9311
   -7.4989    0.1077
    0.0379    0.6594
stats =
    0.9054   82.9409    0.0000    0.0490
```

结果分析：由表 14-9 中的数据显示，$R^2 = 0.9054$ 指因变量的 y 的 90.54％可由模型确定，F 值远远超过 F 检验的临界值，p 远远小于 α，因而模型(3)可用。

表 14-9 的回归系数给出了模型(3)中 $\beta_0, \beta_1, \beta_2, \beta_3$ 的估计值 $\hat{\beta}_0 = 17.3244, \hat{\beta}_1 = 1.3070,$ $\hat{\beta}_2 = -3.6956, \hat{\beta}_3 = 0.3486$。检查它们的置信区间发现，只有 β_2 的置信区间包含零点(但区间右端点距零点很近)，表明回归变量 x_2(对因变量 y 的影响)不是太显著的，但由于 x_2^2 是显著的，我们仍将变量 x_2 保留在模型中。

3. 销售量预测

经回归系数的估计值代入模型(3)，即可预测公司未来某个销售周期牙膏的销售量 y，将预测值记为 $\hat{y}$，得到模型(3)的预测方程：

$$\hat{y} = \hat{\beta}_0 + \hat{\beta}_1 x_1 + \hat{\beta}_2 x_2 + \hat{\beta}_3 x_2^2 \qquad (6)$$

只需知道该销售周期的价格差 x_1 和投入的广告费用 x_2，就可以计算预测值 $\hat{y}$。

公司无法直接确定价格差 x_1，只能制定公司的牙膏销售价格 x_4，但是其他厂家的平均价格一般可以通过根据市场情况及原材料的价格变化等估计。模型中用价格差作为回归变量的好处在于公司可以更灵活地来预测产品的销售量或市场需求量，因为其他厂家的平均价格不是公司能控制的。预测时，只要调整公司的牙膏销售价格达到设定的回归变量价格差 x_1 的值。

回归模型的一个重要应用是，对于给定的回归变量的取值，可以以一定的置信度预测因变量的取值范围，即预测区间。

4. 模型改进

模型(3)中回归变量 x_1、x_2 对因变量 y 的影响是相互独立的，即牙膏销售量 y 的均值和广告费用 x_2 的二次关系由回归系数 β_2、β_3 确定，而不依赖于价格差 x_1，同样，y 的均值与 x_1 的线性关系由回归系数 β_1 确定，不依赖于 x_2。而 x_1 和 x_2 之间的交互作用会对 y 有影响，简单地用 x_1、x_2 的乘积代表它们的交互作用，将模型(3)增加一项得到：

$$y = \beta_0 + \beta_1 x_1 + \beta_2 x_2 + \beta_3 x_2^2 + \beta_4 x_1 x_2 + \varepsilon \qquad (7)$$

在这个模型中，y 的均值与 x_2 的二次关系为 $\beta_2 x_2 + \beta_3 x_2^2 + \beta_4 x_1 x_2$，由系数 β_2、β_3、β_4 确定，并依赖于价格差 x_1。利用 MATLAB 编程计算可以得到回归系数及其置信区间(置信水平 $\alpha = 0.05$)、检验统计量 R^2、F、p 结果，如表 14-10 所示。

表 14-10　模型(5)的计算结果

参　数	参数估计值	参数置信区间
β_0	29.1133	$[13.7013, 44.5252]$
β_1	11.1342	$[1.9778, 20.2906]$
β_2	-7.6080	$[-12.6932, -2.5228]$
β_3	0.6712	$[0.2538, 1.0887]$
β_4	-1.4777	$[-2.8518, -0.1037]$

$$R^2 = 0.9209 \quad F = 72.7771 \quad p < 0.0001 \quad s^2 = 0.0426$$

计算得到回归系数及其置信区间的 MATLAB 代码如下所示：

```
clear; clc
% % Data
x1 = [-0.05;   0.25;   0.60;   0.00; 0.25; 0.20;
       0.15;   0.05;  -0.15;   0.15; 0.20; 0.10;
       0.40;   0.45;   0.35;   0.30; 0.50; 0.50;
       0.40;  -0.05;  -0.05;  -0.10; 0.20; 0.10;
       0.50;   0.60;  -0.05;   0.00; 0.05; 0.55];
x2 = [5.50; 6.75; 7.25; 5.50; 7.00; 6.50;
      6.75; 5.25; 5.25; 6.00; 6.50; 6.25;
      7.00; 6.90; 6.80; 6.80; 7.10; 7.00;
      6.80; 6.50; 6.25; 6.00; 6.50; 7.00;
      6.80; 6.80; 6.50; 5.75; 5.80; 6.80];
y = [7.38; 8.51; 9.52; 7.50; 9.33; 8.28;
     8.75; 7.87; 7.10; 8.00; 7.89; 8.15;
     9.10; 8.86; 8.90; 8.87; 9.26; 9.00;
     8.75; 7.95; 7.65; 7.27; 8.00; 8.50;
     8.75; 9.21; 8.27; 7.67; 7.93; 9.26];
% % model 5
X = [ones(30, 1), x1, x2, (x2.^2), x1.* x2];
[b, bint, r, rint, stats] = regress(y, X);
b2 = b;
```

实际运行结果如下所示：

```
b =
    29.1133
    11.1342
    -7.6080
     0.6712
    -1.4777
bint =
    13.7013    44.5252
     1.9778    20.2906
   -12.6932    -2.5228
     0.2538     1.0887
    -2.8518    -0.1037
stats =
     0.9209   72.7771    0.0000    0.0426
```

表 14-10 与表 14-9 的结果相比，R^2 有所提高，说明模型(5)比模型(3)有所改进，相信模型(5)更符合实际。

用模型(5)对公司的牙膏销售量进行预测，仍设在某个销售周期中，维持产品的价格差 $x_1 = 0.2$ 元，并投入 $x_2 = 6.5$ 百万元的广告费用，则该周期牙膏销售量 y 的估计值为 $\hat{y} = \hat{\beta}_0 + \hat{\beta}_1 x_1 + \hat{\beta}_2 x_2 + \hat{\beta}_3 x_2^2 + \hat{\beta}_4 x_1 x_2 = 8.3253$ 百万支，置信度为 95% 的预测空间为 [7.8953, 8.7592]，与模型(3)的结果相比，$\hat{y}$ 略有增加，而预测区间长度短些。在保持广告费用 $x_2 = 6.5$ 百万元不变的条件下，分别对模型(3)和(5)中牙膏销售量的均值 $\hat{y}$ 与价格差 x_1 的关系作图，见图 14-9 和图 14-10 所示。

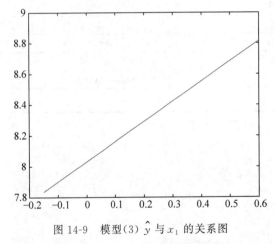

图 14-9　模型(3) $\hat{y}$ 与 x_1 的关系图

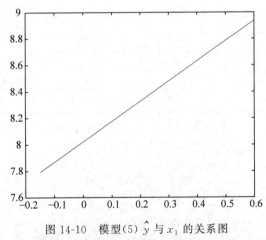

图 14-10　模型(5) $\hat{y}$ 与 x_1 的关系图

计算模型(3)和模型(5)中牙膏销售量的均值 $\hat{y}$ 与价格差 x_1，MATLAB 代码如下所示：

```
clear; clc
% % Data
x1 = [-0.05;    0.25;    0.60;    0.00; 0.25; 0.20;
        0.15;    0.05;   -0.15;    0.15; 0.20; 0.10;
        0.40;    0.45;    0.35;    0.30; 0.50; 0.50;
        0.40;   -0.05;   -0.05;   -0.10; 0.20; 0.10;
        0.50;    0.60;   -0.05;    0.00; 0.05; 0.55];
x2 = [5.50; 6.75; 7.25; 5.50; 7.00; 6.50;
      6.75; 5.25; 5.25; 6.00; 6.50; 6.25;
      7.00; 6.90; 6.80; 6.80; 7.10; 7.00;
      6.80; 6.50; 6.25; 6.00; 6.50; 7.00;
      6.80; 6.80; 6.50; 5.75; 5.80; 6.80];
```

```
y = [7.38; 8.51; 9.52; 7.50; 9.33; 8.28;
     8.75; 7.87; 7.10; 8.00; 7.89; 8.15;
     9.10; 8.86; 8.90; 8.87; 9.26; 9.00;
     8.75; 7.95; 7.65; 7.27; 8.00; 8.50;
     8.75; 9.21; 8.27; 7.67; 7.93; 9.26];
%% model 3
X = [ones(30, 1), x1, x2, (x2.^2)];
[b, bint, r, rint, stats] = regress(y, X);
b1 = b;
%% model 5
X = [ones(30, 1), x1, x2, (x2.^2), x1.* x2];
[b, bint, r, rint, stats] = regress(y, X);
b2 = b;
%%
X1 = min(x1):0.001:max(x1);
X1 = X1';
L = length(X1);
X2 = 6.5 * ones(L, 1);
figure(3);
Y1 = [ones(L, 1), X1, X2, (X2.^2)] * b1;
plot(X1, Y1);
figure(4);
Y2 = [ones(L, 1), X1, X2, (X2.^2), X1.* X2] * b2;
plot(X1, Y2);
```

在保持价格差 $x_1 = 0.2$ 元不变的条件下,分别对模型(3)和模型(5)中牙膏销售量的均值 $\hat{y}$ 与广告费用 x_2 的关系作图,见图 14-11 和图 14-12。

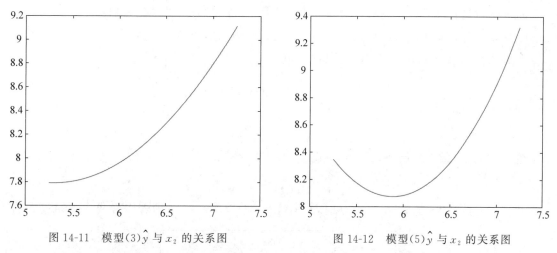

图 14-11　模型(3)$\hat{y}$ 与 x_2 的关系图　　　　图 14-12　模型(5)$\hat{y}$ 与 x_2 的关系图

计算模型(3)和模型(5)中牙膏销售量的均值 $\hat{y}$ 与广告费用 x_2,MATLAB 代码如下所示:

```
clear; clc
%% Data
x1 = [-0.05;   0.25;   0.60;   0.00; 0.25; 0.20;
       0.15;   0.05;  -0.15;   0.15; 0.20; 0.10;
       0.40;   0.45;   0.35;   0.30; 0.50; 0.50;
       0.40;  -0.05;  -0.05;  -0.10; 0.20; 0.10;
       0.50;   0.60;  -0.05;   0.00; 0.05; 0.55];
x2 = [5.50; 6.75; 7.25; 5.50; 7.00; 6.50;
      6.75; 5.25; 5.25; 6.00; 6.50; 6.25;
      7.00; 6.90; 6.80; 6.80; 7.10; 7.00;
      6.80; 6.50; 6.25; 6.00; 6.50; 7.00;
      6.80; 6.80; 6.50; 5.75; 5.80; 6.80];
```

```
y = [7.38; 8.51; 9.52; 7.50; 9.33; 8.28;
     8.75; 7.87; 7.10; 8.00; 7.89; 8.15;
     9.10; 8.86; 8.90; 8.87; 9.26; 9.00;
     8.75; 7.95; 7.65; 7.27; 8.00; 8.50;
     8.75; 9.21; 8.27; 7.67; 7.93; 9.26];
% % model 3
X = [ones(30, 1), x1, x2, (x2.^2)];
[b, bint, r, rint, stats] = regress(y, X);
b1 = b;
% % model 5
X = [ones(30, 1), x1, x2, (x2.^2), x1. * x2];
[b, bint, r, rint, stats] = regress(y, X);
b2 = b;
% %
X2 = min(x2):0.001:max(x2);
X2 = X2';
L = length(X2);
X1 = 0.2 * ones(L, 1);
figure(5);
Y1 = [ones(L, 1), X1, X2, (X2.^2)] * b1;
plot(X2, Y1);
figure(6);
Y2 = [ones(L, 1), X1, X2, (X2.^2), X1. * X2] * b2;
plot(X2, Y2);
```

可以看出，交互作用项 x_1、x_2 加入模型后，对 $\hat{y}$ 与 x_1 的关系稍有影响，而 $\hat{y}$ 与 x_2 的关系有较大变化，当 $x_2 < 6$ 时 $\hat{y}$ 出现下降，$x_2 > 6$>6 以后 $\hat{y}$ 上升则快得多。

进一步讨论：为了解 x_1 和 x_2 之间的相互作用，考察模型(5)的预测方程：

$$\hat{y} = 29.1133 + 11.1342 x_1 - 7.6080 x_2 + 0.6712 x_2^2 - 1.4777 x_1 x_2 \tag{14-1}$$

如果取价格差 $x_1 = 0.1$ 元，代入式(14-1)可得

$$\hat{y}\Big|_{x_1 = 0.1} = 30.2267 - 7.7558 x_2 + 0.6712 x_2^2 \tag{14-2}$$

再取 $x_1 = 0.3$ 元，代入式(14-1)可得

$$\hat{y}\Big|_{x_1 = 0.3} = 32.4536 - 8.0513 x_2 + 0.6712 x_2^2 \tag{14-3}$$

它们均为 x_2 的二次函数，其图形见图 14-13，且

$$\hat{y}\Big|_{x_1 = 0.3} - \hat{y}\Big|_{x_1 = 0.1} = 2.2269 - 0.2955 x_2 \tag{14-4}$$

由式(14-4)可得，当 $x_2 < 7.5360$ 时，总有 $\hat{y}\Big|_{x_1 = 0.3} > \hat{y}\Big|_{x_1 = 0.1}$，即若广告费用不超过大约

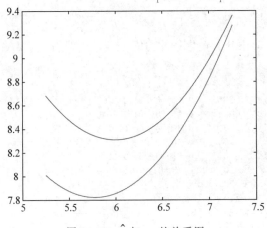

图 14-13　$\hat{y}$ 与 x_2 的关系图

7.5 百万元，价格差定在 0.3 元时的销售量，比价格差定在 0.1 元的大，也就是说，这时的价格优势会使销售量增加。

具体 MATLAB 代码如下所示：

```
clear; clc
% % Data
x1 = [-0.05;    0.25;    0.60;    0.00; 0.25; 0.20;
       0.15;    0.05;   -0.15;    0.15; 0.20; 0.10;
       0.40;    0.45;    0.35;    0.30; 0.50; 0.50;
       0.40;   -0.05;   -0.05;   -0.10; 0.20; 0.10;
       0.50;    0.60;   -0.05;    0.00; 0.05; 0.55];
x2 = [5.50; 6.75; 7.25; 5.50; 7.00; 6.50;
      6.75; 5.25; 5.25; 6.00; 6.50; 6.25;
      7.00; 6.90; 6.80; 6.80; 7.10; 7.00;
      6.80; 6.50; 6.25; 6.00; 6.50; 7.00;
      6.80; 6.80; 6.50; 5.75; 5.80; 6.80];
y = [7.38; 8.51; 9.52; 7.50; 9.33; 8.28;
     8.75; 7.87; 7.10; 8.00; 7.89; 8.15;
     9.10; 8.86; 8.90; 8.87; 9.26; 9.00;
     8.75; 7.95; 7.65; 7.27; 8.00; 8.50;
     8.75; 9.21; 8.27; 7.67; 7.93; 9.26];
% % model 3
X = [ones(30, 1), x1, x2, (x2.^2)];
[b, bint, r, rint, stats] = regress(y, X);
b1 = b;
% % model 5
X = [ones(30, 1), x1, x2, (x2.^2), x1. * x2];
[b, bint, r, rint, stats] = regress(y, X);
b2 = b;
% %
X2 = min(x2):0.001:max(x2);
X2 = X2';
L = length(X2);
X1 = 0.1 * ones(L, 1);
Y1 = [ones(L, 1), X1, X2, (X2.^2), X1. * X2] * b2;
X1 = 0.3 * ones(L, 1);
Y2 = [ones(L, 1), X1, X2, (X2.^2), X1. * X2] * b2;
figure(7);
plot(X2, Y1, X2, Y2);
```

完全二次多项式模型：与 x_1 和 x_2 的完全二次多项式模型。

$$y = \beta_0 + \beta_1 x_1 + \beta_2 x_2 + \beta_3 x_1 x_2 + \beta_4 x_1^2 + \beta_5 x_2^2 + \xi \tag{8}$$

这个模型直接用 rstool 求解，并且以交互式画面给出 y 的估计值 $\hat{y}$ 和预测空间。从左下方的输出 Export 可以得到模型(7)的回归系数的估计值为

$$\hat{\beta} = (\hat{\beta}_0, \hat{\beta}_1, \hat{\beta}_2, \hat{\beta}_3, \hat{\beta}_4, \hat{\beta}_5) = (32.0984, 14.7436, -8.6367, -2.1038, 1.1074, 0.7594)$$

在图 14-14 下方的窗口内可改变 x_1 和 x_2 的数值输入，当 $x_1 = 0.2, x_2 = 6.5$ 时，左边的窗口显示 $\hat{y} = 8.3092$，预测区间为 $8.3092 \pm 0.2558 = [8.0471, 8.5587]$ 与模型(3)相差不大。

实现完全二次多项式模型的 MATLAB 代码如下所示：

```
clear; clc
% % Data
x1 = [-0.05;    0.25;    0.60;    0.00; 0.25; 0.20;
       0.15;    0.05;   -0.15;    0.15; 0.20; 0.10;
       0.40;    0.45;    0.35;    0.30; 0.50; 0.50;
       0.40;   -0.05;   -0.05;   -0.10; 0.20; 0.10;
       0.50;    0.60;   -0.05;    0.00; 0.05; 0.55];
```

```
x2 = [5.50; 6.75; 7.25; 5.50; 7.00; 6.50;
      6.75; 5.25; 5.25; 6.00; 6.50; 6.25;
      7.00; 6.90; 6.80; 6.80; 7.10; 7.00;
      6.80; 6.50; 6.25; 6.00; 6.50; 7.00;
      6.80; 6.80; 6.50; 5.75; 5.80; 6.80];
y = [7.38; 8.51; 9.52; 7.50; 9.33; 8.28;
     8.75; 7.87; 7.10; 8.00; 7.89; 8.15;
     9.10; 8.86; 8.90; 8.87; 9.26; 9.00;
     8.75; 7.95; 7.65; 7.27; 8.00; 8.50;
     8.75; 9.21; 8.27; 7.67; 7.93; 9.26];
%% model 10
X = [x1, x2];
rstool(X, y, 'purequadratic');
```

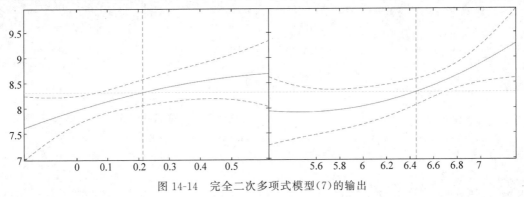

图 14-14 完全二次多项式模型(7)的输出

14.6 模型的评价

本章建立回归模型,可以先根据已知的数据,从常识和经验进行分析决定取哪几个回归变量及它们的函数形式(如线性的、二次的)。用 MATLAB 求解后,作统计分析,各值的大小是对模型整体的评价,每个回归系数置信区间是否包含零点,用来检验对应的回归变量对因变量的影响是否显著(若包含零点则不显著)。如果对结果不够满意,则应改进模型,如添加二次项、交互项等。对因变量进行预测,是建立回归模型的主要目的之一。

14.7 本章小结

本章先以一家技术公司人事部门的问题为例,研究软件开发人员的薪金与他们的资历、管理责任、教育程度等因素之间的关系,建立了回归模型,分析公司人事策略的合理性,并作为新聘用人员薪金的参考。之后又以大型牙膏制造企业的具体问题为例,通过分析找出公司生产的牙膏销售量与销售价格、广告投入等的关系,进而预测该公司生产的牙膏在不同价格和广告费用下的销售量。利用残差分析方法可以发现模型的缺陷,引入交互作用项能够给予改善。

图论是一门应用广泛且内容丰富的学科,随着计算机和数学软件的发展,图论越来越多地应用到实际生活和生产中,也成为解决众多实际问题的重要工具。图论中的概念和定理均与实际问题有关,并起着关键性作用。本章主要介绍图论的基本概念和性质及几个简单算法的 MATLAB 实现。

15.1 图论的起源

图论起源于一个实际问题——柯尼斯堡(Konigsberg)七桥问题。柯尼斯堡位于俄罗斯的加里宁格勒,普雷格尔河横穿此城堡,河中有两个小岛,并有 7 座桥连接岛与河岸、岛与岛(图 15-1)。当地有一个有趣的问题:是否存在一种走法,从河岸或者小岛中的任何一个开始,经过每座桥且恰巧都经过一次,再回到起点。此问题就是著名的柯尼斯堡七桥问题。

1736 年,瑞典数学家欧拉(Leonard Euler)解决了柯尼斯堡七桥问题,由此图论诞生。欧拉认为,此问题关键在于河岸与岛所连接的桥的数目,而与河岸和岛的大小、形状以及桥的长度和曲直无关,他用点表示河岸和岛,用连接相应顶点的线表示各座桥,这样就构成一个图 G(图 15-2),此问题就等价于图 G 中是否存在经过该图的每一条边一次且仅一次的"闭路"问题。欧拉不仅论证了此走法是不存在的,而且还推广了这个问题,从此开始了图论理论的研究。

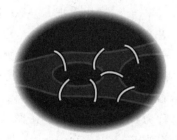

图 15-1 柯尼斯堡七桥问题平面图

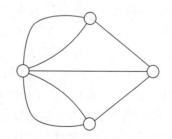

图 15-2 柯尼斯堡七桥问题简化图

15.2 相关概念

15.2.1 图

一个(无向)图 G 是指一个有序三元组 $(V(G), E(G), \psi_G)$,其中 $V(G)$ 为非空的顶点集,$E(G)$ 为不与 $V(G)$ 相交的边集,而 ψ_G 是关联函数,使得 G 的每条边都对应于 G 的无序顶点对 uv(未必互异),简记为 $G = (V(G)$,

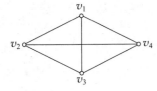

图 15-3 有 4 个顶点的图

$E(G)$)或 $G=(V,E)$。

根据上述图的定义,可以用平面上的图形来表示图。图 G 的每个顶点均用一个小圆点(或实点)表示,每条边 $\psi_G(e)=uv$ 均用以顶点 u、v 为端点的线段表示。例如,图 15-3 表示以 $V(G)=\{v_1,v_2,v_3,v_4\}$ 为顶点集,以 $E(G)=\{v_1v_2,v_1v_3,v_1v_4,v_2v_3,v_2v_4,v_3v_4\}$ 为边集的无向图。

设图 $G=(V,E)$,分别称 $|V|$ 和 $|E|$ 为图 G 的顶点数(或阶)和边数。若图 G 的顶点数和边数都是有限集,则称 G 为有限图;否则称为无限图。仅有一个顶点的图称为平凡图,其他所有图均称为非平凡图。

设图 $G=(V,E)$。若 e 是图 G 的一条边,而 u 和 v 是满足 $\psi_G(e)=uv$ 的顶点,则称 u 和 v 为 e 的两个端点,称 e 关联于 u、v,又称顶点 u、v 相互邻接。同样,称与同一个顶点关联的若干条互异边是相邻的。在图 G 中,端点重合为一个顶点的边称为环,关联于相同两个端点的两条或两条以上的边称为多重边。若图 G 没有环和多重边,则称 G 为简单图。

设图 $G=(V,E)$,与顶点 v 相关联的边数(每个环计算两次)称为顶点 v 的度,记为 $d_G(v)$ 或 $d(v)$。用 $\delta(G)$ 和 $\Delta(G)$ 分别表示图 G 中所有顶点中最小的度和最大的度;度为零的顶点称为孤立顶点;度为奇数的顶点称为奇点,度为偶数的顶点称为偶点。

设 S 是 $V(G)$ 的一个非空子集,v 是 G 的任一顶点,称 $N_s(v)=\{u\,|\,u\in S,uv\in E(G)\}$ 为 v 在 S 中的邻域。特别地,若取 $S=V(G)$,则 $N_G(v)$ 简记为 $N(v)$。显然,当 G 是简单图时,$d(v)=|N(v)|$。

本章讨论有限简单图 G。

15.2.2　特殊图类

在研究和描述一般图的性质过程中,特殊图类起着很重要的作用。

设两个简单图 $G=(V,E)$ 和 $H=(V',E')$。若 $V'\subseteq V$ 和 $E'\subseteq E$,则称 H 是 G 的子图,记为 $H\subseteq G$。若 H 是 G 的子图,并且 $V(H)=V(G)$,则称 H 是 G 的生成子图。若 H 是 G 的子图,其中 $V(H)=V(G)$ 和 $E(H)=E(G)$ 至少有一个不成立,就称 H 是 G 的真子图。

设图 $G=(V,E)$。假设 V' 是 V 的一个非空真子集,则以 $G-V'$ 表示从 G 中删去 V' 内的所有顶点以及与这些顶点相关联的边所得到的子图。特别地,当 $V'=\{v\}$ 时,常把 $G-\{v\}$ 简记为 $G-v$,并且用 $G[V']$ 表示 $G-(V-V')$,称为 G 的由 V' 导出的子图。

对于边子集也有类似的定义。设 E' 是 $E(G)$ 的子集,以 $G-E'$ 表示在 G 中删去 E' 中所有的边所得到的子图,而在图 G 中加上边集 E'' 内的所有边所得到的图记为 $G+E''$,其中 $E''\cap E(G)=\varnothing$。同样,用 $G-e$ 和 $G+f(f\notin E(G))$ 分别表示 $G-\{e\}$ 和 $G+\{f\}$;用 $G[E']$ 表示以 E' 为边集、以 E' 内的边的端点为顶点集合所构成的图,称为 G 的由 E' 导出的子图。

设简单图 $G=(V(G),E(G))$,它的途径是一个有限非空序列 $W=v_0e_1v_1e_2\cdots e_kv_k$,即顶点和边的交错序列,其中 $e_i\in E(G)$,$v_j\in V(G)$,e_i 分别与 v_{i-1} 和 v_i 关联,$1\leqslant i\leqslant k$,$0\leqslant j\leqslant k$,记为 (v_0,v_k) 途径,称顶点 v_0 和 v_k 分别为途径 W 的起点和终点,$v_1,v_2,\cdots,v_{k-1}$ 称为途径 W 的内顶点,k 称为 W 的长。若途径 W 中的 $e_1,e_2,\cdots,e_k$ 两两互异,称为迹;若迹 W 中 $v_0,v_1,v_2,\cdots,v_{k-1},v_k$ 两两互异,称为路。若途径(迹、路)的起点和终点相同,则称为闭途径(闭迹、闭路)。闭迹亦称为圈,长为 k 的圈称为 k 圈,并且当 k 为偶数时称为偶圈,当 k 为奇数时称为奇圈。

若简单图 G 的两顶点 u、v 间存在路,则称 u 和 v 是连通的;并且称顶点 u、v 间的最短路

的长为 u、v 间的距离,记作 $d(u,v)$。若简单图 G 的任意互异顶点均是连通的,则称 G 是连通图。显然,顶点的连通性是一个等价关系,顶点集 V 的每一等价类的导出子图称为图 G 的一个连通分支,记图 G 的连通分支个数为 $\omega(G)$。若图 G 是连通的,则 $\omega(G)=1$;否则,图 G 是不连通的。

简单图 G 及其补图 G^c 满足有相同顶点集 V,在 G 中相邻的两个顶点均在 G^c 中不相邻。此外,从图 G 中删去所有的环,并使每一对相邻的顶点只留下一条边,即可得到 G 的一个生成子图,称为 G 的基础简单图。

设两个简单图 $G_1=(V_1,E_1)$ 和 $G_2=(V_2,E_2)$。若 $V_1\bigcap V_2=\varnothing$,则称 G_1 与 G_2 是不相交的;若 $E_1\bigcap E_2=\varnothing$,则称 G_1 与 G_2 是边不重的。定义 $G_1+G_2=(V_1\bigcup V_2,E_1\bigcup E_2),G_1\bigcup G_2=(V_1\bigcup V_2,E_1\bigcap E_2)$,分别称为图 G_1 和图 G_2 的和图、并图,其中 $E_3=\{uv\,|\,u\in V_1,v\in V_2\}$。

设 n 阶简单图 $G=(V,E)$。若 V 可划分为 m 个非空子集 $V_1,V_2,\cdots,V_m$,使得对每一个 i,$G[V_i]$ 是空图,其中 $1\leqslant i\leqslant m$,则称 G 为 m 部图,记为 $G=(V_1,V_2,\cdots,V_m;E)$。特别地,若 $|V_1|=|V_2|=\cdots=|V_m|$,则称 G 为等 m 部图。特别地,设 $G=(V_1,V_2,\cdots,V_m;E)$ 是 m 部图。若对任意顶点 $u\in V_i$ 和 $v\in V_j$,均有 $u_v\in E$,其中 $1\leqslant i,j\leqslant m,i\neq j$,则称 $G=(V_1,V_2,\cdots,V_m;E)$ 为完全 m 部图,记为 $K_{n_1},K_{n_2},\cdots,K_{n_m}$,这里 $|V_i|=n_i,i=1,2,\cdots,m$。

每对互异顶点恰有一条边相连接的图称为完全图,阶为 n 的完全图常记为 K_n。完全图也是图论中较重要的一类特殊图。

15.2.3 有向图

有向图 D 是指有序三元组 $(V(D),A(D),\psi_D)$,其中 $V(D)$ 是非空的顶点集;$A(D)$ 是不与 $V(D)$ 相交的有向边集;而 ψ_D 是关联函数,使得 D 的每条有向边对应于 D 的一个有序顶点对(不必相异)。若 a 是 D 的一条有向边,而 u 和 v 是满足 $\psi_D(a)=(u,v)$ 的顶点,则称 a 为从 u 连接到 v 的一条弧(或有向边),称 u 是 a 的始点,v 是 a 的终点,在不产生混淆的情况下,可简记有向边 a 为 uv。若有向图没有环,并且任何两条弧都不具有相同方向和相同端点,则称该有向图是严格的。

设有向图 $D=(V(D),A(D),\psi_D)$。若 $V(D')\subseteq V(D),A(D')\subseteq A(D)$,并且 ψ'_D 是 ψ_D 在 $A(D')$ 上的限制,则称有向图 $D'=(V(D'),A(D'),\psi'_D)$ 是 D 的有向子图。

有向图 D 的有向途径是指一个有限非空序列 $W=(v_0,a_1,v_1,\cdots,a_k,v_k)$,其各项交替地是顶点和有向边,使得对于 $i=1,2,\cdots,k$,有向边 a_i 有始点 v_i 和终点 v_{i-1}。有向途径 $(v_0,a_1,v_1,\cdots,a_k,v_k)$ 常简单地用其顶点序列 $(v_0,v_1,\cdots,v_k)$ 表示。有向迹是指本身是迹的有向途径,有向路和有向圈可类似定义。

若有向图 D 中存在有向路 (u,v),则顶点 v 称为在 D 中从顶点 u 出发可到达;若 D 中任意两个顶点 u 和 v,顶点 u 可达 v 或 v 可达 u,则称 D 为单向连通有向图;若任意两个顶点在 D 中互相可到达,则称 D 为双向连通有向图。当然,也可从另一个角度来理解双向连通。双向连通在 D 的顶点集上是一个等价关系。根据双向连通关系确定的 $V(D)$ 的一个分类 $(V_1,V_2,\cdots,V_m)$ 所导出的有向图 $D[V_1],D[V_2],\cdots,D[V_m]$ 称为 D 的双向分支;若恰有一个双向分支,则称有向图 D 为双向连通的。

有向图 D 中以顶点 v 为终点的有向边的数目称为顶点 v 的入度,简记为 $d-(v)$;以顶点 v 为始点的有向边的数目称为顶点 v 的出度,简记为 $d+(v)$。在有向图 D 中,$\delta^-(D)$、$\delta^+(D)$、$\Delta^-(D)$、$\Delta^+(D)$ 分别表示 D 中所有顶点的最小和最大的入度和出度,即

$$\delta^+(D)=\min\{d_D^+(u)\,|\,u\in V(D)\}$$

$$\delta^-(D) = \min\{d_D^-(u) \mid u \in V(D)\}$$

$$\Delta^+(D) = \max\{d_D^+(u) \mid u \in V(D)\}$$

$$\Delta^-(D) = \max\{d_D^-(u) \mid u \in V(D)\}$$

设有向图 D,可以在相同顶点集上作一个图 G,使得对于 D 的每条有向边,G 均有一条具有相同端点的边与之对应,此图 G 称为图 D 的基础图。反之,给定任意(无向)图 G,对于它的每条边,均给其端点指定一个顺序,从而确定一条有向边,由此得到一个有向图 D,此有向图 D 称为图 G 的一个定向图。

类似于无向图,有向图也有简单的图形表示。一个有向图可以用它的基础图连同它边上的箭头所组成的图形来表示,其中每个箭头均指向对应弧的终点。图 15-4 表示一个有向图及其基础图。若有向图 D 的基础图是连通的,则称图 D 为弱连通有向图。

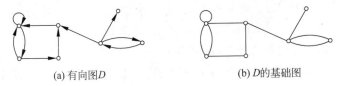

(a) 有向图 D (b) D 的基础图

图 15-4 某有向图及其基础图

为了叙述方便,本章中 D 表示有向图,G 表示它的基础图。

15.2.4 路

在图论理论中,路具有特殊的重要性,古往今来,许多学者均对它进行过深入研究。本节主要介绍简单图 $G=(V,E)$ 中有关路和连通性的简单性质。

定理 15.1 若图 G 中有一条 (u,v) 途径,则 G 中也存在一条 (u,v) 路。

证明:事实上,由 u 出发沿 (u,v) 途径走,若遇到相同点,则把相同点间的那段途径去掉,然后继续沿 (u,v) 途径往下走,一直走到终点 v 为止。按照此做法可知,最终所得的 (u,v) 途径即为图 G 中的一条 (u,v) 路。证毕。

定理 15.2 设 G 为简单图,且最小度 $\delta(G) \geqslant k$,则 G 中存在长为 k 的路。

证明:设 P 为简单图 G 中的一条最长路,其长为 l,则 $l \geqslant k$。进一步设 P 为 $v_1 v_2 \cdots v_l v_l + 1$,由假设 $d_G(v_1) \geqslant \delta \geqslant l > k$,使得在 P 外存在一个顶点 v_0 与 v_1 邻接,这样就得到 $v_0 v_1 v_2 \cdots v_l v_l + 1$ 是图 G 的另外一条路,并且长于 P,这与 P 的最长性矛盾。

从上述可知,$l \geqslant k$,取 P 的长为 k 的一段作为所求。证毕。

定理 15.3 在连通图中任意两条最长的路都有公共顶点。

证明:设 (v_1,v_2) 路,(v_1',v_2') 路均是 G 中之最长路,且无公共顶点。由于 G 是连通的,故存在 (v_2,v_2') 路,令 v_3 为由 v_2 出发沿 (v_2,v_2') 路前进,最后一个和 (v_1,v_2) 路相交的顶点,v_3' 为由 v_3 出发,沿 (v_2,v_2') 路前进,第一个和 (v_1',v_2') 路相交的顶点。

不失一般性,(v_1,v_2) 路中的 (v_1,v_3) 段的长度不小于 (v_1',v_2') 路中 (v_1',v_3') 段的长度,从而,从 v_1 开始,经过 (v_1,v_2) 路中的 (v_1,v_3) 段,然后经 (v_2,v_2') 路中的 (v_3,v_3') 段,最后经 (v_1',v_2') 路中的 (v_3',v_2') 段到达 v_2'。显然,此路要比原来的 (v_1,v_2) 路长,这与 (v_1,v_2) 路是最长的矛盾。故 (v_1,v_2) 路和 (v_1',v_2') 路有公共点。证毕。

定理 15.4 若顶点 u、v 在 G 中是连通的,则定义 G 中最短的 (u,v) 路的长度为 G 中 u、v 之间的距离,记为 $d_0(u,v)$;若 u、v 在 G 中不连通,则定义 $d_0(u,v)$ 为无穷。对于任意 3 个顶点有 $d(u,v)+d(v,w) \geqslant d(u,w)$。

证明:$d(u,v)$ 是在不引起混淆的情况下 $d_0(u,v)$ 的简记。

（1）当 u、v、w 连通时，因为由 (u,v) 路和 (v,w) 路合并起来构成 (u,w) 途径，又因为最短的 (u,w) 路的长度不超过 (u,w) 路径的长度，故由距离的定义可知，结论成立。

（2）当 u、v、w 不连通时，$d(u,v)$、$d(v,w)$ 和 $d(u,w)$ 中至少两个为无穷，结论也成立。证毕。

定理 15.5 图 G 的直径是 G 中两顶点之间的最大距离。若 G 有大于 3 的直径，则 G^c 的直径小于 3。

证明：对任意一对 $u,v\in V(G)$；若边 $uv\notin E(G)$，则 $uv\in E(G^c)$，故 $d_0(u,v)=1$；若 $uv\in E(G)$，则 $uv\notin E(G^c)$，这时分两种情况讨论：

（1）$V(G)$ 中任意顶点至少与 u、v 中一个顶点相邻。此时对任意的 $x,y\in V(G)$，有 $d_0(u,v)\leqslant3$，这与假设是矛盾的，故情况（1）不可能。

（2）$V(G)$ 中存在一顶点 w 使得 $uw,wv\notin E(G)$，则 $vw,wv\in E(G^c)$。此时 $d_0(u,v)=2$。综合上述情况，G^c 的直径小于 3。

证毕。

定理 15.6 若 G 是连通单图，但不是完全图，则 G 存在如下 3 个顶点 u、v、w，满足 uv，$vw\in E,uw\notin E$。

证明：由假定 G 不是完全图，故存在 $u,w_1\in V,uw_1\notin E$；由于 G 是连通的，故存在一条连接 u、w_1 的最短路，设为 $uu_1u_2\cdots u_nw_1,n\geqslant1$。显然 $uu_2\notin E$，否则与最短路假定矛盾。于是令 $u_1=v,u_2=w$（当 $n=1$ 时，$u_2=w_1$）。即为所求。证毕。

定理 15.7 若最小度 $\delta\geqslant2$，则简单图 G 含有圈。

证明：由于 $\delta\geqslant2$，从而由 v_0 出发到 v_k 的路可以向前延伸，又由于 G 有有限个顶点，从而延伸到某一点后再往下延伸时，必然要与已走过的顶点相重，于是得到 G 中的一个圈。证毕。

定理 15.8 若 G 是简单图，且最小度 $\delta\geqslant2$，则 G 含有长最小为 $\delta+1$ 的圈。

证明：设 G 中最长路为 (v_0,v_k) 路，其顶点依次为 $v_0,v_1,v_2,\cdots,v_k$。显然，v_0 的所有邻点均在 (v_0,v_k) 路上，不然它与最长路矛盾。取 v_0 所有邻点 v_i 中的下标最大者，并记为 l，显然 $l\geqslant\delta$。于是 $v_0v_1v_2\cdots v_lv_0$ 是 G 中的一个长不小于 $\delta+1$ 的圈。证毕。

15.3 图的矩阵表示

图 $G=(V,E)$ 由它的顶点与边之间的关联关系唯一确定，也由它的顶点与顶点之间的邻接关系唯一确定。图 $G=(V,E)$ 在计算机中存储的数据结构必须完全等价于图本身的顶点与边之间的结构关系，而图的矩阵表示就能够承担这种重要的"中介"角色。此外，可通过对图的表示矩阵进行讨论来得到图本身的若干性质。

15.3.1 邻接矩阵

定义 15.1 设（无向）图 $G=(V,E)$，其中顶点集 $V=\{v_1,v_2,\cdots,v_n\}$，边集 $E=\{e_1,e_2,\cdots,e_\varepsilon\}$。用 a_{ij} 表示顶点 v_i 与顶点 v_j 之间的边数，可能取值为 0、1、2，称所得矩阵 $A=A(G)=(a_{ij})_{n\times n}$ 为图 G 的邻接矩阵。

根据图邻接矩阵的定义，易得若干性质如下：

（1）$A(G)$ 为对称矩阵。

（2）若 G 为无环图，则 $A(G)$ 中第 i 行（列）的元素之和等于顶点 v_i 的度。

（3）两图 G 和 H 同构的充分必要条件是存在置换矩阵 P 使得 $A(G)=P^\mathrm{T}A(H)P$。

类似地，有向图 D 的邻接矩阵 $A(D)=(a_{ij})_{n\times n}$ 的元素 a_{ij} 定义为：元素 a_{ij} 表示从始点

v_i 到终点 v_j 的有向边的条数,其中 v_i 和 v_j 为 D 的顶点。

15.3.2 关联矩阵

定义 15.2 设任意(无向)图 $G=(V,E)$,其中顶点集 $V=\{v_1,v_2,\cdots,v_n\}$,边集 $E=\{e_1, e_2,\cdots,e_\varepsilon\}$。用 m_{ij} 表示顶点 v_i 与边 e_j 关联的次数,可能取值为 0、1、2,称所得矩阵 $M(G)=(m_{ij})_{n\times\varepsilon}$ 为图 G 的关联矩阵。

类似地,有向图 D 的关联矩阵 $M(D)=(m_{ij})_{n\times\varepsilon}$ 的元素 m_{ij} 定义为

$$m_{ij}=\begin{cases}1, & v_i \text{ 是有向边 } a_j \text{ 的始点}\\-1, & v_i \text{ 是有向边 } a_j \text{ 的终点}\\0, & v_i \text{ 是有向边 } a_j \text{ 的不关联点}\end{cases}$$

15.4 图论的基本性质和定理

本节主要介绍图论中最基本的定理,它是欧拉于 1736 年在解决柯尼斯堡七桥问题时建立的第一个图论结果,后来的很多重要结论都与它有关。

定理 15.9(握手定理) 对每个图 $G=(V,E)$,均有 $\sum_{v\in V}d(v)=2\mid E\mid$。

证明:根据顶点度的定义,在计算点的度时每条边对于它所关联的顶点被计算了两次。因此,图 G 中点的度的总和恰为边数 $|V|$ 的 2 倍。证毕。

推论 15.1 在任何图 $G=(V,E)$ 中,奇点的个数为偶数。

定理 15.10 对任意有向图 $D=(V,A)$ 均有 $\sum_{u\in v(D)}d_D^+(u)=\sum_{u\in v(D)}d_D^-(u)=\mid A\mid$。

证明:由于每一条有向边均有一个始点和一个终点,故结论成立。证毕。

15.5 计算有向图的可达矩阵的算法及其 MATLAB 实现

设有向图 $D=(V,E)$,顶点集 $V=\{v_1,v_2,\cdots,v_n\}$。定义矩阵 $P=(p_{ij})_{n\times n}$ 为

$$p_{ij}=\begin{cases}0, & v_i \text{ 到 } v_j \text{ 不可达}\\1, & v_i \text{ 到 } v_j \text{ 可达}\end{cases}$$

称矩阵 P 是图 D 的可达矩阵。

本节给出的算法用于有向图的可达矩阵的计算。

算法思想是:一般地,设 n 阶有向图 D 的邻接矩阵为 A,由 A 可得到图 D 的可达矩阵,不妨设为 P,其步骤如下:首先,求出 $B_n=A+A^2+\cdots+A^n$,然后,把矩阵 B_n 中不为 0 的元素改为 1,而为 0 的元素不变,这样所改换的矩阵就为图 D 的可达矩阵 P。

程序中,A 表示图的邻接矩阵。P 表示图的可达矩阵。

算法的 MATLAB 程序如下:

```
%计算图的可达矩阵
function P = dgraf(A)
n = size(A,1);
P = A;
%计算矩阵 Bn
for i = 2:n
    P = P + A^i;
End
P(P~ = 0) = 1          %将不为 0 的元素改为 1
P;
```

【**例 15-1**】 求图 15-5 的可达矩阵。

解：根据邻接矩阵的定义,可知该图的邻接矩阵为

$$A = \begin{bmatrix} 0 & 1 & 1 & 1 \\ 1 & 0 & 1 & 1 \\ 1 & 1 & 0 & 1 \\ 1 & 1 & 1 & 0 \end{bmatrix}$$

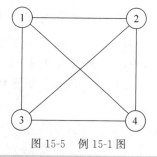

图 15-5 例 15-1 图

运行以下程序：

```
>> A = [0111;1011;1101;1110];
>> P = dgraf(A)          % 调用函数 dgraf
```

运行结果：

```
P =
1  1  1  1
1  1  1  1
1  1  1  1
1  1  1  1
```

15.6 最短路问题

最短路问题是重要的最优化问题之一,也是图论研究中的一个经典算法问题,它不仅直接应用于解决生产实践中的众多问题,如管道的敷设、线路的安排、厂区的选址和布局、设备的更新等,而且也经常被作为一种基本工具,用于解决其他的最优化问题以及预测和决策问题。

从数学角度考虑,大量优化问题等价于在一个图中找最短路的问题。在图论中,最短路算法比任何其他算法都解决得更彻底。

定义 15.3 对简单图 G 的每一边 e 赋予一个实数,记为 $w(e)$,称为边 e 的权,而每边均赋予权的图称为赋权图。

定义 15.4 (u,v) 路的边权之和称为该路的长,而 u、v 间路长最小的路称为顶点 u 和 v 的最短路。

在给定赋权图 G 中,求两个互异顶点间的最短路(径),简记为最短路(径)问题。求最短路问题的应用背景广泛,研究此问题具有实用价值。

最短路问题一般归纳为两类：一类是求从某个顶点(源点)到其他顶点(终点)的最短路径;另一类是求图中每一对顶点间的最短路径。关于最短路径的研究,目前已有很多算法,但基本上均是以 Dijkstra 和 Floyd 两种算法为基础,因此,对 Dijkstra 算法和 Floyd 算法进行本质的研究非常必要。

结合图在计算机中的存储形式,在程序运行以后,赋权图的任意两点间的最短距离可用一个矩阵形式表示。设 n 阶有向或无向连通赋权图 $G=(V,E)$,其中顶点集 $V=\{v_1,v_2,\cdots,v_n\}$,边集 $E=\{e_1,e_2,\cdots,e_n\}$。不妨设两顶点 v_i、v_j 间的最短距离为 d_{ij},其中 $i,j=1,2,\cdots,n$,则图 G 的最短距离矩阵 $d=(d_{ij})_{n \times n}$ 的元素定义为

$$d_{ij} = \begin{cases} d_{ij}, & i \neq j \\ 0, & i = j \end{cases}$$

显然,只要计算机能输出该图的最短距离矩阵 d,也就解决了最短路径问题。

15.7 连通图最短距离的算法实现

求最短距离矩阵的算法在图论中的应用十分广泛,它不仅可直接应用到运输网路的分析中,而且在图上最优选址类问题中应用也很重要。

15.7.1　问题描述与算法思想

设 n 阶无向或有向连通赋权图 $G=(V,E)$，顶点集 $V=\{v_1,v_2,\cdots,v_n\}$，边集 $E=\{e_1,e_2,\cdots,e_n\}$，并且边或弧 v_iv_j 上的权值为 $f(v_iv_j)$，其中 $i,j=1,2,\cdots,n$。

无向图 G 的权值矩阵 $\boldsymbol{W}=(d_{ij})_{n\times n}$ 定义为

$$d_{ij}=\begin{cases} f(v_iv_j), & v_i \text{ 到 } v_j \text{ 存在边} \\ \infty, & v_i \text{ 到 } v_j \text{ 不存在边} \\ 0, & i=j \end{cases}$$

显然，对于无向图来说，对任意 $i,j=1,2,\cdots,n$，有 $d_{ij}=d_{ji}$，故该图的权值矩阵 $\boldsymbol{W}$ 为对称矩阵。类似地，可定义有向图的权值矩阵。

15.7.2　实现步骤

首先，输入该赋权图的权值矩阵 $\boldsymbol{W}=(d_{ij})_{n\times n}$，然后，为了求出两点间的最短距离，可按照 Dijkstra 方法，只要反复使用迭代公式 $d_{ij}^{(k)}=\min\limits_{i,j,k\in\{1,2,\cdots,n\}}\{d_{ij}^{(k-1)},d_{ik}^{(k-1)}+d_{kj}^{(k-1)}\}$，就可以得到最终结果，记为

$$\boldsymbol{D}^{(n)}=\begin{bmatrix} d_{11}^{(n)} & \cdots & d_{1n}^{(n)} \\ d_{21}^{(n)} & \cdots & d_{2n}^{(n)} \\ \vdots & \ddots & \vdots \\ d_{n1}^{(n)} & \cdots & d_{nn}^{(n)} \end{bmatrix}$$

其中，$d_{ij}^{(n)}$ 为从顶点 v_i 到顶点 v_j 的最短距离的计算结果，称 $\boldsymbol{D}^{(n)}$ 为最短距离矩阵。以上亦是图的最短距离矩阵的求解思路。

15.7.3　算法验证及 MATLAB 实现

$\boldsymbol{W}$ 表示图的权值矩阵。

$\boldsymbol{D}$ 表示图的最短距离矩阵。

算法的 MATLAB 程序如下：

```
% 连通图中各顶点间最短距离的计算
functionD = shortdf(W)
% 对于W(i,j),若两顶点间存在弧,则为弧的权值,否则为 inf;当 i = j 时,W(i,j) = 0
n = length(W) ;
D = W;
m = 1;
while m <= n
    for i = 1 : n
        for j = 1 : n
            if D (i,j) > D (i,m) + D (m,j)
                D(i,j) = D (i,m) + D (m,j) ;            % 对距离进行更新
            end
        end
    end
    m = m + 1;
end
D;
```

15.8　Dijkstra 算法

15.8.1　问题描述与算法思想

Dijkstra 算法是解单源最短路径问题的一个贪心算法。其基本思想是，设置一个顶点集

合 S 并不断地做贪心选择来扩充这个集合。一个顶点属于集合 S 当且仅当从源到该顶点的最短路径长度已知。设 v 是图中的一个顶点，记 $L(v)$ 为顶点 v 到源点 v_1 的最短距离，$\forall v_i$，$v_j \in V$，若 $(v_i, v_j) \notin E$，记 v_i 到 v_j 的权 $w_{ij} = \infty$。

15.8.2　实现步骤

(1) $S = \{v_1\}$，$l(v_1) = 0$；$\forall v \notin V - \{v_1\}$，$l(v) = \infty$，$i = 1$，$\bar{S} = V - \{v_1\}$。

(2) $\bar{S} = \varnothing$，停止，否则转(3)。

(3) $l(v) = \min\{l(v), d(v_j, v)\}$，$v_j \in s$，$\forall v \in \bar{S}$。

(4) 存在 v_{i+1}，使 $l(v_{i+1}) = \min\{l(v)\}$，$v \in \bar{S}$。

(5) $S = S \bigcup \{v_{i+1}\}$，$\bar{S} = \bar{S} - \{v_{i+1}\}$，$i = i + 1$，转到步骤(2)。

实际上，Dijkstra 算法也是最优化原理的应用：如果 $v_1 v_2 \cdots v_{n-1} v_n$ 是从 v_1 到 v_n 的最短路径，则 $v_1 v_2 \cdots v_{n-1}$ 也必然是从 v_1 到 v_{n-1} 的最优路径。

15.8.3　算法验证及 MATLAB 实现

在下面的 MATLAB 实现代码中用到了距离矩阵，矩阵第 i 行第 j 列元素表示顶点 v_i 到 v_j 的权 w_{ij}，若 v_i 到 v_j 无边，则 $w_{ij} = \text{realmax}$，其中 realmax 是 MATLAB 常量，表示最大的实数 $1.7977e+308$。

```
function re = Dijkstra(ma)
%用 Dijkstra 算法求单源最短路径
%输入参量 ma 是距离矩阵
n = size(ma,1);                               %得到距离矩阵的维数
s = ones(1,n);s(1) = 0;                       %标记集合 S 和 S 的补集
r = zeros(3,n);r(1,:) = 1:n;r(2,2:end) = realmax;   %初始化
for i = 2:n;                                  %控制循环次数
    mm = realmax;
    for j = find(s == 0);                     %集合 S 中的顶点
        for k = find(s == 1);                 %集合 S 补集中的顶点
            if(r(2,j) + ma(j,k) < r(2,k))
                r(2,k) = r(2,j) + ma(j,k);r(3,k) = j;
            end
            if(mm > r(2,k))
                mm = r(2,k);t = k;
            end
        end
    end
    s(1,t) = 0;                               %找到最小的顶点加入集合 S
end
re = r;
```

15.9　Warshall Floyd 算法

15.9.1　问题描述与算法思想

设图 $G = (V, E)$，顶点集记作 $(v_1, v_2, \cdots, v_n)$，G 的每条边赋有一个权值，w_{ij} 表示边 $v_i v_j$ 上的权，若 v_i、v_j 不相邻，则令 $w_{ij} = +\infty$。

Warshall Floyd 算法简称 Floyd 算法，它利用了动态规划算法的基本思想，即若 d_{ik} 是顶点 v_i 到顶点 v_k 的最短距离，d_{kj} 是顶点 v_k 到顶点 v_j 的最短距离，则 $d_{ij} = d_{ik} + d_{kj}$ 是顶点 v_i 到顶点 v_j 的最短距离。

对于任何一个顶点 $v_k \in V$，顶点 v_i 到顶点 v_j 的最短路经过顶点 v_k 或者不经过顶点 v_k。

比较 d_{ij} 与 $d_{ik}+d_{kj}$ 的值。若 $d_{ij}>d_{ik}+d_{kj}$,则令 $d_{ij}=d_{ik}+d_{kj}$,保持 d_{ij} 是当前搜索的顶点 v_i 到顶点 v_j 的最短距离。重复这一过程,最后当搜索完所有顶点 v_k 时, d_{ij} 就是顶点 v_i 到顶点 v_j 的最短距离。

15.9.2　实现步骤

令 d_{ij} 是顶点 v_i 到顶点 v_j 的最短距离, w_{ij} 是顶点 v_i 到 v_j 的权。Floyd算法的步骤如下:

(1) 输入图 G 的权矩阵 $\pmb{W}$ 。对所有 i 、 j ,有 $d_{ij}=w_{ij}$, $k=1$ 。

(2) 更新 d_{ij} 。对所有 i 、 j ,若 $d_{ik}+d_{kj}<d_{ij}$,则令 $d_{ij}=d_{ik}+d_{kj}$ 。

(3) 若 $d_{ii}<0$,则存在一条含有顶点 v_i 的负回路,停止;或者 $k=n$ 停止,否则转到步骤(2)。

15.9.3　算法验证及 MATLAB 实现

Floyd算法的MATLAB程序如下:

```
%采用Floyd算法计算图a中每对顶点的最短路径
%d是距离矩阵
%r是路由矩阵
n = size(a,1);
d = a;
for i = 1:n
    for j = 1:n
        r(i,j) = j;
    end
end
r
for k = 1:n
    for i = 1:n
        for j = 1:n
            if d(i,k) + d(k,j) < d(i,j)
                d(i,j) = d(i,k) + d(k,j);
                r(i,j) = r(i,k)
            end
        end
    end
    k
    d
    r
end
```

15.10　动态规划求解最短路径

动态规划是美国数学家 Richard Bellman 在1951年提出的分析一类多阶段决策过程的最优化方法,在工程技术、工业生产、经济管理、军事及现代化控制工程等方面均有着广泛的应用。

15.10.1　问题描述与算法思想

动态规划应用了最佳原理:假设为了解决某一优化问题,需要依次作出 n 个决策 $D_1,D_2,\cdots,$ D_n ,若这个决策是最优的,则对于任何一个整数 k , $1<k<n$,不论前面 k 个决策是怎样的,以后的最优决策只取决于由前面决策所确定的当前状态,即 $D_{k+1},D_{k+2},\cdots,D_n$ 也是最优的。

15.10.2　实现步骤

如图 15-6,从 A_1 点要敷设一条管道到 A_{16} 点,中间必须要经过5个中间站,第一站可以在 $\{A_2,A_3\}$ 中任选一个,第二、三、四、五站可供选择的地点分别是 $\{A_4,A_5,A_6,A_7\}$, $\{A_8,A_9,$

A_{10}}，{A_{11}，A_{12}，A_{13}}，{A_{14}，A_{15}}。连接两地管道的距离用连线上的数字表示,要求选一条从 A_1 到 A_{16} 的敷管线路,使总距离最短。

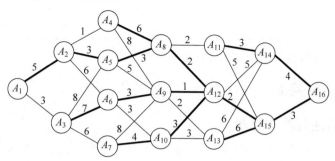

图 15-6　可选择的管道图

解决此问题可以用穷举法,从 A_1 到 A_{16} 有 48 条路径,只需比较 47 次,就可得到最短路径为 $A_1 \to A_2 \to A_5 \to A_8 \to A_{12} \to A_{15} \to A_{16}$,最短距离为 18。

也可以使用 Dijkstra 算法。这里,用动态规划解决此问题。注意到最短路径有这样一个特性,即如果最短路径的第 k 站通过 P_k,则这一最短路径在由 P_k 出发到达终点的那一部分路径,对于始点为 P_k 到终点的所有可能的路径来说,必定也是距离最短的。根据最短路径这一特性,启发我们计算时从最后一段开始,从后向前逐步递推的方法,求出各点到 A_{16} 的最短路径。

15.10.3　算法验证及 MATLAB 实现

在算法中,用六元数组 ss 表示中间车站的个数(A_1 也作为中间车站),用距离矩阵 path 表示该图。为简便起见,把该图看作有向图,各边的方向均为从左到右,则 path 不是对称矩阵,如 path(12,14)=5,而 path(14,12)=0(用 0 表示不通道路)。用 3×16 矩阵 spath 表示算法结果,第一行表示节点序号,第二行表示该节点到终点的最短距离,第三行表示该节点到终点的最短路径上的下一节点序号。下面给出算法的 MATLAB 实现。

```
function [scheme] = ShortestPath(path,ss)
% 利用动态规划求最短路径
% path 是距离矩阵,ss 是车站个数
n = size(path,1);                          % 节点个数
scheme = zeros(3,n);                       % 构造结果矩阵
scheme(1,:) = 1:n;                         % 设置节点序号
scheme(2,1:n-1) = realmax;                 % 预设距离值
k = n-1;                                   % 记录第一阶段节点最大序号
for i = size(ss,2):-1:1;                   % 控制循环阶段数
    for j = k:-1:(k-ss(i)+1);              % 当前阶段节点循环
        for t = find(path(j,:)>0);         % 当前节点的邻接节点
            if path(j,t) + scheme(2,t)< scheme(2,j)
                scheme(2,j) = path(j,t) + scheme(2,t);
                scheme(3,j) = t;
            end
        end
    end
    k = k - ss(i);                         % 移入下一阶段
end
```

先在 MATLAB 命令窗口中构造距离矩阵 path,再输入

```
>> ShortestPath(path,ss)
```

得到以下结果:

1	2	3	4	5	6	7	8	9	10	11	12	13	14	15	16
18	13	16	13	10	9	12	7	6	8	7	5	9	4	3	0
2	5	6	8	8	9	10	12	12	12	12	15	15	16	16	0

将该结果表示为图,即为图 15-6 中的粗线。

15.11 棋盘覆盖问题

15.11.1 问题描述与算法思想

在一个由 $2^k \times 2^k$ 个方格组成的棋盘中,若恰有一个方格与其他方格不同,则称该方格为特殊方格,且称该棋盘为特殊棋盘。图 15-7 就是当 $k=3$ 时的特殊棋盘。棋盘覆盖问题中,要用图 15-8 所示的 4 种不同形态的 L 形骨牌覆盖一个特殊棋盘,且任何两个 L 形不得重叠覆盖。

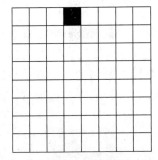

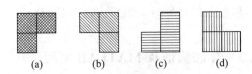

(a)　　　　(b)　　　　(c)　　　　(d)

图 15-7　当 $k=3$ 时的特殊棋盘　　　　　图 15-8　4 种不同形态的 L 形骨牌

15.11.2 实现步骤

易知,用到的 L 形骨牌个数恰为 $(4^k-1)/3$。利用分治策略,可以设计出解棋盘覆盖问题的一个简捷的算法。

当 $k>0$ 时,将 $2^k \times 2^k$ 棋盘分割为 4 个 $2^{k-1} \times 2^{k-1}$ 子棋盘,如图 15-9 中的两条粗实线所示。

特殊方格必位于 4 个较小的子棋盘之一中,其余 3 个子棋盘中无特殊方格。为了将这 3 个无特殊方格的子棋盘转化为特殊棋盘,可以用一个 L 形骨牌覆盖这 3 个较小棋盘的会合处,如图 15-10 中央 L 形骨牌所示,这 3 个子棋盘上被 L 形骨牌覆盖的方格就成为该棋盘上的特殊方格,从而将原问题转化为 4 个较小规模的棋盘覆盖问题。递归地使用这种分割,直至棋盘简化为 1×1 棋盘。

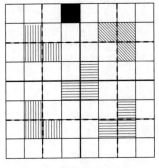

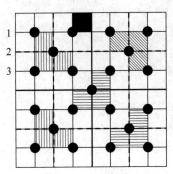

图 15-9　棋盘分割　　　　　　　图 15-10　关键节点

15.11.3 算法验证及 MATLAB 实现

首先特殊方格在棋盘中的位置可以用一个 1×2 的数组 sp 表示；对于图 15-8 所示的 4 种 L 形骨牌，可用数字 $1 \sim 4$ 表示；对于特殊棋盘的骨牌覆盖表示，只需注意到图 15-10 所示的关键点，对每个关键点，给定一种 L 形骨牌，就能覆盖整个棋盘，所以对于 $2^k \times 2^k$ 的特殊棋盘的骨牌覆盖，可用一个 $(2^k-1)(2^k-1)$ 的矩阵表示。按照这种思想，对于图 15-10，$k=4$，特殊方格位置为 $[1,4]$，覆盖矩阵为

$$\begin{bmatrix} 1 & 0 & 4 & 0 & 1 & 0 & 2 \\ 0 & 4 & 0 & 0 & 0 & 2 & 0 \\ 4 & 0 & 3 & 0 & 2 & 0 & 3 \\ 0 & 0 & 0 & 3 & 0 & 0 & 0 \\ 1 & 0 & 4 & 0 & 3 & 0 & 2 \\ 0 & 4 & 0 & 0 & 0 & 3 & 0 \\ 4 & 0 & 3 & 0 & 4 & 0 & 3 \end{bmatrix}$$

下面是在 MATLAB 中的棋盘覆盖实现程序：

```
function re = chesscover(k,sp)
% 解决棋盘的覆盖问题
% 棋盘为 2^k * 2^k, sp 为特殊方格的棋盘位置
global covermatrix
covermatrix = zeros(2^k - 1, 2^k - 1);
even1 = floor(sp(1,1)/2) * 2 == sp(1,1);        % 判断水平位置是否是偶数
even2 = floor(sp(1,2)/2) * 2 == sp(1,2);        % 判断竖直位置是否是偶数
if even1 == 1&&even2 == 0                        % 找出特殊方格相对关键节点的位置
    i = 4;
else
    i = even1 + even2 + 1;
end
tempfun(1,1,k,[sp(1,1) - even1,sp(1,2) - even2,i]);
re = covermatrix;
function tempfun(top,left,k,tp)               % 子函数,tp 为转换后特殊方格在棋盘网络的相对位置
global covermatrix
if k == 1
    switch tp(1,3)
        case 1
            covermatrix(tp(1,1),tp(1,2)) = 3;
        case 2
            covermatrix(tp(1,1),tp(1,2)) = 4;
        case 3
            covermatrix(tp(1,1),tp(1,2)) = 1;
        case 4
            covermatrix(tp(1,1),tp(1,2)) = 2;
    end
else
    half = 2^(k - 1);i = top + half - 1;j = left + half - 1;
    if tp(1,1)< i
        if tp(1,2)< j                         % 特殊方格在左上
            covermatrix(i,j) = 3;             % 添加类型为 3 的 L 形骨牌
            tempfun(top,left,k - 1,tp);
            tempfun(top,left + half,k - 1,[i - 1,j + 1,4]);
            tempfun(top + half,left + half,k - 1,[i + 1,j + 1,1]);
            tempfun(top + half,left,k - 1,[i + 1,j - 1,2]);
        else                                  % 特殊方格在右上
            covermatrix(i,j) = 4;             % 添加类型为 4 的 L 形骨牌
```

```
                tempfun(top,left,k-1,[i-1,j-1,3]);
                tempfun(top,left+half,k-1,tp);
                tempfun(top+half,left+half,k-1,[i+1,j+1,1]);
                tempfun(top+half,left,k-1,[i+1,j-1,2]);
            end
        else
            if tp(1,2)>j                    % 特殊方格在右下
                covermatrix(i,j)=1;         % 添加类型为3的L形骨牌
                tempfun(top,left,k-1,[i-1,j-1,3]);
                tempfun(top,left+half,k-1,[i-1,j+1,4]);
                tempfun(top+half,left+half,k-1,tp);
                tempfun(top+half,left,k-1,[i+1,j-1,2]);
            else                            % 特殊方格在左下
                covermatrix(i,j)=2;         % 添加类型为4的L形骨牌
                tempfun(top,left,k-1,[i-1,j-1,3]);
                tempfun(top,left+half,k-1,[i-1,j+1,4]);
                tempfun(top+half,left+half,k-1,[i+1,j+1,1]);
                tempfun(top+half,left,k-1,tp);
            end
        end
    end
end
```

在 MATLAB 命令窗口中输入指令

```
chesscover(3,[1,4])
```

将会得到如上面矩阵一样的结果。

15.12 最优树的应用实例

哈夫曼编码是一种用于无损数据压缩的熵编码(权编码)算法。由美国计算机科学家大卫·哈夫曼(David Albert Huffman)在 1952 年发明。

15.12.1 问题描述与算法思想

已知某通信系统在通信联络中只可能出现 8 种字符,其概率分别为 0.05,0.29,0.07,0.08,0.14,0.23,0.03,0.11,试设计一种编码,使得信息包长度达到最小。

ASCII 码是用 8 位(一个字节)表示一个字符,这种表示方法方便,易于理解,是计算机系统中常用的字符表示方法。在信息传输领域,可能有些字符出现的频率非常高,而有些字符出现的频率很低,若依然用此方法表示数据,则显得过于庞大;如果用不定长编码表示字符,频率出现高的字符用较短的编码表示,频率出现低的字符用较长的编码表示,则可以使得数据量大大减少。比如 AAAABBBAAABBBBCCCCCBBB,用 ASCII 码表示占用 184 位,若用 00 表示 C,01 表示 A,1 表示 B,则该字串占用位数为 36,压缩率达到 19.6%,这种编码称为哈夫曼编码。当然也可用其他方式压缩数据,例如上面的字符串写成 4A3B3A4B6C3B,而达到压缩数据的目的。

15.12.2 实现步骤

要构造哈夫曼编码,需要构造哈夫曼树(即最优树)。哈夫曼最早给出了一个带有一般规律的算法,俗称哈夫曼算法。现叙述如下:

(1) 根据给定的 n 个概率(或频率)构造一个集合 $F=\{f_1,f_2,\cdots,f_n\}$,同时这 n 个值对应树 T 的 n 个节点,置 $i=n+1$。

(2) 在集合 F 中选择两个最小的值求和作为 f_i 加入集合 F 中;在树 T 中构造一个节点,使得该节点是两个最小值对应节点的父节点。

（3）在集合 F 中删除两个最小值，并置 $i=i+1$。

（4）重复步骤（2）和（3），直到 $i=2n-1$ 或集合 F 只有一个元素为止。这样形成的一棵树就是哈夫曼树（最优树）。

上面所提到的字符串和 15.12.1 节给出的概率所形成的哈夫曼树分别如图 15-11 和图 15-12 所示（为方便起见，每个概率值乘以 100）。

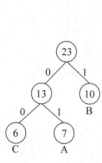

图 15-11 字符串

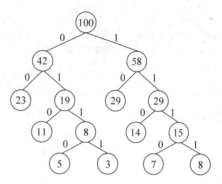

图 15-12 哈夫曼树

15.12.3 算法验证及 MATLAB 实现

在 MATLAB 中实现哈夫曼算法，可用一个 $5 \times (2n-1)$ 的矩阵来表示哈夫曼树，该矩阵的含义如表 15-1 所示。

表 15-1 哈夫曼算法数据结构

字符序号	1	2	3	4	5	…	$2n-1$
概率							
父节点	序号						
左右子树标志	0 表示左子树	1 表示右子树					
是否在集合 F 中	1 在集合 F 中	0 不在集合 F 中					

下面给出哈夫曼树的生成算法：

```
function htree = HuffmanTree(pro)
% 构造哈夫曼树
% pro 为一个概率向量
n = size(pro,2);                        % 得到字符个数
tree = ones(6,2 * n - 1);               % 构造树的数据结构
tree(1,:) = 1:(2 * n - 1);              % 填充节点序号
tree(5,(n + 1):end) = 0;                % 设置节点是否在集合中
tree(2,1:n) = pro;                      % 设置概率
tree(6,1:end) = 0;                      % 记录查找的节点对顺序
for i = (n + 1):(2 * n - 1);            % 循环控制
    [l,r] = findminval(tree);           % 找到集合中两个最小的值的序号
    tree(2,i) = tree(2,l) + tree(2,r);  % 得到父节点概率值
    tree(5,i) = 1;                      % 设置新构造节点在集合中
    tree(3,l) = i;tree(3,r) = i;        % 设置父节点序号
    tree(4,l) = 0;tree(4,r) = 1;        % 设置左右标志
    tree(5,l) = 0;tree(5,r) = 0;        % 设置不在集合中
    tree(6,l) = i-n;tree(6,r) = i-n;    % 记录该次删除的节点对顺序
end
htree = tree;
function [l,r] = findminval(tree)
s = find(tree(5,:) == 1);
if size(s,2)< 2
```

```
        error('Error input!');
    end
firval = realmax; secval = realmax;
for i = s;
    if firval > tree(2, i)
        if secval > firval
            second = first; secval = firval;
        end
        first = i; firval = tree(2, i);
    elseif secval > tree(2, i)
        second = i; secval = tree(2, i);
    end
end
l = min([first, second]); r = max([first, second]);
```

该算法还显示了删除节点对的先后顺序。

在 MATLAB 命令窗口输入以下指令:

```
>> a = [5 29 7 8 14 23 3 11];
>> HuffmanTree(a)
```

将会显示如下结果(见表 15-2):

表 15-2　显示结果

1	2	3	4	5	6	7	8	9	10	11	12	13	14	15
5	29	7	8	14	23	3	11	8	15	19	29	42	58	100
9	14	10	10	12	13	9	11	11	12	13	14	15	15	1
0	0	0	1	0	0	1	0	1	1	1	1	0	1	1
0	0	0	0	0	0	0	0	0	0	0	0	0	0	1
1	6	2	2	4	5	1	3	3	4	5	6	7	7	0

把该表画成一张图,就是图 15-12。若约定左子树表示 0,右子树表示 1,从根节点走到叶子节点,则可得到各叶子节点的哈夫曼编码。本例各字符的哈夫曼编码分别如下(见表 15-3):

表 15-3　各字符对应的哈夫曼编码

字符 1(概率值 0.05)	0110	字符 2(概率值 0.29)	10
字符 3(概率值 0.07)	1110	字符 4(概率值 0.08)	1111
字符 5(概率值 0.14)	110	字符 6(概率值 0.23)	00
字符 7(概率值 0.03)	0111	字符 8(概率值 0.11)	010

由于上表只记录了父节点序号,没有记录子节点序号,要得到各字符的哈夫曼编码,应反过来从叶子节点走到根节点,把得到的编码反过来,就是该字符的哈夫曼编码。

对一个经过哈夫曼编码的文件进行解码,应先构造相应的哈夫曼树,然后按位从文件读入数据流,查找哈夫曼树,即可得到相应编码所对应的字符,从而解码文件。

15.13　本章小结

本章讲述了图论算法及其 MATLAB 实现。首先从图的起源进行描述,详细地讲解了图、特殊图类、有向图、路等概念,然后讲解了图的表现形式以及图论的基本性质和定理,将图论的基础知识、图论的著名问题以及相应的 MATLAB 程序代码和简单实例结合在一起,使读者可以通过简单案例,把图论的重要算法与 MATLAB 编程完美结合。

参 考 文 献

［1］ Moler C,Little J. A history of MATLAB［J］. Proceedings of the ACM on Programming Languages,
2020,4(HOPL): 1-67.

［2］ Yang W Y,Cao W,Kim J,et al. Applied numerical methods using MATLAB［M］. New York: John
Wiley & Sons,2020.

［3］ Dupac M,Marghitu D B. Engineering Applications: Analytical and Numerical Calculation with MATLAB［M］.
New York: John Wiley & Sons,2021.

［4］ Valentine D T,Hahn B H. Essential MATLAB for engineers and scientists［M］. New York: Academic
Press,2022.

［5］ Lent C S. Learning to program with MATLAB: Building GUI tools［M］. New York: John Wiley &
Sons,2022.

［6］ Dukkipati R V. Applied numerical methods using MATLAB［M］. New York: Stylus Publishing,
LLC,2023.

［7］ 林凤涛,槐创锋,杨世德. MATLAB 2020 数学计算从入门到精通［M］. 北京: 机械工业出版社,2021.

［8］ 叶国华,余龙舟. MATLAB Simulink 2020 系统仿真从入门到精通［M］. 北京: 机械工业出版社,2021.

［9］ 李军成,杨炼,刘成志. MATLAB 语言基础［M］. 南京: 南京大学出版社,2022.